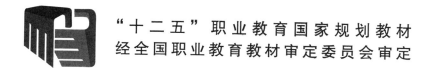

"十二五"职业教育国家规划教材

经全国职业教育教材审定委员会审定

电厂水煤油气分析检验

主　编　周桂萍　傅毓赟

副主编　史传红　金国文

编　写　徐　峥　崔立红　冯凤玲

主　审　叶春松

中国电力出版社

CHINA ELECTRIC POWER PRESS

内 容 提 要

本书为"十二五"职业教育国家规划教材。

本书将分析化学知识与电厂水煤油气分析检验工作相结合，通过十五个学习情境，系统地介绍了应用于电厂化学专业的分析化学知识和具体检测方法，内容包括电厂水煤油气分析检验任务、样品的采集与制备、定量分析的基本操作、酸碱滴定法、络合滴定法等。本书以电厂化学专业的岗位工作任务为载体，以岗位技能的培养为目标，有利于实现"教学做一体化"教学，有利于提高学生的职业能力。

本书可作为高职高专院校电厂化学专业学生教材，也可做为电力行业化学专业人员岗位技能培训教材，还可作为电厂化学专业工程技术人员的参考用书。

图书在版编目（CIP）数据

电厂水煤油气分析检验/周桂萍，傅毓赟主编. —北京：中国电力出版社，2014.12

"十二五"职业教育国家规划教材

ISBN 978-7-5123-6179-9

Ⅰ.①电… Ⅱ.①周…②傅… Ⅲ.①电厂化学—分析化学—高等职业教育—教材 Ⅳ.①TM621.8

中国版本图书馆 CIP 数据核字（2014）第 153811 号

中国电力出版社出版、发行

（北京市东城区北京站西街 19 号　100005　http://www.cepp.sgcc.com.cn）

北京丰源印刷厂印刷

各地新华书店经售

＊

2014 年 12 月第一版　2014 年 12 月北京第一次印刷

787 毫米×1092 毫米　16 开本　25.75 印张　631 千字

定价 52.00 元

敬 告 读 者

本书封底贴有防伪标签，刮开涂层可查询真伪

本书如有印装质量问题，我社发行部负责退换

版 权 专 有　翻 印 必 究

❖ 前　言

高职高专教育倡导以校企合作、工学结合为切入点，根据学生就业岗位技能要求来确定教学内容，并以工作任务为载体整合教学内容，以培养适应岗位需求的高素质技能型人才。教育部高职高专电力技术类专业教学指导委员会按照高职高专教育的发展方向，重新制定了《电厂化学专业规范》，根据该规范，分析化学课程内容与电力水煤油气专业课程的化学分析和仪器分析部分内容整合在一起，设置电厂水煤油气分析检验核心课程，建议200学时。

基于分析化学课程教学经验和电厂水煤油气检验方面的工作经验，编者依据相关国家标准和电力行业标准，按照分析化学知识体系，将电厂水煤油气分析检验工作方法进行分类，以具体工作任务为主线，编写了这本适用于新课程体系的教材。本教材力求内容系统、技术先进、简洁实用、图文并茂，与职业资格相结合，与具体的生产实践相结合。

本书由电厂化学专业教师与现场工程技术人员合作编写而成。其中，学习情境一、二、三、十一、十三、十四、十五由周桂萍编写，学习情境四、九由傅毓赟编写，学习情境八、十、十二由史传红编写，学习情境五由金国文编写，参编的还有徐铮（学习情境六）、崔立红（学习情境七）、冯凤玲和潘俊香。全书由周桂萍、傅毓赟统稿，由武汉大学叶春松主审，主审老师提出了许多建议和意见，在此深表谢意。

本书在编写过程中，得到了国网技术学院（山东电力高等专科学校）、保定电力职业技术学院、山西电力职业技术学院领导和老师的支持与帮助，在此表示感谢。

编　者

2014 年 11 月

目 录

学习情境一

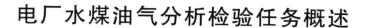

电厂水煤油气分析检验任务概述

【学习情境描述】

电厂水煤油气分析检验工作内容包括:电厂水汽质量检验、变压器油、汽轮机油和抗燃油质量检验、煤炭质量检验和六氟化硫(SF$_6$)气体质量检验等。其检测目的是保证电厂锅炉、汽轮机、变压器等设备的安全、稳定、经济运行。这些分析检验方法主要借助于分析化学原理,在电力行业将其归为电厂化学技术监督范畴,是电力行业的一项重要基础工作。本学习情境简要介绍电厂水煤油气分析检验工作的基本情况。

本学习情境设计以下四项任务:水汽质量检验任务、油质检验任务、煤质检验任务、SF$_6$气体质量检验任务。

通过任务一使学生了解电厂水汽质量检验工作内容,掌握主要检测指标的物理化学意义;通过任务二使学生掌握电力用油的分类,掌握电力用油的特性指标以及油务检验的工作内容;通过任务三使学生掌握煤炭质量特性指标,掌握煤炭质量检验工作内容;通过任务四使学生了解SF$_6$气体基本特点,掌握SF$_6$气体质量特性指标以及质量验收内容。

【教学目标】

通过学习和实践,使学生对电力生产过程中涉及的电厂水煤油气分析检验工作任务和岗位设置有大致的了解,结合学生已完成的电厂认知实习,归纳出水煤油气检验相关岗位的工作内容和实际意义。

1. 知识目标

(1)掌握电厂水汽质量特性指标;

(2)掌握电力用油质量特性指标;

(3)掌握SF$_6$气体质量特性指标;

(4)掌握煤炭质量特性指标。

2. 能力(技能)目标

(1)熟悉电厂水汽质量检测岗位工作任务;

(2)熟悉电力用油质量检测岗位工作任务;

(3)熟悉SF$_6$气体质量检验工作任务;

(4)熟悉电厂燃料质量检验工作任务。

【教学环境】

教学场所配有黑板、计算机、投影仪,可播放PPT课件及教学视频。

任务一 水汽质量检验任务

【教学目标】

通过对本任务的学习，使学生掌握水汽质量指标及其意义，了解水汽质量监督检验工作内容以及岗位设置。从应用角度对水汽质量要求有较清晰的认知，为后续的学习打下坚实的基础。

【任务描述】

随着我国电力工业的快速发展，超高压及亚临界参数的大型发电机组越来越多，对水汽质量的要求也越来越高。保证水汽质量、提高水汽质量检验结果的可靠性，是预防事故发生、确保机组安全经济运行的基本条件。从事电厂水汽质量监督检验的人员，必须了解水汽的组成特点，掌握水汽质量特性指标，熟悉日常工作内容和基本要求。

【任务准备】

问题与思考：

（1）常用水汽质量指标有哪些？

（2）电厂水化验员的岗位职责是什么？

【任务实施】

一、电厂水化验员岗位职责

电厂水汽质量检验工作的目的是化验、分析、监督发电厂的水、汽质量，使其符合标准，为制订防腐、防垢、防止积盐等有关技术措施提供依据。

按照电力行业职业标准，从事该项工作的检验员对应的岗位名称为电厂水化验员，属于电力工程化学运行与检修专业。

按照职业鉴定技术要求，电厂水化验员需要掌握的模块内容见表1-1。

表 1-1 电厂水化验员职业技能模块及其适用等级

序 号	模块内容	适用等级				对应课程
		初级	中级	高级	技师	
1	水化验员的职业道德	√	√	√	√	思想道德修养、本课程
2	计算机基本操作、文字和数据处理	—	√	√	√	计算机应用基础、本课程
3	普通化学基本知识	√	√	√	√	无机化学、有机化学、物理化学、化工原理及本课程
4	水、汽监督和分析测试	√	√	√	√	本课程
5	水处理	—	√	√	√	工业水处理设备和运行化学仪表运行与维护
6	停炉保护和化学清洗	—	√	√	√	动力设备清洗技术
7	事故分析和处理		√	√	√	

续表

序　号	模块内容	适用等级				对应课程
		初级	中级	高级	技师	
8	电力环境保护	√	√	√	√	环境工程
9	生产规程和制度	√	√	√	√	本课程
10	电力生产过程	√	√	√	√	发电厂动力设备运行

注 "√"表示适用；"－"表示不适用。

水汽质量标准及导则、化学分析方法（包括酸碱滴定、络合滴定、氧化还原滴定、沉淀滴定和重量分析法）、仪器分析方法（包括可见分光光度法、红外分光光度法、原子吸收分光光度法和电化学分析法）和数据处理是本课程的重点学习内容，主要学习内容及对应情境见表1-2。

表 1-2 **电厂水化验员岗位主要学习内容及对应学习情境**

学习情境	标　题	学习内容
1	电厂水煤油气分析检验任务概述	水汽质量指标
2	样品的采集和制备	样品采集和保存方法，采样器及其维护
3	定量分析基本操作	玻璃仪器的洗涤和干燥；分析天平的使用；溶液配制；滴定分析基本操作
4	酸碱滴定	酸碱滴定原理；酸碱指示剂；酸碱滴定方法应用；滴定结果的计算
5	络合滴定	络合滴定原理；金属指示剂；络合滴定方法应用；滴定结果的计算
6	氧化还原滴定	氧化还原滴定原理；氧化还原指示剂；氧化还原滴定方法应用；滴定结果的计算
7	沉淀滴定和重量分析法	沉淀滴定原理；沉淀滴定指示剂；沉淀滴定方法应用；沉淀滴定结果的计算。重量分析方法原理；重量分析方法应用；重量分析结果计算
8	可见分光光度法	光学分析法的原理；可见分光光度计的维护、操作和调校方法
9	电化学分析法	电位法、电导法及库仑法测量原理及其应用
10	原子吸收分光光度法	原子吸收分光光度法测量原理及其应用
11	气相色谱法	气相色谱法测量原理；油中溶解气体、含气量等指标的测定
12	红外分光光度法	红外分光光度法测量原理；油中 T501、水和气体中矿物油含量的测定
13	气体湿度测量方法	气体湿度测量原理；阻容法测定气体的湿度
14	发热量测定	发热量测定原理；仪器热容量标定方法；煤的发热量测定方法
15	电厂水煤油气质量监督与评价	电厂水煤油汽质量标准；质量指标分析方法；水煤油汽质量评价

二、常用水汽质量指标

水质不良是指水中含有较多的有害杂质，如不经处理，直接进入锅炉将会使锅炉及其热力系统发生结垢、腐蚀和积盐等故障。水、汽质量监督就是用仪表或化学分析法，测定各种水、汽质量，看其是否符合相关标准，以便必要时采取措施。

水汽质量采用一系列指标来表示。锅炉用水的水质指标见表1-3。

表 1-3 水　质　指　标

水质指标	单位	水质指标	单位	水质指标	单位
悬浮物	mg/L	化学耗氧量（COD）	mg/L	磷酸根	mg/L
浊度	FTU	生物需氧量	mg/L	硝酸根	mg/L
透明度	cm	含油量	mg/L	亚硝酸根	mg/L
含盐量	mg/L	稳定度	mg/L	钙	mg/L
溶解固形物	mg/L	二氧化碳	mg/L	镁	mg/L
灼烧残渣	mg/L	溶解氧	mg/L	钾	mg/L
电导率	μS/cm	碳酸氢根	mg/L	钠	mg/L
碱度	mmol/L	碳酸根	mg/L	氨	mg/L
硬度	mmol/L	氯离子	mg/L	铁	mg/L
碳酸盐硬度	mmol/L	硫酸根	mg/L	铝	mg/L
非碳酸盐硬度	mmol/L	二氧化硅	mg/L	pH 值	

下面介绍主要水质指标的含义。

1. 悬浮物与浊度

悬浮物是水中悬浮物质的含量。悬浮物易在管道、设备内沉积，影响其他水处理设备的正常运行，是水处理系统中首先要清除的杂质。悬浮物可用重量法分析，即取 1L 水样，采用定量滤纸过滤后，将滤纸在 110℃ 条件下烘至恒重，根据滤纸的增重计算悬浮物含量，用 mg/L 表示。由于分析时间较长，常用浊度表示水中悬浮物含量。

浊度采用浊度仪测定。首先用标准液校正浊度仪，然后进行样品的测定。采用杰克逊烛光浊度原理测定时，需用二氧化硅标准液校正，所得结果为杰克逊浊度单位（JTU）。采用福马肼标准液校正所得结果为福马肼浊度单位（FTU）。

JTU 和 FTU 的关系见表 1-4。

表 1-4 JTU 和 FTU 的关系

JTU	FTU	JTU	FTU
3300	4000	10	9.8
1000	1200	5	4.6
500	612	1	0.94
100	120	0.5	0.49
50	56	0.1	0.14

2. 溶解固形物

溶解固形物是指水中除溶解气体以外的各种溶解物质的总和，常用以下指标表征：

（1）含盐量。含盐量表示水中各种溶解盐类的总和，可由水质全分析得到的全部阳离子和阴离子相加得到，单位为 mg/L。水质全分析操作比较复杂，只能定期测定，不宜做运行控制指标。

（2）蒸发残渣。蒸发残渣是指过滤后的水样在 105～110℃ 时蒸干所得的残渣量。由于在蒸发过程中水中的碳酸氢盐转变为碳酸盐，并且在此温度下不能脱除结晶水，因此该指标只与溶解固形物相近。

（3）灼烧残渣。灼烧残渣是将蒸发残渣在 800℃ 下灼烧所得的残渣量。由于在灼烧过程中大部分有机物被烧掉，所以经常用蒸发残渣与灼烧残渣量之差，即灼烧减量表示有机物的多少，但该数值不完全与有机物相等，因为在灼烧过程中，结晶水和一些氯化物挥发掉了，一部分碳酸盐也产生分解。

（4）电导率。水中所含杂质离子越多，导电能力就越强，因此水的电导率与其含盐量具有相关性。水的导电能力不仅与水中电解质含量有关，还与水的温度和离子之间相对比例有关，所以测定水的电导率时要求水温一定、水中离子保持相对稳定（检验方法见学习情境九）。

3. 硬度

硬度是指水中钙、镁离子总和。它在一定程度上表示水中结垢物质的多少，是衡量锅炉给水质量优劣的一项重要指标。

水中常见的钙盐主要有 $Ca(HCO_3)_2$、$CaCO_3$、$CaSO_4$ 和 $CaCl_2$，镁盐主要有 $Mg(HCO_3)_2$、$MgCO_3$、$MgSO_4$ 和 $MgCl_2$。

硬度按阳离子分为钙硬度（H_{Ca}）和镁硬度（H_{Mg}）。钙盐称为钙硬度，镁盐称为镁硬度。

硬度按阴离子分为碳酸盐硬度（H_T）和非碳酸盐硬度（H_F）。碳酸盐硬度是 $Ca(HCO_3)_2$、$CaCO_3$、$Mg(HCO_3)_2$、$MgCO_3$ 的总量，非碳酸盐硬度主要是 $CaSO_4$、$CaCl_2$、$MgSO_4$ 和 $MgCl_2$ 等的总量。

硬度采用物质的量浓度表示，单位 mmol/L，计算公式如下：

$$H = \frac{n\left[\frac{1}{2}Ca\right] + n\left[\frac{1}{2}Mg\right]}{V} \tag{1-1}$$

式中　$n\left[\frac{1}{2}Ca\right]$、$n\left[\frac{1}{2}Mg\right]$——以 $\left[\frac{1}{2}Ca\right]$、$\left[\frac{1}{2}Mg\right]$ 为基本单元的物质的量，mmol；

　　　　V——水样体积，L。

硬度检验方法见学习情境五。

4. 碱度（B）和酸度（A）

水的碱度是指水中各种布朗斯特碱的总和，采用酸碱滴定法测定（检验方法见学习情境四）。对一般天然水而言，水中碱度主要是 HCO_3^-。

水的酸度是指水中各种布朗斯特酸的总和，采用酸碱滴定法测定。天然水中一般只含有弱酸 H_2CO_3 和碳酸氢盐酸度（在氢离子交换器后产生强酸酸度如 HCl、H_2SO_4 等）。

5. 有机物

天然水中的有机物种类繁多，如果水体受到工业废水或生活污水的污染，成分则更为复杂。各类有机物以溶液、胶体和悬浮状态存在，难以逐个测定。通常利用有机物的还原特性或燃烧特性进行检测，常用特性指标如下：

（1）化学需氧量（COD）。在规定的条件下，用氧化剂处理水样，将其折算成与消耗的氧化剂相当的氧的量，称为化学需氧量，单位以 mg/L O_2 表示。化学需氧量越高，表示水中有机物越多。根据氧化剂不同，化学需氧量测定方法有高锰酸钾法和重铬酸钾法（检验方法见学习情境六）。由于两种氧化剂氧化能力不同，化学需氧量只能表示所用氧化剂在规定条件下所能氧化的那一部分有机物的含量，并不等于水中全部有机物的含量。如用高锰酸钾做氧化剂，只能将水中 70% 左右的有机物氧化。如用重铬酸钾做氧化剂，以银离子为催化剂，在强酸加热沸腾回流的条件下对水中有机物进行氧化，可将水中 80% 以上的有机物氧化。所以高锰酸钾法多用于轻度污染的天然水和清水的测定。

（2）生化需氧量（BOD）。生化需氧量是指利用微生物氧化水中有机物所需要的氧量，单位以 mg/L O_2 表示。生化需氧量越高，表示水中可生物降解的有机物含量越多。生化需氧量的测定温度一般规定 20℃。在此温度下，有机物的降解反应非常缓慢，若全部降解约需一百多天，全过程需要的氧量称为总生化需氧量。为了缩短检测时间，目前都以 5d 或 20d 作为测定生化需氧量的标准时间，分别用 BOD_5 和 BOD_{20} 表示。通常 BOD_5 相当于总生化需氧量的 60%～70%，BOD_{20} 相当于总生化需氧量的 70%左右。

（3）总需氧量（TOD）。水中有机物主要元素组成是碳、氢、氧、氮、硫，当有机物全部被氧化时，碳转变成 CO_2，氢氧化成 H_2O，氮主要形成 NO，硫氧化成 SO_2，这时的需氧量称为总需氧量。

（4）总有机碳（TOC）。总有机碳是指水中有机物的总含碳量，即将水样中的有机物在 900℃高温和加催化剂的条件下气化、燃烧，这时水样中的有机碳和无机碳全部氧化成 CO_2，再在低温反应管中通过酸化使无机碳转化为 CO_2，然后利用红外线气体分析仪分别测定 CO_2 量和无机碳产生的 CO_2 量，两者之差即为总有机碳量。

三、电厂水汽质量监督控制指标

GB/T 12145—2008《火力发电机组及蒸汽动力设备水汽质量》规定了火力发电机组和蒸汽动力设备在正常运行和停（备）用机组启动时的水汽质量指标。

蒸汽质量控制指标有：钠、氢电导率、二氧化硅、铁、铜。

锅炉给水质量控制指标有：氢电导率、硬度、溶解氧、铁、铜、钠、二氧化硅，全挥发处理给水还需控制 pH 值、联氨、总有机碳（TOC），直流锅炉加氧处理给水需控制 pH 值、氢电导率、溶解氧、TOC。

总之，发电企业根据机组形式、参数等级、控制方式、水处理系统及化学仪表配置情况，水汽质量应执行 GB/T 12145、DL/T 912，并参照执行 DL/T 561、DL/T 805.1、DL/T 805.2、DL/T 805.3、DL/T 805.4 等国家标准和行业标准。引进机组应按制造厂的有关规定执行，但不能低于同类型、同参数国家行业标准的规定。所有机组的水汽监督指标应设定运行期望值。循环冷却水系统，应根据水质及相应的处理方式，确定控制指标，达到防腐、防垢、防菌藻的目的。

检测项目、控制指标及检测周期执行表 1-5 的规定。机组运行过程中应依靠设有超限报警装置的在线仪表连续监督水汽质量，并每日抄表不得少于 12 次，给水与蒸汽的铜、铁测定每周不少于 1 次。原水、循环水的全分析每年不少于 4 次。当水源变化、水处理设施扩建时，适当增加全分析或重点项目的测试频度，以积累水质资料。机组启动及运行中如发现异常，应增加分析测定次数及监督项目。

表 1-5   **电厂水汽检测项目、控制指标及检测周期**

名称	检测项目	控制指标					检测周期（每日）	备注
		3.8～5.8 MPa 汽包锅炉	5.9～12.6 MPa 汽包锅炉	12.7～15.6 MPa 汽包锅炉	15.7～18.3 MPa 汽包锅炉	18.4MPa 及以上直流锅炉		
补给水	二氧化硅（μg/L）	≤100	≤20*	≤20*	≤20*	≤20*（10）	不少于 6 次	一级化学除盐[①]

续表

名称	检测项目	控 制 指 标					检测周期（每日）	备注
		3.8～5.8 MPa 汽包锅炉	5.9～12.6 MPa 汽包锅炉	12.7～15.6 MPa 汽包锅炉	15.7～18.3 MPa 汽包锅炉	18.4MPa 及以上直流锅炉		
补给水	电导率① (μS/cm)	≤5	≤0.2	≤0.2	≤0.2	≤0.2 (0.10)	不少于6次	混床系统出水
给水	硬度② (μmol/L)	≤2.0	≤2.0	≤1.0	≈0	≈0	不少于6次	
	溶氧① (μg/L)	≤15	≤7	≤7	≤7	≤7, 30～200	不少于6次	磷酸盐,加氧
			≤10	≤10	≤10	≤10		氧化性挥发处理
	铁① (μg/L)	≤50	≤30	≤20	≤15 (10)	≤10 (15)	每周1次	
	铜① (μg/L)	≤10	≤5	≤5	≤3 (2)	≤3 (1)	每周1次	
	二氧化硅 (μg/L)	—	—	—	≤20 (10)	≤15 (10)	白班一次	
	联氨 (μg/L)	—	10～30	10～30	10～30	10～30	不少于6次	
	pH值① (25℃)	8.8～9.2	8.8～9.3	8.8～9.3	8.8～9.3	8.8～9.3	不少于6次	有铜系统
						8.0～9.0		有铜系统加氧处理
		9.2～9.6	9.2～9.6	9.2～9.6	9.2～9.6	9.2～9.6	不少于6次	无铜系统
						8.0～9.0		无铜系统加氧处理
						7.0～8.0		无铜系统中性加氧
	电导率（H） (μS/cm)		≤0.3	≤0.3	≤0.15 (0.10) **	≤0.15 (0.10)	不少于6次	
	油 (mg/L)	<1.0	≤0.3	≤0.3	≤0.3	<0.1	不定期	
	钠 (μg/L)					≤5 (2)	不少于6次	
	氯离子 (μg/L)					≤5 (2)	不定期	
炉水	pH值① (25℃)	9.0～11.0	9.0～10.0	9.0～9.7	9.0～9.7		不少于6次	
			(9.5～10.0)	(9.3～9.7)	(9.3～9.6)			
	磷酸根①③ (mg/L)	5～15	2～6	≤5	≤1.5		不少于6次	期望值
	电导率①③ (μS/cm)		≤60	≤35	≤25		不少于6次	
	二氧化硅 (mg/L)		≤2.00 ***	≤0.45 ***	≤0.20		不少于6次	
	氯离子 (mg/L)		≤4	≤4	≤1		每周一次	
	铁 (μg/L)						每周一次	
	铜 (μg/L)						每周一次	

续表

名称	检测项目	控制指标					检测周期（每日）	备注
		3.8～5.8 MPa 汽包锅炉	5.9～12.6 MPa 汽包锅炉	12.7～15.6 MPa 汽包锅炉	15.7～18.3 MPa 汽包锅炉	18.4MPa 及以上直流锅炉		
蒸汽	钠[①]（μg/kg）	≤15	≤5（3）	≤5（3）	≤5（3）	≤5（2）	不少于 6 次	饱和蒸汽和过热蒸汽
	二氧化硅[①]（μg/kg）	≤20	≤20（10）	≤20（10）	≤20（10）	≤15（10）	不少于 6 次	
	铁[①]（μg/kg）	≤20	≤20	≤20	≤15（10）	≤10（5）	每周 1 次	
	铜[①]（μg/kg）	≤5	≤5	≤5	≤3（2）	≤3（1）	每周 1 次	
	电导率[①]（H）（μS/cm）		≤0.15（0.1）****	≤0.15（0.1）****	≤0.15（0.1）****	≤0.15（0.10）	不少于 6 次	
凝结水	硬度[①]（μmol/L）	≤2.0	≤1.0	≤1.0	0	0	不少于 6 次	无凝结水处理
	溶解氧[①]（μg/L）	≤50	≤50	≤40	≤30	<20	不少于 6 次	
	电导率（H）（μS/cm）			≤0.3（0.2）	≤0.3（0.15）	≤0.20（0.15）	不少于 6 次	
	钠（μg/L）			≤10	≤5	≤5	不少于 6 次	有凝结水处理放宽至≤10μg/L
	二氧化硅（μg/L）						每周 1 次	
	铁（μg/L）						每周 1 次	
	铜（μg/L）						每周 1 次	
内冷水	电导率[①]（μS/cm）	≤5	≤5	≤5	<2.0	<2.0	不少于 6 次	
	pH 值[①]（25℃）	7.0～9.0	7.0～9.0	7.0～9.0	7.0～9.0	7.0～9.0	不少于 6 次	
	铜[①]（μg/L）	≤40	≤40	≤40	≤40	≤40	每周 1 次	
	硬度（μmol/L）	<2	<2	<2	<2	<2	每周 1 次	
凝混出水	硬度[②]（μmol/L）			≈0	≈0	0	不少于 6 次	
	电导率（μS/cm）			≤0.15（0.10）	≤0.15（0.10）	≤0.15（0.10）	不少于 6 次	
	二氧化硅（μg/L）			≤10（5）	≤10（5）	≤10（5）	不少于 6 次	
	钠（μg/L）			≤5（3）	≤5（3）	≤5（1）	每周 1 次	

续表

名称	检测项目	控制指标					检测周期（每日）	备注
		$3.8\sim5.8$ MPa 汽包锅炉	$5.9\sim12.6$ MPa 汽包锅炉	$12.7\sim15.6$ MPa 汽包锅炉	$15.7\sim18.3$ MPa 汽包锅炉	18.4MPa 及以上直流锅炉		
凝混出水	铁（μg/L）			≤5（3）	≤5（3）	≤5（3）	每周1次	
	铜（μg/L）			≤3（1）	≤3（1）	≤3（1）	每周1次	
	氯（μg/L）					≤3（1）		

注　1. 机组启动过程中的水汽品质与凝结水、疏水及生产回水的回收应按有关标准执行，并及时测试、严格监督。
　　2. 括号内为推荐运行期望值。
　　3. 电导率标准值为25℃下测定值。
　　4. 主蒸汽压力 3.8～18.3MPa 的汽包炉，炉内处理方式为磷酸盐处理。
① 参加全网水汽质量合格率统计的项目。
② 硬度（μmol/L）的基本单元为 $M（1/2Ca^{2+}+1/2Mg^{2+}）$，有凝结水处理的机组，给水硬度约 0μmol/L。
③ 当锅炉进行协调磷酸盐处理时，应控制炉水 Na^+ 与 PO_4^{3-} 摩尔比为 2.3～2.8。
＊ 当原水中非活性硅含量较高时，补给水二氧化硅指标应全硅含量，分析方法应采用 GB/T 12148。
＊＊ 没有凝结水精处理除盐装置的机组，给水氢电导率应不大于 0.30μS/cm。
＊＊＊ 汽包内有洗汽装置时，其控制指标可适当放宽。
＊＊＊＊ 没有凝结水精处理除盐装置的机组，蒸汽的氢电导率标准值不大于 0.30μS/cm，期望值不大于 0.15μS/cm。

水汽监督过程中采用的分析测定方法应执行有关标准，主要方法见表1-6。炉水中氯离子的测定宜采用"离子色谱法"和"硫氰酸汞分光光度法"。垢和腐蚀产物的化学成分分析应执行 DL/T 1151，宜采用原子吸收分光光度法。

表 1-6　　　　　　　　　　　水 汽 试 验 方 法

检测项目	方法		检测项目	方法	
	水汽	垢和腐蚀产物		水汽	垢和腐蚀产物
硬度（μmol/L）	GB/T 6909	DL/T 1151，原子吸收法	pH（25℃）	GB/T 6904	
二氧化硅（μg/L）	GB/T 1248	DL/T 1151	磷酸根（mg/L）	GB/T 6913	DL/T 1151
电导率（μS/cm）	GB/T 6909		氯离子（mg/L）	GB/T 29340，GB/T 15453	DL/T 1151
溶氧（μg/L）	GB/T 12157				
铁（μg/L）	GB/T 14427	DL/T 1151，DL/T 955	钠（μg/kg）	GB/T 14640	DL/T 1151
铜（μg/L）	GB/T 13689	DL/T 1151，DL/T 955	油（mg/L）	GB/T 12152	
联氨（μg/L）	GB/T 6906				

各种水处理材料、药品到货时应进行检验，离子交换树脂的验收必须严格执行 DL/T 519，各种材料合格后分类保管。在使用前化验人员应再次取样化验，确认无误后，方可使用。

任务二　油 质 检 验 任 务

🐬【教学目标】

通过对本项任务的学习，使学生了解电力用油的分类，掌握电力用油质量特性指标及其意义，了解油化验员岗位工作常用的国家标准和行业标准。能对电力用油质量要求有充分的了解，为后续任务的学习打下坚实的基础。

⊕【任务描述】

油质监督包括汽轮机油、抗燃油和绝缘油的监督。油质监督是专业性、技术性很强的一项工作，从事这项工作的人员必须持有相应的岗位资格证书，了解电力用油的特点，掌握电力用油的质量特性指标及其意义，熟悉日常工作中的常用标准。

🏵【任务准备】

问题与思考：
（1）电力用油有哪些种类？
（2）电厂油化验员的岗位工作职责是什么？

⚙【任务实施】

一、油化验员岗位职责

油化验员是检验、监督、控制电力企业用油（汽轮机油、抗燃油、变压油等）、气（变压器油中溶解气体、六氟化硫等）质量并进行油品处理的专业人员，保证各种油品的入厂验收、运行监督、防劣及处理。SF_6 气体分析检验见任务四。

按照职业鉴定技术要求，油化验员需要掌握的模块内容及适用等级见表 1-7。

表 1-7　　　　　　　　　电厂油化验员职业技能模块及其适用等级

序　号	模块内容	适用等级				对应课程
		初级	中级	高级	技师	
1	油务监督人员的职业道德	√	√	√	√	思想道德修养、本课程
2	安全措施及计算机应用基础	√	√	√	√	计算机应用基础
3	技术监督制度及标准	√	√	√	√	本课程
4	化学分析基本知识	√	√	√	√	无机化学及本课程
5	电力用油、气	√	√	√	√	本课程
6	热力设备及用油设备	—	√	√	√	发电厂动力设备运行
7	油品分析	√	√	√	—	本课程
8	油质监督管理			√	√	本课程
9	油品净化与劣化	—	—	√	√	本课程
10	废油再生处理及环境保护			√	√	本课程

注　"√"表示适用；"—"表示不适用。

二、电力用油的种类及作用

电力用油包括绝缘油、汽轮机油、抗燃油、机械油、润滑脂等，主要作为绝缘介质、润滑介质和液压传动介质应用于变压器、断路器、汽轮机和调速系统等设备。其中，绝缘油、汽轮机油和抗燃油是电厂油化验员日常检验的对象。

1. 绝缘油

绝缘油是指电气设备中使用的油。按使用场合，绝缘油分为变压器油、断路器油、电容器油及电缆油等，主要起绝缘、散热、灭弧的作用。

（1）绝缘作用。变压器中大量的不同部件处于不同的电位，需要用绝缘介质隔离。油纸结合的绝缘介质普遍用于高电压、大容量的变压器。油浸入纤维绝缘内部提高了纤维绝缘的绝缘强度，而纸（板）对油的屏障作用又提高了油隙的绝缘强度，因而提高了变压器整体的绝缘性能。

（2）散热作用。运行中的变压器，由于铁损、铜损及故障等原因，会产生一定热量，如不及时散热，会使线圈和铁芯的内部温度升高，加速其外部绝缘材料的老化，降低设备使用寿命。变压器运行损耗所产生的热量传给油，油借自身的热对流或外部的强迫循环，通过油箱壁和冷却器，利用自然或强迫风或用水冷却热油，对设备起到散热作用。

（3）灭弧作用。在断路器和有载调压设备中，绝缘油主要起灭弧作用。当油浸断路器切断或切换电力负荷时，其定触头和动触头之间会产生高能电弧。由于电弧温度很高，如不把弧柱的热量及时带走，使触头冷却，那么在后续电弧的作用下，很容易将设备烧毁。绝缘油在电弧作用下发生自身汽化和剧烈的热分解，吸收大量的热量，而分解产生的气体中氢气约占70%，由于氢气具有很好的导热性能，会迅速将热量传导至油中，并直接冷却断路器触头，使之难以产生后续电弧，达到消弧、灭弧的作用。

充油电气设备对绝缘油的基本要求：①密度尽量小，以便油中水分和杂质沉降；②黏度适中，既能保证循环散热效果又不降低闪点；③凝点尽量低，以保证足够的低温性能；④闪点尽量高，以满足防火要求；⑤具有良好的抗氧化能力，以保证油品的使用寿命；⑥酸、碱、硫、灰分、水分等杂质含量尽量低，避免对绝缘材料的腐蚀；⑦具有较高的介电强度，以适应不同的工作电压。

2. 汽轮机油

汽轮机油又称为透平油，是电力系统中重要的润滑介质，主要用于汽轮发电机组、水轮发电机组以及调相机的油系统中，起润滑、散热冷却、调速和密封等作用。汽轮机油在电力行业用量较大，一台125MW机组用大约20t的汽轮机油，一台600MW机组用大约60t的汽轮机油。

（1）润滑作用。汽轮机轴承与轴瓦之间用汽轮机油膜隔开，避免轴承与轴瓦的直接接触，使之保持流体摩擦，降低摩擦损耗，并从载荷区带走摩擦热及磨损颗粒，阻止外来杂质侵入润滑空隙。

（2）冷却散热作用。汽轮机运行过程中因摩擦产生大量的热量，这些热量若不能及时散出，会使油的运动黏度降低，油楔压力降低，轴颈下降，轴颈与轴瓦中心偏离，使摩擦增大，润滑作用变差。随着温度的增高，轴承的机械强度降低，甚至产生热变形、热疲劳、间隙变小而导致摩擦、卡死，造成机件损坏，严重影响机组的安全运行。

汽轮机油通过不断循环将这些热量带出，通过高效率的冷油器进行冷却。冷却后的油又可进入轴承内将热量带出，如此反复循环，对机组的轴承起到了良好的冷却散热作用。

（3）调速作用。运行的汽轮机油作为一种液压工质，能够传递压力，通过调速系统对汽轮机的运行起到调速的作用。

3. 抗燃油

液压调节系统压力提高，可能引起因液压工质泄漏造成的火灾隐患，因此目前调节系统多采用自燃点较高（≥530℃）的抗燃油。抗燃油在大型发电机组的调节系统中起着传递能量、调节速度的作用。

抗燃油的种类很多，磷酸酯是应用较普遍的一种。磷酸酯按其取代基不同而有三芳基磷酸酯、三烷基磷酸酯和烷基芳基磷酸酯三种类型。通常认为，三芳基磷酸酯是矿物油基汽轮机油最适合的代用品。

三、电力用油的质量特性指标

电力用油除抗燃油外，都是石油加工产品，是原油经过蒸馏和各种精制工艺加工而成的优质石油产品，主要由各种碳氢化合物所组成，碳氢两种元素所占质量百分比为95%～99%，此外，还有硫、氮、氧以及少量金属元素等。

按照有机组成的划分方法，电力用油中主要有机组分是烷烃、环烷烃和芳香烃。不同油的有机组成不同，表现出的物理、化学和电气性能也不同。实际工作中难以准确测定油的各种组成含量，主要通过控制绝缘油的物理、化学和电气性能指标来满足设备运行的基本要求。

虽然从石油产品或石油替代品的角度看，表征绝缘油、汽轮机油和抗燃油的质量特性指标相近，但是由于三者的组成和应用要求不同，其质量特性指标不完全相同，具体的指标要求也有所不同。

（一）电力用油质量指标

汽轮机新油质量指标：黏度等级、运动黏度、倾点、闪点（开口）、密度、酸度、中和值、机械杂质、水分、破乳化时间、起泡性试验、氧化安定性、腐蚀锈蚀实验、铜片试验、空气释放值。

运行汽轮机油质量指标：外观、运动黏度、闪点（开口）、机械杂质、洁净度、酸值、液相锈蚀、破乳化时间、水分、起泡沫试验、空气释放值、旋转氧弹值。

绝缘油新油质量指标：倾点、运动黏度、水含量、击穿电压、密度、介质损耗因数、外观、酸值、水溶性酸或碱、界面张力、总硫含量、腐蚀性硫、抗氧化剂含量、2-糠醛含量、氧化安定性、闪点（闭口）、稠环芳烃（PCA）含量、多氯联苯（PCB）含量。

运行绝缘油质量指标：外观、水溶性酸、酸值、闪点（闭口）、水分、界面张力、介质损耗因数、击穿电压、体积电阻率、油中含气量、油泥与沉淀物、析气性、带电倾向、腐蚀性硫、油中颗粒度。

抗燃油新油质量指标：外观、密度、运动黏度、倾点、闪点、自燃点、颗粒污染度、水分、酸值、氯含量、泡沫特性、电阻率、空气释放值、水解安定性。

运行抗燃油质量指标：外观、密度、运动黏度、倾点、闪点、自燃点、颗粒污染度、水分、酸值、氯含量、泡沫特性、电阻率、矿物油、空气释放值。

（二）主要质量指标意义和检测方法

电力用油的质量特性可以分为物理性能指标、化学性能指标和电气性能。其中，油品的物理性能主要包括外观、密度、黏度、闪点、倾点和凝点、机械杂质、颗粒度、灰分、水分、界面张力、泡沫特性和空气释放特性等。油品的化学性能主要包括水溶性酸或碱、酸值（酸度）、氧化安定性、破乳化时间、液相锈蚀试验、腐蚀性硫等。油品的电气性能主要包括击穿电压、脉冲击穿电压、介质损耗因数、体积电阻率、带电度（带电倾向）等。

1. 油的物理性能

（1）外观。油品外观采用目测法，把产品注入100mL量筒中，在（20±5）℃下目测，检查是否透明、有无悬浮物和机械杂质。矿物油的颜色主要取决于油中胶质的含量，直接反映油的精制程度。新抗燃油一般是浅黄色的液体，如果运行中抗燃油颜色急剧加深，必须结合其他指标判断其是否被污染。

（2）密度。在规定温度下，单位体积内所含物质的质量称为密度，单位为 g/cm³、kg/m³ 或 g/mL。由于油的密度受温度的影响较大，我国标准规定的密度是 20℃时的密度值，以 ρ^{20} 表示。

控制绝缘油的密度在某种意义上也是控制油品中水分的含量。变压器油中水分在 0℃以下可能结冰，若冰的密度比同温度下油的密度低，那么冰就会漂浮在油面上，当油温上升时，冰融化成水后可能进入油中电场强度高的区域，造成绝缘强度明显降低，进而导致绝缘被击穿。0℃时纯冰的密度为 0.916 8g/cm³，将这个数值换算成 20℃情况下绝缘油的密度为 0.895～0.897g/cm³，因此绝缘油在 20℃的密度不大于 0.895g/cm³。

抗燃油新油和运行抗燃油也需测定密度。通过抗燃油的密度可以判断补油是否正确以及油中是否混入其他液体或过量空气。

汽轮机油新油只需给出密度检测结果，运行汽轮机油无需检测密度。

（3）黏度与黏度指数。黏度是液体流动时内摩擦力的量度，用于评价油的流动性能。黏度有动力黏度、运动黏度和条件黏度三种表示方法（各种表示方法数值可以相互换算）。国家标准采用运动黏度表示方法，符号 ν，单位为斯（st），即每秒平方米（m²/s），实际应用中常用厘斯（cst）表示，1cst＝1mm²/s。运动黏度与温度有关，测定中需根据标准规定控温。

黏度指数 VI 表示油品黏度随温度变化的特性，方法就是将试样与一种黏温性较好和另一种黏温性较差的标准油进行比较，测得该油品黏度受温度影响而变化的相对数值。黏度指数高，表明油品的黏度随温度的变化较小。

（4）闪点。闪点是指在规定条件下，加热油品所逸出的蒸气和空气组成的混合物达到一定比例后，与火焰接触发生瞬间闪火时的最低温度。测定闪点的仪器分为开口闪点仪和闭口闪点仪两种，区别在于开口闪点仪的油蒸气可以自由扩散到周围空气中，而闭口闪点仪是在密闭容器中加热油气。由此可见，同一油品所测得的开口闪点比闭口闪点值高，差值为 3～9℃，而且油品的闪点越高，两者的差值就越大。汽轮机油和抗燃油采用开口法测定闪点，而绝缘油一般是在密闭的油箱中使用，所以采用闭口法测定闪点。油中轻组分油越多，所含挥发性可燃气体就越多，闪点就越低。从安全角度考虑，闪点越高越好。

（5）凝点与倾点。凝点和倾点是表征油品低温流动性能的重要指标。凝点是指试样冷却至停止流动的最高温度，倾点是指被冷却的试样能流动的最低温度。由于绝缘油和汽轮机油都是复杂的混合物，不可能有确定的凝点或倾点值，测定时认为的"凝固"并非通常意义上的凝固，而是油品刚刚失去了流动性，变成无定形的黏稠、玻璃状物质，或者是由蜡结晶形成网状结构包裹着液态的油品，其硬度离固态相差甚远。

理论上，同一油品的凝点值和倾点值是一致的，而实际上由于油品的组分和性能以及测定的方法和条件不同，两者之间有一定的差别。一般来说倾点比凝点高 2～3℃。

（6）机械杂质。机械杂质是汽轮机油的质量指标。机械杂质是指存在于润滑油中不溶于规定的溶剂（如汽油、乙醇和苯等）的沉淀物或胶状悬浮物，如焊渣、氧化铁、纤维、灰尘等。

若汽轮机油中含有机械杂质，特别是坚硬的固体颗粒，可引起调速系统卡涩、机组的转动部位磨损，威胁机组的安全运行。某些杂质（如金属屑等）会对油的老化起催化作用。若油的机械杂质超过一定量（质量分数大于 0.2%）时，就应立即更换新油。

（7）颗粒度（洁净度）。颗粒度是指存在于油品单位体积内不同粒径的固体微粒的数目。

汽轮机油的洁净度（用颗粒度表征）是保证发电机组安全运行的必要条件。汽轮机油膜厚度非常小，盘车时约为 $13\mu m$，机组运行过程中，轴承、轴颈间油膜厚度为 $10\sim150\mu m$，固体颗粒的存在会导致轴承、轴颈表面磨损划伤，轴承承载能力降低、温度上升，严重时造成化瓦事故。小于最小油膜厚度的固体颗粒高速流动时具有磨料的作用，若其数量大，会导致精密部件的磨蚀和磨损。微小的固体金属颗粒还会加速油品的老化，影响油品的性能。

绝缘油精制深度不够，或者在设备的制造、油品和设备的存储和运输的以及系统运行中都会由于各种原因造成绝缘油中杂质颗粒的污染。通常小的杂质颗粒数量较多，能悬浮在油中不易沉降，将影响油品的电气性能；而大颗粒易于沉降到绕组及绝缘纸上，会降低电气设备的绝缘水平。油中杂质颗粒的污染会降低油耐受电应力的能力，一般情况下，随带电杂质颗粒数目的增加，介质损耗增加，电阻率下降。

（8）界面张力。界面张力是绝缘油的控制指标之一。界面张力是指在油和水的交界面上，两相液体的表面分子均受到各自内部分子垂直向内的引力，从而力图缩小其表面积所形成的力，单位通常以 N/m 或 mN/m 表示。

界面张力的大小不仅反映油中极性组分含量的高低，还反映出油品的劣化和受污染的程度。纯净的油与水的界面张力为 $40\sim50mN/m$，而老化油与水的界面张力则较低，一般为 $25\sim35mN/m$，待油的界面张力降至 19mN/m 以下时，油中就会有油泥析出。

（9）水分。油品在出厂前一般含有水分。油中水分主要是外部侵入和内部自身氧化产生的。

水分是影响绝缘油的绝缘性能和老化速度的一项重要指标。水分含量增加会加快绝缘油和固体绝缘材料的老化速度，增大油的介质损耗因数，还能促进油中微生物新陈代谢，产生极性物质，降低油的电气性能，使油质迅速恶化。因此，对绝缘油中水分含量进行严格的监督是保证设备安全运行必不可少的一个试验项目。

汽轮机油中的水分也是汽轮机油的一项重要指标。漏入机组的水分如长期与金属部件接触，金属表面将产生不同程度的锈蚀，锈蚀产物将引起调速系统的卡涩，甚至造成停机事故；水分导致金属部件产生的锈蚀产物，会加速油的老化；运行中油遇到水后，特别是开始老化的油，长期与水混合循环，会使油质发生浑浊和乳化；油中因有水分而浑浊和乳化后，将破坏油膜，影响油的润滑性能。

油中水分的测定普遍采用卡尔费休库仑法，具体操作步骤见学习情境九。

（10）泡沫特性和空气释放特性。泡沫试验是评定汽轮机油、抗燃油生成泡沫的倾向和泡沫稳定性的一项指标。空气释放值是表示油分离雾沫空气的能力。一般油品的泡沫性能好，则空气释放值差。汽轮机油和抗燃油要有良好的抗泡沫性能。

2. 油的化学性能

油的化学性能主要包括水溶性酸或碱、酸值（酸度）、氧化安定性、破乳化值、液相锈蚀试验、腐蚀性硫等。

（1）水溶性酸或碱。水溶性酸或碱是绝缘油的质量评价指标。水溶性酸或碱是指油中能溶于水的酸性及碱性物质。水溶性酸主要是硫酸及其衍生物，包括磺酸和酸性硫酸酯以及低分子有机酸。水溶性碱主要为苛性钠或碳酸钠。水溶性酸或碱主要来源于在储运和使用中的外界污染、油品的自身氧化。在炼制和再生中，因清洗和中和不完全也会残留水溶性酸或碱。油中存在水溶性酸或碱会加速油品老化。

（2）酸值。在规定条件下，中和1g试油中的酸性组分所消耗的氢氧化钾毫克数即为酸值，单位以 mg KOH/g 表示。酸值是判断油中所含酸性物质的多少，从而判断油品劣化程度的一个重要指标。

（3）氧化安定性。油的抗氧化作用而保持其性质不发生永久性变化的能力称为氧化安定性。油的氧化安定性越高，稳定性就越好，使用寿命就越长。氧化安定性是汽轮机油、绝缘油、抗燃油新油的检测项目。检测方法通常是在规定的条件下，将油样进行人工老化，以油的总酸值、油泥和介质损耗因数的大小来表示。

（4）破乳化时间。破乳化时间是汽轮机油的一项重要指标。抗乳化性能通常是指油品本身抵抗油-水乳状液形成的能力。油品抗乳化能力的大小，一般以油-水乳状液分层时间的长短来表示，分层越快，表明油品的抗乳化能力越强。

破乳化时间又称为破乳化值，是在特定仪器中，使一定量的试油与同体积的水相混，在规定的温度下，以一定的搅拌速度搅拌一定的时间，使油水充分形成乳状液，在停止搅拌后，记录油水分离至浊液层体积为3mL时的时间，即为破乳化时间。

汽轮机新油在加工过程中，由于精制程度不够，或者在储存运输过程中被污染，均可造成破乳化时间增加。运行汽轮机油在使用过程中发生氧化变质也会导致油品破乳化时间的延长。如果运行中的汽轮机油破乳化时间太长，所形成的乳状液不但能够破坏润滑油膜，增加润滑部件的磨损，还会腐蚀设备，加速油品氧化变质。

（5）液相锈蚀试验。液相锈蚀试验用于表征汽轮机油与水混合时防止金属部件锈蚀的能力，评定添加防锈剂的防锈效果。

汽轮机在运行过程中，水会不可避免地侵入润滑系统，使润滑和调速系统产生锈蚀，严重时会造成调速系统卡涩失灵，威胁设备安全运行，因此需要汽轮机油有一定的防锈能力，通过液相锈蚀试验进行判定。

（6）腐蚀性硫。硫是由原油中转移到石油产品中的，硫含量高低与原油的产地及油的精制工艺质量有关。油在精制（脱硫）过程中大量硫化物已被清除，但仍会有极少量的硫化物存在。各种形态硫，尤其是腐蚀性硫的存在，对铜、银（开关触头）等金属表面有很强的腐蚀性，特别是在温度作用下，能与铜导体化合形成硫化亚铜侵蚀绝缘纸，从而降低绝缘强度。

腐蚀性硫化物包括元素硫、硫化氢、低分子有机硫（CH_3SH）、二氧化硫、三氧化硫、磺酸和酸性硫酸酯等，能够腐蚀金属。

3. 油的电气性能

电气设备用油即绝缘油，应具有一定的电气性能。绝缘油的电气性能指标包括击穿电压、脉冲击穿电压、介质损耗因数、体积电阻率、带电度（带电倾向）等。

（1）击穿电压。绝缘油的击穿电压是指在规定的试验条件下，油失去其介电性能而成为导体，发生击穿时的电压值。绝缘油被击穿时，形成贯穿性桥路，发生破坏性放电，使电极间短路。通常标准规定的击穿电压均指绝缘油在工频电压作用下的击穿电压值。击穿电压反映出油耐受电应力的能力，是检验油电气性能好坏的主要手段之一。

（2）脉冲（冲击）击穿电压。随着变电设备向高参数、大容量发展，变电装置的设计越来越紧凑，因而对油品的绝缘性能要求也越来越高，有些标准如 IEC 60296、ASTMD3487 等就提出了脉冲击穿电压的要求。脉冲击穿电压也称为雷击脉冲击穿电压，是一种高压直流电脉冲波（陡前沿脉冲），它对变压器的绝缘是一种额外的应力。按照标准试验方法，测定绝缘油在冲击电压作用下发生击穿时的峰值电压，即为脉冲击穿电压。

（3）介质损耗因数。介质损耗是指绝缘油在电场作用下，由于介质电导和介质极化的滞后效应，在其内部引起的能量损耗，简称介损。介质损耗包括绝缘介质极化产生的损耗、泄漏电流产生的损耗和局部放电产生的损耗等。绝缘油的介质损耗通常以介质损耗角 δ 的正切值 $\tan\delta$（又称为介质损耗因数）来表示。

绝缘油是一种电介质，当对介质油施加交流电压时，所通过的电流与其两端的电压相位差并不是 90°角，而是比 90°角要小的一个 δ 角，这个角就是介质损耗角（见图 1-1）。也就是说，介质损耗角 δ 是在交变电场作用下，绝缘油介质内部流过的电流相量和电压相量之间的夹角的余角。而介质损耗因数是用介质损耗角的正切值 $\tan\delta$ 来表示，它是有功电流与无功电流的比值。

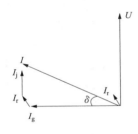

图 1-1　介质中电压、
电流相量图

图 1-1 中，I_g 为充电电流，取决于电容，是无功电流，不造成任何损耗；I_r 为传导电流，为有效电流，它造成离子传导电流，这种电流在直流电压和交流电压时都是一样的；I_j 为吸收电流，仅发生于施加交流电压时，它是由极化和偶极的转换所引起的，此种电流造成偶极损耗。

介质损耗因数越大，介质损耗就越大，表明介质质量越差。因此，介质损耗因数是评定绝缘油电气性能的一项重要指标。介质损耗因数增大，表明油受到水分、带电颗粒或可溶性极性物质的污染。

（4）体积电阻率。体积电阻率是绝缘油和抗燃油的质量检测指标。在直流电压下，油品内部的电场强度与稳态电流的密度之比称为体积电阻率，实际上可以将其看成是一个单位立方体的体积电阻，单位常以 $\Omega \cdot m$ 或 $\Omega \cdot cm$ 表示。要想知道电导电流与介质损耗之间的关系，就有必要测定体积电阻率。一般新油的体积电阻率为 $1 \times 10^{12} \sim 1 \times 10^{14} \Omega \cdot cm$。

（5）带电度。在强迫油循环的超高电压、大容量的电力变压器中，绝缘油流过固体纤维绝缘材料的表面时，会发生油流带静电的现象，称为油流带电。单位体积的绝缘油所产生的电荷量称为带电度，以 pC/mL 或 $\mu C/m^3$ 表示。对绝缘油带电度的测定在生产上具有重要意义。在高压大容量变压器中，由于使用油泵，普遍存在油流带电的现象。若带电度过高，就会发生静电放电而造成事故，这是威胁大型变压器安全运行的重要因素之一。

四、电力用油的检验任务

电力用油检验工作分为汽轮机油、抗燃油、绝缘油的检验三部分。

1. 汽轮机油的检验

（1）汽轮机油的新油验收。汽轮机油的新油验收，应执行 GB/T 11120。

（2）运行及检修中汽轮机油的监督。①运行中汽轮机油的质量标准按 GB/T 7596—2008 执行；②运行汽轮机油的维护管理原则上按照 GB/T 14541 执行；③运行汽轮机油颗粒度要求不大于 NAS1638 标准 8 级，该项目运行的"期望值"为 NAS1638 标准规定的≤7 级。200MW 及以上机组每季一次，200MW 以下机组每半年一次。

2. 抗燃油的检验

(1) 抗燃油的验收。国产抗燃油的主要技术指标见 DL/T 571—2007《电厂用磷酸酯抗燃油运行与维护导则》。

(2) 运行及检修中抗燃油监督维护。①运行抗燃油的质量标准见 DL/T 571，要求酸值项目执行"期望值"≤0.08mg KOH/g；②运行抗燃油的监督维护原则上按照 DL/T 571 执行；③为了确保调速系统不卡涩，对于高压抗燃油：油（调速系统）中颗粒度执行 NAS1638 标准，并且要求"期望值"应≤5 级或 MOOG 标准规定的≤2 级。

(3) 抗燃油检测项目与周期。①运行抗燃油的常规检测项目。运行人员现场检测项目：外观、颜色、油温、油位。记录旁路再生装置精密过滤器的压差变化。实验室检测项目：酸值、含氯量、电阻率、水分、颗粒度、运动黏度、密度。②运行抗燃油的检测周期。机组正常运行下，试验室的试验项目及检测周期应按照 DL/T 571 执行。颗粒度要求每季检测一次。

3. 绝缘油的检验

(1) 绝缘油新油验收。变压器和开关用油新油验收依据标准为 GB 2536。

(2) 运行充油电气设备的监督。运行变压器油的质量标准、检测项目及周期原则上按照 GB/T 7595 执行。变压器油的维护管理原则上按照 GB/T 14542 执行。

(3) 运行变压器油中溶解气体组分含量（以下简称色谱）、含水量检验。①充油电器设备的含水量测试周期，互感器和套管的含水量检测周期与色谱的检测周期相同。②变压器和电抗器在投运前和大修后，应做一次色谱分析。③互感器和套管除制造厂明确规定不许取油样的全密封设备外，都应在投运前做一次色谱分析。④允许取样的互感器和套管在投运后第一次停电时，应做一次色谱分析，若无异常，可转为按周期检测。⑤当变压器发生瓦斯继电器动作、变压器受大电流冲击、内部有异常声响、油温明显增高等异常情况时，都应立即采取油样，进行色谱分析，见表 1-8。

表 1-8　　　　　　　　　　　　色 谱 分 析 周 期

设备名称	检 测 周 期	
变压器和电抗器	500kV 主变压器、电抗器、容量 240 000kV·A 及以上主变压器、所有发电厂升压变压器	一个月一次
	220kV 主变压器、电抗器容量 120 000kV·A 及以上主变压器	三个月一次
	66kV 主变压器容量 8000kV·A 及以上主变压器	一年一次
互感器	66kV 及以上	一～三年一次
套管	66kV 及以上	必要时

变压器和电抗器的水含量检测周期为：220kV 及以上设备，每年两次；110kV 设备每年一次。

任务三　煤 炭 质 量 检 验

沪【教学目标】

通过对本项任务的学习，使学生能够了解煤炭组成，掌握煤炭质量特性指标及其意义，了解燃料化验员岗位工作任务以及岗位工作常用的国家标准和行业标准。能对电力用煤质量验收体系有充分的了解，为后续任务的学习打下坚实的基础。

⚓ 【任务描述】

煤炭是火力发电厂的主要燃料，电力行业煤炭消耗量占全国煤炭产量的 50% 以上。以一座总装机容量 1000MW 的电厂为例，其满负荷运行时，日耗原煤量约 1 万 t。发电用煤按质计价，其成本支出占火电厂发电成本的 70% 以上。煤炭质量优劣还直接影响电厂的安全运行，火力发电厂煤粉锅炉对燃用煤质有特定要求，如果不能保证应用符合设计要求的煤炭，其燃烧效率就会降低，甚至危及锅炉设备安全。

为准确评定煤炭质量、保证锅炉安全经济运行，需要对煤炭进行质量检验。通过本项任务的学习，可使学生了解电厂燃料检验任务、煤炭质量评定指标、煤炭质量指标与电力生产之间的关系等内容。

✌ 【任务准备】

查阅有关资料，简单了解煤炭的基本特性，并思考以下问题：

（1）煤的工业组成和元素分析组成包括哪些指标？

（2）燃料化验员岗位的工作任务是什么？

⚙ 【任务实施】

一、燃料化验员岗位职责

燃料化验员是指对电厂原油、石油、天然气、煤等燃料的成品、半成品及原料进检验、化验、分析的人员。由于电厂主要采用煤炭做燃料，因此，本学习情境主要介绍煤炭质量检验内容。

根据职业技能鉴定技术要求，燃料化验员需要掌握的模块内容及其适用等级见表 1-9。

表 1-9　　　　　　　　　　燃料化验员职业技能模块及其适用等级

序 号	模块内容	适用等级				对应课程
		初级	中级	高级	技师	
1	职业道德	√	√	√	√	思想道德修养、本课程
2	安规、国家、行业标准	√	√	√	√	本课程
3	火电厂生产过程及相关设备与化学基本知识	√	√	√	√	无机化学、发电厂动力设备运行及本课程
4	燃料化验专业知识	√	√	√	—	本课程
5	燃料采样与制样知识	√	√	√	√	本课程
6	燃料化验知识	√	√	√	√	本课程
7	燃料采样与制样技能	√	√	√	√	本课程
8	燃料化验技能	√	√	√	√	本课程
9	燃料分析的数据处理与质量控制	√	√	√	√	本课程

注　"√"表示适用；"—"表示不适用。

二、煤炭质量特性指标

煤是多种有机物和无机物的混合物，组成结构非常复杂。作为发电用煤，只要从其燃烧角度分析和研究煤的组成即可。工业上划分煤的组分，常常采用煤的工业分析组成与煤的元素分析组成两种方式。这两种表达方式基本可以表征煤的化学组成和性质，判断煤的燃烧特性。除此之外，还有发热量、煤灰熔融性等煤炭质量特性指标。

（一）煤的工业分析

从燃烧角度看，煤中有些成分可以燃烧释放热量，有的则不能。根据其能否燃烧，可以将煤的组分划分为可燃成分和不可燃成分。煤的可燃成分主要是煤中的有机化合物，又可划分为挥发分和固定碳，分别用符号 V 和 FC 表示。不可燃成分主要是煤中共生的无机矿物质，可以细分为水分和灰分，分别用符号 M 和 A 表示。

煤的工业分析是在一定条件下，对煤样加热，煤中原有组分发生分解或转化后，利用化学分析方法测定并得到的检验结果。其中，水分是将煤样在 105～110℃时干燥逸出的部分；挥发分是指煤在（900±10）℃时隔绝空气加热 7min，所分解逸出的可燃气体；灰分是指煤样在（815±10）℃时充分燃烧后，剩余的残留物；固定碳是煤经热分解扣除挥发分后剩余的可燃的固体有机物。实际上，固定碳的测量结果是计算得到的，即首先测定煤中水分、灰分、挥发分后，利用工业分析组分总和为 100％，差减法计算出固定碳的质量百分含量。

（二）煤的元素分析组成

煤中有机物的主要组成元素包括碳、氢、氧、氮、硫。煤中碳、氢、氧、氮、硫元素含量的测定称为元素分析，符号分别为 C、H、O、N、S。用相应元素的质量百分含量表示煤的组成的表达方式称为煤的元素分析组成。

煤的元素分析组成直接反映煤中主要有机元素的含量，元素分析的结果对于煤质研究、工业利用、锅炉设计、环境质量评价等都有重要意义；在电厂运行中，煤的元素分析结果用于理论空气量和锅炉燃烧效率的计算。

煤在燃烧过程中，碳氧化为 CO_2，氢燃烧形成水，硫大部分形成 SO_2，少量形成三氧化硫（占 SO_2 的 1％～3％），氮主要以氮气形式释放。发生的变化可表示如下：

$$煤 \longrightarrow CO_2 + H_2O + SO_2 + SO_3 + N_2 + NO_x$$

煤燃烧所释放的热量主要来自碳和氢的燃烧。

煤中硫是电厂污染物 SO_2 的来源，其含量的高低不仅影响电厂锅炉运行的安全性，更与经济性指标密切相关。煤中硫的含量对电力生产的影响主要表现在两个方面，一是对锅炉设备的腐蚀，二是对环境的危害。

硫燃烧产物为 SO_2 和少量 SO_3，易与烟气中的水蒸气形成 H_2SO_3 和 H_2SO_4。当遇到低于其露点的金属壁面时，会在上面凝结，造成低温受热面的酸腐蚀。煤中硫含量越高，露点就越高，越易在较高温度受热面处凝结，危害也越大。当煤中硫含量较高时，为减轻腐蚀，必须提高排烟温度，从而导致排烟热损失增加，锅炉热效率下降，如不采取有效措施，会有明显的堵灰和腐蚀，对锅炉危害很大。此外，随煤中硫含量的增加，煤粉的自燃倾向加大。

SO_2 是造成环境污染的根源之一，SO_2 形成的酸雨，对农作物危害极大，对建筑物的腐蚀也十分严重。煤中硫燃烧形成的 SO_2 是大气 SO_2 污染的主要来源。为控制与减少大气污染物的排放，国家出台了一系列的法律法规，并辅以经济手段进行控制。

（三）煤炭质量特性指标

除了煤的工业分析和元素分析组成外，作为发电用煤，还需确定与煤的燃烧性质有关的部分特性指标。下面分别介绍主要的指标、定义及其符号。

1. 发热量

发热量是指单位质量的煤完全燃烧所释放出的热量，符号为 Q，单位 kJ/g 或 MJ/kg。

电力生产是将煤炭燃烧释放的热能转化为电能,转化的效率直接与煤炭自身具有的燃烧热相关,同时发电用煤采用发热量计价,因此发热量这一指标是发电用煤质量评价与应用的最重要的指标。

发热量影响锅炉运行安全与经济指标。煤的发热量同锅炉的理论空气量、理论干烟气量和湿烟气量以及理论燃烧温度有关,是锅炉煤质设计与运行的重要依据。

发热量数值不仅取决于煤炭本身,还取决于煤炭燃烧条件和终态产物的状态。根据燃烧条件和燃烧产物的状态,发热量表达方式有弹筒发热量、高位发热量和低位发热量,见表1-10。

表 1-10   发 热 量 定 义

发热量	燃烧条件	燃烧产物种类及其状态			
		C	H	S	N
弹筒发热量	过量氧气	CO_2 (g)	H_2O (l)	H_2SO_4 (aq)	HNO_3 (aq)
高位发热量	过量氧气	CO_2 (g)	H_2O (l)	SO_2 (g)	N_2 (g)
低位发热量	空气	CO_2 (g)	H_2O (g)	SO_2 (g)	N_2 (g)

煤炭结算与管理应用中,主要采用低位发热量。该发热量代表实际计量数量下的单位质量煤炭在锅炉中完全燃烧所能释放出的热量,是实际工业燃烧所能利用的热能的最大值。

2. 灰熔融性

煤灰熔融性是指煤灰受热时,由固态向液态转化过程中表现出的性质。煤灰类似于硅酸盐材料,没有固定的熔点,其由固态到液态的变化过程用特征变化点的温度来表征,分别是变形温度 DT、软化温度 ST、半球温度 HT 和流动温度 FT,单位为℃。

煤燃尽后剩余的灰分,由多种无机物组成,当受热时,先是共熔体熔化,然后熔解煤灰中的其他高熔点成分。煤灰熔融温度的高低,不仅取决于煤灰的化学组成,同时还与测定时样品所处的气氛条件有关,因为测定时气氛的氧化性或还原性直接影响到混合物中金属元素存在的价态。

煤灰熔融性是发电用煤应用中的重要指标。电站锅炉燃烧时,炉膛内的温度可高达1500~1600℃,在这样的温度下,许多煤炭发生了局部熔化,其灰熔融性温度越低,就越易被熔化,锅炉结渣的可能性就越大。电厂锅炉炉膛结渣是困扰电厂安全生产的主要问题之一。

3. 可磨性

可磨性用于表征煤炭磨制成粉的难易程度。电厂锅炉都采用煤粉燃烧方式,入炉煤粉的粒度大多为几十微米,电力常用煤炭的标称最大粒度为50mm。因此,在生产工艺中需要将大量的原煤磨制成符合要求的煤粉,磨制过程中的能量消耗与磨制效率取决于煤炭自身的可磨性。

发电用煤的可磨性指数通常用哈氏(Hardgrove)可磨性指数(HGI)来表示,它是一个无量纲的量。在规定条件下,将达到空气干燥状态的煤样进行破碎,与规定的标准煤样的结果进行对比,即可得出样品的哈氏可磨性指数。该数值越大,表示煤炭越容易被磨制成粉。

哈氏可磨性指数这一特性指标是设计与选用磨煤机的重要依据,通常,若哈氏可磨性指数降低10,要将煤炭磨制成同样的细度,磨煤机的出力约减少25%。

4. 磨损指数

磨损指数用于表征煤对金属磨损的强弱程度。磨损指数有两种表示方式,一种是将煤在承压状态下与金属相接触，观测煤对研磨件的磨损；另一种是在通气过程中，将煤样磨至规定粒度时，对金属的磨损，又称为冲刷磨损指数。

煤对金属的磨损属于磨粒磨损，根据磨损的基本原理，当磨粒的硬度低于金属的硬度时，几乎不产生磨损，对金属产生磨损的是煤中硬度较高的矿物质。煤中常见的对磨损起显著影响的矿物质主要有石英（SiO_2）、黄铁矿（FeS_2）和菱铁矿（Fe_2CO_3）。当三种矿物质的含量增加时，煤的磨损性也随之增加。矿物质中的方解石（$CaCO_3$）和高岭土（$Al_2O_3 \cdot 2SiO_2 \cdot 2H_2O$），因为硬度低，对金属的磨损作用甚微。

可磨性指数与磨损指数的区别在于，可磨性指数反映煤被磨碎的难易程度，磨损指数反映煤被破碎时对设备磨损的强弱程度，因此，磨损指数可以用于估计磨煤机研磨件的寿命，以及作为火电厂合理选择磨煤机的重要依据。可磨性指数高的煤并非是弱磨损性的煤，而可磨性指数低的煤也不一定是磨损性强的煤。

5. 煤粉细度

在燃煤电厂中，通常是将煤送入磨煤机磨成粉状，然后再送入锅炉内燃烧。煤粉细度是指煤粉中不同粒度颗粒所占的质量百分数，用 R_x 表示，x 指筛分用的筛网孔径，单位为 μm。煤粉越细，在锅炉内燃烧越完全，但磨制单位质量的煤所需的能量大；煤磨得粗一些，虽降低了单位能耗，但粗粒煤粉在燃烧过程中难以燃尽，从而增加了化学和机械未完全燃烧热损失。故锅炉煤粉应有一个合理的细度要求，该细度称为经济细度。电厂入炉煤粉经济细度，需要根据煤种、炉型确定。

6. 密度

煤的密度取决于煤的变质程度、镜岩组成和煤矿物质的特性及其含量。煤的变质程度不同，密度会有较大差异，通常褐煤最小，烟煤次之，无烟煤最大。煤的密度也随煤中矿物质含量的增高而增加。

火电厂测定煤的密度主要是对煤的堆密度的测定。在规定条件下，单位体积的煤的质量称为煤的堆密度，单位为 t/m^3。影响煤的堆密度的因素有全水分含量、煤化程度、粒度大小以及煤是否被压实。煤的堆密度主要用于测算煤场存煤量。

综上可见，评定煤炭质量的指标较多，常用的动力用煤特性指标及符号见表 1-11。

表 1-11　　　　　　　　　常用动力用煤特性指标及符号

特性指标	英文名称	符号	特性指标	英文名称	符号
水分	moisture	M	全硫	total sulfur	S_t
全水分	total moisture	M_t	硫铁矿硫	pyretic sulfur	S_p
灰分	ash content	A	硫酸盐硫	sulphate sulfur	S_s
挥发分	volatile matter	V	有机硫	organic sulfur	S_o
固定碳	fixed carbon	FC	变形温度	deformation temperature	DT
高位发热量	gross calorific value	Q_{gr}	软化温度	softening temperature	ST
低位发热量	net calorific value	Q_{net}	半球温度	hemispherical temperature	HT
碳	carbon	C	流动温度	fluid temperature	FT
氢	hydrogen	H	哈氏可磨性指数	Hardgrove grindability index	HGI
氧	oxygen	O	碳酸盐二氧化碳	carbonate carbon dioxide	CO_2
氮	nitrogen	N	着火温度	ignition temperature	
硫	sulfur	S	灰成分	ash analysis	

三、电厂煤炭质量检验任务

按照电厂化学监督技术条例，电厂煤炭质量检验任务可分为入厂煤检验、入炉煤检验和运行监督等部分。

1. 入厂煤质量检验项目及周期

（1）对每日每批来煤进行全水分、工业分析（包括水分、灰分、挥发分及固定碳）、全硫含量及发热量测定。

（2）对入厂煤每月至少进行一次按各矿别累积混合样的工业分析、发热量及全硫含量测定。

（3）对入厂新煤源除进行（1）规定的测定项目外，还应测定元素分析、灰熔融性、可磨性、煤的磨损指数、煤灰成分等。

（4）主要入厂煤应按矿别每半年对累积混合样进行煤、灰全分析一次，即包括工业分析、元素分析、发热量、全硫含量、灰熔融性等。

（5）对主要入厂煤应按矿别每季对累积混合样进行一次元素分析。

2. 入炉煤质量检验项目及周期

（1）每日测定入炉煤综合样的全水分、工业分析、全硫含量及发热量。

（2）每月测定入炉煤累积混合样的工业分析、发热量、全硫含量。

（3）每半年对其混合样进行一次全分析（项目同入厂煤的规定）。根据生产需要，随时进行灰熔融性、元素分析、可磨性的测定。

3. 燃料运行监督试验

（1）每日至少进行一次飞灰可燃物及煤粉细度的测定。

（2）原煤全水分每值或每日测定一次，各单位根据具体情况而定。

（3）如生产需要，每值对入炉煤进行工业分析测定。

电厂日常检测项目、依据标准及常用检测方法见表 1-12，电厂常规委托检测项目及依据标准见表 1-13。

表 1-12　　　　　　电厂日常检测项目、依据标准及常用检测方法

检测项目	依据标准	常用检测方法
全水分	GB/T 211—2007《煤中全水分的测定方法》	一步法（在空气流中干燥）
工业分析	GB/T 212—2008《煤的工业分析方法》	水分：空气干燥法 灰分：缓慢灰化法
发热量	GB/T 213—2008《煤的发热量测定方法》	
全硫	GB/T 214—2007《煤中全硫的测定方法》	库仑滴定法
煤粉细度	DL/T 567.5—1995《煤粉细度的测定》	
飞灰炉渣可燃物	DL/T 567.6—1995《飞灰和炉渣可燃物测定方法》	

表 1-13　　　　　　电厂常规委托检验项目及依据标准

检测项目	依据标准	常用检测方法
元素分析	GB/T 476—2008《煤中碳和氢的测定方法》	碳、氢：三节炉法
	GB/T 19227—2008《煤中氮的测定方法》	氮：半微量开氏法
	DL/T 568—1995《燃料元素的快速分析法（高温燃烧红外热导法）》	高温燃烧红外热导法
煤灰熔融性	GB/T 219—2008《煤灰熔融性的测定方法》	弱还原性气氛测定（封碳法）
哈氏可磨性	GB/T 2565—1998《煤的可磨性指数测定方法（哈德格罗夫法）》	

任务四　SF₆气体质量检验任务

【教学目标】

通过对本项任务的学习，使学员在知识方面掌握 SF₆ 的物理、化学、电气性能特点，掌握 SF₆ 气体状态参数及状态参数图的应用，了解 SF₆ 分解产物的来源及其毒性。

【任务描述】

空气、氮气等天然永久性气体能承受一定的电场应力从而起到绝缘作用，所以在日常生活中广泛应用于空气断路器、架空电缆等，但由于其绝缘性能较低，本身的导热性较差，限制了其在大型电气设备中的应用。矿物绝缘油虽具有良好的绝缘性能和传热性能，但因其易于氧化、裂化且具有可燃性，限制了使用寿命，影响到设备运行安全性。

人工合成的 SF₆ 作为新型绝缘介质，化学稳定性好、绝缘性能高且具有不易燃、不易爆的特点，不仅取代了断路器上传统使用的空气和绝缘油介质，而且正逐步应用于变压器领域。

【任务准备】

查阅资料，了解理想气体和真实气体的差别，了解真实气体临界状态。思考以下问题：SF₆ 的电性质优于空气和绝缘油的原因是什么？SF₆ 在使用中有哪些注意事项呢？运行中的 SF₆ 会产生什么变化？

【任务实施】

一、SF₆ 气体的基本性质

SF₆ 在常温常压下具有高稳定性，在通常状态下 SF₆ 是一种无色、无味、无毒、不燃的惰性气体。

（一）SF₆ 的物理性质

SF₆ 气体相对分子质量为 146.07，密度为 6.16g/L（20℃，101 325Pa 时），约为空气密度（1.29g/L）的 5 倍，是已知密度最大的气体之一。因为 SF₆ 气体密度比空气密度大很多，所以空气中的 SF₆ 易于自然下沉，致使下部空间的 SF₆ 气体浓度升高，且不易扩散稀释。

1. SF₆ 在不同溶剂中的溶解度

SF₆ 为非极性分子，在水中的溶解度很低，且随温度的升高而降低，易溶于变压器油和某些有机溶剂中。

2. SF₆ 气体的热力学特性

与空气相比较，SF₆ 气体的导热系数只有空气的 2/3，但 SF₆ 气体的比定压热容为空气的 3.4 倍，表面导热系数是空气的 2.5 倍，因此其对流散热能力比空气好得多，综合表面散热能力比空气优越。

（二）SF₆ 的化学性质

SF₆ 分子直径约为 4.56×10^{-10} m，比 N_2、O_2 的分子直径大，其键能为 318.2kJ/mol，

比 N$_2$（948.9kJ/mol）和 O$_2$（497.3kJ/mol）小。

1. 热稳定性

SF$_6$ 分子在温度不太高的条件下，稳定性与稀有气体相近。在 180℃ 以下时，它与电气设备中材料的相容性和氮气相似。纯 SF$_6$ 气体在温度升至 500～600℃ 时也不会分解，与酸、碱、盐、氨、水等不反应，因此在 500K 以下的温度持续作用下，不必担心 SF$_6$ 的气体分解，更不必担心与其他电工材料发生化学反应。当温度高于 1000K 时，SF$_6$ 气体产生热分解，生成硫-氟化合物、单质硫和氟或其离子。在电弧作用下（几千度）SF$_6$ 分子分解为 S 和 F 的原子气，但电弧一旦解除便在 10^{-5}～10^{-4}s 内复合成 SF$_6$。SF$_6$ 最大的优点是它不含碳，因此不会分解出影响绝缘性能的碳粒子，且其大部分气态分解物的绝缘性能与 SF$_6$ 相当，所以不会使气体绝缘性能下降。

2. 高能粒子辐射下的化学反应

SF$_6$ 在多种高能粒子，如 γ 射线、红外线、紫外线等的辐射作用下，会产生大量的氟离子；SF$_6$ 与 NO 的混合物在红外线的照射下，会产生 SOF$_2$；SF$_6$ 在光子的作用下，会产生 SF$_6^+$、SF$_5^+$、F 等离子或原子。总之，在不同条件下，SF$_6$ 的辐射产物的组成也复杂多变。

3. 高温下的化学反应

SF$_6$ 在一定温度下，可以与化学活性强的物质发生氧化还原反应（SF$_6$ 作为氧化剂），例如：

$$SF_6 + nNa \xrightarrow{>250℃} SF_{6-n} + nNaF$$

$$SF_6 + AlCl_3 \xrightarrow{180～200℃} AlF_3 + \cdots$$

$$SF_6 + UO_2 \xrightarrow{750～900℃} UF_6 + SO_2$$

研究表明，绝大多数金属在 500～600℃ 时，均可与 SF$_6$ 反应，生成各类金属氟化物。

（三）SF$_6$ 的电气性质

SF$_6$ 热稳定性好，电负性强，而且 SF$_6$ 分子较大，使得 SF$_6$ 具有优异的电气性能。

1. SF$_6$ 的电负性

SF$_6$ 气体是一种高电气强度的介质。在均匀电场下，它的电气强度为同一气压下空气的 2.5～3 倍。在 0.33MPa 气压时，SF$_6$ 气体的电气强度与绝缘油相同。SF$_6$ 气体与空气和绝缘油的电气性能比较见表 1-14。

表 1-14   **SF$_6$ 气体与空气和绝缘油的电气性能对比**

比较项目	与空气比较	与绝缘油比较
绝缘能力	2～3 倍	
电弧时间常数	空气＝1，SF$_6$＝10^{-2}	
介电常数	同等	与固体组合的情况下，比绝缘油差
电弧作用下的分解	SF$_6$ 会生成有毒产物	因电弧分解可能爆炸（油）
密度	5 倍	
不燃性		闪点约 140℃
冷却性	比空气好	热导率为油的 2/9
防音性	比空气好	比油好
热稳定性	200℃ 以下（SF$_6$）	105℃ 以下（油）
热损坏性	在 SF$_6$ 气氛中不发生材料的劣化变质	油本身发生劣化损坏

SF_6 气体的这一特性主要是由 SF_6 的电负性所决定的。SF_6 分子中有六个氟原子，氟是所有元素中电负性最强的，很容易获得一个电子而形成稳定的 8 电子结构。氟与硫化合形成 SF_6 后，SF_6 仍保留了这种电负性，容易捕获自由电子形成负离子，削弱电子间的碰撞，从而阻碍电离的形成和发展，即

$$SF_6 + e = SF_6^- \qquad -Q$$
$$SF_6 + e = SF_5^- + F \qquad +Q$$

同时，SF_6 气体的分子量约为空气的 5 倍，形成的 SF_6 离子在电场中的运动速度比空气中氮、氧离子的运动速度更慢，正负离子间更容易复合，使 SF_6 气体中带电质点减少，阻碍了气体放电的形成和发展，不易被击穿，因此 SF_6 分子具有良好的灭弧性能及高耐电压强度。一个大气压力下，均匀电磁场中，SF_6 的耐电压强度约为氮气的 2.5 倍。

SF_6 正负离子的复合： $\qquad SF_6^+ + SF_6^- \longrightarrow 2SF_6 \quad +Q$

其中，SF_6^+ 是 SF_6 分子游离形成的： $\qquad SF_6 \longrightarrow SF_6^+ + e$

综上所述，由于 SF_6 气体中的氟原子是极强的电负性元素，所形成的 SF_6 分子仍然保持着较强的电负性，具有极强的吸收电子的能力。另外，由于 SF_6 分子量大、分子直径大，具有电子捕获截面大、正负离子复合概率高的特点，因此 SF_6 气体的绝缘强度高。

2. 介电常数

在 25℃，101.3kPa（23.340MHz）条件下，SF_6 的介电常数是 1.002 026，当气体压力上升至 2MPa 时，该值提高 6%。

3. 灭弧能力

SF_6 气体是一种优良的灭弧介质。SF_6 气体在电流过零时，能迅速地去游离，恢复弧隙的介质强度。SF_6 气体灭弧能力约为空气的 100 倍，因此特别适用于高电压、大电流的开断。我国 500kV 以上断路器，基本上全是 SF_6 气体断路器。

二、SF_6 气体状态参数及其应用

SF_6 气体和其他许多气体一样，在不同的温度和压力下存在三态，即气态、液态和固态。与其他永久性气体不同的是，SF_6 在较高的温度、较低的压力条件下，就能实现相态间转化。

1. SF_6 气体的临界温度和临界压力

临界温度表示气体可以被液化的最高温度，临界压力表示在临界温度下液化所需的最低气体压力。SF_6 气体的临界温度为 45.6℃，临界压力为 3.75MPa。我国大部分地区环境温度一般都低于 45.6℃，因此 SF_6 气体在常温下很容易液化。环境温度越低，其液化所需要的压力也越低。

以瓶装 SF_6 气体为例。通常在 SF_6 气体钢瓶中，SF_6 气液共存，气体压力是环境温度的函数，在不同的温度下，同一瓶气体的压力示值是不同的，而在同一温度条件下，只要瓶中存在液态的 SF_6，其压力不变，见表 1-15。

表 1-15　　　　　　　　　不同环境温度下瓶中 SF_6 气体的绝对压力

环境温度（℃）	−20	−10	0	10	20
气体绝对压力（MPa）	0.80	1.05	1.26	1.75	2.21

因此，对瓶装 SF_6 气体来说，不能凭借气体压力来判断气体量的多少。只有当瓶中不

存在液态 SF_6 的时候，SF_6 气体的压力才与其质量相关，即随着压力的降低，其质量也随之减少。

例如，用钢瓶装 20kg 和 50kg 的两瓶 SF_6 气体，假设其为理想气体，在 20℃时，20kg 气体的绝对压力为 8.3MPa，50kg 气体的绝对压力为 20.75MPa。实际上，20℃条件下，两瓶气体的压力均为 2.2MPa。基于 SF_6 瓶装气体的这一特点，在现场向电气设备充装 SF_6 气体时，必须称量其充气前后的质量差，来确定该设备充入 SF_6 气体质量的多少。

2. SF_6 气体的状态参数曲线图

在通常情况下（高温低压），大多数气体可视为理想气体，它们的状态参数之间的关系可用理想气体状态方程表示，即

$$pV = nRT \tag{1-2}$$

式中　p—气体压强，Pa；

　　　　n—气体摩尔数，mol；

　　　　R—气体摩尔常数，8.314J/(mol·K)；

　　　　T—气体温度，K。

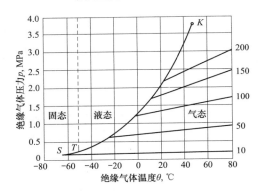

图 1-2　SF_6 气体的三态图

S—升华点；T—熔点；K—临界点

根据理想气体状态方程，很容易计算出气体状态变化时各参数之间的关系。在一般的工作范围内，大多数气体与理想气体的特性差异较小，按理想气体计算误差不会很大，但 SF_6 气体则不同。如采用理想气体状态方程会有较大计算误差。实验结果表明，当 SF_6 气体的压力高于 0.5MPa 时，压力与密度之间就偏离了线性方程。

为了便于工程应用，通常把 SF_6 气体的状态参数绘制成状态参数曲线图方便使用者查阅，下面分别列出了 SF_6 气体的三态图（见图 1-2）、常用 SF_6 气体绝缘使用压力范围状态参数曲线（见图 1-3）和 20℃时，SF_6 气体压力与密度的关系图（见图 1-4）。

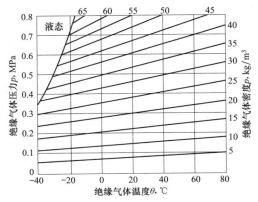

图 1-3　常用 SF_6 气体绝缘使用压力范围状态参数曲线

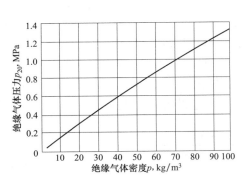

图 1-4　20℃时，SF_6 气体压力与密度的关系

3. SF$_6$ 气体的状态参数图的应用

SF$_6$ 状态参数图在实际工程应用上有着非常重要的指导意义和使用价值。应用状态参数曲线图可以较方便地计算 SF$_6$ 的状态参数，以及求取液化或固化的温度。

（1）判断压力随温度变化的范围。对特定的 SF$_6$ 电气设备，其充气体积是一定的，充装 SF$_6$ 气体的额定压力通常指的是 20℃ 条件下的压力。SF$_6$ 气体压力随温度的变化非常显著，可以利用状态参数图进行计算。

（2）确定不同工作压力下 SF$_6$ 气体的液化温度。SF$_6$ 气体存在液化问题。SF$_6$ 气体一旦开始液化，随着温度下降，SF$_6$ 气体不断凝结成液体，气体密度不再保持常数而是不断减小，气体压力下降得更快，SF$_6$ 气体的绝缘、灭弧性能都随之迅速下降，对于 SF$_6$ 电气设备而言，这是绝不允许的。尽管 SF$_6$ 气体的介电强度随着气体压力的升高而增大，但是由于存在液化问题，不能在过低温度和过高压力下使用。

对于已充装 SF$_6$ 气体的电气设备，可以利用状态参数图计算其液化温度。

（3）确定 SF$_6$ 气体绝缘设备的最大充气压力。由于我国大部分地区冬季的户外温度要高于 −20℃，所以在额定充气压力低于 0.7MPa 时，SF$_6$ 气体不会液化。这也是目前我国高压户外断路器使用的额定充气压力一般不高于 0.7MPa 的原因。

但对于东北、西北地区，冬季户外温度较低，在选用 SF$_6$ 设备时，则应适当降低设备的充气压力，保证最低气温条件下不液化。若设备内气体压力不能满足要求时，可采取室内保温等措施，以防因 SF$_6$ 气体液化，引发设备安全隐患。

4. 六氟化硫电弧作用下的分解产物

纯 SF$_6$ 气体无毒，但其在电弧作用下的分解气体却是有毒或剧毒的。

SF$_6$ 气体在灭弧过程中会经历一个解离-复合的过程，如果在纯 SF$_6$ 氛围中，不存在其他材料和杂质，解离的 SF$_6$ 气体就会完全复合成 SF$_6$。但对 SF$_6$ 气体绝缘设备来说，SF$_6$ 气体总是与多种物质接触。当 SF$_6$ 气体中含有水分、空气等杂质，且与电极、绝缘材料接触时，一小部分解离的 SF$_6$ 产物就会与这些物质发生复杂的化学反应，生成难以复合的有毒低氟化物，腐蚀设备，影响工作人员的健康。

SF$_6$ 在电弧作用下分解产物主要是 SF$_4$，在有水分、氧存在时，则会有 SOF$_2$、SO$_2$F$_2$、HF 等化合物的生成。

（1）SF$_6$ 气体自身的分解反应为

$$SF_6 = SF_4 + F_2$$

（2）SF$_6$ 与电极触头材料的氧化还原反应（以铜-钨电极为例）为

$$4SF_6 + W + Cu = 4SF_4 + WF_6 + CuF_2$$

$$2SF_6 + W + Cu = 2SF_2 + WF_6 + CuF_2$$

$$4SF_6 + 3W + Cu = 2S_2F_2 + 3WF_6 + CuF_2$$

此类反应中，金属被氧化生成金属氟化物的同时，硫则被还原成多种价态离子。这些离子除以游离形式存在外，还会形成多种低氟化合物。生成的低氟化物主要是 SF$_4$、S$_2$F$_2$、SF$_2$。

（3）SF$_4$ 电弧分解产物与水分的反应。SF$_4$ 气体中含水量的多少对电弧分解产物的组分和数量影响极大，这是因为电弧分解产物和新气中的杂质均能与水分发生水解反应生成 H$_2$SO$_3$ 和 HF，导致设备内部绝缘性能劣化和腐蚀，反应方程式如下：

$$SF_4 + H_2O = SOF_2 + 2HF$$
$$SOF_2 + H_2O = SO_2 + 2HF$$
$$SO_2 + H_2O = H_2SO_3$$
$$SOF_4 + H_2O = SO_2F_2 + 2HF$$
$$WF_6 + H_2O = WOF_4 + 2HF$$

研究表明，随着 SF_6 气体中水分含量的增加，SF_6 含量略有下降，分解气中 SOF_2、SO_2F_2 含量增加，而 SOF_4 含量减少，HF 含量明显升高。

（4）SF_6 电弧分解产物与氧气的反应。氧气的存在对 SOF_2 的形成没有明显影响，但是会增加 SO_2F_2 的含量。

应该说，在 SF_6 设备中存在杂质的条件下，SF_6 及其电弧分解产物与杂质之间的反应是非常复杂的，最终所形成的产物和含量还与运行设备所用的材质及运行条件密切相关，很难详尽地定量描述。

5. SF_6 在电弧作用下主要分解产物的数量、性质和危害

在正常运行情况下，SF_6 绝缘设备中的有害气体分解量都在 10^{-4} 数量级，对设备绝缘性能影响很小。SF_6 电弧分解产物的危害体现在两个方面：一是对监督运行人员健康的危害，二是对设备的损害。

SF_6 电弧分解产物毒性极强，极少量的分解产物即可使人致死。空气中 SF_6 气体及其毒性分解产物的允许含量见表 1-16。因此，现场检修、运行人员一定要加强人身防护，防止中毒事故的发生。

表 1-16　　空气中 SF_6 气体及其毒性分解产物的允许含量（体积百分含量）

名　称	允许含量	名　称	允许含量
SF_6	1000×10^{-6}	SiF_4	$2.5mg/m^3$
SF_4	0.1×10^{-6}	HF	3×10^{-6}
SOF_2	$2.5mg/m^3$	CF_4	2.5×10^{-6}
SO_2	2×10^{-6}	CS_2	10×10^{-6}
SO_2F_2	5×10^{-6}	AlF_3	$2.5mg/m^3$
S_2F_{10}	0.025×10^{-6}	CuF_2	$2.5mg/m^3$
SOF_{10}	0.5×10^{-6}	$Si(CH_3)_2F_2$	$1mg/m^3$

SF_6 气体的质量检验方法如下：

（1）SF_6 新气验收。SF_6 新气依据 GB 12022—2006《工业六氟化硫》标准进行验收。验收项目有：空气、四氟化碳、水分、酸度、可水解氟化物、矿物油、纯度、毒性生物试验等。其中空气、四氟化碳、纯度的检验采用气相色谱法，见学习情境十一。水分（湿度）的测定方法见学习情境十三。

（2）SF_6 电气设备中气体管理和检测原则上按照 GB/T 8905 执行，根据各发供电企业的仪器设备状况和生产需要，要求有 SF_6 设备的单位能做检漏和含水量（湿度）测定两项工作，因此，上述单位应配备 SF_6 检漏仪和含水量（湿度）测试仪。

（3）SF_6 运行设备的检漏，一般根据其设备压力的变化情况来确定检漏次数。正常情况下一年检漏一次，设备的年漏气率应不大于总气量的 1%。

（4）SF_6 气体中水分含量的大小是影响设备安全运行的关键指标，应特别注意。SF_6 水分的控制数值是环境温度为 20℃的测定值。严禁在零度以下的环境温度条件下测试，在其他测试温度下测得的数值，应按适当的方法进行校正。

（5）对于充气压力低于 0.35MPa 且用气量较小的设备（如 35kV 以下的断路器），只要不漏气，交接时其水分含量合格，运行中可不测水分，在发生异常时再测试。

（6）水分的检测周期应执行：设备投运第一年，半年测定一次；运行一年如无异常，可两年测定一次。

【学习情境总结】

本学习情境主要介绍了电厂水煤油气分析检验工作的基本内容，该项工作涉及三个检验岗位：电厂水化验员、油务员（油、气化验）、燃料化验员。电厂水化验员负责水汽质量检验，油务员负责绝缘油、汽轮机油、抗燃油以及六氟化硫气体检验，燃料化验员主要负责煤炭质量检验。

蒸汽质量控制指标有钠、氢电导率、二氧化硅、铁、铜。锅炉给水质量控制指标有氢电导率、硬度、溶解氧、铁、铜、钠、二氧化硅，全挥发处理给水还需控制 pH 值、联氨、总有机碳（TOC），直流锅炉加氧处理给水需控制 pH 值、氢电导率、溶解氧、TOC。发电企业根据机组形式、参数等级、控制方式、水处理系统及化学仪表配置情况，水汽质量应执行 GB/T 12145、DL/T 912，并参照执行 DL/T 561、DL/T 805.1、DL/T 805.2、DL/T 805.3、DL/T 805.4 等国家标准和行业标准。

汽轮机油的新油验收应执行 GB/T 11120，运行中汽轮机油的质量标准按 GB/T 7596 执行。国产抗燃油其主要技术指标见 DL/T 571《电厂用磷酸酯抗燃油、运行维护导则》，运行抗燃油的质量标准见 DL/T 571，变压器和开关用油新油验收依据标准为 GB 2536，运行变压器油的质量标准、检测项目及周期原则上按照 GB/T 7595 执行。

SF_6 新气依据 GB 12022 标准进行验收，验收项目有空气、四氟化碳、水分、酸度、可水解氟化物、矿物油、纯度、毒性生物试验等。SF_6 电气设备中气体管理和检测原则上按照 GB/T 8905 执行。运行设备中 SF_6 的质量检验项目和周期依据 DL/T 941。

电厂入厂煤和入炉煤日常检验项目有全水分、工业分析、发热量、全硫，对每季度混合样还应检测元素分析和灰熔融性。新煤源样品除检测上述指标外，还需测定哈氏可磨性。运行监督检验项目有煤粉细度和飞灰和炉渣可燃物。

复习思考题

1. 什么叫水质技术指标？电厂常用水质技术指标有哪些？
2. 地表水和地下水在杂质含量上有何区别？
3. 为什么不同炉型锅炉所规定的水质标准不同？
4. 应该优先选用哪种类型的原油炼制绝缘油？
5. 绝缘油的运动黏度过高或者过低对电气设备运行有何影响？
6. 新油注入变压器中之后，为什么其介质损耗因数、水分等指标要降低？
7. 为什么不能仅以酸值的大小来评定新油的抗氧化安定性和运行油的氧化程度？

8. 温度对油品的氧化有什么影响?

9. 油中水分的来源有哪些? 水分的危害表现在哪些方面?

10. 试述煤的工业分析和元素分析组成之间的关系。

11. 煤炭的质量指标有哪些?

12. 电厂煤炭日常检验项目有哪些?

13. SF_6 气体绝缘特性优于空气的原因有哪些?

14. 为什么不能通过 SF_6 气体钢瓶表头压力确定 SF_6 气体量?

15. 检测 SF_6 气体时为什么要将气瓶放倒,尾部垫高?

16. SF_6 新气的验收指标有哪些?

17. SF_6 气体中的水分对 SF_6 设备有什么危害?

18. 某地最低气温为 $-35℃$,根据 SF_6 气体状态参数图,确定 SF_6 设备的最大充气压力。如该压力不能满足设备绝缘要求,可以采取什么措施?

19. 为什么运行 SF_6 电气设备中 SF_6 气体具有毒性?

学习情境二

样品的采集和制备

【学习情境描述】

电厂水煤油气分析检验大都是定量分析。定量分析通常包括四个环节。

1. 采样

采样是定量分析中的重要环节。采样的目的是使样品具有代表性，否则分析检测结果就会产生较大偏差，甚至出现错误结果，得出错误结论。样品的采集要根据样品的特性，按照有关标准规定的程序和步骤进行，使获得的样品具有代表性。

2. 制样

制样是将采集到的样品，通过缩制得到少量样品。大多数定量分析方法都采用湿法分析，即将试样分解后转入溶液中，然后进行分离和测定。试样类型不同，分解的方法不同。

3. 检测

应根据待测组分的性质、含量和对分析结果准确度的要求选择合适的分析方法。熟悉各种方法的特点，根据它们在灵敏度、选择性及适用范围等方面的差别来正确选择适合不同试样的分析方法是定量分析的重要内容。

4. 结果计算及评价

根据分析过程中有关反应的计量关系及分析测量所得数据，计算试样中待测组分的含量。对于测定结果及其误差分布情况，应用统计学方法进行评价。

本学习情境主要介绍电厂水煤油气样品的采集和制备方法。

本单元设计以下四项任务：生水样的采集、锅炉用水及蒸汽的采样方法、油样的采集、煤样的采集和制备。

通过四项任务的学习，使学生掌握电厂水样、汽样的采集方法，掌握油样的采集方法，掌握煤样的采集和制备原则。

【教学目标】

通过学习和实践，使学生掌握电力生产过程中水煤油气样品的采集和制备方法。

1. 知识目标

（1）掌握电厂水样采集的基本原则；

（2）掌握电厂汽样采集的基本原则；

（3）掌握电力用油采样的基本原则；

（4）掌握煤炭采样和制样的基本原理。

2. 能力（技能）目标

（1）能根据要求正确采集和保存水样；

（2）能正确采集汽样；

（3）能正确采集各类油样；

（4）能正确采集和制备煤样。

 【教学环境】

教学场所应有黑板、计算机、投影仪，并可播放 PPT 课件及教学视频。

任务一　生水样的采集

【教学目标】

通过对本任务的学习，使学生在知识方面了解天然水样的采集原则、采集方法、保存和运送要求；在技能方面，能熟练进行天然水样的采集和制备；态度方面，能主动积极参与问题讨论，具有严谨细致、一丝不苟的职业素质，具有安全意识，具有团队协作能力。

【任务描述】

任何水体的水质都是通过对其所采样品的试验分析来加以评定的。采样的最根本目的就是要获得具有代表性的样品，因而它必须遵循科学的采样原则与方法，并对所采集的样品妥善保存，供试验分析用。因此，水样的采集必须遵循一定的原则，并满足保存和运送要求。

【任务准备】

查阅有关资料，了解水样的采集方法。

【任务实施】

一、电厂水样的采集方法

直接取自环境水体的水称为生水或原水。不论生水取自何种水源，其采样均应遵循一定的原则，即要有足够的采样点或子样数；每个采样点所采水样要有一定的数量或体积；采样点的位置要合理；要有适当的采样工具。

1. 采样点

电厂用生水往往取自江河的一段或水库的一侧水体，但采样点应均匀分布于江河河段的上游、下游和中部。一般各确定 2、3 个采样断面，同时在同一断面的不同水深处，按表 2-1 要求设置采样点，对不同深度处分别采样。

表 2-1　　　　　　　　　　　　　不同水深河流的采样要求

水　深	采样点数	说　明
≤5m	1 点（距水面 0.5m）	水深不足 1m 时，在 1/2 水深处；在河流封冻时，在冰下 0.5m 处；如上下水质均匀，可减少采样点数
5～10m	2 点（距水面 0.5m，河底以上 0.5m）	
>10m	3 点（水面下 0.5m，1/2 水深，河底以上 0.5m）	

采样点数要视水样取自的江河河段的长度、宽度、水质等因素来加以确定，很难作出统

一规定。总之，河段长度越长、宽度越宽、深度越深、水质均匀性就越差，则采样点数也应越多，将各个采样点分别采集的水样混合成综合水样，供实验分析之用。

例如，某电厂所用生水取自长 5000m、宽 40m 的河段，则可在此河段的上、中、下游各设一个采样断面，如该河水深为 6～8m，则在各断面垂线上宜设 2 个采样点，即总共设置 6 个采样点。

如上述河宽因雨季增大至 90m，这时在河流中心两侧可各设 6 个采样点，即总计为 12 个采样点。

采样点的多少，对保证达到采样精密度要求起着关键性的作用。从理论上讲，采样点数越多，样品的代表性就越好，但采样时间将大大增长，工作量将增大，另外，随着采样点数增多，采样精密度的提高趋缓，故应控制适当的采样点数。

在湖泊、水库中采集水样时，其采样点的设置可参照江河采样要求；在井水中采集水样时，必须在充分抽汲后进行，以保证水样能代表地下水水源的水质；在管道或流动部位采集水样时，应先充分冲洗管道后再采集水样。对江河、湖泊或水库等地表水采样，受季节、气候条件影响较大，采样时不仅要注意自然条件的变化，而且要加以记录。对地表水来说，丰水期与枯水期、气温的高低、大雨前后，水质有明显变化，故应选择在该地区有代表性的自然条件下进行采样。如果能够在不同自然条件下采样，掌握各种条件下的水质及水量变化规律，就能对该水源提供一个更为完整的水源资料，这将有助于电厂对水源的科学选用，因而颇具价值。

此外，应用海水作为冷却水的电厂，有时也需要采集海水水样，由于海水受水流、风浪、潮汐等诸多因素影响，瞬时采样很难代表海水水质。故一般情况下，可通过海洋环境监测部门获取较为可靠的海水水质资料。

2. 水样量

水样采集量视所用试验方法、待测成分浓度及试验项目的多少而定。所采集的水样量应满足试验与复核的需要。

每个采样点采集 1～2L 水样，将各点所采水样混合而成综合样。如用于水质全分析时，应从综合样中分取不少于 5L 的水样；如用于单项指标的试验，则应从综合样中分取不少于 0.3L 的水样。

对于有着特殊要求的水样，则应根据实际需要增加水样量，例如委托电科院对本厂的水质试验结果加以验证与评价时，需要双倍的水样量，才能满足电科院与本厂试验需要。

3. 采样点布置

布置采样点的总体要求是采取均匀布点的原则，在整个水体的各个部分都能采集到水样，将其混合而成综合样，以代表水体的平均水质。

例如，在江河湖泊或水库中采样，若采样点集中在一个很小区段内，且都在水层表面时，所采集的水样可能产生系统误差。

4. 采样工具

在天然水体中采集水样时，应选用不同的取样装置采集水样，分别如图 2-1 和图 2-2 所示。

采样瓶应由惰性物质制成，抗破裂，清洗方便，密封性和开启性良好，必须保护水样免受吸附、蒸发及外来物质的污染，故容器瓶应能塞紧。水样瓶通常可用硬质硼硅玻璃瓶或高压聚乙烯瓶。

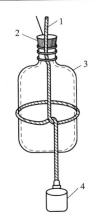

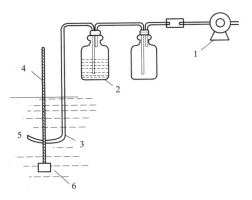

图 2-1　表面或不同深度取样器　　　　　　　　图 2-2　泵式取样器

1—绳子；2—采样瓶塞；3—采样瓶；4—重物　　　1—真空泵；2—采样瓶；3—采用氯化尼龙管；

　　　　　　　　　　　　　　　　　　　　　　　　4—绳子；5—取样口；6—重物

　　无色具塞硬质玻璃瓶通常用作水样瓶，优点是无色透明，便于观测水样及其变化，还可加热灭菌，洗涤也比较方便；缺点是不适于运输，玻璃成分中含有的氧化硅、钾、钠、硼及铝等易被溶出，某些玻璃瓶成分中还含有锑、砷等也易被溶出。

　　高压聚乙烯瓶作为水样瓶，优点是耐冲击、轻便、方便运输，对许多试剂都很稳定；缺点是聚乙烯瓶有吸附磷酸根离子及有机物的倾向，易受有机溶剂的侵蚀，有时还会促进藻类繁殖，它也不如玻璃瓶易于洗涤、检查及校验体积。

　　在天然水体中采集水样时，也可用泵式取样器。

　　对于特殊成分的试验，则应使用专用的取样容器，例如溶解氧、亚硫酸盐、生物试验等。

二、水样的保存

　　采集后的水样，在放置过程中，由于各种原因，水质可能发生变化，从而使试验结果不能真正反映被采集水体的水质特性。为了使这种变化降至最低程度，必须在采样时根据水样的不同情况及试验项目，采取必要的措施，并尽快地完成分析测定。

　　（一）水样的保存要求

　　对于某些特别容易发生变化的项目，应在现场进行测定。

　　水样允许的保存时间与水样性质、待测项目、水样 pH 值、存放容器、存放温度等多种因素有关。

　　存水样的基本要求，就是力求减缓水质的生物及化学变化速度，减少组分的挥发与吸附作用，从而保持水质的稳定。

　　（二）水样保存的措施

　　1. 选择适当材料的水样容器

　　①容器不能是新的污染源。例如测定硅硼，不能使用硅硼玻璃瓶。②容器不应吸收或吸附某些待测组分。例如测定有机物的水样，不能使用聚乙烯瓶或桶。③容器不应与某些待测组分发生反应。例如测氟的水样不应使用玻璃瓶。④测定对光敏感的组分，应将水样存放于深色瓶中。

应该注意，当使用同类型容器如玻璃瓶来存放水样时，所用洗涤剂应随待测组分的不同而异。例如测定水中磷酸盐，就不能使用含磷洗涤剂；测定硫酸盐，不能使用重铬酸钾-硫酸洗液等。

2. 控制溶液的酸度

调节水样的 pH 值，可以抑制或避免某些组分在保存期间发生变化，例如测定水中砷时，水样中加硫酸，使 pH<2；测总氰时，则在水样中加氢氧化钠，使 pH>12 等。

3. 添加化学试剂抑制氧化还原反应与生化作用

例如在测定水中溶解氧时，水样中要加入硫酸锰及碱性碘化钾溶液。因为在碱性溶液中 Mn（Ⅱ）被水中溶解氧氧化为 Mn（Ⅲ）或 Mn（Ⅳ），可将溶解氧固定；然后酸化溶液，再加入碘化钾，将 Mn（Ⅲ）或 Mn（Ⅳ）又被还原为 Mn（Ⅱ），并生成与溶解氧相等物质的量的碘。然后用硫代硫酸钠标准液滴定所生成的碘，便可求得水中的溶解氧。

4. 冷藏或冷冻，以降低细菌活性及化学反应速度

采用 2～5℃的冷藏方法，是保存水样的有效措施之一。例如，测定水中悬浮物、色度、硫酸盐、硬度、碱度、化学耗氧量等多种项目的水样均是如此保存。

5. 采用多种复合保护措施保存水样

为保存水样，同时采取上述两种或以上的复合措施，例如总磷的测定，水样中加硫酸硫化至 pH<2，2～5℃冷藏；又如汞的测定，水样中加硝酸酸化至 pH<2，并加重铬酸钾，使其质量分数为 0.05%，此水样可储存数月之久。

三、现场及最好在现场测定的项目

1. 现场测定的项目

宜于在现场测定的项目，主要有温度、色度、二氧化碳、溶解氧、臭氧等。

2. 最好在现场测定的项目

最好在现场测定的项目，主要有浊度、臭氧、pH 值、电导率、全氯等。

3. 立即或尽快测定的项目

水中亚硝酸盐氮，应立即测定；水中悬浮物、化学耗氧量（COD）、铬及 Cr^{6+} 等应尽快测定。

一般说来，水样可以存放的时间，对未受污染的水来说，为 72h；对受污染的水来说，应缩短至 24h 以内。

水样在运送与存放时，应保持容器密封，水样瓶置于阴凉处，避免阳光曝晒；经存放或运送的水样，在分析试验报告上应注明存放时间、温度等条件。

任务二　锅炉用水及蒸汽的采样方法

【教学目标】

通过对本项任务的学习，使学生在知识方面了解锅炉用水及蒸汽的采集原则、采集方法、保存和运送要求；在技能方面，能熟练地进行锅炉用水及蒸汽的采集和制备；态度方面，能主动积极参与问题讨论，具有严谨细致、一丝不苟的职业素质，具有安全意识，具有团队协作能力。

⚓ **【任务描述】**

锅炉用水通常包括锅炉给水、炉水、疏水、凝结水、内冷水、冷却水等以及水处理设备如除氧器设备、加药设备的出水等。对于锅炉的上述各种水、水处理设备的出水以及蒸汽都应按照要求进行采样试验，以监督其水汽质量。

🌱 **【任务准备】**

查阅有关资料，了解汽样的采集和制备方法。

⚙ **【任务实施】**

一、锅炉用水采样方法

1. 方式与采样次数

锅炉各种用水多采用瞬时采样方式，例如对给水中硬度、溶解氧、二氧化硅、联氨、pH值、电导率的测定；锅炉补给水中二氧化硅、电导率的测定；凝结水中的硬度，溶解氧、电导率、钠的测定。有关标准条例均规定每天检测不得少于6次，这就意味着每隔4h就得进行一次采样试验，以获得上述各指标的测值。

将全天中6次测定结果加以平均，则代表指标的全天含量。

2. 水样量

水样量的规定同本学习情境任务一。

3. 采样点的位置

采样器的安装位置即为采样点的位置，它们通常安装于水汽管道或工业设备中。大中型电厂均装有水汽的集中取样装置，并相应设置了人工采样点。

电厂水汽集中取样系统取样点设置，通常在下述各个部位：补给水箱出口、凝结水泵出口、除氧器进口、除氧器出口、省煤器进口、炉水、饱和蒸汽、过热蒸汽、凝汽器热井、凝结水处理设备出口、再热器进出口、高（低）压加热器疏水、轴承冷却、连续排污扩容器等处设置水汽采样点。

4. 取样工具

锅炉用水试样可以从工业设备中，也可以从水汽管道中采取，其取样阀的连接参见图2-3和图2-4。

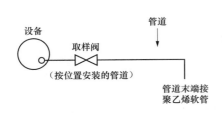

图2-3　从工业设备采样的取样器

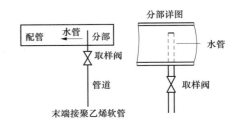

图2-4　从管道中采样的取样器

取样器应根据工业设备（如除氧器、给水泵、加药装置等）、锅炉类型及参数以及水汽试验的要求与目的不同而设计、制造和布置。

包括取样管及阀门在内，取样器应采用耐腐蚀金属材料加工制造，如给水、除氧水的取样器都应使用优质不锈钢制造。

从高温、高压管道或设备中采集水样时，如炉水取样，必须安装减压装置及冷却器。取样冷却器应具有良好的冷却效果及稳定的冷却水源，使得水样流量约为 700mL/min 时，水样温度仍能低于 40℃。

二、锅炉蒸汽采样方法

电厂锅炉有自然循环、强制循环之分，电厂蒸汽也有饱和蒸汽与过热蒸汽之别。不同类型的锅炉采样系统有所不同，饱和蒸汽与过热蒸汽的取样器及其取样要求也有所差异。

从锅炉汽包导管或蒸汽管路中取出有代表性的蒸汽试样，需要专门设计、制造与安装特殊的取样器。按照设计的取样速度采集蒸汽，将蒸汽试样经导管减压，引至冷却器冷却成凝结水后采集蒸汽样品。

1. 蒸汽采样的总要求

采集蒸汽试样的装置包括取样器、导管、阀门、凝汽器、试样容器等。

（1）新用（新安装或新检修）的取样器，应经充分冲洗，通入蒸汽或凝结水，冲洗 24h 后方可取样。

（2）蒸汽取样阀门应常开，使蒸汽凝结水不断流出。为减少水汽损失，可将凝结水回收。

（3）蒸汽试样的流量一般为 0.4～0.5kg/min，根据试验要求与冷却水流量可适当调节。

（4）试样温度对不同试验有不同要求。通常测定电导率的试样，应低于 25℃；测定溶解气体的试样，应低于 20℃；测定较为稳定成分的试样，可适当提高至 30℃左右。

（5）接受蒸汽试样应使用硬质（硅硼）玻璃容器，使用前应清洗干净，用一级水浸泡数天。对于新购置的容器，应使用 10g/L 的氢氧化钠溶液预处理，促使玻璃老化。

（6）蒸汽样品应尽快试验分析。试样容器用毕，应用（1+1）盐酸清洗，凝结水冲洗后妥善保存，专门作蒸汽取样用。

2. 蒸汽取样器

饱和蒸汽及过热蒸汽取样，可用下列不同类型取样器：

（1）饱和蒸汽取样器。

1）单口型蒸汽取样器：通常安装在汽包或集汽管出口的蒸汽管内，取样器从蒸汽管壁插入并焊接牢固，取样口居于蒸汽管的中心线上，与蒸汽流向相反。

2）多口型取样器：该类型取样器应专门设计。安装与焊接取样器时，取样器从径向插入并延伸至对面蒸汽管道，取样口应对着上升的蒸汽流，取样孔（口）与孔之间保持一定距离，孔的面积与取样管截面相等。取样器在蒸汽管内的那一部分呈锥形，一方面易插入管道；另一方面可减少磨损，有利于增加刚性。对于大管径的管道，可将取样器设计为两个或适当增加支撑，以提高强度。

（2）过热蒸汽取样器。过热蒸汽取样器与大管径多口型饱和蒸汽取样器结构基本相同，不同之处在于需插入一根小管，向取样连接管内喷水，以消除过热并增加湿度。小管端部延伸到取样器最后一个孔外，内部导管和周围环形管要单独安装外接头。采集过热蒸汽时，可按自然循环或强制循环系统取样。

3. 冷凝器与导管、阀门及材料

（1）凝汽器的要求。

1）有足够强度，能承受取样蒸汽压力，才能防止泄漏，保证试样不受冷却水污染。

2）有足够的冷却面积，能将蒸汽试样冷却到试验需要的温度。为减少试样在冷却器中的滞留时间，冷却器的蛇形管直径要小，使其储存量尽可能少。

3）凝汽器的冷却水应保证凝汽器不结垢、不污堵。一般宜用处理过的澄清水作冷却水，如能用纯水作冷却水更好。

（2）导管、阀门及材料要求。由取样器取出的蒸汽经导管、阀门等才能进入检测器或凝汽器。为了减少新鲜蒸汽对金属材料的溶解，应尽可能减少导管的长度及阀门数量，使蒸汽与金属材料接触面积最小，时间最短。

为防止金属材料腐蚀而污染蒸汽试样，制造取样装置的材料，原则上都要使用耐蚀性比锅炉本体更好的材料制造，最低限度也要使用与汽包和过热器相同的材料制造。我国通常使用 1Cr18Ni9Ti 制造取样装置。

三、蒸汽采样注意事项

（1）由于蒸汽中固体和液体杂质以灰尘或雾的形式存在，其密度大于蒸汽，且分散不均匀，在取样前应采取分离措施。在汽包或集管式锅炉中，单口型取样器应该安装在出汽口，若在蒸汽管路上取样，常用多口型取样器，径向插入，以保证取样有代表性。

（2）取样速度一定要维持稳定，而且进取样器的速度一定要与蒸汽流通速度一致。为了减少杂质损失，蒸汽需保持较快速度，尤其是垂直向上取样时更需要快速。

（3）为防止蒸汽中的杂质在取样管表面沉积，取样时从取样器顺流方向采集试样。为防止盐析现象发生，应向取样器内注入足量水，以除去过热，并保持一定湿度。

任务三　油样的采集

【教学目标】

通过对本项任务的学习，使学生在知识方面了解电力用油的采集原则、采集方法、保存和运送要求；在技能方面，能熟练地进行电力用油的采集；态度方面，能主动积极参与问题讨论，具有严谨细致、一丝不苟的职业素质，具有安全意识，具有团队协作能力。

【任务描述】

油样的采集是油质试验的基础。正确的采样，使样品具有代表性，是对电力用油进行监测的基本要求。采样方法依据 GB/T 7597—2007《电力用油（变压器油、汽轮机油）取样方法》。根据采样部位或采集样品的类型，现场采集油样的方法有油桶中取样、油罐或槽车中取样、电气设备取样、汽轮机（或水轮机、调相机、大型汽动给水泵）油系统中取样、变压器油中水分和油中溶解气体分析取样。通过本项任务，使学生能熟练掌握电力用油的采集方法。

【任务准备】

查阅有关资料，了解电力用油的采集方法。

⚙ **【任务实施】**

油质试验项目因受大气的影响不同，可以分为两类：一类是基本不受大气影响的项目，称为常规分析项目，如外观、密度、黏度、闪点、凝点、倾点、界面张力、苯胺点、水溶性酸、氧化安定性等；另一类是受大气中的水分、空气等影响的项目，如水分、油中溶解气体组分含量等。

一、常规分析取样

（一）油桶中取样

1. 采样器具

（1）采用取样管取样。取样管如图2-5所示。取样管的长度应能达到油桶的底部。选取2、3根取样管，使用前洗净，自然干燥，两端用塑料帽封住，备用。

（2）取样瓶采用500～1000mL磨口具塞试剂瓶，如图2-6所示。

使用前，先用洗涤剂进行清洗，再用自来水冲洗，最后用蒸馏水洗净、烘干、冷却后，盖紧瓶塞，粘贴标签待用。

2. 采样方法

（1）试样应从污染最严重的底部取样，必要时可抽查上部油样。

（2）开启桶盖前需用干净甲级棉纱或布将桶盖外部擦净，开盖后用清洁、干燥的取样管取样。

（3）从整批油桶内取样，取样的桶数应能足够代表该批油的质量，具体规定见表2-2。

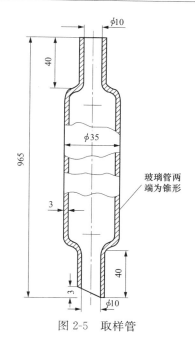

图2-5　取样管

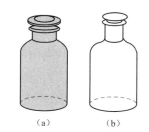

图2-6　采样瓶

（a）棕色采样瓶；（b）白色采样瓶

表 2-2　　　　　　　　　　　　**油桶总数与应取桶数**

序　号	1	2	3	4	5	6	7	8
总油桶数	1	2～5	6～20	21～50	51～100	101～200	201～400	＞401
取样桶数	1	2	3	4	7	10	15	20

（4）采样步骤：采样时，将玻璃管伸到油桶高度一半的位置，用取出的油冲洗玻璃管，然后倒掉，重复2、3次操作后，再进行严格的取样操作：用拇指按住玻璃管顶端，将其插入底部，然后放开拇指，当油充满后，再用拇指堵住管头，把充油玻璃管提出，插入取样瓶中，松开拇指，使取样管中的油淌入瓶中，反复操作，直至把取样瓶取满。

（5）每次试样应按表2-2规定取数个单一油样，均匀混合成一个混合油样。单一油样就是从某一个容器底部取得油样，混合油样就是取有代表性的数个容器底部的油样再混合均匀的油样。

（二）油罐或槽车中取样

1．取样器具

（1）取样勺。取样勺如图 2-7 所示。使用前应洗净，自然干燥，备用。

（2）取样瓶。同油桶取样用取样瓶。

2．采样方法

（1）试样应从污染最严重的油罐底部取样，必要时可用取样勺抽查上部油样。

（2）从油罐或槽车中取样前，应排去取样工具内存油，然后用取样勺取样。

（三）电气设备中取样

1．取样器具

（1）取样阀。取样阀如图 2-8 所示。

（2）取样瓶。取样瓶同油桶取样用取样瓶。

2．取样方法

（1）对于变压器、油开关或其他充油电气设备，
应从下部阀门（含密封取样阀）处取样。取样前应先用干净甲级棉纱或纱布擦干净，旋开螺帽，接上取样用耐油管，再放油将管路冲洗干净，将排出的废油用专用容器收集，不能直接排在现场。然后用取样瓶取样，取样结束，旋紧螺帽。

（2）对需要取样的套管，在停电检修时，从取样孔取样。

（3）没有放油管或取样阀门的充油电气设备，可在停电或检修时设法取样。进口全密封无取样阀的设备，按制造厂规定取样。

（四）汽轮机（或水轮机、调相机、大型汽动给水泵）油系统中取样

1．取样器具

取样瓶。取样瓶同油桶取样用取样瓶。

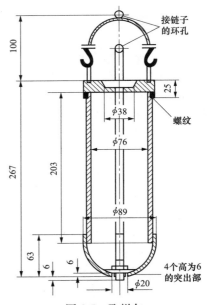

图 2-7　取样勺

图 2-8　取样阀

2．采样方法

（1）正常监督试验由冷油器取样。

（2）检查油的脏污及水分时，由油箱底部取样。

（3）在取样时应严格遵守用油设备的现场安全规程。

（4）基建或进口设备的油样除一部分进行试验外，另一部分尚应保存适当时间，备查。

（5）对有特殊要求的项目，应按试验方法要求进行取样。

（五）变压器油中水分和油中溶解气体分析取样

1．取样器具

油中溶解气体、含气量分析用 100mL 玻璃注射器取样；油中水分分析用 10mL 或 20mL 玻璃注射器取样（见图 2-9）；

图 2-9　注射器

油中溶解气体和水分都需要检测时，可用 100mL 玻璃注射器合并取样。

注射器应气密性好，检查方法：用玻璃注射器取可检测出氢气含量的油样，存储两周，在存储开始和结束时，分别检测油样中的氢气含量，每周损失氢气含量小于 2.5％ 的注射器判定为气密性合格。

注射器芯塞应无卡涩，可自由滑动，应装在一个专用盒内，避光、防震、防潮。

取样注射器使用前，应顺序用有机溶剂、自来水、蒸馏水洗净，在 105℃ 下充分干燥，或采用吹风机热风干燥。干燥后，立即用小胶头盖住头部，粘贴标签待用（最好保存在干燥器中）。

2. 取样基本要求

取样应满足下列要求：

（1）油样应能代表设备本体油，应避免在油循环不够充分的死角处取样。一般应从设备底部的取样阀取样，在特殊情况下可在不同取样部位取样。

（2）取样过程要求全密封，即取样连接方式可靠，既不能让油中溶解水分及气体逸散，也不能混入空气（必须排净取样接头内残存的空气），操作时油中不得产生气泡。

（3）取样应在晴天进行。取样后要求注射器芯子能自由活动，以免形成负压空腔。

（4）油样应避光保存。

3. 取样操作

用玻璃注射器取样，按图 2-10 操作。

（1）打开取样阀外罩，用导管与专用三通连接器连接。

（2）打开取样阀阀门，将三通连接器置于下图位置，排空死油、冲洗连接管路；

（3）旋转三通连接器置于图 2-10（c）位置，取少量的设备油。

（4）旋转三通连接器置于图 2-10 位置，推动注射器排空注射器残油。重复操作（3）、（4）步骤 2、3 次，冲洗注射器。

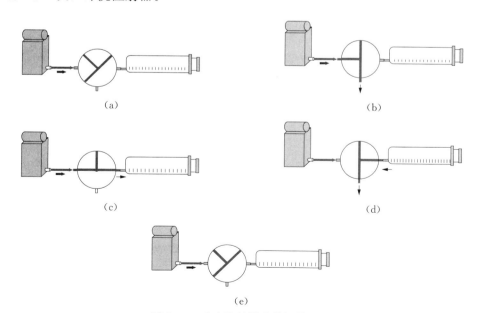

图 2-10　玻璃注射器取样操作步骤

（5）旋转三通连接器置于图 2-10（c）的位置，靠设备本体压力，将设备本体油注入注射器。

（6）当注射器中油样达到所需毫升数时，立即旋转三通连接器置于图 2-10（e）的位置，从注射器上拔下三通，在小胶头内的空气泡被油置换之后，盖住注射器的头部，将注射器置于专用油样盒内，填好样品标签。清理现场，取样结束。

上述步骤操作过程应特别注意保持注射器芯子干净，以免卡涩。

在基建阶段和设备大小修时，取样点应用塑料布遮盖，采样时间应尽量避开施工时间，尽可能减少样品被污染的可能性。在天气特别恶劣时取样，要尽量避免雨水和潮湿的影响。击穿电压和介质损耗因数取样用被采集的油冲洗取样瓶 2、3 次后再取样。

取样过程要求全密封，即取样连接方式可靠，既不能让油中溶解水分及气体逸散，也不能混入空气（必须排净取样接头内残存的空气），操作时油中不得产生气泡。

4. 样品标识

油样取完后应立即贴上样品标签，标签格式见表 2-3。

表 2-3　　　　　　　　　　　　　样　品　标　签

单　位		取样容器号	
设备名称		产品型号	
产品序号		油重（t）		油牌号	
低温（℃）		气温（℃）		相对湿度	
负荷情况		取样原因			
取样部位					
取样时间		取样人			

5. 油样运输和保存

油样应尽快进行分析，做油中溶解气体分析的油样存放不得超过 4 天。做油中水分含量的油样不得超过 7 天，油样在运输中应尽量避免剧烈震动，防止容器破碎，油样运输和保存期间，必须避光，并保证注射器芯能自由滑动。

6. 采样注意事项

（1）取样应在晴天进行，且空气相对湿度不高于 80%。取含水量分析样品时，空气相对湿度不大于 70%。

（2）作业人员两人，一人操作，一人监护。登高时应使用安全带，有专人负责梯子，传递物件不能上下抛掷。

（3）带电取样时，防止误碰设备带电部分，并与带电设备保持足够的安全距离。做好防止感应电伤人的措施。

（4）取完油样后关好取样阀，不得漏油、渗油，并做好工作地点的清洁。

⊞⊞ 【能力拓展】

在变压器气体继电器取气样

当变压器气体继电器动作时，除取油样分析油中溶解气体之外，应同时取气样分析。应注意：气体继电器动作后，在没有完成对游离气体取样之前，千万不可轻易放掉气体继电器内积存的气体，因为这些气体的组分和含量是判断设备是否存在故障及故障性质的重要依据之一。为防止组分气体回溶，必须在尽可能短的时间内取出气样。

取气样仍采用玻璃注射器。玻璃注射器应预先清洗、烘干。操作时先用设备本体油润湿注射器内壁和芯塞，保证注射器滑润和密封。取气样时，可在气体继电器的放气嘴上套一小段乳胶管，参照取油样的方法，用气体冲洗取样系统后，再取气样。

此外，取气样时应注意不要将油吸入注射器内，同时应注意人身安全。

任务四　煤样的采集和制备

🔊 【教学目标】

通过对本项任务的学习，使学生在知识方面了解商品煤的采集原则、采集方法、保存方法；在技能方面，能熟练地进行煤样的采集；态度方面，能主动积极参与问题讨论，具有严谨细致、一丝不苟的职业素质，具有安全意识，具有团队协作能力。

🎤 【任务描述】

通常送至分析实验室的试样量是很少的，但它应该能代表整批物料的平均化学成分。电力行业日常检测对象有固体（煤炭、灰渣）、液体（水、油）、气体（SF_6、烟气）等。其中固体的采集与制备程序相对较为复杂。

煤炭的采样方法是典型的固体采样方法。煤炭是一种大宗散状物料，可简单视为有机质和无机矿物质的二元混合物，因其生成、采掘和加工条件以及应用状态的不同，煤的特性指标的不均匀程度也就各异。

为了准确地评价煤炭质量，需要从几千吨甚至上万吨的煤炭中采集少量的样品，最终缩制成100g左右的一般分析试验煤样，要使实验室获得的样品能够代表这批煤炭的平均质量与特性，就必须遵循一定的原则。煤炭检验结果的误差由采样、制样和化验三部分组成。如果用方差来表示，则采样误差最大，约占总误差的80％；制样误差次之，约占16％；化验误差最小，约占4％。可见，正确的采制样是电厂燃料质量鉴定中的一个重要环节，也是获得可靠分析结果的必要前提。

🌱 【任务准备】

查阅资料并思考：
（1）固体物料的采集原理是什么？
（2）煤的均匀性如何表征？

⚙ 【任务实施】

一、采样

（一）采样的一般原则和采样精密度

采样是指从大量煤中采取具有代表性的一部分煤的过程。要使获得的煤样具有代表性，应当满足：被采煤样的所有颗粒都可能进入采样设备，每一个煤粒都有相等的几率被采入试样中。

在采样过程中，误差总是存在的。由于不能确切获得被采煤样的真值，因此只能对试验结果的精密度做估算。

精密度是指在规定条件下所得独立试验结果间的符合程度，它经常用精密度指数，如两倍的标准差来表示，即

$$P = 2s \qquad (2-1)$$

煤炭采样精密度是指单次采样测定结果与对同一煤（同一来源，相同性质）进行无数次采样的测定结果平均值的差值（在95%概率下）的极限值。实际上，采样精密度不仅取决于采样、制样、化验三个环节的误差，还与被采样煤的变异性、采样单元数、子样数和试样量有关。

（二）基本采样方案

1. 采样精密度规定

电厂在日常采样过程中，通常采用国家标准规定的基本采样方案。根据基本采样方案，原煤、筛选煤、精煤和其他洗煤（包括中煤）的采样、制样和化验总精密度见表2-4。

表2-4 采样精密度（采制化总精密度）

原煤、筛选煤		精 煤	其他洗煤（包括中煤）
$A_d \leqslant 20\%$	$A_d > 20\%$		
$\pm\frac{1}{10}A_d$ 但不小于$\pm1\%$（绝对值）	$\pm2\%$（绝对值）	$\pm1\%$（绝对值）	$\pm1.5\%$（绝对值）

2. 采样单元的划分

采样单元是指从一批（班、组）煤中采取一个总体的煤量，一批煤可以是一个采样单元，也可是多个采样单元。

采样单元的划分方法如下：

（1）商品煤分品种以1000t为一基本采样单元。

（2）当批煤量不足1000t或大于1000t时，可根据实际情况确定。以下煤量为一采样单元：①一列火车装载的煤；②一船装载的煤；③一车或一船舱装载的煤；④一段时间内发送或交货的煤。

（3）如需进行单批煤质量核对，应对同一采样单元进行采样、制样和化验。

（4）一批煤采样单元数的确定。一批煤可作为一个采样单元，也可按式（2-2）划分为m个采样单元，即

$$m = \sqrt{\frac{M}{1000}} \qquad (2-2)$$

式中　M——被采样煤量，t。

将一批煤分为若干个采样单元时，采样精密度优于作为一个采样单元时的采样精密度。

3. 采样方法

采样的基本流程：①确定子样数目；②确定子样质量；③布点；④用适当工具采样。

（1）确定子样数目。

1）1000t 原煤、筛选煤、精煤及其他洗煤（包括中煤）应采取的最少子样数目规定见表 2-5。

表 2-5 基本采样单元最少子样数

品　种	灰分范围 A_d	采样地点				
		煤流	火车	汽车	煤堆	船舶
原煤、筛选煤	＞20%	60	60	60	60	60
	≤20%	30	60	60	60	60
精煤	—	15	20	20	20	20
其他洗煤（包括中煤）	—	20	20	20	20	20

2）当煤量超过 1000t 的子样数目时，按下式计算：

$$N = n\sqrt{\frac{M}{1000}} \tag{2-3}$$

式中　N——实际应采子样数目，个；

　　　　n——表 2-5 规定的子样数目，个；

　　　　M——实际被采煤量，t。

3）当煤量少于 1000t 时，子样数目根据表 2-5 规定数目按比例递减，但最少不能少于表 2-6 规定的数目，计算公式如下：

$$N = n \times \frac{m}{1000} \tag{2-4}$$

式中各符号含义同上。

表 2-6 采样单元煤量少于 1000t 时的最少子样数

品　种	灰分范围 A_d	采样地点				
		煤流	火车	汽车	煤堆	船舶
原煤、筛选煤	＞20%	18	18	18	30	30
	≤20%	10	18	18	30	30
精煤	—	10	10	10	10	10
其他洗煤（包括中煤）	—	10	10	10	10	10

使用公式计算时，计算结果出现小数时，一律进成整数，例如 1800t 原煤 A_d＞20%，计算结果为 80.5 个子样，实际应采取至少 81 个子样。

（2）子样质量。

1）子样最小质量。子样最小质量是指在不产生系统误差的前提下，能够代表所采部位煤炭平均质量的最小值，保证大粒度煤不被剔除，并且子样中粒度分布与被采煤一致。子样最小质量按照式（2-5）计算，但最少为 0.5kg。由公式可见，子样最小质量取决于煤的标称最大粒度。煤标称最大粒度是指与筛上物累计质量百分率最接近（但不大于）5% 的筛子相应的筛孔尺寸，即

$$m_a = 0.06d \tag{2-5}$$

式中　m_a——子样最小质量，kg；

　　　　d——被采样煤标称最大粒度，mm。

表 2-7 为部分粒度的初级子样或缩分后子样最小质量。

表 2-7　　　　　　　　　　部分粒度的初级子样最小质量

标称最大粒度（mm）	子样质量参考值（kg）	标称最大粒度（mm）	子样质量参考值（kg）
100	6.0	13	0.8
50	3.0	≤6	0.5
25	1.5		

2）子样平均质量。基本采样方案中还规定了总样的最小质量，见表 2-8。

为保证采样精密度符合要求，当按式（2-5）计算的子样质量和表 2-5、表 2-6 给出的子样数采样但总样质量达不到表 2-8 规定值时，应增加子样数或子样质量，直至总样质量符合要求；否则，采样精密度很可能会下降。

表 2-8　　　　　一般煤样总样、全水分总样/缩分后总样最小质量

标称最大粒度（mm）	一般煤样和共用试样（kg）	全水分煤样（kg）	标称最大粒度（mm）	一般煤样和共用试样（kg）	全水分煤样（kg）
100	1025	190	6	3.75	1.25
50	170*	35	3	0.7	0.65
25	40	8	1.0	0.10	
13	15	3			

＊　标称最大粒度 50mm 的精煤，一般分析和共用试样（一般煤样和共用煤样）总样最小质量可为 60kg。

（3）采样工具。可用于人工采样的工具有采样铲、采样斗等。

（4）子样布置。

1）火车顶部采样。①车厢的选择。应采子样数等于或少于车厢数时，每一车厢应采取一个子样；应采子样数多于车厢数时，用子样数除以车厢数，余数子样可每隔若干车增采一个或用随机方法选择车厢采样。②子样位置选择。将车厢分成若干个边长为 1～2m 的小块并编上号（见图 2-11），在每车子样数超过 2 个时，还要将相继的、数量与欲采子样数相等的号编成一组并编号。如每车采 3 个子样时，则将 1、2、3 号编为第一组，4、5、6 号编为第二组，依此类推。先用随机方法决定第一个车厢采样点位置或组位置，然后顺着与其相继的点或组的数字顺序、从后继的车厢中依次轮流采取子样。

1	4	7	10	13	16
2	5	8	11	14	17
3	6	9	12	15	18

图 2-11　火车采样子样分布示意

若采用随机采样方法，则将车厢分成若干个边长为 1～2m 的小块并编上号（一般为 15 块或 18 块，图 2-11 为 18 块示例），然后以随机方法依次选择各车厢的采样点位置。

2）汽车上采样。①车厢的选择。载重 20t 以上的汽车，按火车采样方法选择车厢；载重 20t 以下的汽车，当应采子样数等于车厢数时，每一车厢采取一个子样；当要求的子样数多于一采样单元车厢数时，每一车厢的子样数等于总子样数除以车厢数，如除后有余数，则余数子样应分布于整个采样单元。②子样位置选择。子样位置选择与火车采样原则相同。

3）煤堆上采样。从静止的、高度超过 2m 大煤堆上，不能采取仲裁煤样。煤堆采样子样点的布置如下：根据煤堆的形状和大小，将工作面或煤堆表面划分成若干区，再将区分成

若干面积相等的小块（煤堆底部的小块应距地面 0.5m），然后用系统采样法或随机采样法决定采样区和每区采样点（小块）的位置，从每一小块采取 1 个全深度或深部或顶部煤样，在非新工作面情况下，采样时应先除去 0.2m 的表面层。

4）移动煤流采样。GB 475 不推荐在皮带上的煤流中进行。落煤流采样只适用于煤流量在 400t/h 以下的系统。由于电厂皮带输煤量大，带速快，不适于采用人工采样，而是采用机械采样装置实施采样。

二、制样

对所采集的具有代表性的原始煤样，按照标准规定的程序与要求，对其反复应用筛分、破碎、混合、缩分操作，以逐步减小煤样的粒度和减少煤样的数量，使得最终所缩制出来的试样能代表原始煤样的平均质量，这一过程就称为制样。

1. 制样基本操作

实验室制备煤样通常包括下列几个环节：

（1）破碎。当煤样粒度大于进行缩分作业所要求的粒度尺寸时就需破碎，以满足缩分粒度的要求。同时，可增加不均匀物质的分散程度，以减少缩分误差。

（2）过筛。为确保全部煤样破碎到必要的粒度，须用规定的筛子过筛，过筛后凡未通过筛子的煤样都要重新破碎，直到全部煤样通过所用筛子为止，以保证在各制样阶段，各不均匀物质达到一定的分散程度。

（3）混合。用某种规定的方法混合煤样，使达到大小粒度分布均匀的目的，以减少下一步缩分误差。如果在制备中采用了过筛步骤，则破碎后的煤样更需混合，使之尽可能均匀，因为筛分出来的煤样再混合进去一般很难掺匀。因此在制备煤样中要尽可能减少过筛步骤。混合的方法可采用人工或机械样品混合器。

（4）缩分。由人工或机械方法将煤样缩制成两部分或多个部分，以达到减少数量的目的。

缩分中应注意煤样最小质量与最大粒度的关系，以及选择的分析方法对试样最小质量的要求。人工缩分的方法可选用二分器、条带分割法、棋盘法、堆锥四分法或九点取样法。

（5）干燥。在制备煤样的过程中，有时遇到煤样太湿，无法进一步破碎缩分时，才有必要进行干燥。干燥的方法是将煤样铺成均匀的薄层、在环境温度下使之与大气湿度达到平衡。煤层厚度不能超过煤样标称最大粒度的 1.5 倍或表面负荷为 $1g/cm^2$（哪个厚用哪个）。

煤样干燥可用温度不超过 50℃、带空气循环装置的干燥室或干燥箱进行，但干燥后、称样前应将干燥煤样置于环境温度下冷却并使之与大气湿度达到平衡。冷却时间视干燥温度而定，如在 40℃下进行干燥，则一般冷却 3h 即足够（见表 2-9）。但在下列情况下，不能在高于 40℃温度下干燥：①易氧化煤；②受煤的氧化影响较大的测定指标（如黏结性和膨胀性）用煤样；③空气干燥作为全水分测定的一部分。

表 2-9　　　　　　　　　　　　　　不同环境温度下的干燥时间

环境温度（℃）	干燥时间（h）	环境温度（℃）	干燥时间（h）
20	不超过 24	40	不超过 4
30	不超过 6		

在制备煤样中要灵活运用上述几个步骤，但又不失制样的原则，这样制备出的煤样不仅符合试验要求，而且还可保持原煤样的代表性。在多数情况下，为方便起见，电厂采样时都

同时采取全水分测定和一般分析试验用的共用煤样。因此制样过程要采用共用煤样制备方法制取一般分析试验煤样和全水分煤样。

2. 制样程序

制备共用煤样时，应同时满足 GB/T 211 和一般分析试验项目国家标准的要求，其制备程序如图 2-12 所示。

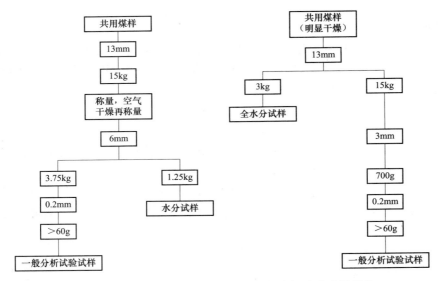

图 2-12　由共用煤样制备全水分和一般分析试验试样程序

全水分煤样最好用机械方法从共用煤样中分取；当水分过大而又不可能对整个煤样进行空气干燥时，可用人工方法分取。

抽取全水分煤样后的留样用于制备一般分析试验煤样，但如用九点法抽取全水分煤样，则必须先将之分成两部分（每份煤样量应满足表 2-8 要求），一部分制备全水分煤样，另一部分制备一般分析试验煤样。

3. 存查煤样及煤样的保存时间

存查煤样在原始煤样制备的同时，用相同的程序在一定的制样阶段分取。如无特殊要求，一般可用标称最大粒度为 3mm 的煤样 700g 作为存查煤样。

存查煤样应尽可能少缩分，缩分到最大可储存量即可；也不要过度破碎，破碎到从表 2-8 查到的与最大储存质量相应的标称最大粒度即可。

存查煤样的保存时间可根据需要确定。商品煤存查煤样，从报出结果之日起一般应保存 2 个月，以备复查。

🔳🔳【能力拓展】

试　样　分　解

在化学分析中，一般需要将试样分解，使待测组分定量地转移到溶液中后进行分析。在试样分解过程中要防止待测组分的损失，同时还要避免引入干扰测定的杂质。因而应根据不同试样的性质及测定方法来选择适宜的分解方法。若能在分解试样时与干扰组分分离，则能简化测定手续。常用的分解方法有溶解法、熔融法。

1. 溶解法

采用适当的试剂将样品中待测组分转移到溶液中的方法称为溶解法，这是一种常用的煤及煤灰样消解方法。溶解用的试剂主要有硝酸、盐酸、硫酸、高氯酸、氟化氢等。通常采用硝酸、硫酸作为氧化剂与其他的酸混合使用。氢氟酸常被用于分解基体中的硅。溶解过程需要用电热板或电炉加热。

溶解法的优点是可以批量消解样品，所需设备和材料价格便宜；缺点是酸消耗量大，消解效率低，空白值较高，操作环境对人的危害较大。例如，开氏法测定煤中氮，采用硫酸消解样品，消解时间需 4～5h。煤中汞的测定采用硝酸辅以硫酸消解煤样，除去样品加酸后静置过夜的时间外，加热消解过程还需要 4～5h。此外，溶解法通常使用开口容器，可能会因污染或样品损失而产生系统误差，如果待测物容易挥发（如汞），则需要严格控制消解温度。

2. 熔融法

熔融法是将试样与固体熔剂混匀后置于特定材料制成的坩埚中，在高温下熔融，分解试样，再用水或酸浸取融块。电力行业常采用熔融法进行煤及灰渣样品的分解。例如煤灰成分以及煤中 S、Cl、As、Ga、Se、Cu、Co、Ni、Zn 等元素含量的测定标准中就采用熔融法进行样品的分解。熔融用的试剂有氢氧化钠和艾士卡试剂（两份质量的氧化镁＋一份质量的 Na_2CO_3）两种。除去煤灰成分、煤中钒和镓的样品处理采用氢氧化钠熔融外，上述其他元素的测试样品都采用艾式卡试剂熔融。在高温下，艾式卡试剂使煤灰中各种难溶解的盐类都转变为可溶性的钠盐和镁盐，加入适量盐酸溶解后，即可将待测组分转移到溶液中。熔融法适于批量测定，单个样品耗时约 4h。熔融法相对于溶解法，反应条件温和，酸消耗量小但熔融法得到的样品还需要进一步加酸溶解，而且溶液中有灰渣，需要过滤除去，可能带来系统误差。此外，该方法的试剂空白也较大。

3. 燃烧法

燃烧法是利用燃烧反应来分解有机物。样品在氧气或空气介质中燃烧，其中的待测组分以气态形式释放并被吸收到事先加入的吸收液中，或者存在于非挥发性的残渣中。

燃烧法可以采用管式高温炉、氧瓶以及氧弹燃烧方式。

（1）管式高温炉。管式高温炉燃烧法的基本原理是，将煤样置于燃烧管中，使之在空气或氧气流中燃烧，煤中待测组分以气体形式释放。将产生的气体用吸收液或吸收剂吸收，选用适当的检测方法予以测定。

（2）氧瓶燃烧法。1955 年，薛立格（Schöniger）在 Berthelot、Hempel 的工作基础上，创立了氧瓶燃烧法，因此氧瓶又被称为薛立格瓶。这种燃烧方式不仅可以消解煤炭，还可用于生物、药物、有机物等多种样品消解。

氧瓶的结构如图 2-13 所示。基本原理是将试样包在无灰滤纸中，用铂片夹住，放入充有氧气的锥形瓶内，瓶内盛有适量的吸收液。

铂片夹

吸收液

图 2-13　氧瓶结构示意

样品采用电流或者聚焦红外灯点燃。燃烧完毕，充分摇动氧瓶，淋洗容器内表面。为了保证样品充分燃烧，每次燃烧所用样品量较少，因此要求检测方法灵敏度较高。但是，由于该方法所用装置简单，价格低，因此在一些实验研究中仍然采用。

（3）氧弹燃烧法。氧弹燃烧法是将样品置于氧弹中，弹筒内加入少量吸收液，在充有过量氧气的条件下，采用点火丝引燃样品，燃烧过程只需几分钟。煤炭实验室都配有氧弹热量计，可以很方便地采用该方法消解样品。在国外，很多科学研究都广泛采用该方法，国外煤炭标准中也有较多采用。

（4）微波消解法。自 1975 年 Abu-Samra 和 1978 年 Barrett 将微波消解方法应用到生物样品消解后，微波消解技术得到了发展。微波消解法就是利用微波产生的热量加热试样，同时微波产生交变磁场使介质分子极化，分子振动加剧获得更高能量。由于微波加热是整体加热过程，效率高，样品得以迅速溶解。

文献研究结果显示，采用微波消解技术进行有机物中氮的消解，仅用 15min 即可将样品消解完全，消解时间只有溶解法的 1/20，并且一次可以处理多个样品。考虑到提高压力有利于样品分解，1984 年密闭加压微波消解方法开始得到应用。由于硝酸的温度随着压力的增加而升高，并且硝酸介质适用于多数分析仪器，因此硝酸是密闭加压微波消解方法常用的酸。加压微波消解温度通常为 220～250℃，样品中残炭含量大大降低。但是有研究认为，只有当消解温度提高到 300℃，才能将有机物（尤其是芳香类有机物）全部去除，而微波消解常用的聚四氟乙烯或其他含氟的聚合物材质的容器不能承受如此高的温度，需要改用其他的耐温绝缘材质（如玻璃、石英等）容器。

◆【学习情境总结】

通常送至分析实验室的试样量是很少的，但它却应该能代表整批物料的平均化学成分。电力行业日常检测对象有固体（煤炭）、液体（水、油）、气体等。其中，固体的采集与制备程序相对较为复杂。

采样的目的是获得少量的具有代表性的样品。样品采集遵循的基本原则：确定子样数；每个子样要有一定的数量或体积；合理确定采样点的位置；要有适当的采样工具。

对于采集到的煤样（通常其粒度小于 50mm）不能直接用于分析检验。通过制样，即破碎、筛分、混合、缩分等一系列操作，减少样品质量，减小样品粒度，使最终样品仍具有代表性，并且符合分析要求（一般分析试样煤样粒度小于 0.2mm，质量约为 100g）。

对采集或制备后的样品应妥善保存，防止污染与损失。

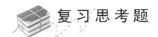 复习思考题

1. 河流取水样的基本要求？
2. 如何保存水样？
3. 锅炉用水采样的技术要求是什么？
4. 采用注射器取色谱分析油样时应注意什么？
5. 试述从油桶中采取油样的方法。
6. 什么是煤的采样精密度？国家标准规定的基本采样方案其采样精密度是如何规定的？
7. 如何划分煤的采样单元？

学习情境三

定量分析的基本操作

 【学习情境描述】

定量分析的基本操作贯穿于各项分析检验工作过程，正确的操作才能获得准确的检验结果，因此，电厂化验员必须规范掌握定量分析基本操作方法，以保证电厂水煤油气分析检验结果的可靠性。

本单元设计以下五项任务：玻璃器皿的洗涤、分析天平的使用、配制溶液、滴定分析基本操作、重量分析基本操作。

通过这五项任务，使学生掌握分析天平、容量瓶、移液管和滴定管的使用方法；掌握玻璃器皿的洗涤方法；能根据检验工作任务正确选择试剂配制溶液；能准确滴定样品溶液、控制滴定终点；能正确过滤、转移并干燥沉淀。

【教学目标】

1. 知识目标

（1）掌握定量分析常用器皿及用途；

（2）掌握玻璃器皿的洗涤方法；

（3）掌握电子天平的工作原理；

（4）掌握实验室用水技术要求；

（5）掌握实验室用化学试剂种类及其应用范围。

2. 能力（技能）目标

（1）正确选择和使用定量分析器皿；

（2）正确洗涤玻璃器皿；

（3）能用直接法或差减法称量化学试剂；

（4）能正确配制各种溶液；

（5）能正确洗涤和使用移液管、容量瓶和滴定管；

（6）能正确选用滤纸和过滤方法过滤、洗涤并干燥沉淀。

 【教学环境】

教学场所应有黑板、计算机、投影仪，可播放 PPT 课件及教学视频。实训场所应有分析天平、工业天平、化学分析常用玻璃器皿等。

任务一　玻璃器皿的洗涤

【教学目标】

通过对本任务的学习，使学生熟悉定量分析常用器皿及其用途，掌握玻璃器皿的洗涤方法，掌握化学实验室安全规定，实验室常用灭火器材及其适用范围；在技能方面，掌握玻璃器皿的洗涤方法；态度能力方面，能主动积极参与问题讨论，具有严谨细致、一丝不苟的职业素质，具有安全意识，具有团队协作能力。

【任务描述】

正确选用和洗涤玻璃器皿是保证化学分析结果可靠性的前提。本任务介绍了实验室常用玻璃器皿，包括干燥器、称量瓶、坩埚、滤器等；介绍了各类器皿的使用方法；通过实际操作，使学生掌握玻璃器皿的正确洗涤方法。

【任务准备】

问题与思考：
(1) 化学实验室常用的玻璃器皿有哪些？
(2) 实验室安全规定有哪些？

【相关知识】

一、定量分析常用器皿

化学分析所用器皿大部分属于玻璃制品。玻璃器皿按性能不同可分为能加热的（如各类烧杯、烧瓶、试管等）和不宜加热的（如试剂瓶、容量瓶、量筒等）；按用途不同可分为容器类（如烧杯、试剂瓶等）、量器类（如吸量管、容量瓶等）和特殊用途类（如干燥器、漏斗等）。这里简要介绍几种常用器皿和用途。

1. 干燥器

干燥器主要用来存放装有被称物的称量瓶和坩埚等，可保持固体、液体物品的干燥。干燥器盖上带有磨口旋塞的真空干燥器可供抽真空干燥样品时使用，如图 3-1 所示。使用时应沿着边口均匀涂抹一层凡士林，防止漏气。

干燥器的底部装有干燥剂，干燥剂上面有一个带孔白瓷板，被干燥物品放在白瓷板上。常用的干燥剂有变色硅胶、无水 $CaCl_2$、$CaSO_4$、浓 H_2SO_4、P_2O_5 等，其中 P_2O_5 干燥能力最强。干燥剂失效后应及时再生或更换。

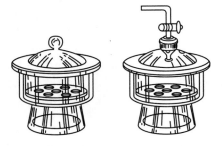

图 3-1　干燥器和真空干燥器

开启干燥器时，用一只手按住干燥器的下半部分，另一只手握住盖子的圆顶，两只手向相反方向用力，将盖子推开。打开后将盖子反放在工作台上。加盖时，也应当拿住盖上圆顶，推着盖好。搬动或挪动干燥器时，应该用两手的拇指同时按住盖子，防止滑落打破，如

图 3-2 和图 3-3 所示。

2. 称量瓶

称量瓶主要在称量试剂和样品时使用。称量瓶有高型和扁型之分，有 10~70mL 多种规格，如图 3-4 所示。称量瓶不能用火直接加热，瓶盖不能互换。称量时手不可直接接触，应戴手套或用纸条拿取。

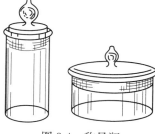

图 3-2　开启干燥器的操作　　　图 3-3　搬动干燥器的操作　　　图 3-4　称量瓶

3. 坩埚

坩埚有瓷制和金属制多个品种，如图 3-5 所示。瓷坩埚最为常用，能耐 1200℃ 的高温，可用于重量分析中沉淀的灼烧和称量。湿坩埚或放有湿样品的坩埚，灼烧前，应先将其慢慢烘干，逐渐升温，急火容易使其爆裂。

4. 研钵

研钵（见图 3-6）主要用于粉碎少量固体试剂或试样，材质有玻璃、瓷和玛瑙三种。玻璃和瓷制研钵最常用。玛瑙研钵硬度很大，且不易与被研物品发生化学反应，可用于破碎高硬度试样及对分析结果有较高要求的试样。使用研钵时不可用力敲击，不可加热。

图 3-5　坩埚　　　图 3-6　研钵

5. 玻璃砂芯滤器

玻璃砂芯滤器的滤板是用玻璃粉末在高温下熔结而成的，有漏斗式和坩埚式两种，如图 3-7 所示。GB 11415 规定，以每级孔径的上限值前置以字母"P"表示。例如，P16 号滤器孔径为 $10\mu m$。在定量分析中，常用 P40 和 P16 滤器。玻璃砂芯漏斗常与吸滤瓶配套进行减压过滤，吸滤装置如图 3-8 所示。

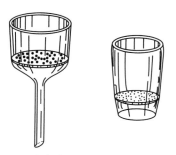
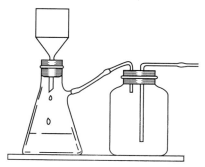

图 3-7　玻璃砂芯漏斗和玻璃砂芯坩埚　　　图 3-8　吸滤装置

玻璃砂芯坩埚可以进行物质的过滤、干燥、称量联合操作，多用于处理一些不稳定的或不能用滤纸过滤的试剂和沉淀。微孔玻璃滤器不能过滤强碱性溶液，因强碱性溶液会损坏玻璃微孔。

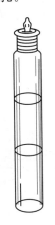

图 3-9　比色管

6. 比色管

比色管（见图 3-9）主要用于目视比色法（比较溶液颜色的深浅）进行简易快速的定量分析。使用时不可加热。比色管上有标明容量的刻度线。在准确度要求不很高时，也可代替小容量瓶配制溶液来进行光度分析。

二、化学实验室安全知识

在电厂化学分析检验工作中，经常会使用易燃、易爆、有毒的化学试剂，大量接触和使用易破碎的玻璃仪器、精密仪器和水、电等，所以，电厂化验员必须遵守实验室的安全规则。

（1）实验室内严禁饮食、吸烟，切勿用检验器具作为餐具。实验结束后应洗手。

（2）不可用湿润的手去开启电源。水、电使用完毕后，应立即关闭。离开实验室时，应检查水、电、门、窗是否均已关好。

（3）浓酸、浓碱具有强烈的腐蚀性，切勿溅在皮肤和衣服上。使用浓 HNO_3、HCl、H_2SO_4、氨水时，均应在通风橱中操作。热、浓的 $HClO_4$ 与有机物作用易发生爆炸，使用时应特别小心。

（4）使用苯、乙醚、丙酮、CCl_4、$CHCl_3$ 等易燃或有毒的有机溶剂时，应远离明火或热源。低沸点的有机溶剂不能直接用明火加热，而应采用水浴加热。

（5）使用汞盐、砷化物、氰化物等剧毒试剂时应特别小心。氰化物与酸作用会放出剧毒的 HCN，切勿将氰化物倒入酸性废液中。

（6）如发生火灾，应根据起火原因进行针对性灭火。酒精及其他可溶于水的液体着火时，可用水灭火；汽油、乙醚等有机溶剂着火时，应用沙土扑灭，用水反而会扩大燃烧面；导线或电器着火时，不能用水及二氧化碳灭火器，而应切断电源，用四氯化碳灭火器灭火。实验室可以按照表 3-1 选择合适的灭火器。

表 3-1　　　　　　　　　　　实验室常用灭火器及其适用范围

类　型	成　分	适用范围
酸碱式	$H_2SO_4 + NaHCO_3$	非油类及电器失火的一般火灾
泡沫式	$Al_2(SO_4)_3 + NaHCO_3$	油类失火
二氧化碳	液体 CO_2	电器失火
四氯化碳	液体 CCl_4	电器失火
干粉	粉末主要成分为 Na_2CO_3 等盐类物质，加入适量润滑剂、防潮剂	油类、可燃气体、电器设备、精密仪器、文件记录和遇水燃烧等物品的初起火灾
1211	CF_2ClBr	油类、有机溶剂、高压电器设备、精密仪器等失火

⚙ **【任务实施】**

实验室所用的玻璃器皿常常需要进行洗涤，洗涤后应透明洁净，其内外壁应能被水均匀地润湿，且不挂水珠。

一、洗涤玻璃器皿

准备一个烧杯、一个细口磨口瓶和一个 100mL 量筒。

1. 洗涤步骤

（1）取烧杯、细口磨口瓶和量筒，用自来水冲洗玻璃器皿。

（2）用毛刷蘸取去污粉或洗涤剂刷洗内壁。

（3）用自来水冲洗干净。

（4）用洗瓶中的纯水润洗 3 次。

（5）洗涤后观察是否洗净，洗净的标准是烧杯透明洁净，其内外壁能被水均匀地润湿，且不挂水珠。

2. 注意事项

本方法适于一般器皿，如烧杯、锥形瓶、量筒、试剂瓶等的洗涤，对于具有精密刻度的器皿，如滴定管、移液管、容量瓶等，不宜采用刷子刷洗。

二、常用洗液配制及使用方法

1. 配制铬酸洗液

称取 10g 工业用 $K_2Cr_2O_7$ 固体置于烧杯中，加 20mL 水，微热溶解后，冷却，在搅拌下慢慢倒入 200mL 工业用浓 H_2SO_4（注意安全），冷却后转入细口试剂瓶中，贴上标签。

2. 配制盐酸-乙醇洗液

将化学纯的盐酸和乙醇按 1∶2 的体积比混合即可配制成盐酸-乙醇溶液。具体操作步骤：在通风橱中，采用量筒量取 50mL 盐酸，倒入烧杯中，再用量筒取 100mL 乙醇，倒入烧杯中，用玻璃棒搅拌后倒入细口磨口瓶，贴上标签。

盐酸-乙醇洗液主要用于洗涤容易被有色溶液和有机试剂染色的吸收池、比色管、吸量管、指示剂的试剂瓶等。

3. 氢氧化钠-乙醇洗液

将 120g NaOH 溶于 150mL 水中，用 95％乙醇稀释至 1L，储存在塑料瓶中，盖紧瓶盖。可用于洗去油污及某些有机物。在用它洗涤精密玻璃量器时，要注意它对玻璃的腐蚀性。

4. 混酸洗液

工业用盐酸和硝酸按 1∶1 或 1∶2 的体积比混合而成。可用于除去微量的金属离子，如 Hg、Pb 等重金属杂质。方法是将洗过的器皿浸泡于混酸中，24h 后取出。

三、综合练习

1. 洗涤锥形瓶

取两个锥形瓶，先用自来水冲洗后，沥去水分，用铬酸洗液浸泡。浸泡后的铬酸洗液倒回铬酸洗液试剂瓶。锥形瓶中加入少量水，冲洗铬酸洗液，倒入废液桶。之后用自来水冲洗锥形瓶，直至洗液洗净，再用纯水润洗 3 次。

2. 注意事项

铬酸洗液具有强氧化性和强酸性，适用于洗去无机物和某些有机物。使用时应注意：①洗液可以反复使用直至其氧化剂消耗完（洗液变绿），因此用过的洗液应倒回原试剂瓶，盖好瓶塞；②加洗液前应尽量除去仪器内的存水，以免稀释洗液，使其失效；③洗液腐蚀性很强，且六价 Cr 有毒。使用时应注意安全，尽量减少用量以保护环境。

　　　洗涤的基本原则是根据污物及器皿本身的性质，有针对性地选用洗涤剂。这样既可有效除去污物和干扰离子，又不至于腐蚀器皿材料。

　　　此外，应注意玻璃微孔砂芯滤器不宜用洗衣粉及强碱洗涤液洗涤，可用酸洗、水洗。使用后为防止残留物堵塞微孔，应及时选用能溶解该物质的洗涤液浸泡、抽滤，最后再用水洗净。例如，过滤 $KMnO_4$ 溶液后，可用稀盐酸浸泡，以除去 MnO_2。

任务二　分析天平的使用

【教学目标】

　　　通过对本项任务的学习，了解天平的称量原理，使学生掌握电子分析天平的使用方法，掌握直接称量法和减量法的操作技术要求，掌握电子分析天平的维护方法。掌握直接法和减量法两种称量方法，能够熟练使用天平进行样品称量。态度能力方面，能主动积极参与问题讨论，具有严谨细致、一丝不苟的职业素质，具有安全意识，具有团队协作能力。

【任务描述】

　　　在电厂水煤油气分析检验工作中，天平是最常用的一种设备。目前，电厂实验室普遍使用的天平为电子天平，通常根据其称量准确度的不同，配备感量 0.000 1g 的电子分析天平和感量 0.1g 的电子工业天平。

　　　通过本项任务，使学生练习掌握电子分析天平的使用方法，能熟练运用直接法和减量法称量所需试剂。

【任务准备】

　　　问题与思考：如何根据标准要求正确选择称量天平？

【相关知识】

　　　在电厂定量分析检验工作任务中，天平是最常用的一种设备。目前，电厂实验室普遍使用的天平为电子天平，通常根据其称量准确度的不同，将感量 0.000 1g 的电子天平称为电子分析天平（见图 3-10），将感量为 0.1g 或 0.01g 的天平称为电子工业天平（见图 3-11）。

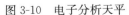

　　图 3-10　电子分析天平　　　　图 3-11　电子工业天平

　　　电子天平的工作原理：当载荷加在秤盘上后，力由机械部分传递至压力传感器，压力传感器的中心轴发生位移，带有光电扫描装置的示位器测出这个位置，并产生测量电路开关信号，由此开关信号去控制输入至压力传感器线圈的电流或电流脉冲，使压力传感器的中心轴恢复至原始位置。根据载荷和空载天平间的电信号差，测定出载荷的重量。

电子天平的使用与维护正确与否，对天平的准确度和使用寿命有很大的影响。

首先应选择防尘、防震、防湿、防止过大温度波动和过大的气流的房间作天平室。其次，天平应安放在牢固可靠的工作台上。在开始使用电子天平之前，要求预先开机，要有约半小时到1h的预热时间。如果天平在一天中要多次使用，最好让天平整天开着。这样，电子天平内部能有一个恒定的操作温度，有利于称量的准确度。电子天平称量操作时，应正确使用各控制键及功能键；启用去皮键连续称量时，应注意防止天平过载。称量过程中应关好天平门。

由于电子天平精度高，结构紧凑，因此必须非常小心仔细地维护保养。应设专人保管和负责维护保养，并记录定期维护保养和检修情况。清洁天平时，一般用清洁布沾少许无水乙醇轻擦，切不可用强溶剂。天平清洁后，框罩内应放置无腐蚀性干燥剂，如变色硅胶等，并注意不定期更换干燥剂。为保证电子天平的准确度，应定期对天平的计量性能进行检定，其计量性能包括灵敏性、稳定性、准确性和示值变动性。

⚙ 【任务实施】

一、天平的使用和校正

（1）在使用前观察水平仪是否水平，若不水平，需调整水平调节脚。

（2）接通电源，预热60min后方可开启显示器。

（3）轻按ON键，显示屏全亮，出现干8 888 888％g，约2s后，显示0.000 0g，如图3-12所示。

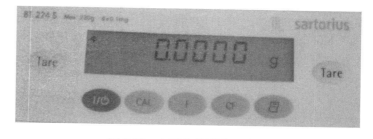

图3-12 电子分析天平显示屏

（4）如果显示不正好是0.000 0g，则需按一下TARE键。

（5）将容器（或被称量物）轻轻放在秤盘上，待显示数字稳定并出现质量单位"g"后，即可读数，并记录称量结果。若需清零、去皮重，轻按TARE键，显示消隐，随即出现全零状态，容器质量显示值已去除，即为去皮重；可继续在容器中加入药品进行称量，显示出的是药品的质量，当拿走称量物后，就出现容器质量的负值。

二、减量法和直接法称量样品

1. 减量法

（1）准备两只洁净、干燥并编有号码的小烧杯。

（2）打开干燥器的盖子，用洁净的纸条围住称量瓶的中间部分，用手夹持纸条，从干燥器中取出盛有NaCl的称量瓶，在分析天平上称量其质量，记为m_1。

用左手藉纸条夹持称量瓶中部，右手拿一小纸片包住称量瓶盖子上的尖头（也不要用手直接拿）［见图3-13（a）］。然后略微倾斜称量瓶，用称量瓶的盖子轻轻敲击称量瓶上口边，使NaCl固体慢慢落入小烧杯中［见图3-13（b）］，再一边竖起称量瓶，一边用盖子在称量瓶口轻轻敲击几下，使沾在瓶口边的NaCl落回称量瓶中，盖上盖子，放回天平上称量。实验中往往不可能一次倾倒就使 NaCl 固体接近需要量，要耐心少量逐次倾倒，依此法再次称量直到所需称量范围，准确称出称量瓶加剩余氯化钠的质量，记作 m_2，则 $m_1 - m_2$ 即为氯化钠的质量。

（3）继续倾倒同样质量的氯化钠于第二只小烧杯中，准确称出称量瓶加剩余氯化钠的质量，记作 m_3，则 $m_2 - m_3$ 即为第二份氯化钠的质量。

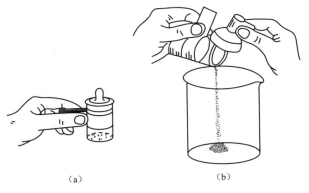

（a）　　　　　　　　（b）

图 3-13　减量法称量样品

2. 直接法

取两个扁形称量瓶，准确称出称量瓶的质量后，直接在其中称取一定量的试样，例如（1 ± 0.01）g 煤样，称准到 0.000 2g，记录称量瓶和试样质量。

三、天平关机

（1）称量完毕，取下被称物，按一下 OFF 键（若不久还要称量，可不拔掉电源），让天平处于待机状态；再次称量时按一下 ON 键就可使用。

（2）最后使用完毕，应切断电源，盖上防尘罩。

四、注意事项

（1）如有样品撒落到天平托盘上，应用毛刷轻轻扫落。

（2）一切操作都要细心，要轻拿轻放，轻开轻关。

（3）不要任意移动天平位置。如果天平发生故障，必须请指导教师帮助修理。

（4）绝不可使天平载重超过限度。不能在天平上称热的或具有腐蚀性的物体。不能将样品直接放在天平盘上，必须放在称量瓶、表面皿或其他容器中称量。

（5）必须立即将称量结果记在记录本或实验报告上，不可记在其他纸上，以免遗失。

（6）称量完毕要罩好天平罩，防止灰尘进入。

任务三　配　制　溶　液

【教学目标】

通过对本项任务的学习，使学生掌握配制溶液的基本方法，能够根据检验任务正确配制溶液。态度能力方面，能主动积极参与问题讨论，具有严谨细致、一丝不苟的职业素质，具有安全意识，具有团队协作能力。

【任务描述】

电厂日常检验工作中，通常要花费大量时间进行准备工作，包括配制溶液、准备使用工具等。一般情况下，配制溶液这项工作在整个的实验过程中都要进行，检验结果正确与否将取决于化验员所配溶液的质量。

配制溶液的具体步骤包括确定所需试剂、确定配制用水、选用适当的玻璃或塑料器皿、计算所需试剂的用量、确定配制方案并配制溶液、填写试剂标签。

在实际工作中，具体的水煤油气检验任务都应依据相应的国家或行业标准，化验员可根据标准的有关规定配制溶液。

【任务准备】

问题与思考：

（1）实验室用水有何技术要求，如何获得？

（2）如何选用实验试剂？

【相关知识】

在电厂水煤油气分析检验工作中，经常需要配置各种浓度的溶液。凡以水作溶剂的称为水溶液，简称为溶液；以其他液体为溶剂的溶液，则在其前面冠以溶剂的名称，如以乙醇（或苯）为溶剂的溶液称为乙醇（或苯）溶液。

一、实验用水

大多数分析检验工作采用水溶液，因此水是溶液中重要的成分，不仅是将物质溶解于其中，而且水的质量、组分以及 pH 值会影响实验结果。自来水中含有少量离子、有机物、颗粒物和微生物等，只能用于器皿初步洗涤、冷却或水浴等，配制溶液等分析工作则需要用纯水。常用的制备纯水方法有以下几种。

1. 蒸馏法

用蒸馏器蒸馏自来水可以制得蒸馏水。采用这种方法得到的蒸馏水仍含有少量杂质，原因是二氧化碳等一些易挥发性物质也被收集；少量液态水成雾状蒸出，同时会携带出杂质；微量的冷凝管材质成分会带入到蒸馏水中。为了获得更纯净的蒸馏水，可采用二次蒸馏。实验室二次蒸馏通常采用硬质玻璃或石英蒸馏器。用石英制成的亚沸蒸馏器采用红外线加热，在液体不沸腾的条件下蒸馏，可以有效防止沸腾以及液体沿器壁爬行所带来的沾污。

2. 离子交换法

利用阴、阳离子交换树脂中的 OH^- 和 H^+ 与水中的杂质离子进行交换，可以去除杂质以达到净化水的目的。用此法制备的纯水通常称为"去离子水"。其优点是制备的水量大、成本低；缺点是设备及操作较复杂，需要对树脂进行洗涤、装柱及再生等过程，且不能除去非电解质（如有机物）杂质。

3. 电渗析法

这是在离子交换技术的基础上发展起来的一种方法。它是利用阴、阳离子交换膜选择性透过的原理。阴离子交换膜仅允许阴离子透过，阳离子交换膜仅允许阳离子透过，在外电场作用下杂质离子迁移，从一室透过交换膜进入到另一室，从而使一部分水淡化，另一部分水浓缩，收集淡水即为所需要的纯水。电渗析过程中除去的杂质只是电解质，对弱电解质去除效率低，优点是仅消耗少量电能，而不像离子交换法那样需要消耗酸碱。

无论用什么方法制备的纯水都不可能绝对不含杂质，只是杂质的含量极少而已。纯水的质量可以通过测定电导率、pH 值、吸光度以及某些离子（如 Cl^-）等来进行检验。表 3-2 为 GB/T 6682—2008《分析实验室用水规格和试验方法》给出的实验室用水级别及主要指标。

表 3-2 实验室用水的级别及主要指标

项 目	一 级	二 级	三 级
pH 值范围（25℃）	—	—	5.0～7.5
电导率（25℃，mS/m）	0.01	0.10	0.50
吸光度（254nm，1cm）	0.001	0.01	—
蒸发残渣（105℃±2℃，mg/L）	—	1.0	2.0

蒸馏水或去离子水通常能达到三级标准，可以满足一般化学分析的要求。痕量分析或其他特殊项目的分析对水的纯度要求更高，有时需要多次或多种方法联用来制备纯水。

二、化学试剂

化学试剂品种繁多，通常按用途可分为基准试剂、保证试剂、分析纯试剂、化学纯试剂、工业纯试剂、生化试剂等。不同的用途对化学试剂的纯度和杂质含量要求也不一样。表 3-3 列出了一般试剂的等级及适用范围。

表 3-3 一般试剂的等级及适用范围

级 别	中文名称	英文符号	标签颜色	主要用途
一级	优级纯	GR	深绿色	精密分析实验
二级	分析纯	AR	红色	一般分析实验
三级	化学纯	CP	蓝色	一般化学实验
生化试剂	生化试剂、生物染色剂	BR	咖啡色	生物化学

滴定分析中常用的标准溶液，可用基准试剂直接配制，但多数情况是选用分析纯试剂配制后，再用基准试剂进行标定。化学分析中所用的其他试剂一般也要求分析纯。仪器分析通常使用优级纯或专用试剂，测定微量或超微量成分时应选用高纯试剂。实验室应根据需要合理选用化学试剂，既不超规格造成浪费，又不随意降低规格而影响分析结果的准确度。

三、溶液浓度的表示方法

1. 物质的量浓度

物质的量浓度是指单位体积溶液中所含溶质的物质的量，单位为摩尔每升，符号为 mol/L。

摩尔是系统中物质的量，该系统中所包含的基本单元数与 0.012kg 的 C12 的原子数目相等。在使用摩尔时，应指明基本单元，它可以是原子、分子、离子、电子及其他粒子，或是这些粒子的特定组合。

例如：

$c\left(\dfrac{1}{5}KMnO_4\right)=0.1mol/L$，表示溶质的基本单元是 $\dfrac{1}{5}$ 个高锰酸钾分子，其摩尔质量为 31.6g/mol，溶液的浓度为 0.1mol/L，即每升溶液中含有 0.1×31.6g 高锰酸钾。

$c\left(\dfrac{1}{2}Ca^{2+}\right)=1mol/L$，表示溶质的基本单元是 $\dfrac{1}{2}$ 个钙离子，其摩尔质量为 20.04g/mol，溶液的浓度为 1mol/L，即每升溶液中含有 20.04g 钙离子。

2. 质量分数或质量体积

溶质的质量（或体积）与溶液质量（或体积）之比称为质量分数或质量体积。通常以百分数或小数表示，如质量分数为 $4.2×10^{-6}$，体积分数为 5%。

3. 质量浓度

溶质的质量除以溶液体积称为质量浓度，以克每升（g/L）表示。

4. 体积比或质量比

一试剂和另一试剂（或水）的体积比或质量比，以 $V_1 + V_2$ 或 m_1（m_2）表示，如体积比为（1＋4）的硫酸溶液是指1体积相对密度1.84的硫酸与4体积水混合后的硫酸溶液。

四、溶液的配制

配制溶液时，如果溶质为固体，最常用的方法是称量固体于小烧杯中，加水或其他溶剂溶解，然后将溶液定量转入容量瓶中。对于液体试剂，首先计算所要量取的液体体积，之后选用合适的移液管或量筒量取液体试剂于小烧杯中，加水或其他溶剂溶解，然后将溶液定量转入容量瓶中。

有时也采用稀释已有高浓度溶液的方法来配制溶液，这种配制方法常用于配制一系列浓度由高到低的标准工作溶液，在分光光度法中最为常见。配制时，采用移液管量取一定量已有溶液，移入容量瓶中，定量稀释。有时根据分析检验的要求，还需再加入其他试剂如掩蔽剂或显色剂后，再稀释至所需刻度。下面介绍移液管和容量瓶的使用方法。

1. 移液管使用方法

移液管是精确量取一定体积（如 20.00mL）液体的仪器，它有两种形式。图 3-14（a）为球形移液管，图 3-14（b）为刻度移液管（也称为吸量管）。

（1）洗涤移液管。移液管使用前必须用洗涤剂溶液或铬酸洗液洗涤。洗涤方法：用吸耳球吸入洗涤剂至移液管体积的 1/4～1/3 部分，放平再旋转几周，使内壁均与洗涤剂接触，之后放出洗涤剂（铬酸洗液应放回原洗液瓶）。用自来水冲洗数次后用蒸馏水或去离子水洗净。

（2）移取溶液。移取溶液时，右手拿住管子刻度上方并把管的尖端伸入要移取的溶液中，左手挤压吸耳球并在管口开始吸液，当溶液吸至刻度线以上时，立即取下吸耳球，并用右手食指按紧管口。然后稍微放松食指，同时以拇指和中指转动管身，使液面平稳下降至液面的弯月面与刻度线相切时（注意，这时两眼应平视刻度线），立即用食指把移液管按紧，然后用图 3-15 所示动作将溶液放出。液体流完后，稍等片刻，再将移液管拿开，此时移液管的尖端还会剩余少量液体，不要把它吹入接受容器内。因为在出厂校正移液管的体积刻度时，并

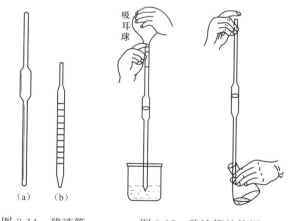

图 3-14　移液管　　　图 3-15　移液管的使用

未把这些溶液体积计算在内（如果移液管上刻有吹字，则需将剩余液体吹入接受容器）。移液管使用完毕用自来水和蒸馏水洗净，放回仪器架上。

2. 容量瓶

容量瓶是用来配制一定体积（或一定浓度）溶液的容器。使用容量瓶前，应先试一下瓶塞部位是否漏水。方法是将容量瓶盛约 1/2 体积的水，盖上塞子。左手按住瓶塞，右手拿住

瓶底，倒置容量瓶。观察瓶塞周围有无漏水现象，再转动瓶塞180℃，如仍不漏水，即可使用。

容量瓶可采用洗涤剂洗涤，若不能洗净，则采用铬酸浸泡后洗涤。用固体配制溶液时，称量后先在小烧杯中加少量水把固体溶解（必要时可加热），待溶液冷却至室温后，将杯中的溶液沿玻璃棒小心地注入容量瓶中［见图3-16（a）］，再从洗瓶中挤出少量水淋洗玻璃棒及烧杯2、3次，并将每次淋洗液注入容量瓶中，再加水至容量瓶标线处。但

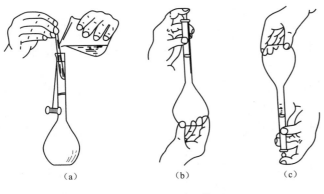

（a）　　　　（b）　　　　（c）

图 3-16　容量瓶的使用

需注意，当液面接近标线时，应使用滴管小心地逐滴加水至弯月面最低点恰好与标线相切。塞紧瓶塞，将容量瓶倒转几次（此时必须用手指压紧瓶塞，以免脱落），并在倒转时加以摇晃［见图3-16（b）、（c）］，以保证瓶内溶液浓度上下各部分均匀。

容量瓶的瓶塞是磨口的，不能混用，一般可用橡皮筋系在瓶颈上，避免沾污、打碎或丢失。

⚙ 【任务实施】

一、配制（1＋9）盐酸溶液 100mL

1. 配制方案

这种溶液只需粗配即可，得到的溶液浓度约为 1.2mol/L。采用浓度 37％的市售浓盐酸配制。首先计算配制（1＋9）盐酸溶液应量取的盐酸体积和水的体积。

$$V_{盐酸} = 100 \times \frac{1}{1+9} = 10\text{mL}, \quad V_{水} = 100 \times \frac{9}{1+9} = 90\text{mL}$$

或
$$V_{水} = 100 - 10 = 90\text{mL}$$

根据计算结果，需要量取 10mL 盐酸，加入 90mL 水。

2. 操作步骤

（1）准备一个 10mL 量筒、一个 250mL 烧杯、一个 250mL 细口瓶和一个玻璃棒。按照玻璃器皿清洗方法，用自来水清洗后再用去离子水洗净。

（2）将浓盐酸瓶打开，标签向手心，用 10mL 量筒量取 10mL 浓盐酸，小心倒入烧杯中。

（3）用 100mL 量筒量取 90mL 蒸馏水，倒入烧杯中，用玻璃棒搅拌均匀。

（4）用玻璃棒导流，将配制好的溶液倒入磨口瓶中。

（5）填写溶液标签，内容包括溶液名称、溶液浓度：$c(HCl) = 1+9$、配制人、配制时间、保存期限等，贴在磨口瓶上。

3. 注意事项

如配制硫酸溶液，则需将浓硫酸倒入水中。以配制 100mL（1＋9）硫酸溶液为例，首

先算出应取浓硫酸的体积数 10mL，用量筒量取；之后计算水的用量 90mL，用量筒量取 90mL 的蒸馏水，先倒入烧杯约 70mL，再将硫酸从量筒中沿着玻璃棒慢慢加入水中，边加硫酸边搅拌以避免局部过热；加完硫酸后，将溶液搅拌均匀，再将剩余的水倒入烧杯中，继续搅拌均匀。

二、配制 11g/LEDTA 溶液 100mL

在分析检验标准中，通常给出所需配制溶液的体积质量浓度。这时，只需根据配制体积和配制浓度计算出所需的溶质质量，再加水溶解。

1. 配制方案

计算所需称量的溶质质量 $m=bV=11g/L \times 0.1L=1.1g$。

因该类溶液粗配即可，可以采用台秤（感量为 0.1g）称量。

2. 操作步骤

（1）准备一个 400mL 烧杯、一个 100mL 量筒、一个 250mL 磨口瓶和一个玻璃棒，按照玻璃器皿清洗方法，用自来水冲洗后再用去离子水洗净。

（2）检查并调整电子工业天平水平，通电预热约 1h。

（3）用称量纸称取 1.1g EDTA，将其置于 400mL 烧杯中。

（4）用量筒量取 100mL 去离子水，加入烧杯中，置于电炉上加热，并不断搅拌，直至溶解。

（5）待溶液冷却后，将溶液倒入 250mL 的细口磨口瓶，贴上标签，标签内容包括溶液名称、溶液浓度、配制人、配制时间、保存期限等。

3. 注意事项

（1）溶解固体样品，通常需要加热，等冷却后转移并定容。

（2）取热烧杯时应戴手套。

三、用浓度 1.2mol/L（c_1）的盐酸溶液配制浓度约为 0.1mol/L 盐酸溶液 250mL

根据配制体积和配制浓度计算出所需移取的溶液体积和稀释用水的体积，再选用适当的玻璃器皿配制。

1. 配制方案

计算所需量取的盐酸溶液（c_1）的体积。

设所需盐酸溶液体积为 xmL

$$1.2x = 0.1 \times 250$$
$$x \approx 20.8(\text{mL})$$

采用量筒量取盐酸溶液（c_1）20.8mL，在 250mL 容量瓶中定容后转移至磨口瓶即可。

2. 操作步骤

（1）准备一个 25mL 量筒、一个 250mL 容量瓶和一个玻璃棒，洗净备用。

（2）用量筒量取盐酸溶液（c_1）约 21mL。

（3）将溶液用玻璃棒导流至容量瓶中。

（4）用去离子水冲洗玻璃棒后，定容并混匀。

（5）将溶液倒入磨口瓶，贴上标签，标签内容包括溶液名称、溶液浓度、配制人、配制时间、保存期限等。

3. 注意事项

有时会用市售浓盐酸、浓硫酸或浓硝酸配制一定物质的量浓度的稀溶液，此时可以采用 [例 3-1] 的方法计算。

【例 3-1】 市售硫酸质量分数 $\omega = 98\%$，密度 $\rho = 1.84\text{g/mL}$，欲配制 1000mL $c(1/2\text{H}_2\text{SO}_4) = 0.1\text{mol/L}$ 的硫酸溶液，应取浓硫酸体积是多少？

解 设应取体积 VmL

$$\frac{\rho V\omega}{M_r\left(\dfrac{1}{2}\text{H}_2\text{SO}_4\right)} = (cV)_{\frac{1}{2}\text{H}_2\text{SO}_4}$$

$$V \approx 2.7\text{mL}$$

此外，也可采用稀释的方法粗略计算。通常市售浓 HCl 摩尔浓度约为 12mol/L，浓 HNO_3 约为 16mol/L，浓 H_2SO_4 约为 18mol/L。

任务四 滴定分析基本操作

【教学目标】

通过对本项任务的学习，使学生掌握滴定管的正确使用方法，进一步练习掌握移液管和容量瓶的使用方法。态度能力方面，能主动积极参与问题讨论，具有严谨细致、一丝不苟的职业素质，具有安全意识，具有团队协作能力。

【任务描述】

滴定分析用的玻璃器具，用于准确量取体积的有滴定管、移液管和容量瓶，都有严格的使用要求。量取体积精密度要求不高时，可以使用量筒和量杯等器皿。在日常检验工作中会反复用到这些器具。

这些玻璃器具在制造时都要进行校正再标上刻度，但校正时标的刻度有两种不同含义，一种是指"排出"，另一种是指"盛装"。盛装体积和排出体积是不一样的。通常容量瓶是指盛装体积，滴定管和移液管是指排出体积。在实际工作中，应正确选择和使用，尤其注意不能用容量瓶做"排出"器具来量取体积。

【任务准备】

问题与思考：为什么容量瓶不能做"排出"体积量取器具？

【相关知识】

滴定管的总容量最小为 1mL，最大为 100mL，常用的是 50、25、10mL 的滴定管。滴定管有酸式滴定管和碱式滴定管之分 [见图 3-17（a）、（b）]。酸式滴定管用来装酸性、中性及氧化性溶液，但不适合装碱性溶液，因为碱性溶液能腐蚀玻璃的磨口和活塞。碱式滴定管用来装碱性及无氧化性溶液。能与橡皮起反应的溶液如高锰酸钾、碘和硝酸银等溶液，不能用碱式滴定管。

滴定管在使用前应先进行初步检查，如酸式滴定管活塞是否匹配、滴定管尖嘴和上口是否完好，碱式滴定管的乳胶管孔径与玻璃珠是否合适，乳胶管是否有孔洞、裂纹和硬化等。初步检查合格后，再进行以下操作：

（1）涂凡士林、检漏。酸式滴定管在使用前，应拆下滴定管的活塞涂抹凡士林。涂抹前先用滤纸吸干活塞槽和活塞上的水，把少许凡士林涂在活塞的两头（切忌堵住小孔）。将活塞插进塞槽后，向同一方向旋转活塞多次，直至从外面观察全部透明为止。若玻璃活塞转动不灵活，应拆下活塞，重新涂凡士林。最后用乳胶圈套在活塞的末端，以防活塞脱落破损。在滴定管内加水至 0 刻线，然后夹在滴定管夹上，检查活塞处是否漏水。

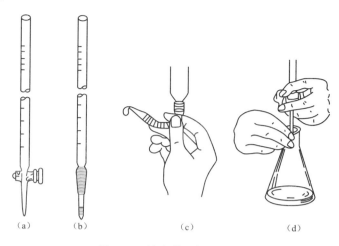

图 3-17　滴定管的使用

（a）酸式；（b）碱式；（c）排气泡；（d）转动活塞操作

若碱式滴定管漏水可更换玻璃珠或橡皮管。

（2）洗涤。无明显油污或不太脏的滴定管，可用洗涤剂冲洗，若较脏且不易洗净时，则需用铬酸洗液浸泡后洗涤。洗涤时，从滴定管管口倒入 10～15mL 洗液，两手平端滴定管并不断转动，使洗液布满全管，洗净后将一部分洗液自管口倒回洗液瓶，然后将剩余洗液从尖嘴处倒回洗液瓶。若管内油污严重，则可用洗液浸泡一段时间，再按上述方法进行洗涤，最后用自来水、蒸馏水洗净。碱式滴定管的洗涤方法与酸管相同，但在使用洗液时需注意洗液不能直接接触乳胶管。因此，需取下乳胶管后用洗液洗涤，然后用自来水、蒸馏水洗净。

（3）装液、逐泡。向滴定管装入标准溶液时，宜由储液瓶直接倒入，不宜借用其他器皿，以免标准液浓度改变或造成污染。装满溶液的滴定管，应检查其尖端部分有无气泡，如有气泡必须排除。若酸式滴定管有气泡，可以旋转活塞，使溶液快速流出，将气泡带走；碱式滴定管可把橡皮管向上弯曲 45°角，尖嘴上斜，挤捏玻璃珠来排除气泡，如图 3-17（c）所示。

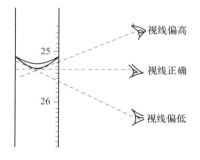

图 3-18　滴定管正确读数方法

（4）滴定操作。使用酸式滴定管时，一般用左手控制活塞，将滴定管卡于左手虎口处，用拇指与食指、中指转动活塞［见图 3-17（d）］，并将活塞轻轻按住，防止在转动过程中因活塞松动而漏液。使用碱式滴定管时，用食指和拇指挤压乳胶管内玻璃珠，使管内形成一条窄缝，溶液即自玻璃管嘴中流出。

（5）读数。读数时，滴定管要垂直放置，待溶液稳定 1～2min 后，使视线与液面保持水平，读取与弯月面最低处相切的刻度（见图 3-18）。如弯月面不清楚，可在滴定管后面衬一张白纸，便于观察。

⚙ 【任务实施】

一、准备滴定管

1. 碱式滴定管

使用前首先检查是否漏水，如漏水，可能是玻璃球与胶皮管不配套或是胶皮管老化所

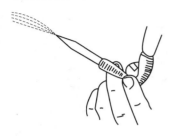

致，需更换后进行洗涤。洗净后装液。检查滴定管下端是否有气泡，如有，可把胶皮管向上弯曲，挤压玻璃球，排出气泡，如图 3-19 所示。

2. 酸式滴定管

使用前首先检查是否漏水，如漏水就把活塞旋塞取下用滤纸擦干，在其表面涂一层薄薄的凡士林（注意勿将旋塞小孔堵塞）［见图 3-20（a）］，再将旋塞塞好，按一个方向旋转，使凡士林均匀地涂在磨口上，再检查旋

图 3-19　碱式滴定管赶气泡示意

塞是否漏水［见图 3-20（b）］。然后洗涤、装液。管下端如有气泡，可使滴定管倾斜 30°，开启旋塞，待气泡被流出的溶液逐出后，立即关闭旋塞。使用时，左手拇指、食指和中指转动活塞。转动时手指轻轻用力把活塞向里扣住，以防把活塞顶出。

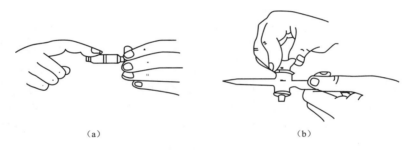

（a）　　　　　　　　　　　　　　　　（b）

图 3-20　酸式滴定管的使用

二、容量瓶、移液管及吸量管、滴定管的综合练习

1. 操作方法

（1）配制 0.1mol/L NaOH 溶液：称取一定量的 NaOH 固体，置于烧杯中，加适量水，在玻璃棒搅拌下使之溶解。溶解后将溶液注入容量瓶，用洗瓶洗烧杯 3 次，洗涤液注入容量瓶，使溶液混匀，加水稀释至到所需刻度，摇匀。

（2）把所配制的 0.1mol/L 盐酸、NaOH 试液分别倒入酸、碱滴定管中，然后排气泡，调零点待用。

（3）用移液管移取容量瓶中的碱溶液 20.00mL 于锥形瓶中，加甲基橙指示剂 2 滴，用酸式滴定管中的酸试液滴至溶液由黄色变为橙色。

（4）同样用吸量管移取试剂瓶中的酸溶液 10mL 于锥形瓶中，加酚酞指示剂 1、2 滴，用滴定管中的碱试液滴至溶液由无色变为浅红色（30s 不褪色）为终点。

通过练习做到：两手配合得当，操作自如。连续滴、只加一滴和只加半滴（即使溶液悬而未落）的操作方法如下：

（1）摇动锥形瓶时应手腕用力而非手臂用力，瓶口始终保持在同一个位置，要向同一方

向旋转，使溶液既混合均匀又不会溅出。

（2）滴定管不能离开瓶口过高，也不接触瓶口，即在未开始滴定时，锥形瓶可以方便地移开；滴定操作时，滴定管嘴伸入锥形瓶但不超过瓶颈。

（3）滴定过程中，左手不能离开活塞任操作液自流。

（4）半滴的操作：小心放出（酸式滴定管）或挤出（碱式滴定管）操作液半滴，提起锥形瓶，令其内壁轻轻与滴定管嘴接触，使挂在滴定管嘴的半滴操作液沾在锥形瓶内壁，再用洗瓶将其洗净。

（5）注意观察滴落点附近溶液颜色的变化。滴定开始时，速度可以稍快，但应是“滴加”而不是流成“水线”，临近终点时滴一滴，摇几下，观察颜色变化情况，再继续加一滴或半滴，直至溶液的颜色刚从一种颜色突变为另一种颜色，并在 $1\sim2min$ 内不变，即为终点。

2. 注意事项

（1）滴定分析用玻璃器具必须洗涤干净，不干净的器具会在玻璃壁上挂有水珠，使量取体积不准；对于滴定分析量具（滴定管、移液管和容量瓶）要求洗净至不挂水珠为准。

（2）滴定分析量具不能加热或急冷，不能烘干。

（3）观察液面要按弯月形底部最低点为准。

（4）观察液面刻度时，视线要与刻度在同一水平上，否则会引入误差。

任务五　重量分析法的基本操作

【教学目标】

通过对本项任务的学习，使学生掌握重量分析方法中常用基本操作。能根据实验要求，正确选用滤纸和滤器，进行沉淀的过滤、洗涤、转移和干燥操作。态度能力方面，能主动积极参与问题讨论，具有严谨细致、一丝不苟的职业素质，具有安全意识，具有团队协作能力。

【任务描述】

重量分析法是一种常用的化学分析方法。通过适当的方法将被测组分转化成可以与其他组分分离的形式，例如生成沉淀或生成气体。在溶液分析中，常用生成沉淀的方式，将沉淀通过过滤、洗涤、干燥等过程，转化为一定的称量形式，之后称取物质的质量，通过称量物质与待测物质形式之间的换算关系，计算所测组分含量。

本项任务主要练习沉淀重量法的基本操作，包括沉淀的过滤、洗涤、烘干、灼烧、称量和恒重等。

【任务准备】

问题与思考：通过过滤来分离溶液中的沉淀，应如何操作？

【相关知识】

沉淀重量法的基本操作：试样的溶解、沉淀、过滤、洗涤、烘干、灼烧、称量和恒重。

下面介绍过滤、洗涤、烘干、灼烧、称量和恒重的基本操作。

一、滤纸和滤器

1. 滤纸

滤纸是最常用的过滤介质，按过滤速度（或分离性能）不同，滤纸可分为快速、中速和慢速三种，可根据沉淀的性质和漏斗的规格来选用。例如，晶型沉淀（$BaSO_4$、CaC_2O_4 等）选用直径 9～11cm、慢速的定量滤纸，胶状沉淀（SiO_2、$Fe_2O_3 \cdot XH_2O$ 等）应选用直径为 11～12.5cm、快速的定量滤纸。另外，由于滤纸具有强的吸水性，不能将沉淀经滤纸过滤后直接进行干燥再称重。一般总是将沉淀过滤后，将滤纸灰化。定量分析用的滤纸称为无灰滤纸，在制造这种滤纸时已用盐酸和氢氟酸除去其中的杂质。一张定量滤纸的质量约为 1g，其灰分含量小于 0.1mg。

2. 滤器

在使用滤纸时，常需要和适合的滤器配合使用，常用的滤器有普通的玻璃漏斗、布氏漏斗。另外，还有玻璃砂芯漏斗（见任务一），这种漏斗无需用滤纸即可将沉淀或需分离的物质直接过滤在烧结玻璃片上，再在一定温度下烘至恒重即可。

3. 滤纸的折叠与安放

（1）滤纸的折叠。一般将滤纸对折，然后再对折（暂不要折固定）成四分之一圆，放入清洁干燥的漏斗中，如滤纸边缘与漏斗不十分密合，可稍稍改变折叠角度，直至与漏斗密合，再轻按使滤纸第二次的折边固定，取出成圆锥体的滤纸，把三层厚的外层撕下一角，以使滤纸紧贴漏斗壁（见图3-21），撕下的纸角保留备用。

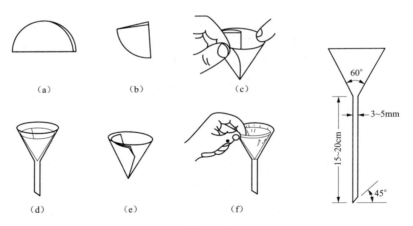

图 3-21　滤纸的折叠

若用布氏漏斗，则要选择与漏斗直径相适合的滤纸，而无需折叠。

（2）滤纸的安放。把折好的滤纸放入漏斗，三层的一边对应漏斗出口短的一边。用食指按紧，用洗瓶吹入水流将滤纸湿润，轻压滤纸边缘使锥体上部与漏斗密合，但下部留有缝隙，加水至滤纸边缘，此时空隙应全部被水充满，形成水柱，放在漏斗架上备用。

4. 过滤

一般采用"倾注法"过滤，即先把沉淀上层的清液（注意不要搅动沉淀）沿玻璃棒倾入漏斗，令沉淀尽量留在烧杯内。注意玻璃棒应垂直立于滤纸三层部分的上方，尽量接近而不触滤纸，倾入的溶液面应不超过滤纸边缘下 5～6mm 处，漏斗颈下端不应接触溶液。当暂停倾注时，应将烧杯沿玻璃棒慢慢上提，同时缓缓扶正烧杯，待玻璃棒上的溶液流完后，把玻璃棒放回烧杯中，但不可靠在烧杯嘴处（见图 3-22）。

图 3-22　过滤操作

　　清液倾注完毕后，加适量洗涤液于烧杯中，充分搅拌后静置，待沉淀下沉后再倾注，洗液应少量多次加入，每次应待滤纸内洗涤液流尽后，再倾入下一次的洗涤液。

　　过滤时应观察滤液是否澄清，若发现浑浊，则应将已过滤的部分重新过滤。因此，用于承接滤液的器皿必须是干净的。

　　5. 沉淀的转移

　　经多次倾注洗涤后，再加入少量洗涤液于烧杯中，搅起沉淀，使沉淀连洗涤液沿玻璃棒转移入漏斗的滤纸上，然后用洗瓶将沾在烧杯壁的沉淀吹洗并移入漏斗中。最后，用准备滤纸时所撕下的滤纸角擦净杯嘴、玻璃棒，连同纸角一并置入漏斗。

　　6. 沉淀的洗涤

　　沉淀的洗涤如图 3-23 所示。图中（a）为用洗瓶螺旋状在过滤器中由上到下逐渐冲洗，一则可以洗去表面的杂质，二则可以将沉淀集中在过滤器底部。图中（b）表示，经过（a）的洗涤，沉淀下沉集中在过滤器底部，当洗涤数次后，再用适当方法检验沉淀是否洗涤干净（一般是检验多余沉淀剂是否完全除去），再继续下步操作。

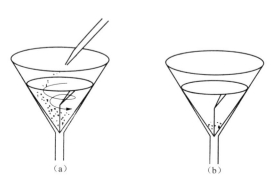

　　7. 沉淀包裹方法

　　沉淀包裹方法如图 3-24 和图 3-25 所示。

图 3-23　沉淀的洗涤

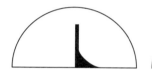  

图 3-24　沉淀包裹方法（圆柱法）

　　8. 沉淀的烘干与灼烧

　　（1）坩埚的准备。坩埚用于盛放需要进行灼烧的沉淀。选择适当的坩埚，洗净、晾干并

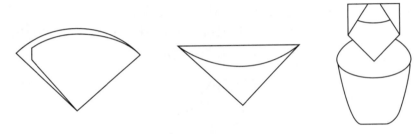

图 3-25　沉淀包裹方法（锥形法）

在灼烧沉淀的温度条件下经灼烧至恒重（即反复灼烧后其质量变化在 0.2mg 以内）。

（2）将沉淀包转移至坩埚。当沉淀洗净、洗涤液已流干后，用玻璃棒将滤纸从三重厚的边缘开始将滤纸向内折卷，小心取出滤纸，包裹沉淀。

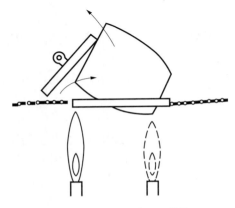

图 3-26　沉淀的烘干及灼烧

（3）沉淀的烘干和灼烧。如用火焰干燥，则可将上述坩埚斜放在泥三角上，将坩埚盖半掩地倚在坩埚口（见图 3-26），利用火焰将滤纸干燥、炭化。在这个过程中要适当调节火焰温度，当滤纸未干时，温度不宜过高，以免坩埚破裂，在中间阶段将火焰放在坩埚盖的中心下方，便于热空气进入坩埚内部以加速滤纸干燥，随后将火焰移至坩埚底部，提高火焰温度使滤纸焦化，最后适当转动坩埚位置，继续加热使滤纸灰化。如采用电炉干燥，则可将坩埚平放在电炉上，坩埚盖斜放在坩埚上并留有缝隙，直至滤纸灰化完全。灰化完全时沉淀应不带黑色。

（4）沉淀灼烧完全后，室温下冷却约 5min 后，转入干燥器 20min 再称重，直至恒重。灼烧沉淀的过程也可以在高温电热马弗炉中完成。此时，一般先将沉淀包的滤纸灰化，再置入马弗炉中灼烧。

⚙ 【任务实施】

一、试剂与材料

（1）盐酸：（1+1）溶液。

（2）氯化钡溶液：100g/L。

（3）硝酸银溶液：称取硝酸银 10g 溶于水中，并稀释至 1L。加几滴硝酸，储于棕色瓶中。

（4）甲基橙溶液：称取甲基橙 2g，溶于水中，并稀释至 1L。

（5）水样：使其中硫酸根离子浓度约为 0.01mol/L。

（6）慢速无灰滤纸。

（7）电热板。

（8）电炉。

（9）烧杯、移液管、玻璃棒、量筒等玻璃器皿。

（10）瓷坩埚，30mL。

二、操作步骤

1. 量取溶液

采用 50mL 移液管吸取水样，置于 400mL 烧杯中，加入约 150mL 蒸馏水。

2. 生成沉淀

向溶液中加入 1、2 滴甲基橙指示剂，滴加（1＋1）盐酸至甲基橙刚好变色。再加入盐酸 2mL。将溶液煮沸，不断搅拌的同时加入氯化钡溶液 10mL，在电热板或沙浴上微沸 5min，保温，溶液最后体积保持在 150mL 左右。

用慢速无灰定量滤纸过滤，并用热水洗至无氯离子（用硝酸银检查）。将沉淀连同滤纸移入已恒重的坩埚，低温灰化。

三、操作注意事项

（1）硫酸钡为晶形沉淀，其沉淀条件：加热、搅拌、缓慢滴加沉淀剂、陈化（即保温步骤），具体原理见学习情境七重量分析法。定量分析中通常保温 2h。

（2）用热水洗涤沉淀时，应戴棉线手套操作，防止烫伤。

（3）坩埚使用前应称重。

（4）低温灰化时注意安全。

◆【学习情境总结】

本学习情境介绍了定量分析基本操作方法。定量分析的基本操作贯穿于各项分析检验工作，只有正确的操作方法才能获得正确的检验结果。

任务一介绍了实验室常用玻璃器皿，包括干燥器、称量瓶、坩埚、滤器等，介绍了各类器皿的使用方法、玻璃器皿的洗涤方法以及实验室安全规定。

任务二介绍了电子天平工作原理，电子天平的使用和维护保养方法。介绍了直接法和减量法称量样品的具体技术要求。

任务三介绍实验室用水的质量要求，实验室用化学试剂的规格和选用原则。介绍溶液浓度表示方法以及各类溶液的配制方法。

任务四介绍滴定分析用移液管、容量瓶的检查、洗涤和使用方法。通过练习，使学生掌握滴定过程中酸碱滴定管的使用和滴定终点的控制方法。

任务五介绍重量分析过程中的基本操作，包括沉淀、过滤、洗涤、烘干、灼烧、称量和恒重等。

复习思考题

1. 电子分析天平的工作原理是什么？分析天平的计量性能包括哪些？
2. 直接称重法和减量法宜在何种情况下采用？
3. 在称量中如何较快地确定出物体的质量？
4. 我国化学试剂分哪几个等级？
5. 滴定管中存在气泡对滴定有什么影响？怎样除去？
6. 酸、碱滴定管中如发生漏水现象，应采取什么措施？
7. 移液管取溶液后留在管尖的一些液体如何处理？为什么？

学习情境四

酸 碱 滴 定 法

 【学习情境描述】

酸碱滴定法是电厂水煤油气分析检验工作中常用的分析方法之一。水中游离 CO_2 的测定、水中酸度的测定、水中碱度的测定、石油产品酸值测定、煤中氮的测定等检验项目都采用酸碱滴定法。本学习情境设计以下三项任务：酸碱标准溶液的配制与标定、水中碱度的测定、煤中氮的测定——开氏法。

通过学习，使学生理解酸碱标准溶液标定反应的基本原理，掌握酸碱标准溶液标定常用试剂及标定方法。理解酸碱滴定反应的原理，掌握滴定基本操作。了解碳酸钠作为基准物标定盐酸溶液反应的原理并掌握基本操作。理解碱度的基本概念，了解碱度测定时指示剂的选择及终点的判断方法。掌握半微量开氏法测定煤中氮的原理及操作。

【教学目标】

1. 知识目标
(1) 掌握酸碱滴定的基本原理；
(2) 掌握酸碱指示剂的作用原理；
(3) 掌握酸碱指示剂的选择方法；
(4) 掌握缓冲溶液的作用原理；
(5) 掌握酸碱滴定终点的判断；
(6) 酸碱滴定结果的计算方法。

2. 能力（技能）目标
(1) 能够配制和标定常用酸碱标准溶液；
(2) 学会配制缓冲溶液；
(3) 掌握电力行业常用的酸碱滴定方法。

 【教学环境】

教学场所配有黑板、计算机、投影仪，可播放 PPT 课件及教学视频。实训场所配有移液管、容量瓶、滴定管等玻璃器皿、分析天平、化学试剂、常用指示剂、其他辅助工具和材料等。

 【相关知识】

酸碱滴定法是以酸碱反应为基础的滴定分析方法。应用酸碱滴定法可以测定水中酸、碱以及能与酸或碱起反应的物质的含量。

酸碱滴定法通常采用强酸或强碱作滴定剂，例如用 HCl 作为酸的标准溶液，可以滴定具有碱性的物质，如 NaOH、Na_2CO_3 和 $NaHCO_3$ 等。如用 NaOH 作为标准溶液，可以滴定具有酸性的物质，如 H_2SO_4 等。

一、酸碱指示剂

酸碱滴定过程中，溶液本身不发生任何外观的变化，因此常借酸碱指示剂的颜色变化来指示滴定终点。在酸碱滴定中外加的、能随着溶液 pH 值的变化而改变颜色从而指示滴定终点的试剂称为酸碱指示剂。要使滴定获得准确的分析结果，应选择适当的指示剂，从而使滴定终点尽可能地接近化学计量点。

（一）酸碱指示剂的变色原理

酸碱指示剂通常是一种有机弱酸、有机弱碱或两性物质。在滴定过程中，由于溶液 pH 值的不断变化，指示剂会因失去或得到质子（H^+）成为碱式或酸式结构，两种结构颜色不同，从而引起溶液颜色的变化。

例如，酚酞指示剂是一种弱的有机酸，在很稀的中性或弱酸性溶液中，几乎完全以无色的分子或离子状态存在，在水溶液中存在如下的解离平衡：

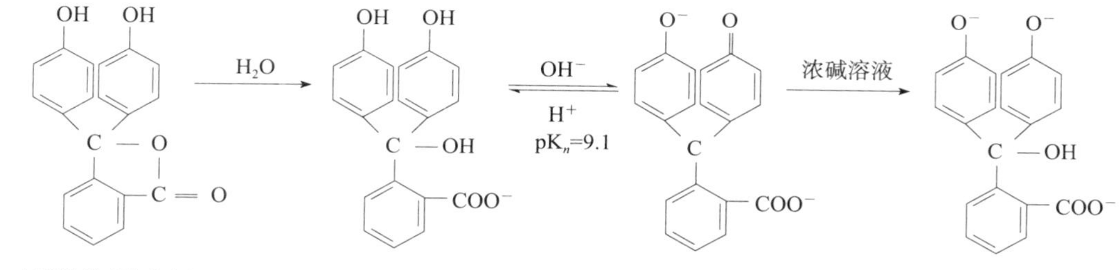

内酯结构(酸式色)　　　　　羧酸结构　　　　醌式盐结构(碱式色)　　　羧酸盐式离子
无色　　　　　　　　　　　　　　　　　　　　红色　　　　　　　　　　无色
(中性或酸性溶液中)　　　　　　　　　　　(碱性溶液中)　　　　　(浓碱溶液中)

（4-1）

当溶液 pH 值渐渐升高时，酚酞的结构和颜色发生了改变，变成了醌式结构的红色离子。在 pH 值减小时，溶液中发生相反的结构和颜色的改变。酚酞在浓碱溶液中，醌式结构变成无色的羧酸盐式离子，使用中需要注意。如果指示剂的酸式色和碱式色只有一种是特殊颜色，而另一种无色，则称为单色指示剂。酚酞属于单色指示剂。

又如，甲基橙是一种有机弱碱型的双色指示剂，在水溶液中存在如下的解离平衡：

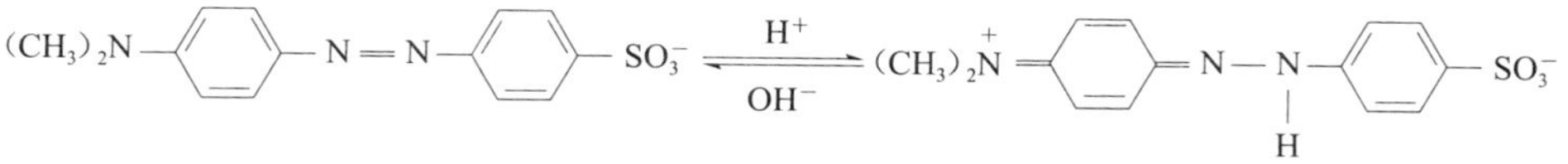

偶氮式离子(碱式色,黄色)　　　　　　　　　　醌式离子(酸式色,红色)

（4-2）

在酸性溶液中，甲基橙主要以醌式离子存在，溶液呈红色；在碱性溶液中，甲基橙主要以偶氮结构存在，溶液呈黄色。如果指示剂酸式和碱式各具有特殊颜色，称为双色指示剂。甲基橙属于双色指示剂。

（二）指示剂的变色范围及其影响因素

根据实际测定，当溶液的 pH 值小于 8 时，酚酞呈无色，大于 10 时呈红色，pH 值 8～10

是酚酞从无色渐变为红色的过程，称为酚酞的变色范围。当溶液的 pH 值小于 3.1 时，甲基橙呈红色；当 pH 值大于 4.4 时，甲基橙呈黄色，pH 值 3.1～4.4 是甲基橙的变色范围。

1. 指示剂的变色范围

由于各种指示剂的平衡常数不同，其变色范围也不同。溶液 pH 值的变化使指示剂共轭酸碱的电离平衡发生移动，致使颜色变化。但是，必须当溶液的 pH 值改变到一定范围，才能明显看到指示剂的颜色变化。现以弱酸型指示剂（HIn）为例来说明。

对于酸碱指示剂而言，常以 HIn 表示指示剂的酸式型体，其颜色称为酸式色；以 In^- 表示指示剂的碱式型体，其颜色称为碱式色。指示剂的酸式 HIn 和共轭碱式 In^- 在溶液中有如下电离平衡：

$$HIn \rightleftharpoons H^+ + In^- \tag{4-3}$$

$$\underset{\text{酸式色}}{} \qquad \underset{\text{碱式色}}{}$$

$$K_{HIn} = \frac{[H^+][In^-]}{[HIn]} \rightarrow \frac{[In^-]}{[HIn]} = \frac{K_{HIn}}{[H^+]} \tag{4-4}$$

式中 K_{HIn} ——指示剂的离解平衡常数，又称为指示剂常数。对于一定的指示剂来说，在一定温度下，K_{HIn} 是一个常数。

溶液呈现什么颜色主要取决于 $[In^-]$ 与 $[HIn]$ 的比值，该比值又与 K_{HIn} 和 $[H^+]$ 有关。因此该比值仅为 $[H^+]$ 的函数，即 $[H^+]$ 发生改变，$[In^-]/[HIn]$ 也随之改变，溶液颜色也逐渐发生改变。当 $[In^-]/[HIn] = 1$ 时，酸式色和碱式色各占 50%，呈现混合色，任何 $[H^+]$ 的改变都将导致比值的改变，此时的 pH 值（$pH = pK_{HIn}$）即为该种指示剂的理论变色点，但是人的眼睛对颜色的分辨能力有一定限度，极少量的 $[H^+]$ 的变化很难分辨出溶液颜色的变化。一般来说，只有当 HIn 浓度大于 In^- 浓度 10 倍以上时，才能看到酸式色；当 In^- 浓度大于 HIn 浓度 10 倍以上时，方可看到碱式色，即

$\dfrac{[In^-]}{[HIn]} \geqslant 10$ 时，$pH \geqslant pK_{HIn} + 1$，呈 In^-（碱式）颜色；

$\dfrac{[In^-]}{[HIn]} \leqslant \dfrac{1}{10}$ 时，$pH \leqslant pK_{HIn} - 1$，呈 HIn（酸式）颜色；

$\dfrac{[In^-]}{[HIn]} = 1$ 时，$pH = pK_{HIn}$，呈现指示剂的中间过渡色，称为指示剂的理论变色点。

由此可见，当溶液 pH 值由 $pK_{HIn} - 1$ 变化到 $pK_{HIn} + 1$ 时，就可明显看到指示剂由酸式色变为碱式色。因此，$pH = pK_{HIn} \pm 1$ 就是理论上指示剂变色的 pH 值范围，简称为指示剂变色范围。根据上述理论推算，指示剂的变色范围应是两个 pH 单位，但实际测得的各种指示剂的变色范围并不一样，而是略有上下，这是因为人眼对各种颜色的敏感程度不同，以及指示剂的两种颜色之间相互掩盖所致。

例如，甲基橙的 $pK_{HIn} = 3.4$，理论变色范围应是 $pK_{HIn} \pm 1 = 2.4～4.4$，而实际测得变色范围是 3.1～4.4，产生这种差别的原因是由于人们的眼睛对甲基橙的酸式色（红色）较之对碱式色（黄色）更为敏感，所以甲基橙的变色范围在 pH 值小的一端就小些。

综上所述，酸碱指示剂的颜色随 pH 值的变化而变化，形成一个变色范围。各种指示剂由于其 pK_{HIn} 不同，变色范围也不同，各种指示剂变色范围的幅度也各不相同。大多数指示剂的变色幅度是 1.6～1.8 个 pH 值单位。指示剂的变色范围越窄越好，因为 pH 值稍有改

变就可观察到溶液颜色的改变，有利于提高测定结果的准确度。表 4-1 列出了几种常用酸碱指示剂的变色范围及其配制使用方法。

表 4-1　　　　　　　　　　　几种常用酸碱指示剂的变色范围及其配制方法

指示剂	变色范围 pH	pK_HIn	颜色变化			配制方法	每 10mL 试液用量（滴）
			酸色	过渡色	碱色		
百里酚蓝（一变色）	1.2～2.8	1.7	红	橙	黄	0.1%的20%乙醇溶液	1、2
甲基橙	3.1～4.4	3.4	红	橙	黄	0.1%或0.05%水溶液	1
溴酚蓝	3.0～4.6	4.1	黄		紫蓝	0.1%的20%乙醇溶液或其钠盐水溶液	1
甲基红	4.4～6.2	5.0	红	橙	黄	0.1%的60%乙醇溶液或其钠盐水溶液	1
溴甲酚绿	4.0～5.6	4.9	黄	绿	蓝	0.1%的20%乙醇溶液或其钠盐水溶液	1～3
溴百里酚蓝	6.2～7.6	7.3	黄	绿	蓝	0.1%的20%乙醇溶液或其钠盐水溶液	1
苯酚红	6.8～8.4	8.0	黄	橙	红	0.1%的60%乙醇溶液或其钠盐水溶液	1
中性红	6.8～8.0	7.4	红		黄橙	0.1%的60%乙醇溶液	1
甲酚红	7.2～8.8	8.2	黄		红	0.1%的20%乙醇溶液或其钠盐水溶液	1
酚酞	8.0～10.0	9.1	无	粉红	红	0.1%的90%乙醇溶液	1～3
百里酚蓝（二变色）	8.0～9.6	8.9	黄		蓝	0.1%的20%乙醇溶液	1～4
百里酚酞	9.4～10.6	10.0	无	淡蓝	蓝	0.1%的90%乙醇溶液	1、2

综上所述，关于指示剂的变色范围问题可总结出如下几点：

（1）各种指示剂的变色范围随指示剂常数的不同而异，可在相应酸性、中性及碱性区域内变色。

（2）各种指示剂的变色范围内显示出逐渐变化的过渡颜色，即

$$\frac{[\text{In}^-]}{[\text{HIn}]}: \left(<\frac{1}{10}\right) \rightarrow \left(\frac{1}{10}\right) \rightarrow (1) \rightarrow (10) \rightarrow (>10) \tag{4-5}$$

　　　　　　酸色　　　　　　中间色　　　　碱色

（3）指示剂的理论变色范围对粗略估计指示剂的变色范围及选择指示剂有一定指导意义。

（4）指示剂的变色范围越窄越好。

2. 影响指示剂变色范围的因素

（1）温度。酸碱指示剂的变色点、变色范围的决定因素是指示剂的 K_{HIn}，而 K_{HIn} 是随温度变化而变化的。如 18℃时甲基橙的变色范围是 pH＝3.1～4.4；100℃时为 pH＝2.5～3.7。

所以温度变化将会改变指示剂的变色范围的区间。一般滴定都应在室温下进行，有必要加热时，应将溶液冷却到室温后再滴定。

（2）溶剂。指示剂在不同溶剂中，其 pK_{HIn} 值不同。因此指示剂在不同溶剂中具有不同的变色范围。例如，甲基橙在水溶液中 pK_{HIn}＝3.4，在甲醇溶液中 pK_{HIn}＝3.8。

（3）指示剂的用量。若指示剂用量过多（或浓度过高），指示剂就会多消耗一些滴定剂，从而带来误差。另外，对于双色指示剂，增大指示剂浓度，使 HIn 与 In⁻ 两者吸光度增加，吸收峰重叠部分加大，使本来易于分辨的两种颜色变得难以分辨了，客观上降低了指示剂的灵敏度。

此外，指示剂的用量对单色指示剂的变色范围影响较大。这是因为从无色观察到轻微的

颜色需要一个最低浓度（设为 a）。例如，酚酞的酸式色是无色，碱式色为红色，人眼可见红色最低浓度是固定的。设指示剂总浓度为 c，人眼观察到碱式色红色时，其最低浓度为一定值 a，由指示剂的电离平衡式可得

$$[In^-] = \frac{K_{HIn}}{[H^+]} \cdot [HIn]$$

则

$$\frac{K_{HIn}}{[H^+]} = \frac{[In^-]}{HIn} = \frac{a}{c-a}$$

当 c 增大时，因为 K_{HIn}、a 都是定值，要维持平衡，只有增大 $[H^+]$，使呈现红色的 pH 值会偏低。

因此，指示剂用量是在保证灵敏度的前提下少点为佳。对于单色指示剂，如酚酞，指示剂的用量还对其变色范围有影响。如在 50mL 溶液中加入 2、3 滴 0.1‰ 酚酞，在 pH＝9.0 时出现微红色；若加入 10～15 滴酚酞，则在 pH＝8.0 时就会出现微红色。因此，在滴定中应避免加入过多的指示剂。

（4）滴定顺序。滴定顺序对选择指示剂也很重要，例如酚酞由无色（酸式色）变为红色（碱式色）颜色变化敏锐；甲基橙由黄色变为红色比由红色变为黄色易于辨别。因此，用强酸滴定强碱时应选用甲基橙（或甲基红）作指示剂，而强碱滴定强酸时则常选用酚酞作指示剂。

对于人眼的辨别能力而言，颜色由浅色变为深色较明显，因此在滴定时应使指示剂的颜色变化由浅色变为深色，将更易辨认。

一般来说，指示剂的变色范围越窄越好，因为 pH 值稍有改变，指示剂就可立即由一种颜色变成另一种颜色，即指示剂变色敏锐，有利于提高测定结果的准确度。

（三）混合指示剂

表 4-1 所列指示剂都是单一指示剂，单一指示剂都有约 2 个 pH 单位的变色范围，变色范围一般都较宽。其中有些指示剂，例如甲基橙，变色过程中还有过渡颜色，不易于辨别颜色的变化。混合指示剂则具有变色范围窄、变色明显等优点。混合指示剂是利用两种或两种以上的指示剂颜色之间的互补作用，使变色范围变窄，滴定到达终点时变色敏锐。当用单一指示剂难以达到要求时，可采用混合指示剂，以缩小指示剂的变色范围，使颜色变化更明显。混合指示剂是由人工配制而成的。混合指示剂一般有两种配制方法：一种是由两种或两种以上的指示剂混合而成；另一种方法是用一种不随 H^+ 浓度变化而改变颜色的惰性染料与一种指示剂混合而成。例如，溴甲酚绿和甲基红两种指示剂所组成的混合指示剂比两种单一使用时具有变色敏锐的优点；甲基橙和靛蓝染料组成混合指示剂，靛蓝的蓝色在滴定过程中只作为甲基橙变色的背景，该混合指示剂比单一甲基橙指示剂的变色灵敏，易于辨别。

混合指示剂变色敏锐的原理，可用下面例子来说明。

例如，溴甲酚绿（pK_{HIn}＝4.9）和甲基红（pK_{HIn}＝5.0）两种指示剂所组成的混合指示剂，在滴定过程中随溶液 H^+ 浓度变化而发生颜色的变化见表 4-2。

表 4-2　　　　　　　　　　　　　混 合 指 示 剂

溶液的 pH 值	溴甲酚绿的颜色	甲基红的颜色	溴甲酚绿＋甲基红的颜色
pH＜4.0	黄色	红色	橙红色
pH＝5.1	碱性成分多呈绿色	酸性成分多呈橙红色	浅灰色
pH＞6.2	蓝色	黄色	浅灰色

当它们按一定配比混合后，两种颜色叠加在一起，pH<4 为橙红色；pH>6.2 为绿色。

当 pH=5.1 时，接近这两种指示剂的中间色，这时甲基红呈橙色和溴甲酚绿呈绿色，两者互补而呈浅灰色，这时，颜色发生突变，变色十分敏锐。

混合指示剂颜色变化明显与否，还与二者混合比例有关，这是在配制混合指示剂时要加以注意的。表 4-3 中列出了常用混合指示剂及其配制方法。

表 4-3　　　　　　　　　　　常用混合指示剂及其配制方法

指示剂溶液的组成	变色时 pH 值	颜色变化		备 注
		酸色	碱色	
1 份 0.1%甲基黄乙醇溶液 1 份 0.1%次甲基蓝乙醇溶液	3.25	蓝紫	绿	pH=3.2，蓝紫色 pH=3.4，绿色
1 份 0.1%甲基橙水溶液 1 份 0.25%靛蓝二磺酸水溶液	4.1	紫	黄绿	0.1%的 90%乙醇溶液
1 份 0.2%甲基橙水溶液 1 份 0.1%溴甲酚绿钠盐水溶液	4.3	橙	黄绿	pH=3.5，黄色 pH=4.05，绿色 pH=4.3，浅绿色
1 份 0.2%甲基红乙醇溶液 3 份 0.1%溴甲酚绿乙醇溶液	5.1	酒红	绿	
1 份 0.1%氯酚红钠盐水溶液 1 份 0.1%溴甲酚绿钠盐水溶液	6.1	黄绿	蓝紫	pH=5.4，蓝绿色 pH=5.8，蓝 色 pH=6.0，蓝带紫 pH=6.2，蓝紫色
1 份 0.1%中性红乙醇溶液 1 份 0.1%次甲基蓝乙醇溶液	7.0	紫蓝	绿	pH=7.0，蓝紫色
1 份 0.1%甲基红钠盐水溶液 3 份 0.1%百里酚蓝钠盐水溶液	8.3	黄	紫	pH=8.2，玫瑰红 pH=8.4，清晰的紫色
3 份 0.1%酚酞 50%乙醇溶液 1 份 0.1%百里酚蓝 50%乙醇溶液	9.0	黄	紫	从黄色到绿色，再到紫色
1 份 0.1%酚酞乙醇溶液 1 份 0.1%百里酚酞乙醇溶液	9.9	无	紫	pH=9.6，玫瑰红 pH=10，紫色
1 份 0.1%茜素黄 R 乙醇溶液 2 份 0.1%百里酚酞乙醇溶液	10.2	黄	紫	

如果把甲基红、溴百里酚蓝、百里酚蓝和酚酞按一定比例混合，溶于乙醇，配成混合指示剂，这样的混合指示剂随 pH 值的不同而逐渐变色如下：

pH 值：　≤4→5→6→7→8→9→≥10

颜色：　　红→橙→黄→绿→青→（蓝绿）→蓝→紫

用混合指示剂可以制成 pH 试纸，用来测定 pH 值。

二、酸碱滴定曲线和指示剂的选择

采用酸碱滴定法进行分析测定，必须了解酸碱滴定过程中 pH 值的变化规律，特别是化学计量点附近溶液 pH 值的变化，这样才有可能选择合适的指示剂，准确地确定滴定终点。因此，溶液的 pH 值是酸碱滴定过程中的特征变量，可以通过计算求出，也可用 pH 计测出。

表示滴定过程中 pH 值变化情况的曲线，称为酸碱滴定曲线。不同类型的酸碱在滴定过程中 pH 值的变化规律不同，因此滴定曲线的形状也不同。

为了表征滴定反应过程的变化规律性，通过实验或计算方法记录滴定过程中 pH 值随标准溶液（滴定剂）体积变化的图形，即可得到滴定曲线。滴定曲线在滴定分析中不但可从理论上解释滴定过程的变化规律，对指示剂的选择更具有重要的实际意义。在滴定过程中，计量点前后 ±0.1% 相对误差范围内溶液 pH 值的变化情况是非常重要的，只有在这一 pH 值范围内产生颜色变化的指示剂，才能用来确定滴定终点。

（一）强碱（酸）滴定强酸（碱）

这一类型滴定包括 HCl、H_2SO_4 和 NaOH、KOH 等的相互滴定，因为它们在水溶液中是完全离解的，滴定的基本反应为

$$H^+ + OH^- = H_2O \tag{4-6}$$

现以 0.100 0mol/L NaOH 滴定 20.00mL 0.100 0mol/L HCl 为例，研究滴定过程中 H^+ 浓度及 pH 值变化规律和如何选择指示剂。滴定过程的 H^+ 浓度及 pH 值变化见表 4-4。

表 4-4　0.100 0mol/L NaOH 滴定 20.00mL 0.100 0mol/L HCl 时的 H^+ 浓度及 pH 值变化情况

加入 NaOH (mL)	HCl 被滴定的百分数	剩余的 HCl (mL)	过量的 NaOH (mL)	$[H^+]$ 或 $[OH^-]$ 的计算式	$[H^+]$ (mol/L)	pH 值
0.00	0.00	20.00		$[H^+] = 0.100\ 0$mol/L	1.00×10^{-1}	1.00
18.00	90.00	2.00			5.26×10^{-3}	2.28
19.80	99.00	0.20		$[H^+] = \dfrac{0.100\ 0 \times V_{酸剩余}}{V_{总}}$	5.02×10^{-4}	3.30
19.98	99.90	0.02			5.00×10^{-5}	4.30
20.00	100.00	0.00		$[H^+] = 10^{-7}$mol/L	1.00×10^{-7}	7.00
20.02	100.1		0.02		2.00×10^{-10}	9.70
20.20	101.0		0.20		2.01×10^{-11}	10.70
22.00	110.0		2.00	$[OH^-] = \dfrac{0.100\ 0 \times V_{碱过量}}{V_{总}}$	2.10×10^{-12}	11.68
40.00	200.0		20.00		3.00×10^{-13}	12.52

为了便于研究滴定过程中 H^+ 浓度的变化规律，将整个滴定过程分为滴定前、化学计量点前、化学计量点、化学计量点后四个阶段分析。

（1）滴定开始前。溶液中仅有 HCl 存在，溶液的 pH 值取决于 HCl 的初始浓度，即 $[H^+] = 0.100\ 0$mol/L，pH = 1.00。

（2）滴定开始后至化学计量点前。随着 NaOH 不断滴入，部分 HCl 被中和，组成 HCl + NaCl，其中 NaCl 对 pH 值无影响，可根据剩余的 HCl 量计算 pH 值。

例如，当加入 18.00mL NaOH 溶液时，剩余的 HCl 为 2.00mL，这时溶液的总体积应为 38.00mL，溶液的 pH 值为

$$[H^+] = \frac{2 \times 0.100\ 0}{20.00 + 18.00} = 5.26 \times 10^{-3}\ (\text{mol/L}),\ pH = 2.28$$

当加入 19.98mL NaOH 溶液时，溶液 pH 值为

$$[H^+] = \frac{0.02 \times 0.100\ 0}{20.00 + 19.98} = 5.0 \times 10^{-3}\ (\text{mol/L}),\ pH = 4.30$$

（3）化学计量点时。滴入 NaOH 溶液 20.00mL 时，NaOH 与 HCl 等物质的量反应，溶液呈中性，pH = 7.00。

（4）化学计量点后。化学计量点后再继续加入 NaOH 溶液，溶液中就有了过量的 NaOH，此时溶液中的〔H^+〕取决于过量的 NaOH 浓度。

例如，加入 20.02mL NaOH 溶液时，NaOH 溶液过量 0.02mL，过量 NaOH 浓度为

$$[OH^-]=\frac{0.02\times0.100\,0}{20.00+20.02}=5.0\times10^{-5}\ (mol/L)$$

$$pH=14-pOH=14.00-4.30=9.70$$

其他各点可参照上述方法逐一计算，计算结果列于表 4-4。

为了更加直观地表现滴定过程中 pH 值的变化趋势，以溶液的 pH 值对 NaOH 的加入量或被滴定百分数作图，得到如图 4-1 所示的一条 S 形滴定曲线。从表 4-4 和图 4-1 可以看出，整个滴定过程 pH 值的变化是不均匀的。

滴定过程中 pH 值变化呈 S 形曲线的原因：开始时，溶液中酸量大，加入 90％的 NaOH 溶液才改变了 1.28 个 pH 值单位，这部分恰恰是强酸缓冲容量最大的区域，因此 pH 值变化较小。随着 NaOH 的加入，酸量减少，缓冲容量逐渐下降。从 90％到 99％，仅加入 1.8mL NaOH 溶液 pH 值改变 1.02，当滴定到只剩 0.1％HCl（即 NaOH 加入 99.9％）时，再加入 1 滴 NaOH（约 0.04mL，为 100.1％，过量 0.1％），溶液由酸性突变为碱性。pH 值从 4.30 骤增至 9.70，改变了 5.4 个 pH 值单位，计量点前后 0.1％之间的这种 pH 值的突然变化，称为滴定突跃。相当于图 4-1 中接近垂直的曲线部分。

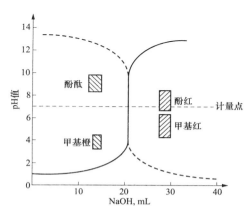

图 4-1 强碱（酸）滴定强酸（碱）的滴定曲线

突跃所在的 pH 值范围称为滴定突跃范围。此后继续加入 NaOH 溶液，进入强碱的缓冲区，pH 值变化逐渐减小，曲线又趋平坦。

S 形曲线中最具实用价值的部分是化学计量点前后的滴定突跃范围，它为指示剂的选择提供了可能，选择在滴定突跃范围内发生变色的指示剂，其滴定误差不超过±0.1％。

根据滴定曲线的突跃范围，可选择适当的指示剂，并且可测得化学计量点时所需的 NaOH 溶液体积。最理想的指示剂应恰好在滴定反应的化学计量点变色，但实际上，凡是在突跃范围（pH＝4.3～9.7）内变色的指示剂都可以选用，如甲基橙、甲基红、酚酞都可以认为是合适的指示剂。

从滴定分析准确度要求出发，若用甲基橙作指示剂时，滴定到甲基橙由红色突变为黄色时溶液的 pH 值约为 4.4，滴定终点处在化学计量点之前，但不超过 0.02mL，这时产生的相对误差为

$$相对误差 = \left|\frac{-0.02}{20.00}\times100\right| = 0.1\%$$

完全符合滴定分析要求。

若用酚酞作指示剂，酚酞由无色显微红色时，pH＞9.1，滴定终点处在化学计量点之

后，碱虽过量但也不超过 0.02mL，这时产生的相对误差为

$$相对误差 = \left| \frac{+0.02}{20.00} \times 100 \right| = 0.1\%$$

若在化学计量点前后没有形成滴定突跃，不是陡直，而是缓坡，指示剂发生变色时，将远离化学计量点，引起较大误差，无法准确滴定。因此，选择指示剂的一般原则是使指示剂的变色范围部分或全部在滴定曲线的突跃范围之内。在此浓度的强碱滴定强酸的情况下，突跃范围是 4.30～9.70。在此突跃范围内变色的指示剂，如酚酞、甲基橙、酚红和甲基红都可选择，它们的变色范围分别是 8.0～10.0、3.1～4.4、6.8～8.4 和 4.4～6.2，其中酚酞变色最为敏锐。

强酸滴定强碱的滴定曲线与强碱滴定强酸的曲线形状类似，只是位置相反（见图 4-1 中虚线部分），变色范围为 9.70～4.30，可以选择酚酞和甲基红作指示剂。若选择甲基橙作指示剂，只应滴定至橙色，若滴定至红色，将产生＋0.2％以上的误差。

为了在较大范围内选择指示剂，一般滴定曲线的突跃范围越宽越好。从表 4-4 可知，强酸强碱型滴定曲线的突跃范围主要取决于碱或酸的浓度，浓度大时突跃范围宽。滴定突跃范围有重要的实际意义：一方面，它反映了滴定反应的完全程度，滴定突跃越大，滴定反应就越完全；另一方面，滴定突跃是选择指示剂的依据，凡是变色点的 pH 值处于滴定突跃范围内的指示剂都可以用来指示滴定的终点。对于强酸强碱的滴定，突跃范围的大小取决于酸碱的浓度。溶液浓度越大，突跃范围就越大，可供选择的指示剂就越多。

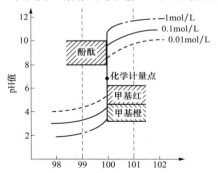

图 4-2　不同浓度强碱滴定相应
浓度的强酸的滴定曲线

以上讨论的是用 0.10mol/L 的 NaOH 滴定 0.10mol/L 的 HCl 溶液的情况。如果溶液浓度改变，化学计量点时溶液的 pH 值仍为 7，但化学计量点附近的滴定突跃范围大小却不相同。从图 4-2 可以清楚地看出，酸碱溶液越浓，滴定曲线上化学计量点附近的滴定突跃范围就越大。常用的酸碱溶液的浓度为 0.1mol/L，若溶液浓度太低，滴定突跃范围会太小，指示剂选择将受到限制；但溶液浓度也不宜过高，若溶液浓度太高，计量点附近加入一滴溶液的毫摩尔数会较大，引入的误差也较大（易过量）。故在酸碱滴定中一般不采用高于 1mol/L 和低于 0.01mol/L 的溶液。另外，酸碱溶液的浓度也应相近。浓度对滴定曲线的影响如图 4-2 所示。

当用 0.010 00mol/L 的 NaOH 滴定 0.010 00mol/L 的 HCl 溶液时，用甲基橙指示剂就不合适了。用 NaOH 滴定其他强酸溶液，其滴定情况相似，指示剂的选择也相似。

（二）一元弱酸（碱）的滴定

1. 滴定曲线

这里以 NaOH 溶液滴定 HAc 溶液为例，讨论强碱滴定弱酸的情况。

滴定过程中发生如下的化学反应：

$$OH^- + HAc = Ac^- + H_2O$$

与强碱滴定强酸相类似，整个滴定过程也可分为四个阶段。

这里选用最简式计算溶液的浓度。虽然用最简式求得的溶液的［H⁺］有百分之几的误

差，但当换算成 pH 值时，小数点后第二位才显出差异，对于滴定曲线上各点的计算，这个差异是允许的，不影响指示剂的选择。因此，除了使用的溶液浓度极稀或酸碱极弱的情况外，通常用最简式计算即可。

现以 $0.100\ 0mol/L$ 的 NaOH 溶液滴定 $20.00mL\ 0.100\ 0mol/L$ 的 HAc 溶液为例，计算滴定曲线上各点的 pH 值。已知 HAc 的 $pK_a=4.74$。

（1）滴定开始前（$V_b=0$）溶液为 $0.100\ 0mol/L$ 的 HAc 溶液

$$[H^+]=\sqrt{K_aC_a}=\sqrt{0.100\ 0\times10^{-4.74}}=10^{-2.47}, \quad pH=2.87$$

（2）滴定开始至化学计量点前（$V_b<V_a$）。该阶段溶液中未反应的弱酸 HAc 及反应产物 NaAc 组成缓冲体系。pH 值的计算式为

$$[H^+]=K_a\frac{[HAc]}{[Ac^-]} \tag{4-7}$$

$$pH=pK_a+lg\frac{[Ac^-]}{[HAc]}$$

如果滴入的 NaOH 溶液为 $19.98mL$，剩余的 HAc 为 $0.02mL$，则溶液中剩余的 HAc 浓度为

$$c_a=\frac{0.02\times0.100}{20.00+19.98}=5.03\times10^{-5}(mol/L)$$

反应生成的 Ac^- 浓度为

$$c_b=\frac{19.98\times0.100}{20.00+19.98}=5.00\times10^{-2}(mol/L)$$

$$[H^+]=K_a\frac{[HAc]}{[Ac^-]}=\frac{5.03\times10^{-5}}{5.00\times10^{-2}}\times10^{-4.74}=1.83\times10^{-8}(mol/L)$$

$$pH=7.74$$

（3）化学计量点（$V_b=V_a$）时 HAc 全部被中和生成一元弱碱 Ac^-，其浓度为

$$c_b=\frac{20.00\times0.100\ 0}{20.00+20.00}=5.00\times10^{-2}(mol/L)$$

$$pK_b=14-pK_a=14-4.74=9.26$$

$$[OH^-]=\sqrt{K_bC_b}=\sqrt{10^{-9.26}\times5.00\times10^{-2}}=5.24\times10^{-6} \tag{4-8}$$

$$pH=14-pOH=8.72$$

（4）化学计量点后（$V_b>V_a$），与强碱滴定强酸的情况完全相同，根据 NaOH 过量的程度计算溶液的 pH 值。例如，当加入 $20.02mL$ NaOH 时，NaOH 过量 $0.02mL$，即

$$[OH^-]=\frac{V_b-V_a}{V_a+V_b}\cdot C_b=\frac{(20.02-20.00)\times0.10}{20.00+20.02}=5.03\times10^{-5}(mol/L) \tag{4-9}$$

$$pH=14-pOH=9.70$$

如此逐一计算，结果列于表 4-5 中，做滴定曲线（见图 4-3）。

滴定前溶液的 $pH=2.87$，比同浓度 HCl 溶液约高两个 pH 值单位。滴定开始后 pH 值升高较快，这是由于中和生成的 Ac^- 产生同离子效应，使 HAc 更难电离，$[H^+]$ 较快降低所致。继续滴入 NaOH，溶液中形成 HAc-NaAc 缓冲体系，pH 值增加缓慢，该段曲线较为平坦。当滴定接近化学计量点时，剩余的 HAc 已很少，溶液缓冲能力逐渐减弱，于是随着 NaOH 滴入，溶液的 pH 值又迅速升高。到达化学计量点时，在其附近出现了一个较为短小

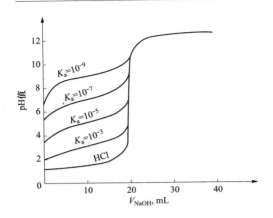

图 4-3　NaOH 滴定不同弱酸溶液的滴定曲线

的滴定突跃，这个突跃的值为 7.74～9.70，比同浓度强碱滴定强酸时小得多。化学计量点后溶液 pH 值的变化规律与强碱滴定强酸相同。

这类型滴定的突跃范围是在碱性范围内，因此在酸性范围变色的指示剂，如甲基橙、甲基红等都不能作为强碱滴定弱酸的指示剂。可选用酚酞、百里酚蓝等变色范围处于突跃范围内的指示剂作为这一滴定类型的指示剂。

这一滴定类型的突跃范围不仅与滴定剂的浓度有关，而且与弱酸的强度和浓度有关。浓度大，突跃范围就大；突跃范围大小也与酸的强度有关，酸越弱，突跃范围就越小。一般来说，当 $cK_a \geqslant 10^{-8}$ 时，滴定突跃为 0.6pH 值单位，即滴定终点与化学计量点约差 0.3pH 值单位。实践证明，人眼借助于指示剂颜色变化准确判断终点必须有（±0.2～±0.3）pH 值差异，通常以 $\Delta pH = \pm 0.3$ 作为指示剂判别终点的极限，在这种条件下，分析结果的相对误差才能小于 0.1%。图 4-3 中标出了浓度为 0.100 0mol/L 的 NaOH 溶液滴定 0.100 0mol/L 不同强度弱酸的滴定曲线。从图中可见，当酸的浓度一定时，K_a 值越小，滴定突跃范围也就越小，当 $K_a = 10^{-9}$（例如 H_3BO_3）时，已无明显突跃，这种情况下已无法选用一般的酸碱指示剂来确定滴定终点。

表 4-5　用 0.100 0mol/L 的 NaOH 滴定 20.00mL 的 0.100 0mol/L 的 HAc

加入 NaOH（mL）	中和百分数（%）	剩余 HAc（mL）	加入 NaOH（mL）	pH 值
0.00	0.00	20.00		2.87
18.00	90.00	2.00		5.70
19.80	99.00	0.20		6.73
19.98	99.90	0.02	0.02	7.74
20.00	100.00	0.00	0.00	8.72
20.02	100.10		0.02	9.70
20.20	101.00		0.20	10.70
22.00	110.00		2.00	11.70
40.00	200.00		20.00	12.50

2. 强碱滴定弱酸的特点

综上所述，可得出如下几点结论：

（1）强碱滴定弱酸，当达到化学计量点时，由于生成弱酸的共轭碱，溶液呈碱性，pH＞7。酸越弱，其共轭碱就越强，化学计量点处 pH 值就越高。

（2）化学计量点附近 pH 值突跃至碱性范围时，应选用碱性范围内变色的指示剂。

（3）滴定曲线的起点高。因为同样浓度的强酸与弱酸相比，后者的离解度较小，所以滴定前溶液中的 [H⁺] 低于弱酸的原始浓度。

（4）滴定曲线的形状不同。滴定过程中 pH 值的变化速率不同于强碱滴定强酸，开始时溶液 pH 值变化较快，其后变化缓慢，接近化学计量点时又渐加快。这是由于在滴定的不同阶段的反应特点决定的。滴定一开始 pH 值升高较快是因为 NaAc 生成，由于 Ac⁻ 的同离子效应，抑制了 HAc 的离解，因而 [H⁺] 迅速降低，pH 值很快增大；随着滴定继续进行，不断生成 NaAc，在溶液中与 HAc 构成缓冲体系，使溶液的 pH 值变化缓慢；接近化学计量点时，溶液中的 HAc 浓度已经很低，缓冲作用减弱，pH 值的变化又逐渐加快。

（5）突跃范围小。在化学计量点时，溶液的 pH 值在偏碱性区。

（三）影响滴定突跃范围的因素

（1）弱酸（碱）的浓度：当酸的 K_a 值一定时，酸的浓度越大，突跃范围也越大。

（2）弱酸（碱）的强度：当酸的浓度一定时，酸越强（K_a 值越大），曲线的起点就越低，突跃范围就越大。因此，对于弱酸的滴定，一般要求 $c_a K_a \geqslant 10^{-8}$，此时才能以强碱直接滴定。

（四）强酸滴定弱碱

以 HCl 溶液滴定 NH₃ 溶液属于强酸滴定弱碱。这种类型的滴定与强碱滴定弱酸非常相似，不同的是溶液的 pH 值由大到小，所以滴定曲线的形状刚好与强碱滴定弱酸相反，而且化学计量点时溶液显酸性。这是由于生成的大量的 NH_4^+ 在水溶液中按酸式电离，产生一定的 H⁺，使溶液显酸性，故滴定时应选用在微酸性范围内变色的指示剂。

强酸滴定弱碱可得出以下几点结论：

（1）强酸滴定弱碱到达化学计量点时，由于生成共轭酸溶液而呈酸性，碱越弱，生成的共轭酸就越强，化学计量点时 pH 值就越小。

（2）化学计量点附近的 pH 值突跃处在酸性范围内，应选用酸性范围内变色的指示剂，如甲基红、溴甲酚绿等。

（3）pH 值突跃范围大小与滴定剂和弱碱的浓度有关。浓度大，突跃范围就大；突跃范围大小又与弱碱的强度有关，碱越弱，pH 值突跃范围就越小，判断弱碱能否被直接滴定的条件是 $cK_b \geqslant 10^{-8}$。

（五）多元酸（碱）的滴定

多元酸在水溶液中会分步离解，当用强碱滴定时，其酸碱反应也是分步进行的，因此在滴定曲线上会出现多个滴定突跃。判断多元酸有几个突跃，是否能准确分步滴定，通常根据以下两个原则来确定：

（1）$c_a \cdot K_{an} \geqslant 10^{-8}$，判断第 n 级解离的 H⁺ 能否被准确滴定；

（2）$K_{an}/K_{an+1} \geqslant 10^4$，判断相邻两级解离的 H⁺ 能否分步滴定。

若 $K_{a1}/K_{a2} < 10^4$，两步酸碱反应交叉进行，即使是分步离解的两个质子，也将同时被滴定，只形成一个突跃。

多元酸的滴定曲线计算比较复杂，在实际工作中，为了选择指示剂，通常只需计算化学计量点时的 pH 值，然后选择在此 pH 值附近变色的指示剂指示滴定终点。

$$c(H^+) = \sqrt{K_{an} \cdot K_{an+1}} \Rightarrow pH = \frac{1}{2}(pK_{an} + pK_{an+1}) \text{（两性物质）} \qquad (4-10)$$

【例 4-1】　多元碱的滴定（HCl 滴定 Na₂CO₃）。

滴定分析中常用 Na₂CO₃ 作基准物标定 HCl 溶液。现以 HCl 溶液滴定 Na₂CO₃ 为例讨论多元碱的滴定。

H_2CO_3 是很弱的二元酸，在水溶液中分步电离，即

$$H_2CO_3 \rightleftharpoons H^+ + HCO_3^-, \quad pK_{a_1} = 6.38$$

$$HCO_3^- \rightleftharpoons H^+ + CO_3^{2-}, \quad pK_{a2} = 10.25$$

用 HCl 滴定 Na_2CO_3 时，分两步中和。第一步 HCl 与 CO_3^{2-} 反应生成 HCO_3^- 达到第一个化学计量点，此时溶液的 pH 值由 HCO_3^- 的浓度决定，HCO_3^- 为两性物质，可按近似公式计算得到

$$[H^+] = \sqrt{K_{a1} \cdot K_{a2}} = \sqrt{4.2 \times 10^{-7} \times 5.6 \times 10^{-11}} = 4.85 \times 10^{-9} (mol/L)$$

$$pH = 8.31$$

故可选用酚酞作指示剂。但由于 K_{a1}/K_{a2} 略小于 10^4，这个化学计量点附近的滴定突跃范围较为短小，为了准确判断第一个终点，第二步通常采用 $NaHCO_3$ 溶液作参比溶液或使用混合指示剂。如甲酚红与百里酚酞的混合指示剂，它的变色范围为 8.2（粉红）～8.4（紫），能使滴定结果准确到约 0.5%。

HCl 滴定 Na_2CO_3 的第二个化学计量点也不够理想，由于溶液中存在大量的 CO_2，使指示剂变色不够敏锐。第二个化学计量点的滴定产物是 H_2CO_3，其饱和溶液的浓度为 0.04mol/L，则

$$[H^+] = \sqrt{K_{a1} \cdot c} = \sqrt{4.2 \times 10^{-7} \times 0.04} = 1.3 \times 10^{-4} (mol/L)$$

$$pH = 3.89$$

此时可选用甲基橙作指示剂，但由于这时容易形成 CO_2 的过饱和溶液，滴定过程中生成的 H_2CO_3 只能缓慢地转变成 CO_2，使溶液酸度稍稍增大，终点较早出现，因此在滴定终点附近应剧烈摇动溶液。

0.100 0mol/L HCl 滴定 0.100 0mol/L Na_2CO_3 的滴定曲线如图 4-4 所示。

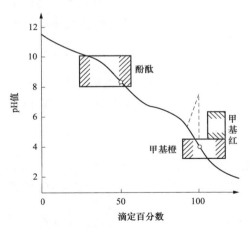

图 4-4　HCl 滴定 Na_2CO_3 的滴定曲线

【例 4-2】　多元酸的滴定（碳酸的平衡及测定）。

天然水中均含有碳酸。水中的碳酸和溶解的二氧化碳有下列平衡：

$$CO_2 + H_2O \rightleftharpoons H_2CO_3$$

水中未电离的碳酸浓度一般只有水中 CO_2 浓度的 0.1% 左右，且碳酸和 CO_2 又不易区分，所以所谓"游离碳酸"或"游离 CO_2"皆指水中碳酸和 CO_2 的总量，其浓度可用 $[H_2CO_3]$ 或 $[CO_2]$ 表示。

碳酸是二元弱酸，它和它的盐类统称为碳酸化合物。碳酸化合物在水中存在的形态有三种：①分子状态溶解的 CO_2 和碳酸；②离子状态的 HCO_3^-，称为重碳酸盐；③离子状态的 CO_3^{2-}，称为碳酸盐。

各种形态的碳酸按以下反应式相互转化：

$$CO_2 + H_2O \rightleftharpoons H_2CO_3 \rightleftharpoons H^+ + HCO_3^- \rightleftharpoons 2H^+ + CO_3^{2-} \tag{4-11}$$

碳酸的第一级和第二级电离常数表示如下：

$$\frac{[H^+][HCO_3^-]}{[H_2CO_3]} = K_{a1} = 4.2 \times 10^{-7}$$

$$\frac{[H^+][CO_3^{2-}]}{[HCO_3^-]} = K_{a2} = 5.6 \times 10^{-11}$$

从以上反应式可知，碳酸各种形态含量的相对比例同溶液的 pH 值有关，在不同 pH 值时各种形态碳酸的相对比例如图 4-5 所示。

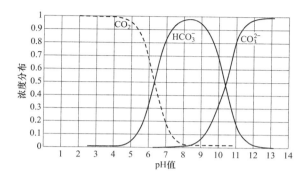

图 4-5　水中各种碳酸化合物的相对量和 pH 值的关系

由图可以看出，当 pH≤4.3 时，水中只有 CO_2 一种形态；当 pH = 8.3 时，$[HCO_3^-]$ 可认为接近 100%，$[H_2CO_3] = [CO_2] \approx 0$；当 pH≥8.3 时，$CO_2$ 消失，HCO_3^- 与 CO_3^{2-} 共存；当 pH > 10 时，HCO_3^- 迅速减小。因此，重碳酸盐的存在范围是 pH 值=4.5～12。

在 pH≤8.3 时，水中 CO_3^{2-} 含量很少，只有 CO_2 和 HCO_3^-，故可只考虑碳酸的一级电离平衡，即

$$[H^+] = \frac{K_{a1}[CO_2]}{[HCO_3^-]}$$

$$pH = pK_{a1} - lg[CO_2] + lg[HCO_3^-]$$

在 25℃时，$K_{a1} = 4.2 \times 10^{-7}$，$pK_{a1} = 6.37$，故

$$pH = 6.37 + lg[HCO_3^-] - lg[CO_2] \tag{4-12}$$

对天然淡水来说，式（4-12）是一个很重要的关系式，因为这类水质的 pH 值一般都在 8.0 以下，水中 $[HCO_3^-]$ 实际就是水的碱度（A），于是式（4-12）可写成

$$pH = 6.37 + lgA - lg[CO_2]$$

如果 pH>8.3，水中 $[CO_2]$ 的含量很少，可认为水中只有 $[CO_3^-]$ 和 $[HCO_3^-]$，故可只考虑碳酸的二级电离平衡，即

$$[H^+] = \frac{K_{a2}[HCO_3^-]}{[CO_3^{2-}]}$$

$$pH = pK_{a2} - lg[HCO_3^-] + lg[CO_3^{2-}]$$

三、酸碱滴定的终点误差

酸碱滴定终点误差（TE）是指由于指示剂的变色不恰好在化学计量点，从而使滴定终点与化学计量点不相符合引起的相对误差，也称为滴定误差或终点误差，这是一种系统误差。

终点误差应用剩余或过量的酸或碱的物质的量占应加入的酸或碱的物质的量的百分数（千分数）表示。滴定终点在计量点前，终点误差为负；终点在计量点后，终点误差为正。

1. 强酸（碱）的滴定终点误差

$$TE\% = \frac{NaOH \text{ 过量或不足的物质的量}}{\text{化学计量点时应加入的 } NaOH \text{ 的物质的量}} \times 100\% \tag{4-13}$$

$$TE\% = \frac{\text{NaOH 过量或不足的物质的量}}{\text{HCl 的物质的量}} \times 100\% \tag{4-14}$$

若终点在计量点之前，溶液中有剩余的 HCl（设浓度为 $C_余$），此时滴定误差为负误差，即

$$TE\% = -\frac{C_余 V_终}{\text{HCl 的物质的量}} \times 100\% \tag{4-15}$$

终点时 $c(H^+) > c(OH^-)$，溶液中存在如下两个离解平衡：

$$HCl \rightleftharpoons H^+ + Cl^-$$
$$H_2O \rightleftharpoons H^+ + OH^- \tag{4-16}$$

即终点时溶液中的 H^+ 来源于两个方面：一是未被中和的 HCl 离解产生的 H^+，其浓度为 $C_余$；二是水离解产生的 H^+，其浓度应与终点时的 $c(OH^-)_终$ 相等，因此有

$$c(H^+)_终 = c(OH^-)_终 + C_余 => C_余 = c(H^+)_终 - c(OH^-)_终$$

则

$$TE\% = -\frac{[c(H^+)_终 - c(OH^-)_终]V_终}{C_{sp} V_{sp}} \times 100\% \tag{4-17}$$

式中　C_{sp}、V_{sp}—化学计量点时 HCl 的实际浓度和体积；

　　　$V_终$—滴定终点时溶液的总体积，而 $V_{sp} \approx V_终$。

则

$$TE\% = -\frac{c(H^+)_终 - c(OH^-)_终}{c_{sp}} \times 100\% \tag{4-18}$$

若终点在计量点后，则终点时 NaOH 过量，终点误差为正，即

$$TE\% = \frac{c(OH^-)_终 - c(H^+)_终}{C_{sp}} \times 100\% \tag{4-19}$$

2. 弱酸（碱）的滴定终点误差

以 NaOH 滴定一元弱酸 HA 为例，先讨论终点在计量点之前，则终点时溶液中有剩余的 HA，误差为负。

$c(HA)_终$ 来自两个方面：①未被中和的 HA（设浓度为 $C_余$）；②A^- 水解产生的 HA〔设浓度为 $c(HA)$〕，即

$$A^- + H_2O \rightleftharpoons HA + OH^-$$

因此，$c(HA) = c(OH^-)_终$。则 $c(HA)_终 = c(OH^-)_终 + C_余 => C_余 = c(HA)_终 - c(OH^-)_终$

$$TE\% = -\frac{c(HA)_终 - c(OH^-)_终}{C_{sp}} \times 100\% \tag{4-20}$$

若终点在计量点后，则终点时 NaOH 过量，终点误差为正，即

$$TE\% = \frac{c(OH^-)_终 - c(HA)_终}{C_{sp}} \times 100\% \tag{4-21}$$

四、酸碱滴定法在电厂中的应用

1. 水中碱度的测定

在火电厂水质分析中，碱度是必不可少的分析项目，在水的凝聚澄清处理、水的软化处理中，碱度的大小都是很重要的影响因素。碱度是指水中能与强酸定量作用的物质总量，水中碱度可分为以下三种：

（1）碳酸盐碱度。因水中碳酸根（CO_3^{2-}）而产生的碱度。

（2）重碳酸盐碱度。因水中重碳酸根（HCO_3^-）而产生的碱度。

（3）氢氧化物碱度。因水中氢氧化物而产生的碱度。

若采用强酸标准溶液滴定水样碱度，用酚酞作指示剂测得的碱度称为酚酞碱度（滴定终点 pH 值约为 8.3）；用甲基橙作指示剂时测得的碱度称为甲基橙碱度，又称为全碱度（滴定终点 pH 值约为 3.9）。

【例 4-3】　有 100.0mL 水样，用 $c(HCl)=0.050\ 00mol/L$ HCl 滴定至酚酞终点，消耗 HCl 溶液 15.20mL；再加甲基橙指示剂，继续以 HCl 溶液滴定至橙色，又用去 25.80m，则水样中含有何种碱度？其含量分别为多少？

解　已知以酚酞为指示剂时 HCl 用量 $P=15.20mL$；以甲基橙为指示剂时 HCl 用量 $M=25.80mL$。$P<M$，水样中含有 CO_3^{2-} 和 HCO_3^- 碱度。

用 HCl 滴定水样，溶液中起下列反应：

$$CO_3^{2-}+H^+=HCO_3^-\qquad\text{化学计量点时，pH}=8.3（酚酞指示终点）$$

$$HCO_3^-+H^+=H_2CO_3\qquad\text{化学计量点时，pH}=3.9（甲基橙指示终点）$$

第一个反应中，碳酸盐碱度被中和了一半，HCl 用量为 P；第二个反应滴定的是碳酸盐碱度的一半和重碳酸盐碱度，此时 HCl 用量为 M。故碳酸盐碱度消耗 HCl 量为 $2P$，重碳酸盐碱度消耗 HCl 量为 $M-P$。计算式为

$$c(CO_3^{2-})=\frac{1}{2}\times\frac{2\times15.20\times0.050\times10^3}{100.0}=7.60(\text{mmol/L})$$

$$c(CO_3^{2-})=7.60\times60.00=456.00(\text{mg/L})$$

$$c(HCO_3^-)=\frac{(M-P)\times c(HCl)\times10^3}{V}=\frac{(25.80-15.20)\times0.050\times10^3}{100.0}=5.30(\text{mmol/L})$$

$$c(HCO_3^-)=5.30\times61.00=323.30(\text{mg/L})$$

2. 酸度的测定

水中酸度分为强酸酸度和游离碳酸酸度。强酸酸度也称为无机酸度。当溶液中存在微量强酸时，其 pH 值小于 4，此时可采用甲基橙为指示剂，用强碱滴定强酸，溶液在 pH=4.5 时由红色变为黄色，可认为强酸被中和完毕，所得结果即为无机酸度。

当水样的 pH 值高于 4 时，水的酸度一般由弱酸构成，当水未受其他工业废水污染时，大多数情况下由碳酸构成。溶液中反应为

$$H_2CO_3+OH^-=H_2O+HCO_3^- \tag{4-22}$$

若用酚酞为指示剂，溶液滴定终点的 pH 值为 8.34，溶液中全部的 CO_2 都被中和转化为 H_2CO_3，测定结果就是水中的 $CO_2+H_2CO_3$，称为游离碳酸酸度或游离 CO_2。

3. 水中铵盐的测定。由于 NH_4^+ 的 K_a（5.6×10^{-10}）较小，$cK_a<10^{-8}$，故不能用强碱直接滴定，一般常用甲醛法进行分析。甲醛与铵盐作用，生成相当量的酸，再用碱标准溶液滴定，反应如下：

$$4NH_4^++6HCHO=(CH_2)_6N_4H^++3H^++6H_2O \tag{4-23}$$

反应中所生成的三个 H^+ 和一个质子化的六次甲基四胺（$K_a=7.1\times10^{-6}$）都可以用碱直接滴定，反应如下：

$$(CH_2)_6N_4H^++3H^+\ 4OH^-=(CH_2)_6N_4+4H_2O \tag{4-24}$$

反应产物六次甲基四胺是弱碱（$K_b=1.4\times10^{-9}$），滴定中可选用酚酞作指示剂。这里应注意的是，市售的 40% 的甲醛溶液常含有微量的酸，必须预先用碱中和至酚酞指示剂呈

现淡红色（pH 值约为 8.5），再用它与铵盐试样作用。

任务一　酸碱标准溶液的配制及标定

【教学目标】

1. 知识目标
(1) 掌握常用酸碱标准溶液的配制方法；
(2) 理解盐酸和氢氧化钠标准溶液的标定原理；
(3) 掌握酸碱标准溶液的标定方法；
(4) 掌握酸碱溶液标定基准物的选取原则；
(5) 掌握用减量法在分析天平称取基准物的方法；
(6) 掌握酸碱滴定中指示剂的选择方法并理解其终点变色原理；
(7) 掌握酸碱滴定终点的确定方法。

2. 能力目标
(1) 能配制酸碱标准溶液并进行标定；
(2) 能根据具体情况合理选择指示剂；
(3) 学会应用甲基橙、酚酞等作为指示剂判断滴定终点；
(4) 能正确选用基准物并利用分析天平准确称量；
(5) 学会酸碱滴定管、分析天平、量筒、容量瓶等仪器的使用基本操作；
(6) 会正确使用各种药品；
(7) 能对实验数据进行分析和计算。

【任务描述】

　　盐酸和氢氧化钠标准溶液是生产现场化学分析中常用的碱性溶液之一。掌握盐酸和氢氧化钠标准溶液的配制与标定技能十分重要。该任务的完成涉及分析天平、容量瓶、滴定管等的使用。各组长组织小组成员学习酸碱滴定相关知识，熟悉任务中涉及的仪器设备的使用操作方法，保证溶液配制与标定的准确度。要求每位成员能主动积极参与问题讨论，具有严谨细致、一丝不苟的职业素质，具有安全意识，具有团队协作能力，按要求完成实验任务。

【任务准备】

　　课前预习相关知识部分。根据酸碱滴定反应的实质及实验操作步骤，做好相应的计算及仪器药品的准备，并思考下列问题：
(1) 怎样得到不含二氧化碳的蒸馏水？
(2) 称取氢氧化钠固体时，为什么要迅速？
(3) NaOH 和 HCl 能否直接配制成标准溶液？为什么？
(4) 什么叫基准物？基准物的条件是什么？常用的基准物有哪些？
(5) NaOH 和 HCl 标准溶液分别采用什么方法标定？

目【相关知识】

一、标准溶液配制方法

标准溶液是指已知准确浓度的溶液，其配制方法通常有直接法和标定法两种。

1. 直接法

准确称取一定质量的物质经溶解后定量转移到容量瓶中，稀释至刻度并摇匀。根据称取物质的质量和容量瓶的体积即可算出该标准溶液的准确浓度。适用此方法配制标准溶液的物质必须是基准物质。

2. 标定法

大多数物质的标准溶液不宜用直接法配制，可选用标定法，即先配成近似所需浓度的溶液，再用基准物质或已知准确浓度的标准溶液标定其准确浓度。HCl 和 NaOH 标准溶液在酸碱滴定中最常用，但由于浓盐酸易挥发，NaOH 固体易吸收空气中的 CO_2 和水蒸气，故只能选用标定法来配制，其浓度一般为 $0.01 \sim 1mol/L$，通常配制 $0.1mol/L$ 的溶液。

常用标定碱标准溶液的基准物质有邻苯二甲酸氢钾、草酸等。选用邻苯二甲酸氢钾作基准物质，其反应为

$$
\underset{\text{COOK}}{\overset{\text{COOH}}{\bigcirc}} + NaOH \longrightarrow \underset{\text{COOK}}{\overset{\text{COONa}}{\bigcirc}} + H_2O \tag{4-25}
$$

化学计量点时，溶液呈弱碱性（pH＝9.20），可选用酚酞作指示剂。常用于标定酸的基准物质有无水碳酸钠和硼砂。其浓度还可通过与已知准确浓度的 NaOH 标准溶液比较进行标定。$0.1mol/L$ HCl 和 $0.1mol/L$ NaOH 溶液的比较标定是强酸强碱的滴定，化学计量点时 pH＝7.00，滴定突跃范围比较大（pH＝4.30～9.70），因此，凡是变色范围全部或部分落在突跃范围内的指示剂，如甲基橙、甲基红、酚酞、甲基红-溴甲酚绿混合指示剂，都可用来指示终点。比较滴定中可以用酸溶液滴定碱溶液，也可用碱溶液滴定酸溶液。若用 HCl 溶液滴定 NaOH 溶液，选用甲基橙为指示剂。

二、药品使用注意事项

（1）固体氢氧化钠具有很强的吸湿性，且易吸收空气中的水分和 CO_2，因而常含有 Na_2CO_3，且含少量的硅酸盐、硫酸盐和氯化物，因此不能直接配制成准确浓度的溶液，而只能配制成近似浓度的溶液，然后用基准物质进行标定，以获得准确浓度。

由于氢氧化钠溶液中碳酸钠的存在，会影响酸碱滴定的准确度，在精确的测定中应配制不含 Na_2CO_3 的 NaOH 溶液并妥善保存。

为了配制不含 CO_3^{2-} 的 NaOH 标准溶液，常采用"浓碱法"，即先用 NaOH 配成饱和溶液，在此溶液中 Na_2CO_3 溶解度很小，待 Na_2CO_3 沉淀后，取上部清液稀释成近似所需浓度后再加以标定。标定 NaOH 常用的基准物质有邻苯二甲酸氢钾、草酸等。

采用邻苯二甲酸氢钾（$KHC_8H_4O_4$，简写为 KHP），它易制得纯品，不吸潮，摩尔质量大，选用酚酞作指示剂。

碱标准溶液：除最常用的 NaOH 外还可用 KOH 等其他强碱。

（2）盐酸易挥发，因此 HCl 标准溶液一般用浓 HCl 间接配制，即先配制成近似浓度后再用基准物质标定。标定 HCl 常用的基准物质有无水碳酸钠和硼砂。

无水碳酸钠（Na_2CO_3）易制得纯品，价格便宜，但吸湿性强，用前应在 270～300℃干

燥至恒重，置干燥器中保存备用。

硼砂（$Na_2B_4O_7 \cdot 10H_2O$）也易制得纯品，且有较大摩尔质量，称量误差小，不吸湿，但在空气中易风化失去结晶水，因此应保存在相对湿度为 60% 的密闭容器中备用。

酸标准溶液：除最常用的盐酸外还可用硫酸、硝酸等其他强酸。

⚙ 【任务实施】

1. 仪器及试剂准备

（1）仪器：工业天平、分析天平、量筒（10mL）、烧杯、试剂瓶、酸式滴定管（50mL）、碱式滴定管（50mL）、锥形瓶（250mL）。

（2）试剂：浓盐酸（A.R.）、NaOH（s）（A.R.）、酚酞指示剂（0.1% 乙醇溶液）、甲基橙指示剂（0.2%）、邻苯二甲酸氢钾（s）（A.R.）、无水 Na_2CO_3。

2. 酸碱标准溶液的配制和标定

（1）0.1mol/L HCl 标准溶液的配制。用洁净吸量管量取浓 HCl 约 V mL（预习中应计算）注入 400mL 烧杯中，用量筒加入 250mL 蒸馏水，用洁净的玻璃棒搅拌均匀，置于试剂瓶中。贴好标签，写好试剂名称、浓度（空一格，留待填写准确浓度）、配制日期、班级、姓名等。

（2）0.1mol/L NaOH 标准溶液的配制。用工业天平迅速称取 x g NaOH 固体于 400mL 烧杯中，用量筒加 250mL 蒸馏水，使 NaOH 溶解并搅拌均匀，置于塑料瓶中。贴好标签，备用。

3. NaOH 标准溶液浓度的标定

（1）准备：洗净碱式滴定管，检查不漏水后，用所配制的 NaOH 溶液润洗 2、3 次，每次用量 5~10mL，然后将碱液装入滴定管中至 "0" 刻度线上，排除管尖的气泡，调整液面至 0.00 刻度或零点稍下处，静置 1min 后，精确读取滴定管内液面位置，并记录在报告本上。

（2）称取基准物并溶解、滴定。在分析天平上用减量法准确称取三份已在 105~110℃ 烘过 2h 的基准物质邻苯二甲酸氢钾 0.4~0.6g（如何计算）于 250mL 锥形瓶中，加 20~30mL 水溶解（若不溶可稍加热，冷却后），加入 1、2 滴酚酞指示剂，用 0.1mol/L NaOH 溶液滴定至呈微红色，半分钟不褪色，即为终点。记下氢氧化钠溶液消耗的体积。要求三份标定的相对平均偏差应小于 0.2%。计算 NaOH 标准溶液的浓度。

（3）数据处理。将数据记录于表 4-6 中。

表 4-6 数 据 记 录

实验次数	1	2	3
称量瓶＋KHP 质量（倾样前）（g）			
称量瓶＋KHP 质量（倾样后）（g）			
KHP 质量（g）			
氢氧化钠溶液终读数（mL）			
氢氧化钠溶液初读数（mL）			
氢氧化钠溶液体积（mL）			
c(NaOH)（mol/L）			
平均浓度 c(NaOH)（mol/L）			
相对平均偏差			

结果计算如下：

$$c(NaOH) = \frac{m(KHC_8H_4O_4)}{V(NaOH) \cdot M(KHC_8H_4O_4)/1000}$$ (4-26)

$$M(KHC_8H_4O_4) = 204.2$$

式中　$c(NaOH)$ ——NaOH 标准溶液的浓度，mol/L；

　　$m(KHC_8H_4O_4)$ ——邻苯二甲酸氢钾的质量，g；

　　$M(KHC_8H_4O_4)$ ——邻苯二甲酸氢钾的摩尔质量，g/mol；

　　　　$V(NaOH)$ ——滴定时消耗 NaOH 标准溶液的体积，L。

4. HCl 溶液浓度的标定

（1）准备：洗净酸式滴定管，经检漏、润洗、装液、静置等操作，备用。

（2）标定。

1）用已经标定过的 NaOH 标准溶液进行标定。取 250mL 锥形瓶，洗净后放在碱式滴定管下，由滴定管放出约 20mL NaOH 溶液于锥形瓶中，加入 1、2 滴 0.2% 甲基橙指示剂，用 HCl 溶液滴定。边滴边摇动锥形瓶，使溶液充分反应。

待滴定近终点时，用蒸馏水冲洗在瓶壁上的酸或碱液，再继续逐滴或半滴滴定至溶液恰好由黄色转变为橙色，即为终点。若 HCl 过量，也可用 NaOH 返滴定，或再滴加 NaOH 溶液，仍以 HCl 溶液滴定至终点（可反复操作和观察终点颜色）。读取并记录 NaOH 溶液和 HCl 溶液的精确体积，计算 V(NaOH 溶液)/V(HCl 溶液)。平行做 3 次，计算平均结果和平均相对偏差，要求平均相对偏差不大于 0.2%。

2）用基准物无水 Na$_2$CO$_3$ 标定。准确称取已烘干的无水 Na$_2$CO$_3$ 三份，每份为 0.1~0.14g，置于三只 250mL 锥形瓶中，加水约 30mL，温热，摇动使之溶解，以甲基橙为指示剂，以 0.1molL HCl 标准液滴定至溶液由黄色转变为橙色，记下 HCl 标准溶液的消耗用量，并计算出 HCl 标准溶液的浓度。

（3）数据处理。

1）0.1mol/L HCl 溶液滴定 0.1mol/L NaOH 溶液。数据记录于表 4-7 中。

表 4-7　　　　　　　　　　　　　　数　据　记　录

实验次数	1	2	3
V(HCl) /mL			
c(HCl) /mL		.	
平均 c(HCl) /mL			
相对偏差			
平均相对偏差			

结果计算如下：

$$c(HCl) = \frac{c(NaOH) \cdot V(NaOH)}{V(HCl)}$$ (4-27)

2）0.1mol/L HCl 溶液滴定基准物无水 Na$_2$CO$_3$。数据记录于表 4-8 中。

表 4-8　　　　　　　　　　　　　　数　据　记　录

实验次数	1	2	3
称量瓶＋Na_2CO_3 质量（倾样前）（g）			
称量瓶＋Na_2CO_3 质量（倾样后）（g）			
Na_2CO_3 质量（g）			
$V(HCl)$（mL）			
$c(HCl)$（mL）			
平均 $c(HCl)$（mL）			
相对偏差			
平均相对偏差			

结果计算如下：

$$c(HCl) = \frac{m(Na_2CO_3)}{V(HCl)M(1/2Na_2CO_3)} \tag{4-28}$$

式中　　　$c(HCl)$ —HCl 标准溶液的浓度，mol/L；

　　　$m(Na_2CO_3)$ —基准物无水碳酸钠的质量，g；

　$M(1/2Na_2CO_3)$ —基准物无水碳酸钠的摩尔质量（1/2Na_2CO_3），g/mol；

　　　　$V(HCl)$ —滴定时消耗 HCl 标准溶液的体积，L。

任务二　水中碱度的测定

【教学目标】

1. 知识目标

（1）理解碱度的基本概念；

（2）理解水中碱度测定的基本原理；

（3）掌握水中碱度的测定方法；

（4）掌握水中碱度滴定终点的确定方法；

（5）理解酚酞碱度和甲基橙碱度的区别。

2. 能力目标

（1）学会酸碱滴定法测定水中碱度；

（2）能根据实验现象判断水中碱度的主要成分；

（3）能正确运用甲基橙、酚酞等作为指示剂判断滴定终点；

（4）会正确使用各种药品；

（5）能对实验数据进行分析和计算。

【任务描述】

碱度是电厂用水一项重要的监测指标。碱度表示水中所含能够接受质子的物质的总量，通常碱度是指含 OH^-、CO_3^{2-}、HCO_3^- 的量及其一些弱酸盐类量的总和。如果炉锅内采用磷酸盐处理，锅炉水中还有 HPO_4^{2-}、PO_4^{3-}，因为这些盐类在水溶液中都呈碱性，可以用酸中和，所以统称为碱度。在天然水中，碱度主要由 HCO_3^- 的盐类组成。因为碱度是用酸中和的办法来测定的，所以当采用的指示剂不同，也就是滴定终点不同时，所测得的结果也不同。常用的指示剂为甲基橙和酚酞，故可分为甲基橙碱度和酚酞碱度。水中碱度测定任务主要包括：一是准备实验仪器和药品，二是根据实验方法测定水样碱度，最后通过计算分析判断水样碱度的主要成分。

【任务准备】

（1）查阅资料，了解碱度测定的基本原理。

（2）在电厂中哪些水样需要监测碱度？为什么？

【相关知识】

一、碱度的组成

碱度是指水中能与强酸定量作用的物质总量。天然水中产生碱度的物质主要有碳酸盐、重碳酸盐及氢氧化物。磷酸盐和硅酸盐虽也产生一些碱度，但由于它们在天然水中含量极微，常略去不计。因此，归纳起来，碱度可分为以下三种：①氢氧化物碱度即水中 OH^- 的存在产生的碱度；②碳酸盐碱度即水中 CO_3^{2-} 的存在而产生的碱度；③重碳酸盐碱度即水中 HCO_3^- 的存在而产生的碱度。

在同一水源中，碳酸盐和重碳酸盐可以共存，碳酸盐和氢氧化物也可以共存，而氢氧化物和重碳酸盐则不能共存，因为它们可以进行如下反应：

$$HCO_3^- + OH^- = CO_3^{2-} + H_2O$$

因此，各类水质的碱度可能有五种不同组合类型，即

（1）单独的氢氧化物碱度（OH^-）；

（2）氢氧化物与碳酸盐碱度（$OH^- + CO_3^{2-}$）；

（3）单独的碳酸盐碱度（CO_3^{2-}）；

（4）碳酸盐与重碳酸盐碱度（$HCO_3^- + CO_3^{2-}$）；

（5）单独的重碳酸盐碱度（HCO_3^-）。

某些工业废水，如造纸厂、制革厂等排出的生产废水可能含有大量的强碱，其碱度主要是氢氧化物或碳酸盐。经石灰软化的锅炉用水也可能有稍高的氢氧化物或碳酸盐碱度。有时天然水中繁生大量藻类，剧烈吸收水中的 CO_2，使水有较高的 pH 值，其碱度主要是碳酸盐碱度。一般 pH 值略高于 8.3 的弱碱性天然水或生活污水，可同时含重碳酸盐和碳酸盐碱度，而 pH 值低于 8.3 的最常见的天然水，则以重碳酸盐为碱度的主要组成部分。

碱度的测定在水处理工程设计、生产、科研中有着重要的意义。例如，水的凝聚澄清处理、水的软化处理，碱度的大小是个重要的影响因素。对于污水，如碱度高的工业废水，在排入水体之前必须进行中和处理。因而在给水处理和污水处理中，碱度都是必不可少的分析项目。但对工业废水，由于构成碱度的物质比较复杂，用普通的方法不易分辨出各种成分，因而需测总碱度，也就是水中与酸作用的物质的总量。

除含有强碱的工业废水之外，一般水中的碱度并不直接造成危害，但它对水质特性有多方面的影响，所以是最常见的水质指标之一。

二、碱度测定原理及注意事项

1. 碱度测定原理

酚酞碱度是以酚酞作指示剂测得的碱度，全碱度是以甲基橙（或甲基红-亚甲基蓝）作指示剂测得的碱度。酚酞终点的 pH 值约为 8.3，甲基橙终点的 pH 值约为 4.2。酚酞碱度是以酚酞作指示剂测得的碱度，终点约为 pH＝8.3。全碱度是以甲基橙作指示剂测得的碱度，终点 pH 值约为 4.2。此外，也可以用 pH 酸度计代替指示剂控制滴定终点。

以酚酞为指示剂，用硫酸标准溶液滴定时发生如下反应：

$$OH^- + H^+ = H_2O, \quad CO_3^{2-} + H^+ = HCO_3^-$$

以甲基橙作指示剂，继续滴定时发生如下反应：

$$HCO_3^- + H^+ = CO_2 + H_2O$$

2. 注意事项

（1）若水样中含有较大量的游离氯（大于 1mg/L）时，会影响指示剂的颜色，可以加入 $c＝0.1mol/L$ 的 $Na_2S_2O_3$ 溶液 2～4 滴，以消除干扰，或用紫外光照射也可除残氯。

（2）由于乙醇自身的 pH 值较低，配制 1% 酚酞指示剂（乙醇溶液），则会影响碱度的测定，为避免此影响，配制好的酚酞指示剂，应用 $c(NaOH)＝0.05mol/L$ 的氢氧化钠溶液中和至刚见到稳定的微红色。

⚙ 【任务实施】

1. 仪器和试剂准备

（1）仪器：酸式滴定管（50mL）、锥形瓶（250mL）、指示剂滴瓶（50mL）。

（2）试剂：酚酞指示剂（1% 乙醇溶液）、甲基橙指示剂（0.1% 水溶液）、硫酸标准溶液 $[c(1/2H_2SO_4)＝0.1mol/L]$。

2. 水样的准备

（1）干扰及消除。水样浑浊、有色均干扰测定，遇此情况，可用电位滴定法测定。能使指示剂褪色的氧化还原性物质也干扰测定。例如水样中余氯可破坏指示剂（含余氯时，可加入 1、2 滴 0.1mol/L $Na_2S_2O_3$ 溶液消除）。

（2）样品保存。样品采集后应在 4℃ 保存，分析前不应打开瓶塞，不能过滤、稀释或浓缩。样品应于采集后的当天进行分析，特别是当样品中含有可水解盐类或含有可氧化态阳离子时，应及时分析。

3. 水样碱度测定

取 100mL 透明水样于锥形瓶中，加入 2、3 滴酚酞指示剂，此时溶液若显红色，用硫酸标准溶液滴定至恰好无色，记录硫酸消耗体积 a。此时溶液若无色，继续加入 2 滴甲基橙指示剂，继续用硫酸标准溶液滴定至橙色，记录硫酸消耗体积 b（不包括 a）。

4. 结果计算

酚酞碱度和全碱度按下式计算：

$$(JD)_{酚酞} = \frac{c(H^+)a}{V} \tag{4-29}$$

$$(JD)_{全} = \frac{c(H^+)(a+b) \times 1000}{V} \tag{4-30}$$

式中　(JD)_{酚酞}——酚酞碱度，mmol/L；

　　　　(JD)_全——全碱度，mmol/L；

　　　$c(H^+)$——硫酸标准溶液的氢离子浓度，mol/L；

　　　　　a——第一终点消耗的硫酸体积，mL；

　　　　　b——第二终点消耗的硫酸体积，mL；

　　　　　V——所取水样的体积，mL。

水中碱度成分对照见表 4-9。

表 4-9　　　　　　　　　　　　　水 中 碱 度 成 分 对 照

a 和 b 的关系	$a>b$	$a>0$, $b=0$	$a<b$	$a=0$, $b>0$	$a=b$
碱度的组成	NaOH Na_2CO_3	NaOH	Na_2CO_3 $NaHCO_3$	$NaHCO_3$	Na_2CO_3

5. 碱度测定技术要求

（1）在计量点附近时必须要一滴或半滴的加入（特别是在第一计量点时酚酞变色不明显，红→微红），注意半滴的操作方法。滴定操作要规范，边滴边摇，对本次实验尤为重要。

（2）计量点前，滴定速度要适中，要求滴加一滴或半滴后充分摇动，否则在第一计量点前可能造成局部 HCl 过量，产生 CO_2 损失，使结果失真；第二计量点前有可能形成 CO_2 的过饱和溶液使终点提前到达。

（3）酚酞指示剂可以适量的多加几滴，以防止当样品组成是 NaOH 与 Na_2CO_3 时，因为滴定不完全而造成 NaOH 的测试结果偏低，而 Na_2CO_3 的偏高。

任务三　煤中氮的测定——开氏法

【教学目标】

1. 知识目标

（1）了解氮元素在煤中的存在形式及其危害；

（2）理解开氏法测定煤中氮元素的基本原理；

（3）掌握开氏法测定煤中氮元素的基本方法；

（4）掌握酸碱滴定法在开氏法测定煤中氮元素的特点；

（5）掌握开氏法测定煤中氮元素的步骤。

2. 能力目标

（1）能描述开氏法测定煤中氮元素的方法步骤；

（2）学会用开氏法测定煤中氮元素的基本操作；

（3）会正确使用各种仪器药品；

（4）能对实验数据进行分析和计算。

【任务描述】

动力用煤测定氮的意义，主要是用于锅炉设计和计算燃烧所需的空气量以及燃烧产物的体积，同时也为差减法计算氧提供数据。火电厂中，煤中的氮元素经燃烧后会转化成氮氧化物，污染环境，所以要对煤中氮元素的含量进行测定。测定煤中氮元素的方法有开氏法和蒸汽燃烧法。本任务介绍开氏法。开氏法的测定原理：煤样在催化剂的存在下用浓硫酸消化，其中氮和硫酸作用生成硫酸氢铵。在碱性条件下通以蒸气加热赶出氨气，被硼酸吸收，最后用硫酸标准溶液滴定，根据消耗标准溶液量计算出煤中氮的含量。开氏法测定煤中氮元素的任务：一是准备实验仪器和药品，二是根据实验方法测定煤样中氮元素的含量，该任务操作步骤烦琐，要求严格按照实验操作步骤进行，最后通过计算得出最终结果。各组成员要互相配合，保证实验顺利完成。

🤝【任务准备】

查阅资料，思考以下问题：

（1）氮元素在煤中存在的主要形式是什么？

（2）测定煤中氮元素的方法主要有哪些？

📖【相关知识】

一、煤中氮元素的存在情况及测定目的

氮在煤中含量很少，当煤燃烧时，或多或少地会生成氮氧化物进入烟气中，是煤中的一种有害惰性物质。氮在锅炉中燃烧时，大部分呈游离状态随烟气逸出，故从燃烧的角度来看，氮是煤中的无用成分，其中有 $20\%\sim40\%$ 在燃烧时能变成 NO_x，随烟气排出，造成环境污染。

煤中氮绝大部分以有机形态存在，这些有机氮化物被认为是比较稳定和复杂的非环形结构的化合物，其原生物可能是植物或动物脂胶。植物中的植物碱、叶绿素的环状结构中都有氮，而且相当稳定，在煤化过程中不发生变化，成为煤中保留的氮化物。以蛋白质形态存在的氮仅在泥炭和褐煤中发现，在烟煤中很少，几乎没有。

氮在煤中含量很小，变化范围不大，从褐煤到无烟煤变化范围为 $0.5\%\sim3.0\%$，而且随着煤的变质程度的增高而降低。动力用煤测定氮主要是用于锅炉设计和计算燃烧所需的空气量以及燃烧产物的体积，同时也为差减法计算氧提供数据。

二、有关开氏法的相关知识

1. 开氏法方法要点

将一定量的空气干燥基煤样置于开氏瓶中，加入浓硫酸和混合催化剂，在电炉上加热至沸腾，使煤样发生消解反应。煤中的氮元素转化为硫酸氢铵，碳元素氧化为 CO_2，氢元素氧化成水，硫元素氧化 SO_2。然后加入过量的氢氧化钠溶液，中和剩余的硫酸并与硫酸氢铵发生反应使其中的铵离子转变成游离的氨。通入蒸汽加热，使氨蒸馏出来，冷凝液用硼酸溶液吸收。最后用硫酸标准溶液滴定硼酸与氨的混合溶液。根据硫酸的用量计算煤中氮元素含量。根据上述原理，开氏法测定煤中氮含量，实际上包括试样的消化、消化液的蒸馏、氨的吸收、硫酸滴定四个反应阶段。

（1）消化。煤样在浓硫酸及催化剂的作用下加热分解，煤中氮转化成硫酸氢铵的反应，称为消化反应。消化反应为

煤中有机质 $\rightarrow CO_2\uparrow + CO\uparrow + SO_2\uparrow + H_2O + SO_3\uparrow + Cl_2\uparrow + NH_4HSO_4 + H_2\uparrow$

$$(4\text{-}31)$$

（2）蒸馏。消化反应中生成的硫酸氢铵在过量碱的作用下析出氨，它可通过水汽蒸馏法来收集。原消化液中残存的硫酸在过量氢氧化钠作用下被中和掉，故蒸馏反应可直接用硫酸氢铵与氢氧化钠的反应表示，即

$$NH_4HSO_4 + 2NaOH = Na_2SO_4 + 2H_2O + NH_3\uparrow \qquad (4-32)$$

（3）吸收。蒸馏过程中析出的氨可用硼酸溶液来吸收，其反应式为

$$H_3BO_3 \cdot xNH_3 + xH_2SO_4 = H_3BO_3 \cdot xNH_3 \qquad (4-33)$$

（4）滴定。一般采用硫酸标准溶液来滴定上述硼酸吸收液。以甲基红-亚甲基蓝混合指示剂来判断终点，其反应式为

$$2H_3BO_3 \cdot xNH_3 + xH_2SO_4 = x(NH_4)_2SO_4 + 2H_3BO_3 \qquad (4-34)$$

2. 测定装置

测定装置包括消化装置与蒸馏装置两部分。消化装置是一个铝加热体，如图 4-6 所示。将称好试样与试剂的开氏瓶放入铝加热体的孔中，并用石棉板盖住开氏瓶的球形部分，此为国标中所介绍的消化装置。而实际上应用较多的是将装有试样与试剂的开氏瓶置于可调电炉上加热消化，其开氏瓶的球形部分可用切除去半圆形的两块泡沫保温砖包住，以利于消化。蒸馏装置见图 4-7。

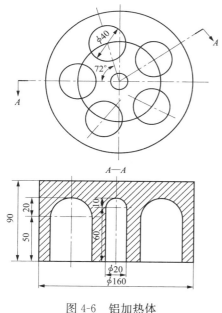

图 4-6　铝加热体

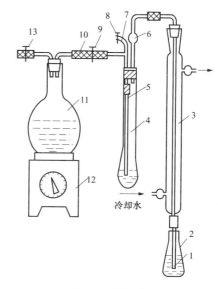

图 4-7　蒸馏装置

1、5—玻璃管；2—锥形瓶；3—冷凝管；4—开氏瓶；6—开氏球；7、10—橡胶管；8、9、13—夹子；11—圆底烧瓶；12—可调电炉

3. 开氏法测定煤中氮元素的主要技术问题

（1）煤样的消化。煤样的消化应在通风橱中进行。各种试剂加入量应根据试样量来适当控制，消化温度宜在 350℃ 左右。如在消化过程中，煤样溅于瓶壁，可将开氏瓶移出电炉，稍冷后用少量浓硫酸沿瓶壁将附于其上的少量煤粉样带入瓶底反应液中，然后继续消化，直

至溶液呈透明状而不再有残存煤粉颗粒为止。

煤样消化时间不宜过长，否则，因硫酸的蒸发导致形成（NH_4）$_2SO_4$，而（NH_4）$_2SO_4$在 280℃时分解释放出 NH_3，一般煤样消化时间随煤的变质程度加深而延长，对无烟煤或贫煤，试样可磨细一些，同时，可加入氧化铬，以促进消化反应进行。

（2）蒸馏与吸收。试样消化完毕，往开氏瓶中加入适量水，摇匀后，按图 4-7 将蒸馏装置组装好。将混合碱液加入开氏瓶中，由于加碱时伴随发热，且反应激烈，故开始加碱时速度要慢，而后可适当快一些。

如采用含有硫酸汞的混合催化剂消化煤样，测定时应加入含有硫化钠的混合碱液。如果催化剂中不含硫酸汞，则可加入 40％的氢氧化钠溶液来代替混合碱液。这是因为汞与氨能形成稳定的汞氨络离子，而混合碱中含有硫化钠，可生成硫化汞沉淀破坏汞氨络离子，从而使氨能顺利蒸出。

蒸馏液要直接通入吸收液中，以防氨的逸出而使氮的测定结果偏低，蒸馏液应适当过量，以防蒸馏不完全。

如在煤样的消化时采用 500mL 的开氏瓶，则消化后可直接将此开氏瓶移至蒸馏装置中，这样一方面，由于瓶口较大，开氏球及加碱漏斗易于安装在开氏瓶的瓶塞上方；另一方面，也简化了操作。

（3）滴定。试验表明：若硫酸溶液浓度高，则滴定终点易于判断，但耗酸量少，滴定误差大；如硫酸溶液浓度过低，则滴定终点较难判断。综合考虑上述因素，在滴定中应选择适当的硫酸溶液浓度。一般硫酸溶液浓度在 0.005～0.025mol/L 范围内选用。

（4）空白试验。做正式试验之前，对蒸馏装置应进行空蒸操作，即用水蒸气对蒸馏系统进行蒸洗。空蒸时，往开氏瓶中加入适量蒸馏水，当锥形瓶中收集的馏出液达约 100mL 时停止空蒸。在测定结果计算中，应将空白试验所消耗的硫酸量扣除。

（5）消化操作的改进。测定煤中氮含量的标准法的不足之处在于：煤样消化时间过长，这会使生成的硫酸氢铵部分分解，而导致测定结果偏低。许多人对开氏法作了改进，力图使煤样在较短的时间内消化完全，即快速法。快速法在消化反应中采用三氧化二钴作催化剂，焦硫酸钾与铬酸作为氧化剂。控制不同的操作条件，可使煤样的消化在 1h 内完成，其他方面则与标准法基本一样。用快速法完成煤中氮的测定，测定结果的重现性很好，但该法称量试样少，为获得准确的测定结果，各项操作要求更为严格。

⚙ 【任务实施】

1. 准备好仪器和药品
2. 开氏法测定煤样中的氮元素

（1）称取煤样并消化。用小块薄纸片或滤纸移取空气干燥基煤样 0.2g，称准至 0.000 2g。将煤样包好，放入 50mL 的小开氏瓶中，加入 2g 混合催化剂和 5mL 浓硫酸，将开氏瓶放入铝质加热体的孔穴中（见图 4-6），用石棉布盖住开氏瓶的球形部分。在瓶口插入一只小型漏斗，防止硒粉飞溅。在铝质加热体的中心孔中插入一支能测温至 400℃的温度计。将此加热体置于通风橱中，通电加热，缓缓升温至 350℃左右，保持此加热温度至开氏瓶中漂浮的黑色颗粒完全消失，溶液变为清澈透明为止。若遇到难以消解完全的煤样，应将煤样磨细至 0.1mm 以下，加入氧化铬 0.2～0.5g 后，再按上述方法消解，当溶液中无黑色颗粒且呈草绿色浆状，表明煤样消解完全。

（2）蒸馏与吸收。待消解液冷却后，用少量蒸馏水稀释。将此溶液转移至250mL的大开氏瓶中，充分洗涤小开氏瓶，使稀释液体积约为100mL。将大开氏瓶装配在图4-7所示的蒸馏装置上准备蒸馏。蒸馏装置由蒸汽发生部分、酸碱中和与汽水分离部分、蒸汽冷凝部分和氨吸收部分组成。电炉上的圆底烧瓶，容量为1000mL、内装蒸馏水或除盐水约800mL，上端有两个蒸汽出口，一个出口排空、另一个出口通过一只三通管与开氏瓶相通。开氏瓶上端有一只兼作加碱液和通入蒸汽的玻璃三通管及一只用作汽水分离的玻璃开氏球。直形玻璃冷凝管上端与开氏球相连，下端与氨吸收液相通、玻璃管深入吸收液中至出口离锥形瓶底约2mm。锥形瓶内装浓度为3％的硼酸溶液20mL，加甲基红和亚甲基蓝混合指示剂1、2滴，溶液呈紫红色，锥形瓶塞上有一只短管与大气相通。开通圆底烧瓶与大气相通的出口，接通电炉电源加热烧瓶中的水至沸腾。将一支小型玻璃漏斗插在开氏瓶上部的三通管的垂直管口的橡胶管中，向开氏瓶中加入25mL氢氧化钠和硫化钠的混合碱液。取下漏斗，并闭三通管垂直管口。松开三通水平管口与烧瓶相通的橡胶管上的夹子，关闭烧瓶与大气相通的出口，向开氏瓶中通入蒸汽，开始蒸馏过程。

当锥形瓶中溶液的体积达到约80mL时，停止蒸馏过程。此时硼酸氨溶液呈亮绿色。停止向开氏瓶中通入蒸汽，拆下开氏瓶、冷凝管、锥形瓶。用蒸馏水冲洗插入硼酸溶液中的玻璃管的内、外壁，洗液收集于锥形瓶中。

（3）滴定并准确确定滴定终点。通过分度值为0.05mL的微量（10mL）滴定管，以浓度为0.025mol/L的标准硫酸溶液滴定锥形瓶中硼酸与氨的混合溶液，以溶液由绿色变为微红色为滴定终点，记录硫酸的用量。

空白试验以不含氮元素的分析纯蔗糖代替煤样，其他操作与上述步骤相同。

（4）测定结果的计算如下：

$$N_{ad} = 0.014 \frac{c(V_1 - V_2)}{m} \times 100 \tag{4-35}$$

式中 N_{ad}——空气干燥基煤样氮含量，％；

m——空气干燥基煤样的质量，g；

c——硫酸标准溶液的浓度，mol/L；

V_1——硫酸标准溶液的用量，mL；

V_2——空白试验硫酸标准溶液用量，mL；

0.014——氮的毫摩尔质量，g/mmol。

氮元素含量测定结果的允许差按下列要求控制：重复性，$N_{ad} \leqslant 0.08\%$；再现性，$N_d \leqslant 0.15\%$。

3. 注意事项

（1）煤样颗粒要研细，最好制成0.1mm以下，便于消化完全。

（2）消化时要注意控制加热温度，开始时温度低些，待溶液消化到由黑色转变为棕色时，可提高温度到350℃。这样可防止试样飞溅，又可消除因试样粘在瓶壁上烤干而发生不易消化完全的现象。

（3）蒸馏时，要采用通入蒸汽间接加热蒸馏。因直接加热蒸馏时，若炉温控制不当，往往会造成碱液分离不完全，从而使测定结果偏高。

（4）每日试验前，冷凝管要用水蒸气进行冲洗，待蒸馏出的液体体积达 100～200mL 后再开始测定煤样，以消除蒸馏系统杂质带来的不利影响。

【学习情境总结】

酸碱滴定法学习情境要点：酸碱滴定反应的实质及指示剂变色原理及选择依据。通过酸碱标准溶液的配制与标定、水中碱度的测定及酸碱滴定法在煤质分析中的应用，强化学生对酸碱滴定基本理论的理解，并促进其对相关技能的掌握。酸碱滴定在电力行业中的应用还是比较广泛的。除了上述水、煤分析时用到，在油质分析中也有应用，比如油品酸值的测定。酸碱滴定法如图 4-8 所示。

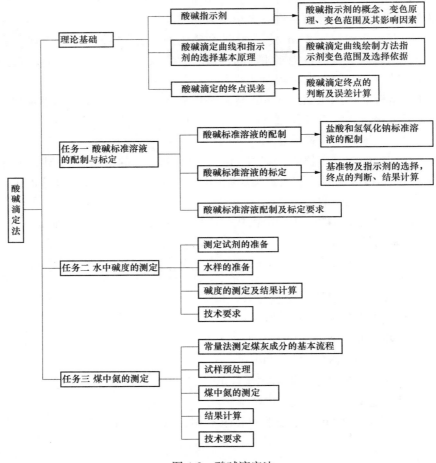

图 4-8　酸碱滴定法

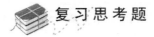复习思考题

1. 酸碱指示剂是怎样指示化学计量点的？
2. 什么是酸碱滴定的 pH 值突跃范围？什么是指示剂的变色范围？

3. 说明指示剂选择的基本原则。

4. 化学计量点、指示剂变色点、滴定终点有何联系和区别？

5. 水中碱度有几种类型？如何应用不同的指示剂分析和计算碱度的组成？碱度如何表示？

6. 用 0.010 00mol/L HNO_3 溶液滴定 20.00mL 0.010 00mol/L NaOH 溶液时，化学计量点的 pH 值为多少？化学计量点附近的 pH 值突跃又是怎样？在这种滴定中应选用何种指示剂？（7.00，8.70～5.30，溴百里酚蓝）

7. 某弱酸的 $pK_a = 9.21$，现有其共轭碱 NaA 溶液 20.00mL，浓度为 0.100 0mol/L，当用 0.100 0mol/L HCl 溶液滴定时，化学计量点的 pH 值为多少？化学计量点附近的 pH 值突跃为多少？应选用何种指示剂？［5.30，6.31～4.30，甲基红（5.0）］

8. 标定 NaOH 溶液，用邻苯二甲酸氢钾基准物 0.541 8g，以酚酞指示剂滴定至终点，用去 NaOH 溶液 24.32mL，求 NaOH 溶液的浓度。（0.109 1mol/L）

9. 标定 HCl 溶液时，以甲基橙为指示剂，用 Na_2CO_3 为基准物，称取 Na_2CO_3 0.528 6g，用去 HCl 溶液 20.55mL，求盐酸溶液的浓度。（0.485 3mol/L）

10. 取水样 100mL，用 0.050 00mol/L HCl 溶液滴定至酚酞终点时，用去 30.00mL，加入甲基橙，继续用 HCl 溶液滴至橙色出现，又用去 5.00mL，问水样中碱度如何？其含量分别为多少？（OH^-，212.5mg/L；CO_3^{2-}，150.0mg/L）

11. 测定某水样碱度，用 0.050 00mol/L HCl 溶液滴定至酚酞终点时，用去 15.00mL；用甲基橙作指示剂，终点时用去 0.050 00mol/L HCl 溶液 37.00mL，两次滴定水样体积均为 150mL。问水样中碱度如何？其含量分别为多少？（HCO_3^-，142.1mg/L；CO_3^{2-}，300.0mg/L）

12. 混合碳酸盐（Na_2CO_3 和 $NaHCO_3$）试样 1.000 0g 需用 0.150 0mol/L HCl 溶液 16.58mL 滴定到酚酞终点，再用 33.16mL 滴定到甲基橙终点，试鉴别混合物的组成，并计算每一组分的百分含量。（$NaHCO_3$ 20.98%，Na_2CO_3 26.36%）

13. 某试样 1.206g，用开氏法测定氮的含量，产生的 NH_3 用 H_3BO_3 吸收，用甲基红作指示剂，用 0.050 02mol/L $\frac{1}{2}H_2SO_4$ 标准溶液滴定，用去 17.53mL，求试样中氮的含量。（1.20%）

学习情境五

络 合 滴 定 法

【学习情境描述】

络合滴定是化学分析方法中最基本、最经典的方法之一，在电力行业生产领域有着非常广泛的应用，如水硬度的测定、垢的化学成分分析等。本学习情境以电力行业水煤油气分析检验工作为导向，设定了水硬度测定、垢样中 Fe_2O_3 的测定、煤灰成分测定三个典型的工作任务，使学生正确完成这些任务后能熟练掌握络合滴定相关的方法原理和操作技术。

【教学目标】

通过学习和实践，使学生能够掌握 EDTA 的性质、EDTA 与金属离子的配位特点、金属指示剂的变色原理；掌握 EDTA 滴定各类金属离子的条件控制原理；掌握 EDTA 标准溶液的配制和标定操作；能够测定水的硬度、煤灰与垢样中的 Ca、Mg、Fe、Al 等的含量；掌握络合滴定结果的计算方法。

【教学环境】

多媒体教室，分析化学实训室，分析天平、称量瓶、移液管、滴定管、容量瓶等基本的化学分析器皿，相关化学试剂，电阻炉以及其他辅助工具和材料。

【相关知识】

络合滴定法（配位滴定法）是以络合反应（配位反应）为基础的滴定分析方法，络合反应广泛地应用于分析化学的各种分离和测定中。络合反应是金属离子（M）和中性分子或阴离子（称为配位体，以 L 表示）以配位键结合生成络合物的反应，例如

$$Ag^+ + 2CN^- \rightleftharpoons [Ag(CN)_2]^-$$

在成分分析中，络合滴定法主要用于测定水中的硬度、样品中 Ca^{2+}、Mg^{2+}、Fe^{3+}、Al^{3+} 等多种金属离子，也可间接测定样品中的 SO_4^{2-} 等阴离子。

络合反应具有一定的普遍性，例如，在水溶液中，金属离子与水分子形成水合离子，如 $[Cu(H_2O)_4]^{2+}$、$[Fe(H_2O)_6]^{3+}$ 的反应等也是络合反应。但并非所有的络合反应都可用于络合滴定，能够用于滴定的反应必须满足下列条件：

（1）络合反应必须完全，即生成的络合物要有足够大的稳定常数。

（2）在一定条件下，配位比恒定，即只形成一种配位数的化合物。

（3）反应速度要快。

（4）有适当方法确定反应的计量点。

络合滴定中所有的配位剂分无机和有机两类。许多无机配位剂如 H_2O、CN^- 等仅含一个可以配位的原子，与金属离子配位时逐级形成 ML_n 型的简单络合物，且络合物多数不稳定，相邻两级的稳定常数相差很小，所以反应条件难以控制。滴加配位剂时，容易形成配位数不同的络合物，终点判断困难。因此，除个别反应（如 Ag^+ 与 CN^-、Hg^{2+} 与 Cl^- 等的反应）外，大多数不能用于滴定分析。

有机配位剂如乙二胺、乙二胺四乙酸等常含有两个或两个以上的配位原子，与金属离子配位时，形成配位比简单、具有环状结构的螯合物。由于形成了环状结构，减少甚至消除了分级配位现象，能使络合物的稳定性大大增加，所以有机配位反应在水分析化学中得到广泛应用。

目前广为应用的是含有 $-N(CH_2COOH)_2$ 基团的氨羧配位剂，氨羧配位剂是一类含有氨基（$-NH_2$）和羧基（$-COOH$）的有机化合物，它们是以氨基二乙酸 $[-N(CH_2COOH)_2]$ 为主体的衍生物。其中最常用的是乙二胺四乙酸（ethylene diamine teraacetic acid，EDTA）。用 EDTA 标准溶液可以滴定几十种金属离子，所以通常所说的络合滴定法主要是 EDTA 滴定法。

一、EDTA 的性质及其络合物

（一）EDTA 的性质

EDTA 在水中溶解度较小（22℃时仅为 0.02g/100mL），难溶于酸和有机溶剂，易溶于 NaOH 和 NH_3，并形成相应的盐，该盐在水中的溶解度较大（22℃时为 11.1g/100mL，溶解度约为 0.3mol/L）。因此，实际使用的是 EDTA 二钠盐（$Na_2H_2Y \cdot 2H_2O$）。EDTA 二钠盐通常也简称为 EDTA。0.01mol/L EDTA 水溶液的 pH 值约为 4.8。

EDTA 是一个四元酸，常用 H_4Y 表示（Y 表示其酸根）。在水溶液中，它具有双偶极离子结构，即

$$\text{HOOCCH}_2 \overset{+}{\underset{}{\text{H}}} \text{N}-\text{CH}_2-\text{CH}_2-\overset{+}{\underset{}{\text{H}}}\text{N} \begin{array}{l} \text{CH}_2\text{COO}^- \\ \text{CH}_2\text{COOH} \end{array}$$

它的两个羧酸根可再接受 H^+，在溶液酸度较大时，形成六元酸（H_6Y^{2+}），相应地有六级解离平衡常数，见表 5-1。

表 5-1　　　　　　　　　　　　　　六级解离平衡常数

K_{a1}	K_{a2}	K_{a3}	K_{a4}	K_{a5}	K_{a6}
$10^{-0.9}$	$10^{-1.6}$	$10^{-2.07}$	$10^{-2.75}$	$10^{-6.24}$	$10^{-10.34}$

水溶液中，EDTA 能以 H_6Y^{2+}、H_5Y^+、H_4Y、H_3Y^-、H_2Y^{2-}、HY^{3-} 和 Y^{4-} 这 7 种形式存在，它们存在一系列的酸碱平衡。在不同酸度下，各种形态的浓度不同，它们的分布分数与 pH 值的关系如图 5-1 所示。

由图 5-1 可知，当 pH<1 时，EDTA 主要以 H_6Y^{2+} 存在；当 pH=2.75～6.24 时，ED-TA 主要以 H_2Y^{2-} 存在；当 pH>10.34 时，EDTA 才主要以 Y^{4-} 存在。这些形式中，只有 Y^{4-} 与金属离子形成的络合物最稳定。

（二）EDTA 络合物的特点

（1）EDTA 具有广泛而稳定的配位性能。它几乎能与所有金属离子形成络合物，表 5-2

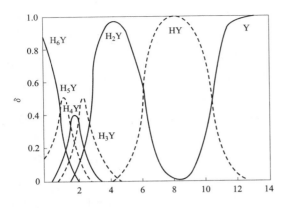

图 5-1　不同 pH 值下 EDTA 各种形态的分布

列出了一些金属离子与 EDTA 形成络合物（MY）的稳定常数。从表 5-2 中可见，绝大多数 EDTA 络合物相当稳定。EDTA 与 3 价、4 价金属离子及大多数 2 价金属离子所形成的络合物的 lg$K$ 均大于 15。通常碱土金属形成络合物的倾向较小，但它们与 EDTA 络合物的 lg$K$ 也为 8～11，也可用 EDTA 滴定。EDTA 广泛配位的性能给络合滴定的广泛应用提供了可能，但同时导致实际滴定中组分之间的相互干扰。络合作用的普遍性与实际测定中要求的选择性成为络合滴定中的主要矛盾，因此，设法提高选择性就成为络合滴定中一个非常重要的问题。

表 5-2　　　　　　　　　　　　一些金属离子与 EDTA 络合物的稳定常数（lgK_{MY}）

离　子	lgK_{MY}	离　子	lgK_{MY}	离　子	lgK_{MY}
Na^+	1.66	La^{3+}	15.50	Cu^{2+}	18.80
Li^+	2.79	Al^{3+}	16.13	Hg^{2+}	21.80
Ag^+	7.30	Co^{2+}	16.31	Sn^{2+}	22.10
Ba^{2+}	7.76	Cd^{2+}	16.46	Cr^{3+}	23.00
Mg^{2+}	8.69	Zn^{2+}	16.50	Th^{4+}	23.20
Ca^{2+}	10.69	Pb^{2+}	18.04	Fe^{3+}	25.10
Fe^{2+}	14.33	Ni^{2+}	18.67	Bi^{3+}	27.94

　　EDTA 络合物之所以具有较高的稳定性，是因为 EDTA 分子能与绝大多数金属离子形成具有多个五元环结构的螯合物，其立体结构如图 5-2 所示。从图 5-2 可以看出，EDTA 与金属离子配位时可形成具有 5 个五元环（4 个 O—C—C—N 和一个 N—C—C—N）的立体结构。从对络合物的研究知道，具有五元环或六元环的螯合物很稳定，而且形成的环越多，螯合物就越稳定。

　　（2）配位比简单，多数为 1∶1，没有分级配位现象。EDTA 是多基配位体，有 6 个配位原子，且这 6 个配位原子在空间位置上均能与同一金属离子配位，而大多数金属离子的配位数不超过

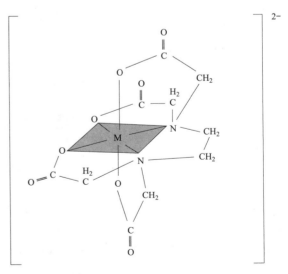

图 5-2　金属离子与 EDTA 螯合物的立体结构

6，因此一般生成 1∶1 的螯合物，无分级配位现象。如在 pH＝4～5 时，金属离子与 EDTA 的反应式如下：

$$Zn^{2+} + H_2Y^{2-} \rightleftharpoons ZnY^{2-} + 2H^+$$
$$Al^{3+} + H_2Y^{2-} \rightleftharpoons AlY^- + 2H^+$$
$$Sn^{4+} + H_2Y^{2-} \rightleftharpoons SnY + 2H^+$$

从反应式可以看出，尽管络合物所带的电荷不同，但配位比均为 1:1。

（3）MY 螯合物大多带有电荷，易溶于水，配位反应速度较快，这些都为络合滴定提供了有利条件。

（4）EDTA 与无色金属离子生成无色的螯合物，这有利于用指示剂确定终点。与有色金属离子一般生成颜色更深的螯合物，如 CuY^{2-} 显深蓝色，CrY^- 显深紫色。因此，滴定这些离子时，要控制金属离子的浓度不要太大，否则络合物的颜色将干扰终点颜色的观察。

二、络合平衡

（一）络合物的稳定常数

金属离子与 EDTA 反应大多生成 1:1 型的络合物，即

$$M + L \rightleftharpoons ML$$

当反应达到平衡时

$$K = K_{ML} = \frac{[ML]}{[M][L]} \tag{5-1}$$

K_{ML} 是络合物 ML 的稳定常数（也称为形成常数）。可见，K_{ML} 等于平衡状态时所生成络合物的浓度与游离金属离子和配位剂浓度乘积的比值。显然，K_{ML} 值越大，络合物就越稳定。

金属离子还能与其他络合剂 L 形成 ML_n 型络合物，ML_n 型络合物是逐级形成的，其逐级形成反应的逐级稳定常数为

$$M + L \rightleftharpoons ML \text{ 第一级稳定常数 } K_1 = [ML]/[M][L]$$
$$ML + L \rightleftharpoons ML_2 \text{ 第二级稳定常数 } K_2 = [ML_2]/[ML][L]$$
$$\vdots$$
$$ML_{n-1} + L \rightleftharpoons ML_n \text{ 第 } n \text{ 级稳定常数 } K_n = [ML_n]/[ML_{n-1}][L] \tag{5-2}$$

也可用各级累积稳定常数 β_i 表示，例如：

$$M + L \rightleftharpoons ML \text{ 第一级累积稳定常数 } \beta_1 = [ML]/[M][L] = K_1$$
$$ML + L \rightleftharpoons ML_2 \text{ 第二级累积稳定常数 } \beta_2 = [ML_2]/[M][L]^2 = K_1 K_2$$
$$\vdots$$
$$M + nL \rightleftharpoons ML_n, \text{第 } n \text{ 级累积稳定常数 } \beta_n = [ML_n]/[M][L]^n = K_1 K_2 \cdots K_n \tag{5-3}$$

最后一级累积常数 β_n 又称为总稳定常数。根据络合物的各级累积稳定常数，可以计算各级络合物的浓度，即

$$[ML] = \beta_1[M][L]$$
$$[ML_2] = \beta_2[M][L]^2$$
$$\vdots$$
$$[ML_n] = \beta_n[M][L]^n$$

在处理配位平衡时，常把酸作为络合物处理，即把配位体与 H^+ 的反应可写成形成反应 $H + L \rightleftharpoons HL$，它的形成常数（也称为 L 的质子化常数）为

$$K_{HL}^H = \frac{[HL]}{[H][L]} \tag{5-4}$$

显然，K_{HL}^H 是 HL 解离常数 $K_{a(HL)}$ 的倒数。

若将 EDTA 的各种形态看作 Y 与 H^+ 逐级形成的络合物，各步反应及相应的常数为

$$Y + H = HY, \quad K_1^H = \frac{[HY]}{[H][Y]} = \frac{1}{K_{a6}}, \quad \beta_1^H = K_1^H$$

$$HY + H = H_2Y, \quad K_2^H = \frac{[H_2Y]}{[H][HY]} = \frac{1}{K_{a5}}, \quad \beta_2^H = K_1^H K_2^H$$

$$\vdots$$

$$H_5Y + H = H_6Y, \quad K_6^H = \frac{[H_6Y]}{[H][H_5Y]} = \frac{1}{K_{a1}}, \quad \beta_6^H = K_1^H K_2^H \cdots K_6^H$$

（二）络合反应的副反应系数

在络合滴定体系中，除了被测金属离子 M 与滴定剂 Y 之间的主反应外，还存在不少副反应，平衡关系为

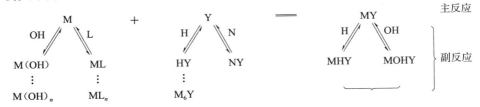

$$\underbrace{\text{羟基配位效应}}_{} \quad \underbrace{\text{辅助配位效应}}_{} \quad \underbrace{\text{酸效应}}_{} \quad \underbrace{\text{干扰离子副反应}}_{} \quad \underbrace{\text{混合配位效应}}_{}$$

显然，这些副反应的发生都会干扰主反应的进行，从而影响滴定结果的准确程度。反应物 M 或 Y 发生副反应，使主反应的完全程度降低，不利于主反应的进行，而反应产物 MY 发生副反应，会形成酸式或碱式络合物，不利于主反应的进行。但酸式或碱式络合物只有在 pH 值较低或较高时才能形成，并且大多不够稳定，故一般计算中可忽略不计。因此，通常只讨论反应物的副反应对配位平衡的影响，下面将分别进行讨论。

1. EDTA 的副反应

（1）酸效应及酸效应系数。根据酸碱质子理论，配位剂 EDTA 本身是碱，易于接受质子形成其共轭酸，从而使自身浓度降低，主反应受到影响。这种由于 H^+ 的存在，使配位剂参加主反应能力降低的效应称为酸效应，其大小可用酸效应系数 $\alpha_{Y(H)}$ 表示。

$\alpha_{Y(H)}$ 表示溶液中游离的 Y 和各级质子化形态的总浓度 $[Y']$ 是游离 Y 浓度 $[Y]$ 的倍数，即

$$\begin{aligned}
\alpha_{Y(H)} &= \frac{[Y']}{[Y]} = \frac{[Y] + [HY] + [H_2Y] + \cdots + [H_6Y]}{[Y]} \\
&= \frac{[Y] + [H][Y]\beta_1^H + [H]^2[Y]\beta_1^H + \cdots + [H]^6[Y]\beta_6^H}{[Y]} \\
&= 1 + \beta_1^H[H] + \beta_2^H[H]^2 + \cdots + \beta_6^H[H]^6
\end{aligned} \tag{5-5}$$

由上式可见，$\alpha_{Y(H)}$ 仅是 $[H^+]$ 的函数，溶液酸度越高，$\alpha_{Y(H)}$ 就越大，意味着游离 Y 的平衡浓度越小，即副反应越严重。

络合滴定中 $\alpha_{Y(H)}$ 是常用的重要参数。为使用方便，常将不同 pH 下的 $\lg\alpha_{Y(H)}$ 计算出来列成表或绘成 $\lg\alpha_{Y(H)}$-pH 图备用。表 5-3 表明，酸度对 $\alpha_{Y(H)}$ 影响极大。

在多数情况下，$[Y']$ 总大于 $[Y]$，即 $\alpha_{Y(H)} > 1$。只有当 pH≥12 时，才有 $\alpha_{Y(H)} = 1$，

$[Y']=[Y]$，此时 Y 才不与 H^+ 发生副反应。要了解不同 pH 值下络合物的稳定性，就必须考虑具体酸度条件下的酸效应。

表 5-3 不同 pH 值下 EDTA 的 $\lg \alpha_{Y(H)}$

pH 值	$\lg \alpha_{Y(H)}$	pH 值	$\lg \alpha_{Y(H)}$	pH 值	$\lg \alpha_{Y(H)}$
0.0	23.64	3.4	9.70	6.8	3.55
0.4	21.32	3.8	8.85	7.0	3.32
0.8	18.08	4.0	8.44	7.5	2.78
1.0	18.01	4.4	7.64	8.0	2.26
1.4	16.02	4.8	6.84	8.5	1.77
1.8	14.27	5.0	6.60	9.0	1.29
2.0	13.51	5.4	5.69	9.5	0.83
2.4	12.19	5.8	4.98	10.0	0.45
2.8	11.09	6.0	4.65	11.0	0.07
3.0	10.60	6.4	4.06	12.0	0.00

（2）共存离子的配位效应。当金属离子 M 与配位剂 Y 发生配位反应时，如有其他金属离子 N 存在，它也能与 Y 配位生成 NY 络合物。这种干扰离子 N 与 Y 发生配位反应使 Y 参加主反应能力降低的效应，称为共存离子效应，其相应的副反应系数 $\alpha_{Y(N)}$ 为

$$\alpha_{Y(N)} = \frac{[Y']}{[Y]} = \frac{[NY]+[Y]}{[Y]} = 1 + K_{NY}[N] \tag{5-6}$$

若溶液中有多种共存离子 N_1、N_2、…、N_n 时，则有

$$\alpha_{Y(N)} = \alpha_{Y(N_1)} + \alpha_{Y(N_2)} + \cdots + \alpha_{Y(N_n)} + (n-1) \tag{5-7}$$

可见，$\alpha_{Y(N)}$ 只是 [N] 的函数。

如果配位剂 Y 既有酸效应又有共存离子效应，则 Y 的总副反应系数为

$$\alpha_Y = \frac{[Y]+[HY]+[H_2Y]+\cdots+[H_6Y]+[NY]+[Y]-[Y]}{[Y]}$$
$$= \alpha_{Y(H)} + \alpha_{Y(N)} - 1 \tag{5-8}$$

2. 金属离子的副反应

由于其他配位剂的存在，使金属离子参加主反应能力降低的效应称为金属配位效应，副反应系数为

$$\alpha_{M(L)} = \frac{[M]+[ML]+[ML_2]+\cdots+[ML_n]}{[M]}$$
$$= 1 + \beta_1[L] + \beta_2[L]^2 + \cdots + \beta_n[L]^n \tag{5-9}$$

可见，$\alpha_{M(L)}$ 仅是 [L] 的函数。

L 可能是滴定所需的缓冲剂或为防止金属离子水解所加的辅助配位剂，也可能是为消除干扰而加的掩蔽剂。在高 pH 值下，滴定金属离子时，OH^- 与 M 形成金属羟基络合物，L 代表 OH^-。表 5-4 给出了一些金属离子在不同酸度下的 $\lg \alpha_{M(OH)}$ 值。

表 5-4 一些金属离子的 $\lg\alpha_{M(OH)}$ 值

金属离子	离子强度	pH 值													
		1	2	3	4	5	6	7	8	9	10	11	12	13	14
Al^{3+}	2				0.4	1.3	5.3	9.3	13.3	17.3	21.3	25.3	29.3	33.3	
Bi^{3+}	3	0.1	0.5	1.4	2.4	3.4	4.4	5.4							
Ca^{2+}	0.1													0.3	1.0
Cd^{2+}	3									0.1	0.5	2.0	4.5	8.1	12.0
Co^{2+}	0.1								0.1	0.4	1.1	2.2	4.2	7.2	10.2
Cu^{2+}	0.1								0.2	0.8	1.7	2.7	3.7	4.7	5.7
Fe^{2+}	1									0.1	0.6	1.5	2.5	3.5	4.5
Fe^{3+}	3			0.4	1.8	3.7	5.7	7.7	9.7	11.7	13.7	15.7	17.7	19.7	21.7
Hg^{2+}	0.1			0.5	1.9	3.9	5.9	7.9	9.9	11.9	13.9	15.9	17.9	19.9	21.9
La^{3+}	3										0.3	1.0	1.9	2.9	3.9
Mg^{2+}	0.1											0.1	0.5	1.3	2.3
Mn^{2+}	0.1										0.1	0.5	1.4	2.4	3.4
Ni^{2+}	0.1									0.1	0.7	1.6			
Pb^{2+}	0.1							0.1	0.5	1.4	2.7	4.7	7.4	10.4	13.4
Th^{4+}	1			0.2	0.8	1.7	2.7	3.7	4.7	5.7	6.7	7.7	8.7	9.7	
Zn^{2+}	0.1									0.2	2.4	5.4	8.5	11.8	15.5

3. 条件稳定常数

当有副反应发生时，若络合物 MY 发生的副反应可以忽略，配位反应的平衡常数应表示为

$$K'_{MY} = \frac{[MY]}{[M'][Y']} = \frac{[MY]}{\alpha_M[M]\alpha_Y[Y]} = \frac{K_{MY}}{\alpha_M\alpha_Y} \qquad (5\text{-}10)$$

在一定条件下（如溶液 pH 值、各种试剂浓度一定时），α_M 和 α_Y 均为定值，因此，K'_{MY} 在一定条件下是个常数。为强调它随条件而变，称之为条件稳定常数（或表观稳定常数、有效稳定常数）。

K'_{MY} 是用副反应系数校正后，络合物 MY 所表现出的实际稳定常数。由于 α_M 和 α_Y 一般大于 1，所以 K'_{MY} 通常小于 K_{MY}，即当有副反应时，络合物的实际稳定性降低，只有当金属离子和滴定剂均不发生副反应时，K'_{MY} 才等于 K_{MY}，此时 K_{MY} 才反映 M 与 Y 反应的实际情况。条件稳定常数对于是否能得到准确的滴定结果有着重要的意义，K'_{MY} 越大，配位主反应就越完全，计量点附近金属离子浓度的突跃就越明显，终点则越明显。

K'_{MY} 在实际应用中常用对数值，式（5-10）表示为

$$\lg K'_{MY} = \lg K_{MY} - \lg\alpha_M - \lg\alpha_Y \qquad (5\text{-}11)$$

如果溶液中除酸效应外，其他副反应不存在或可以忽略，则

$$\lg K'_{MY} = \lg K_{MY} - \lg\alpha_{Y(H)} \qquad (5\text{-}12)$$

【例 5-1】 已知 $\lg K_{ZnY} = 16.5$，不考虑 ZnY 的副反应，计算 pH 值为 2.0 和 5.0 时的 $\lg K'_{ZnY}$。

解 查表知，pH = 2.0 时，$\lg\alpha_{Y(H)} = 13.5$，$\lg\alpha_{Zn(OH)} = 0$，

所以，$\lg K'_{ZnY} = \lg K_{ZnY} - \lg\alpha_{Zn(OH)} - \lg\alpha_{Y(H)} = 16.5 - 0 - 13.5 = 3.0$

pH = 5.0，$\lg\alpha_{Y(H)} = 6.6$，$\lg\alpha_{Zn(OH)} = 0$，

所以，$\lg K'_{ZnY} = \lg K_{ZnY} - \lg\alpha_{Zn(OH)} - \lg\alpha_{Y(H)} = 16.5 - 0 - 6.6 = 9.9$

从计算可以看出，尽管 $\lg K_{ZnY}$ 高达 16.5，但若在 pH2.0 滴定，因为 Y 与 H^+ 的副反应严重，$\lg\alpha_{Y(H)}$ 为 13.8，此时 ZnY 络合物极不稳定；而在 pH5.0，$\lg\alpha_{Y(H)}$ 为 6.6，此时 $\lg K'_{ZnY}$ 达 9.9，络合反应进行比较完全。由此可见配位滴定中控制酸度的重要性。

三、络合滴定基本原理

（一）滴定曲线

络合滴定中，随着滴定剂的加入，金属离子浓度逐渐减小，在化学计量点附近，溶液中的金属离子浓度发生急剧变化，形成滴定突跃。

用配位剂 Y 滴定金属离子 M 的过程与用弱碱 A 滴定强酸 H^+ 相似（在此仅是以假设情况作对比说明，实际中滴定强酸不会用弱碱作滴定剂）。表 5-5 将两类滴定进行比较：若将酸 HA 作络合物处理，用形成常数 K_{HA}^H（即 $1/K_a$）表示，则两类滴定的计算式完全一致。

表 5-5 　　　　　　　　　　　酸碱滴定曲线和络合滴定曲线的计算公式对比

滴定反应	H+A=HA		M+Y=MY	
	溶液组成	［H］的计算	溶液组成	［M′］的计算
开始	H	$c_0(H)$	M′	$c_0(M)$
化学计量点前	H+HA	按剩余 H 计	M′+MY	按剩余 M′计
化学计量点	HA	$\sqrt{K_a c}$	MY	$\sqrt{c/K'_{MY}}$
化学计量点后	HA+A	$(［HA］/［A］)K_a$	MY+Y′	$\dfrac{［MY］/［Y′］}{K_{MY}}$

需要特别强调的是化学计量点 pM′的计算，因为它是选择指示剂的依据。

化学计量点时，$［M′］=［Y′］$。若络合物较稳定，$［MY］=c_{sp}(M)-［M′］\approx c_{sp}(M)$。将其代入条件稳定常数

$$K'_{MY} = \frac{［MY］}{［M′］［Y′］}$$

整理即得

$$［M′］_{sp} = \sqrt{\frac{c_{sp}(M)}{K'_{MY}}} \tag{5-13}$$

取对数，得

$$(pM')_{sp} = \frac{1}{2}[\lg K'_{MY} + pc_{sp}(M)] \tag{5-14}$$

上式就是计算化学计量点时 pM′的公式。式中 $c_{sp}(M)$ 表示化学计量点时金属离子的分析浓度，若滴定剂与被滴定物质浓度相等，$c_{sp}(M) = \frac{1}{2}c_0(M)$。

【例 5-2】 用 $2\times10^{-2}\,mol/L$ EDTA 滴定同浓度的 Zn^{2+}。若溶液 pH 值为 9.0，计算化学计量点时的 pZn′以及化学计量点前后 0.1% 时的 pZn′。

解 化学计量点时，pH=9.0，查表知 $\lg\alpha_{Y(H)} = 1.3$，

$\lg K'_{ZnY} = \lg K_{ZnY} - \lg\alpha_{Y(H)} = 16.5 - 1.3 = 15.2$

$c_{sp}(Zn) = 10^{-2.0}\,mol/L$

由式（5-14），则 $(pZn')_{sp} = \frac{1}{2}[\lg K'_{ZnY} + pc_{sp}(Zn)] = \frac{1}{2}(15.2 + 2.0) = 8.6$

化学计量点前 0.1% 时

$$[Zn'] = \frac{2 \times 10^{-2}}{2} \times 0.1\% = 1 \times 10^{-5} \text{(mol/L)}, \quad pZn' = 5.0$$

化学计量点后 0.1% 时

$$[Y'] = \frac{2 \times 10^{-2}}{2} \times 0.1\% = 1 \times 10^{-5} \text{(mol/L)}, \quad pY' = 5.0$$

$$[Zn'] = \frac{[ZnY]}{[Y']K'} = \frac{1 \times 10^{-2}}{1 \times 10^{-5} \times 10^{15.2}} = 10^{-15.2+3.0} = 10^{-12.2} \text{(mol/L)}, \quad pZn' = 12.2$$

滴定突跃的大小是决定滴定准确度的重要依据。酸碱滴定中，用强碱滴定弱酸，当酸浓度一定时，弱酸的 K_a 值越大，滴定突跃就越大；当 K_a 一定时，酸的浓度越大，滴定突跃就越大。与酸碱滴定相似，配位滴定中，金属离子浓度一定时，K'_{MY} 越大，滴定突跃就越大（见图 5-3）；当 K'_{MY} 一定时，金属离子浓度越大，滴定突跃就越大（见图 5-4）。

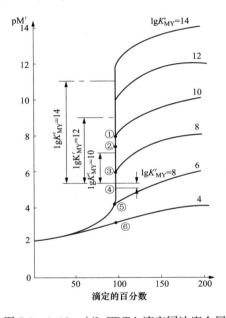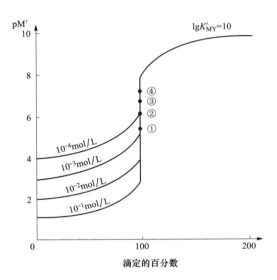

图 5-3　0.01mol/L EDTA 滴定同浓度金属　　　　图 5-4　不同浓度溶液的滴定曲线
　　　　离子的滴定曲线　　　　　　　　　　　　　①～④—浓度为 10^{-1}、
　　①～⑥—lgK'_{MY}=14、12、10、　　　　　　　　　10^{-2}、10^{-3}、10^{-4} mol/L
　　8、6、4 时的化学计量点　　　　　　　　　　　时的化学计量点

由前述可知，影响络合物条件稳定常数 K'_{MY} 的因素有酸效应、共存离子效应、辅助配位效应和羟基配位效应。因此，溶液的 pH 值、干扰离子、掩蔽剂、缓冲剂、辅助配位剂以及待测离子的浓度等都会对滴定突跃的大小产生影响。

（二）金属指示剂

络合滴定指示终点的方法很多，其中最重要的是使用金属指示剂指示终点。金属指示剂对金属离子浓度的改变十分灵敏，在一定的 pH 值范围内，当金属离子浓度发生突变时，指示剂的颜色也发生显著变化，用以指示滴定终点。

1. 金属指示剂的作用原理

金属指示剂通常是一种同时具有酸碱性质的有机染料，可与某些金属离子形成与染料本身有明显不同颜色的络合物。例如铬黑 T（HIn^{2-}）和铬黑 T 镁（$MgIn^-$）络合物，其结构如下：

HIn²⁻（蓝色） MgIn⁻（红色）

以 EDTA 滴定 Mg^{2+} 时，在 Mg^{2+} 溶液中加入铬黑 T，部分 Mg^{2+} 与其络合，溶液呈现 $MgIn^-$ 的红色；随着 EDTA 的加入，游离的 Mg^{2+} 逐渐被配位形成 MgY；达到化学计量点附近，Mg^{2+} 浓度降至很低，稍过量的 EDTA 进而夺取 $MgIn^-$ 络合物中的 Mg^{2+}，使 HIn^{2-} 游离出来，溶液变成蓝色，即

$$MgIn^- + H_2Y^{2-} \longrightarrow MgY^{2-} + HIn^{2-} + H^+$$

红色　　　　　　　　　　蓝色

2. 金属指示剂应具备的条件

作为金属指示剂，应具备以下条件：

（1）在滴定的 pH 值范围内，金属指示剂络合物 MIn 与指示剂 In 本身的颜色应有明显区别，终点颜色变化才明显。金属指示剂多是有机弱酸，颜色随 pH 值变化，因此必须控制合适的 pH 值范围。仍以铬黑 T 为例，它在溶液中有如下平衡：

$$H_2In^- \underset{}{\overset{pK_{a_2} = 6.2}{\rightleftharpoons}} HIn^{2-} \underset{}{\overset{pK_{a_3} = 11.5}{\rightleftharpoons}} In^{3-}$$

（紫红）　　　　　（蓝）　　　　　（橙）

当 pH<6.4 时，呈紫红色；当 pH>11.5 时，则呈橙色，与铬黑 T 金属络合物的红色均很相近。为使终点变化明显，使用铬黑 T 的最适宜酸度应为 pH=6.4～11.5。

（2）金属指示剂络合物 MIn 的稳定性要适当，既要有足够的稳定性，又要比 MY 络合物的稳定性小。如果稳定性太低，就会使滴定终点提前到达，而且颜色变化不敏锐；如果稳定性太高，就会使终点拖后，甚至使 EDTA 不能夺取 MIn 中的 M，使滴定到达计量点时也不发生颜色转变，从而无法确定滴定终点，这种现象称为指示剂的封闭。

例如，用 EDTA 测定水中 Ca^{2+}、Mg^{2+} 时，以铬黑 T 作指示剂，若有 Al^{3+}、Fe^{3+}、Cu^{2+}、Co^{2+}、Ni^{2+}、Ti^{4+} 等离子存在，铬黑 T 便被封闭，不能指示滴定终点。此情况下可加入配位能力比该指示剂还强的掩蔽剂消除封闭现象，如 Al^{3+}、Fe^{3+} 可用三乙醇胺掩蔽；Cu^{2+}、Co^{2+}、Ni^{2+} 等可用 KCN 掩蔽；也可用抗坏血酸将 Fe^{3+} 还原为 Fe^{2+} 以消除 Fe^{3+} 的封闭作用。如果干扰离子量太大，则需预先分离除去。

（3）指示剂络合物应易溶于水。有些指示剂或金属-指示剂络合物 MIn 在水中的溶解度很小，滴定时 EDTA 与 MIn 的交换缓慢，终点拖延或颜色转变很不敏锐，这种现象称为指示剂的僵化。这时，可加入适当的有机溶剂或加热，以增大其溶解度。例如，用 PAN 作指示剂时，与 Cu^{2+}、Bi^{3+}、Cd^{2+}、Hg^{2+}、Pb^{2+}、Zn^{2+}、Ni^{2+}、Mn^{2+} 等形成的配位化合物出现沉淀呈胶体，使终点变色缓慢或拖长，可以加入乙醇或加热，增大 MIn 溶解度或加快转换速度，在接近终点时应缓慢滴定，剧烈摇动。如果僵化现象不严重，在接近终点时，采取

紧摇慢滴的操作可以得到满意的结果。

（4）指示剂与金属离子的反应必须灵敏、迅速，且有良好的变色可逆性。

（5）指示剂比较稳定，便于储存和使用。有些指示剂易被日光、氧化剂、空气所分解，有些指示剂的水溶液不稳定。例如配制铬黑 T 时，常加入适量的还原剂或配成三乙醇胺溶液；钙指示剂配成固体混合物等。一般指示剂溶液都不宜久存，最好使用时配制。

3. 常用金属指示剂

配位滴定中常用的金属指示剂列于表 5-6 中。

表 5-6　　　　　　　　　　　　　　常用金属指示剂

指示剂	使用 pH 值范围	颜色变化		直接滴定的离子	干扰离子及消除方法	配制方法
		MIn	In			
铬黑 T	9～11	红	蓝	pH = 10，Mg^{2+}、Zn^{2+}、Cd^{2+}、Pb^{2+}、Mn^{2+}、稀土离子	微量 Al^{3+}、Fe^{3+} 用三乙醇胺消除；Cu^{2+}、Co^{2+}、Ni^{2+} 用 KCN 消除	三乙醇胺溶液并加盐酸羟胺；1∶100NaCl（固体）
钙指示剂	10～13	红	蓝	pH=12～13，Ca^{2+}		1∶100NaCl（固体）
二甲酚橙	＜6	紫红	亮黄	pH = 1～3，Bi^{3+}、Th^{4+}	Fe^{3+} 用抗坏血酸消除；Al^{3+}、Th^{4+} 用 NH_4F 掩蔽；Cu^{2+}、Co^{2+}、Ni^{2+} 加邻二氮菲消除	0.5%水溶液
				pH = 5～6，Zn^{2+}、Pb^{2+}、Cd^{2+}、Hg^{2+}、稀土离子		
PAN	2～12	红	黄	pH = 2～3，Bi^{3+}、Th^{4+}		0.1%乙醇溶液
				pH = 4～5，Cu^{2+}、Ni^{2+}		
磺基水杨酸	1.5～2.5	紫红	无色[①]	pH = 1.5～2.5，Fe^{3+}		2%水溶液

① 当存在微量铁离子时为粉红色。

（三）络合滴定中酸度的控制

1. 单一金属离子被定量滴定的条件

如前所述，络合物的条件稳定常数 K'_{MY} 和金属离子浓度 $c(M)$ 是影响滴定突跃大小的两个关键因素。在滴定分析中，若要求滴定误差≤±0.1%，则滴定突跃范围 ΔpM 必须大于 0.2 个单位。要满足此要求，K'_{MY} 及 $c(M)$ 的数值至少应为多少呢？为了便于讨论问题，用滴定剂 EDTA 滴定金属离子 M 时，计量点前后的 pM 值变化情况列于表 5-7 中。

表 5-7　　　　　　　　EDTA 滴定金属离子 M 时化学计量点前后 pM 值变化

K'_{MY}	0.100 0mol/L 溶液				0.010 00mol/L 溶液			
	−0.1% pM 值	计量点 pM 值	+0.1% pM 值	突跃 ΔpM 值	−0.1% pM 值	计量点 pM 值	+0.1% pM 值	突跃 ΔpM 值
10^4	2.655	2.660	2.665	0.010	3.180	3.181	3.183	0.003
10^5	3.138	3.154	3.169	0.031	3.655	3.660	3.665	0.010
10^6	3.603	3.651	3.700	0.097	4.138	4.154	4.169	0.031
10^7	4.000	4.151	4.301	0.301	4.603	4.651	4.700	0.097
10^8	4.232	4.651	5.069	0.837	5.000	5.151	5.301	0.301
10^9	4.292	5.151	6.003	1.717	5.232	5.615	6.069	0.837
10^{10}	4.300	5.651	7.001	2.701	5.282	6.151	7.008	1.716

由表 5-7 可见，只有当金属离子浓度 $c(M)$ 与其络合物条件稳定常数 K'_{MY} 的乘积等于或大于 10^6［或 $\lg(c_M K'_{MY}) \geqslant 6$］时，才能有大于 0.2pM 的突越。因此，通常将单一金属离子被定量滴定的条件归结为

$$\lg(c_M K'_{MY}) \geqslant 6 \tag{5-15}$$

需要指出的是，此条件是由所允许的滴定误差决定的，若允许误差稍大些，则 $\lg(c_M K'_{MY})$ 的最小限值也相应地可小些。

【例 5-3】 在 pH＝10 的 NH_3-NH_4Cl 缓冲溶液中，$[NH_3]＝0.1mol/L$，以 0.010 0mol/L 的 EDTA 溶液能否准确滴定同浓度的 Zn^{2+} 溶液？若能准确滴定，化学计量点时 pZn′ 为多少？已知 Zn^{2+} 与 NH_3 逐级累积稳定常数 $\beta_1 \sim \beta_4$ 分别为 $10^{2.37}$、$10^{4.81}$、$10^{7.31}$、$10^{9.46}$。

解　本题需要考虑酸效应及络合效应

查表得：pH＝10.0 时，$\lg\alpha_{Y(H)}＝0.45$，$\lg\alpha_{Zn(OH)}＝2.4$

$$\alpha_{Zn(NH_3)} = 1 + \beta_1[NH_3] + \beta_2[NH_3]^2 + \beta_3[NH_3]^3 + \beta_4[NH_3]^4$$

$$= 1 + 10^{2.37} \times 0.1 + 10^{4.81} \times 0.1^2 + 10^{7.31} \times 0.1^3 + 10^{9.46} \times 0.1^4 \approx 10^{5.46}$$

pH＝10 时，$\alpha_{Zn(OH)}＝10^{2.4} \ll \alpha_{Zn(NH_3)}＝10^{5.46}$，所以 $\alpha_{Zn(OH)}$ 可以忽略。

$$\lg K'_{ZnY} = \lg K_{ZnY} - \lg\alpha_{Y(H)} - \lg\alpha_{Zn(NH_3)} = 16.5 - 0.45 - 5.46 = 10.59$$

则 $\lg(c_{Zn}^{2+} K'_{ZnY}) ＝10.59-2＝8.59 \geqslant 6$

所以，在此情况下能准确滴定。

化学计量点时，$[Zn'^{2+}] = \sqrt{\dfrac{c_{Zn^{2+}}}{2 \times K'_{ZnY}}} = \sqrt{\dfrac{0.01}{2 \times 10^{10.59}}} = 3.6 \times 10^{-7} \ (mol/L)$

所以，pZn′＝6.44。

2. 单一离子滴定的最高与最低酸度

从上述关于滴定条件的讨论可知，在 $c(M)$ 与 ΔpM 一定的条件下，滴定误差仅取决于 K'_{MY}。若不存在或可忽略酸效应之外的其他副反应，K'_{MY} 又仅取决于 $\alpha_{Y(H)}$，即仅由溶液酸度决定。因此，控制溶液的酸度对能否得到理想的滴定结果有着重要的影响。

如果要求滴定的允许误差小于 ±0.1%，又取 $c(M)＝0.01mol/L$，单一离子准确滴定的条件可写成

$$\lg K'_{MY} \geqslant 8$$

若只考虑酸效应，由式（5-12）得，$\lg K'_{MY}＝\lg K_{MY}-\lg\alpha_{Y(H)} \geqslant 8$，即

$$\lg\alpha_{Y(H)} = \lg K_{MY} - 8 \tag{5-16}$$

通过上式可计算出用 EDTA 滴定任一金属离子时所允许的最大 $\lg\alpha_{Y(H)}$，查表 5-2 即可得到相应的最低 pH 值（最高酸度）。

不同金属离子的 $\lg K_{MY}$ 不同，故滴定每种金属离子的最低 pH 值也不同。若以不同的 $\lg K_{MY}$ 对相应的最低 pH 值作图，所得到的曲线即为酸效应曲线，见图 5-5。由图可查知滴定各种金属离子的最低 pH 值。必须注意：此最低 pH 值是相应于如下条件：① $c(M)＝0.01mol/L$；②滴定允许误差小于 ±0.1%（即 ΔpM 大于 ±0.2）；③仅有酸效应存在（金属离子未发生副反应）。如果条件改变，要求的最低 pH 值也会相应变化。

此曲线表明了 pH 值对络合物形成的影响。对很稳定的络合物 BiY^-（$\lg K＝27.9$），可以在高酸度下（pH≈1）滴定；而对不稳定的络合物 MgY^{2-}（$\lg K＝8.7$），则必须在弱碱性

（pH≈10）溶液中滴定。

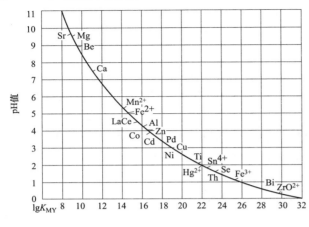

图 5-5　EDTA 的酸效应曲线

实际上，准确滴定金属离子，不仅有最高酸度，也有最低酸度。因为过高的 pH 值会引起金属离子的水解，形成羟基络合物或氢氧化物沉淀，使配位反应不完全。实际工作中使用的 pH 值是稍高于最低 pH 值而低于最高 pH 值的某一数值，但并不是在滴定允许 pH 值范围内的任一数值都是滴定的最佳 pH 值。最佳数值还应考虑指示剂合适的 pH 值范围和 pH 值对指示剂变色点的影响。

通过上述讨论可知，欲准确滴定某一金属离子，必须使溶液的 pH 值控制在一定范围内。但加入的滴定剂 EDTA 在与金属离子配位的同时还释放出 H^+，从而导致溶液的 pH 值降低，影响滴定的准确度。为此，常采用缓冲溶液来控制溶液的 pH 值，以保持整个滴定过程中溶液的 pH 值恒定。

四、提高络合滴定选择性的方法

由前面关于 EDTA 络合物特点的讨论知道，EDTA 具有广泛而稳定的配位性能，可以与许多金属离子形成络合物。如果水样中同时共存几种离子，它们之间会相互干扰，要测定其中某一种金属离子，则必须判断哪些离子会发生干扰以及采取什么方法消除或减少共存离子的干扰。这就是络合滴定的选择性问题。如何提高络合滴定的选择性呢？其主要方法有两种。

（一）用控制溶液 pH 值的方法进行连续滴定

假定溶液中 M 为待测离子，N 为干扰离子，一般地，当符合下述条件时

$$\lg(c_M K'_{MY}) \geqslant 6 \text{ 且} \frac{c_M K'_{MY}}{c_N K'_{NY}} \geqslant 10^5, \text{或} \lg(c_M K'_{MY}) - \lg(c_N K'_{NY}) \geqslant 5 \qquad (5\text{-}17)$$

可以通过控制溶液酸度来测定 M 而 N 不产生干扰。

由于 M 与 N 共存于同一溶液中，它们所对应的 $\alpha_{Y(H)}$ 完全一致，故可用 K 替代 K'，上式则变为

$$\lg(c_M K_{MY}) \geqslant 6 \text{ 且} \frac{c_M K_{MY}}{c_N K_{NY}} \geqslant 10^5, \text{或} \Delta\lg(cK) \geqslant 5 \qquad (5\text{-}18)$$

由此可见，当待测离子与干扰离子与 EDTA 形成的络合物的稳定常数值相差较大时，控制溶液 pH 值是消除干扰比较方便的方法。通过控制溶液酸度，可以在同一溶液中对不同金属离子进行连续滴定或分别滴定。首先在较低 pH 值下滴定与 Y 形成的络合物稳定性较大的 M 离子，然后在较高的 pH 值下滴定稳定常数较小的 N 离子。

【例 5-4】 某水样中含有 Ca^{2+}、Mg^{2+}、Al^{3+}、Fe^{3+} 4 种离子，如何有选择地用 EDTA 滴定其中 Fe^{3+} 含量？

解　$\lg K_{FeY} = 25.1$，$\lg K_{CaY} = 10.70$，$\lg K_{MgY} = 8.69$，$\lg K_{AlY} = 16.13$，可见，$\lg K_{FeY} >$

$\lg K_{CaY}$、$\lg K_{MgY}$、$\lg K_{AlY}$。满足式（5-18）的判断条件，根据酸效应曲线（见图5-5），如控制 pH=2，只能满足所允许的最小 pH 值，而其他三种离子达不到允许的最小 pH 值，不能形成相应的络合物，即消除了干扰。

（二）用掩蔽和解蔽方法进行分别滴定

如果水中被测定金属离子 M 和共存离子 N 与 EDTA 形成的络合物稳定常数无明显差别，甚至共存离子 N 形成的络合物更稳定，即不满足式（5-18）的条件，则难以用控制 pH 值的方法实现金属离子的选择性滴定。此时，加入一种试剂，只与共存干扰离子作用，降低干扰离子的平衡浓度以消除干扰，这种作用称为掩蔽作用。产生掩蔽作用的试剂称为掩蔽剂。常用的掩蔽方法主要有络合、沉淀和氧化还原掩蔽法。

1. 掩蔽方法

（1）络合掩蔽法。该方法是利用配位反应降低干扰离子浓度以消除干扰的方法，是滴定分析中应用最广泛的一种方法。常用的掩蔽剂有 NaF、KCN、三乙醇胺等。例如：测定 Ca^{2+}、Mg^{2+} 离子时，Fe^{3+}、Al^{3+} 等离子的存在会产生干扰，可加入三乙醇胺作为掩蔽剂。三乙醇胺能与 Fe^{3+}、Al^{3+} 生成稳定的络合物，而且不与 Ca^{2+}、Mg^{2+} 作用。由于 Fe^{3+}、Al^{3+} 在 pH=12~14 形成氢氧化物沉淀，因而必须在酸性溶液中加入三乙醇胺进行掩蔽，然后再调节 pH 值至 10 或 12，测定 Ca^{2+}、Mg^{2+}。

（2）沉淀掩蔽法。该方法是利用沉淀反应降低干扰离子的浓度，在不分离沉淀的条件下直接滴定的方法。例如：为消除 Mg^{2+} 对 Ca^{2+} 的干扰，利用 pH≥12 时 Mg^{2+} 与 OH^- 生成 $Mg(OH)_2$ 沉淀，此时用钙指示剂，以 EDTA 滴定 Ca^{2+}，可消除 Mg^{2+} 对测定的干扰。

（3）氧化还原掩蔽法。该方法是利用氧化还原反应改变干扰离子价态以消除干扰的方法。例如：Fe^{3+} 干扰 Bi^{3+} 的测定（$\lg K_{BiY^-}=28.2$，$\lg K_{FeY^-}=25.1$），加入盐酸羟胺使 Fe^{3+} 还原成 Fe^{2+}，由于 FeY^{2-} 稳定性较低（$\lg K_{FeY^{2-}}=14.33$），就可以用控制溶液酸度的方法滴定 Bi^{3+}，消除 Fe^{3+} 的干扰。除盐酸羟胺外，常用的还原剂还有抗坏血酸、联氨、硫脲、$Na_2S_2O_3$ 等；常用的氧化剂有 H_2O_2、$(NH_4)_2S_2O_6$ 等。

2. 解蔽方法

用一种试剂把某种（或某些）离子从与掩蔽剂形成的络合物中重新释放出来的过程称为解蔽，这种试剂称为解蔽剂。利用选择性的解蔽剂，也可以提高配位滴定的选择性。

例如：Zn^{2+} 和 Pb^{2+} 两种离子共存时，可以用氨水调节溶液 pH 值为 10 左右，滴加 KCN，使 Zn^{2+} 形成 $[Zn(CN)_4]^{2-}$ 而掩蔽，用 EDTA 标准溶液滴定 Pb^{2+} 后，加入甲醛或三氯乙醛破坏 $[Zn(CN)_4]^{2-}$，释放出 Zn^{2+}，再用 EDTA 滴定。

五、络合滴定方式

与酸碱滴定一样，络合滴定也可采用直接滴定、返滴定和间接滴定等方式来提高络合滴定的选择性和扩大其应用范围。

1. 直接滴定法

该方法是络合滴定中最基本的方法。这种方法是将被测试样处理成溶液后，调节酸度，加入必要的其他试剂和指示剂，直接用 EDTA 标准溶液进行滴定，然后根据消耗 EDTA 溶液的量计算试样中被测组分的含量。例如，在 pH=2~3 时滴定 Fe^{3+}、Bi^{3+}、Th^{4+}、Ti^{4+}、Hg^{2+}；pH=5~6 时滴定 Zn^{2+}、Pb^{2+}、Cd^{2+}、Cu^{2+}、Mn^{2+} 及稀土离子；pH=10 时滴定 Mg^{2+}、Ca^{2+}、Co^{2+}、Ni^{2+}、Zn^{2+}、Cd^{2+}；pH=12 时滴定 Ca^{2+} 等。

采用直接滴定法必须满足以下几个条件：

(1) 直接准确滴定的要求，即 $\lg(c_M K'_{MY}) \geqslant 6$（TE$\leqslant \pm 0.1\%$）。

(2) 络合反应速度快。

(3) 应有变色敏锐的指示剂，且无封闭现象。如 Al^{3+} 对多种指示剂有封闭作用，不宜用直接滴定法；有些金属离子（如 Sr^{2+}、Ba^{2+}）缺乏灵敏的指示剂，也不能用直接滴定法测定。

(4) 在选用的滴定条件下，被测金属离子不发生水解和沉淀现象。

2. 返滴定法

(1) 当被测金属离子 M 与 EDTA 络合速度很慢，本身又易水解或封闭指示剂时，采用返滴定法。例如，Al^{3+} 与 EDTA 配位缓慢，Al^{3+} 对二甲酚橙指示剂有封闭作用，酸度不高时，Al^{3+} 水解形成多种多核羟基配合物，因此，Al^{3+} 不能直接滴定。为了避免上述问题，可先加入一定过量的 EDTA 溶液，在 pH$\approx$3.5 下煮沸。此时因酸度较大，不至于形成多核配合物，且又有过量的 EDTA 存在，能使 Al^{3+} 与 EDTA 络合完全。再调节 pH$=5\sim6$，加入二甲酚橙指示剂（此时 Al^{3+} 已形成 AlY，不再封闭指示剂），用 Zn^{2+} 标准溶液返滴定过量的 EDTA。

(2) 当被测金属离子 M 与 EDTA 生成络合物不太稳定，无变色敏锐的指示剂时，可采用返滴定法。例如：测定水中 Ba^{2+} 时，由于没有符合要求的指示剂，可加入过量的 EDTA 标准溶液，使 Ba^{2+} 与 EDTA 完全反应生成络合物 BaY 之后，再加入铬黑 T 作指示剂，用 Mg^{2+} 标准溶液返滴定剩余的 EDTA 至溶液由蓝色变为红色，指示终点到达。

(3) 当干扰离子较复杂，在不进行分离时，不能直接准确进行滴定，但可用返滴定法测量。例如，水样中有 Fe^{3+}、Al^{3+}、Ca^{2+} 和 Mg^{2+}，欲测其中的 Ca^{2+} 含量。首先加入三乙醇胺掩蔽 Fe^{3+} 和 Al^{3+}；然后调节 pH$=12.5$，使 Mg^{2+} 生成 $Mg(OH)_2$ 沉淀，再加入过量 EDTA 标准溶液，使 Ca^{2+} 与 EDTA 络合完全；之后以钙黄绿素-百里酚蓝为指示剂，用 Ca^{2+} 标准溶液返滴定剩余的 EDTA，求得水样中的 Ca^{2+} 的含量。

由上述讨论可知，返滴定法是在试液中先加入已知过量的 EDTA 标准溶液，再用另一种金属盐类的标准溶液滴定过量的 EDTA，由两种标准溶液的浓度和用量即可求得被测组分的含量。

需注意的是，用做返滴定剂的金属离子与 EDTA 的络合物应有足够的稳定性，但不能比待测离子的络合物更稳定，否则在滴定过程中，返滴定剂会置换出被测离子，引起误差。

3. 置换滴定法

在直接滴定法和返滴定法遇到困难时，可以利用置换反应置换出等物质的量的另一种金属离子或置换出 EDTA，然后用 EDTA 或另一种金属离子滴定，这就是置换滴定法。在络合滴定中用到的置换滴定有两类。

(1) 置换出金属离子。如被测定的金属离子 M 与 EDTA 反应不完全或所形成的配合物不稳定，这时可让 M 置换出另一种配位物 NL 中等物质的量的 N，用 EDTA 溶液滴定 N，从而可求得 M 的含量。

例如，Ag^+ 与 EDTA 的络合物不够稳定（$\lg K_{AgY} = 7.32$），不能用 EDTA 直接滴定。若在含 Ag^+ 的试液中加入过量的 $[Ni(CN)_4]^{2-}$，则发生如下置换反应：

$$2Ag^+ + [Ni(CN)_4]^{2-} = 2[Ag(CN)_2]^- + Ni^{2+}$$

　　然后在 pH＝10 的氨性溶液中，以紫脲酸铵为指示剂，用 EDTA 标准溶液滴定置换出的 Ni^{2+}，即可求得 Ag^+ 的含量。

　　（2）置换出 EDTA。将被测定的金属离子 M 与干扰离子全部用 EDTA 配位，加入选择性高的配位剂 L 以夺取 M，释放出 EDTA，即

$$MY＋L＝ML＋Y$$

　　反应完全后，释放出与 M 等物质的量的 EDTA，然后再用金属盐类标准溶液滴定释放出来的 EDTA，即可求得 M 的含量。

　　这种方法适用于多种金属离子存在下测定其中一种金属离子。例如，测定某复杂试样中的 Al^{3+}，试样中可能含有 Pb^{2+}、Zn^{2+}、Fe^{3+} 等杂质离子。用返滴定法测定 Al^{3+} 时，实际测得的是这些离子的总量。为了得到 Al^{3+} 的准确含量，在返滴定至终点后，加入 NH_4F 选择性地将 AlY 中的 EDTA 释放出来（置换出与 Al^{3+} 等量的 EDTA），再用 Zn^{2+} 标准溶液滴定 EDTA，得到 Al^{3+} 的含量。

　　4．间接滴定法

　　有些金属离子和 EDTA 生成的络合物不稳定，如 Li^+、Na^+、K^+ 等；有些离子不能和 EDTA 配位，如 SO_4^{2-}、PO_4^{3-} 等阴离子，不能用络合滴定法测定，这时可采用间接滴定法测定。

　　例如 PO_4^{3-} 的测定，在一定条件下，可将 PO_4^{3-} 沉淀为 $MgNH_4PO_4$，沉淀经过滤、洗涤、溶解后，调节溶液的 pH＝10，用铬黑 T 作指示剂，以 EDTA 标准溶液滴定沉淀后的 Mg^{2+}，由 Mg^{2+} 的含量间接计算出磷的含量。

　　间接滴定法由于操作手续较烦琐，引入误差的机会较多，不是一种理想的测定方法。

任务一　水中硬度的测定

🐬【教学目标】

　　1．知识目标

　　（1）学会 EDTA 标准溶液的配制与标定方法；

　　（2）掌握水中总硬度、钙离子及镁离子的测定原理和方法；

　　（3）了解水中硬度测定的意义和常用单位表示方法。

　　2．能力目标

　　（1）能熟练用配位滴定法准确测定水样中的硬度；

　　（2）会计算并分析测定结果。

🎤【任务描述】

　　水中硬度测定是化学分析中最基本的实验之一，也是电厂水化验岗位的一项例行工作任务。目前，测定水中硬度一般都是采用经典的化学分析方法——配位滴定法。该任务主要包括配制和标定标准溶液、取水样并添加相关试剂、滴定、数据处理和结果分析等步骤。要确保顺利完成任务并得到客观正确的分析结果，在任务实施中有许多环节（如 pH 值的控制）都必须格外注意。

🤲【任务准备】

（1）什么是水的硬度？水中硬度如何表示？

（2）水中硬度有哪些类型？

（3）考虑完成本任务需要哪些试剂和仪器？

（4）EDTA 标准溶液如何配制？需要标定吗？如何标定？

（5）测定硬度选用的指示剂一般是什么？

（6）根据测定硬度的种类及水样的特点不同，分别需要向水样中加入哪些试剂？它们的作用分别是什么？

（7）判断滴定终点的依据是什么？

（8）记录原始数据应该注意些什么？最终硬度的测定结果有哪些表示方法？

📖【相关知识】

一、硬度的分类及表示单位

水的硬度原是指沉淀肥皂的程度，是水质控制的重要指标之一，主要指水中含有可溶性钙盐和镁盐的多少，其他金属离子如 Fe^{3+}、Al^{3+}、Mn^2 等也形成硬度，但一般含量甚微，在测定硬度时可忽略不计。硬度又分暂时硬度和永久硬度，前者也称为碳酸盐硬度，即钙、镁以重碳酸盐等形式存在；后者也称为非碳酸盐硬度，即钙、镁以硫酸盐、氯化物或硝酸盐形式存在。二者总合即为总硬度。由镁离子形成的硬度称为镁硬度，由钙离子形成的硬度称为钙硬度。

当水中硬度值较高时，会对人们的生活、生产带来不便。长期饮用硬度过大的水会影响人们的身体健康，甚至引发疾病。工农业生产用水硬度值过高会使给水管网中产生水垢，造成堵塞和腐蚀。硬度高的水对锅炉威胁很大，一旦形成水垢，轻则浪费燃料，重则导致锅炉爆炸。在纺织行业，硬度高的水会生成沉淀黏附在纺织纤维上，影响印染质量。因此，水中硬度的测定是一项重要的水质分析指标。

关于水中硬度的表示方法，一般都是将钙、镁总量折合成 CaO 或 $CaCO_3$ 的质量或毫摩尔数来表示。具体表示方法依各国习惯有所不同，可概括如下：

$$水中硬度\begin{cases} 中国\begin{cases} \text{mg/L CaO} \\ \text{mg/L CaCO}_3 \\ 1°=10\text{mg/L CaO} \\ \text{mmol/L（应指明 Ca}^{2+}\text{、Mg}^{2+}\text{的基本单元）} \end{cases} \\ 德国：1°（G）=10\text{mg/L CaO} \\ 法国：1°（F）=10\text{mg/L CaCO}_3 \\ 美国：1×10^{-6}\text{CaCO}_3（\text{ppm CaCO}_3） \end{cases}$$

因此，$1\text{mmol/L}（n_{Ca^{2+}}+n_{Mg^{2+}}）$ 相当于 $5.6°$（G）或 $10°$（F），$1\text{mmol/L}（n_{1/2Ca^{2+}}+n_{1/2Mg^{2+}}）$ 相当于 $2.8°$（G）或 $5°$（F），一般不加说明时，硬度指的是德国度。

根据水中硬度的大小可分为四类。硬度在 $4°$ 以下为最软水，$4°\sim8°$ 为软水，$8°\sim16°$ 为稍硬水，$16°\sim30°$ 为硬水，超过 $30°$ 为最硬水。废水和污水一般不考虑硬度。我国饮用水标准规定硬度不超过 450mmol/L（以 $CaCO_3$ 计），即不超过 $25.2°$。

二、天然水中硬度与碱度的关系

应该强调指出，在锅炉给水的处理中与水中硬度、碱度有关的主要问题是：①锅炉壁、管道中的结垢和泥渣等沉积物直接与水中的硬度有关；②苛性脆化也是一种腐蚀现象，它与碱度有关，在汽包的接头处易产生苛性脆化，用显微镜观察有裂纹，如不及时控制，会使锅炉爆炸；③汽水共腾和发泡与碱度较高有关。因此，了解天然水中硬度与碱度的关系对给水的处理与安全运行是十分重要的。天然水中硬度与碱度的关系一般有三种情况。

（1）总硬度大于总碱度（见图 5-6）。当水中 Ca^{2+}、Mg^{2+} 含量较多时，则与 CO_3^{2-}、HCO_3^- 作用完之后，其余的 Ca^{2+}、Mg^{2+} 便与 SO_4^{2-}、Cl^- 化合成 $CaSO_4$、$MgSO_4$、$CaCl_2$、$MgCl_2$ 等非碳酸盐硬度，故水中无碱金属碳酸盐（如 Na_2CO_3、K_2CO_3）等存在，此时

总碱度＝碳酸盐硬度，非碳酸盐硬度＝总硬度－总碱度

（2）总硬度小于总碱度（见图 5-7）。当水中 CO_3^{2-}、HCO_3^- 含量较大时，首先与 Ca^{2+}、Mg^{2+} 作用完全之后，剩余的 CO_3^{2-}、HCO_3^- 便与 Na^+、K^+ 等离子形成碱金属碳酸盐（如 Na_2CO_3、$KHCO_3$ 等），从而出现了负硬度，此时

总硬度＝碳酸盐硬度，负硬度＝总碱度－总硬度

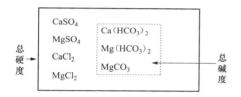

图 5-6　天然水中总硬度大于总碱度时示意

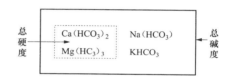

图 5-7　天然水中总硬度小于总碱度时示意

其中，$NaHCO_3$、$KHCO_3$、Na_2CO_3、K_2CO_3 等称为负硬度。在石灰软化处理中必须充分考虑这部分负硬度的去除，以便投加足量的药剂来达到软化目的。

（3）总硬度等于总碱度（见图 5-8）。当水中 Ca^{2+}、Mg^{2+} 与 CO_3^{2-}、HCO_3^- 作用完全之后，均无剩余，故此时总硬度与总碱度正好相当，即此时只有碳酸盐硬度，即碳酸盐硬度＝总硬度＝总碱度。

应当指出，讨论硬度与碱度关系时，所涉及的有关化合物都是"假想化合物"，因为水中溶解的盐类都是以离子状态存在的，如天然水中 Ca^{2+}、Mg^{2+}、Na^+、K^+ 等阳离子和 CO_3^{2-}、HCO_3^-、SO_4^{2-}、Cl^- 等阴离子，由这些离子结合而成的化合物称为假想化合物。

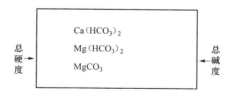

图 5-8　天然水中总硬度＝总碱度时示意

三、EDTA 标准溶液的配制与标定

EDTA 标准溶液常采用 EDTA 二钠盐（$Na_2H_2Y \cdot 2H_2O$）配制。EDTA 二钠盐是白色结晶粉末，易溶于水，常含有少量杂质，其标准溶液一般采用间接配制法。若 EDTA 二钠盐进一步提纯可作为基准试剂。

用于标定 EDTA 标准溶液的基准试剂很多，有纯金属（如 Zn 等）、金属氧化物（如 ZnO、MgO 等）及其盐类（如 $CaCO_3$、$MgSO_4 \cdot 7H_2O$）。金属比较稳定，纯度高（99.99%），能在

pH＝5～6 时以二甲酚橙作指示剂进行标定，也可在 pH＝10 的氨性溶液中以铬黑 T 为指示剂，用 $MgSO_4 \cdot 7H_2O$ 作基准物质进行标定。

实际工作中，如果标定和测定条件不同，会带来较大误差。这是因为：①不同金属离子与 EDTA 反应的完全程度不同；②不同指示剂的变色点不同；③不同条件下溶液中存在的杂质离子的干扰情况不同。因此，为了提高测定结果的准确度，标定和测定条件应尽可能接近，一般选用被测元素的纯金属或其化合物作基准物质。

EDTA 溶液应储存在聚乙烯塑料瓶或硬质玻璃瓶中。若储存于软质玻璃瓶，EDTA 会溶解玻璃中的 Ca^{2+} 形成 CaY，使溶液浓度降低。

四、硬度测定原理及其计算

1. 总硬度的测定

水中硬度的测定通常采用络合滴定法。在一定体积的水样（V_s）中，在 pH＝10.0 时，以铬黑 T 为指示剂，用 EDTA 标准溶液为滴定剂，可直接测定出 Ca^{2+}、Mg^{2+} 的总量。

在滴定过程中，溶液内形成的络合物有 CaIn、MgIn、CaY 和 MgY，其稳定顺序为 $K_{CaY} > K_{MgY} > K_{MgIn} > K_{CaIn}$。

滴定前，首先向水样中加入 $NH_3 \cdot H_2O$-NH_4Cl 缓冲溶液，控制 pH＝10.0，这是有效地进行络合滴定 Ca^{2+}、Mg^{2+} 总量的重要条件之一（原因见酸效应曲线），然后加入铬黑 T（EBT），此时溶液中有 Ca^{2+}、Mg^{2+} 与铬黑 T 形成的酒红色络合物 MgIn、CaIn，以及未与指示剂形成配位化合物的 Ca^{2+}、Mg^{2+}，反应式为

$$Mg^{2+} + HIn^{2-} \rightleftharpoons MgIn^- + H^+, \quad Ca^{2+} + HIn^{2-} \rightleftharpoons CaIn^- + H^+$$
$$\text{蓝色} \qquad \text{酒红色} \qquad\qquad \text{蓝色} \qquad \text{酒红色}$$

滴定时，EDTA 先与 Ca^{2+} 配位，后与 Mg^{2+} 配位，反应式为

$$Ca^{2+} + Y^{4-} \rightleftharpoons CaY^{2-}, \quad Mg^{2+} + Y^{4-} \rightleftharpoons MgY^{2-}$$

终点时 EDTA 从络合物 MgIn、CaIn 中夺取 Ca^{2+}、Mg^{2+}，从而使指示剂游离出来，溶液由酒红色变蓝色，指示滴定终点。

$$CaIn^- + H_2Y^{2-} \longrightarrow CaY^{2-} + HIn^{2-} + H^+, \quad MgIn^- + H_2Y^{2-} \longrightarrow MgY^{2-} + HIn^{2-} + H^+$$
$$\text{酒红色} \qquad\qquad\qquad \text{蓝色} \qquad\qquad \text{酒红色} \qquad\qquad\qquad \text{蓝色}$$

根据 EDTA 标准溶液的浓度和消耗体积计算水的硬度

$$\text{总硬度} = \frac{c_{EDTA} V_{EDTA}}{V_s} \times 1000 \ \text{mmol/L}$$

$$\text{总硬度（以 CaO 计）} = \frac{c_{EDTA} V_{EDTA} M_{CaO}}{V_s} \times 1000 \ \text{mmol/L}$$

$$\text{总硬度（以 } CaCO_3 \text{ 计）} = \frac{c_{EDTA} V_{EDTA} M_{CaCO_3}}{V_s} \times 1000 \ \text{mmol/L}$$

水中含有 Fe^{3+}、Al^{3+}、Cu^{2+}、Pb^{2+}、Mn^{2+} 等离子量较大时，对测定有干扰（见相关知识指示剂的封闭），应加掩蔽剂掩蔽。如 Fe^{3+}、Al^{3+} 用三乙醇胺，Cu^{2+}、Pb^{2+} 等可用 KCN 或 Na_2S 等掩蔽。通常水中含的上述离子极微，可不加掩蔽剂，也不影响测定。

2. 钙硬度的测定及镁硬度的计算

如需分别测得 Ca^{2+}、Mg^{2+} 的含量，先按上述方法测得总量，然后另取一份同体积的水样，用 NaOH 溶液调节 pH＞12，此时 Mg^{2+} 产生 $Mg(OH)_2$ 沉淀被掩蔽。加入钙指示剂，

用 EDTA 滴定溶液中的 Ca^{2+}，当溶液由红色变为蓝色时为终点。设测定总量时消耗溶液体积为 $V_总$，测 Ca^{2+} 时消耗 $V_{Ca^{2+}}$，Ca^{2+}、Mg^{2+} 的含量分别为

$$钙硬度 = \frac{c_{EDTA} V_{Ca^{2+}} M_{Ca^{2+}}}{V_s} \times 1000 \text{ mg/L}$$

$$镁硬度 = \frac{c_{EDTA}(V_总 - V_{Ca^{2+}}) M_{Mg^{2+}}}{V_s} \times 1000 \text{mg/L}$$

⚙【任务实施】

1. 配制并标定 $c_{EDTA} = 0.01 \text{mol/L}$ EDTA 标准溶液。

配制：称取 3.7g 乙二胺四乙酸（$NaH_2Y_2 \cdot H_2O$），溶于 100mL 温水中，稀释至 500mL 摇匀，待标定。

标定：称取 800℃ 灼烧恒重的基准纯锌 $0.15 \sim 0.2$g（精确到 0.000 2g），用少许水润湿，滴加（1+1）HCl 溶解，盖上表面皿，必要时稍微加热，使其完全溶解。然后吹洗表面皿及烧杯壁，小心转移至 250mL 容量瓶中，加水稀释至刻度，摇匀。吸取 25.00mL 上述 Zn 标准溶液于 250mL 锥形瓶中，逐滴加入（1+1）$NH_3 \cdot H_2O$，同时不断摇动，直至开始出现白色 $Zn(OH)_2$ 沉淀。再加入 5mL pH=10 的 $NH_3 \cdot H_2O$-NH_4Cl 缓冲溶液、50mL 水和 3 滴铬黑 T，立即用 EDTA 标准溶液滴定至溶液由酒红色变为纯蓝色即为终点。记下 EDTA 溶液的用量 V(EDTA)。平行标定三次，计算 EDTA 的浓度 c(EDTA)。

2. Ca^{2+} 的测定

用移液管准确吸取水样 50mL 于 250mL 锥形瓶中，加 50mL 蒸馏水，2mL 6mol/L NaOH（pH=12～13），4、5 滴钙指示剂。用 EDTA 标准溶液滴定，不断摇动锥形瓶，当溶液变成纯蓝色时，即为终点。记下所用体积 V_1。重复测定三次。

3. 总硬度的测定

准确吸取水样 50mL 于 250mL 锥形瓶中，加 50mL 蒸馏水、5mL $NH_3 \cdot H_2O$-NH_4Cl 缓冲溶液、3 滴铬黑 T 指示剂。用 EDTA 标准溶液滴定，当溶液由酒红色变为纯蓝色时，即为终点。记下所用体积 V_2。用同样方法重复测定三次。

4. 数据处理、结果分析

按下式分别计算总硬度（以 $CaCO_3$ 含量表示，单位为 mg/L）及 Ca^{2+} 和 Mg^{2+} 的含量（单位为 mg/L）：

$$总硬度 = \frac{c \overline{V_2} \times M(CaCO_3)}{50} \times 1000$$

$$Ca^{2+} \text{ 含量} = \frac{c \overline{V_1} \times M(Ca)}{50} \times 1000$$

$$Mg^{2+} \text{ 含量} = \frac{c(\overline{V_2} - \overline{V_1}) \times M(Mg)}{50} \times 1000$$

式中　c——EDTA 的浓度，mg/L；

$\overline{V_1}$——三次滴定 Ca^{2+} 量所消耗 EDTA 的平均体积，mL；

$\overline{V_2}$——三次滴定总硬度所消耗 EDTA 的平均体积，mL。

注意

①EDTA 标定、总硬度及 Ca^{2+} 测定时所记录的三个原始体积数据之间的精密程度（可用相对平均偏差考察）若不够好，应及时查找原因，必要时应舍弃某些数据或补充测定；②硬度测定结果的表示方法有多种，应根据实际需要合理选取。

5. 测定硬度时需要注意的问题

（1）新试剂瓶（如玻璃瓶、塑料瓶等）用来存放缓冲溶液时，有可能使配制好的缓冲溶液出现硬度。此时一般应做如下预防措施：用加缓冲溶液的 EDTA 溶液充满试剂瓶约一半容积处，于 60℃下不断摇动，旋转处理 1h，将溶液倒掉，更换新溶液再处理一次，然后用高纯水充分冲洗干净备用。

（2）如果铬黑 T 指示剂在水样中变色缓慢，则可能是由于水中 Mg^{2+} 含量低（如软化水），这时应在滴定前加入少量 Mg^{2+} 溶液（如在 500mL 氨-氯化铵缓冲溶液中一般加入 2.5g Na_2MgY 或 1.560g $MgSO_4 \cdot 7H_2O$ 和 2.538g $Na_2Y \cdot 2H_2O$），以促使终点变色更加明显。

（3）水样加入氨-氯化铵缓冲溶液和铬黑 T 指示剂后应立即滴定，目的是为了防止氨挥发使 pH 值达不到要求，或因钙、镁离子浓度较高而形成沉淀。一般要求整个滴定过程在 5min 内完成，开始滴定时速度可稍快，接近终点时滴定速度宜慢，每加入 1 滴 EDTA 标准溶液，都应充分摇匀，最好每滴间隔 2～3s。

（4）测定钙硬度时，若水中 Mg^{2+} 含量较多，$Mg(OH)_2$ 沉淀吸附会造成误差，可少取水样测定，也可先通过预试验，计算出 EDTA 溶液的大致需要量。先加入比此大致需要量少 1mL 的 EDTA 溶液于水样中，使大部分 Ca^{2+} 先被配位，再加入 NaOH 溶液后进行滴定，这样可减少误差。

任务二　垢样中 Fe_2O_3 的测定

【教学目标】

1. 知识目标
（1）能说出垢的概念、类型及危害；
（2）了解垢样的采集与保存方法；
（3）掌握垢样的制备与分解方法；
（4）知道垢样常规的分析程序和分析方法；
（5）掌握配位滴定法测定垢样中 Fe_2O_3 的基本原理。

2. 能力目标
（1）能熟练用配位滴定法准确测定垢样中 Fe_2O_3 的含量；
（2）会计算并分析测定结果。

【任务描述】

热力设备一旦发生结垢，将严重地危害热力设备的安全、经济运行。为了了解垢的成分和形成原因，必须对其进行分析，提供可靠的数据，以便正确地采取防止结垢和腐蚀的措施或有效的化学清洗。水垢的化学组成一般比较复杂，因其生成部位不同、水质不同及受热面热负荷不同等原因而有很大差异。它不是一种简单的化合物，而是由许多化合物混合组成的。水垢中的铁可能以 Fe_3O_4 或 FeO 等多种形式存在，通常分析结果以它的高价氧化物 Fe_2O_3 表示。

目前，测定垢样中 Fe_2O_3 的含量一般采用配位滴定法或原子吸收法，两种方法所对应的样品浓度范围、测定误差等均有差异。本任务采用配位滴定法来进行，主要包括垢样的制备与分解、Fe_2O_3 含量测定两部分，最后要求根据记录的原始数据计算出试样中铁（Fe_2O_3）的含量（%）。整个任务实施过程中，试样的分解环节尤为烦琐，对操作的要求较高，应特别注意。

🌱【任务准备】

（1）什么是水垢？热力设备内水垢的类型主要有哪些？水垢的危害有哪些？
（2）如何采集和保存垢样？
（3）垢样制备的目的是什么？如何制备？
（4）垢样分解的目的是什么？分解的方法有哪些？
（5）垢样常规的分析程序是什么？
（6）配位滴定法测定垢样中 Fe_2O_3 含量的原理是什么？
（7）垢样制备与分解、配位滴定 Fe_2O_3 含量所涉及的试剂和仪器有哪些？
（8）试样中铁（Fe_2O_3）的含量（%）应如何计算？

📖【相关知识】

一、热力设备表面的水垢及其特性

给水总会带有某些杂质，这些杂质进入热力设备水汽循环系统，由于浓缩和温度的变化，有的杂质会在炉管表面形成固体附着物析出，这种现象称为结垢，这些附着物称为水垢。水垢是一种牢固附着在金属壁面上的沉积物，它对热力设备的安全经济运行有很大危害。

热力设备内水垢的外观、物理性质和化学组成等特性，因水垢生成部位不同，水质不同及受热面热负荷不同等原因而有很大差异。水垢有的坚硬、有的松软、有的致密、有的多孔隙、有的与金属紧密连在一起、有的与金属表面联系疏松。水垢的颜色也各不相同。为了研究水垢产生的原因，找出防垢的方法，除了应该仔细观察各部位水垢的外观特征外，最重要的是确定水垢的化学组成。

1. 组成

水垢的化学组成一般比较复杂，它是由多种化合物混合组成的。通常用化学分析的方法确定水垢的化学成分，分析结果一般以高价氧化物的质量分数表示。表 5-8 是某锅炉水冷壁管内水垢成分的化学分析结果。

表 5-8　　　　　　　某高参数锅炉水冷壁管内水垢成分的化学分析结果

垢样部位	化学成分（%）					
	Fe_2O_3	CuO	ZnO	CaO	MgO	SiO_2
水冷壁管水侧	65.3	24.1	3.2	0.3	0.1	0.9

　　水垢中各物质主要以金属氧化物和各种盐类的形式存在。用高价氧化物表示水垢的化学成分，既便于计算、分析结果，又比较接近于水垢中各物质存在的真实情况。以本任务为例，水垢中的铁可能以 Fe_3O_4 或 FeO 等多种形式存在，但最后分析结果以它的高价氧化物（Fe_2O_3）表示。当然这种表示方法也会带来偏差，如以 Fe_2O_3 表示垢中的铁就会使分析结果偏大。为了校正此偏差，通常要进行水垢灼烧增量的测定（本任务不进行此测定），即在高温（850～900℃）下先灼烧垢样，冷却后再称量，求灼烧后水垢质量的增加（称为灼烧增量）。灼烧会使垢中低价的氧化铁氧化成高价氧化物，从而增重。一般而言，水垢化学分析的结果，把各种成分的质量分数相加后，再减去灼烧增量或加上灼烧减量（含有有机物、油脂和碳酸盐的水垢灼烧后会减重，本任务不涉及，故不过多介绍），应该在 95％～100％ 范围内；否则，表明化学分析项目未做全或有遗漏，或者化学分析过程中存在较大误差。

　　2. 水垢类型

　　水垢的化学组成虽然不止一种，但往往以某种化学成分为主。目前，电厂中热力设备内的水垢按其化学成分分为以下几类：钙镁水垢、硅酸盐垢、氧化铁垢、磷酸盐垢和铜垢。针对本任务，此处重点介绍氧化铁垢的相关特征、成因及防止方法。

　　氧化铁垢的主要成分为铁的氧化物，含量可达 70％～90％。此外，还含有铜、铜的氧化物（铜在垢内均匀分布）和少量钙、镁、硅和磷酸盐等物质。氧化铁垢表面为咖啡色，内层是黑色或灰色，垢的下部与金属接触处有少量的白色盐类沉积物。

　　氧化铁垢在各种压力锅炉中均可产生，但最易在高参数、大容量锅炉内生成。生成部位主要在热负荷很高的炉管管壁上，如燃烧器附近的炉管。

　　氧化铁垢形成的原因，主要与锅炉水中含铁量和炉管局部热负荷有关。一般情况下，给水含铁量越大，局部热负荷就越大，氧化铁垢形成速度就越快。究其来源，可概括为以下两条：

　　（1）锅炉水中铁的化合物沉积在管壁上，形成氧化铁垢。

　　（2）锅炉运行时，炉管内发生碱性腐蚀或汽水腐蚀，腐蚀产物附着在管壁上形成氧化铁垢。另外，锅炉在安装或停用时保护不当，炉管腐蚀产物附着在炉管壁上，运行后转化为氧化铁垢。

　　防止锅炉内产生氧化铁垢的基本方法是减少锅炉水中的含铁量，即除了对炉水进行适当排污外，主要是减少给水中的含铁量。

　　3. 危害

　　水垢对热力设备的安全、经济运行有很大的影响。水垢的危害性简要归纳如下：

　　（1）水垢会降低锅炉和热交换设备的传热效率，增加热损失。这主要是由于各种水垢的导热系数比钢铁低几十倍到几百倍。如火电厂省煤器结 1mm 厚的水垢，燃煤耗量增加 1.5％～2％；如水冷壁管内结 1mm 厚的水垢，燃煤耗量增加 10％。

　　（2）高热负荷受热面结有水垢，会因传热不良导致管壁温度过高，引起鼓包和爆管事故。高参数锅炉水冷壁管即使结很薄的水垢（0.1～0.5mm），也可能引起爆管事故，导致事故停炉。

　　（3）水垢能导致金属发生沉积物下腐蚀，结垢、腐蚀过程相互促进，会很快导致水冷壁管的损坏，以致锅炉发生爆管事故。

二、垢和腐蚀产物的一般分析程序

垢和腐蚀产物的分析方法适用于测定火力发电厂热力系统内聚集的水垢、盐垢、水渣和腐蚀产物的化学成分，也适用于测定某些化学清洗液中溶解了的垢和腐蚀产物的有关成分。

在垢和腐蚀产物的分析方法中，由于各个测定项目是独立进行的。一般来说，对测定的前后顺序无特殊要求，各测定项目可同时进行。其中，关于氧化钙、氧化镁的测定，由于选用方法和加掩蔽剂的量与垢样中氧化铁、氧化铜的含量有关。通常，测定氧化铁、氧化铜之后，再进行氧化钙、氧化镁的测定。垢和腐蚀产物的分析程序如图 5-9 所示。

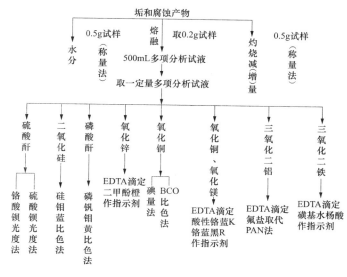

图 5-9 垢和腐蚀产物的分析程序

多项分析试液——用试样分解方法将固体试样分解制备成供分析用的溶液，可用于垢和腐蚀产物的各种化学成分测定。

三、垢样的采集与保存

垢和腐蚀产物都是沉积在受热面上的一层较致密而且又很薄的物质，很难轻而易举地取下来，并且取够所需的量。还有一些局部受热面的代表性很强，必须在该处进行检查并采集垢样，为此采用割管取样检查。但这种方法的采样面积很小，不可能大面积割开管取样，这就限制了取样的量。垢样的采集有以下一些规定。

1. 垢样的代表性

热力设备系统中凡是垢和腐蚀产物聚集的地方，都属于垢和腐蚀产物的采样部位。考虑到热力设备的种类繁多、参数不一致，垢和腐蚀可能在多处发生。为了选择最有代表性的采样点，应由化学人员根据热力设备结垢、腐蚀的实际情况，热力设备的运行工况和历史状况以及有关规程、制度来确定。

在确定了采样部位的基础上，对热负荷相同或对称部位，则可多点采集等量的单个试样，混合成平均样。但对颜色、硬度程度明显不同的垢和腐蚀产物，即使是同一部位，也应分别采取单个试样进行化验分析。

2. 采样的数量

确定采样数量的原则是首先要保证能够做平行试验的样品量，其次要有足够的留存量，最后应当对第一次试验结果有疑问时用于校正试验品的量。因此每一种样品的量应大于 4g。对片块状、色泽很不均匀的垢样，更应多取一些，一般在 10g 左右。对于个别部位，其垢样有一定的代表性或疑问很多，必须采集，可是量又极少，不能满足要求时，不应因量不足而不采取样品，应尽量多取，试验时可对垢样做特殊处理（做光谱测定等）。

3. 垢样的采集方法

（1）刮取样品。刮取样品时，可使用普通钢、不锈钢、竹片或其他非金属薄片制成的小铲、小刀，也可用小毛刷、毛笔等刷扫。这些小工具都是根据具体情况自己制造的。金属的小刀铲不能过于钝或锐利，钝了铲不下垢来，锐利又易损伤管壁而污染垢样。

刮取垢样不能过急，要有耐心，这样才能保证垢样的代表性。例如对一层水垢，应当刮取上、中、下三个层次，过急的刮取虽然快，但有可能对下层水垢取量不足或损伤管壁。

（2）挤压采样。割管采样时，若试样不易刮取，可用车床先将割下的管样尽可能地车到最薄，然后用人工、虎钳等工具，挤压弯折管样，使金属变形后而垢样自己脱落下来，之后收集垢样。

4. 垢样的保存

为便于查对或校对，不论是何种垢样，都应长时间保存。保存期要在一年以上，对分析意见不统一、成分定不准的垢样应保存时间更长，直至意见取得一致，经多次校验，成分确定后，才能处理。

存放的垢样可以是研制后的粉末，也可以是原取的状态。垢样应装入小广口瓶中，粘贴上标签，标签上必须注明垢样所在的热力设备名称、采样部位、采样日期、采样原因（大修、事故或其他）、采样者姓名等事项。

垢样应放于专门的存放柜内并保持干燥，还应有原始记录和化验台账。

四、垢样的制备

一般情况下，垢的试样数量不多，颗粒大小也差别不大，因此，可直接破碎成 1mm 左右的试样，然后用四分法将试样缩分。取一份缩分后的试样（一般不少于 2g），放在玛瑙研钵中研磨细。对于氧化铁垢、铜铁垢、硅垢、硅铁垢等难溶试样，应磨细到试样能全部通过 0.119 2mm（120 目）筛网；对于钙镁垢、盐垢、磷酸盐垢等较易溶试样，磨细到全部试样能通过 0.149mm（100 目）筛网即可。

制备好的分析试样，应装入粘贴有标签的称量瓶中备用。其余没有磨细的试样，应放回原来的广口瓶中妥善保存，供复核校对使用。

垢样制备过程中，操作专业化程度较高的一个环节是四分法缩分。垢样的缩分与实验室制备煤样的缩分步骤类似。缩分是由人工或机械方法将样品缩制成两部分或多部分，以达到减少数量的目的。缩分中应注意垢样最小质量与最大粒度的关系，以及选择的分析方法对试样最小质量的要求。缩分的方法可选用二分器、机械缩分器或堆锥四分法。

目前应用最多的缩分工具是十字分样板及各种规格的槽式二分器。十字分样板是最简单，也最实用的缩分工具。通常制样室至少需配备不同规格的十字分样板，用以缩分不同粒级的样品。需根据缩分的样品量选用合适的十字分样板。

用十字分样板缩分样品的方法，称为堆锥四分法，其操作要领是把样品从顶部撒落，堆成一个圆锥体，再压成厚度均匀的圆饼。用十字分样板将其分成 4 个相等的扇形，其中相对的扇形部分合并，一份丢弃，一份作为试样，至此完成一次缩分。

五、垢样的分解

垢样的分解是分析过程中重要的步骤，其目的在于将已经粉碎、缩分和研磨并称量过的垢样，用化学方法分解，使待测的成分溶解到溶液中，制备成便于分析的试液。分解试样时，试样溶解要完全，且溶解速度要快，不致造成待分析成分损失及引入新的杂质而干扰测定。常用的试样分解方法包括酸溶法和熔融法两大类，表 5-9 列出了水垢（包括水渣及腐蚀产物）常用的四种分解方法，可根据实际样品的性质和实验条件进行选用。

经分解处理得到的试液应清澈、透明，无不溶物存在，否则应重新制备。

本任务分析化验的对象为氧化铁垢，宜选取氢氧化钠熔融法作为分解方法。

表 5-9　　　　　　　　　　　**垢和腐蚀产物试样的分解方法**

方法	特　点	操　作　方　法
酸溶样法	对大多数碳酸盐、磷酸盐垢可溶解完全，但对难溶解的氧化铁垢、铜垢、硅垢往往留有少量酸不容物，可用氢氧化钠熔融法或碳酸钠熔融法将酸不溶物溶解，与酸溶物合并	称磨细的试样 0.2g，称准至 0.000 2g，置于 200mL 烧杯中，加 15mL 浓盐酸，盖上表面皿加热至完全溶解。若有黑色不溶物，可加 5mL 浓硝酸，继续加热至近干，冷却后加 10mL 盐酸溶液（1＋1），温热至近干的盐类完全溶解，加水 100mL，若溶解透明，说明试样已完全溶解，将溶液转入 500mL 容量瓶中，用水稀释至所需刻度。 若加硝酸处理后仍有少量不溶物，则可将烧杯中的溶液过滤，热水洗涤（滤液和洗涤液流入 500mL 容量瓶），洗干净的酸不溶物连同滤纸放入坩埚中，炭化、灰化，然后按氢氧化钠熔融法或碳酸钠熔融法把酸不溶物分解，经熔融制的溶液合并与上述 500mL 容量瓶中，用水稀释至刻度。 若要测定酸不溶物的含量，则可将洗干净的酸不溶物连同滤纸放入已恒重的坩埚中炭化，放入 800~850℃ 高温炉中灼烧 30min，冷却后称量，反复操作直至恒重，求得酸不溶物的含量
氢氧化钠熔融法	对许多垢和腐蚀产物有较好的分解效果，可加快分析速度	称磨细的试样 0.2g，称准至 0.000 2g，置于盛有 1g 氢氧化钠的银坩埚中，加 1、2 滴乙醇润湿，轻轻振动使试样黏附在氢氧化钠表面上，在覆盖 2g 氢氧化钠，加盖后置于 50mL 的瓷舟中放入高温炉，由室温缓慢升温至 700~800℃，20min 后取出坩埚，冷却后将银坩埚放入聚乙烯烧杯中，并置于沸腾水浴锅里加 20mL 沸水，盖上表面皿，继续加热 5~10min，待溶块浸散后，取出坩埚，用热水洗涤银坩埚内外壁及盖，在不断搅拌下迅速加入 20mL 浓盐酸，再继续在水浴锅里加热 5min，熔块完全溶解，冷却后转入 500mL 容量瓶中，用水稀释至刻度。若有少量不溶物，可将清液倾入 500mL 容量瓶中，向烧杯中加 3~5mL 浓盐酸和 1mL 浓硝酸，继续在水浴锅里加热，溶解后合并于 500mL 容量瓶中，用水稀释至所需刻度
碳酸钠熔融法	分解试样彻底，但较费时，需要铂坩埚	称磨细的试样 0.2g，称准至 0.000 2g，置于盛有 1.5g 已磨细的无水碳酸钠的铂坩埚中，用铂丝混匀，上面覆盖 0.5g 碳酸钠，加盖后将铂坩埚置于 50mL 瓷舟中，放入高温炉，由室温升至（950±20）℃熔融 2~2.5h，取出坩埚，冷却后放入聚乙烯烧杯中，加 70~100mL 沸水，在沸水浴锅里加热 10min。待熔块浸散后，用热水冲洗坩埚内外壁，在搅拌下，迅速加入 10~15mL 浓盐酸，在水浴锅里加热 5~10min，熔块完全溶解，冷却后转入 500mL 容量瓶中，用水稀释至刻度。若有少量不溶物，按氢氧化钠熔融法中对少量不熔物的处理方法处理
偏硼酸锂熔融法	试样较为彻底、快速，制成的待测试液可测定铁、铝、钙、镁、铜等氧化物外，还可以测定氧化钠、氧化钾	称磨细的试样 0.2g，称准至 0.000 2g，于称量瓶中加入 0.5g 偏硼酸锂，搅均匀。将混合物置于已铺有一层偏硼酸锂的铂坩埚中，再在其上盖一层偏硼酸锂，二次偏硼酸锂总量约 0.5g，盖好盖，移入高温炉中，由室温升至（980±20）℃，保持 15~20min，取出坩埚，趁熔融物还是液态时摇动，使熔融物分布于坩埚的内壁上，形成薄膜，立即将坩埚的底部侵入水中骤冷，熔融物爆裂，加数滴水。将坩埚连同盖一起放入 100mL 玻璃烧杯中，置于加热的磁力搅拌器上，加 25mL 70~80℃ 的（1＋1）盐酸溶液，在加热的情况下搅拌 10min，待熔融物完全溶解后，用水冲洗坩埚和盖，将溶液移入 500mL 容量瓶中，用水稀释至所需刻度

六、垢样分析方法简述

一般垢类的分析方法与矿物的分析方法近似，表 5-10 简要地将方法概要列出，所得结果以高价氧化物的形式表示。

表 5-10 垢和腐蚀产物的试验方法

序号	测定项目	测定方法	方法概要	测定范围	误差	干扰情况及消除
1	水分	重量法	试样（0.500 0～1.000 0）g，（105～110）℃烘 2h，冷却后称量			
2	450℃灼烧减（增）量	重量法	试样（0.500 0～1.000 0）g，450℃灼烧 1h，冷却后称量			
	900℃灼烧减（增）量	重量法	把测过 450℃灼烧减（增）量的试样在 900℃下灼烧 1h，冷却后称量			
3	Fe_2O_3	络合滴定法	pH＝1～3，加磺基水杨酸与 Fe（Ⅲ）形成紫色络合物，标准 EDTA 溶液滴定，紫红色变成浅黄色	＞5mg/L Fe_2O_3	T_2＝0.3%～1.1%	试样中铜含量＞5%，镍含量＞1%干扰，可加磷菲罗琳消除，磷酸根＞250mg 干扰
		原子吸收法	空气-乙炔火焰，测定波长 248.3nm	灵敏度 0.1mg/L		二氧化硅干扰，加 EDTA 消除
4	Al_2O_3	络合滴定法	pH＝4.5，加 EDTA 络合金属离子，剩余 EDTA 以 1-(2-吡啶偶氮)2-萘酚作指示剂，用铜标准液络合，随后用氟化钠定量置换出与铝络合的 EDTA，用铜标准液滴定至黄色变紫红	＞0.5mg/L Al_2O_3	T_2＝0.3%～0.6%	钛、锡（Ⅳ）干扰，可加磷酸氢二钠掩蔽钛，把锡（Ⅳ）还原成锡（Ⅱ）消除干扰
		原子吸收法	空气-乙炔火焰，测定波长 309.3nm	灵敏度 0.7mg/L		存在电离干扰，在试样和标准液中加约 0.1% 的氯化钾消除
5	CuO 氧化铜的测定	双环己酮草酰二腙分光光度法	pH＝8～9.7，双环己酮草酰二腙作显色剂，测定波长 600nm	0～8mg/L CuO	T_2＝0.3%～1.0%	铁（Ⅲ）干扰，加柠檬酸掩蔽
		原子吸收法	空气-乙炔火焰，测定波长 324.7nm	灵敏度 0.1mg/L		
		碘量法	微酸性，碘化钾还原铜（Ⅱ）为铜（Ⅰ），生成碘化亚铜沉淀，并析出游离碘，淀粉作指示剂，硫代硫酸钠滴定	＞0.5mg/L CuO		铁（Ⅲ）干扰，加氟化氢铵消除
6	CaO	络合滴定法	pH＝12.5～13.0，铬蓝黑 R 作指示剂，标准 EDTA 溶液滴定，红色变为蓝色	＞1mg/L CaO	T_2＝0.3%～1.2%	氧化铜、三氧化二铁含量低时，用 L-半胱胺酸盐酸盐和三乙醇胺联合掩蔽；含量高时用铜试剂分离法消除干扰
		原子吸收法	空气-乙炔火焰，测定波长 422.7nm	灵敏度 0.08mg/L		磷酸、硫酸、硅酸存在化学干扰，可采用空气-乙炔火焰，对于电离干扰可加碱金属抑制

序号	测定项目	测定方法	方法概要	测定范围	误差	干扰情况及消除
7	MgO	络合滴定法	pH10，酸性铬蓝 K 或铬黑 T 作指示剂，标准 EDTA 溶液滴定测出钙、镁总量，随后减去氧化钙含量即得氧化镁含量	CaO+MgO >3mg/L		氧化铜、三氧化二铁含量低时，用 L-半胱胺酸盐酸盐和三乙醇胺联合掩蔽；含量高时用铜试剂分离法消除干扰
		原子吸收法	空气-乙炔火焰，测定波长 285.2nm	灵敏度 0.01mg/L		
8	SiO₂	硅钼蓝分光光度法	酸性条件，钼酸铵作显色剂，与硅形成硅钼黄，用 1-氨基-2-萘酚-4-磺酸把硅钼黄蓝进行测定，测定波长 750 或 660nm	0~5mg/L SiO₂	T_2=0.2%~0.8%	磷酸盐干扰，加酒石酸和氟化钠消除
9	P₂O₅	磷钒钼黄分光光度法	酸性条件，偏钒酸盐、钼酸铵作显色剂，与磷酸盐形成磷钒钼黄络合物，测定波长 420nm	0~40mg/L P₂O₅	T_2=0.2%~0.8%	温度影响测定，试液温度与绘制标准曲线的显色温度相差不大于 5℃
10	SO₃	氯化钡比浊法	酸性条件，钡与硫酸根形成硫酸钡悬浊液，比浊法测硫酸根，测定波长 420nm	0~50mg/L SO₃	T_2=0.5%~0.8%	碳酸盐、磷酸盐、硅酸盐干扰，可控制酸度，Fe（Ⅲ）的颜色干扰可用不加钡盐的待测试液作对比
		铬酸钡分光光度法	铬酸钡作沉淀剂，形成硫酸钡沉淀，定量置换出铬酸根，在 370nm 波长下测定，加入显色剂二苯胺基脲可测定硫酸根含量 0.3mg/L 的样品	0.3~50mg/L SO₃		
11	NaOH Na₂CO₃ NaHCO₃	酸碱滴定法	酚酞作指示剂，标准硫酸溶液滴定，测出氢氧根和 1/2 碳酸根继续以甲基橙做指示剂，测出 1/2 碳酸根和全部重碳酸根			
12	NaCl	摩尔法	中性或弱酸性，铬酸钾作指示剂，标准硝酸银溶液滴定	>33mg/L NaCl		
13	Na₂O	离子选择电极法	pNa 玻璃电极与甘汞参比电极组成测量池，用二异丙胺把 pH 值调至 10 以上，采用二点定位法测定	<pNa5		氢离子，钾离子干扰，可提高 pH 值使氢离子浓度小于钠离子浓度 3~4 个数量级，钠离子浓度：钾离子浓度≥10:1
14	ZnO	络合滴定法	pH=5~6，二甲基酚橙作指示剂标准 EDTA 溶液滴定，红色变亮黄色	>6mg/L ZnO		铁（Ⅲ）、铜（Ⅱ）、铝（Ⅲ）干扰，浓氨水沉淀分离铁（Ⅲ），加硫代硫酸钠和饱和氟化钠消除铜（Ⅱ）和铝（Ⅲ）的干扰
15	CO₂	酸碱滴定法	标准硫酸溶液分解试样，用标准氢氧化钠回滴过剩的硫酸			磷酸盐，硅酸盐干扰测定

表 5-11 中测定范围一栏采用毫克每升作单位，表示被测成分（以高价氧化物表示）在 500mg 多项分析试液中应具备的含量范围。误差一栏中的 T_2 是室内允许误差，表示在 95% 的置信度下，在同一实验室用同一方法，对同一试样独立地进行两次分析，所得两个分析值差的允许界限。

被测成分的分析结果一律被换算成高价氧化物占固体试样的百分数来表示，并要求

$$\sum X \pm S = 100\% \pm 5\%$$

式中　　$\sum X$ ——各项分析结果换算成高价氧化物表示的百分含量，%；

S ——灼烧减（增）量；此处指 450℃ 灼烧减量和 900℃ 灼烧增量之和，%。

七、垢样中氧化铁测定原理

EDTA 滴定法适用于测定氧化铁垢、铜垢、铁垢等垢和腐蚀产物中的 Fe_2O_3 的含量。铝、锌、钙、镁等均不干扰测定。但在滴定溶液中，铜量大于 0.1mg CuO、镍量大于 0.04mg NiO 时干扰测定，使测定结果偏高。磷酸根大于 250mg P_2O_5 时，会生成磷酸铁沉淀，干扰测定。对于铜、镍的干扰，可通过加邻菲罗啉消除；对磷酸根的干扰，可采用少取试样的方法消除。

试样中的铁经过溶解处理后以铁（Ⅲ）的形式存在于溶液中。在 pH 为 1～3 酸性介质中，铁（Ⅲ）与磺基水杨酸形成紫色络合物，反应式为

磺基水杨酸与铁形成的络合物没有 EDTA 与铁形成的络合物稳定，因而在用 EDTA 标准溶液滴定时，磺基水杨酸-铁络合物中的铁被 EDTA 逐步夺取出来。滴定至终点时磺基水杨酸全部被游离出来，使溶液的紫色变为淡黄色（铁含量低时呈无色）。

后面在任务实施的步骤中涉及"EDTA 溶液对铁的滴定度标定"环节，在此对滴定度的概念加以简要解释。在生产单位的例行分析中，为了简化计算，常用滴定度表示标准溶液的浓度。滴定度是指每毫升滴定剂溶液相当于被测物质的质量（g 或 mg），用 $T_{x/s}$ 表示。其中，s 代表标准溶液，x 代表被测物质，单位为 g/mL 或 mg/mL。例如 $T_{Cl^-/AgNO_3} = 1.0$mg/mL，表示每毫升 $AgNO_3$ 标准溶液相当于被测的 Cl^- 1.0mg；$T_{Fe_2O_3/EDTA} = 0.100\ 0$g/mL，表示每毫升 EDTA 标准溶液恰好能与 0.100 0g Fe_2O_3 反应。

⚙ 【任务实施】

1. 垢样的制备

将采集的垢样、水渣、腐蚀产物，研制成细度能全部通过 120 目筛的混合均匀的试验用样品，其步骤如下：

（1）垢样是潮湿的，应放在室温下 24h 使其自然干燥。在干燥过程中不要用热风吹，最好是将垢样放在自然通风良好的地方。

（2）若垢样（包括水渣、腐蚀产物等，以下同）大于 8g，则首先用人工将其在干净的平板上碾碎成粒度在 1mm 以下的粉末，用四分法缩分至 4～8g。

（3）取缩分后的样品 2g，至于玛瑙研钵中，慢慢研磨到样品全部通过 120 目筛网。取一半放入洗净并干燥的小广口平内留样，另一半留做下一步分解或直接溶解供化验使用。

（4）若垢样量很少，仅 2～4g，可不经过缩分直接经玛瑙研钵研细并通过 120 目筛网，而后按步骤（3）进行留样、分析。

2. 垢样的分解

本任务建议采用氢氧化钠熔融法。

（1）试样经氢氧化钠熔融后，用热蒸馏水提取，用盐酸酸化、溶解，制成分析溶液。

（2）称取干燥的分析试样 0.2g（称准至 0.000 2g）置于盛有 1g 氢氧化钠的银坩埚中，加 1～2 滴酒精润湿，在桌上轻轻振动，使试样黏附在氢氧化钠颗粒上。再覆盖 2g 氢氧化钠，坩埚加盖后置于 50mL 的瓷舟中放入高温炉，由室温缓慢升温至 700～750℃，20min 后取出坩埚，冷却后将银坩埚放入聚乙烯烧杯中，并置于沸腾水浴锅里，向坩埚中加 20mL 沸水，盖上表面皿，继续加热 5～10min，待熔块浸散后，取出坩埚，用热水洗涤银坩埚内外壁及盖，在不断搅拌下迅速加入 20mL 浓盐酸，再继续在水浴锅里加热 5min，熔块完全溶解，冷却后转入 500mL 容量瓶，用水稀释至刻度，所得溶液为分析溶液。

若有少量不溶物，可将清液倾入 500mL 容量瓶，向烧杯中加 3～5mL 浓盐酸和 1mL 浓硝酸，继续在水浴锅里加热，溶解后合并于 500mL 容量瓶中，用水稀释至刻度。

3. 氧化铁的测定

本任务采用配位滴定法，该方法适用于测定氧化铁垢、铜垢等垢和腐蚀产物中的 Fe_2O_3 的含量。

（1）相关试剂的配制。

1）铁标准溶液（1mL 相当于 1mg Fe_2O_3）。称取优级纯还原铁粉（或纯铁丝）0.699 4g，也可称取事先已在 800℃灼烧至恒重的 Fe_2O_3（优级纯）1.000g，置于 100mL 烧杯中。加蒸馏水 20mL，加（1＋1）盐酸溶液 10mL，加热溶解。当完全溶解后，加过硫酸铵 0.1～0.2g，煮沸 3min，冷却至室温，倾入 1L 容量瓶，用蒸馏水稀释至刻度。

2）EDTA 标准溶液。称取乙二胺四乙酸二钠 1.9g，溶于 200mL 蒸馏水中，将其倾入 1L 容量瓶，并稀释至刻度。

3）10％磺基水杨酸指示剂。

4）2mol/L 盐酸溶液。

5）（1＋1）氨水。

（2）EDTA 溶液对铁的滴定度 T 的标定。准确吸取铁标准溶液 5mL，加水稀释至 100mL，用下述"Fe_2O_3 测定"中所述的操作步骤，标定 EDTA 溶液对铁的滴定度。

EDTA 溶液对铁（Fe_2O_3）的滴定度 T 按下式计算：

$$T = \frac{c_{Fe} V_{Fe}}{V_{EDTA}}$$

式中 c_{Fe}——铁标准溶液的含量，mg/mL；

     V_{Fe}——取铁标准溶液的体积，mL；

   V_{EDTA}——标定所消耗 EDTA 溶液的体积，mL。

（3）Fe_2O_3 测定。吸取待测试液 V_s（含 0.5mg Fe_2O_3 以上），注入 250mL 锥形瓶中，补加蒸馏水到 100mL，加 10%磺基水杨酸指示剂 1mL，徐徐地滴加（1+1）氨水并充分摇动。中和过量的酸至溶液由紫色变为橙色（pH 值约为 8）时，加 2mol/L 盐酸溶液 1mL（pH 值约为 $1.8\sim2.0$），加 0.1%邻菲罗啉 5mL，加热至 70℃左右，趁热用 EDTA 标准溶液滴定至溶液由紫红色变为浅黄色（铁含量低时为无色），即为终点（滴定完毕时溶液温度应在 60℃左右）。

（4）结果计算。试样中铁（Fe_2O_3）的含量 X（%）按下式计算：

$$X = \frac{TV_{EDTA}}{G} \times \frac{500}{V_s} \times 100\%$$

式中　T——EDTA 标准溶液对 Fe_2O_3 的滴定度，mg/mL；

　　　V_{EDTA}——滴定铁所消耗 EDTA 标准溶液的体积，mL；

　　　G——垢样的质量，mg；

　　　V_s——吸取待测试液的体积，mL。

（5）注意事项。

1）标定 EDTA 标准溶液时，由于铁标准溶液的铁含量高，故加数滴指示剂即可。测定铁含量较低的试液时，可适当地多加指示剂。

2）试样中铁含量低时，可将 EDTA 溶液适当稀释后滴定，此时滴定终点的颜色为无色。

3）铁（Ⅲ）与磺基水杨酸在不同的 pH 值下可形成不同摩尔比的络合物，具有不同的颜色，见表 5-11。本方法调节 pH 值，中和过量的酸，就是利用此性质进行的。

4）EDTA 溶液与铁（Ⅲ）的反应在 $60\sim70$℃下进行为宜，温度低，反应速度慢，终点变化不敏锐，易造成超滴，使测定结果偏高。

5）EDTA 滴定铁溶液接近终点时，应逐滴加入 EDTA 溶液，且多摇、细观察，以防过滴。

表 5-11　　　　　　　　　　　铁（Ⅲ）与磺基水杨酸的络合物

pH 值	结构式	摩尔比	颜色
$1.5\sim2.5$	$\left[HO_3S-\bigcirc<^{O}_{COO}>Fe \right]^{+}_{-}$	1∶1	紫红色
$4\sim8$	$\left[(HO_3S-\bigcirc<^{O}_{COO})_2Fe \right]$	2∶1	绛色
$8\sim11.5$	$\left[(HO_3S-\bigcirc<^{O}_{COO})_3Fe \right]^{3-}$	3∶1	黄色

任务三　煤灰成分测定

【教学目标】

1. 知识目标
(1) 知道煤灰成分测定的意义；
(2) 能说出一般煤灰成分分析的项目及主要的测定方法；
(3) 能说出常量法测定煤灰成分的一般流程；
(4) 掌握 EDTA 容量法连续测定煤灰中 Fe_2O_3 和 Al_2O_3 的基本原理。
2. 能力目标
(1) 会进行煤样灰化和熔样处理；
(2) 能用 EDTA 容量法连续测定煤灰中 Fe_2O_3 和 Al_2O_3 的含量；
(3) 会计算并分析测定结果。

【任务描述】

　　煤灰成分测定是电厂燃料化验岗位所涉及的一项例行工作任务，其在地质勘探、灰渣综合利用、判断煤燃烧对锅炉的腐蚀情况等方面有着重要的意义。煤灰由多种元素组成，其成分含量以各元素氧化物的形式给出。不同元素的氧化物所适用的测定方法多种多样，其中 Fe_2O_3、Al_2O_3、CaO、MgO 等成分测定通常采用的均是本章所介绍的 EDTA 配位滴定法。

　　本任务选取了煤灰成分测定中的一个代表性的项目——煤灰中 Fe_2O_3 和 Al_2O_3 的连续测定（EDTA 容量法），主要包括煤样处理和样品测定两个部分，最终要求根据记录的原始数据计算出 Fe_2O_3 和 Al_2O_3 的检验结果。

【任务准备】

(1) 常见的煤灰成分分析包括哪些项目？常用的煤灰成分测定方法有哪些？
(2) 国家标准中对煤灰成分的系统测定是如何规定的？
(3) 常量法指的是什么？基本流程是什么？
(4) 如何制备用于测定煤灰中 Fe_2O_3 和 Al_2O_3 的试液？
(5) 用 EDTA 容量法连续测定 Fe_2O_3 和 Al_2O_3 的原理是什么？所需要的试剂有哪些？
(6) 怎样计算煤灰中 Fe_2O_3 和 Al_2O_3 的含量？

【相关知识】

一、煤灰成分测定方法概述

　　煤炭完全燃烧后，煤中的可燃部分燃烧释放热量，煤中水分蒸发，剩余部分为煤的矿物质中金属与非金属的氧化物与盐类形成的残渣，即灰分。煤灰成分含有硅、铝、铁、钛、钙、镁、硫、钾、钠等元素，分析结果以各元素氧化物的质量百分含量形式报出。

　　根据煤灰组成，可以大致判断出煤的矿物质成分。在地质勘探过程中，可以用煤灰成分作为煤层对比的参考依据之一，因为同一煤层的煤灰成分变化较小，而不同成煤时代的煤灰成分往往变化较大。煤灰成分可以为灰渣的综合利用提供基础技术资料，根据煤灰成分还可初步判断煤灰的熔融温度，根据煤灰中钾、钠和钙等碱性氧化物成分的高低，大致判断煤在燃烧时对锅炉的腐蚀情况。

　　煤灰成分分析项目一般包括：SiO_2、Fe_2O_3、Al_2O_3、TiO_2、CaO、MgO、SO_3、K_2O和 Na_2O，有时也测定 MnO_2 和 P_2O_5。GB/T 1574—2007《煤灰成分分析方法》中规定了三种系统测定煤灰成分的方法，分别称为常量法、半微量法和原子吸收分光光度法。常量法是用 NaOH 高温碱熔样品，用动物胶凝聚重量法测定 SiO_2，滤液不经分离直接用 EDTA 络合滴定法测定铁、铝、钙、镁、钛等氧化物含量的方法。半微量法也是采用 NaOH 高温碱熔样品，但 SiO_2 含量的测定采用硅钼蓝比色法，TiO_2 的含量的测定采用钛铁试剂分光光度法，络合滴定法测定其他元素的步骤与常量法也有所不同。原子吸收分光光度法是利用原子吸收分光光度计来测定煤灰中各元素含量的方法。

　　可见，煤灰成分的测定则是重量分析法、络合滴定法、分光光度法在此三种具体体系中的应用。本任务选取的煤灰分析项目就是络合滴定法在常量法体系中的应用实例。

二、常量法测定煤灰成分的流程

　　常量法测定煤灰成分的流程如图 5-10 所示。

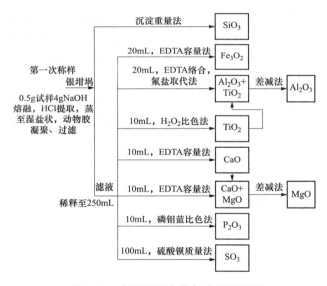

图 5-10　常量法测定煤灰成分流程图

　　由流程图可知，常量法体系中，要测定煤灰中 Fe_2O_3、Al_2O_3 等组分的含量，必须首先对灰样进行预处理，以制得相应的待测试液，这与 SiO_2 的测定密不可分。因此，要完成本任务，有必要简要了解煤灰中 SiO_2 测定的相关知识。

　　煤灰中 SiO_2 测定采用的是动物胶凝聚质量法。煤灰中硅元素主要是以各种硅酸盐形式存在，如高岭土 $Al_2O_3 \cdot 2SiO_2 \cdot 2H_2O$，此外还有少量游离 SiO_2。经过碱熔后，灰样中的各种形态的硅都转化为可溶性的偏硅酸钠，再用盐酸酸化，使硅酸转变为不易解离的偏硅酸，形成稳定的胶体溶液，胶粒带负电荷。动物胶溶于水也形成胶体，强酸性条件下，因吸附氢离子而带正电荷。把动物胶与硅酸溶胶混合，就可以使硅酸聚沉。

　　将过滤（详见任务实施中煤样处理部分）所得的硅酸沉淀先用盐酸洗涤 4、5 次，再用带橡皮头的玻璃棒，以热盐酸擦净杯壁和玻璃棒，并洗涤沉淀 3～5 次，再用热水洗涤10 次左右。灰化灼烧，温度（1000±20）℃，灼烧 1h，称重。煤灰中分析结果按下式计算：

$$SiO_2 = \frac{m_1 - m_2}{m} \times 100\%$$

式中 m_1——SiO_2 质量，g；

$\quad\quad m_2$——空白值，g；

$\quad\quad m$——分析灰样的质量，g。

三、Fe_2O_3 和 Al_2O_3 连续测定的基本原理

在 pH＝1.8～2.0 的条件下，以磺基水杨酸为指示剂，用 EDTA 标准溶液滴定铁。磺基水杨酸在 pH＝1.8～2.0 的条件下，能与 Fe^{3+} 生成紫红色络合物，它的稳定性小于 Fe^{3+} 与 EDTA 形成的络合物，到终点时，EDTA 夺取与指示剂络合的 Fe^{3+}，而使指示剂呈现出原来的颜色，反应式为

$$Fe^{3+} + HIn^- \Longrightarrow FeIn^+ + H^+$$
$$\text{无色} \quad\quad\quad \text{紫红色}$$
$$H_2Y^{2-} + FeIn^+ \Longrightarrow FeY^- + HIn^- + H^+$$
$$\text{紫红色} \quad\quad \text{亮黄色} \quad \text{无色}$$

在滴定完铁的溶液中加入过量 EDTA，在 pH＝5.9 条件下，使铁、铝、钛、铜、锌等离子与 EDTA 络合完全，用二甲酚橙作指示剂，以乙酸锌溶液回滴剩余的 EDTA，再加入 KF 溶液，使生成更稳定的 AlF_6^{3-} 配离子，置换出 EDTA，然后用锌盐滴定 EDTA。钛与铝在测定过程中会同时被检出，所以计算铝含量时需扣除 TiO_2 含量。

铝测定过程涉及的反应如下：

（1）加入过量的 EDTA（不用计量）

$$Al^{3+} + H_2Y^{2-} \longrightarrow AlY^- + 2H^+$$
$$Ti^{4+} + H_2Y^{2-} \longrightarrow TiY + 2H^+$$

（2）加锌盐回滴剩余的 EDTA（不用计量）

$$Zn^{2+} + H_2Y^{2-} \longrightarrow ZnY^{2-} + 2H^+$$

（3）加过量 KF

$$2H^+ + AlY^- + 6F^- \longrightarrow AlF_6^{3-} + H_2Y^{2-}$$
$$2H^+ + TiY + 6F^- \longrightarrow TiF_6^{2-} + H_2Y^{2-}$$

（4）用锌盐滴定 Al、Ti 释放出的 EDTA（计量）

$$Zn^{2+} + H_2Y^{2-} \longrightarrow ZnY^{2-} + 2H^+$$

（5）终点

$$Zn^{2+} + HIn \longrightarrow ZnIn^+ + H^+$$

⚙ 【任务实施】

1. 煤样处理

（1）煤样灰化。将一定量的煤样烧制成灰。取出冷却后，用玛瑙研钵磨至小于 0.1mm。之后，将样品置于（815±10）℃灼烧，直至恒重（质量变化不超过灰样质量的 0.1%），将

制得的灰样放入干燥器作为检测用样品。

（2）熔样。用银坩埚称取（0.50±0.02）g灰样，滴加几滴乙醇湿润后，覆盖4g粒状NaOH，盖上盖，放入马弗炉中，将炉温从室温缓慢升至650～700℃，在此温度下熔融15～20min。

（3）样品转移。取出坩埚，冷却后，擦净坩埚外壁，放于250mL烧杯中。在坩埚中加入1mL乙醇和适量沸水后，立即用表面皿盖住烧杯。待剧烈反应停止后，用少量盐酸和热水交替冲洗坩埚和坩埚盖，使熔融物全部转至烧杯中，之后加浓盐酸20mL搅匀。

注：①乙醇的作用十分明显，乙醇与水的共沸点低，加入沸水后反应剧烈，可以加快熔样的浸出；②尽量少用浓盐酸，以避免因坩埚的腐蚀导致熔出大量银离子。

（4）制备测定用试液。将烧杯置于电热板上，缓慢蒸干（带黄色盐粒），取下，稍冷，加盐酸20mL，盖上表面皿，热至约80℃。加70～80℃动物胶溶液10mL，剧烈搅拌1min，保温10min，取下稍冷，加热水约50mL，搅拌，使盐类完全溶解。用中速定量滤纸过滤于250mL容量瓶中，用蒸馏水定容，即为待测试液。

注：①动物胶溶液，称取动物胶1g溶于100mL 70～80℃的水中，现用现配；②过滤所得的沉淀可用沉淀重量法测定SiO_2，见相关知识部分。

2. 三氧化二铁和氧化铝滴定度T的标定

此处操作参考任务二中的实施步骤。

3. Fe_2O_3和Al_2O_3的连续测定

用移液管吸取20mL试液于250mL烧杯中，加水稀释至约50mL，加磺基水杨酸指示剂0.5mL，滴加（1+1）氨水至溶液由紫色恰变为黄色，再加入盐酸，调节溶液pH值至1.8～2.0（用精密pH试纸检验）。

将溶液加热至约70℃，取下，立即以EDTA标准溶液滴定至亮黄色（铁低时无色），终点时温度应在60℃左右。（以上步骤与任务二中垢样Fe_2O_3测定基本一致）。

于滴定完铁的溶液中，加入20mL EDTA溶液，加二甲酚橙指示剂1滴，用氨水中和至刚出现浅藕荷色，再加冰乙酸溶液至浅藕色消失，然后，加缓冲溶液10mL，于电炉上微沸3～5min，冷至室温。

加入二甲酚橙指示剂4、5滴，立即加入适量乙酸锌溶液至近终点时，再用乙酸锌标准溶液滴定至橙红色（或紫红色）。

加入KF溶液10mL，煮沸2～3min，冷至室温，补加二甲酚橙指示剂2滴，用乙酸锌标准溶液滴定至橙红色（或紫红色），即为终点。

4. 结果计算

（1）Al_2O_3的计算。氧化铝的滴定度T按下式计算：

$$T_{Al_2O_3} = \frac{c_{Al}V_{Al}}{V_{EDTA}}$$

式中　c_{Al}——氧化铝标准溶液的含量，mg/mL；

$\quad\quad V_{Al}$——取氧化铝标准溶液的体积，mL；

$\quad V_{EDTA}$——标定所消耗EDTA标准溶液的体积，mL。

Al_2O_3的检验结果按下式计算：

$$\mathrm{Al_2O_3} = \frac{1.25 \times T_{\mathrm{Al_2O_3}} \times V_2}{m} - 0.638 \times \mathrm{TiO_2}$$

式中　T——乙酸锌标准溶液对氧化铝的滴定度，mg/mL；

　　　V_2——试液所耗乙酸锌标准溶液的体积，mL；

　　　m——分析灰样的质量，g；

　0.638——由二氧化钛换算成三氧化二铝的因数。

（2）$\mathrm{Fe_2O_3}$ 的计算。三氧化二铁的滴定度 T 按下式计算：

$$T_{\mathrm{Fe_2O_3}} = \frac{c_{\mathrm{Fe}} V_{\mathrm{Fe}}}{V_{\mathrm{EDTA}}}$$

式中　c_{Fe}——三氧化二铁标准溶液的含量，mg/mL；

　　　V_{Fe}——取三氧化二铁标准溶液的体积，mL；

　V_{EDTA}——标定所消耗 EDTA 标准溶液的体积，mL。

$\mathrm{Fe_2O_3}$ 的检验结果按下式计算：

$$\mathrm{Fe_2O_3} = \frac{1.25 \times T_{\mathrm{Fe_2O_3}} \times V_1}{m}$$

式中　T——EDTA 标准溶液对三氧化二铁的滴定度，mg/mL；

　　　V_1——试液所耗 EDTA 标准溶液的体积，mL；

　　　m——分析灰样的质量，g。

5. 操作的技术要求

（1）加盐酸的作用。灰样加 NaOH 熔融后，硅的化合物变成硅酸钠，用水提取并酸化后，可使硅酸钠转变成不宜离解的偏硅酸和金属氧化物。形成的硅酸呈溶解状态，带有负电荷，同性电荷排斥，降低胶粒碰撞形成较大颗粒的可能，同时硅酸溶胶具有亲水性，胶体微粒周围形成的水化层也阻碍胶粒析出。因此必须脱水破坏胶体稳定性，使之聚沉。

盐酸是比较适宜的脱水剂，因为盐酸和水的恒沸点组成固定，浓度为 20.2%，当盐酸浓度超过此含量时，氯化氢首先挥发；反之，如果盐酸的浓度低于此含量时，首先是水被蒸发，当盐酸浓度达到 20.2% 时，二者共同蒸发，因而在加热时可将硅酸颗粒的水分不断脱去。用盐酸脱水还有一个优点是其沸点较低，为 110℃（硝酸为 120℃，硫酸为 330℃），用一般的加热方法就可以将盐酸除去。

（2）溶液蒸干脱水。将溶液蒸干脱水，使可溶性硅酸转变成不溶性硅酸，可以采用沙浴减少样品的溅出。

（3）动物胶使用中注意事项。动物胶是一种富含氨基酸的蛋白质，结构如下，在水中能形成胶体。

动物胶在水溶液中，既能电离产生 H^+，又能接受 H^+ 形成 NH_4^+，是双亲物质。因此当溶液 pH 值变化时，动物胶所带电荷也随之发生变化。

$$\text{R} \underset{\text{COOH}}{\overset{\text{NH}_2}{<}} \xrightarrow{+\text{H}^+} \text{R} \underset{\text{COOH}}{\overset{\text{NH}_2^+}{<}}$$

$$\text{R} \underset{\text{COOH}}{\overset{\text{NH}_2}{<}} \xrightarrow{-\text{H}^-} \text{R} \underset{\text{COO}^-}{\overset{\text{NH}_2^+}{<}}$$

pH=4.7 时，动物胶粒子的总电荷为零，即体系处于等电态；

pH<4.7 时，胶粒吸附溶液中的氢离子带正电荷；

pH>4.7 时，胶粒羧基电离出氢离子带负电荷。

硅酸胶体本身带负电荷，要破坏胶体，需加入带正电荷的动物胶。因此需加入盐酸使溶液呈酸性。当加入盐酸 20mL，盐酸酸度为 $c(\text{HCl})=8\text{mol/L}$ 以上时，硅酸凝聚最完全。此外，动物胶在温度高时，会部分分解，凝聚硅酸的能力减弱，当温度过低时，会吸附较多杂质。因此在加入动物胶时，搅拌和保温的目的是为了使动物胶与硅酸充分接触以加速凝聚。

（4）铁的测定技术。保证铁测定结果的可靠，关键在于控制溶液的酸度和温度。

滴定时酸度应控制在 pH=1.8～2.0。pH<1 时，磺基水杨酸的络合能力降低，而且 EDTA 与 Fe^{3+} 不能定量络合；pH=1～1.5 时，滴定终点变色缓慢；当 pH 值太大时，磺基水杨酸与 Fe^{3+} 形成稳定的络阴离子，使磺基水杨酸根离子不易被 EDTA 取代，测定结果偏高，而且 pH 值太大时，对滴定有干扰的元素将增多，铁、铝也易水解，甚至形成 Fe(OH)_3 沉淀。

磺基水杨酸铁与 EDTA 的络合反应较慢，若温度低，容易滴定过量；温度高可以加快反应速度，但铝也能与 EDTA 络合，而使铁的测定值偏高。因此，控制温度 60～70℃，既可以加快置换反应，又可避免干扰。

（5）铝的测定技术。EDTA 在水溶液中分级解离。当酸度降低时，Y^{4-} 浓度增大，络合能力增强，当酸度升高时，络合能力减弱。Al^{3+} 在酸度太低时，会水解生成多核氢氧化物，使 Al^{3+} 浓度降低，络合能力减弱。因此通过缓冲溶液控制溶液 pH=5.9。

室温下 Al^{3+} 与 EDTA 络合反应非常缓慢，只有在过量 EDTA 及在沸腾的溶液中才能较快地络合完全，因此加入过量 EDTA 后需煮沸。

必须将试液冷至室温后再用乙酸锌滴定过剩的 EDTA，因为指示剂二甲酚橙也能与铝络合，而且此络合物的稳定性比 EDTA-铝络合物的稳定性高。但是二甲酚橙和铝的络合速度在室温下非常缓慢，因此，需在加入该指示剂之前将试液冷却，以免指示剂从 EDTA-铝络合物中夺取 Al^{3+} 形成红色络合物，影响滴定终点的判断。

【学习情境总结】

本学习情境以水中硬度测定、垢样中 Fe_2O_3 的测定、煤灰成分测定三个电厂生产中典型的工作任务为载体，详细阐述了络合滴定的方法原理和实践应用。络合滴定法如图 5-11 所示。

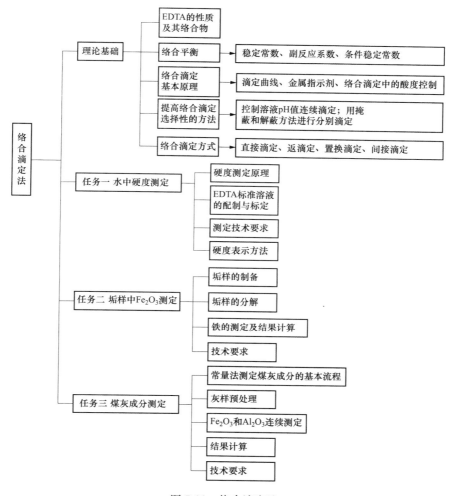

图 5-11　络合滴定法

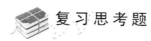 复习思考题

1. EDTA 与金属离子形成的络合物有哪些特点？其配位比为何为 1∶1？

2. 已知现只有 EBT 指示剂，考虑能否测定水中的 Ca^{2+}，如果可以测定，如何测定？

3. 天然水中硬度存在的主要类型有几种？根据硬度与碱度的关系，如何判别水中硬度的类型？

4. 考虑 EDTA 容量法测定煤灰中 Fe_2O_3 和 Al_2O_3 时采用的分别是什么滴定方式？

5. 计算 pH＝5 和 pH＝12 时，EDTA 酸效应系数 $\alpha_{Y(H)}$ 和 $lg\alpha_{Y(H)}$，此时 Y^{4-} 在 EDTA 总浓度中所占百分数是多少？计算结果说明了什么问题？

6. 计算 pH＝6 时，Mg^{2+} 和 EDTA 形成配合物的条件稳定常数，在此 pH 值下能否用 EDTA 标准溶液准确滴定？

7. 用 EDTA 标准溶液滴定浓度均为 0.01mol/L 的 Ca^{2+}、Fe^{3+}、Zn^{2+} 溶液时所允许的

最低 pH 值是多少？实际分析中 pH 值应控制在多大？

8. 配制 0.05mol/L 的 EDTA 溶液 1000ml，需要称取 $NaH_2Y \cdot 2H_2O$ 多少？

9. 准确称取 0.200 0g 纯 $CaCO_3$，用盐酸溶液并煮沸除去 CO_2 后，在容量瓶中稀释至 500mL；吸取 50.00mL，调节 pH＝12，以钙指示剂指示终点，用 EDTA 标准溶液滴定，用去 18.82mL，求 EDTA 溶液的浓度和该溶液对 Ca^{2+}、CaO、$CaCO_3$ 的滴定度。

10. 称取干燥的垢样 0.200 0g，经氢氧化钠熔融后，用热蒸馏水提取，用盐酸酸化、溶解，制成待测试液 500mL。吸取待测试液 50mL 注入 250mL 锥形瓶中，加 10% 磺基水杨酸 1mL、(1+1)$NH_3 \cdot H_2O$，再加入 2mol/L HCl 溶液 1mL；滴加 0.1% 邻菲罗啉 5mL，加热至 70℃ 左右，用 EDTA 标准溶液滴至溶液由紫红色变为浅黄色，消耗 EDTA 8.25mL，求垢样中氧化铁的百分含量。（已知 $T_{Fe_2O_3/EDTA}$＝0.001 6mg/mL）

11. 取 100.0mL 水样，调节 pH＝10，以铬黑 T 指示剂，用 0.010 00mol/L 的 EDTA 溶液滴定到终点，用去 25.40mL；另取一份同样水样 100.0mL，调节 pH＝12，加钙指示剂，然后用同浓度的 EDTA 滴定到终点，用去 14.52mL，求水样中 Ca^{2+} 和 Mg^{2+} 的含量。

12. 称取 0.200g 铝盐混凝剂试样，用酸溶解后，移入 100mL 容量瓶中，稀释至刻度，吸取 10.0mL，加入 10.00mL $T_{Al_2O_3/EDTA}$＝1.012×10^{-3}g/mL 的 EDTA 溶液，以二甲酚橙为指示剂，用 $Zn(Ac)_2$ 标准溶液进行返滴定至红紫色终点，消耗 $Zn(Ac)_2$ 标准溶液 11.80mL，已知 1mL $Zn(Ac)_2$ 溶液相当于 0.592 5mL EDTA 溶液。求该试样中 Al_2O_3 的百分含量。

13. 测定水样的总硬度时，吸取 100.0mL 水样，以铬黑 T 为指示剂，调节 pH＝10，用 0.010 00mol/L 的 EDTA 溶液滴定到终点，用去 24.10mL，计算水的总硬度（分别用 mmol/L、mg/L CaO、mg/L $CaCO_3$ 和硬度度数表示）。

14. 用络合滴定法连续测定某试液中的 Fe^{3+}、Al^{3+}。取 50.00mL 试液，调节溶液 pH＝2.0，以磺基水杨酸作指示剂，加热至约 50℃，用 0.048 52mol/L EDTA 标准溶液滴定至紫红色恰好消失，用去 20.45mL。在滴定 Fe^{3+} 后的溶液中加入上述 EDTA 标准溶液 50.00mL，煮沸片刻，使 Al^{3+} 和 EDTA 充分络合，冷却后，调节 pH＝5.0，用二甲酚橙作指示剂，用 0.050 69mol/L Zn^{2+} 标准溶液回滴过量的 EDTA，用 14.96mL，计算试液中 Fe^{3+} 和 Al^{3+} 的含量（以 mg/L 表示）。

15. pH＝10.00 时，以 10.0mmol/L EDTA 溶液滴定 20.00mL 10.0mmol/L Mg^{2+} 溶液，计算化学计量点时的 pMg'。

16. 称取 0.500 0g 煤试样，灼烧并使其中硫完全氧化成为 SO_4^{2-}。处理成溶液，除去金属离子后，加入 C_{BaCl_2}＝0.050 00mol/L 溶液 20.00mL，使之生成 $BaSO_4$ 沉淀，用 0.025 00mol/L EDTA 溶液滴定过量的 Ba^{2+}，用去 20.00mL。计算煤中的含硫量。

17. 某水样碳酸盐碱度为 3.20mmol/L，重碳酸盐碱度为 4.80mmol/L，水中的 Ca^{2+}、Mg^{2+} 总量为 320.3mg/L（以 $CaCO_3$ 计）。问水样中有哪几种硬度？其值各为多少度？

18. 在 0.100 0mol/L $NH_3 \cdot H_2O$-NH_4Cl 溶液中，能否用 EDTA 准确滴定 0.100 0mol/L 的 Zn^{2+} 溶液？

学习情境六

氧 化 还 原 滴 定 法

【学习情境描述】

氧化还原滴定法是以氧化还原反应为基础的滴定方法，常用的高锰酸钾法、重铬酸钾法以及碘量法在电厂水煤油气的分析检验工作中都有应用。氧化还原反应的机理较为复杂，反应过程常伴有副反应发生，测试中需要严格控制反应条件，结果计算过程也相对复杂。为了使学生熟练掌握氧化还原滴定法，本单元设计了以下七项任务：$KMnO_4$ 标准溶液的配制与标定、硫代硫酸钠标准溶液的配制与标定、水中溶解氧的测定、COD 的测定—高锰酸钾法、脱硫石膏中亚硫酸钙含量的测定、工业过氧化氢中 H_2O_2 含量的测定、COD 的测定—重铬酸钾法。

通过任务一到任务二，掌握氧化还原滴定中常用的氧化剂和还原剂的配制过程及标定方法，为后面的任务打下良好的基础；通过任务三掌握水中溶解氧的测定方法，可以通过溶解氧的含量有效地判断除氧器的运行状况，及时调整运行参数保障机组安全运行；通过任务四、任务七掌握水质标准中 COD 这项重要指标的测定方法，结果用于判断冷却水的水质状况；任务五的学习让学生掌握脱硫石膏中亚硫酸盐的测定方法，可以作为判断脱硫设备中氧化风机的运行效果和分析石膏含水率高的途径之一。

【教学目标】

1. 知识目标
(1) 掌握氧化还原滴定的基本理论；
(2) 掌握标准溶液配制及标定的方法；
(3) 掌握 DO、COD 测定的原理及操作步骤。
2. 能力（技能）目标
(1) 掌握各种滴定仪器的使用方法；
(2) 掌握氧化还原滴定指示剂变色的判断。

【教学环境】

教学场所具有黑板、计算机、投影仪，可播放 PPT 课件及教学视频。实训场所具有滴定管、烧杯、量筒、滴瓶、电子天平、容量瓶、玻璃棒等。

【相关知识】

氧化还原反应是指反应前后全部或部分元素的氧化数发生改变的一类反应，其反应的实质是发生了电子的转移或共用电子对的偏移。

一、氧化还原反应平衡

1. 能斯特方程与电极电位

物质的氧化态和还原态所组成的体系称为氧化还原电对，简称电对。常用氧化态/还原态来表示，如 Fe^{3+}/Fe^{2+}、I_2/I^- 等。氧化还原反应的实质是电子在两个电对之间的转移，转移的方向由电极电位的高低来决定。一般情况下，电极电位高的电对的氧化态作氧化剂，而电极电位低的电对的还原态作还原剂。

对于任一可逆的氧化还原电对：

氧化还原半反应为

$$Ox(氧化态) + ne \Longrightarrow Red(还原态)$$

可逆电对的电位可用能斯特方程式表示（$T = 298K$），即

$$\varphi_{Ox/Red} = \varphi_{Ox/Red}^{\theta} + \frac{RT}{nF}\ln\frac{\alpha_{Ox}}{\alpha_{Red}} = \varphi_{Ox/Red}^{\theta} + \frac{0.059}{n}\lg\frac{\alpha_{Ox}}{\alpha_{Red}}$$

α_{Ox} 和 α_{Red} 的转化：

(1) $\alpha_{Ox} = \gamma_{Ox}[Ox]$，$\gamma_{Ox}$ 活度系数。

(2) 若离子在溶液中存在络合，沉淀等副反应，$\alpha_{Ox} = c_{Ox}/[Ox]$。

因此 $\alpha_{Ox} = \gamma_{Ox}c_{Ox}/\alpha_{Ox}$

同理 $\alpha_{Red} = \gamma_{Red}c_{Red}/\alpha_{Red}$

$$\varphi_{Ox/Red} = \varphi_{Ox/Red}^{\theta} + \frac{0.059}{n}\lg\frac{\alpha_{Ox}}{\alpha_{Red}}$$

$$\varphi_{Ox/Red} = \varphi_{Ox/Red}^{\theta} + \frac{0.059}{n}\lg\frac{\gamma_{Ox}\alpha_{Red}c_{Ox}}{\gamma_{Red}\alpha_{Ox}c_{Red}} = \varphi_{Ox/Red}^{\theta} + \frac{0.059}{n}\lg\frac{\gamma_{Ox}\alpha_{Red}}{\gamma_{Red}\alpha_{Ox}} + \frac{0.059}{n}\lg\frac{c_{Ox}}{c_{Red}}$$

当 $c_{Ox}/c_{Red} = 1$ 时，条件电极电位：$\varphi_{Ox/Red}^{\theta'} = \varphi_{Ox/Red}^{\theta} + \frac{0.059}{n}\lg\frac{\gamma_{Ox}\alpha_{Red}}{\gamma_{Red}\alpha_{Ox}}$

条件电极电位能更准确地判断氧化还原反应进行的方向、次序及反应完成的程度。

2. 外界条件对电极电位的影响

影响电极电位的主要因素是离子强度和各种副反应（包括溶液中可能发生的配位、沉淀、酸效应等各种副反应）。

(1) 离子强度的影响。在氧化还原反应中，由于各种副反应对电位的影响远比离子强度的影响大，同时离子强度的影响又难以校正，因此一般忽略离子强度的影响。

(2) 生成沉淀的影响。在氧化还原反应中，当加入一种可与氧化态或还原态生成沉淀的沉淀剂时，就会改变电对的电位。氧化态生成沉淀可使电对的电位降低，还原态生成沉淀时则使电对的电位升高。

【例 6-1】 KI 浓度为 1mol/L 时，判断 Cu^{2+} 能否与 I^- 反应

$$\varphi_{Cu^{2+}/Cu^+}^{\theta} = 0.16V, \quad \varphi_{I_2/I^-}^{\theta} = 0.54V$$

$$2Cu^{2+} + 2I^- \longrightarrow 2Cu^+ + I_2$$

从数据看，不能反应，但实际上反应完全。

原因：反应生成了难溶物 CuI，改变了反应的方向。

$$K_{sp}(CuI) = [Cu^+][I^-] = 1.1 \times 10^{-12}$$

$$\varphi_{Cu^{2+}/Cu^+} = \varphi_{Cu^{2+}/Cu^+}^{\theta} + 0.059\lg\frac{[Cu^{2+}]}{[Cu^+]} = \varphi_{Cu^{2+}/Cu^+}^{\theta} + 0.059\lg\frac{[Cu^{2+}][I^-]}{K_{Sp[CuI]}}$$

若控制 $[Cu^{2+}]=[I^-]=1.0mol/L$，则 $\varphi^{\theta}_{Cu^{2+}/Cu^+}=0.87V$，$\varphi^{\theta}_{Cu^{2+}/Cu^+}>\varphi^{\theta}_{I_2/I^-}$，$Cu^{2+}$ 能氧化 I^-。

3. 酸度的影响

若有 H^+ 或 OH^- 参加氧化还原半反应，则酸度变化直接影响电对的电极电位。

例如：$Ox+2H^++2e^-=Red+H_2O$

$$\varphi_{Ox/Red}=\varphi^{\theta}_{Ox/Red}+\frac{0.059}{2}\lg\frac{[Ox][H]^2}{[Red]}$$

当 $[H^+]$ 小于 1 时，$\varphi_{Ox/Red}$ 就会降低。

二、氧化还原反应进行的程度

1. 条件平衡常数

$$n_2Ox_1+n_1Red_2=n_2Red_1+n_1Ox_2$$

氧化还原反应进行的程度可用平衡常数的大小来衡量，即

$$K'=\left(\frac{c_{Red1}}{c_{Ox1}}\right)^{n_2}\left(\frac{c_{Ox2}}{c_{Red2}}\right)^{n_1}$$

$$\varphi_1=\varphi^{\theta'}_1+\frac{0.059}{n_1}\lg\frac{c_{Ox1}}{c_{Red1}}$$

$$\varphi_2=\varphi^{\theta'}_2+\frac{0.059}{n_2}\lg\frac{c_{Ox2}}{c_{Red2}}$$

当反应达到平衡时：

$$\varphi^{\theta'}_1+\frac{0.059}{n_1}\lg\frac{c_{Ox1}}{c_{Red1}}=\varphi^{\theta'}_2+\frac{0.059}{n_2}\lg\frac{c_{Ox2}}{c_{Red2}}$$

$$\varphi^{\theta'}_1-\varphi^{\theta'}_2=\frac{0.059}{n_2}\lg\frac{c_{Ox2}}{c_{Red2}}-\frac{0.059}{n_1}\lg\frac{c_{Ox1}}{c_{Red1}}=\frac{0.059}{n_1n_2}\lg\left(\frac{c_{Red1}}{c_{Ox1}}\right)^{n_2}\left(\frac{c_{Ox2}}{c_{Red2}}\right)^{n_1}$$

$$\lg K'=\lg\left(\frac{c_{Red1}}{c_{Ox1}}\right)^{n_2}\left(\frac{c_{Ox2}}{c_{Red2}}\right)^{n_1}=\frac{(\varphi^{\theta'}_1-\varphi^{\theta'}_2)n_1n_2}{0.059}=\frac{(\varphi^{\theta'}_1-\varphi^{\theta'}_2)n}{0.059}$$

n 为 n_1 和 n_2 的最小公倍数。

【例 6-2】 求 $1mol/L$ H_2SO_4 溶液中 $Ce^{4+}+Fe^{2+}\longrightarrow Ce^{3+}+Fe^{3+}$ 的条件平衡常数。

解
$$\lg K'=\lg\frac{(\varphi^{\theta'}_{1Ce^{4+}/Ce^{3+}}-\varphi^{\theta'}_{2Fe^{3+}/Fe^{2+}})n_1n_2}{0.059}$$

$$=\lg\frac{(1.44-0.68)\times1\times1}{0.059}=12.9$$

$$K'=8\times10^{12}$$

2. 化学计量点时反应进行的程度（考察 $\Delta\varphi^{\theta'}$）

若要求反应完全程度达到 99.9%，即在到达化学计量点时：

$$n_2Ox_1+n_1Red_2=n_2Red_1+n_1Ox_2$$

$$(c_{Red_1}/c_{Ox_1})^{n_2}\geqslant10^{3n_2}，\quad(c_{Ox_2}/c_{Red_2})^{n_1}\geqslant10^{3n_1}$$

$$\lg K'=\lg\left(\frac{c_{Red1}}{c_{Ox1}}\right)^{n_2}\left(\frac{c_{Ox2}}{c_{Red2}}\right)^{n_1}\geqslant\lg10^{3n_2}\times10^{3n_1}$$

$$\lg K'\geqslant3(n_1+n_2)$$

$$\lg K'=\frac{(\varphi^{\theta'}_1-\varphi^{\theta'}_2)n_1n_2}{0.059}$$

$$\varphi_1^{\theta} - \varphi_2^{\theta} = \frac{0.059}{n_1 n_2} \lg K' \geqslant \frac{0.059}{n_1 n_2} \times 3(n_1 + n_2)$$

$n_1 = n_2 = 1$ 时，$\varphi_1^{\theta} - \varphi_2^{\theta} = \frac{0.059}{1} \times 3 \times (1+1) = 0.35$（V）

为保证反应进行完全，两电对的条件电极电位差必须大于 0.4V。

三、氧化还原反应的速率与影响因素

不同的氧化还原反应，其反应速度的差别是非常大的，有的反应虽然从理论看是可以进行的，但实际上由于反应速度太慢，可以认为它们之间不发生反应。例如水溶液中溶解氧的电极电位 $\varphi_{O_2/H_2O}^{\theta} = 1.229$V，很容易与 φ^{θ} 较小的电对的还原态发生反应，如 Sn^{2+}（$\varphi_{Sn^{4+}/Sn^{2+}}^{\theta} = 0.15$V）。但实际上，这些强还原剂在水溶液中却有一定的稳定性，说明 Sn^{2+} 与 O_2 的反应从热力学上可行，但是从动力学角度却难以进行。因此需要了解影响氧化还原反应速率的因素。

影响反应速率的主要因素有以下几项：

（1）反应物浓度。大量实验证明，当其他条件不变时，对大多数化学反应来说，增加反应物的浓度，可以增大反应的速率。

（2）催化剂。在化学反应中，能显著改变化学反应速率而其本身在反应前后其组成、质量和化学性质保持不变的物质称为催化剂。在可逆反应中能催化正向反应的催化剂也同样能催化逆向反应，但不能使化学平衡发生移动。催化剂具有选择性，一种催化剂往往只对某些特定的反应有催化作用。如 V_2O_5 适宜于 SO_2 的氧化，Fe 适宜于合成氨等。

（3）温度。温度有加速反应的作用。通常温度每升高 10℃，反应速率可提高 2～3 倍。例：$KMnO_4$ 与 $C_2O_4^{2-}$ 的滴定反应需要在 75～85℃下进行，以提高反应速率。但温度太高将使草酸分解。

（4）诱导作用。由于一种氧化还原反应的发生而促进另一种氧化还原反应进行的现象，称为诱导作用。

例如，MnO_4^- 氧化 Cl^- 的反应速率很慢，但加入 Fe^{2+} 后反应加快。

$$2MnO_4^- + 10Cl^- + 16H^+ = 2Mn^{2+} + 5Cl_2 + 8H_2O \quad （受诱反应）$$
$$MnO_4^- + 5Fe^{2+} + 8H^+ = Mn^{2+} + 5Fe^{3+} + 4H_2O \quad （诱导反应）$$

MnO_4^- 称为作用体，Fe^{2+} 称为诱导体，Cl^- 称为受诱体。

MnO_4^- 被 Fe^{2+} 还原时，过程中产生 Mn^{3+}、Mn^{4+}、Mn^{5+}、Mn^{6+} 中间价态离子，这些离子能与 Cl^- 反应。

四、氧化还原滴定曲线及终点的确定

1. 氧化还原滴定曲线

滴定过程中存在着滴定剂电对和被测物电对：

$$n_2 Ox_1 + n_1 Red_2 = n_2 Red_1 + n_1 Ox_2$$

随着滴定剂的加入，两个电对的电极电位不断发生变化，并随时处于动态平衡中。可由任意一个电对计算出溶液的电位值，对应加入的滴定剂体积绘制出滴定曲线。

滴定等当点前，常用被滴定物（量大）电对进行计算；

滴定等当点后，常用滴定剂（量大）电对进行计算；

例如：在 1.0mol/L 硫酸介质中，用 0.100 0mol/L $Ce(SO_4)_2$ 滴定 0.100 0mol/L $FeSO_4$。

滴定反应方程 $Ce^{4+} + Fe^{2+} = Ce^{3+} + Fe^{3+}$

$$\varphi_{Fe^{3+}/Fe^{2+}}^{\theta'} = 0.68V, \quad \varphi_{ce^{4+}/ce^{3+}}^{\theta'} = 1.44V$$

$$\varphi_{Fe^{3+}/Fe^{2+}}^{\theta'} + 0.059\lg\frac{c_{Fe^{3+}}}{c_{Fe^{2+}}} = \varphi_{ce^{4+}/ce^{3+}}^{\theta'} + 0.059\lg\frac{c_{ce^{4+}}}{c_{ce^{3+}}}$$

每加入一定量滴定剂，反应达到一个新的平衡，此时两个电对的电极电位相等。

（1）化学计量点前。滴定加入的 Ce^{4+} 几乎全部被 Fe^{2+} 还原成 Ce^{3+}，Ce^{4+} 的浓度极小，根据滴定百分数，利用被测物 Fe^{3+}/Fe^{2+} 电对来计算电位值。当 Fe^{2+} 反应了 99.9% 时，溶液电位为

$$\varphi_{Fe^{3+}/Fe^{2+}} = \varphi_{Fe^{3+}/Fe^{2+}}^{\theta'} + \frac{0.059}{n_2}\lg\frac{c_{Fe^{3+}}}{c_{Fe^{2+}}} = 0.68 + 0.059\lg\frac{99.9}{0.1} = 0.86(V)$$

（2）化学计量点时。

$$\varphi_{sp} = \varphi_{Ce^{4+}/Ce^{3+}}^{\theta'} + \frac{0.059}{n_1}\lg\frac{c_{Ce^{4+}}}{c_{Ce^{3+}}} = \varphi_{Fe^{3+}/Fe^{2+}}^{\theta'} + \frac{0.059}{n_2}\lg\frac{c_{Fe^{3+}}}{c_{Fe^{2+}}}$$

$$n_1\varphi_{sp} = n_1\varphi_{Ce^{4+}/Ce^{3+}}^{\theta'} + 0.059\lg\frac{c_{Ce^{4+}}}{c_{Ce^{3+}}}$$

$$n_2\varphi_{sp} = n_2\varphi_{Fe^{3+}/Fe^{2+}}^{\theta'} + 0.059\lg\frac{c_{Fe^{3+}}}{c_{Fe^{2+}}}$$

$$(n_1 + n_2)\varphi_{sp} = n_1\varphi_{Ce^{4+}/Ce^{3+}}^{\theta'} + n_2\varphi_{Fe^{4+}/Fe^{3+}}^{\theta'} + 0.059\lg\frac{c_{Ce^{4+}} + c_{Fe^{3+}}}{c_{Ce^{3+}} + c_{Fe^{2+}}}$$

此时反应物：$c_{Ce^{4+}} = c_{Fe^{2+}}$，反应产物：$c_{Ce^{3+}} = c_{Fe^{3+}}$。

化学计量点时的溶液电位的通式：

$$(n_1 + n_2)\varphi_{sp} = n_1\varphi_1^{\theta'} + n_2\varphi_2^{\theta'}$$

$$\varphi_{sp} = \frac{n_1\varphi_1^{\theta'} + n_2\varphi_2^{\theta'}}{n_1 + n_2}$$

该式仅适用于可逆对称（$n_1 = n_2$）的反应。

化学计量点电位：$\varphi_{sp} = \frac{(0.68+1.44)}{(1+1)} = \frac{2.12}{2} = 1.06$（V）

（3）化学计量点后。此时需要利用 Ce^{4+}/Ce^{3+} 电对来计算电位值。

当溶液中 Ce^{4+} 过量 0.1% 时

$$\varphi_{Ce^{4+}/Ce^{3+}} = \varphi_{Ce^{4+}/Ce^{3+}}^{\theta'} + \frac{0.059}{n_1}\lg\frac{c_{Ce^{4+}}}{c_{Ce^{3+}}}$$

$$= 1.44 + \lg\frac{0.1}{100} = 1.26(V)$$

化学计量点前后电位突跃的位置由 Fe^{2+} 剩余 0.1% 和 Ce^{4+} 过量 0.1% 时两点的电极电位所决定，即电位突跃范围为 $0.86\sim 1.26V$，滴定曲线如图 6-1 所示。

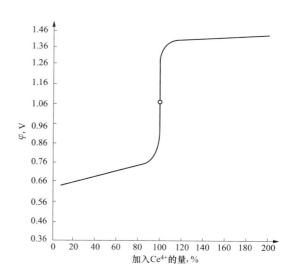

图 6-1　以 $0.1000mol/L$ Ce^{4+} 溶液滴定 $0.1000mol/L$ Fe^{2+} 溶液的滴定曲线

2. 氧化还原滴定指示剂

（1）氧化还原指示剂。具有氧化还原性质的有机化合物，其氧化态和还原态颜色不同。滴定中随溶液电位变化而发生颜色改变。

以二苯胺磺酸钠指示剂为例：

紫红色

$$\varphi = \varphi_{In}^{\theta} + \frac{0.059}{n} \lg \frac{[InOx]}{[InRed]}$$

变色范围：$\varphi_{In}^{\theta} \pm \dfrac{0.059}{n} \left(\dfrac{[InOx]}{[InRed]} = \dfrac{1}{10} \sim \dfrac{10}{1} \right)$

结论：由于指示剂变色范围比较小，一般直接用指示剂的条件电极电位来选择，只要在滴定突跃即可，如若不在则不可用，或者加入相应的物质改变滴定突跃，使指示剂的 φ_{In}^{θ} 在其范围内。

二苯胺磺酸钠指示剂的条件电极电位为 $\varphi_{In}^{\theta} = 0.84$，$Ce(SO_4)_2$ 滴定 Fe^{2+} 的滴定突跃为 $0.86 \sim 1.26V$，此时，可加入 H_3PO_4 使其与 Fe^{3+} 形成 $[Fe(PO_4)_2]^{3-}$，从而降低 Fe^{3+}/Fe^{2+} 的条件电极电位，使滴定突跃起始点降低。

（2）自身指示剂。例如：在高锰酸钾法滴定中，可利用稍过量的高锰酸钾自身的粉红色来指示滴定终点（此时 MnO_4^- 的浓度约为 $2 \times 10^{-6} mol/L$）。

（3）专属指示剂。可溶性淀粉与游离碘生成深蓝色配合物，淀粉为碘量法的专属指示剂，当 I_2 溶液的浓度为 $5 \times 10^{-6} mol/L$ 时即能看到蓝色。

常用氧化还原指示剂的条件电位电势及颜色变化见表 6-1。

表 6-1　　　　　　常用氧化还原指示剂的条件电位电势及颜色变化

指示剂	条件电极电位 $c(H^+) = 1mol/L$	颜色变化	
		氧化态	还原态
次甲基蓝	0.36	蓝	无色
二苯胺	0.76	紫色	无色
二苯胺磺酸钠	0.84	红紫	无色
邻苯氨基苯甲酸	0.89	红紫	无色
邻二氮菲-亚铁	1.06	浅蓝	红
硝基邻二氮菲-亚铁	1.25	浅蓝	紫红

五、氧化还原滴定法中的预处理

1. 预氧化和预还原

将欲测组分氧化为高价状态后，用还原剂滴定；将欲测组分还原为低价状态后，用氧化剂滴定。这种滴定前使欲测组分转变为一定价态的步骤称为预氧化或预还原。

例：将 Fe^{3+} 转化为 Fe^{2+} 后用高锰酸钾或重铬酸钾滴定，可以采用如下处理方式：

铁矿石 $\longrightarrow$ 盐酸溶解 $\longrightarrow Fe^{3+}$，$Fe^{2+} \longrightarrow SnCl_2$ 预还原 $\longrightarrow Fe^{2+}$（剩余 $SnCl_2$）$\longrightarrow$ 加入 $HgCl_2$ 氧化 $\longrightarrow Hg_2Cl_2 \downarrow \longrightarrow MnO_4^-$ 滴定 Fe^{2+}

$$\varphi^{\theta}_{Fe^{3+}/Fe^{2+}} = 0.68V, \quad \varphi^{\theta}_{Hg^{2+}/Hg^+} = 0.63V, \quad \varphi^{\theta}_{Sn^{4+}/Sn^{2+}} = 0.14V。$$

预处理所用的氧化剂或还原剂（见表6-2、表6-3）必须符合的条件：

（1）反应速率快。

（2）必须将欲测组分定量地氧化或还原。

（3）反应应具有一定的选择性。用金属锌为预还原剂，选择性较差（-0.76V）；用$SnCl_2$为预还原剂，则选择性较高（+0.14V）。

（4）过量的氧化剂或还原剂要易于除去。

去除的方法：①加热分解：H_2O_2可借加热煮沸，分解而除去。②过滤：如$NaBiO_3$不溶于水，可借过滤除去。③利用化学反应：如用$HgCl_2$可除去过量$SnCl_2$。

表 6-2 　　　　　　　　　　　　　　　　**预处理时常用的氧化剂**

氧化剂	反应条件	主要应用	去除方法
PbO_2	pH＝2～6焦磷酸盐缓冲溶液	Mn(Ⅱ)—Mn(Ⅲ) Ce(Ⅲ)—Ce(Ⅳ) Cr(Ⅲ)—Cr(Ⅵ)	过滤
H_2O_2	$NaOH$、HCO_3^-碱性介质	Cr^{3+}—CrO_4^{2-} Mn(Ⅱ)—Mn(Ⅲ)	煮沸分解，加少量Ni^{2+}或I^-作催化剂
高锰酸盐	氟化物和焦磷酸盐	Ce(Ⅲ)—Ce(Ⅳ) V(Ⅳ)—V(Ⅴ)	亚硝酸钠和尿素
高氯酸	热、浓 $HClO_4$	V(Ⅳ)—V(Ⅴ) Cr(Ⅲ)—Cr(Ⅵ)	迅速冷却至室温，用水稀释

表 6-3 　　　　　　　　　　　　　　　　**预处理时常用的还原剂**

氧化剂	反应条件	主要应用	去除方法
SO_2	1mol/L硫酸（有SCN^-共存加速反应）	Fe(Ⅲ)—Fe(Ⅱ) Cu(Ⅱ)—Cu(Ⅰ) Sb(Ⅴ)—Sb(Ⅲ)	煮沸，通SO_2
$SnCl_2$	酸性，加热	Fe(Ⅲ)—Fe(Ⅱ) As(Ⅴ)—As(Ⅲ)	快速加入过量的$HgCl_2$
盐酸肼、硫酸肼	酸性	As(Ⅴ)—As(Ⅲ)	浓硫酸，加热

2. 有机物的去除

常用的方法如下：

（1）干法灰化。干法灰化是在高温下使有机物被空气中的氧或纯氧（氧瓶燃烧法）氧化而破坏。

（2）湿法灰化。湿法灰化是使用氧化性酸（HNO_3、H_2SO_4或$HClO_4$），于它们的沸点时使有机物分解除去。

六、高锰酸钾法

$$MnO_4^- \begin{cases} 酸性＋5e \longrightarrow Mn^{2+}, & \varphi^{\theta} = 1.491V \\ 中性或弱碱性＋3e \longrightarrow MnO_2, & \varphi^{\theta} = 0.58V \\ 强碱性＋e \longrightarrow MnO_4^{2-}, & \varphi^{\theta} = 0.56V \end{cases}$$

MnO_4^- 可以直接滴定还原性物质如 Fe^{2+}，此外还可以间接滴定一些物质如 Ca^{2+} 等。

1. $KMnO_4$ 标准溶液的配制与标定（间接法配制）

市售的 $KMnO_4$ 含有少量杂质，并且 $KMnO_4$ 具有强氧化性，很容易和杂质中的还原性物质发生反应，并且 $KMnO_4$ 自行分解，反应式为

$$KMnO_4 + H_2O \longrightarrow MnO_2 \downarrow + KOH + O_2 \uparrow$$

因此，高锰酸钾采用间接法配制，方法如下：

称量 $KMnO_4$ 固体 $\longrightarrow$ 溶解 $\longrightarrow$ 加热煮沸 $\longrightarrow$ 暗处保存（棕色瓶）$\longrightarrow$ 滤去 MnO_2 $\longrightarrow$ 标定

标定用的基准物质有 $Na_2C_2O_4$、$H_2C_2O_4 \cdot 2H_2O$、As_2O_3 和纯铁等。

采用 $Na_2C_2O_4$ 标定反应方程式如下：

$$2MnO_4^- + 5C_2O_4^{2-} + 16H^+ = 2Mn^{2+} + 10CO_2 \uparrow + 8H_2O$$

标准溶液标定时的注意点（三度一点）：

（1）速率。室温下反应速率极慢，利用反应产生的 Mn^{2+} 起自身催化作用加快反应进行。

（2）温度。常将溶液加热到 $75 \sim 85℃$。反应温度过高会使 $H_2C_2O_4$ 发生分解，低于 $60℃$ 反应速率太慢。

（3）酸度。保持的酸度（$0.5 \sim 1.0mol/L$ H_2SO_4）。酸度不够容易产生 MnO_2 沉淀，酸度过高会使 $H_2C_2O_4$ 发生分解。为避免 Fe^{3+} 诱导 $KMnO_4$ 氧化 Cl^- 的反应发生，不使用 HCl 提供酸性介质。

（4）滴定终点。高锰酸钾自身指示终点（淡粉红色 $30s$ 不退）。

2. 应用示例

（1）过氧化氢。可用 $KMnO_4$ 标准溶液直接滴定，其反应为

$$5H_2O_2 + 2MnO_4^- + 6H^+ = 2Mn^{2+} + 5O_2 \uparrow + 8H_2O$$

室温、在硫酸或盐酸介质。开始时反应进行较慢。

（2）钙的测定。

$Ca^{2+} + C_2O_4^{2-} \longrightarrow CaC_2O_4 \downarrow \longrightarrow$ 陈化处理 $\longrightarrow$ 过滤、洗涤 $\longrightarrow$ 酸解（稀硫酸）$\longrightarrow$ $H_2C_2O_4 \longrightarrow KMnO_4$ 滴定

均相沉淀法：先在酸性溶液中加入过量 $(NH_4)_2C_2O_4$，然后滴加稀氨水使 pH 值逐渐升高至 $3.5 \sim 4.5$。

（3）铁的测定。

铁矿石 $\longrightarrow$ 盐酸溶解 $\longrightarrow$ Fe^{3+}，$Fe^{2+} \longrightarrow SnCl_2$ 预还原 $\longrightarrow$ Fe^{2+}（剩余 $SnCl_2$）$\longrightarrow$ 加入 $HgCl_2$ 氧化 $\longrightarrow$ $Hg_2Cl_2 \downarrow \longrightarrow$ 硫磷混酸 $\longrightarrow$ $KMnO_4$ 滴定 Fe^{2+}

$$SnCl_2 + 2HgCl_2 = SnCl_4 + Hg_2Cl_2 \downarrow$$

加硫磷混酸的作用：

1）避免 Cl^- 存在下所发生的诱导反应；

2）H_3PO_4 使 Fe^{3+} 生成无色稳定的 $Fe(HPO_4)_2^-$，使终点易于观察，同时降低铁电对的电位。

（4）返滴定法测定有机物。以甲酸的测定为例。

1）在强碱性中过量的 $KMnO_4$ 定量氧化有机化合物，如测甲酸的反应如下：

$$2MnO_4^- + HCOO^- + 3OH^- = CO_3^{2-} + 2MnO_4^{2-} + 2H_2O$$

2）反应完毕将溶液酸化，MnO_4^{2-} 发生歧化反应，生成 MnO_4^- 和 Mn^{2+}。

3）用 Fe^{2+} 还原溶液中的所有 MnO_4^-。

4）再取一份与先前同等量的 $KMnO_4$，直接与 Fe^{2+} 发生作用，计算 Fe^{2+} 消耗的量。

5）根据两次 Fe^{2+} 消耗量之差，即可计算出甲酸的含量。

（5）水样中化学耗氧量（COD）的测定。

COD：量度水体受还原性物质污染程度的综合性指标。

水样＋H_2SO_4＋过量 $KMnO_4$ ——→加热——→过量 $C_2O_4^{2-}$ 还原剩余 $KMnO_4$ ——→$KMnO_4$ 滴定剩余 $C_2O_4^{2-}$，反应式为

$$4MnO_4^- + 5C + 12H^+ = 4Mn^{2+} + 5CO_2 \uparrow + 6H_2O$$

Cl^- 对此法有干扰，可加入 Ag_2SO_4 去除。

七、重铬酸钾法

$K_2Cr_2O_7$ 在酸性条件下与还原剂作用：

$$Cr_2O_7^{2-} + 14H^+ + 6e = 2Cr^{3+} + 7H_2O, \quad \varphi_{Cr^{6+}/Cr^{3+}}^{\theta} = 1.33V$$

重铬酸钾法的特点：

（1）氧化能力比 $KMnO_4$ 稍弱，应用范围比 $KMnO_4$ 法窄，仍属强氧化剂。

（2）此法只能在酸性条件下使用，并且不受 Cl^- 的影响。

（3）易提纯，并且相当稳定，标准溶液可用直接法配制。

（4）$K_2Cr_2O_7$ 有毒，要建立环保意识。

1. 铁的测定

$$6Fe^{2+} + Cr_2O_7^{2-} + 14H^+ = 6Fe^{3+} + 2Cr^{3+} + 7H_2O$$

测定铁时应注意以下几点：

（1）采用二苯胺磺酸钠氧化还原指示剂，终点时溶液由绿色（Cr^{3+}）突变为紫色或紫蓝色。

（2）加入 H_3PO_4，一方面 Fe^{3+} 生成无色 $Fe(HPO_4)_2^{3-}$，使终点容易观察；另一方面降低铁电对电位，使指示剂变色点电位更接近化学计量点电位。

2. COD 的测定

水＋过量 $K_2Cr_2O_7$ ——→加热使有机物氧化成 CO_2 ——→$FeSO_4$ 滴定过量 $K_2Cr_2O_7$，用试亚铁灵指示滴定终点。

八、碘量法

（一）概述

1. 碘量法的特点

碘量法是基于 I_2 氧化性及 I^- 的还原性的分析法。由于 I_2 在水中溶解度很小，一般将其溶解在 KI 溶液中，以 I_3^- 形式存在。

$$I_3^- + 2e = 3I^-, \quad \varphi_{I^{3-}/I^-}^{\theta} = 0.534V$$

因此，I_2 具有较弱的氧化性和中等强度的还原性。

碘量法可分为两种——直接碘量法和间接碘量法。直接碘量法是用 I_2 标准溶液直接滴定还原剂的方法；间接碘量法是利用 I^- 与强氧化剂作用生成定量的 I_2，再用还原剂标准溶液与 I_2 反应，测定氧化剂的方法。

2. 间接碘量法的基本反应

$$2I^- - 2e = I_2$$
$$I_2 + 2S_2O_3^{2-} = S_4O_6^{2-} + 2I^-$$

反应在中性或弱酸性溶液中进行。若 pH 值过高，I_2 会发生歧化反应：$3I_2 + 6OH^- = IO_3^- + 5I^- + 3H_2O$；若 pH 值过低，则 $Na_2S_2O_3$ 会发生分解，I^- 容易被氧化。

3. 碘量法的主要误差来源

（1）I_2 易挥发。

（2）I^- 在酸性条件下容易被空气中的 O_2 所氧化。

为提高测试结果准确度，需采取以下措施：①加入过量 KI，生成 I_3^- 络离子；②氧化析出的 I_2 立即滴定；③避免光照；④控制溶液的酸度。

碘量法常用淀粉作为专属指示剂。

（二）$Na_2S_2O_3$ 标准溶液的配制与标定

（1）含结晶水的 $Na_2S_2O_3 \cdot 5H_2O$ 容易风化潮解，且含少量杂质，不能直接配制标准溶液。

（2）$Na_2S_2O_3$ 化学稳定性差，能被溶解 O_2、CO_2 和微生物所分解析出硫。因此配制 $Na_2S_2O_3$ 标准溶液时应采用新煮沸（除氧、杀菌）并冷却的蒸馏水。

（3）在配制溶液中，加入少量 Na_2CO_3 使溶液呈弱碱性，抑制细菌生长，溶液保存在棕色瓶中，置于暗处放置 8~12 天后标定。

（4）标定 $Na_2S_2O_3$ 所用基准物有 $K_2Cr_2O_7$、KIO_3 等。

（5）采用间接碘法标定。在酸性溶液中使 $K_2Cr_2O_7$ 与 KI 反应，以淀粉为指示剂，用 $Na_2S_2O_3$ 溶液滴定。

（6）$K_2Cr_2O_7$ 与 KI 反应时酸度越大，反应速率越快，但酸度太大时，I^- 被空气中的 O_2 所氧化，酸度一般为 0.2~0.4mol/L。

（7）$K_2Cr_2O_7$ 与 KI 反应慢，需将溶液在暗处放置一段时间（5min），再用 $Na_2S_2O_3$ 滴定。

（8）淀粉指示剂应在近终点时加入，否则吸附 I_2 使终点拖后。

（9）滴定终点后如经过几分钟以上溶液变蓝，属于正常，这是由于 I^- 被空气中的 O_2 所氧化。

（三）碘量法应用示例

1. 硫化钠总还原能力的测定

在弱酸性溶液中，Na_2S 转化为 H_2S，I_2 能氧化 H_2S：

$$H_2S + I_2 = S\downarrow + 2H^+ + 2I^-$$

硫化钠中常含有 Na_2SO_3 及 $Na_2S_2O_3$ 等还原性物质，因此测定的是硫化钠的总还原能力。

2. 硫酸铜中铜的测定

$$2Cu^{2+} + 4I^- = 2CuI\downarrow + I_2$$
$$I_2 + 2S_2O_3^{2-} = S_4O_6^{2-} + 2I^-$$

注 意

（1）Cu^{2+} 与 I^- 的反应为可逆反应，应加入过量 KI。

（2）CuI 沉淀表面吸附 I_2 导致结果偏低，加入 KSCN 使 CuI 转化成溶解度更小的 CuSCN 可减小对 I_2 的吸附。

（3）KSCN 应在近终点时加入，否则 SCN^- 也会还原 I_2，使结果偏低。

----

3. 漂白粉中有效氯的测定

漂白粉的主要成分：$CaCl(OCl)$，其他还有 $CaCl_2$、$Ca(ClO_3)_2$ 及 CaO 等。漂白粉的质量以有效氯（能释放出来的氯量）来衡量，用 Cl 的质量分数表示。

试样溶于稀 H_2SO_4 中——加过量 KI，生成的 I_2——用 $Na_2S_2O_3$ 标准溶液滴定。

$$ClO^- + 2I^- + 2H^+ = I_2 + Cl^- + H_2O$$

4. 有机物的测定

（1）直接碘量法。可用直接碘量法进行测定。例如抗坏血酸、巯基乙酸、四乙基铅及安乃近药物等。例如：抗坏血酸分子中的烯醇基具有较强的还原性，能被 I_2 定量氧化成二酮基：

$$C_6H_8O_6 + I_2 = C_6H_6O_6 + 2HI$$

（2）间接碘量法。可以用于测定葡萄糖。

5. 费休法测定微量水分

基本原理：I_2 氧化 SO_2 时需有一定量水参加：

$$SO_2 + I_2 + 2H_2O \longrightarrow H_2SO_4 + 2HI$$

上述反应为可逆反应，当采用费休试剂（I_2、SO_2、C_5H_5N 和 CH_3OH 混合溶液），反应可以定量进行，其中吡啶可与 HI 化合，使反应定量完成。通过加入甲醇可以防止副反应的发生。

总的反应式为

$$C_5H_5N \cdot I_2 + C_5H_5N \cdot SO_2 + C_5H_5N + H_2O + CH_3OH \longrightarrow C_5H_5N \cdot HI + C_5H_5NHOSO_2OCH_3$$

该法常用电化学法指示终点。

九、氧化还原滴定结果的计算

【例 6-3】 用 25.00mL $KMnO_4$ 溶液恰能氧化一定量的 $KHC_2O_4 \cdot H_2O$，而同量 $KHC_2O_4 \cdot H_2O$ 又恰能被 20.00mL 0.200 0mol/L KOH 溶液中和，求 $KMnO_4$ 溶液的浓度。

解
$$2MnO_4^- + 5C_2O_4^{2-} + 16H^+ \longrightarrow 2Mn^{2+} + 10CO_2 + 8H_2O$$
$$(5/2)n_{KMnO_4} = n_{C_2O_4^{2-}}, n_{KOH} = n_{HC_2O_4^-}, (5/2)n_{KMnO_4} = n_{KOH}$$
$$(5/2)c_{KMnO_4} \times V_{KMnO_4} = c_{KOH} \times V_{KOH}, c_{KMnO_4} = 0.06400mol/L$$

【例 6-4】 以 KIO_3 为基准物采用间接碘量法标定 0.100 0mol/L $Na_2S_2O_3$ 溶液的浓度。若滴定时，欲将消耗的 $Na_2S_2O_3$ 溶液的体积控制在 25mL 左右，问应当称取 KIO_3 多少克？

解 反应式为 $IO_3^- + 5I^- + 6H^+ = 3I_2 + 3H_2O$

$$I_2 + 2S_2O_3^{2-} = 2I^- + S_4O_6^{2-}, \quad 1IO_3^- \text{——} 3I_2 \text{——} 6S_2O_3^{2-}$$

$$m = n_{KIO_3} \cdot M_{KIO_3} = \frac{1}{6}c_{Na_2S_2O_3} \cdot V_{Na_2S_2O_3} \cdot M_{KIO_3} = 0.0892(g)$$

【例 6-5】 分别计算在 1.0mol/L HCl 和 1.0mol/L HCl—0.5mol/L H_3PO_4 溶液中，用 0.100 0mol/L $K_2Cr_2O_7$ 滴定 20.00mL 0.600mol/L Fe^{2+} 时化学计量点的电位。已知在两种条件下，$Cr_2O_7^{2-}/Cr^{3+}$ 的 $E^{\theta}=1.00V$。Fe^{3+}/Fe^{2+} 电对在 1mol/L HCl 中的 $E^{\theta}=0.70V$，而在 1mol/L HCl—0.5mol/L H_3PO_4 中的 $E^{\theta}=0.51V$。

解 反应　$Cr_2O_7^{2-} + 14H^+ + 6Fe^{2+} = 2Cr^{3+} + 6Fe^{3+} + 7H_2O$

又　$E_{sp} = \dfrac{6 \times E^{\theta}_{Cr_2O_7^{2-}/Cr^{3+}} + 1 \times E^{\theta}_{Fe^{3+}/Fe^{2+}}}{7} + \dfrac{0.059}{7}\lg\dfrac{1}{2 \times c_{Cr^{3+}}}$

在化学计量点时，$c_{Cr^{3+}} = 0.100\ 0$mol/L。

1）在 1mol/L HCl 中

$$E_{sp} = \frac{1}{7}\left(6 \times 1.00 + 1 \times 0.70 + 0.059\lg\frac{1}{2 \times 0.100\ 0}\right) = 0.96(V)$$

2）在 1mol/L HCl—0.5mol/L H_3PO_4 中

$$E_{sp} = \frac{1}{7}\left(6 \times 1.00 + 1 \times 0.51 + 0.059\lg\frac{1}{2 \times 0.100\ 0}\right) = 0.94(V)$$

【例 6-6】 某 $KMnO_4$ 标准溶液的浓度为 0.024 84mol/L，求滴定度：（1）$T_{KMnO_4/Fe}$；（2）T_{KMnO_4/Fe_2O_3}；（3）$T_{KMnO_4/FeSO_4 \cdot 7H_2O}$。

解　$MnO_4^- + 5Fe^{2+} + 8H^+ = Mn^{2+} + 5Fe^{3+} + 4H_2O$

（1）$T = \dfrac{cM}{1000}\dfrac{b}{a}$，$T_{KMnO_4/Fe} = 0.024\ 84 \times 55.85 \times 5 \times 10^{-3} = 0.069\ 37$（g/L）

（2）$T_{KMnO_4/Fe_2O_3} = 0.024\ 84 \times 10^{-3} \times 2.5 \times 159.69 = 0.009\ 917$（g/L）

（3）$T_{KMnO_4/FeSO_4 \cdot 7H_2O} = 0.024\ 84 \times 10^{-3} \times 1 \times 5 \times 278.03 = 0.034\ 53$（g/L）

【例 6-7】 今有不纯的 KI 试样 0.350 4g，在 H_2SO_4 溶液中加入纯 K_2CrO_4 0.194 0g 与之反应，煮沸逐出生成的 I_2。放冷后又加入过量 KI，使之与剩余的 K_2CrO_4 作用，析出的 I_2 用 0.102 0mol/L $Na_2S_2O_3$ 标准溶液滴定，用去 10.23mL。问试样中 KI 的质量分数是多少？

解　$2CrO_4^{2-} + 2H^+ = Cr_2O_7^{2-} + H_2O$，　$Cr_2O_7^{2-} + 6I^- + 14H^+ = 2Cr^{3+} + 3I_2 + 7H_2O$

$2S_2O_3^{2-} + I_2 = 2I^- + S_4O_6^{2-}$，　$2CrO_4^{2-} \sim Cr_2O_7^{2-} \sim 6I^- \sim 3I_2 \sim 6S_2O_3^{2-}$

$CrO_4^{2-} \sim 3I^-$，　$CrO_4^{2-} \sim 3S_2O_3^{2-}$

剩余 K_2CrO_4 的物质的量 $n_{K_2Cr_2O_7} = 0.102\ 0$mol $= 3.478 \times 10^{-4}$ mol

K_2CrO_4 的总物质的量 $n = \dfrac{0.194\ 0}{194.19} = 10^{-3}$ mol 与试样作用 K_2CrO_4 的物质的量 $n = 6.522 \times 10^{-4}$ mol。

$$w = \frac{0.652\ 2 \times 10^{-3} \times 3 \times 166.00}{0.350\ 4} \times 100\% = 92.70\%$$

任务一　KMnO₄ 标准溶液的配制与标定

【教学目标】

1. 知识目标
（1）学会高锰酸钾标准溶液的配制与标定方法；
（2）掌握溶液常用单位表示方法。
2. 能力目标
（1）能熟练使用容量瓶和烧杯；
（2）会计算并分析测定结果。

通过对本项任务的学习，使学生在知识方面了解高锰酸钾的基本物理性质，化学性质；掌握高锰酸钾标准溶液标定的原理，结果计算等。在技能方面，进一步掌握溶液配制的过程。态度能力方面，能主动积极参与问题讨论，具有严谨细致、一丝不苟的职业素质，具有安全意识，具有团队协作能力。

【任务描述】

高锰酸钾溶液在氧化还原滴定中使用频繁。由于高锰酸钾中常含有少量杂质，如硫酸盐、氯化物及硝酸盐等，因此不能用直接法配制准确浓度的标准溶液，需要配制好后通过标定确定其浓度。本任务通过计算、称量、配制、标定等过程最终得到一定浓度的 KMnO₄ 标准溶液。在过程中学习计算和配制的过程。

【任务准备】

（1）什么是氧化还原反应？通过什么指标来表述氧化还原能力？氧化还原滴定的基本原理是什么？氧化还原滴定中为什么要对试样进行预处理？

（2）本项目中如何确定要称量的 KMnO₄ 固体的质量？需要用到的玻璃仪器有哪些？

（3）标定使用的基准物是什么？需要称量的质量为多少？实际操作步骤有哪些？指示剂变色的原理是什么？变色现象是什么？最终结果如何计算？

【任务实施】

一、0.02mol/L KMnO₄ 标准溶液的配制

（1）称取 1.6g KMnO₄ 固体，置于 500mL 烧杯中，加蒸馏水 520mL 使之溶解，盖上表面皿，加热至沸，并缓缓煮沸 15min，并随时加水补充至 500mL。

（2）冷却后，在暗处放置数天（至少 2～3 天），然后用微孔玻璃漏斗或玻璃棉过滤除去 MnO₂ 沉淀。滤液储存在干燥棕色瓶中，摇匀。若溶液煮沸后在水浴上保持 1h，冷却，经过滤可立即标定其浓度。

二、KMnO₄ 标准溶液的标定

（1）准确称取在 130℃烘干的 Na₂C₂O₄ 0.15～0.20g，置于 250mL 锥形瓶中，加入蒸馏水 40mL 及 H₂SO₄ 10mL，加热至 75～80℃（瓶口开始冒气，不可煮沸），立即用待标定的

$KMnO_4$ 溶液滴定至溶液呈粉红色，并且在 30s 内不褪色，即为终点。

（2）标定过程中要注意滴定速度，必须待前一滴溶液褪色后再加第二滴，此外还应使溶液保持适当的温度。

（3）根据称取的 $Na_2C_2O_4$ 质量和耗用的 $KMnO_4$ 溶液的体积，计算 $KMnO_4$ 标准溶液的准确浓度。

三、数据处理

1. 数据记录

依次记录草酸钠质量 $m_{(Na_2C_2O_4)}$，对应的的高锰酸钾初始体积 $V_初$ 和最终体积 $V_末$；得到消耗高锰酸钾的体积 $\Delta V_{(KMnO_4)}$。

2. 结果计算 $KMnO_4$ 标准滴定溶液浓度

$$c_{(KMnO_4)} = \frac{2m_{(Na_2C_2O_4)}}{5M_{(Na_2C_2O_4)}V_{(KMnO_4)} \times 10^{-3}} \tag{6-1}$$

计算 $\bar{c}_{(KMnO_4)}$。

任务二　$Na_2S_2O_3$ 标准溶液的配制与标定

【教学目标】

1. 知识目标

（1）学会 $Na_2S_2O_3$ 标准溶液的配制与标定方法；

（2）掌握溶液常用单位表示方法。

2. 能力目标

（1）能熟练使用容量瓶和烧杯；

（2）会计算并分析测定结果。

通过对本项任务的学习，使学生在知识方面了解 $Na_2S_2O_3$ 的基本物理性质，化学性质；掌握 $Na_2S_2O_3$ 标准溶液标定的原理，结果计算等。在技能方面，进一步掌握溶液配制的操作。态度能力方面，能主动积极参与问题讨论，具有严谨细致、一丝不苟的职业素质，具有安全意识，具有团队协作能力。

【任务描述】

$Na_2S_2O_3 \cdot 5H_2O$ 容易风化、潮解，且易受空气和微生物的作用而分解，因此不能直接配制成准确浓度的溶液。但其在微碱性的溶液中较稳定，当标准溶液配制后亦要妥善保存。在碘量法中，大量地使用到了硫代硫酸钠溶液，其标准溶液的准确性对最终结果至关重要，本任务通过计算、称量、配制、标定等过程最终得到一定浓度的 $Na_2S_2O_3$ 标准溶液，并在后续的实验中使用。

【任务准备】

（1）需要称量的 $Na_2S_2O_3$ 固体的质量是多少？需要用到的玻璃仪器有哪些？

（2）标定使用的基准物是什么？需要称量的质量为多少？实际操作步骤有哪些？指示剂

变色的原理是什么？变色现象是什么？最终结果如何计算？

⚙ 【任务实施】

一、溶液配制

（1）在 150mL 新煮沸放冷的蒸馏水中加入 3mL 1% 的 Na_2CO_3 溶液及 4g $Na_2S_2O_3 \cdot 5H_2O$，完全溶解，放置一周后，过滤，标定。

（2）称取 $K_2Cr_2O_7$ 若干克，溶解，转移至 100mL 容量瓶，定容。

二、测定

（1）准确吸取 $K_2Cr_2O_7$ 溶液 20.00mL 于碘量瓶中，加 10% 的 KI 溶液 20mL，再加 5mL（1+1）HCl 溶液，立即具塞，摇匀，封水。在暗处放置 10min。

（2）加蒸馏水 50mL 于上述碘量瓶中，稀释，用 $Na_2S_2O_3$ 溶液滴定至接近终点（淡黄绿色），加淀粉溶液 2mL，继续滴定至蓝色刚好消失，即达到终点，记录终点读数。平行滴定三份并准确记录数据。

三、结果处理

1. 数据记录

记录称取的重铬酸钾质量 $m_{K_2Cr_2O_7}$（g）和消耗的硫代硫酸钠的初末体积 $V_初$ 和 $V_末$。通过计算得到重铬酸钾溶液浓度、消耗的硫代硫酸钠溶液体积 $V_{Na_2S_2O_3}$（mL）。

2. 结果计算

$$c_{Na_2S_2O_3} = \frac{6m_{K_2Cr_2O_7}}{M_{K_2Cr_2O_7} V_{Na_2S_2O_3}} \times 10^3 \tag{6-2}$$

式中　$m_{K_2Cr_2O_7}$——称取的重铬酸钾的质量，g；

$M_{K_2Cr_2O_7}$——重铬酸钾摩尔质量，g；

$V_{Na_2S_2O_3}$——消耗的硫代硫酸钠溶液的体积，mL。

📖 【相关知识】

一、反应原理

$Na_2S_2O_3 \cdot 5H_2O$ 结晶通常含有 S、Na_2SO_3、Na_2SO_4 等杂质，易风化或潮解，只能用间接法配制。即使配好的 $Na_2S_2O_3$ 溶液，由于 CO_2 和微生物的作用及 O_2 的氧化作用，会使浓度发生改变，所以需用新鲜煮沸放冷的蒸馏水配制 $Na_2S_2O_3$ 溶液，并加入 Na_2CO_3 保持溶液呈弱碱性，放置 7～8 天，过滤，用 $K_2Cr_2O_7$ 标定。

$Cr_2O_7^{2-} + 6I^- + 14H^+ = 3I_2 + 2Cr^{3+} + 7H_2O$　　　酸度：$[H^+] \approx 1mol/L$

$2S_2O_3^{2-} + I_2 = S_4O_6^{2-} + 2I^-$　　　酸度：$[H^+]$ 0.2～0.4mol/L

指示剂：淀粉

二、碘化钾溶液的配制

碘化钾 3g；蒸馏水 100mL；碘 1g。先将碘化钾溶于蒸馏水中，待全部溶解后再加碘，振荡溶解，将此液保存在棕色玻璃瓶内。

三、碘量瓶的使用

加入反应物后，盖紧塞子，塞子外加上适量水作密封，防止碘挥发，静置反应一定时间后，慢慢打开塞子，让密封水沿瓶塞流入锥形瓶，再用水将瓶口及塞子上的碘液洗入瓶中。

碘量瓶可以加热，但是不宜温度过高。碘量瓶一般供分析化学实验用，要求很精确。

任务三 水中溶解氧的测定

【教学目标】

1. 知识目标

(1) 掌握 DO 对水汽系统的影响；

(2) 掌握水中 DO 测定原理和方法；

(3) 掌握碘量法的操作和实验现象。

2. 能力目标

(1) 能熟练测定水中 DO 含量；

(2) 会计算并分析测定结果；

(3) 掌握淀粉指示剂变色的过程。

通过学习明确电厂用水的 DO 指标，水中溶解氧的测定方法和步骤。掌握碘量法的使用及数据处理计算。

【任务描述】

电厂生产用水对水质要求极高，溶解氧就是其中一个重要指标。通常要求凝结水的溶解氧含量小于 $30\mu g/L$。过高的溶解氧会使得水汽管道内壁易被氧化，发生阴极去极化作用，腐蚀管道，影响其使用寿命。测定溶解氧常见的有比色法和容量法等。通过碘量法测定凝结水的溶解氧含量，可以进一步判断凝汽器是否有泄漏，对生产有一定的指导意义。

【任务准备】

(1) 实验的原理是什么？实验用到哪些仪器？实验用到哪些药品？

(2) 实验的现象是什么？实验的操作步骤是什么？

【任务实施】

一、取自来水样

(1) 将水龙头接一段乳胶管。打开水龙头，放水 10min 之后，将乳胶管插入溶解氧瓶底部，收集水样，直至水样从瓶口溢流 10min 左右。

(2) 取样时应注意水的流速不应过大，严禁气泡产生。

(3) 若为其他水样，应在水样采集后，用虹吸法转移到溶解氧瓶内，同样要求水样从瓶口溢流。

二、加药反应

(1) 将移液管插入液面下，依次加入 1mL 硫酸锰溶液及 2mL 碱性碘化钾溶液，盖好瓶塞，勿使瓶内有气泡，颠倒混合 15 次，静置。

(2) 待棕色絮状沉淀降到一半时，再颠倒几次。

三、分析测定

(1) 分析时轻轻打开瓶塞，立即将吸管插入液面下，加入 1.5～2.0mL 浓硫酸，小心盖好瓶塞，颠倒混合摇匀至沉淀物全部溶解为止。

（2）若溶解不完全，可继续加入少量浓硫酸，但此时不可溢流出溶液，然后放置暗处5min。

（3）用吸管吸取 100mL 上述溶液，注入 250mL 锥形瓶中，用 0.025mol/L 硫代硫酸钠标准溶液滴定到溶液呈微黄色，加入 1mL 淀粉溶液，继续滴定至蓝色恰好褪去为止，记录用量。

四、数据处理

1. 数据记录

硫代硫酸钠标定环节需要记录加入的 $K_2Cr_2O_7$ 溶液的浓度 $c_{1/6K_2Cr_2O_7}$、体积 $V_{1/6K_2Cr_2O_7}$；消耗的硫代硫酸钠溶液的初始读数 $V_初$ 和滴定终点读数 $V_末$，计算出消耗掉的硫代硫酸钠溶液的体积 $V_{Na_2S_2O_3}$。

溶解氧测定环节需要记录消耗的硫代硫酸钠溶液的初始读数 $V_初$ 和滴定终点读数 $V_末$，计算出消耗掉的硫代硫酸钠溶液的体积 $V_{Na_2S_2O_3}$，从而计算出溶解氧的含量。

2. 结果计算

$$DO(mg/L) = \frac{cV \times 8 \times 1000}{100} \tag{6-3}$$

式中　c——硫代硫酸钠标准溶液的浓度，mol/L；

　　　　V——滴定时消耗硫代硫酸钠标准溶液体积，mL；

　　　　8——$1/4O_2$ 的摩尔质量，g/mol；

　　　100——水样体积，mL。

📖【相关知识】

一、反应原理

碘量法测定水中溶解氧是基于溶解氧的氧化性能。当水样中加入硫酸锰和碱性 KI 溶液时，立即生成 $Mn(OH)_2$ 沉淀。$Mn(OH)_2$ 极不稳定，迅速与水中溶解氧化合生成锰酸锰。在加入硫酸酸化后，已化合的溶解氧（以锰酸锰的形式存在）将 KI 氧化并释放出与溶解氧量相当的游离碘。然后用硫代硫酸钠标准溶液滴定，换算出溶解氧的含量。

此法适用于含少量还原性物质及硝酸氮小于 0.1mg/L、铁不大于 1mg/L、较为清洁的水样。

二、所用试剂及配制方法

（1）硫酸锰溶液：称取 480g $MnSO_4 \cdot 4H_2O$，溶于蒸馏水中，过滤后稀释至 1L（此溶液在酸性时，加入 KI 后，遇淀粉不变色）。

（2）碱性 KI 溶液：称取 500g NaOH 溶于 300～400mL 蒸馏水中，称取 150g KI 溶于 200mL 蒸馏水中，待 NaOH 溶液冷却后将两种溶液合并、混匀，用蒸馏水稀释至 1L。若有沉淀，则放置过夜后，倾出上层清液，储于塑料瓶中，用黑纸包裹避光保存。

（3）（1＋5）硫酸溶液。

（4）浓硫酸。

（5）1％淀粉溶液：称取 1g 可溶性淀粉，用少量水调成糊状，再用刚煮沸的水冲稀至100mL。冷却后，加入 0.1g 水杨酸或 0.4g 氯化锌防腐。

(6) 0.025 00mol/L（1/6K$_2$Cr$_2$O$_7$）重铬酸钾标准溶液：称取于 105～110℃ 烘干 2h 并冷却的 K$_2$Cr$_2$O$_7$ 0.306 4g，溶于水，移入 250mL 容量瓶中，用水稀释至标线并摇匀。

(7) 0.025mol/L 硫代硫酸钠溶液：称取 6.2g 硫代硫酸钠（Na$_2$S$_2$O$_3$·5H$_2$O），溶于煮沸放冷的水中，加入 0.2g 碳酸钠，用水稀释至 1000mL。储于棕色瓶中，使用前用 0.025 00mol/L 重铬酸钾标准溶液标定。

三、硫代硫酸钠溶液标定方法

于 250mL 碘量瓶中，加入 100mL 水和 1g KI，加入 10.00mL 0.025 00mol/L 重铬酸钾（1/6K$_2$Cr$_2$O$_7$）标准溶液、5mL(1＋5)硫酸溶液，密塞并摇匀。于暗处静置 5min 后，用待标定的硫代硫酸钠溶液滴定至溶液呈淡黄色，加入 1mL 淀粉溶液，继续滴定至蓝色刚好褪去为止，记录用量。浓度计算式为

$$c = \frac{10.00 \times 0.025\,00}{V} \tag{6-4}$$

式中　c——硫代硫酸钠溶液的浓度，mol/L；

　　　V——滴定时消耗硫代硫酸钠溶液的体积，mL。

任务四　COD 的测定——高锰酸钾法

【教学目标】

1. 知识目标

(1) 掌握 COD 的含义；

(2) 了解 COD 对水质的影响；

(3) 掌握所用到溶液配制和计算方法。

2. 能力目标

(1) 通过学习掌握水中 COD 快速测定方法（高锰酸钾法）；

(2) 了解氧化还原滴定指示剂变色机理。

【任务描述】

废水、废水处理厂出水和受污染的水中，能被强氧化剂氧化的物质（一般为有机物）的氧当量。在河流污染和工业废水性质的研究以及废水处理厂的运行管理中，它是一个重要的而且能较快测定的有机物污染参数，常以符号 COD 表示。

化学需氧量高，意味着水中含有大量还原性物质，其中主要是有机污染物。化学需氧量越高，就表示江水的有机物污染越严重，这些有机物污染的来源可能是农药、化工厂、有机肥料等。如果不进行处理，许多有机污染物可在江底被底泥吸附而沉积下来，在今后若干年内对水生生物造成持久的毒害作用。在水生生物大量死亡后，河中的生态系统即被摧毁。人若以水中的生物为食，则会大量吸收这些生物体内的毒素，积累在体内，这些毒物常有致癌、致畸形、致突变的作用，对人极其危险。

本任务是要掌握水中 COD 的快速测定方法，学会判断 COD 高低的指标，掌握氧化还原滴定中自身指示剂的变色原理和现象。在学习过程中，涉及加热等操作，需要遵守安全规定。

🖐 【任务准备】

（1）COD 的概念是什么？有什么指导意义？COD 测定的方法有哪些？实验中用到哪些仪器？实验中有哪些注意事项？

（2）高锰酸钾测定 COD 的原理是什么？实验中用到哪些药品？其配制方法是什么？

⚙ 【任务实施】

一、溶液配制

1. $Na_2C_2O_4$ 0.005mol/L 标准溶液的配制

将 $Na_2C_2O_4$ 于 100～105℃干燥 2h，准确称取 0.166 2g 于小烧杯中加水溶解后定量转移至 250mL 容量瓶中，以水稀释至刻度线。

2. $KMnO_4$ 0.002mol/L 溶液的配制及标定

（1）称取 $KMnO_4$ 固体约 0.16g 溶于 500mL 水中盖上表面皿，加热至沸腾并保持在微沸状态 1h，冷却后用微孔玻璃漏斗过滤，存于棕色瓶中。

（2）用移液管准确移取 25.00mL 标准 $Na_2C_2O_4$ 溶液于 250mL 锥形瓶中，加入（1+3）H_2SO_4 在水浴上加热到 75～85℃，用 $KMnO_4$ 溶液滴定，滴定速度由慢到快到慢的顺序滴加，至溶液呈微红色时停止滴加。

3. 记录数据，重复滴定三次。

二、水样耗氧量的测定

（1）用移液管准确移取 100.00mL 水样，置于 250mL 锥形瓶中，加 10mL（1+5）H_2SO_4，后放在电炉子上加热至微沸，再准确加入 10.00mL 0.002mol/L $KMnO_4$ 溶液，立即加热至沸并持续 10min。

（2）取下锥形瓶，趁热用移液管移入 10.00mL $Na_2C_2O_4$ 标准溶液、摇匀，此时由红色变为无色，再用移液管移入 10.00mL $Na_2C_2O_4$ 标准溶液，趁热用 0.002mol/L $KMnO_4$ 标准溶液滴定至稳定的淡红色即为终点。

（3）重复滴定三次，记录数据。

（4）空白样耗氧量的测定。用移液管移取 100.00mL 蒸馏水，置于 250mL 锥形瓶中后，除不加水样外，其余步骤同上，记录数据。

三、数据处理

1. 数据记录

$KMnO_4$ 溶液标定环节记录称量的基准物 $Na_2C_2O_4$ 的质量、移取的 $Na_2C_2O_4$ 溶液的体积、滴定用 $KMnO_4$ 溶液的体积。计算 $KMnO_4$ 溶液的浓度。

COD 测定环节记录加入的 $KMnO_4$ 体积 V_{KMnO_4}、加入的 $Na_2C_2O_4$ 溶液体积 $V_{Na_2C_2O_4}$、滴定用 $KMnO_4$ 的初始读数 $V_初$ 和滴定终点读数 $V_末$，计算消耗的 $KMnO_4$ 溶液体积 V_{KMnO_4}。

2. 结果计算

$$COD = \frac{\left(\frac{5}{4} \times c_{KMnO_4} V_{KMnO_4} - \frac{1}{2} \times c_{Na_2C_2O_4}\right) \times 32 \times 1000}{V_w} \text{ mg/L} \qquad (6\text{-}5)$$

式中 c_{KMnO_4}——$KMnO_4$ 溶液浓度，mol/L；

V_{KMnO_4}——$KMnO_4$ 溶液体积，mL；

$c_{Na_2C_2O_4}$——$Na_2C_2O_4$ 溶液浓度，mol/L；

V_w——水样的体积，mL。

〖相关知识〗

一、COD 相关知识

化学需氧量（COD 或 COD_{Cr}）是指在一定严格的条件下，水中的还原性物质在外加的强氧化剂的作用下，被氧化分解时所消耗氧化剂的数量，以氧的 mg/L 表示。化学需氧量反映了水中受还原性物质污染的程度，这些物质包括有机物、亚硝酸盐、亚铁盐、硫化物等，但一般水及废水中无机还原性物质的数量相对不大，而被有机物污染是很普遍的，因此，COD 可作为有机物质相对含量的一项综合性指标，COD 值越大，表示水体受污染越严重。

二、$KMnO_4$ 的基本性质

$KMnO_4$ 常温下即可与甘油等有机物反应甚至燃烧（但有时与甘油混合后反应极为缓慢，甚至感受不到温度的升高，其原因尚不明确）；在酸性环境下氧化性更强，能氧化负价态的氯、溴、碘、硫等离子及二氧化硫等；与皮肤接触可腐蚀皮肤产生棕色染色，数日不褪；粉末散布于空气中有强烈刺激性，可使人连打喷嚏；尿液、二氧化硫等可使其褪色；与较活泼金属粉末混合后有强烈燃烧性，危险。该物质在加热时分解，反应式为

$$2KMnO_4 \xrightarrow{\text{加热}} K_2MnO_4 + MnO_2 + O_2 \uparrow$$

$KMnO_4$ 在酸性溶液中还原产物为二价锰离子，$KMnO_4$ 在碱性溶液中还原产物一般为墨绿色的锰酸钾（K_2MnO_4），$KMnO_4$ 在中性环境下还原产物为二氧化锰。

三、COD 测定原理

测定时，在水样中加入 H_2SO_4 及一定量的 $KMnO_4$ 溶液，置沸水浴中加热使其中的还原性物质氧化，剩余的 $KMnO_4$ 用一定量过量的 $Na_2C_2O_4$ 还原，再以 $KMnO_4$ 标准溶液返滴定 $Na_2C_2O_4$ 的过量部分。由于 Cl^- 对比法有干扰因而本法只适用于地表水、地下水、饮用水和生活污水中 COD 的测定，含 Cl^- 较高的工业废水则应采用 $K_2Cr_2O_7$ 法测定。在煮沸过程中，$KMnO_4$ 和还原性物质作用：

$$4MnO_4^- + 5C + 12H^+ = 4Mn^{2+} + 5CO_2 \uparrow + 6H_2O$$

剩余的 $KMnO_4$ 用 $Na_2C_2O_4$ 还原：

$$2MnO_4^- + 5C_2O_4^{2-} + 16H^+ = 2Mn^{2+} + 10CO_2 \uparrow + 8H_2O$$

再以 $KMnO_4$ 返滴 $Na_2C_2O_4$ 过量部分，通过实际消耗量来计算水中还原性物质的量。

任务五　碘量法测定脱硫石膏中亚硫酸钙含量

〖教学目标〗

1. 知识目标

（1）了解脱硫石膏产生的过程；

（2）了解亚硫酸钙对石膏品质的影响；

（3）掌握碘量法测定时的操作步骤。

2. 能力目标

（1）掌握间接碘量法的应用；

（2）了解淀粉指示剂变色的过程。

【任务描述】

火电厂湿法脱硫的副产物石膏是一种可以利用的再生资源。其品质的好坏直接影响着后续利用的效果。通常脱硫石膏的品质控制指标有含水率、硫酸钙含量、氯离子含量等。其中的硫酸钙含量主要受到脱硫塔内浆液氧化效率、浆液搅拌情况、石灰石品质等因素的影响。本任务就是要通过学习掌握亚硫酸根测定的方法，熟悉脱硫石膏品质监督的标准，判断石膏品质，从而给脱硫运行调整提供相关的参考。

本任务重点掌握碘量法的使用以及淀粉指示剂变色的相关原理。

【任务准备】

（1）什么是碘量法？碘量法应用的范围是什么？碘标准溶液如何配制？如何标定？

（2）亚硫酸根测定原理是什么？本实验用到哪些药品？数据应如何处理？

【任务实施】

一、溶液配制

1. $c_{1/2Na_2S_2O_3} = 0.1mol/L$ 溶液配制（参考任务二）

2. 0.1mol/L 碘溶液的配制与标定

称取 10.8g KI，溶于 10mL 蒸馏水中，再用表面皿称取 I_2 约 6.5g，溶于上述溶液中，加一滴浓盐酸，稀释至 250mL，摇匀，用玻璃漏斗过滤后储存于棕色试剂瓶中并置于暗处。

二、样品准备

（1）用吸液管将 10mL I_2 溶液和大约 10mL 除盐水移至 250mL 锥形瓶内，以 0.1mg 精度称量约 1g 固体 [质量记为 $m(mg)$]，再加碘酒。

（2）用电磁搅拌器搅拌样品溶液约 5min，在此期间内溶液不能变色。如果碘酒量不足，再立即加 10mL 碘酒溶液，记录添加碘酒的量 $V(mL)$。混合物溶液的 pH 值应在 1～2 之间，否则需再加硫酸。

三、样品测定

在样品溶液中加入 100mL 去离子水，多余的碘酒用 0.1mol/L $Na_2S_2O_3$ 溶液滴定，加入 1mL 淀粉指示剂，颜色由蓝色滴定到恰至无色，记录消耗 $Na_2S_2O_3$ 溶液的量 $b(mL)$。

四、数据处理

1. 数据记录

记录开始时加入的碘酒的体积和浓度，滴定时消耗的 $Na_2S_2O_3$ 溶液初始体积 $V_初$ 和终点体积 $V_末$。

2. 结果计算

$$\omega = \frac{(V-b) \times 0.1 \times 129.14}{2 \times m} \times 100 \tag{6-6}$$

式中　V——加入碘酒的体积，mL；

　　　b——消耗的 $Na_2S_2O_3$ 溶液体积，mL；

　　　m——称取的石膏样品的质量，g；

　　129.14——为亚硫酸钙的摩尔质量，g。

📖【相关知识】

一、碘量法的原理

1. 直接碘量法

直接碘量法是用碘滴定液直接滴定还原性物质的方法。在滴定过程中，I_2 被还原为 I^-，即

$$I_2 + Na_2SO_3 + H_2O = 2HI + Na_2SO_4$$

直接碘量法只能在酸性、中性或弱碱性溶液中进行，如果溶液 pH＞9，可发生副反应使测定结果不准确。直接碘量法可用淀粉指示剂指示终点。淀粉遇碘显蓝色，反应极为灵敏。化学计量点稍后，溶液中有过量的碘与淀粉结合显蓝色而指示终点到达。直接碘量法还可利用碘自身的颜色指示终点，化学计量点后，溶液中稍过量的碘显黄色而指示终点。

2. 间接碘量法

间接碘量法是在样品（还原性物质）溶液中先加入定量、过量的碘滴定液，待 I_2 与测定组分反应完全后，然后用硫代硫酸钠滴定液滴定剩余的碘，以求出待测组分含量的方法。滴定反应为

$$6I^- + Cr_2O_7^{2-} + 14H^+ = 3I_2 + 2Cr^{3+} + 7H_2O$$
$$I_2 + 2S_2O_3^{2-} = 2I^- + S_4O_6^{2-}$$

使用间接碘量法时，用淀粉作指示剂。淀粉指示剂应在近终点时加入，因为当溶液中有大量碘存在时，碘易吸附在淀粉表面，影响终点的正确判断。

二、脱硫石膏产生过程

湿式石灰石-石膏法的化学过程如下：在有水存在的情况下，气相 $SO_2(g)$ 溶解在水中 $SO_2(aq)$ 并生成 H^+、HSO_3^- 和 SO_3^{2-}，即

$$SO_2 + H_2O \longrightarrow H_2SO_3$$
$$H_2SO_3 \longrightarrow H^+ + HSO_3^-$$
$$HSO_3^- \longrightarrow H^+ + SO_3^{2-}$$

产生的 H^+ 促进了 $CaCO_3$ 的溶解，生成一定浓度的 Ca^{2+}，即

$$H^+ + CaCO_3 \longrightarrow Ca^{2+} + HCO_3^-$$

Ca^{2+} 与 SO_3^{2-} 或 HSO_3^- 结合，生成 $CaSO_3$ 和 $Ca(HSO_3)_2$，即

$$Ca^{2+} + SO_3^{2-} \longrightarrow CaSO_3$$

$$Ca^{2+} + 2H_2SO_3 \longrightarrow Ca(HSO_3)_2$$

反应过程中，一部分 SO_3^{2-} 和 HSO_3^- 被氧化成 SO_4^{2-} 和 HSO_4^-，即

$$SO_3^{2-} + 1/2O_2 \longrightarrow SO_4^{2-}$$

$$HSO_3^- + 1/2O_2 \longrightarrow HSO_4^-$$

吸收液中存在的大量 SO_3^{2-} 和 HSO_3^-，可以通过鼓入空气进行强制氧化转化为 SO_4^{2-}，最后生成石膏结晶，即

$$Ca^{2+} + SO_4^{2-} + 2H_2O \longrightarrow CaSO_4 \cdot 2H_2O$$

任务六　工业过氧化氢中 H_2O_2 含量的测定

【教学目标】

1. 知识目标
(1) 了解 H_2O_2 相关性质；
(2) 了解 H_2O_2 在工业上的应用；
(3) 掌握 $KMnO_4$ 法测定的实验步骤。
2. 能力目标
(1) 掌握工业过氧化氢中 H_2O_2 含量的测定的方法及步骤；
(2) 掌握 $KMnO_4$ 标准溶液的配制标定方法；
(3) 掌握结果计算方法。

【任务描述】

在掌握了 $KMnO_4$ 标准溶液和 $Na_2C_2O_4$ 标准溶液的配制和标定的基础上，熟悉 $KMnO_4$ 与 $Na_2C_2O_4$ 的反应条件，通过实验来掌握 $KMnO_4$ 作为自身指示剂变色的特点。在测定双氧水中 H_2O_2 的含量的过程中，应及时正确地记录数据，养成严谨细致的工作习惯。

双氧水有较强的氧化性，在操作过程中移取时注意不要和皮肤接触，一旦有接触立即用大量清水冲洗。

【任务准备】

(1) $KMnO_4$ 的配制及标定方法是什么（参考任务一）？测定过程的原理是什么？
(2) 实验中到哪些药品和仪器？滴定终点的现象如何判断？结果如何计算？

【任务实施】

一、$KMnO_4$ 标准溶液的标定
(1) 准确称取 $0.13\sim0.16g$ 预先干燥过的 $Na_2C_2O_4$ 于 250mL 锥形瓶中。
(2) 加入 60mL 蒸馏水和 10mL 6.0mol/L 的 H_2SO_4 溶液，在加热板慢慢加热直到有蒸汽冒出，趁热用待标定的 $KMnO_4$ 溶液进行滴定。

（3）开始滴定时，速度宜慢，待第一滴 $KMnO_4$ 溶液滴入紫红色退去后再滴入第二滴。

（4）当溶液中有 Mn^{2+} 产生后，滴定速度可适当加快。边滴边摇动，直到溶液刚显微红色并保持半分钟不褪色为终点。重复测定 2 份，计算 $KMnO_4$ 物质的量的浓度。

二、过氧化氢含量测定

（1）用移液管移取 2.00mL 30％H_2O_2 置于 250mL 容量瓶中，加蒸馏水稀释至刻度。

（2）移取该溶液 25.00mL 于锥形瓶中，加入 60mL 水和 10mL 6.0mol/L H_2SO_4，混匀。

（3）用 $KMnO_4$ 标准溶液滴定至微红色在半分钟内不褪色为终点。

（4）重复测定 3 次。

三、数据处理

1. 数据记录

$KMnO_4$ 溶液标定环节记录称量的基准物 $Na_2C_2O_4$ 的质量、移取的 $Na_2C_2O_4$ 溶液的体积、滴定用 $KMnO_4$ 溶液的体积。计算 $KMnO_4$ 溶液的浓度。

测定环节记录滴定用 $KMnO_4$ 的初始读数 $V_初$ 和滴定终点读数 $V_末$，计算消耗的 $KMnO_4$ 溶液体积 V_{KMnO_4}。

2. 结果计算

$$c_{KMnO_4} = \frac{\omega_{Na_2C_2O_4}}{V_{KMnO_4} \times \frac{5}{2} M_{Na_2C_2O_4}} \qquad (6\text{-}7)$$

式中　　$\omega_{Na_2C_2O_4}$——称取的 $Na_2C_2O_4$ 质量，g；

V_{KMnO_4}——消耗的 $KMnO_4$ 的体积，mL；

$M_{Na_2C_2O_4}$——$Na_2C_2O_4$ 的摩尔质量，g/mol。

$$H_2O_2 \%(g/mL) = \frac{5 \times c_{KMnO_4} \times V_{KMnO_4} \times \frac{M_{H_2O_2}}{1000}}{2 \times V_{H_2O_2} \times \frac{25.00}{250.00}} \times 100\% \qquad (6\text{-}8)$$

式中　　c_{KMnO_4}——$KMnO_4$ 溶液的浓度，mol/L；

V_{KMnO_4}——消耗的 $KMnO_4$ 的体积，mL；

$M_{H_2O_2}$——过氧化氢的摩尔质量，g/mol；

$V_{H_2O_2}$——过氧化氢样品的体积，mL。

【相关知识】

一、实验原理

标定 $KMnO_4$ 溶液常用分析纯 $Na_2C_2O_4$。在酸性溶液中的反应为

$$2MnO_4^- + 5C_2O_4^{2-} + 16H^+ = 2Mn^{2+} + 8H_2O + 10CO_2 \uparrow$$

达计量点时，其定量关系为 $5n_{KMnO_4} = 2n_{Na_2C_2O_4}$。此反应要在 H_2SO_4 酸性介质中，溶液预热至 75～85℃和有 Mn^{2+} 催化作用条件下进行。滴定开始时，反应很慢，$KMnO_4$ 溶液必须逐滴加入，如果滴加过快，$KMnO_4$ 在热溶液中会因部分分解而使结果产生误差。由于

$KMnO_4$ 溶液本身具有颜色，滴定时溶液中稍有过量的 MnO_4^- 即显粉红色，故不需另加指示剂。

在酸性溶液中 H_2O_2 很容易被 $KMnO_4$ 氧化，反应式为

$$2MnO_4^- + 5H_2O_2 + 6H^+ == 2Mn^{2+} + 8H_2O + 5O_2 \uparrow$$

达计量点时，$5n_{KMnO_4} = 2n_{H_2O_2}$。

二、过氧化氢的基本性质

过氧化氢的水溶液俗称双氧水，外观为无色透明液体，是一种强氧化剂，适用于伤口消毒及环境、食品消毒。化学工业用作生产过硼酸钠、过碳酸钠、过氧乙酸、亚氯酸钠、过氧化硫脲等的原料，酒石酸、维生素等的氧化剂。医药工业用作杀菌剂、消毒剂，以及生产福美双杀虫剂和 401 抗菌剂的氧化剂。印染工业用作棉织物的漂白剂，还原染料染色后的发色剂。用于生产金属盐类或其他化合物时除去铁及其他重金属，也用于电镀液，可除去无机杂质，提高镀件质量，还用于羊毛、生丝、皮毛、羽毛、象牙、猪鬃、纸浆、脂肪等的漂白。高浓度的过氧化氢可用作火箭动力燃料。

任务七　COD 的测定——重铬酸钾法

🐾【教学目标】

1. 知识目标
（1）掌握重铬酸钾法测定 COD 的原理；
（2）掌握重铬酸钾法测定 COD 的步骤。
2. 能力目标
（1）通过学习掌握水中 COD 重铬酸钾测定方法；
（2）对比高锰酸钾法测定结果和本法的测定结果区别，并分析原因。

🎙️【任务描述】

化学需氧量测定的标准方法以我国标准 GB 11914《水质化学需氧量的测定重铬酸盐法》和国际标准 ISO 6060《水质化学需氧量的测定》为代表，该方法氧化率高，再现性好，准确可靠，成为国际社会普遍公认的经典标准方法。然而这一经典标准方法还是存在不足之处：回流装置占的实验空间大，水、电消耗较大，试剂用量大，操作不便，难以大批量快速测定。

本次任务通过学习掌握水中 COD 的测定方法，熟悉回流过程的操作。得到结果后可以与任务五中的高锰酸钾法测定结果对比分析，判断两种方法各自的优缺点，分析两种方法中的误差引进原因，学会对过程和细节思考。

🌱【任务准备】

（1）COD 测定的方法有哪些？重铬酸钾测定 COD 的原理是什么？
（2）实验中用到哪些药品和仪器？实验中有哪些注意事项？

⚙️ 【任务实施】

一、样品处理

（1）取 20.00mL 混合均匀的水样（或适量水样稀释至 20.00mL）置 250mL 磨口的回流锥形瓶中。

（2）准确加入 10.00mL 重铬酸钾标准溶液及数粒小玻璃珠或沸石，连接磨口回流冷凝管。

（3）从冷凝管上口慢慢地加入 30mL 硫酸-硫酸银溶液，轻轻摇动锥形瓶使溶液混匀，加热。

（4）自开始沸腾时计时，回流 2h。

（5）冷却后用 90mL 水冲洗冷凝管壁，取下锥形瓶。溶液总体积不得少于 140mL，否则因酸度太大，滴定终点不明显。

二、试样测定

（1）溶液再度冷却后，加 3 滴试亚铁灵指示剂，用硫酸亚铁铵标准溶液滴定。

（2）溶液的终点由黄色经蓝绿色至红褐色即为终点。

（3）记录硫酸亚铁铵标准溶液的用量。

（4）测定水样的同时，以 20.00mL 重蒸馏水，按同样操作步骤做空白实验。

（5）记录滴定空白时硫酸亚铁铵标准溶液的用量。

三、数据处理

1. 数据记录

标定硫酸亚铁铵溶液时，记录硫酸亚铁铵溶液滴定前后的初始读数 $V_初$ 和终点读数 $V_末$，计算消耗的硫酸亚铁铵溶液的体积 $V_{(NH_4)_2Fe(SO_4)_2}$ 以及硫酸亚铁铵溶液浓度 c。

空白试验时，记录硫酸亚铁铵溶液滴定前后的初始读数 $V_初$ 和终点读数 $V_末$，计算消耗的硫酸亚铁铵溶液的体积 V_0。

测定水样时，记录水样体积 V、硫酸亚铁铵溶液滴定前后的初始读数 $V_初$ 和终点读数 $V_末$，计算消耗的硫酸亚铁铵溶液的体积 V_1。

2. 结果计算

$$\text{COD}_{\text{Cr}}(O_2, \text{mg/L}) = \frac{(V_1 - V_0) \times c \times 8 \times 1000}{V} \times 稀释倍数 \tag{6-9}$$

式中　c——硫酸亚铁铵标准溶液的浓度，mol/L；

　　　V_0——空白试验时硫酸亚铁铵标准溶液用量，mL；

　　　V_1——滴定水样时硫酸亚铁铵标准溶液用量，mL；

　　　V——水样的体积，mL；

　　　8——氧（1/2 氧原子）的摩尔质量，g/mol。

📖 【相关知识】

一、重铬酸钾的基本性质

重铬酸钾为橙红色三斜晶体或针状晶体；可由重铬酸钠与氯化钾或硫酸钾进行复分解反应而制得；溶于水，不溶于乙醇。用于制铬矾、火柴、铬颜料，并供鞣革、电镀、有机合成等用；加热到 241.6℃时三斜晶系转变为单斜晶系，强热约 500℃时分解为三氧化铬和铬酸钾；不吸湿潮解，不生成水合物（不同于重铬酸钠）；遇浓硫酸有红色针状晶体铬酸酐析出，对其加热则分解放出氧气，生成硫酸铬，使溶液的颜色由橙色变成绿色；稍溶于冷水，水溶液呈酸性；有毒，空气中最高允许浓度 $0.01mg/m^3$。在盐酸中冷时不起作用，热时则产生氯气；为强氧化剂；与有机物接触摩擦、撞击能引起燃烧；与还原剂反应生成三价铬离子；经流行病学调查表明，对人有潜在致癌危险性。

二、COD 测定原理

重铬酸钾法测定 COD 是在强酸性溶液中，以一定量的重铬酸钾氧化水样中的还原性物质，过量的重铬酸钾以试亚铁灵做指示剂，用硫酸亚铁铵溶液回滴。根据用量算出水样中还原性物质消耗氧的量。

酸性重铬酸钾氧化性很强，可氧化大部分有机物，加入硫酸银做催化剂时，直链脂肪族化合物可完全被氧化，而芳香族有机物却不易被氧化，吡啶不被氧化，挥发性直链脂肪族化合物、苯等有机物存在于蒸汽相，不能与氧化剂液体接触，氧化不明显。氯离子能被重铬酸钾氧化，并且能与硫酸银作用产生沉淀，影响测定结果，故在回流前向水样中加入硫酸汞，使之成为络合物以消除干扰。

三、所需药品及其配制方法

（1）重铬酸钾标准溶液（$c_{1/6K_2Cr_2O_7} = 0.2500mol/L$）：称取预先在 120℃烘干 2h 的优级纯重铬酸钾 12.258g 溶于水中，移入 1000mL 容量瓶，稀释至标线并摇匀。

（2）试亚铁灵指示剂：称取 1.485g 邻菲啰啉（$C_{12}H_8N_2 \cdot H_2O$，1，10-phenanthnoline）、0.695g 硫酸亚铁（$FeSO_4 \cdot 7H_2O$）溶于水中，稀释至 100mL，储存于棕色瓶中。

（3）硫酸亚铁铵标准溶液 $c_{(NH_4)_2Fe(SO_4)_2} \approx 0.1mol/L$：称取 39.5g 硫酸亚铁铵 $[(NH_4)_2Fe(SO_4)_2 \cdot 6H_2O]$ 溶于水中，边搅拌边缓慢加入 20mL 浓硫酸，冷却后移入 1000mL 容量瓶中，加水稀释至标线并摇匀。用前用重铬酸钾标准溶液标定。

标定方法：准确吸取 10.00mL 重铬酸钾标准溶液于 500mL 锥形瓶中，加水稀释至 110mL 左右，缓慢加入 30mL 浓硫酸，混匀。冷却后，加入 3 滴试亚铁灵指示剂，用硫酸亚铁铵溶液滴定，溶液的颜色由黄色经蓝绿色至红褐色即为终点，计算式为

$$c = \frac{0.2500 \times 10.00}{V_{(NH_4)_2Fe(SO_4)_2}} \tag{6-10}$$

式中　　　　c——硫酸亚铁铵标准溶液的浓度，mol/L；

$V_{(NH_4)_2Fe(SO_4)_2}$——硫酸亚铁铵标准溶液的用量，mL。

（4）硫酸—硫酸银溶液：于 500mL 浓硫酸中加入 5g 硫酸银。放置 1～2 天，不时摇动使其溶解。

（5）硫酸汞：结晶或粉末。

♦【学习情境总结】

氧化还原滴定的基本内容如图 6-2 所示。

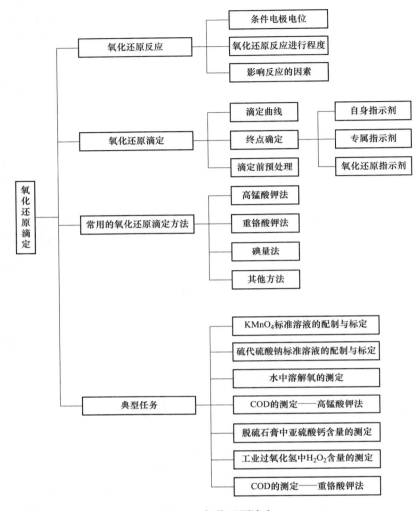

图 6-2　氧化还原滴定

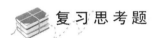复习思考题

1. 配制 $KMnO_4$ 标准溶液时，为什么要把 $KMnO_4$ 溶液煮沸一定时间并放置数天？为什么还要过滤？是否可用滤纸过滤？

2. 标定 $KMnO_4$ 溶液浓度时，H_2SO_4 加入量对标定有何影响？可否用盐酸或硝酸来代替？

3. 用 $Na_2C_2O_4$ 标定 $KMnO_4$ 溶液浓度时，为什么要加热？温度是否越高越好，为什么？

4. $KMnO_4$ 用作氧化剂有哪些特征？其氧化性何以强烈依赖于介质的酸度？

5. 用草酸钠标定高锰酸钾标准溶液反应的条件有哪些？指示剂是什么？

6. 配制碘标准溶液应注意些什么问题？具体措施是什么？

7. 碘量法的主要误差来源有哪些？如何消除？

8. 用 $Na_2C_2O_4$ 标定 MnO_4^- 溶液浓度时的滴定条件是什么？

9. 何配制碘标准溶液，为什么碘标准溶液中需保持有过量的碘离子？

10. 用基准 KIO_3 标定 $Na_2S_2O_3$ 溶液。称取 KIO_3 0.885 6g，溶解后转移至 250mL 量瓶中，稀释至刻度，取出 25.00mL，在酸性溶液中与过量 KI 反应，析出的碘用 $Na_2S_2O_3$ 溶液滴定，用去 24.32mL，求 $Na_2S_2O_3$ 溶液浓度（单位 mol/L）？（KIO_3：214.00）

11. 称取铁矿石 0.500 0g，用酸溶解后加 $SnCl_2$，Fe^{3+} 将还原为 Fe^{2+}，然后用 24.50mL $KMnO_4$ 标准溶液滴定。已知 1mL $KMnO_4$ 相当于 0.012 60g $H_2C_2O_4 \cdot 2H_2O$，问矿样中 Fe 的质量分数是多少？（$H_2C_2O_4 \cdot 2H_2O$：126.07，Fe：55.85）

12. 称取含钡试样 1.000g，加入沉淀剂将 Ba^{2+} 沉淀为 $Ba(IO_3)_2$，用酸溶解沉淀后，加入过量 KI，生成的 I_2 用 $Na_2S_2O_3$ 标准溶液液滴定（0.050 00mol/L），消耗 20.05mL，计算试样中钡的含量？（Ba：137.3）。

13. 称取一定量的纯草酸溶解后定容至 100mL，移取 25.00mL 用 0.200 0mol/L 的 NaOH 标定，耗去 20.21mL；另取等量一份，若用 0.050 00mol/L 的 $KMnO_4$ 标准溶液滴定，则需消耗多少 $KMnO_4$ 可以滴定至终点？（草酸的 $Ka1 = 6.5 \times 10^{-2}$，$Ka2 = 6.1 \times 10^{-5}$）

14. 称取 0.508 5g 某含铜试样，溶解后加入过量 KI，以 0.103 4mol/L $Na_2S_2O_3$ 溶液滴定释放出来的 I_2，耗去 27.16mL。试求该试样中 Cu^{2+} 的质量分数。（Cu：63.54）

15. 称取 0.108 2g 的 $K_2Cr_2O_7$，溶解后，酸化并加入过量的 KI，生成的 I_2 需用 21.98mL 的 $Na_2S_2O_3$ 溶液滴定，问 $Na_2S_2O_3$ 溶液的浓度为多少（单位 mol/L）？

16. 称取 Pb_3O_4 试样 0.100 0g，用 HCl 加热溶解，然后加入 0.02mol/L 的 $K_2Cr_2O_7$ 溶液 25.00mL，析出 $PbCrO_4$ 沉淀；冷却后过滤，将 $PbCrO_4$ 沉淀用酸溶解，溶液中加入 KI 和淀粉溶液，生成的 I_2 用 0.100 0mol/L $Na_2S_2O_3$ 溶液滴定时消耗 12.00mL，求试样中 Pb_3O_4 的含量。（Pb_3O_4：685.6）

学习情境七

沉淀滴定和重量分析法

【学习情境描述】

本情境设计以下四项任务：水中氯化物的测定——莫尔法、氯化物的测定——汞盐滴定法、粉煤灰中 SO_3 含量的测定、水中 SiO_2 含量的测定。

通过对水中氯化物的测定内容的学习和实践，使学生能掌握沉淀的溶解度及其影响因素，掌握沉淀滴定法的基本原理，掌握沉淀滴定指示剂作用原理；学会用莫尔法测定样品中氯的含量；掌握佛尔哈德法和法扬司法测定氯离子的原理；掌握氯化物的测定—汞盐滴定法。通过对粉煤灰中 SO_3 含量和水中 SiO_2 含量测定方法的学习和实践，使学生掌握重量分析法对沉淀形式和称量形式的要求，掌握无定型沉淀和晶型沉淀操作要求，掌握重量分析结果的计算方法。

【教学目标】

1. 知识目标

(1) 掌握沉淀的溶解度及其影响因素；

(2) 掌握沉淀滴定法的基本原理；

(3) 掌握沉淀滴定指示剂作用原理；

(4) 掌握佛尔哈德法和法扬司法测定氯离子的原理；

(5) 掌握重量分析法对沉淀形式和称量形式的要求；

(6) 掌握无定型沉淀和晶型沉淀的操作要求。

2. 能力（技能）目标

(1) 掌握样品中氯含量的测定方法——莫尔法；

(2) 掌握氯化物的测定——汞盐滴定法；

(3) 掌握重量分析结果的计算方法；

(4) 掌握 SO_3 含量、SiO_2 含量的测定方法——重量法。

【教学环境】

教学场所具有黑板、计算机、投影仪，可播放 PPT 课件及教学视频。实训场所具有移液管、容量瓶、滴定管等玻璃器皿、分析天平、化学试剂、电阻炉、马弗炉。

【相关知识】

一、沉淀滴定法

（一）概述

1. 沉淀滴定法基本概念

沉淀滴定法是以沉淀反应为基础的一种滴定分析方法。

2. 沉淀滴定反应需满足的条件

虽然沉淀反应很多，但是能用于滴定分析的沉淀反应必须符合下列几个条件：

（1）沉淀反应必须迅速，并按一定的化学计量关系进行。

（2）生成的沉淀应具有恒定的组成，而且溶解度必须很小。

（3）有确定化学计量点的简单方法。

（4）沉淀的吸附现象不影响滴定终点的确定。

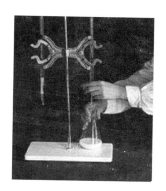

图 7-1　沉淀滴定反应示意

由于上述条件的限制，能用于沉淀滴定法的反应并不多，目前有实用价值的主要是形成难溶性银盐的反应，例如：

$$Ag^+ + Cl^- = AgCl\downarrow（白色）$$
$$Ag^+ + SCN^- = AgSCN\downarrow（白色）$$

这种利用生成难溶银盐反应进行沉淀滴定的方法称为银量法。用银量法主要用于测定 Cl^-、Br^-、I^-、Ag^+、CN^-、SCN^- 等离子及含卤素的有机化合物。

本学习情境主要讨论银量法。根据滴定方式的不同、银量法可分为直接法和间接法。直接法是用 $AgNO_3$ 标准溶液直接滴定待测组分的方法。间接法是先于待测试液中加入一定量的 $AgNO_3$ 标准溶液，再用 NH_4SCN 标准溶液来滴定剩余的 $AgNO_3$ 溶液的方法。

3. 沉淀溶解平衡和溶度积

在一定温度下，难溶电解质晶体放入水中，能发生溶解和沉淀两个过程。以 $AgCl$ 为例，$AgCl$ 中的 Ag^+ 和 Cl^- 在水分子的作用下，不断由晶体表面进入溶液中，成为自由运动的离子，此过程称为溶解。与此同时，已溶解在溶液中的 Ag^+ 和 Cl^- 在不断运动中相互碰撞或与未溶解的 $AgCl(s)$ 表面碰撞，以固体 $AgCl$ 的形式析出，此过程称为沉淀（或结晶）。

任何难溶电解质的溶解和沉淀过程都是可逆的。开始时，溶解速率较大，沉淀速率较小。在一定条件下，当沉淀和溶解速率相等时，就建立了一种动态的多相离子平衡，即沉淀溶解平衡，即

$$AgCl(s) \rightleftharpoons Ag^+ + Cl^-$$

其标准平衡常数为

$$K_{sp} = [Ag^+] \cdot [Cl^-] \tag{7-1}$$

式中　　　　　　　K_{sp}——溶度积常数，简称溶度积；

$[Ag^+]$ 和 $[Cl^-]$——饱和溶液中 Ag^+ 和 Cl^- 的浓度。

对于一般的沉淀反应来说

$$A_mB_n(s) \rightleftharpoons mA^{n+} + nB^{m-}$$

$$K_{sp} = [A^{n+}]^m \cdot [B^{m-}]^n \tag{7-2}$$

式中　　m、n——沉淀—溶解方程式中 A、B 的化学计量数。

　　溶度积常数的大小可以反映难溶电解质溶解能力的相对强弱。同时，溶度积数值在稀溶液中不受其他离子存在的影响，只取决于温度，温度升高，多数难溶电解质的溶度积增大。

　　4. 分步沉淀

　　上述所讨论的沉淀反应都是一种试剂只能使溶液中的一种离子产生沉淀的情况。实际上，溶液中往往含有多种离子，即当加入某种沉淀试剂时，溶液中的多种离子会相继生成沉淀，这种现象称为分步沉淀。实验证明，在 1.0 L 含有相同浓度（1×10^{-3} mol/L）的 I^- 和 Cl^- 的混合溶液中，先加 1 滴（约 0.05 mL）1×10^{-3} mol/L $AgNO_3$ 溶液，此时只有黄色的 AgI 沉淀析出；如果继续滴加 $AgNO_3$ 溶液，才有白色的 AgCl 沉淀析出。

　　根据溶度积规则，可以说明上述实验事实：

$$AgI(s) \rightleftharpoons Ag^+ + I^-$$

$$K_{spAgI} = [Ag^+] \cdot [I^-]$$

当 $[I^-] = 1.0 \times 10^{-3}$ mol/L 时，析出 AgI（s）所需 Ag^+ 的最低浓度为

$$[Ag^+] = \frac{K_{sp,AgI}}{[I^-]} = \frac{9.3 \times 10^{-17}}{1.0 \times 10^{-3}} = 9.3 \times 10^{-14} \text{ mol/L}$$

$$AgCl(s) \rightleftharpoons Ag^+ + Cl^-$$

$$K_{sp,AgCl} = [Ag^+] \cdot [Cl^-]$$

当 $[Cl^-] = 1.0 \times 10^{-3}$ mol/L 时，析出 AgCl(s) 所需 Ag^+ 的最低浓度为

$$[Ag^+] = \frac{K_{sp,AgCl}}{[Cl^-]} = \frac{1.8 \times 10^{-10}}{1.0 \times 10^{-3}} = 1.8 \times 10^{-7} \text{ mol/L}$$

　　由计算结果可知，开始沉淀 I^- 时所需要的 Ag^+ 浓度比开始沉淀 Cl^- 时所需的 Ag^+ 浓度要小得多。当向含有 I^- 和 Cl^- 的溶液中逐滴慢慢加入 $AgNO_3$ 稀溶液时，Ag^+ 浓度逐渐增加，当 $[Ag^+] \cdot [I^-] \geqslant K_{sp,AgI}$ 时，AgI 沉淀开始析出，继续滴加 $AgNO_3$，只有当 $[Ag^+]$ 增大到一定程度时，使 $[Ag^+] \cdot [Cl^-] \geqslant K_{sp,AgCl}$ 才能有 AgCl 淀淀析出。总之，对于相同类型的难溶电解质，在被沉淀的离子浓度相同或相近的情况下，逐滴加入沉淀剂时，溶度积小的沉淀先析出，溶度积大的后析出，溶度积相差越大，就越有可能利用分步沉淀将它们分离开。

　　当溶液中存在多种可被沉淀的离子，加入沉淀剂生成不同类型的难溶电解质时，也是对应的离子积（离子浓度的乘积）首先达到溶度积的难溶电解质先析出沉淀。

　　某些难溶电解质既不溶于水也不溶于酸，也不能用配位溶解和氧化还原溶解把它直接溶解。但可以把一种难溶电解质转化为另一种难溶电解质，然后使其溶解。这种从一种沉淀转化为另一种沉淀的过程，称为沉淀的转化。

　　如锅炉中的垢，其中含有 $CaSO_4$，可以用 Na_2CO_3 溶液处理，使 $CaSO_4$ 转化为疏松的且可溶于酸的 $CaCO_3$ 沉淀，这样就容易把垢清除掉。反应式如下：

$$CaSO_4(s) + CO_3^{2-} \rightleftharpoons CaCO_3(s) + SO_4^{2-}$$

此反应的平衡常数为　$K = \dfrac{K_{sp,CaSO_4}}{K_{sp,CaCO_3}} = \dfrac{9.1 \times 10^{-6}}{2.9 \times 10^{-9}} = 3.14 \times 10^3$

　　计算表明：沉淀反应的平衡常数较大，说明从 $CaSO_4$ 到 $CaCO_3$ 的转化较易进行，即溶

解度大的沉淀可以转化为溶解度较小的沉淀。

5. 沉淀滴定曲线

以 0.100 0mol/L AgNO₃ 滴定 20.00ml 0.100 0mol/L NaCl 为例。

（1）计量点之前。滴定之前，为 NaCl 溶液，$[Ag^+]=0$。

滴定开始至计量点之前，由于同离子效应，AgCl 沉淀所溶解出的 Cl^- 很少，一般可忽略。因此，可根据溶液中某一时刻的 $[Cl^-]$ 和 $K_{sp,AgCl}$ 来计算此时的 $[Ag^+]$ 和 pAg（Ag^+ 浓度的负对数）。

例如，滴入 AgNO₃ 标准溶液 19.98mL 时，则

$$[Cl^-] = \frac{0.100\,0 \times (20.00 - 19.98)}{19.98 + 20.00} = 5.0 \times 10^{-5}\,mol/L$$

$$[Ag^+] = \frac{K_{sp,AgCl}}{[Cl^-]} = \frac{1.8 \times 10^{-10}}{5 \times 10^{-5}} = 3.6 \times 10^{-6}\,mol/L$$

$$pAg = 5.44$$

（2）计量点时。计量点时已滴入 20.00mL 0.100 0mol/L AgNO₃ 溶液，可以认为 Ag^+ 与 Cl^- 的量完全由 AgCl 溶解所产生，且 $[Ag^+]=[Cl^-]$，则 pAg＝4.87。

（3）计量点后。计量点后，假设滴入 20.02mL AgNO₃，则 pAg＝4.3。

以 0.100 0mol/L AgNO₃ 标准溶液的滴入量（mL）为横坐标，以对应的 pAg 为纵坐标，绘制的曲线为沉淀滴定曲线（见图 7-2）。可见 AgNO₃ 标准溶液滴定水中 Cl^- 的突跃范围是 pAg＝5.44～4.3；沉淀滴定的突跃范围与滴定剂和被沉淀物质的浓度有关，滴定剂的浓度越大，滴定突跃就越大。除此之外，还与沉淀的 K_{sp} 大小有关，沉淀的 K_{sp} 值越大，即沉淀的溶解度越大，滴定突跃就越小。

例如：AgCl 的 $K_{sp} = 1.8 \times 10^{-10}$，而 AgI 的 $K_{sp} = 8.3 \times 10^{-17}$，因此，用 AgNO₃ 滴定 Cl^- 的突跃就比滴定同浓度的 I^- 时的突跃小（见图 7-2）。

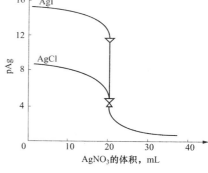

图 7-2　0.100 0mol/L AgNO₃ 滴定同浓度 NaCl 或 NaI 的滴定曲线

（二）银量法滴定终点的确定

根据确定滴定终点所采用的指示剂不同，银量法分为莫尔法、佛尔哈德法和法扬司法。

1. 莫尔法——铬酸钾作指示剂法

莫尔法是以 K_2CrO_4 为指示剂，在中性或弱碱性介质中用 AgNO₃ 标准溶液测定卤素混合物含量的方法。

（1）指示剂的作用原理。以测定 Cl^- 为例，K_2CrO_4 作指示剂，用 AgNO₃ 标准溶液滴定，其反应为

$$Ag^+ + Cl^- = AgCl\downarrow（白色），\quad K_{sp,AgCl} = 1.8 \times 10^{-10}$$

$$2Ag^+ + CrO_4^{2-} = Ag_2CrO_4\downarrow（砖红色），\quad K_{sp,Ag_2CrO_4} = 1.1 \times 10^{-12}$$

这个方法的依据是多级沉淀原理，由于 AgCl 的溶解度比 Ag_2CrO_4 的溶解度小，因此在用 AgNO₃ 标准溶液滴定时，AgCl 先析出沉淀，当滴定剂 Ag^+ 与 Cl^- 达到化学计量点时，微过量的 Ag^+ 与 CrO_4^{2-} 反应析出砖红色的 Ag_2CrO_4 沉淀，指示滴定终点的到达。

（2）滴定条件。

1）指示剂用量。用 $AgNO_3$ 标准溶液滴定 Cl^- 时，指示剂 K_2CrO_4 的用量对终点指示有较大的影响，CrO_4^{2-} 浓度过高或过低，Ag_2CrO_4 沉淀的析出就会过早或过迟，就会产生一定的终点误差。因此要求 Ag_2CrO_4 沉淀应该恰好在滴定反应的化学计量点时出现。化学计量点时 $[Ag^+]$ 为

$$[Ag^+] = [Cl^-] = \sqrt{K_{sp,AgCl}} = \sqrt{1.8 \times 10^{-10}} = 1.35 \times 10^{-5} \, mol/L$$

若此时恰有 Ag_2CrO_4 沉淀，则所需的最低 $[CrO_4^{2-}]$ 为

$$[CrO_4^{2-}] = \frac{K_{sp,Ag_2CrO_4}}{[Ag^+]^2} = \frac{1.2 \times 10^{-12}}{(1.35 \times 10^{-5})^2} = 6.6 \times 10^{-3} \, mol/L$$

在具体滴定时，由于 K_2CrO_4 显黄色，当浓度较高时颜色较深，会使终点的观察发生困难，引入误差。因此，指示剂的浓度还是略低一些好，一般滴定溶液中所含的 CrO_4^{2-} 浓度约为 5×10^{-3}（mol/L），即在终点时每 100mL 悬浮液中约含有 2mL 5‰ K_2CrO_4 溶液。显然，由于采用的 $[CrO_4^{2-}]$ 比理论值略低，要使 Ag_2CrO_4 沉淀析出，必须多加一些 $AgNO_3$ 溶液，这样滴定剂就过量了。同时，由于要观察到 Ag_2CrO_4 沉淀的砖红色，需要有一定的数量，这样也会使 $AgNO_3$ 过量。基于这两个原因，还必须用蒸馏水做空白试验来减去 CrO_4^{2-} 消耗的这部分 $AgNO_3$ 的量。空白试验是用蒸馏水代替水样，其他所加试剂均与测量的相同。

2）滴定时的酸度。在酸性溶液中，CrO_4^{2-} 有如下反应：

$$2CrO_4^{2-} + 2H^+ \rightleftharpoons 2HCrO_4^- \rightleftharpoons Cr_2O_7^{2-} + H_2O$$

因而降低了 CrO_4^{2-} 的浓度，使 Ag_2CrO_4 沉淀出现过迟，甚至不会沉淀。

在强碱性溶液中，会有棕黑色 $Ag_2O\downarrow$ 沉淀析出：

$$2Ag^+ + 2OH^- \rightleftharpoons Ag_2O\downarrow + H_2O$$

因此，莫尔法只能在中性或弱碱性（pH＝6.5～10.5）溶液中进行。如果试液为酸性或强碱性，可用酚酞作指示剂，以稀 NaOH 溶液或稀 H_2SO_4 溶液调节至酚酞的红色刚好褪去，也可以用 $NaHCO_3$ 或 $Na_2B_4O_7$ 等中和，然后用 $AgNO_3$ 标准溶液滴定。如果溶液中有铵盐存在，则当溶液 pH 值较高时，则会有 NH_3 产生。

$$NH_4^+ + OH^- \rightleftharpoons NH_3 \cdot H_2O$$

过量的氨会与溶液中的 Ag^+ 形成银氨络离子 $Ag(NH_3)_2^+$ 致使 AgCl 和 Ag_2GrO_4 沉淀的溶解度增大，降低测定准确性。

实验表明：当 NH_3 的浓度小于 0.05mol/L 时，控制溶液的 pH 值在 6.5～7.2 范围内滴定，可得到准确的结果；当 NH_3 浓度大于 0.15mol/L 时，必须在滴定前将大量铵盐去除，否则将影响滴定的准确性。

特别注意：在滴定的过程中由于生成的 AgCl 沉淀容易吸附溶液中的 Cl^-，使溶液中 Cl^- 浓度降低，与之平衡的 Ag^+ 浓度增加，以致未到化学计量点时，Ag_2CrO_4 沉淀便过早产生而引入误差，故滴定时必须剧烈摇动，使被吸附的 Cl^- 释出。用莫尔法测定 Br^- 时，AgBr 吸附 Br^- 比 AgCl 吸附 Cl^- 严重，滴定时更要注意剧烈摇动，否则会引入较大误差。

3）应用范围。莫尔法主要用于测定 Cl^-、Br^- 和 Ag^+，如氯化物、溴化物纯度测定以及天然水中氯含量的测定。当试样中 Cl^- 和 Br^- 共存时，测得的结果是它们的总量。若测定

Ag^+，应采用返滴定法，即向 Ag^+ 的试液中加入过量的 NaCl 标准溶液，然后再用 $AgNO_3$ 标准溶液滴定剩余的 Cl^-（若直接滴定，先生成的 Ag_2CrO_4 转化为 AgCl 的速度缓慢，滴定终点难以确定）。莫尔法不宜测定 I^- 和 SCN^-，因为滴定生成的 AgI 和 AgSCN 沉淀表面会强烈吸附 I^- 和 SCN^-，使滴定终点过早出现，造成较大的滴定误差。

莫尔法的选择性较差，凡能与 CrO_4^{2-} 或 Ag^+ 生成沉淀的阳、阴离子均干扰滴定。比如 PO_4^{3-}，AsO_4^{3-}，SO_4^{2-}，S^{2-}，CO_3^{2-}，$C_2O_4^{2-}$ 等均干扰测定。有色离子如 Cu^{2+}，Co^{2+}，Ni^{2+} 等影响终点观察。Ba^{2+}，Pb^{2+} 能与 CrO_4^{2-} 生成 $BaCrO_4$，$PbCrO_4$ 沉淀，干扰滴定，可加入过量 Na_2SO_4 消除 Ba^{2+} 的干扰。高价金属离子 Al^{3+}、Fe^{3+}、Bi^{3+}、Sn^{4+} 等在中性和碱性介质中水解，也不应存在。

2. 佛尔哈德法——铁铵矾作指示剂

佛尔哈德法是在酸性介质中，以铁铵矾 $[NH_4Fe(SO_4)_2 \cdot 12H_2O]$ 作指示剂来确定滴定终点的一种银量法。该方法是将微溶化合物转化成更难溶的化合物进行分析测定的，即所谓的沉淀转化。沉淀的转化在水质分析和水处理中具有十分重要的作用。根据滴定方式的不同，佛尔哈德法分为直接滴定法和返滴定法两种。

（1）直接滴定法测定 Ag^+。在含有 Ag^+ 的 HNO_3 介质中，以铁铵矾作指示剂，用 NH_4SCN 标准溶液直接滴定，当滴定到化学计量点时，微过量的 SCN^- 与 Fe^{3+} 结合生成红色的 $[FeSCN]^{2+}$ 即为滴定终点。其反应式如下：

$$Ag^+ + SCN^- \longrightarrow AgSCN\downarrow（白色）$$
$$Fe^{3+} + SCN^- \longrightarrow [FeSCN]^{2+}（红色）$$

由于指示剂中的 Fe^{3+} 在中性或碱性溶液中将形成 $Fe(OH)^{2+}$、$Fe(OH)_2^+$ 等深色配合物，碱度再大，还会产生 $Fe(OH)_3$ 沉淀，因此滴定应在酸性（$0.3\sim1mol/L$）溶液中进行。

用 NH_4SCN 溶液滴定 Ag^+ 溶液时，生成的 AgSCN 沉淀能吸附溶液中的 Ag^+，使 Ag^+ 浓度降低，以致红色的出现略早于化学计量点。因此在滴定过程中需剧烈摇动，使被吸附的 Ag^+ 释放出来。

此法的优点在于可用来直接测定 Ag^+，并可在酸性溶液中进行滴定。

（2）返滴定法测定卤素离子。佛尔哈德法测定卤素和类卤素离子（如 Cl^-、Br^-、I^- 和 SCN^-）时应采用返滴定法。即在酸性（HNO_3 介质）溶液中，先加入已知过量的 $AgNO_3$ 标准溶液，再用铁铵矾作指示剂，用 NH_4SCN 标准溶液回滴剩余的 Ag^+，反应如下：

$$Ag^+ + Cl^- = AgCl\downarrow（白色），\quad K_{sp,AgCl} = 1.8 \times 10^{-10}$$
（过量）
$$Ag^+ + SCN^- = AgSCN\downarrow（白色），\quad K_{sp,AgSCN} = 0.49 \times 10^{-12}$$
（剩余）

终点指示反应　　　　　　$Fe^{3+} + SCN^- = [FeSCN]^{2+}（红色）$

用佛尔哈德法测定 Cl^-，滴定到临近终点时，经摇动后形成的红色会褪去，这是因为 AgSCN 的溶解度小于 AgCl 的溶解度，加入的 NH_4SCN 将与 AgCl 发生沉淀转化反应，即

$$AgCl + SCN^- = AgSCN\downarrow + Cl^-$$

所谓沉淀转化是将微溶化合物转化成更难溶的化合物的过程。由于沉淀的转化速率较慢，滴加 NH_4SCN 形成的红色随着溶液的摇动而消失。这种转化作用将继续进行到 Cl^- 与

SCN$^-$浓度之间建立一定的平衡关系，才会出现持久的红色，无疑滴定已多消耗了NH$_4$SCN标准溶液。为了避免上述现象的发生，通常采用以下措施：

1）试液中加入一定过量的AgNO$_3$标准溶液之后，将溶液煮沸，使AgCl沉淀凝聚，以减少AgCl沉淀对Ag$^+$的吸附。滤去沉淀，并用稀HNO$_3$充分洗涤沉淀，然后用NH$_4$SCN标准溶液回滴滤液中的过量Ag$^+$。

2）在滴入NH$_4$SCN标准溶液之前，加入有机溶剂硝基苯或邻苯二甲酸二丁酯或1,2-二氯乙烷。用力摇动后，有机溶剂将AgCl沉淀包住，使AgCl沉淀与外部溶液隔离，阻止AgCl沉淀与NH$_4$SCN发生转化反应。此法方便，但硝基苯有毒。

3）提高Fe^{3+}的浓度以减小终点时SCN$^-$的浓度，从而减小上述误差（实验证明，一般溶液中[Fe^{3+}]=0.2mol/L时，终点误差将小于0.1%）。

佛尔哈德法在测定Br$^-$、I$^-$和SCN$^-$时，滴定终点十分明显，不会发生沉淀转化，因此不必采取上述措施。但是在测定碘化物时，必须加入过量AgNO$_3$溶液之后再加入铁铵矾指示剂，以免I$^-$对Fe^{3+}的还原作用而造成误差。强氧化剂和氮的氧化物以及铜盐、汞盐都与SCN$^-$作用，因而干扰测定，必须预先除去。

3. 法扬司法——吸附指示剂法

法扬司法是以吸附指示剂确定滴定终点的一种银量法。

（1）吸附指示剂的作用原理。吸附指示剂是一类有机染料，它的阴离子在溶液中易被带正电荷的胶状沉淀吸附，吸附后结构改变，从而引起颜色的变化，指示滴定终点的到达。

现以AgNO$_3$标准溶液滴定Cl$^-$为例，说明指示剂荧光黄的作用原理。

荧光黄是一种有机弱酸，用HFI表示，在水溶液中可离解为荧光黄阴离子FI$^-$，呈黄绿色，即

$$HFI \rightleftharpoons FI^- + H^+$$

在化学计量点前，生成的AgCl沉淀在过量的Cl$^-$溶液中，AgCl沉淀吸附Cl$^-$而带负电荷，形成的（AgCl）·Cl$^-$不吸附指示剂阴离子FI$^-$，溶液呈黄绿色。达化学计量点时，微过量的AgNO$_3$可使AgCl沉淀吸附Ag$^+$形成（AgCl）·Ag$^+$而带正电荷，此带正电荷的（AgCl）·Ag$^+$吸附荧光黄阴离子FI$^-$，结构发生变化呈现粉红色，使整个溶液由黄绿色变成粉红色，指示终点的到达，即

$$（AgCl）·Ag^+ + FI^- \xrightarrow{\text{吸附}} （AgCl）·Ag·FI$$
$$\text{（黄绿色）} \qquad\qquad \text{（粉红色）}$$

（2）使用吸附指示剂的注意事项。为了使终点变色敏锐，应用吸附指示剂时需要注意以下几点：

1）保持沉淀呈胶体状态。由于吸附指示剂的颜色变化发生在沉淀微粒表面上，因此，应尽可能使卤化银沉淀呈胶体状态，以便具有较大的表面积。为此，在滴定前应将溶液稀释，并加糊精或淀粉等高分子化合物作为保护剂，以防止卤化银沉淀凝聚。

2）控制溶液酸度。常用的吸附指示剂大多是有机弱酸，而起指示剂作用的是它们的阴离子。酸度大时，H$^+$与指示剂阴离子结合成不被吸附的指示剂分子，无法指示终点。酸度的大小与指示剂的离解常数有关，离解常数大，酸度可以大些。例如荧光黄pK_a≈7，适用于pH=7～10的条件下进行滴定，若pH<7，荧光黄主要以HFI形式存在，不被

吸附。

3）避免强光照射。卤化银沉淀对光敏感，易分解析出银使沉淀变为灰黑色，影响滴定终点的观察，因此在滴定过程中应避免强光照射。

4）吸附指示剂的选择。沉淀胶体微粒对指示剂离子的吸附能力，应略小于对待测离子的吸附能力，否则指示剂将在化学计量点前变色。但不能太小，否则终点出现过迟。卤化银对卤化物和几种吸附指示剂的吸附能力的次序如下：

$$I^- > SCN^- > Br^- > 曙红 > Cl^- > 荧光黄$$

因此，滴定 Cl^- 不能选曙红，而应选荧光黄。表 7-1 中列出了几种常用的吸附指示剂及其应用。

表 7-1 常用吸附指示剂及其应用

指示剂	被测离子	滴定剂	滴定条件	终点颜色变化
荧光黄	Cl^-、Br^-、I^-	$AgNO_3$	pH＝7～10	黄绿→粉红
二氯荧光黄	Cl^-、Br^-、I^-	$AgNO_3$	pH＝4～10	黄绿→红
曙红	Br^-、SCN^-、I^-	$AgNO_3$	pH＝2～10	橙黄→红紫
溴酚蓝	生物碱盐类	$AgNO_3$	弱酸性	黄绿→灰紫
甲基紫	Ag^+	NaCl	酸性溶液	黄红→红紫

（3）应用范围。法扬司法可用于测定 Cl^-、Br^-、I^- 和 SCN^- 及生物碱盐类（如盐酸麻黄碱）等。测定 Cl^- 常用荧光黄或二氯荧光黄作指示剂，而测定 Br^-、I^- 和 SCN^- 常用曙红作指示剂。此法终点明显，方法简便，但反应条件要求较严，应注意溶液的酸度、浓度及胶体的保护等。

（三）沉淀滴定法在电厂的应用实例——水中氯离子的测定

氯离子是火电厂水质监督的重要项目之一，目前循环水中氯离子的测定多用莫尔法，即在被测水样中加入铬酸钾作指示剂，用 $AgNO_3$ 标准溶液滴定。滴定开始后，Cl^- 和 Ag^+ 先形成 AgCl 沉淀，待滴定到化学计量点附近时，由于 Ag^+ 浓度迅速增加，达到了 Ag_2CrO_4 的溶度积，此时立刻形成砖红色 Ag_2CrO_4 沉淀，指示出滴定的终点。一般情况下，终点控制在淡砖红色出现。

【例 7-1】 要测定 100mL 水样中的 Cl^-，用 0.105 5mol/L 的 $AgNO_3$ 标准溶液滴定，用去 6.00mL（已扣除空白），问水样中的 Cl^- 含量为多少？

解

$$X(Cl^-) = \frac{0.105\,5 \times 6.0 \times 10^{-3} \times 35.54}{0.1} = 225(mg/L)$$

故水样中的 Cl^- 含量为 225mg/L。

二、重量分析法

重量分析法又称称量分析法。通常是将被测组分从试样中分离出来，转化为一定的称量形式后进行称量，由称得的物质的质量计算被测物质的含量。

根据被测组分分离方法的不同，重量分析法可分为如下四类：第一类为沉淀称量法。这是重量分析中最重要的方法。这种方法是将被测组分以微溶化合物的形式沉淀下来，再将沉淀过滤、洗涤、烘干（或灼烧），最后称量并计算被测组分的含量。第二类为气化法。通过加热或其他方法使试样中的被测组分挥发逸出，然后根据试样减少的质量来计算该组分的含量，或当该组分逸出时，选择一吸收剂将其吸收，再根据吸收剂质量的增加计算该组分的含量。第三类为电解法。利用电解的方法，将被测物中的金属离子在电极上还原析出，根据电极增加的重量计算待测组分的含量，这一方法又称为电重量法。第四类为萃取法。利用萃取原理用选择性溶剂使被测组分从试样中分离出来，然后称重的方法。

重量分析法是一种经典的化学分析法，是直接用天平称量而获得分析结果，不需要采用标准试样或基准物质进行校正。重量分析法的准确度较高，对于常量组分的测定，其相对误差为 $0.1\% \sim 0.2\%$；它可以用于高含量的硅、硫、磷、镍及某些稀有元素的测定，也可以用做仲裁分析。重量分析法操作比较复杂，程序多，耗时长，不能满足快速分析的要求，对低含量组分的测定误差较大，灵敏度低。

（一）重量分析法的主要步骤

重量分析法是将欲测定的组分沉淀为一种有一定组成的难溶化合物，然后通过下述操作步骤来完成组分测定：

1. 溶解

根据试样的性质选择适当的溶剂，将试样处理成试液。对于溶于水的试样可采用试剂水溶解，对不溶于水的试样可采用酸、碱或其他方法溶解。

2. 沉淀

向试液中加入适当的沉淀剂，使其与待测组分生成难溶化合物而沉淀；对试液中存在的干扰组分，可采用添加掩蔽剂或预分离的方法去除。

3. 过滤和洗涤

用过滤的方法使沉淀与试液分离，通过洗涤以除去沉淀表面吸附的杂质和母液，达到净化沉淀、减少测定误差的目的。

4. 烘干或灼烧

通过烘干或灼烧以除去沉淀中的水分和挥发性物质，并使其转变为称量形式。

5. 称量

通过称量已达到恒重的称量形式的质量，即可计算出待测物的质量。

流程示意图如下所示：

$$\text{试样} \xrightarrow{\text{溶解}} \text{试液} \xrightarrow{\text{BaCl}_2} \text{BaSO}_4 \text{沉淀} \xrightarrow{\text{过滤，洗涤，烘干，灼烧}} \text{BaSO}_4 \longrightarrow \text{恒量，计算}$$

（二）沉淀形式与称量形式

1. 沉淀形式

沉淀形式是指在重量分析中生成的难溶化合物沉淀的组成形式。

在重量分析中对沉淀形式有下述要求：

（1）沉淀要完全，沉淀的溶解度要小。沉淀溶解度小，才能保证待测组分沉淀完全。一般要求沉淀的溶解度要小于分析天平的称量误差，即 0.2mg。

（2）沉淀应纯净，并易于过滤和洗涤。颗粒较大的晶形沉淀，在过滤时不会堵塞滤纸的小孔，易于过滤，而且由于其总表面积小，吸附杂质少，沉淀较纯净，也容易洗涤。

（3）沉淀应易于转化为称量形式。

2. 称量形式

称量形式是指沉淀经烘干或灼烧后称量物的组成形式。对称量形式有下述要求：

（1）组成应与化学式完全符合，这样才能根据化学式计算被测组分的含量。

（2）称量形式应稳定，应不易吸收空气中的水分和 CO_2，在烘干、灼烧时不易分解。

（3）称量形式的摩尔质量应尽可能大，这样被测组分在称量形式中所占的比例就小，可以减少称量误差，提高分析结果的准确性。

（三）沉淀的类型

沉淀的形成是一个复杂过程，大多可以表示为

$$构晶离子 \xrightarrow{\text{成核作用}} 晶核 \xrightarrow{\text{成长过程}} 沉淀微粒 \xrightarrow{\text{聚集}} 无定型沉淀 \xrightarrow{\text{定向排列}} 晶型沉淀$$

由此可见，沉淀的形成一般要经过两个过程：晶核形成和晶体的成长过程。

在向试液中加入沉淀剂后，由于形成沉淀离子浓度的乘积大于沉淀的溶度积常数（K_{sp}），构晶离子互相碰撞形成微小的晶核，在晶粒形成后，溶液中的构晶离子向晶核表面扩散，并沉积在晶核上，使晶核逐渐长大并形成沉淀微粒。这些沉淀微粒有聚集为更大聚集体的倾向，这个过程称为聚集过程。同时，构晶离子又具有按一定晶格排列而形成大晶粒的倾向，称为定向过程。生成沉淀的类型与上述两个过程的速度有关：当聚集速度大于定向速度时，离子会很快聚集起来形成晶核，但又来不及按一定顺序排列于晶核内，因此得到的是无定形沉淀；反之当聚集速度小于定向速度时，离子聚集成晶核的速度慢，因此晶核的数量就少，相应的溶液中构晶离子的数量就多，此时就有足够的离子按一定的顺序排列于晶格内，使晶体长大，此时得到的就是晶形沉淀了。

晶核的形成有两种情况：一种是均相成核作用；另一种是异相成核作用。

均相成核作用是指构晶离子在过饱和溶液中，通过离子间的缔合作用自发地形成晶核的过程。异相成核作用是指由于溶液中混有固体微粒（空气中的尘埃，试剂中的微量杂质，容器壁上的微粒等），在沉淀过程中，这些微粒起着晶种的作用，诱导沉淀的形成。

实践表明：沉淀类型（晶形沉淀还是非晶形沉淀）的形成，与溶液中晶核数量的多少有关。晶核数量少，有利于生成晶形沉淀。所以为了形成较少的晶核，得到较大的沉淀颗粒，应使用纯度较高的试剂和清洁的容器。

（四）影响沉淀溶解度的因素

影响沉淀溶解度的因素很多，如同离子效应、盐效应、酸效应、配位效应等。此外，温度、介质、沉淀结构和颗粒大小等对沉淀的溶解度也有影响。现分别进行讨论。

1. 同离子效应

组成沉淀晶体的离子称为构晶离子。当沉淀反应达到平衡后，如果向溶液中加入适当过量的含有某一构晶离子的试剂或溶液，则沉淀的溶解度减小，这种现象称为同离子效应。

例如：25℃时，$BaSO_4$ 在水中的溶解度为

$$s = [Ba^{2+}] = [SO_4^{2-}] = \sqrt{K_{sp}} = \sqrt{6 \times 10^{-10}} = 2.4 \times 10^{-5}(mol/L)$$

如果使溶液中的 $[SO_4^{2-}]$ 增至 $0.10mol/L$，此时 $BaSO_4$ 的溶解度为

$$s = [Ba^{2+}] = K_{sp}/[SO_4^{2-}] = 6 \times 10^{-10}/0.10 = 6 \times 10^{-9}(mol/L)$$

即 $BaSO_4$ 的溶解度减少了四个数量级。

因此，在实际分析中，常加入过量沉淀剂，利用同离子效应，使被测组分沉淀完全。但沉淀剂过量太多，可能引起盐效应、酸效应及配位效应等副反应，反而使沉淀的溶解度增大。一般情况下，沉淀剂过量 $50\% \sim 100\%$ 是合适的，如果沉淀剂是不易挥发的，则以过量

20％～30％为宜。

2. 盐效应

在难溶电解质的饱和溶液中，由于加入了强电解质而增大沉淀溶解度的现象称为盐效应。例如用 Na_2SO_4 做沉淀剂测定 Pb^{2+} 时，生成 $PbSO_4$。当 $PbSO_4$ 沉淀后，继续加入 Na_2SO_4 就同时存在同离子效应和盐效应。不同浓度的 Na_2SO_4 溶液中，$PbSO_4$ 溶解度的变化情况见表 7-2。

表 7-2　　　　　　　　　　 $PbSO_4$ 在 Na_2SO_4 溶液中溶解度的变化情况

Na_2SO_4（mol/L）	0	0.001	0.01	0.02	0.04	0.100
$PbSO_4$（mol/L）	0.15	0.024	0.016	0.014	0.013	0.016

从表 7-2 可见，当 Na_2SO_4 的浓度增大至 0.04mol/L 时，由于 Na_2SO_4 的同离子效应，$PbSO_4$ 沉淀的溶解度最小。继续增大 Na_2SO_4 浓度，盐效应增大，$PbSO_4$ 沉淀的溶解度反而增大。

应该指出，如果沉淀本身的溶解度很小，一般来讲，盐效应的影响很小，可以不予考虑。只有当沉淀的溶解度比较大，而且溶液的离子强度很高时，才考虑盐效应的影响。

3. 酸效应

溶液酸度对沉淀溶解度的影响，称为酸效应。酸效应的发生主要是由于溶液中 H^+ 浓度的大小对弱酸、多元酸或难溶酸离解平衡的影响。因此，酸效应对于不同类型沉淀的影响情况不一样，若沉淀是强酸盐（如 $BaSO_4$、$AgCl$ 等）其溶解度受酸度影响不大，但对弱酸盐如 CaC_2O_4 则酸效应影响就很显著。如 CaC_2O_4 沉淀在溶液中有下列平衡：

$$CaC_2O_4 \rightleftharpoons Ca^{2+} + C_2O_4^{2-}$$
$$-H^+ \left\updownarrow\right. +H^+$$
$$HC_2O_4^- \xrightleftharpoons[-H^+]{+H^+} H_2C_2O_4$$

当酸度较高时，沉淀溶解平衡向右移动，从而增加了沉淀溶解度。

为了防止沉淀溶解损失，对于弱酸盐沉淀，如碳酸盐、草酸盐、磷酸盐等，通常应在较低的酸度下进行沉淀。如果沉淀本身是弱酸，如硅酸（$SiO_2 \cdot nH_2O$）、钨酸（$WO_3 \cdot nH_2O$）等，易溶于碱，则应在强酸性介质中进行沉淀。如果沉淀是强酸盐如 $AgCl$ 等，在酸性溶液中进行沉淀时，溶液的酸度对沉淀的溶解度影响不大。对于硫酸盐沉淀，例如 $BaSO_4$、$SrSO_4$ 等，由于 H_2SO_4 的 K_{a2} 不大，当溶液的酸度太高时，沉淀的溶解度也随之增大。

4. 配位效应

进行沉淀反应时，若溶液中存在能与构晶离子生成可溶性配合物的配位剂，则可使沉淀溶解度增大，这种现象称为配位效应。

配位剂主要来自两方面，一是沉淀剂本身就是配位剂，二是加入的其他试剂。

例如用 Cl^- 沉淀 Ag^+ 时，得到 $AgCl$ 白色沉淀，若向此溶液加入氨水，则因 NH_3 配位形成 $[Ag(NH_3)_2]^+$，使 $AgCl$ 的溶解度增大，甚至全部溶解。如果在沉淀 Ag^+ 时，加入过量的 Cl^-，则 Cl^- 能与 $AgCl$ 沉淀进一步形成 $AgCl_2^-$ 和 $AgCl_3^{2-}$ 等配离子，也使 $AgCl$ 沉淀逐渐溶解，这时 Cl^- 沉淀剂本身就是配位剂。由此可见，在用沉淀剂进行沉淀时，应严格控制沉淀剂的用量，同时注意外加试剂的影响。

配位效应使沉淀的溶解度增大的程度与沉淀的溶度积、配位剂的浓度和形成配合物的稳定常数有关。沉淀的溶度积越大，配位剂的浓度越大，形成的配合物就越稳定，沉淀就越容易溶解。

综上所述，在实际工作中应根据具体情况来考虑哪种效应是主要的。对无配位反应的强酸盐沉淀，主要考虑同离子效应和盐效应，对弱酸盐或难溶盐的沉淀，多数情况主要考虑酸效应。对于有配位反应且沉淀的溶度积又较大，易形成稳定配合物时，应主要考虑配位效应。

5. 其他影响因素

除上述因素外，温度和其他溶剂的存在，沉淀颗粒大小和结构等，都对沉淀的溶解度有影响。

（1）温度。由于沉淀的溶解反应绝大多数是吸热反应，因此沉淀的溶解质一般随温度的升高而增大。

对于在热溶液中溶解度较大的沉淀（例 $MgNH_4PO_4$ 等），为避免因为沉淀溶解太多而影响损失，沉淀的过滤、洗涤等的操作可在室温下进行。而对于 $Fe_2O_3 \cdot nH_2O$ 类无定形沉淀，由于它们的溶解度很小，而且溶液冷却后难以过滤和洗涤，所以过滤、洗涤可以在热状态下进行。

（2）溶剂。大部分无机物沉淀是离子型晶体，其在有机溶剂中的溶解度比在水中的小，所以对于溶解度较大的沉淀，可在水中加入乙醇、丙酮等有机溶剂，以减小其溶解度。例如 $PbSO_4$ 沉淀在 100mL 水中的溶解度为 $1.5 \times 10^{-4}\,mol/L$，而在 $100mL\,w_{乙醇}=50\%$ 的乙醇溶液中的溶解度为 $7.6 \times 10^{-6}\,mol/L$。

（3）沉淀颗粒的大小和结构。对于同一沉淀，晶体颗粒越大，其溶解度就越小；晶体颗粒越小，其溶解度相对就越大。这是因为随着晶体颗粒的减小，沉淀的总表面积增大，沉淀表面的离子以水合离子的形式进入溶液中的几率增大的缘故。

为了获得晶体颗粒大的沉淀，在分析实践中，常采用陈化的方法，即沉淀在溶液中放置一段时间，使小晶体转化为大晶体，以减小沉淀的溶解度。

需要指出的是，有些沉淀在初形成和放置后，其溶解度发生很大变化。这可能是由于沉淀物颗粒或结构发生了变化。陈化使沉淀由初生成时的结构转变为一种更稳定的结构，从而使溶解度大为减小。

（五）影响沉淀纯度的因素

重量分析法中，既要求沉淀溶解度小，又要求沉淀的纯度较高。实际上，进行沉淀反应时，沉淀中往往会有杂质混入，使沉淀不纯。引起沉淀沾污的原因主要有两方面。

1. 共沉淀

当沉淀剂与待测离子发生沉淀反应时，溶液中一些可溶性杂质离子也跟着沉淀下来，这种现象称为共沉淀，产生共沉淀的原因有表面吸附、形成混晶、吸留和包夹等。

（1）表面吸附引起的共沉淀。在沉淀中，构晶离子是按一定规律排列的，晶体表面的静电引力是沉淀发生表面吸附现象的根本原因。图 7-3 所示为 $BaSO_4$ 晶体表面吸附示意。如图所示，首先在 $BaSO_4$ 沉淀中，每一个 Ba^{2+} 的上、下、左、右、前、后都被 SO_4^{2-} 所包围；

而每一个 SO_4^{2-} 的上、下、左、右、前、后也都被 Ba^{2+} 所包围，整个沉淀内部都处于静电平衡状态，但沉淀表面离子电荷的作用力尚未完全平衡，因而在沉淀表面产生一个自由力场，于是溶液中带相反电荷的离子被吸附到沉淀表面上去，形成第一吸附层。

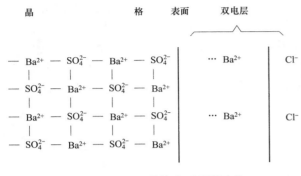

图 7-3　$BaSO_4$ 晶体表面吸附示意

沉淀吸附离子是有选择性的：与沉淀中离子相同或相近而电荷相等的离子，或能与沉淀中的离子生成溶解度较小的物质的离子优先被吸附。例如上述的 $BaSO_4$ 沉淀，由于溶液中 $BaCl_2$ 过量，沉淀表面的 SO_4^{2-} 靠静电引力，将强烈吸附溶液中的 Ba^{2+}，形成第一吸附层，使沉淀表面带正电荷，然后又吸附溶液中带负电荷的离子，如 Cl^-，构成电中性的双电层。

（2）生成混晶引起的共沉淀。每个晶形沉淀都具有一定的晶体结构。如果杂质离子的半径与沉淀离子的半径相似，所形成的晶体结构相同，则它们极易在沉淀长大过程中，被优先吸附，然后参加到晶格排列中，形成混晶，常见的同形混晶如 $BaSO_4$ 和 $PbSO_4$，$MgNH_4PO_4$ 和 $MgNH_4AsO_4$ 等。

混晶的生成与溶液中杂质的性质和浓度、沉淀剂的加入速度等有关。如果沉淀剂加入过快，结晶成长迅速，则易于形成混晶；某些异形混晶，晶格常不完整，沉淀经陈化后可以除去。

（3）吸留与包夹引起的共沉淀。如果沉淀生长过快，沉淀表面吸附的杂质离子或母液来不及离开沉淀表面就被随后生成的沉淀所覆盖，杂质离子或母液则被包裹在沉淀内部，这种现象称为吸留和包夹。容易被吸附的溶解度小的杂质离子容易产生吸留，而包夹没有选择性。吸留与包夹的杂质处于沉淀内部，可以通过重结晶或陈化等方法除去。

2. 后沉淀

沉淀反应完成后，在放置过程中，溶液中一些可溶性的杂质离子会沉淀到沉淀物表面，这种现象称为后沉淀。随着放置时间的延长，后沉淀的量会增加。后沉淀的发生是由于沉淀表面的吸附作用，使吸附层中某种离子浓度增大，这种离子又会吸附抗衡离子。这两种离子的局部浓度超过了它们的溶度积，便会发生后沉淀。例如，用 $C_2O_4^{2-}$ 沉淀含有 Mg^{2+} 的 Ca^{2+} 溶液，则生成 CaC_2O_4 沉淀，Mg^{2+} 并不立即生成沉淀，因为它容易形成过饱和溶液。放置过程中因沉淀表面吸附层中 $C_2O_4^{2-}$ 与抗衡层 Mg^{2+} 局部浓度增大而生成 MgC_2O_4 沉淀。

对于容易发生后沉淀的体系，为了避免后沉淀发生而引入杂质，应该在沉淀反应完成后尽快进行过滤而不应放置。

（六）沉淀条件的选择

对于沉淀重量法，为了使沉淀反应完全，又使沉淀纯净，以获得准确的分析结果，选择适宜的沉淀条件十分重要。沉淀的类型不同，沉淀条件也不相同，应根据沉淀类型选择沉淀条件。

1. 晶形沉淀的形成条件

（1）在适当稀的溶液中进行。由于沉淀在适当稀的溶液中进行，则在沉淀的过程中，溶液的相对过饱和度不大，均相成核作用不明显，容易得到大颗粒沉淀。同时，由于晶粒大，比表面积小，溶液稀，则杂质离子浓度相应减小，共沉淀现象也减少，有利于得到纯净的沉淀。

（2）在热溶液中进行。在热溶液中进行沉淀反应，一方面可增大沉淀的溶解度，降低溶液的相对过饱和度，以得到大的晶粒；另一方面可以减少杂质的吸附量，有利于得到纯净的沉淀。同时，溶液温度高也可以增加构晶离子的扩散速度，加快晶体的增大，也有利于得到大的晶粒。

（3）在不断搅拌下缓慢加入沉淀剂。当沉淀剂加入溶液中后，如果扩散速度慢，则可能在两种溶液相接触的地方出现沉淀剂局部过浓的情况。局部过浓，可能使部分溶液的相对过饱和度过大，导致产生严重的均相成核作用，溶液中形成大量的晶核，最后形成颗粒小、纯度质量差的沉淀。很显然，在不断搅拌下缓慢地加入沉淀剂，可以明显减小局部过浓的情况。

（4）陈化。陈化有利于小晶粒的逐渐溶解和大晶粒的继续长大。这是因为在同样条件下，小晶粒比大晶粒的溶解度大，在同一溶液中，对大晶粒为饱和溶液时，对小晶粒则为未饱和溶液，因此小晶粒要溶解。溶解到一定程度后，溶液对小晶粒为饱和溶液时，对大晶粒则为过饱和溶液，因此溶液中的结晶离子就在大晶粒上沉积。沉积到一定程度后，溶液对大晶粒为饱和溶液，对小晶粒又是未饱和溶液、又要溶解，如此反复进行，使小晶粒逐渐溶解，大晶粒不断长大。

陈化过程还有利于沉淀的净化。因为晶粒变大后，比表面积减小，吸附杂质量减少，由于小晶粒的溶解吸留的杂质会重新回到溶液中，因而提高了沉淀的纯度。陈化过程如图7-4所示。

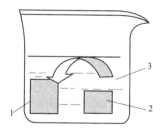

图7-4 陈化过程示意
1—粗大晶粒；2—微小晶粒；
3—溶液

2. 非晶形沉淀的形成条件

（1）在较浓的溶液中进行。在较浓的溶液中，离子的水化程度小，得到的沉淀含水量少，因而体积较小，结构较紧密，沉淀微粒也容易聚集。

为了减少杂质吸附量，在沉淀反应完毕后，需要加热水稀释，充分搅拌，将大部分吸附在沉淀表面的杂质离子清洗到溶液中去。

（2）在热溶液中进行。在热溶液中，离子水化程度大大降低，有利于得到含水量少、结构紧密的沉淀。热溶液可以促进沉淀微粒的聚集速度，防止形成胶体溶液。同时，还可以减少沉淀表面对杂质离子的吸附，提高沉淀的纯度。

（3）在沉淀时加入强电解质等作凝聚剂。因为电解质能中和胶体微粒的电荷，降低其水化度，有利于胶体微粒的聚集，防止胶体溶液的形成。

通常电解质可选用易挥发的铵盐，以避免因电解质混入沉淀中而引起重量分析的误差。此外，在沉淀时不断搅拌，对促进沉淀微粒的聚集也有好处。

（4）不必陈化。沉淀反应完毕后，可趁热过滤、洗涤，不必陈化，以避免非晶形沉淀由于放置而逐渐失去水分而聚集更加紧密，使已被吸附的杂质难以洗去。

（七）重量分析结果的计算

重量分析是根据称量形式的质量来计算待测组分的含量的。一般情况下沉淀的称量形式与待测组分的形式是不同的，这就需要将称得的称量形式的质量换算成待测组分的质量，此时就要用到换算因数了。所谓换算因数，就是待测组分的摩尔质量与称量形式的摩尔质量之比，用 F 表示。换算因数可根据有关化学式求得，即

$$w(x) = F\frac{m_x}{m} \times 100\% \tag{7-3}$$

式中　w——质量分数；

　　　m_x——称量形式质量，g；

　　　m——试样质量，g。

【例 7-2】　用重量分析法测定铁试样中的铁含量，称取试样 0.358 4g，经沉淀得到称量形式 Fe_2O_3 质量 0.247 3g，求试样中的 Fe 含量。

解　因 1mol Fe_2O_3 中含 2mol Fe，换算因数

$$F = \frac{2M(Fe)}{M(Fe_2O_3)} \times 100\% = \frac{2 \times 55.85}{159.7} = 0.699\ 4$$

$$w(Fe) = 0.699\ 4 \times \frac{0.247\ 3}{0.358\ 4} \times 100\% = 48.46\%$$

（八）对沉淀剂的要求

合适的沉淀剂应具备下述条件：

（1）能获得溶解度小的沉淀。

（2）沉淀剂应易挥发或易分解，以便在沉淀过程中，易于将被沉淀吸附的过量沉淀剂完全去除。

（3）沉淀剂本身的溶解度应尽可能大，以减少沉淀对它的吸附。

（4）沉淀剂应有良好的选择性，即与待测离子生成沉淀，而不与共存的其他离子发生作用。这样有利于减少干扰，也可省去需事先分离或掩蔽以消除共存离子干扰的麻烦。

若是有机沉淀剂应具有下述特点：

（1）选择性高。

（2）沉淀的溶解度较小，有利于被测组分沉淀安全。

（3）沉淀吸附杂质较少，易于过滤和洗涤。

（4）沉淀的摩尔质量大，被测组分在称量形式中占的百分率小，有利于提高分析的准确性。

（5）沉淀组成恒定，一般经烘干即可称量，简化了分析操作。但是，有机沉淀剂本身溶解度小，容易被夹带在沉淀中，引起操作困难。有些沉淀易黏附在容器内壁或漂浮在液面上，带来操作上的困难。

（九）重量法在火电厂水分析中的应用

在火电厂水汽分析中，许多项目都使用重量法，如固体物质的测定、全硅的测定、铁铝氧化物的测定、水中硫酸盐的测定等。现以水中硫酸盐的测定为例加以说明。

在强酸性溶液中，$BaCl_2$ 与 SO_4^{2-} 定量地产生硫酸钡沉淀，经过滤洗涤，灼烧称重后，求出硫酸根离子的含量。下面举例说明同离子效应在测定 SO_4^{2-} 时的应用。

【例 7-3】　测定水中硫酸根时，用 $BaCl_2$ 将水样中的 SO_4^{2-} 沉淀为 $BaSO_4$。已知 25℃时 $BaSO_4$ 的溶度积 $K_{sp} = 1.1 \times 10^{-10}$，则加多少 $BaCl_2$ 溶液比较合适？

解　当 $BaCl_2$ 溶液加至化学计量点时，SO_4^{2-} 的平衡浓度为

$$[SO_4^{2-}] = [Ba^{2+}] = \sqrt{K_{sp}} = \sqrt{1.1 \times 10^{-10}} = 1.05 \times 10^{-5} (mol/L)$$

若溶液的总体积为 200mL，$BaSO_4$ 在溶液中溶解损失的质量为

$$1.05 \times 10^{-5} \times 233.4 \times 200 = 0.5 (mg)$$

显然，$BaSO_4$ 溶解所损失的量已超过重量分析的要求（沉淀重量法中一般要求沉淀因溶解而损失的量不超过 0.2mg）。

如果加入过量 $BaCl_2$ 溶液至 $[Ba^{2+}] = 0.01mol/L$，此时溶液中 SO_4^{2-} 的平衡浓度为

$$[SO_4^{2-}] = \frac{K_{sp}}{[Ba^{2+}]} = 1.1 \times 10^{-8} (mol/L)$$

$BaSO_4$ 在溶液中溶解损失的质量为

$$1.1 \times 10^{-8} \times 233.4 \times 200 = 5 \times 10^{-4} (mg)$$

由此可见，在增加了 $BaCl_2$ 用量后，$BaSO_4$ 能够沉淀完全。但沉淀剂过量太多，往往会发生盐效应等其他副反应，反而会使沉淀的溶解度增大。像 $BaCl_2$ 这种不易挥发的沉淀剂一般以过量 20%~30% 为宜，这在分析方法中也有所体现。

任务一　水中氯化物的测定——莫尔法

【教学目标】

1. 知识目标
(1) 理解分步沉淀和沉淀转化的概念；
(2) 理解莫尔法滴定的终点确定的方法原理；
(3) 熟悉莫尔法的滴定条件及应用范围。

2. 能力目标
(1) 能配制 $AgNO_3$ 标准溶液并进行标定；
(2) 能应用莫尔法测定水中可溶性氯化物的含量；
(3) 学会应用 K_2CrO_4 作为指示剂判断滴定终点；
(4) 能对实验数据进行分析和计算；
(5) 能正确使用实验仪器和药品。

【任务描述】

目前在电厂中用于测定水中氯化物的常用方法是莫尔法。因其简单快捷，准确度也能够满足电厂水质监督的要求。该方法的主要内容包括两个方面，一是硝酸银标准溶液的配制与标定，二是水样中氯离子的测定。各小组在充分预习准备的基础上，进一步熟悉实验原理及实验操作步骤，严格遵循操作要求，完成实验教学任务，并对实验结果进行分析，确保结果准确，误差小。

【任务准备】

课前预习相关知识部分。根据莫尔法的测定原理，能够叙述水中氯化物测定的原理及试验操作步骤，并独立回答下列问题。

（1）什么叫沉淀滴定法？包括哪些方法？

（2）莫尔法的测定原理是什么？

（3）什么叫佛尔哈德法？佛尔哈德法有什么特点？

（4）在用佛尔哈德法测定氯离子时应注意什么？

（5）什么叫法扬司法？

（6）吸附指示剂的变色原理是什么？

❖ 【任务实施】

1. 配制并标定 $c(AgNO_3)=0.01mol/L$ AgNO$_3$ 标准溶液

配制：称取 0.85g AgNO$_3$，用少量蒸馏水溶解，倒入 500mL 容量瓶中，稀释到刻度，摇匀，然后转入到棕色试剂瓶中，置暗处待标定。

标定：准确称取 3 份基准试剂 NaCl(0.120 0~0.150 0g) 分别放入锥形瓶中，并加适量蒸馏水溶解，再分别加 1mL K$_2$CrO$_4$ 指示剂。在不断摇动下用配好的 AgNO$_3$ 溶液滴定，直到白色沉淀中呈现出微砖红色，即为终点。记录 AgNO$_3$ 溶液体积，并计算 AgNO$_3$ 溶液的准确浓度。

2. 水样中氯离子的测定

（1）吸取 20mL 水样于 250mL 锥形瓶中，稀释至大约 100mL。加 2 滴酚酞指示剂，用 0.1mol/L NaOH 和 0.1mol/L HNO$_3$ 溶液调节水样的 pH 值，使酚酞由红色刚变为无色。加入 5% K$_2$CrO$_4$ 溶液 1mL，用 AgNO$_3$ 标准溶液 $[c(AgNO_3)=0.01molL]$ 滴定至显淡砖红色，记录消耗的 AgNO$_3$ 标准溶液体积 V_2（mL）。同时，取 100mL 蒸馏水，用与水样相同的步骤作空白试验，记录消耗的 AgNO$_3$ 标准溶液体积 V_0（mL）。重复测定三次，计算水样中氯离子的含量。

（2）结果记录。

实验编号	1	2	3	4
AgNO$_3$ 溶液的标定	V_{1-1}	V_{1-2}	V_{1-3}	V_0
滴定初始读数（mL）				
滴定终点读数（mL）				
$V(AgNO_3)$(mL)				
水样测定	V_{2-1}	V_{2-2}	V_{2-3}	V_0
滴定初始读数（mL）				
滴定终点读数（mL）				
$V(AgNO_3)$(mL)				

（3）结果计算。水样中 Cl$^-$（mg/L）含量按下式计算：

$$X = \frac{(V_2 - V_0) \times c(AgNO_3) \times 35.46 \times 1000}{V} \tag{7-4}$$

式中　　V_2——测试水样时消耗的 AgNO$_3$ 标准溶液体积，mL；

　　　　V_0——空白试验消耗的 AgNO$_3$ 标准溶液体积，mL；

$c(AgNO_3)$——AgNO$_3$ 标准溶液浓度，mol/L；

　　　　V——水样的体积，mL；

35.46——Cl^- 的摩尔质量，g/mol。

3. 氯离子测定中的注意事项

（1）滴定溶液应在近中性或微碱性条件（pH＝6.5～10.5）下进行。若碱性太强时会有 Ag_2O 析出，而酸性强时 Ag_2CrO_4 会溶解，影响终点观察。若超出此范围的水样应以酚酞为指示剂，用 0.1mol/L 的 HNO_3 或 $1/2H_2SO_4$ 溶液及 NaOH 溶液调节至 pH＝8.0 左右。

（2）滴定过程中要充分摇动，避免 AgCl 沉淀吸附 Cl^- 而导致 Ag_2CrO_4 沉淀过早出现。

（3）K_2CrO_4 浓度不宜过高，因为这样会使终点过早到达；反之，会推迟终点的到达。一般应控制 K_2CrO_4 浓度在 0.005～0.006mol/L 为宜。

（4）水样中有机物含量高或色度大，可采取如下措施：

措施一：取 150mL 水样，放入 250mL 锥形瓶中，加 2mL 氢氧化铝悬浮液，振荡过滤，弃去最初滤液 20mL。

氢氧化铝悬浮液：称取 125g 硫酸铝钾 $KAl(SO_4)_2 \cdot 12H_2O$ 溶于 1L 蒸馏水中。60℃ 下缓慢加入 55mL 浓氨水。静置 1h 后，倒去上层清液，用蒸馏水反复洗涤沉淀物，直至洗出的水无 Cl^- 为止。然后加蒸馏水至悬浮液体积为 1L。使用前振荡摇匀。

措施二：取适量水样放入坩埚中，调至 pH 值至 8～9，水浴上蒸干，置于马弗炉中，在 600℃ 下灼烧 1h，取出冷却。加入 10mL 水溶液，移入 250mL 锥瓶中，调 pH 值至 7 左右，稀释至 500mL。

（5）如果水样中含有硫化物、亚硫酸盐或硫代硫酸盐，用 NaOH 溶液调水样至中性或弱碱性，加 1mL 30% 的 H_2O_2，混匀。1min 后加热至 70～80℃，除去过量的 H_2O_2。

（6）如果水样的高锰酸盐指数大于 15mg（O_2）/L，则加入少量 $KMnO_4$，蒸沸，再加数滴乙醇除去过量 $KMnO_4$，然后过滤取样。

4. 对有色或浑浊的水样进行氯化物测定

对有色或浑浊的水样进行氯化物测定，水样可不经预处理，直接用电位滴定法测定。测定原理：用 $AgNO_3$ 标准溶液滴定含 Cl^- 的水样时，由于滴定过程中 Ag^+ 浓度逐渐增加，而在化学计量点附近 Ag^+ 浓度迅速增加，出现滴定突跃。因此选用饱和甘汞电极作参比电极，用银电极作指示电极，观察记录 Ag^+ 浓度变化而引起电位变化的规律，通过绘制滴定曲线，即可确定终点。也可选用 Ag_2S 薄膜的离子选择性电极作指示电极，测量 Ag^+ 浓度的变化情况，从而确定滴定的终点。

任务二　氯化物的测定——汞盐滴定法

【教学目标】

1. 知识目标

（1）了解汞盐滴定法测定氯化物的使用条件；

（2）理解汞盐滴定法测定氯化物的原理；

（3）掌握汞盐滴定法测定氯化物的方法；

（4）了解汞盐滴定法测定氯化物的特点及注意事项。

2. 能力目标

（1）能熟练用汞盐滴定法准确测定水样中氯化物的含量；

（2）会计算并分析测定结果。

🎙️【任务描述】

目前，电厂测定水中氯化物的方法一般采用莫尔法，有时根据需要会采用汞盐滴定法。本任务采用汞盐滴定法来进行，主要包括硝酸汞标准溶液的配制与标定、水样中氯化物含量测定两部分，要求根据记录的原始数据计算出试样中氯离子的含量（质量分数）。整个任务实施过程中，所用试剂较多，注意严格按实验方法和步骤进行，注意培养自己严谨细致的职业素质。

🤲【任务准备】

思考以下问题：

（1）汞盐滴定法适合测定什么样的水质？

（2）汞盐滴定法测定氯化物的原理是什么？

（3）汞盐滴定法用的指示剂是什么？

（4）汞盐滴定法用到哪些仪器和药品？

（5）汞盐滴定法测定氯化物的具体步骤是怎样的？

（6）汞盐滴定法测定有哪些注意事项？

⚙️【任务实施】

1. 药品和试剂的配制

（1）氯化钠标准溶液（含 1mg/mL Cl⁻）配制：准确称取 1.649g 优级纯氯化钠（预先在 500～600℃灼烧 0.5h 或在 105～110℃干燥 2h，置于干燥器中冷却至室温），溶于试剂水并定容至 1L。

（2）混合指示剂的配制：称取 0.5g 二苯卡巴腙（$C_{13}H_{12}N_4O$）、0.05g 溴酚蓝（$C_{19}H_{10}Br_4O_5S$）、0.12g 二甲苯蓝-FF（$C_{23}H_{27}N_2NaO_7S_2$），用 100mL 95％乙醇溶解，储存于棕色滴瓶中备用。

（3）硝酸汞标准溶液的配制（相当于 0.5mg/mL Cl⁻）。

称取 2.4g 硝酸汞［$Hg(NO_3)_2 \cdot H_2O$］或 2.35g 硝酸汞［$Hg(NO_3)_2 \cdot 1/2H_2O$］，用含有 0.5mL 浓硝酸的试剂水 10mL 溶解，并用试剂水稀释至 1L。放置过夜后标定。

（4）硝酸汞标准溶液的标定：吸取氯化钠标准溶液（含 1mg/mL Cl⁻）5mL，用试剂水稀释至 100mL，按分析步骤（2）、（3）标定。硝酸汞标准溶液对氯化物的滴定度 T 按式（7-5）计算：

$$T = \frac{1 \times 5}{c - b} \tag{7-5}$$

式中　1——氯化钠标准溶液的浓度，mg/mL；

　　　5——吸取氯化钠标准溶液的体积，mL；

　　　c——标定时所消耗的硝酸汞标准溶液体积，mL；

　　　b——滴定空白时所耗硝酸汞标准溶液的体积，mL。

（5）硝酸汞标准溶液（相当于 0.25mg/mL Cl⁻）：用滴定度为 0.5mg/mL Cl⁻ 的硝酸汞标准溶液稀释制备。

2. 水样中氯化物的测定

（1）取 100mL 水样，注入 250mL 锥形瓶中。

（2）加 5 滴混合指示剂，逐滴加入（1＋65）硝酸溶液调节水样酸度，一直到溶液从紫色经绿色变成黄绿色，再过量 1mL。

（3）在不断摇动下，用硝酸汞标准溶液（1mL 相当于 0.5mg Cl⁻）滴定，接近终点时（溶液颜色黄绿变暗绿）应缓慢滴定，当溶液颜色变为紫色时即为终点。

（4）另取 100mL 试剂水，按（2）、（3）的操作步骤测定空白值。

水样氯化物含量小于 10mg/L 时，应使用滴定度为 1mL 相当于 0.25mg Cl⁻ 的硝酸汞标准溶液采用 5mL 微量滴定管滴定。

（5）计算。水中氯化物（Cl⁻）含量 X（mg/L）按下式计算：

$$X = \frac{(a-b)T}{V} \tag{7-6}$$

式中　a——滴定水样消耗硝酸汞标准溶液的体积，mL；

b——空白试验消耗硝酸汞标准溶液的体积，mL；

T——硝酸汞标准溶液对氯化物的滴定度，mg/L；

V——水样体积，mL。

【相关知识】

一、汞盐滴定法测定水中氯化物的基本原理

汞盐滴定法测氯适用于天然水、锅炉炉水、冷却水氯化物含量（以氯离子计）的测定。测定范围为 1～100mg/L。超过 100mg/L 时，可适当地减少取样体积，稀释至 100mL 后测定。在 pH 值为 2.3～2.8 的水溶液中，氯离子与汞离子（Hg^{2+}）反应，生成微解离的氯化汞。过量的汞离子与二苯卡巴腙（二苯偶氮碳酰肼）形成紫色络合物指示终点，可用汞盐滴定水样中氯化物含量。指示剂中加溴酚蓝、二甲苯蓝-FF 混合液作背景色可提高指示剂的灵敏度。

铁（Ⅲ）、铬酸根、亚硫酸根、联氨等对测定有一定干扰，可加适量的对苯二酚或过氧化氢消除干扰。

二、汞盐滴定法测定水中氯化物的注意事项

（1）当水样中铁（Ⅲ）含量大于 60mg/L 或铬酸根含量大于 15mg/L 时，可加入少量对苯二酚（约 20mg）；当水样中含有亚硫酸根、联氨时，可加（1＋1）过氧化氢溶液 2mL；消除其干扰后，按（2）～（4）的操作步骤测定氯化物含量。

（2）水样混浊，有较深颜色，应过滤或脱色后再取样测定。

（3）加入混合指示剂，水样颜色已显黄绿色时，可滴加 1％氢氧化钠溶液，使之变紫后再用（1＋65）硝酸溶液调节酸度。

任务三　粉煤灰中 SO_3 含量的测定

【教学目标】

1. 知识目标

（1）了解重量法测定粉煤灰中 SO_3 含量的使用条件；

    (2) 理解重量法测定粉煤灰中 SO_3 含量的原理；

    (3) 掌握重量法测定粉煤灰中 SO_3 含量的方法；

    (4) 了解重量法测定粉煤灰中 SO_3 含量的特点及注意事项。

    2. 能力目标

    (1) 能熟练用重量法测定粉煤灰中 SO_3 含量；

    (2) 会计算并分析测定结果。

🎙 【任务描述】

    粉煤灰中 SO_3 含量是作为评定粉煤灰品质的重要指标之一。其测定方法有硫酸钡重量法、离子交换法、碘量法等，其中硫酸钡重量法是基准法，也是用于仲裁的方法。本任务采用硫酸钡重量法来进行，该方法的要点是用盐酸溶解灰样中的硫，将溶液过滤，滤液用氢氧化铵中和并沉淀铁。过滤后的溶液，加氯化钡，生成硫酸钡沉淀，灼烧后称重，然后计算灰中 SO_3 的百分含量。每组成员需要合作完成下述任务：沉淀形式、称量形式的制备、称量、计算等内容。操作中注意换算因数的计算。整个任务实施过程中，所用试剂较多，注意严格按实验方法步骤进行，小组每位成员要互相配合，通力协作，注意培养自己团结协作、严谨细致的职业素质。

🤲 【任务准备】

    请思考以下问题：

    (1) 重量分析法有什么特点？

    (2) 什么叫沉淀形式？对沉淀形式有什么要求？

    (3) 什么叫称量形式？对称量形式有什么要求？

    (4) 什么叫换算因素？

⚙ 【任务实施】

    1. 仪器及试剂准备

    仪器：马弗炉、坩埚、定量滤纸、电炉。

    试剂：(1+1) 盐酸溶液，氯化钡溶液 (10%)，硝酸银溶液 (1%)。

    硝酸银溶液 (1%) 配制方法：为克服硝酸银在水中发生水解和预防硝酸银见光分解，须将1g 硝酸银溶解在适量水中而后加入 10mL 浓硝酸再稀释至 100mL，并储存在棕色瓶中。

    2. 粉煤灰样测定

    (1) 灰样溶液制备：称取约 0.5g 试样，精确至 0.000 1g，置于 300mL 的烧杯中，加入 30～40mL 的水使其分散。在搅拌下加入 10mL (1+1) 盐酸溶液，用平头玻璃棒压碎块状物，置于电炉上微沸 (5±0.5)min，取下冷却，用定量中速滤纸过滤，用热水洗涤 10～12 次，滤液及洗液收集于 400mL 烧杯。加水稀释至约 250mL，加热煮沸。

    (2) 沉淀的制备与分离：滤液于电炉上微沸时，从杯口缓慢逐滴加入 10mL 热的氯化钡溶液，继续微沸 3min 以上使沉淀良好地形成，然后在常温处静置 12、24h 或温热处静置至少 4h，此时溶液体积应保持约 200mL。

    进行第二次过滤，用定量慢速滤纸过滤，以温水洗涤，洗至无白色沉淀，用 1% 的硝酸银溶液检验无氯离子。

（3）灰化、灼烧及称量：将滤纸移入已灼烧恒量的坩埚中，于电炉中灰化完全后，放入800～850℃的高温炉内灼烧30min，取出坩埚，置于干燥器中冷却至室温，称量。反复灼烧直至恒量。

（4）计算式为

$$w_{SO_3} = \frac{0.343 \times (m_1 - m_2)}{m} \times 100\% \tag{7-7}$$

式中　w_{SO_3}——三氧化硫的质量分数，%；

　　　　m_1——硫酸钡的质量，g；

　　　　m_2——空白试验时硫酸钡的质量，g；

　　　　m——试样的质量，g；

　　　0.343——硫酸钡对三氧化硫的换算因数。

【相关知识】

一、粉煤灰样测定注意事项

1. 操作流程

称样→分解→第一次过滤→沉淀→第二次过滤→灰化→灼烧→称量沉淀→数据处理

2. 操作要求及注意事项

（1）测定条件。

1）除去酸不溶物。由于粉煤灰试样中含有 SiO_2，用盐酸溶解试样时，SiO_2 可能部分形成硅酸凝胶析出影响测定，因此试样分解后，用中速定量滤纸过滤除去酸不溶物。

2）控制溶液酸度为 0.25～0.3mol/L。在这种酸度下进行沉淀，可防止生成 $BaCO_3$、$Ba(PO_4)_2$、$BaHPO_4$、$Ba(OH)_2$ 等沉淀；增加 $BaSO_4$ 的溶解度，以降低相对过饱和度，利于生成大颗粒沉淀；在该酸度下的盐酸溶液中 Fe^{3+}、Al^{3+} 等离子也不会生成沉淀。同时克服了因 Ca^{2+} 存在而产生的共沉淀现象。

（2）沉淀条件。硫酸钡沉淀为晶形沉淀，硫酸钡结晶初生成时比较细小，应按照晶形沉淀条件——稀溶液、热溶液、搅拌、缓慢加沉淀剂、陈化等进行操作，以便获得相对大的晶形沉淀，便于过滤和洗涤。

（3）滤纸灰化。若有未燃烧尽的炭粒存在，在灼烧时 $BaSO_4$ 可能被部分还原为 BaS 使结果偏低，其反应为

$$BaSO_4 + 2C = BaS + 2CO_2 \uparrow。$$

（4）灼烧硫酸钡的温度。应控制在 800～850℃的温度下灼烧，若温度过高，如 1000℃以上，$BaSO_4$ 将分解，影响测定，其反应为

$$BaSO_4 = BaO + SO_3 \uparrow$$

（5）测试样品时应注意的问题：

1）称取粉煤灰试样前，应将试样放入干燥的烧杯中并搅匀，使所称取的样品具有代表性。

2）分解试样时，向试样中加入盐酸前，应将试样用玻璃棒搅散，加入盐酸后要仔细搅拌，不得有大块试样存在，以便使试样充分溶解。

3）过滤用的漏斗最好采用长颈漏斗，且过滤前使漏斗颈充满水，即做成水柱，以加快过滤速度。

4）第一次过滤，采用定量中速滤纸用四折法折叠滤纸，滤纸应紧贴在漏斗壁上，可用手指轻轻压紧滤纸，排除滤纸和漏斗之间的气泡使接触密实。过滤过程中，注意不要将滤纸弄破，以免发生穿滤现象。过滤时玻璃棒轻触滤纸的三层处。

5）洗涤时，第 1 次洗液滤完后，再进行第 2 次洗涤，第 2 次洗液滤完后，再进行第 3 次洗涤……，洗涤 10～12 次。洗涤需采用 80～90℃或已煮沸的蒸馏水。

6）$BaSO_4$ 是晶形沉淀，为了获得较纯净的 $BaSO_4$ 沉淀，滴加 $BaCl_2$ 溶液时应缓慢，切不可将 10mL $BaCl_2$ 溶液一次全倒入试验溶液中，否则结果会偏高。且在加入过程中应不断搅拌，以防止因试验溶液中氯化钡局部过浓而生成过多的晶核。另外，沉淀过程应当在热溶液中进行，即将溶液煮沸，最好 $BaCl_2$ 溶液也加热后使用。因为在热溶液中 $BaSO_4$ 的溶解度略有增大，从而降低了溶液的相对过饱和度，同时在热溶液中还可减少 $BaSO_4$ 沉淀对杂质的吸附作用。

7）沉淀后不应立即过滤，应对沉淀进行陈化处理，即将沉淀连同溶液一起在常温处静置 12～24h 或温热处静置至少 4h。陈化可使小晶体不断溶解，大晶体不断长大。因为小晶体的溶解度比大晶体大，在同一溶液中，对大晶体为饱和溶液时，对小晶体则为未饱和溶液。因此，小晶体就要溶解。溶解到一定程度时，溶液对小晶体为饱和溶液，对大晶体则为过饱和溶液，沉淀就在大晶体上析出，直至饱和为止，此时溶液对小晶体又不饱和了，于是小晶体继续溶解。如此反复进行，小晶体逐渐消失，大晶体不断长大。陈化作用不仅使沉淀颗粒长大，而且使沉淀变得更加纯净。因为小晶体吸附和包夹的杂质在陈化过程中被排除到溶液中，大晶体总表面积小，吸附的杂质也就减少。

8）沉淀经陈化后，需第二次过滤，应选用定量慢速滤纸过滤 $BaSO_4$ 沉淀溶液。因为定量滤纸经过盐酸和氢氟酸处理、蒸馏水洗涤、灼烧后灰分极少，可忽略不计。还应注意所用慢速滤纸的质量，防止沉淀穿滤。从烧杯往滤纸上转移沉淀时一定要转移干净，若有沉淀黏附在烧杯壁上，可用带橡皮管的玻璃棒擦洗烧杯。

9）用热蒸馏水洗涤沉淀，应坚持"少量多次"的原则。既不能洗涤次数不够，又不能过量洗涤。若洗涤次数少，则会因沉淀不干净而使分析结果偏高；若洗涤次数过多，$BaSO_4$ 沉淀部分溶解，使分析结果偏低。根据经验，一般洗涤 7、8 次即可，每次洗涤 10mL 左右，直至用 1%硝酸银溶液检验，无白色 AgCl 沉淀为止。

10）将沉淀连同滤纸放入一个恒重的坩埚，斜盖上坩埚盖，置于电炉上，用低温小心烘去水分，待滤纸干燥后再提高温度灰化，使滤纸灰化完全。灰化时特别注意不要使滤纸着火，否则会因气流的强烈流动使沉淀飞失。另外，如果灰化温度过高，部分 $BaSO_4$ 沉淀有可能会被还原成 BaS，而使分析结果偏低。沉淀灰化后应放入 800～850℃高温炉内灼烧 30min。反复灼烧的时间应控制在 15min 左右。沉淀灼烧好后，将坩埚取出放在石棉板或耐火板上，在空气中稍冷后再放入干燥器中。坩埚应带盖称量，以防 $BaSO_4$ 吸水。

粉煤灰中 SO_3 含量是评定粉煤灰等级、品质的重要指标，是产品检测的必检项目。其中 SO_3 含量若超过 3%，则为不合格品，不适用于拌制混凝土和砂浆。硫酸钡重量法是传统的经典方法，也是作为仲裁分析的方法。在实际操作中只要注意以上的操作要点，硫酸钡重量法测定 SO_3 都能获得理想、准确的检测结果。

二、粉煤灰有关知识

粉煤灰也称为飞灰，是由热电厂烟囱收集的灰尘，属于火山灰性质的混合材料。其主要成分是硅、铝、铁、钙、镁的氧化物，具有潜在的化学活性，即粉煤灰单独与水拌和不具有水硬活性，但在一定条件下，能够与水反应生成类似于水泥凝胶体的胶凝物质，并具有一定的强度。

由于煤粉微细，且在高温过程中形成玻璃珠，因此粉煤灰颗粒多呈球形。从煤燃烧后的烟气中收捕下来的细灰称为粉煤灰，粉煤灰是燃煤电厂排出的主要固体废物。

粉煤灰形成过程如下：煤粉在炉膛中呈悬浮状态燃烧，燃煤中的绝大部分可燃物都能在炉内烧尽，而煤粉中的不燃物（主要为灰分）大量混杂在高温烟气中。这些不燃物因受到高温作用而部分熔融，同时由于其表面张力的作用，形成大量细小的球形颗粒。

在锅炉尾部引风机的抽气作用下，含有大量灰分的烟气流向炉尾。随着烟气温度的降低，一部分熔融的细粒因受到一定程度的急冷呈玻璃体状态，从而具有较高的潜在活性。在引风机将烟气排入大气之前，上述这些细小的球形颗粒，经过除尘器，被分离、收集即为粉煤灰。

任务四　水中 SiO_2 含量的测定

【教学目标】

1. 知识目标

（1）了解电厂中监测 SiO_2 含量的水质种类及监测目的；

（2）了解 SiO_2 测定的方法种类；

（3）理解重量法测定 SiO_2 含量的原理；

（4）掌握重量法测定 SiO_2 含量的方法。

2. 能力目标

（1）能正确描述重量法测定水中 SiO_2 含量的方法；

（2）能用重量法测定出水中 SiO_2 的含量；

（3）能对实验数据进行分析处理，得出正确结果。

【任务描述】

SiO_2 的测定方法有原子吸收分光光度法、重量法和光度法。光度法包括钼酸盐光度法（即硅钼黄法）和钼酸盐还原光度法（硅钼蓝法）。

本项任务是采用重量法测定水中 SiO_2 的含量。测定方法：将一定量的水样酸化蒸发至干，使硅化合物转变为胶体沉淀，脱水后经过滤、洗涤、灼烧得到固体 SiO_2，根据其质量计算水中 SiO_2 含量。通常天然水和冷却水中存在的离子，均不干扰测定。本方法适用于天然水、冷却水的测定，且其 SiO_2 含量大于 5mg/L，对于 SiO_2 含量小于 5mg/L 的水样可改用分光光度法测定。水样应保存于聚乙烯瓶中，因为玻璃瓶会溶出硅而污染水样，尤其是碱性水。在完成本任务前，要求各组成员课前准备充分，理解实验的原理，熟悉实验的步骤，保证实验顺利进行。任务中各组成员完成下述工作：一是仪器和试剂的准备，二是水样中

SiO$_2$ 含量的测定。实验操作过程中，要求严格按照操作步骤进行，注意操作的规范性及结果的准确性。同时应特别注意用电等的安全。小组成员要互相配合，保证任务圆满完成。

【任务准备】

请思考以下问题：

（1）在电厂中哪些水样要监测 SiO$_2$ 的含量？

（2）目前常用的测定水中 SiO$_2$ 含量的方法有哪些？

（3）重量法测定水中 SiO$_2$ 含量的原理是什么？

【任务实施】

1. 仪器和试剂的准备

（1）仪器。水浴锅（控温范围：40～100℃，准确度：±1℃）电热板或远红外加热板（电压可调）高温炉（最高工作温度：1200℃以上）。

（2）试剂。浓盐酸（GR）、盐酸溶液（1＋49）、硝酸银溶液（5％m/V 质量比体积）、浓氢氟酸（GR）、浓硫酸（GR）。

2. 水样中二氧化硅含量的测定

（1）取足够水样，用中速定量滤纸过滤，弃去最初流出的约 50mL 滤液，然后再收集水样。

（2）取一定体积水样（SiO$_2$ 含量应大于 5mg），按 500mL 水样加 2mL 浓盐酸比例加浓盐酸，混匀后逐次将水样加入到 250mL 硬质玻璃烧杯中，在电热板或远红外加热板上缓慢地蒸发（以不沸腾为宜）。当水样浓缩，体积明显减少时应及时添加酸化水样，这样多次反复操作直至全部水样浓缩至 100mL 左右。

（3）将烧杯移入沸腾水浴锅内，继续蒸发至干。然后每次加浓盐酸 5mL，重复蒸干三次。把烧杯连同蒸发残留物一同移入 150～155℃的烘箱中烘 2h。

（4）从烘箱中取出烧杯冷却至室温，加浓盐酸 5mL 润湿残留物，加试剂水 50mL。加热至 70～80℃，用橡皮擦棒搅拌并擦洗烧杯内壁，把黏附在壁上的沉淀擦洗下来。用中速定量滤纸趁热过滤，用热（1＋49）盐酸溶液洗涤沉淀物和滤纸 3～5 次，滤纸呈白色后改用 70～80℃的 II 级试剂水继续洗至滤液无氯离子为止（用 5％硝酸银溶液检验）。

（5）将滤纸连同沉淀物置于质量已恒定的坩埚中，在电炉上彻底炭化后移入高温炉中，在（1000±30）℃下灼烧 2h。

（6）从高温炉中取出坩埚，放置 3min，移入干燥器中，放置 15～20min 后迅速称量。

（7）在相同的温度下再灼烧 0.5h，冷却后迅速称量。如此反复操作直至残留物质量恒定。水样全硅含量按式（7-8）计算。

（8）对于重金属离子含量较高的水样，灼烧后沉淀物颜色不是白色时，可用氢氟酸处理，从失去质量计算全硅含量。

具体操作如下：用铂坩埚代替瓷坩埚进行测定，向已称量至质量恒定的灼烧残留物加入浓硫酸 5、6 滴，浓氢氟酸 5～10mL，于通风橱内在低温电炉或电热板上加热处理，当白色浓烟冒完为止时，将铂坩埚移入高温炉，在（1000±30）℃下灼烧 0.5h，冷却后迅速称量。如此反复操作直至残留物的质量恒定。水样全硅含量按式（7-8）和式（7-9）计算。

3. 分析结果计算

（1）灼烧残留物未经氢氟酸处理，水样全硅（SiO_2）含量 X(mg/L) 按下式计算：

$$X = \frac{m_2 - m_1}{V} \times 1000 \tag{7-8}$$

式中　m_1——坩埚的质量，mg；

　　　m_2——灼烧后沉淀与坩埚的质量，mg；

　　　V——水样体积，mL。

（2）灼烧残留物经氢氟酸处理，水样全硅 SiO_2 含量按式（7-8）、式（7-9）计算：

$$X' = X - \frac{m_3 - m_2}{V} \times 1000 \tag{7-9}$$

式中　m_3——灼烧后沉淀与坩埚的质量，mg。

【相关知识】

案例：重量法测定水中硫酸盐的含量。

本方法适用于测定聚磷酸盐含量小于 10mg/L 的原水和循环冷却水中的硫酸根离子。测定范围为 20～200mg/L。

1. 方法概要

在强酸性溶液中氯化钡与硫酸根离子定量地产生硫酸钡沉淀，经过滤洗涤，灼烧称重后，求出硫酸根离子的含量。磷酸盐和聚磷酸盐会产生相应的钡盐沉淀，干扰本法。

2. 仪器和试剂

（1）仪器：恒温水浴、高温炉（0～1000℃，温度可自动控制）、瓷坩埚（20mL）。

（2）试剂：（1+9）盐酸溶液、硝酸、甲基红溶液（称取 0.1g 甲基红，溶于 100mL 60% 乙醇溶液中）、5%氯化钡溶液〔称取 5g 氯化钡（$BaCl_2 \cdot 2H_2O$），溶于试剂水中，并稀释至 100mL〕、1.0%硝酸银溶液（称取 4.25g 硝酸银，加 0.25mL 浓硝酸，再加 250mL 试剂水）。

3. 分析步骤

（1）准确量取 200～500mL 经中速滤纸过滤后的水样（含硫酸根离子 10～40mg）于烧杯内，加入几滴甲基红指示剂，滴加（1+9）盐酸使水样溶液变红后，再过量 10mL，在电炉上加热浓缩至 100mL 左右。

（2）加热溶液至近沸，在不断搅拌下，缓慢滴加 10mL 热的氯化钡溶液，一直滴至溶液上部澄清液不再出现白色浑浊，说明硫酸盐已沉淀完全，再多加 2mL 氯化钡溶液，然后将烧杯放在 80～90℃水浴中，加热 2h。

（3）用定量慢速滤纸过滤，并用热的试剂水洗涤烧杯和沉淀，并将沉淀全部转移至滤纸上，一直洗至滤液加一滴硝酸银溶液不产生混浊为止。

（4）将滤纸连同沉淀放在预先已恒重的坩埚内，在电炉上灰化，然后移入高温炉内，在 800℃灼烧 1h 后，将坩埚放入干燥器内冷至室温，再称其重量，如此反复操作，直至恒重。

4. 结果计算

水样中硫酸根离子的含量 Xmg/L 按下式计算：

$$X = \frac{411.6m}{V} \tag{7-10}$$

式中　m——硫酸钡质量，mg；

　　　　V——水样的体积，mL；

　　411.6——硫酸钡与硫酸根离子的换算因数乘以1000。

　　注：当水样中聚磷酸盐或正磷酸盐含量大于10mg/L时，会使结果偏高或偏低，宜采用电位滴定法。

✦【学习情境总结】

　　沉淀滴定和重量分析法如图7-5所示。

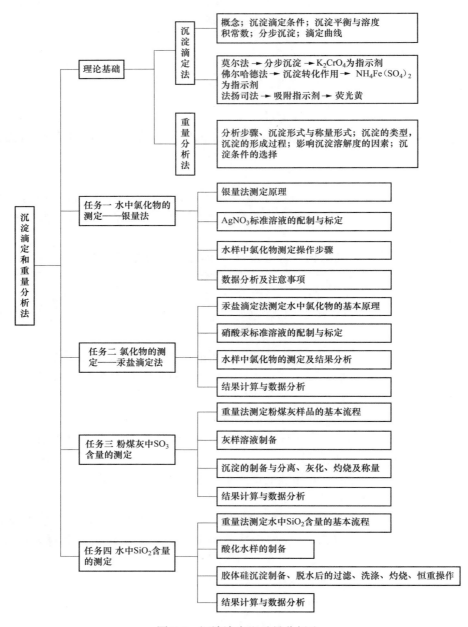

图7-5　沉淀滴定和重量分析法

复习思考题

1. 何谓分步沉淀？如果向含有相同浓度的 Cl^-、Br^-、I^- 的混合溶液中滴加 $AgNO_3$ 溶液，沉淀次序如何？为什么？

2. 用莫尔法测定 Cl^- 时，为什么要做空白试验？

3. 莫尔法有哪些缺点？实际应用中应注意哪些影响滴定结果准确度的因素？

4. 用佛尔哈德法测定 Cl^- 时，为什么只能用稀 HNO_3 酸化溶液？

5. 用佛尔哈德法测定 Br^-、I^- 时，加入过量 $AgNO_3$ 标准溶液后，是否也需要过滤沉淀或加入有机溶剂？为什么？

6. 在下列情况下，分析结果是否准确？为什么？

(1) 若试样中含有 NH_4^+，在 pH＝10 时，用莫尔法测定 Cl^-；

(2) 用佛尔哈德法测定 I^- 时，先加指示剂，再加已知过量的 $AgNO_3$ 标准溶液；

(3) 在 pH＝4 时，用莫尔法测定 Cl^-。

7. 某溶液中同时含有 Cl 和 CrO_4^{2-}，浓度分别为 $c(Cl^-)＝0.010mol/L$、$c(CrO_4^{2-})＝0.10mol/L$。当滴加硝酸银溶液时。哪一种沉淀首先生成？当第二种沉淀开始生成时，第一种离子未沉淀的浓度为多少？（①AgCl；②$5.5\times10^{-5}$ mol/L）

8. 取 0.100 0mol/L NaCl 溶液 25.00mL，加 50mL 蒸馏水及 K_2CrO_4 指示剂，用 $AgNO_3$ 溶液滴定，共耗去 23.85mol。求 $AgNO_3$ 溶液的浓度。（0.104 8mol/L）

9. 取某氯化物水样 100mL，加入固体 $AgNO_3$0.892 0g，用铁铵矾作指示剂，用 0.140 0 mol/L 的 KSCN 溶液回滴过量的 $AgNO_3$，耗去 25.50mL，求水样中氯化物的浓度（以 mg/L 表示）。（595.6mg/L）

10. 含有纯 NaCl 及纯 KCl 的试样 0.142 8g，用 0.100 8mol/L $AgNO_3$ 标准溶液滴定，用去 $AgNO_3$ 溶液 22.54mL。试求试祥中 NaCl 和 KCl 的百分含量。（67.54％；32.46％）

11. 配制 $AgNO_3$ 标准溶液 500mL，用于测定氯化物的含量，若要使 1mL$AgNO_3$ 溶液相当于 0.000 500g Cl^-，应如何配制此 $AgNO_3$ 标准溶液？（1.197 6g）

12. 用莫尔法测定自来水中 Cl^- 含量。取 100mL 水样，用 0.100 0mol/L 的 $AgNO_3$ 标准溶液滴定，消耗 $AgNO_3$ 溶液 6.50mL，另取 100mL 蒸馏水做空白试验，消耗 $AgNO_3$ 溶液 0.20mL，求自来水中 Cl^- 的含量（用 mg/L 表示）。（223.7mg/L）

13. 已知 $Fe(OH)_3$ 的 $K_{sp}＝3.0\times10^{-39}$，求其溶解度。（1.03×10^{-10} mol/L）

14. 在含有等浓度 Cl^- 和 I^- 的溶液中，逐滴加入 $AgNO_3$ 溶液，哪一种离子先沉淀？第二种离子开始沉淀时，Cl^- 和 I^- 的浓度比为多少？（I^- 先沉淀；2.13×10^6 倍）

15. 水样中 Pb^{2+} 和 Ba^{2+} 的浓度分别为 0.010 0mol/L 和 0.100 0mol/L，滴加 K_2CrO_4 溶液，哪一种离子先沉淀？两者有无分开的可能性？（Pb^{2+} 先沉淀；分离不完全）

学习情境八

紫外-可见分光光度法

【学习情境描述】

紫外-可见光区指波长为 200～780nm 的光波，紫外-可见分光光度法是利用某些物质的分子吸收该光谱区的辐射来进行分析测定的方法。其中可见分光光度法在电厂水煤油气分析检验工作中应用较多。

本学习情境主要介绍可见分光光度法的测定原理，分光光度计的使用与维护方法及具体的检验程序。

本情境设计以下四项任务：水中挥发酚含量的测定、硅的测定——硅钼蓝分光光度法、铁的测定——磺基水杨酸分光光度法、硝酸盐的测定——紫外光度法。

通过任务一使学生掌握分光光度计的使用方法，掌握水中挥发酚含量的测定原理，能够运用分光光度法测定水中挥发酚含量；通过任务二使学生进一步熟练掌握分光光度计的使用方法，掌握硅的测定原理，掌握分光光度法测定硅含量的操作步骤，数据处理方法；通过任务三使学生掌握铁的测定原理，能够运用分光光度法测定铁的含量；通过任务四掌握硝酸盐的测定方法，能运用分光光度法测定水中硝酸盐含量。

【教学目标】

1. 知识目标

(1) 掌握紫外分光光度法测定原理；

(2) 掌握工作曲线回归计算方法；

(3) 掌握水中挥发酚含量的测定原理；

(4) 掌握硅钼蓝分光光度法测定硅的原理；

(5) 掌握磺基水杨酸分光光度法测定铁的原理；

(6) 掌握紫外光度法测定硝酸盐的原理。

2. 能力（技能）目标

(1) 能正确使用紫外可见分光光度计；

(2) 能正确测定水中挥发酚含量；

(3) 能采用硅钼蓝分光光度法测定硅的含量；

(4) 能采用磺基水杨酸分光光度法测定铁的含量；

(5) 能采用紫外光度法测定水中硝酸盐的含量。

【教学环境】

教学场所具有黑板、计算机、投影仪，可播放 PPT 课件及教学视频。实训场所具有分光光度计、分析天平、化学分析常用玻璃器皿等。

【相关知识】

一、光的性质与吸收光谱

许多物质都具有一定的颜色，例如 $KMnO_4$ 溶液呈紫红色、邻二氮菲亚铁溶液呈红色等。物质的颜色与物质和光的相互作用（如光的透过、吸收、反射等）具有密切关系。

1. 光的基本性质

光是一种电磁波，它具有波粒二象性，即波动性和粒子性。

波动性是指光具有波的性质。例如：光的折射、衍射、偏振和干涉等现象，就明显地表现其波动性。描述光的波动性可用波长 λ、频率 ν 与速度 c 等参数，其相互关系为

$$c = \lambda\nu \tag{8-1}$$

式中　λ——波长，cm；

　　　ν——频率，Hz；

　　　c——光速，在真空中等于 2.99×10^{10} cm/s。

光同时又具有粒子性，即光是由"光微粒子"（光量子或光子）所组成的。光子的能量与光的波长、频率的关系为

$$E = h\nu = h\frac{c}{\lambda} \tag{8-2}$$

式中　E——光子的能量，eV；

　　　h——普朗克常数，6.626×10^{-34} J·s。

如果电磁波按照波长顺序排列，可得到表 8-1 所列的电磁波谱。

表 8-1　　　　　　　　　　　　　电　磁　波　谱

光谱名称	波长范围	光谱名称	波长范围
γ 射线	$5 \times 10^{-4} \sim 0.01$ nm	近红外光	750 nm $\sim 2.5\mu$m
X 射线	$0.01 \sim 10$ nm	中红外光	$2.5 \sim 50\mu$m
远紫外光	$10 \sim 200$ nm	远红外光	$50 \sim 300\mu$m
近紫外光	$200 \sim 380$ nm	微波	0.3 mm ~ 1 m
可见光	$400 \sim 750$ nm	无线电波	$1 \sim 1000$ m

注　波长范围的划分不是很严格，在不同的文献资料中会有所不同。

2. 单色光和互补光

通常，光有单色光和复色光之分，单一波长的光，称为单色光；含有多种波长的光，称为复色光。例如日光、白炽灯光等白光都是复色光。

人的眼睛对不同波长的光感觉是不一样的。凡能被肉眼感觉到的光称为可见光，其波长

范围为 400～750nm。凡波长小于 400nm 的紫外光或波长大于 750nm 的红外光均不能被人的眼睛感觉出，所以这些波长范围的光是看不到的。不同波长的可见光可刺激人眼产生不同的颜色，波长与色别见表 8-2。

表 8-2 物质的颜色与吸收光颜色的关系

物质颜色	吸收光		物质颜色	吸收光	
	颜色	波长范围（nm）		颜色	波长范围（nm）
黄绿	紫	400～450	紫	黄绿	560～580
黄	蓝	450～480	蓝	黄	580～600
橙	绿蓝	480～490	绿蓝	橙	600～650
红	蓝绿	490～500	蓝绿	红	650～750
紫红	绿	500～560			

日常见到的日光、白炽灯光等白光就是由这些波长不同的有色光混合而成的。利用色散元件（如棱镜）可以将白光色散成红、橙、黄、绿、青、蓝、紫等一系列不同颜色（即不同频率）的近似单色光；反之，若将上述不同颜色的光按照一定强度比混合后也将能得到白光。实验进一步证明，如果把适当颜色的两种光按一定的强度比例混合，也可得到白光，这两种颜色的光称为互补色光。如绿色光与紫色光互补、黄色光与蓝色光互补，它们按照一定的强度比混合后均可以得到白光，如图 8-1 所示。

图 8-1 不同颜色的互补光

3. 物质颜色的产生与吸收光谱

当一束白光照射到某一透明溶液上时，如果任何波长的可见光均不被该溶液所吸收，即白光全部透过溶液，溶液将呈无色透明；若白光全部被溶液所吸收，则溶液将呈现出被吸收光的互补色光的颜色。例如：$CuSO_4$ 水溶液呈蓝色，这就是由于 $CuSO_4$ 水溶液选择性的吸收了白光中的黄色光，而使与黄色光互补的蓝色光透过溶液的缘故。

上述物质对光作用的不同，实际上反映了物质的一个重要属性，即物质对不同波长的光具有选择性吸收的性质，该性质可通过吸收光谱进行描述。

吸收光谱是通过试验获得的，其方法为：将不同波长的光一次通过某一固定浓度和厚度的有色溶液，分别测定该物质溶液对各种波长光的吸收程度（用吸光度 A 表示），以波长 λ 为横坐标、吸光度 A 为纵坐标作图，得到一条曲线，这条 A-λ 曲线形象地反映了物质对不同波长的光具有选择性吸收的性质，即称为该物质的吸收光谱，也称为该物质的吸收曲线。曲线中物质对光呈最大吸收处的波长称为最大吸收波长，以 λ_{max} 表示。

图 8-2 所示为 4 种不同浓度时 $KMnO_4$ 溶液的吸收曲线，λ_{max} 为 525nm，说明溶液对 525nm 的绿色光有最大吸收。

经研究不同物质的吸收光谱可发现，吸收光谱具有以下特性：

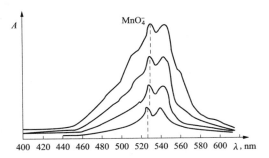

图 8-2 不同浓度时 $KMnO_4$ 溶液的吸收曲线

（1）不同浓度的同一物质，其吸收光谱的形状类似，最大吸收波长的位置一致。随着溶液浓度的增大或减小，同一物质的吸收光谱向上或向下平移。

（2）对于不同物质，它们的 λ_{max} 的位置和吸收光谱的形状互不相同，据此可进行物质的定性分析。

（3）不同物质的吸收光谱上总有一个最大吸收峰，相应的波长即 λ_{max}。在进行光度测定时，通常以 λ_{max} 作为测定波长，此时测定的灵敏度最高。

二、分光光度法及其特点

应用分光光度计，根据物质对不同波长的光的吸收程度不同而对物质进行定性和定量分析的方法，称为分光光度法，又称为吸光光度法。根据所用光的波谱区不同，它又可分为可见分光光度法 380～780nm、紫外分光光度法 200～380nm 以及红外分光光度法 0.78～30μm。通常把紫外分光光度法和可见分光光度法统称为紫外可见分光光度法。本节主要讨论可见分光光度法，它具备如下特点：

（1）灵敏度高。分光光度法的浓度测量下限可达 $(10^{-6}～10^{-5})$ mol/L，如果对被测组分进行预分离富集，灵敏度还可以提高 2、3 个数量级。因而它具有较高的灵敏度，适用于微量组分的测定。

（2）准确度高。一般分光光度法测定的相对误差为 2%～5%，虽然其准确度不及一般的化学分析法（相对误差在 0.2% 以内），但由于其测量对象为多微量组分，故由此引出的绝对误差并不大，完全能够满足微量组分的测定要求。若采用精密分光光度计测量，相对误差可低至 1%～2%。

（3）操作简便快速。分光光度法所用的仪器结构相对简单，操作方便。试样处理后，一般只需经历显色和吸收光度测量两个步骤，即可得出分析结果。

（4）分光光度法广泛应用于微量组分的测定，几乎所有的无机离子和许多有机化合物都可直接或间接地利用分光光度法进行测量。因此，分光光度法是生产和科研部门广泛应用的一种分析方法。

三、光吸收定律——朗伯-比尔定律

当一束单色光通过均匀、非散射的固体、液体或气体时，一部分光被吸收，一部分光透过，一部分光被器皿表面反射。其中反射光可由参比的器皿抵消，因此入射光强度 I_0 等于吸收光强度 I_a 与透过光强度 I_t 之和，即

$$I_0 = I_a + I_t \tag{8-3}$$

透过光强度与入射光强度之比称为透光度，用 T 表示，即

$$T = \frac{I_t}{I_0} \tag{8-4}$$

对于溶液，透光度越大，表明溶液对光的吸收越小，而透光度而越小，溶液对光的吸收就越大。如果保持入射光波长不变，则溶液对光的吸收程度只与溶液浓度和厚度有关。这种定量关系用光的吸收定律，即朗伯-比尔定律表示。

设入射光强度为 I_0，液层厚度为 b，溶液浓度为 c，由于溶液对光波的吸收，光的强度减弱为 I，则

$$A = \lg \frac{I_0}{I} = Kbc \tag{8-5}$$

式中　A——吸光度；

　　　K——比例常数。

A 与 T 的关系为

$$A = \lg \frac{I_0}{I} = \lg \frac{1}{T} \tag{8-6}$$

可见，当一束单色光通过含有吸光物质的溶液时，溶液的吸光度与吸光物质的浓度及吸收层的厚度成正比，对于固定的检测设备，比色皿的厚度一致，吸光度与溶液的浓度成正比。

检测样品时，首先借助一系列标准溶液的吸光度，绘制标准工作曲线，然后根据待测物质的吸光度，求得其浓度或含量。

【例 8-1】　已知某波长的单色光经过液层厚度为 1.00cm 的吸收池后，吸光度为 0.190，求该溶液的透光度。

解　根据吸光度与透光度的关系，则

$$A = -\lg T, \quad 0.190 = -\lg T, \quad T = 0.646$$

答：该溶液的透光度为 0.646。

朗伯-比尔定律是分光光度法进行定量分析的理论依据。它在应用时需满足一定的条件：一是入射光必须是单色光；二是吸收发生在均匀的介质中；三是吸收过程中，吸收物质间不发生相互作用。

1. 吸光系数

式（8-5）中比例系数 K 称为吸光系数，但 K 的值随 b、c 所用单位的不同而不同。如果液层厚度 b 的单位 cm，浓度 c 的单位为 g/L，K 用 k 表示，称为吸光系数，单位为 L/（g·cm）。若液层厚度 b 以 cm、浓度 c 以 mol/L 为单位，K 用 ε 表示，称为摩尔吸光系数，单位为 L/（mol·cm），则

$$A = \varepsilon b c \tag{8-7}$$

吸光系数 k 和摩尔吸光系数 ε 是吸光物质在一定条件下的特征常数，其大小取决于溶液的性质、入射光波长、溶液温度等，也与测量仪器的质量有关。同一物质与不同显色剂反应，生成不同的有色化合物时具有不同的 ε 值，同一化合物在不同波长处的 ε 也可能不同。在最大吸收波长处的摩尔吸光系数以 ε_{max} 表示。ε 越大，表示该有色物质对入射光的吸收能力越强，显色反应就越灵敏。所以可根据不同显色剂与待测组分形成有色化合物的 ε 值，比较它们对测定组分的灵敏度。

一般认为，$\varepsilon < 1 \times 10^4$ L/（mol·cm），灵敏度较低；ε 在 $1 \times 10^4 \sim 5 \times 10^4$ L/（mol·cm）之间属中等灵敏度；ε 在 $6 \times 10^4 \sim 1 \times 10^5$ L/（mol·cm）之间属高等灵敏度；$\varepsilon > 10^5$ L/（mol·cm）属超高灵敏度。

应该指出：ε 值仅在数值上等于浓度为 1mol/L、液层厚度为 1cm 时有色溶液的吸光度，在分析实践中不可能直接取浓度为 1mol/L 的有色溶液测定 ε，而是根据低浓度时的吸光度，通过计算求得。

吸光分析中的灵敏度有时还用桑德尔灵敏度 S 表示。其含义是：产生 0.001 的吸光度时，单位截面积（cm^2）光程内所含吸光物质的质量（μg）数，其单位是 $\mu g/cm^2$。显然，S 值越小，显色反应的灵敏度就越高。S 与吸光系数 k 和摩尔吸光系数 ε 的关系推导如下：

$$bc = \frac{0.01}{k} \tag{8-8}$$

c 的单位为 g/L，即 $10^6 \mu g/1000 cm^3$，b 的单位为 cm，则 bc 就是单位截面积（cm^2）光程内吸光物质的含量（μg），所以

$$S = bc \frac{10^6}{1000} = bc \times 10^3 \tag{8-9}$$

将式（8-8）代入式（8-9），得 $S = \frac{1}{k}$。

由 k 和 ε 的定义可知，在数值上 $\varepsilon = kM$，M 为吸光物质的摩尔质量。所以，在数值上有

$$S = \frac{M}{\varepsilon} \tag{8-10}$$

【例 8-2】　用 4-氨基安替比林分光光度法测定水中微量酚。50mL 容量瓶中有苯酚 $150.0 \mu g$ 用 2cm 比色皿在 500nm 波长下测得吸光度 $A = 0.393$ 求 ε。[M(苯酚)＝94.11g/mol]

解　　　　$$c = \frac{m}{MV} = \frac{150.0 \times 10^{-6}}{94.11 \times 50 \times 10^{-3}} = 3.188 \times 10^{-5} (mol/L)$$

根据朗伯-比尔定律，有

$$\varepsilon = \frac{A}{bc} = \frac{0.393}{2 \times 3.188 \times 10^{-5}} = 6.16 \times 10^3 [L/(mol \cdot cm)]$$

答：摩尔吸光系数 ε 为 6.16×10^3 L/（mol·cm）。

【例 8-3】　Fe^{2+} 浓度为 5mg/L 的溶液 1mL 用 1，10-邻二氮杂菲显色后，定容为 10mL，取此溶液用 2cm 后的比色皿在波长为 508nm 处测得吸光度 A 为 0.190，计算其摩尔吸光系数和桑德尔灵敏度。

解　　　　$$[Fe^{2+}] = 5 \times 10^{-6} \times 1000/55.85 \times 10 = 8.95 \times 10^{-6} (mol/L)$$

由 $A = \varepsilon bc = 0.190$ 得

$$\varepsilon = \frac{0.190}{bc} = \frac{0.190}{2 \times 8.95 \times 10^{-6}} = 1.06 \times 10^4 [L/(mol \cdot cm)]$$

$$S = \frac{M}{\varepsilon} = 55.85/1.06 \times 10^4 = 5.27 \times 10^{-3} (\mu g/cm^2)$$

上例求得的 ε 值是把待测组分看作完全转变为有色化合物计算的。实际上，溶液中的有色物质浓度常因副反应和显色反应平衡的存在，并不完全符合这种化学计量关系，因此，求得的摩尔吸光系数称为表观摩尔吸光系数。

2. 吸光度加和性原理

上述朗伯-比尔定律是从单组分的情况推导而来的，实际上朗伯-比尔定律也适用于混合多组分。若在同一均匀溶液中，同时含有不同的吸光组分，只要各组分之间互相不发生化学反应，当一束平行单色光垂直通过该溶液时，该混合溶液的总吸光度等于溶液中各组分在同一波长下的分吸光度之和。这就是吸光度加和性原理，其数学表达式为

$$A = A_1 + A_2 + A_3 + \cdots + A_i = \sum A_i \tag{8-11}$$

四、显色反应及显色剂

1. 显色反应

可见分光光度法是利用有色溶液对光选择性吸收性质进行测定的。有些物质本身具有明

显的颜色，可用于直接测定，但大多数物质本身颜色很浅甚至是无色，这是就需要加入其他试剂，使原来颜色很浅或者是无色的被测物质转化为有色物质再进行测定。这种将被测组分转变成有色化合物的反应称为显色反应，所加入的试剂称为显色剂。在分光光度分析中所用到的显色反应主要有络合反应和氧化还原反应两大类，其中络合反应是主要的。

用于分光光度分析的显色反应应满足下列要求：

（1）选择性好、干扰少或者干扰容易消除。所用显色剂最好只与被测组分发生显色反应，如果其他干扰组分也显色，则要求与被测组分反应所生成的有色化合物和与干扰组分反应所生成有色化合物的最大吸收峰相距较远，彼此互不干扰。

（2）灵敏度高。分光光度法一般用于微量组分的测定，故一般选择生成有色化合物的摩尔吸光系数高的显色反应。但灵敏度高的反应不一定选择性好，所以必须全面加以考虑。同时对于高含量组分的测定，不一定选用最灵敏的显色反应。

（3）有色化合物的组成恒定，符合一定的化学式。显色反应应按确定的反应式进行，对于可形成多种配比的配位反应，应控制显色条件，使其组成恒定，这样被测物质与有色化合物之间才有定量关系。

（4）有色化合物的化学性质应足够稳定，至少保证在测量过程中溶液的吸光度变化很小。这就要求有色化合物不容易受外界环境条件的影响，诸如日光照射、空气中的氧和二氧化碳的作用等，同时也不应受溶液中其他化学因素的影响。

（5）显色剂与所生成的有色化合物的颜色差别要大。这样显色时的颜色变化鲜明，而且在这种情况下试剂空白一般较小。有色化合物与显色剂之间的颜色差别，通常用反衬度（对比度）表示，它是有色化合物 MR 和显色剂 R 的最大吸收波长之差 $\Delta\lambda$，即

$$\Delta\lambda = \lambda_{MR最大} - \lambda_{R最大} \tag{8-12}$$

一般要求 $\Delta\lambda$ 在 60nm 以上。

2. 显色剂

显色反应中常用的显色剂有两类，一类是无机显色剂，一类是有机显色剂。

（1）无机显色剂。许多无机试剂能与金属离子发生显色反应，如 Cu^{2+} 与氨水可生成蓝色的 $[Cu(NH_3)_4]^{2+}$；硫氰酸盐与 Fe^{3+} 可生成红色的配离子 $[Fe(SCN)]^{2+}$ 或 $[Fe(SCN)_5]^{2-}$ 等。但无机显色剂与被测离子形成的络合物大多不够稳定，灵敏度比较低，有时选择性也不够理想，而且无机显色剂的品种有限，因此无机显色剂在分光光度分析中的应用不多。表 8-3 列出了几种常用的无机显色剂。

表 8-3 几种常用的无机显色剂

显色剂	测定元素	反应介质	有色化合物组成	颜色	测定波长（nm）
硫氰酸盐	Fe（Ⅲ）	$0.1\sim0.8mol/L\ HNO_3$	$[Fe(SCN)_5]^{2-}$	红	480
	Mo（Ⅵ）	$1.5\sim2mol/L\ H_2SO_4$	$[MoO(SCN)_5]^{2-}$	橙	460
	W（Ⅴ）	$1.5\sim2mol/L\ H_2SO_4$	$[WO(SCN)_3]^{2-}$	黄	405
	Nb（Ⅴ）	$3\sim4mol/L\ HCl$	$[NbO(SCN)_4]^-$	黄	420
钼酸铵	Si	$0.15\sim0.3mol/L\ H_2SO_4$	$H_4SiO_4 \cdot 10MoO_3 \cdot Mo_2O_3$	蓝	$670\sim820$
	P	$0.15mol/L\ H_2SO_4$	$H_3PO_4 \cdot 10MoO_3 \cdot Mo_2O_3$	蓝	$670\sim830$
	V（V）	$1mol/L\ HNO_3$	$P_2O_5 \cdot V_2O_5 \cdot 22MoO_3 \cdot nH_2O$	黄	420
	W	$4\sim6mol/L\ HCl$	$H_3PO_4 \cdot 10WO_3 \cdot W_2O_5$	蓝	660

续表

显色剂	测定元素	反应介质	有色化合物组成	颜色	测定波长（nm）
氨水	Cu（Ⅱ）	浓氨水	$[Cu(NH_3)_4]^{2+}$	蓝	620
	Co（Ⅲ）	浓氨水	$[Co(NH_3)_5]^{3+}$	红	500
	Ni	浓氨水	$[Ni(NH_3)_6]^{2+}$	紫	580
过氧化氢	Ti（Ⅳ）	1～2mol/L H_2SO_4	$[TiO(H_2O_2)]^{2+}$	黄	420
	V（Ⅴ）	0.5～3mol/L H_2SO_4	$[VO(H_2O_2)]^{3+}$	红橙	400～450
	Nb	18mol/L H_2SO_4	$Nb_2O_3(SO_4)_2 \cdot (H_2O_2)_2$	黄	365

（2）有机显色剂。许多有机试剂在一定条件下能与金属离子生成有色的金属螯合物，具有明显的优点：

1）灵敏度高。大部分金属螯合物呈现鲜明的颜色，摩尔吸光系数都大于 10^4，而且螯合物中金属所占比率很低，提高了测定灵敏度。

2）稳定性好。金属螯合物均很稳定，一般离解常数很小，而且能抗辐射。

3）选择性好。绝大多数有机螯合剂在一定条件下只与少数或某一种金属离子配位。而且同一种有机螯合物与不同金属离子配位时，可生成不同特征颜色的螯合物。

4）扩大了分光光度法的应用范围。虽然大部分金属螯合物难溶于水，但可被萃取到有机溶剂中，大大发展了萃取光度法。

随着有机试剂合成的发展，有机显色剂的应用日益增多。表8-4列出了几种常用的有机显色剂。

表 8-4　　　　　　　　　　　　**几种常用的有机显色剂**

显色剂	测定元素	反应介质	λ_{max}（nm）	ε [L/（mol·cm）]
磺基水杨酸	Fe^{2+}	pH＝2～3	520	1.6×10^3
邻菲罗啉	Fe^{2+} Cu^+	pH＝3～9	510 435	1.1×10^4 7×10^3
丁二酮肟	Ni（Ⅳ）	氧化剂（如过硫酸铵）存在，碱性	470	1.3×10^4
双硫腙	Cu^{2+}、Pb^{2+}、Zn^{2+}、Cd^{2+}、Hg^{2+}	不同酸度	490～550	$4.5 \times 10^4 \sim 3 \times 10^4$
偶氮砷（Ⅲ）	Th（Ⅳ）、Zr（Ⅳ）、La^{3+}、Ce^{4+}、Ca^{2+}、Pb^{2+}	强酸至弱酸	665～675	$10^4 \sim 1.3 \times 10^5$
铬天菁 S	Al^{3+}	pH＝5～5.8	530	5.9×10^4
结晶紫	Ca	7mol/L HCl、$CHCl_3^-$丙酮萃取		5.4×10^4

五、影响显色反应的因素

影响显色反应的因素主要包括以下几个方面。

1. 显色剂的用量

显色反应一般可用下式表示：

$$M（被测组分）＋R（显色剂） \Longrightarrow MR（有色络合物）$$

　　为了使显色反应进行完全，一般需要加入过量的显色剂，但显色剂不是越多越好。对于有些显色反应，显色剂加入太多，反而会引起副反应，对测定不利。在实际工作中，通常根据实验结果来确定显色剂的用量。实验的方法是使被测组分浓度不变，加入不同量的显色剂，在其他条件相同的情况下测定吸光度。

　　显色剂用量对显色反应的影响一般有三种可能出现的情况，如图 8-3 所示。其中 8-3（a）的曲线形状比较常见，开始时随着显色剂用量的增加吸光度不断增加，当显色剂用量达到某一数值时，吸光度不再增大，出现 ab 平坦部分，这意味着显色剂用量已足够，于是可在 ab 之间选择合适的显色剂用量。

　　图 8-3（b）与图 8-3（a）不同之处是平坦部分较窄，即当显色浓度继续增大时，试液的吸光度反而下降。例如用 SCN^- 测定 Mo（V）时，因为 Mo（V）与 SCN^- 生成一系列配位数不同的络合物：

$$Mo(SCN)_3^{2+} \rightleftharpoons Mo(SCN)_5 \rightleftharpoons Mo(SCN)_6^-$$

$$\text{浅红} \qquad\qquad \text{橙红} \qquad\qquad \text{浅红}$$

　　用吸光度测定时，通常测得的是 $Mo(SCN)_5$ 的吸光度，如果 SCN^- 浓度太高，由于生成浅红色的 $Mo(SCN)_6^-$ 络合物，将使试液的吸光度降低。遇此情况，必须严格控制显色剂的量，否则得不到正确的结果。图 8-3（c）与前两种情况完全不同，当显色剂的浓度不断增大时，吸光度不断增大。如 SCN^- 测定 Fe^{3+} 时，随着 SCN^- 浓度的增大，生成颜色越来越深的高配位数络合物 $Fe(SCN)_4^-$ 和 $Fe(SCN)_5^{2-}$，溶液颜色由橙黄色变至血红色。对于这种情况，只有严格地控制显色剂的用量，才能得到准确的结果。

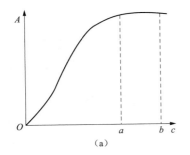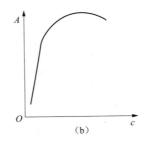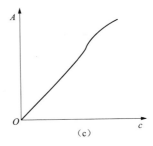

图 8-3　吸光度与显色剂浓度的关系

2. 溶液的酸度

酸度对显色反应的影响主要表现如下：

（1）影响显色剂的浓度和颜色。显色反应所用的显色剂不少是有机弱酸，显然，溶液的酸度将影响显色剂的离解，并影响显色反应的完全程度。例如，金属离子 M 与显色剂 HR 作用，生成有色络合物 MR，即

$$M + HR \rightleftharpoons MR + H^+$$

可见，增大溶液的酸度，将对显色反应不利。

另外，有一些显色剂具有酸碱指示剂的性质，即在不同的酸度下有不同的颜色。遇此情况，在选择酸度时需加以考虑。例如 1-（2-吡啶偶氮）间苯二酚（PAR），由离解平衡可以看出，当溶液的 pH 值小于 6 时，主要以黄色 H_2R 形式存在；pH＝7～12 时，主要以橙色

HR⁻ 形式存在；pH 值大于 13 时，主要以红色 R²⁻ 形式存在。大多数金属离子和 PAR 生成红色或红紫色络合物，因而 PAR 只适宜在酸性或弱碱性溶液中进行光度测定。在强碱性溶液中，显色剂本身已显红色，光度测定显然难以进行。又如，二甲酚橙在 pH 值小于 6 时呈黄色，pH 值大于 6 时呈红色。而二甲酚橙与金属离子生成红色络合物，因此光度测定只能在稀酸或弱酸介质中进行。

$$H_2R \underset{6.9}{\overset{pK_{a1}}{\rightleftharpoons}} H^+ + HR \underset{12.4}{\overset{pK_{a2}}{\rightleftharpoons}} H^+ + R^{2-}$$
　　　黄色　　　　　　　橙色　　　　　　　　红色

（2）影响被测金属离子的存在状态。大部分金属离子很容易水解，当溶液的酸度降低时，它们在水溶液中除了以简单的金属离子形式存在外，还可能形成一系列的羟基或多核羟基络离子。如 Al^{3+} 在 pH≈4 时，即有下列水解反应发生：

$$Al(H_2O)_6^{3+} \rightleftharpoons Al(H_2O)_5OH^{2+} + H^+$$
$$2Al(H_2O)_5OH^{2+} \rightleftharpoons Al_2(H_2O)_6(OH)_3^{3+}$$

当酸度更低时，可能进一步水解生成碱式盐或氢氧化物沉淀。显然，这些水解反应的存在，对显色反应的进行是不利的。如生成沉淀，则使显色反应无法进行。

（3）影响络合物的组成。对于某些生成逐级络合物的显色反应，酸度不同，络合物的络合比不同，其颜色也不同。例如磺基水杨酸与 Fe^{3+} 的显色反应，当溶液 pH 值为 1.8～2.5、4～8、8～11.5 时，将分别生成 1∶1（紫红色）、1∶2（棕褐色）和 1∶3（黄色）三种颜色不同的络合物，故测定时应控制溶液的酸度。

显色反应最适宜的酸度是通过实验来确定的。具体的方法是：固定溶液中被测组分与显色剂的浓度，调节溶液不同的 pH 值，测定溶液吸光度。用 pH 值作横坐标，吸光度作纵坐标，做出 pH 值与吸光度关系曲线（见图 8-4），从中找出最适宜的 pH 值。

3. 显色温度

在一般情况下，显色反应大多在室温下进行。但是，有些显色反应必须加热到一定温度才能完成。例如：用硅钼蓝法测定硅的反应，在室温下需 10min 以上才能完成，而在沸水浴中，则只需 30s 便能完成。许多有色化合物在温度较高时容易分解，如 MnO_4^- 溶液长时间煮沸就会与水中的微生物或有机物反应而褪色。

4. 显色时间

有些显色反应瞬间完成，溶液颜色很快达到稳定状态，并在较长时间内保持不变；有些显色反应虽能迅速完成，但有色络合物的颜色很快开始褪色；有些显色反应进行缓慢，溶液颜色需经一段时间后才稳定。因此，必须经实验来确定最合适测定的时间区间。实验方法为配制一份显色溶液，从

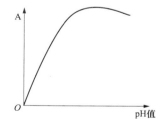

图 8-4　吸光度和溶液
酸度的关系

加入显色剂计算时间，每隔几分钟测量一次吸光度，制作吸光度-时间曲线，根据曲线来确定适宜时间。

5. 溶剂

有机溶剂常降低有色化合物的解离度，从而提高了显色反应的灵敏度。如在 $Fe(SCN)_3$ 的溶液中加入与水混溶的有机溶剂（如丙酮），由于降低了 $Fe(SCN)_3$ 的解离度而使颜色加

深，提高了测定的灵敏度。此外，有机溶剂还可能提高显色反应的速率，影响有色络合物的溶解度和组成等。如用偶氮氯膦Ⅲ测 Ca^{2+}，加入乙醇后，吸光度显著增加。又如用氯代磺酚 S 法测定铌（V）时，在水溶液中显色需几小时，加入丙酮后，则只需 30min。

6. 溶液中共存离子的影响

试样中干扰物质会影响被测组分的测定。例如干扰物质本身有颜色或与显色剂反应，在测量条件下也有吸收现象，造成正干扰。干扰物质与被测组分反应或与显色剂反应，使显色反应不完全，也会造成干扰。干扰物质在测量条件下从溶液中析出，使溶液变浑浊，无法准确测定溶液的吸光度。

为消除以上原因引起的干扰，可采取以下几种方法：

（1）控制溶液的酸度。例如：用二苯硫腙法测定 Hg^{2+} 时，Cd^{2+}、Cu^{2+}、Co^{2+}、Ni^{2+}、Sn^{2+}、Zn^{2+}、Pb^{2+}、Bi^{3+} 等均可能发生反应，但如果在稀硫酸（0.5mol/L）介质中进行萃取，则上述离子不再与二苯硫腙作用，从而消除干扰。

（2）加入掩蔽剂。选取的条件是掩蔽剂不与待测离子作用，掩蔽剂以及它与干扰物质形成的络合物的颜色应不干扰待测离子的测定。如用二苯硫腙测定 Hg^{2+} 时，即使在 0.5mol/L H_2SO_4 介质中进行萃取，也不能消除 Ag^+ 和大量 Bi^{3+} 的干扰，这时可加入 KSCN 掩蔽 Ag^+，用 EDTA 掩蔽 Bi^{3+} 可消除其干扰。

（3）利用氧化还原反应改变干扰离子的价态。如用铬天青 S 比色测定铝时，Fe^{3+} 有干扰，加入抗坏血酸将 Fe^{3+} 还原为 Fe^{2+} 后，干扰即消除。

（4）利用校正系数。例如：用 SCN^- 测定钢中钨时，可利用校正系数扣除钒（V）的干扰，因为钒（V）与 SCN^- 生成蓝色 $(NH_4)_2[VO(SCN)_4]$ 络合物而干扰测定。实验表明，质量分数为 1% 的钒相当于 0.20% 钨（随实验条件不同略有变化）。这样，在测得试样中钒的量后，就可以从钨的结果中扣除钒的影响。

（5）利用参比溶液消除显色剂和某些有色共存离子的干扰。例如：用铬天青 S 比色法测定钢中的铝含量，Ni^{2+}、Co^{2+} 等会干扰测定。为此可取一定量试液，加入少量 NH_4F，使 Al^{3+} 形成 AlF_6^{3-} 络离子而不再显色，然后加入显色剂及其他试剂，以此作为参比溶液，以消除 Ni^{2+}、Co^{2+} 对测定的干扰。

（6）选择适当的波长。例如用丁二酮肟比色法测定钢中镍时，Ni（Ⅳ）与丁二酮肟的络合物 λ 最大吸收峰在 460~470nm 处。由于用酒石酸钾钠或柠檬酸钠掩蔽 Fe^{3+}，考虑到酒石酸铁络合物在 460~470nm 处也有一定的吸收，会干扰镍的测定。因此便选用 520~530nm 波长处作镍的测定，这样灵敏度虽稍低些，但却消除了 Fe^{3+} 的干扰。

（7）当溶液中存在有消耗显色剂的干扰离子时，可以通过增加显色剂的用量来消除干扰。

（8）采用适当的分离方法。当上述方法均不能奏效时，只能采用适当的预先分离的方法。

六、测定方法

可见分光光度法常用于定量测定。根据朗伯-比尔定律，在一定波长条件下，溶液的吸光度与浓度成正比，因此在分光光度计上测出溶液的吸光度，通过下列方法即可求出被测物质的含量。

1. 标准曲线法

标准曲线法是最常用的定量分析法。标准曲线法的测定方法：配制 4 个以上浓度不同的待测组分标准溶液，在相同条件下显色后稀释至同一体积，在选定的测定波长下，以空白溶液作参比，分别测定各标准溶液的吸光度。以标准溶液浓度为横坐标，吸光度为纵坐标，在坐标纸上绘制曲线，该曲线即称为标准曲线（也叫工作曲线），如图 8-5 所示。然后按相同的方法制备被测试液，在与标准溶液相同的测定情况下，测定试液的吸光度，从标准曲线上查出被测试液的浓度，进一步计算出其含量。

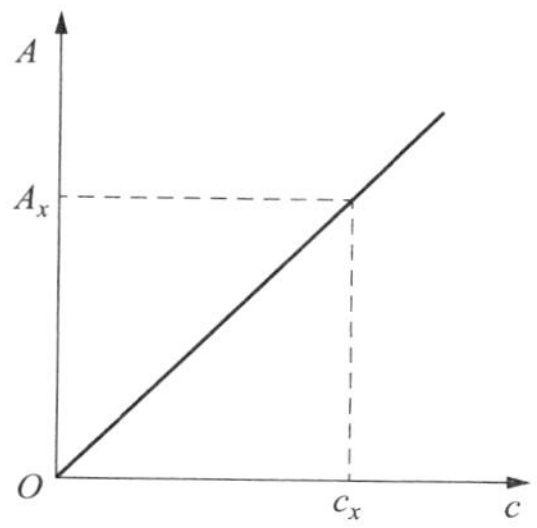

标准曲线法适于大批同种样品的测定。

实际分析中，由于存在着各种随机误差因素，采用标准曲线法测定的各坐标点，不完全在一条直线上，可采用线性回归的方法求出各坐标点误差平方和最小的直线方程式。

图 8-5　标准曲线法

设 x 为自变量，y 为因变量。直线方程式为

$$y = bx + a$$

$$a = \frac{\sum_{i=1}^{n} y_i - b \sum_{i=1}^{n} x_i}{n} = \bar{y} - b\bar{x} \tag{8-13}$$

$$b = \frac{\sum_{i=1}^{n} (x_i - \bar{x})(y_i - \bar{y})}{\sum_{i=1}^{n} (x_i - \bar{x})^2} \tag{8-14}$$

$$r = b \sqrt{\frac{\sum_{i=1}^{n} (x_i - \bar{x})^2}{\sum_{i=1}^{n} (y_i - \bar{y})^2}} = \frac{\sum_{i=1}^{n} (x_i - \bar{x})(y_i - \bar{y})}{\sqrt{\sum_{i=1}^{n} (x_i - \bar{x})^2 \sum_{i=1}^{n} (y_i - \bar{y})^2}} \tag{8-15}$$

相关系数 r 是表示变量 x 与 y 的直线相关关系密切程度的指标，是按照统计规律求出的。r 值出现的概率与自由度 $f = n-2$ 有关，n 为变量 x 与 y 搭配成的"对"数。在选定的概率下，若计算出来的 r 值大于表 8-5 中的临界值，则认为相关关系是显著的，所求出的回归方程式和标准曲线是有意义的。检验相关系数的临界值见表 8-5。

表 8-5　　　　　　　　　　　　　相关系数的临界值表

$f = n-2$	1	2	3	4	5	6	7	8	9	10
$P = 95\%$	0.997	0.950	0.878	0.811	0.755	0.707	0.666	0.632	0.602	0.576
$P = 99\%$	0.9998	0.990	0.959	0.917	0.875	0.834	0.798	0.765	0.735	0.708

【例 8-4】　用光度法检测煤中的 TiO_2 含量。吸光度与 TiO_2 含量间的关系见表 8-6。

表 8-6　　　　　　　　　　　　　吸光度与 TiO_2 含量间的关系

TiO_2（mg）	0.2	0.4	0.6	0.8	未知 x
A	0.052	0.079	0.110	0.139	0.082

试列出标准曲线的一元线性回归方程，计算相关系数，判断线性关系如何，并计算未知试样中 TiO_2 的含量。

解　设 TiO_2 的含量为 x，吸光度为 y（其值见表 8-7），计算回归系数 a 和 b。

$$\bar{x} = 0.5, \quad \bar{y} = 0.095$$

表 8-7　　　　　　　　　　　　　　　　　x、y 及计算

x	y	$x_i - \bar{x}$	$y_i - \bar{y}$	$(x_i - \bar{x})(y_i - \bar{y})$	$(x_i - \bar{x})^2$
0.2	0.052	−0.3	−0.043	0.012 9	0.09
0.4	0.079	−0.1	−0.016	0.001 6	0.01
0.6	0.110	0.1	0.015	0.001 5	0.01
0.8	0.139	0.3	0.044	0.013 2	0.09
$\bar{x}=0.5$	$\bar{y}=0.095$			0.029 2	0.2

$$b = \frac{\sum_{i=1}^{n}(x_i - \bar{x})(y_i - \bar{y})}{\sum_{i=1}^{n}(x_i - \bar{x})^2} = 0.146$$

$$a = \bar{y} - b\bar{x} = 0.022$$

该标准曲线的回归方程：$y = 0.146x + 0.022$

$$r = b\sqrt{\frac{\sum_{i=1}^{n}(x_i - \bar{x})^2}{\sum_{i=1}^{n}(y_i - \bar{y})^2}} = 0.999\ 7$$

查相关系数的临界值表，$r_{0.95,f} = 0.990$，该标准曲线具有很好的线性关系。

未知样品中 TiO_2 的含量：$x = \dfrac{y - 0.022}{0.146} = \dfrac{0.082 - 0.022}{0.146} = 0.41$（mg）

2. 比较法

取一份已知确定浓度的被测组分标准溶液，将其与被测试剂在完全相同的情况下显色后，分别测定吸光度，则被测试剂的浓度可按下式计算：

$$c_x = \frac{A_x}{A_s}c_s \tag{8-16}$$

式中　c_x——被测溶液的浓度；

　　　c_s——标准溶液的浓度；

　　　A_s——标准溶液的吸光度；

　　　A_x——被测溶液的吸光度。

采用比较法应注意，所选择的标准试剂浓度应与被测试剂的浓度尽量接近，以避免产生较大的测量误差。测定的样品数较少时，采用比较法更方便。

七、光度分析仪器

1. 分光光度计的主要部件

分光光度法所采用的仪器称为分光光度计。分光光度计的种类很多，但基本结构和作用原理相同，都是由光源、单色器、吸收池、检测器和显示记录系统五大部件组成。

（1）光源。光源的作用是提供符合要求的入射光。紫外-可见分光光度计上备有两种光源。可见光区的光源一般采用 6～12V 钨丝灯，发出的连续光谱为 360～800nm。此外，还有卤钨灯，如碘钨灯、溴钨灯等。紫外光区的光源一般采用氢灯和氘灯，它能够提供 180～350nm 波长范围的光。此外，为了获得精确的测量结果，要求光源发射强度要大，稳定性要好，使用寿命要长，通常要配置稳压电源；为了得到平行光，仪器中均用聚光镜和反射镜等光学元件。

（2）单色器。单色器的作用是从光源发射的连续光谱中分离出所需要的波段足够狭窄的单色光。单色光一般由入射狭缝、准光器（透镜或凹面反光镜是入射光呈平行光）、色散元件、聚焦元件和出射狭缝等几部分组成。其核心部分是色散元件，起分光作用。单色器的性能直接影响入射光的单色性，从而影响到测定的灵敏度、选择性及校准曲线的线性关系等。常用的色散元件有棱镜和光栅。

棱镜有玻璃和石英两种材料。其色散原理是依据不同波长的光通过棱镜时具有不同的折射率而将不同波长的光分开。由于玻璃可吸收紫外光，所以玻璃棱镜只能用于 350～3200nm 的波长范围，即只能用于可见光域内。石英棱镜可使用的波长范围较宽（185～4000nm），可用于紫外、可见和近红外三个光域。

光栅作为色散元件具有不少独特的优点。光栅可定义为一系列等宽、等距离的平行狭缝，它是根据光的衍射和干涉原理来达到色散目的的。常用的光栅单色器为反射光栅单色器，它分为平面反射光栅和凹面反射光栅，其中最常用的是平面反射光栅。由于光栅单色器的分辨率比棱镜单色器的分辨率高（可达 0.2nm），而且它可用的波长范围比棱镜宽，因此目前生产的紫外-可见分光光度计大多采用光栅作为色散元件。应该指出的是，无论何种单色器，出射光光束常混有少量与仪器所指示波长差异较大的光波，即杂散光。杂散光会影响吸光度的正确测量，其产生的主要原因是光学部件和单色器壁的反射以及大气或光学部件表面上尘埃的散射等。为了减少杂散光，单色器用涂有黑色的罩壳封起来，通常不允许任意打开罩壳。

（3）吸收池。分光光度计中用来盛放溶液的容器称为吸收池，又称为比色皿，一般由无色透明、耐腐蚀光学玻璃制成，或由石英玻璃制成。玻璃比色皿只能用于可见光区吸光度测量，而石英比色皿可用于可见光区和紫外光区吸光度的测量。比色皿厚度有 0.5、1.0、2.0、3.0、5.0cm 等规格，一套同一规格的吸收池间透光度之差应小于 0.5%。使用过程中要注意保持比色皿的光洁，特别要保护其透光面不受磨损。

（4）检测器。检测器的作用是用于接收光辐射信号，并将光信号转换成电信号输出，以便于测量。常用检测器有光电管和光电倍增管等。

光电管是由一个阳极和一个光敏阴极构成的真空二极管，阴极表面镀有碱金属或碱土金属氧化物等光敏材料，当被光照射时，阴极表面发射电子，在外加电压作用下，电子以高速流向阳极而产生电流，电流大小与光通量成正比。光电管的特点是灵敏度高，不易疲劳。

光电倍增管是在普通光电管中引入具有二次电子发射特性的倍增电极组合而成，比普通光电管灵敏度高 200 倍，是目前中高档分光分光度计中常用的一种检测器。

（5）显示记录系统。显示记录系统的作用是把电信号以吸光度或透光度的方式显示或记录下来。常用的显示记录装置包括检流计、数字显示器、打印机及计算机等。

紫外-可见分光光度计的结构示意如图 8-6 所示。

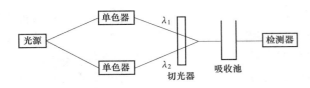

图 8-6　紫外-可见分光光度计的结构示意

2. 分光光度计的类型

分光光度计按波长范围不同,可分为可见分光光度计(波长为 420～700nm)和紫外-可见分光光度计(波长为 200～1000nm);根据测量中提供的波长数不同,有单光束、双光束及双波长分光光度计。

单光束是指从光源发出的光经过单色器等一系列光学元件及吸收池最后照在检测器上,始终为一束光。单光束分光光度计的优点是结构简单,操作简便,价格便宜;缺点是测定结果受光源强度的波动影响较大,往往给定量分析结果带来较大误差。常用的单光束分光光度计包括 722 型、723 型、724 型、752 型、754 型、756MC 型等。

双光束分光光度计是将单色器色散后的单色光分成两束,一束通过参比池,一束通过样品池,一次测量即可得到样品溶液的吸光度。双光度分光光度计是近年来发展最快的一类分光光度计,其特点是便于自动记录,可在较短的时间内获得全波段扫描吸收光谱,从而简化了操作手续。由于样品和参比信号进行反复比较,消除了光源不稳定以及检测系统波动的影响,测量准确度高;缺点是由于仪器的光路设计要求严格,价格较高。国产 730 型、WFD-10 型、760CRT 型分光光度计都属于此类仪器。

双波长分光光度计是将光源发出的光分为两束,分别通过两个单色器后得到两种不同波长的单色光,两束光交替地照射样品溶液,测得样品溶液在两波长处的吸光度之差 ΔA,当量波长差 $\Delta \lambda$ 固定时,ΔA 与样品溶液的浓度成正比,可用于定量分析。该类仪器的特点是不需要参比溶液,只用一种样品溶液,因此完全消除了背景吸收干扰,提高了测量的准确度。它特别适合混合样品以及浑浊样品的定量分析,其不足之处在于仪器价格昂贵。

八、光度分析误差与测量条件的选择

光度分析的误差主要来自有色溶液偏离朗伯-比尔定律和比色仪器测量误差两个方面。

1. 有色溶液偏离朗伯-比尔定律

根据朗伯-比尔定律,吸光度与吸光物质的浓度成正比,所绘制的曲线应是一条通过坐标原点的直线。但是,在实际工作中,尤其是当吸光物质对的浓度比较大时,直线常发生弯曲,此现象称为偏离朗伯-比尔定律,如图 8-7 所示。造成该现象的原因主要有以下几个方面:

(1) 单色光不纯引起的偏离。严格来说,朗伯-比尔定律只适用于单色光,但即使是现代高精度光度分析仪器所提供的入射光也不是纯的单色光,而是波长范围较窄的谱带。由于吸光物质对不同波长光的吸收能力不同,因而导致标准曲线发生弯曲,偏离朗伯-比尔定律。

(2) 试液浓度过高引起的偏离。朗伯-比尔定律只适用于

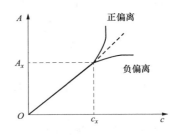

图 8-7　标准曲线对
朗伯-比尔定律的偏离

稀溶液,当溶液浓度过高时,吸光质点将可能发生缔合、离解等作用,使吸光质点相对减少,吸光度下降而产生偏离。

(3) 介质不均匀引起的偏离。朗伯-比尔定律要求被测试液是均匀的。当被测试液为胶体、乳浊液或是悬浊液时,入射光一部分被试液所吸收,另一部分因反射、散射而损失,使

透光度减少而吸光度增加，导致偏离。

2. 仪器测量误差

任何分光光度计都有一定的测量误差，这种误差来源于光源不稳、光电转换器不灵敏、光电流测量不准、吸光度（或透光度）读数范围等。读数误差是测量误差的主要影响因素。

3. 测量条件的选择

要使分光光度分析具有较高准确度，必须注意选择适当的测量条件。

（1）选择合适的测量波长。为了使测定结果有较高的灵敏度，应选择被测物质的最大吸收波长的光作为入射光，称为"最大吸收原则"。选用这种波长的光进行分析，不仅灵敏度高，而且能够减少或消除由非单色光引起的对朗伯-比尔定律的偏离。但是，如果在最大吸收波长处有其他吸光物质干扰测定时，则应根据"吸收最大、干扰最小"的原则来选择入射光波长。

（2）控制适当的读数范围。任何一台分光光度计总有一个透光度读数误差 $\Delta\tau$，其数值大小反映了仪器的精确度，通常为±（0.1%～0.5%）。由于透光度与溶液浓度 c 之间为负对数关系，故同样的透光度读数误差 $\Delta\tau$ 在不同透光度处所造成的浓度相对误差 $\Delta c/c$ 是不同的。通过计算可知，一般被测溶液的吸光度为 0.2～0.8 或透光度为 15%～65%，测量的相对误差最小。因此，在实际工作中应尽量控制吸光度的读数为 0.2～0.8，为此可采用以下措施：

1）控制试液的浓度。含量大时，少取样或稀释试液；含量少时，可多取样或萃取富集。

2）选择不同厚度的比色皿。读数太大时，可改用厚度小的比色皿；读数太小时，改用厚度大的比色皿。

3）改变测定长度和改变参比溶液使吸光度值在此范围内。

（3）选择适当的参比溶液。在进行光度测量时，利用参比溶液来调节仪器的零点，可以消除由于吸收池壁及溶剂对入射光的反射和吸收带来的误差，并扣除干扰的影响。参比溶液可根据下列情况来选择：

1）当试液与显色剂均无色时，可用蒸馏水作参比溶液。

2）显色剂为无色，而被测试液中存在其他有色离子，可用不加显色剂的被测试液作参比溶液。

3）显色剂有颜色，可选择不加试样溶液的试剂空白作参比溶液。

4）显色剂和试液均有颜色，可将一份试液加入适当掩蔽剂，将被测组分掩蔽起来，使之不再与显色剂作用，而显色剂及其他试剂均按试液测定方法加入，以此作为参比溶液，这样就可以消除显色剂和一些共存组分的干扰。

5）改变加入试剂的顺序，使被测组分不发生显色反应，可以此溶液作为参比溶液消除干扰。

九、分光光度计的使用方法、检验、维护与保养

1. 分光光度计的操作程序

（1）选定合适的波长作为入射光，接通电源预热仪器 20min 左右。

（2）调节透光度为零，完成仪器调零。

（3）将参比溶液置于光路中并接通（盖上吸收池暗箱盖），$T=100.0\%$（$A=0$）。（2）、（3）步应反复调整。

（4）将样品溶液推入光路，读取吸光度 A。

（5）测试完毕，取出吸收池，清洗并晾干后入盒保存。关闭电源，拔下电源插头，盖上仪器防尘罩，填写仪器使用记录。

（6）清洗各玻璃仪器，收拾桌面，将实验台恢复原样。

2. 分光光度计的维护与保养

分光光度计是精密光学仪器，正确安装、使用和保养对保持仪器良好的性能和保证测试的准确度具有重要作用。

（1）对仪器工作环境的要求。分光光度计应安装在稳固的工作台上，周围不应有强磁场，以防电磁干扰。控制室温为 $5\sim35℃$，相对湿度为 $45\%\sim65\%$。室内应无腐蚀性气体（如 SO_2、NO_2、NH_3 及酸雾等），应与化学实验室隔开，且避免阳光直射。

（2）仪器保养与维护方法：

1）仪器工作电源一般允许电压为 (220 ± 22) V，频率为 (50 ± 1) Hz 的单相交流电。为保证光源灯和检测系统的稳定性，在电源电压波动较大的实验室，应配备稳压电源。

2）为了延长光源使用寿命，在不使用时应关闭光源灯，如果光源灯亮度明显减弱或不稳定，应及时更换新灯。更换后要调节灯丝位置，不要用手直接接触灯泡，避免油污黏附，若不小心接触过，要用无水乙醇擦拭。

3）单色器是仪器的核心，装在密封盒内，不能拆开，为防止色散元件受潮生霉，必须定期更换单色器干燥剂。

4）必须使用吸收池，保护吸收池透光面。拿取吸收池时，只能用手指接触两侧的毛玻璃，不可接触透光面。不能将光学面与硬物或脏物接触，只能用擦镜纸或丝绸擦拭透光面。凡含有腐蚀玻璃的物质（如 F^-、$SnCl_2$、H_3PO_4 等）的溶液，不得长时间盛放在吸收池中。吸收池内溶液的装入量要适当，一般溶液在比色皿中的高度为 $2/3\sim4/5$。吸收池使用后应立即清洗干净，晾干，不得在电炉或火焰上烘烤。

5）光电转换元件不能长时间曝光，应避免强光照射和受潮积尘。

6）仪器液晶显示器和键盘日常使用和保存时应注意防水、防尘、防划伤、防腐蚀，并在仪器使用完毕后盖上防尘罩。仪器长期不使用时，要注意保持环境的温度和湿度在适当范围。

7）在使用过程中，应防止吸收池中溶液溢出；使用结束后必须检查样品室是否存有溢出溶液，应经常擦拭样品室，以防废液对部件或光路系统的腐蚀。

8）定期对仪器性能进行检测，发现问题应及时处理。

9）仪器长时间不用，必须定期通电进行维护。

任务一　水中挥发酚含量的测定

【教学目标】

通过对本项任务的学习，使学生在知识方面掌握分光光度法的原理及其特点，掌握分光光度法定量分析原理，掌握显色反应及其影响因素、显色条件的选择方法，掌握分光光度计的使用方法，掌握可见分光光度法测定水中酚的基本原理。在技能方面，能采用分光光度法测定水中酚的含量，建立工作曲线。态度方面，能主动积极参与问题讨论，具有严谨细致、一丝不苟的职业素质，具有安全意识，具有团队协作能力。

【任务描述】

水中酚类属高毒物质，人体摄入一定量会出现急性中毒症状，长期饮用被酚污染的水，可引起头痛、出疹、瘙痒、贫血及各种神经系统症状。酚的主要污染源有煤气洗涤、炼焦、合成氨、造纸、木材防腐和化工排出的废水。根据酚的沸点、挥发性和能否与水蒸气一起蒸出，分为挥发酚和不挥发酚。通常认为沸点在 230℃ 以下的为挥发酚，沸点在 230℃ 以上的为不挥发酚。HJ503《水质挥发酚的测定　4-氨基安替比林分光光度法》规定水中挥发酚含量的测定采用 4-氨基安替比林分光光度法。具体方法：用蒸馏法将挥发酚类化合物蒸馏出来，于 pH＝10.0±0.2 的介质中，在铁氰化钾存在下，酚类化合物与 4-氨基安替比林反应，生成橙红色的安替比林染料，其水溶液在 510nm 波长处有最大吸收。显色后，在 30min 内，用光程长为 20mm 比色皿测定吸光度，根据标准曲线求出水样中挥发酚的含量（以苯酚计，mg/L）。

【任务准备】

查阅资料，了解分光光度法的相关理论基础及水中挥发酚含量的测定原理。

【任务实施】

一、试剂和仪器

1. 试剂

（1）活性炭粉末。

（2）高锰酸钾溶液：$c(KMnO_4)＝0.1mol/L$。

（3）10％硫酸铜溶液：称取 50g 硫酸铜（$CuSO_4 \cdot 5H_2O$）溶于蒸馏水中，稀释至 500mL。

（4）（1＋9）磷酸溶液：量取 50mL 磷酸（$\rho＝1.69g/mL$），用水稀释至 500mL。

（5）甲基橙指示剂（0.5g/L）：称取 0.05g 甲基橙溶于 100mL 氨水中，加塞。置冰箱中保存。

（6）苯酚标准溶液 c(苯酚)＝0.01mg/mL。

（7）缓冲溶液（pH 值约为 10）：称取 20g 氯化铵（NH_4Cl）溶于水，稀释至 100mL，置于冰箱中保存。该溶液保存期为一周。

2. 仪器和材料

（1）分光光度计（配有光程为 2cm 的比色皿）。

（2）500mL 全玻璃蒸馏器。

（3）实验室常用玻璃器皿。

二、操作步骤

（1）开机。接通电源预热仪器 20min 左右。

（2）水样预处理。量取 250mL 水样置于蒸馏瓶中，加数粒小玻璃珠以防暴沸，再加两滴甲基橙指示液，用磷酸溶液调节 pH＝4（溶液呈橙红色），加 5.0mL 硫酸铜溶液（如采样时已加过硫酸铜，则补加适量）。

　　如加入硫酸铜溶液后产生较多量的黑色硫酸铜沉淀，则应摇匀后放置片刻，待沉淀后，再滴加硫酸铜溶液，至不产生沉淀为止。

　　（3）水样蒸馏。连接冷凝器，加热蒸馏，至馏出液约 225mL 时，停止加热，放冷。向蒸馏瓶中加入 25mL 水，继续蒸馏至馏出液为 250mL 为止。

　　蒸馏过程中，如发现甲基橙的红色褪去，应在蒸馏结束后，再加 1 滴甲基橙指示液。如发现蒸馏后残液不呈酸性，则应重新取样，增加磷酸加入量，进行蒸馏。

　　（4）比色皿配套性检查。波长置于 600nm 处，在一组比色皿中加入适量蒸馏水，以其中任一比色皿作参比，调整透光度为 100.0%，测定并记下其他各比色皿的透光度值。比色皿间的透光度偏差小于 0.5% 的即可视为配套良好。

　　（5）标准曲线的绘制。取 8 支 50mL 比色管，分别加入 0、0.5、1.00、3.00、5.00、7.00、10.00、12.5mL 酚标准溶液，加无酚水至 50mL 线。加 0.5mL 缓冲溶液，混匀，此时 pH 值为 10.0±0.2，加 4-氨基安替比林 1.0mL，混匀。再加 1.0mL 铁氰化钾，充分混匀后，放置 10min，以无酚水为参比，用光程为 20mm 比色皿，于 510nm 波长测量吸光度。经空白校正后，以苯酚含量（mg）为横坐标、吸光度为纵坐标，绘制标准曲线。

　　（6）水样的测定。取适量的馏出液放入 50mL 比色管中，稀释至 50mL 标线；加 50mL 缓冲溶液，混匀，加 4-氨基安替比林 1.0mL，混匀；再加 1.0mL 铁氰化钾，充分混匀后，用与绘制标准溶液曲线相同的步骤测定吸光度，扣除空白试验所得吸光度，即得校正吸光度。

　　（7）空白试验。以水代替水样，经蒸馏后，按水样测定步骤进行测定，以其结果作为水样测定的空白校正值。

　　（8）测定完成后，关闭仪器电源开关，盖上防尘罩。

三、结果计算

　　水中挥发酚含量的计算式为

$$\rho = \frac{m}{V} \tag{8-17}$$

式中　ρ——以苯酚表示的挥发酚的质量浓度，mg/L；

　　　　m——由水样的校准吸光度，从标准曲线上查得的苯酚含量，mg；

　　　　V——移取馏出液体积，mg/L。

四、注意事项

　　（1）加热蒸馏是实验的关键。

　　（2）如水样含挥发酚较高，移取适量水样并加蒸馏水至 250mL 进行蒸馏，则在计算时应乘以稀释倍数。

　　（3）当水样中存在氧化剂、油类、硫化物、有机或无机还原性物质和芳香胺类时会对测定产生干扰，应消除干扰后再测定。

任务二　硅的测定——硅钼蓝分光光度法

【教学目标】

　　通过对本项任务的学习，使学生在知识方面巩固分光光度法的原理及其特点，掌握分光光度法的定量分析原理，掌握硅钼蓝分光光度法测定硅的原理，巩固分光光度计的使用方法。在技能方面，能采用硅钼蓝分光光度法测定硅，建立工作曲线。态度方面，能积极参与问题讨论，具有严谨细致、一丝不苟的职业素质，具有安全意识，具有团队协作能力。

【任务描述】

水中可溶性硅即活性硅的测定，一般可用钼酸盐还原法，即硅钼蓝光度法测定。硅钼蓝光度法采用还原剂将硅钼黄还原为硅钼蓝，其中以 1-氨基-2-萘酚-4-磺酸（简称 1-2-4 酸）为还原剂，稳定时间最长，适合于低含量可溶性硅的测定。

在 pH 值约为 1.2 时，钼酸铵与硅酸反应，生成黄色可溶的硅钼杂多酸络合物，即硅钼黄 $[H_4Si(MO_3O_{10})_4]$，然后加入 1-2-4 酸还原剂，硅钼黄还原成硅钼蓝，从而进行光度法测定。

该法测定 SiO_2 的范围为 $40\mu g/L \sim 2mg/L$。由于电厂中给水、炉水、蒸汽、凝结水等要求其 SiO_2 含量较低，它们的控制指标多为 $20\mu g/L$ 或 $30\mu g/L$ 以下，使用本法时，可适当将水样浓缩，以达到本法的最小检出限 $40\mu g/L$。如应用该法不能被检出，说明水样中可溶性硅含量小于 $40\mu g/L$ SiO_2。

【任务准备】

查阅资料，了解硅钼蓝分光光度法测定硅的原理。

【任务实施】

一、仪器和试剂

（1）分光光度计。

（2）实验室其他常用仪器设备。

（3）还原剂：1-氨基-2 萘酚-4-磺酸：溶解 500mg 1-氨基-2-萘酚-4-磺酸和 1g 亚硫酸钠于 50mL 水中。必要时稍加温，然后将此溶液加入含有 30g 亚硫酸氢钠的 150mL 水溶液中，过滤液滤入聚乙烯瓶中，至于冰箱内避光保存。

（4）SiO_2 储备溶液（1.0mg/L）：称高纯石英砂（二氧化硅）0.250 0g 置于铂坩埚中，加入无水碳酸钠 4g，混匀，在高温炉内于 1000℃下灼烧 1h。取出冷却后，置于塑料烧杯中用热水浸取，用水洗净坩埚及盖，移入 250mL 容量瓶中，用水稀释至刻度，摇匀。储存于聚乙烯瓶中。

（5）氧化硅标准溶液（10μg/L）：吸取上述储备液 5.00mL 于 500mL 容量瓶中，加水稀释至刻度，摇匀，存于聚乙烯瓶中。

（6）制试剂用水：应用蒸馏水。离子交换处理制得的纯水可能含有胶态的硅酸而不宜使用。

（7）（1+1）盐酸溶液。

（8）钼酸铵溶液：溶解 10g 钼酸铵 $[(NH_4)_2MO_7O_{24} \cdot 4H_2O]$ 于一级纯水中，搅拌并微热，稀释至 100mL，如有不溶物可过滤，用氨水调节 pH 值至 7～8。

（9）草酸溶液（m/V）：7.5%，溶解 7.5g 草酸（$H_2C_2O_4 \cdot 2H_2O$）于水中，稀释至 100mL。

二、测定步骤

1. 校准曲线的绘制

取 SiO_2 标准溶液 0、0.10、0.50、1.00、3.00、5.00、7.00、10.00mL，分别移入 50mL 容量瓶中，加适量水稀释，迅速顺次加入（1+1）盐酸溶液 1.0mL 和钼酸铵溶液 2.0mL，加水稀释至标线。至少上下倒转 6 次使之充分混匀，然后放置 5～10min。加入 2.0mL 草酸溶液，充分混匀。从加入草酸计算时间，在 2～15min 内加入 2.0mL 还原剂，充分混匀。5min 后，在 660nm 波长处，用 10mm 比色皿以水作参比，测定吸光度。经空白校正后绘制校准曲线。

2. 水样测定

取适当清澈透明水样（或经 $0.45\mu m$ 滤膜过滤）于 50mL 容量瓶中，按与绘制校准曲线相同的操作方法进行测定。

如果水样略带颜色，则取水样两份，取其中一份按绘制工作曲线操作步骤显色后测定；另一份除不加钼酸铵溶液外，其余操作均相同。由前者测得的吸光度减去不加钼酸铵水样的吸光度后，查得 SiO_2 含量，以消除色度的影响。

三、计算

水中可溶硅含量 w（mg/L）以 SiO_2 表示，按下式计算：

$$w = \frac{m}{V} \times 1000 \tag{8-18}$$

式中　m——由校准曲线查得的 SiO_2 量，mg；

　　　V——水样体积，mL。

精密度规定：配制浓度为 2.5mg/L 的统一样品，7 个实验室进行验证分析，室内相对标准差为 1.01%；室间相对标准差为 4.03%。

四、注意事项

（1）溶液酸度对吸光度有明显影响。因此，要严格按本法规定要求准确加入一定量盐酸溶液使 pH 值保持 1～2。

（2）钼蓝最大吸光波长位于近红外区，在波长 600～815nm 内均可测定，加大波长可提高灵敏度。

（3）新配制的还原剂为淡黄色，颜色变深就不能使用。如有沉淀析出，过滤后再使用。溶液应在冰箱中低温避光保存。

任务三　铁的测定——磺基水杨酸分光光度法

🈂【教学目标】

通过对本项任务的学习，使学生在知识方面巩固分光光度法的定量分析原理，分光光度计的使用方法，掌握磺基水杨酸分光光度法测定铁的原理方法。在技能方面，能选择适当的实验条件，绘制标准曲线，完成铁的测定。态度方面，能主动积极参与问题讨论，具有严谨细致、一丝不苟的职业素质，具有安全意识，具有团队协作能力。

🎙【任务描述】

用过硫酸铵先将水样中的亚铁氧化成高铁，在 pH 值为 9～11 的条件下，Fe^{3+} 与磺基水杨酸生成黄色络合物，于波长 425nm 处测定其吸光度，从而测出水中含铁量。

该法测定的为水中全铁含量，其测定范围为 50~500μg/L。由于磷酸盐对本法测定无干扰，故也可用本法测定炉水中的含铁量。

❦【任务准备】

查阅资料，了解磺基水杨酸分光光度法测定铁的原理方法。

✿【任务实施】

一、仪器和试剂

（1）分光光度计。

（2）容量瓶：50mL。

（3）实验室其他常用仪器设备。

（4）盐酸：优级纯。

（5）盐酸：1mol/L 及（1+1）盐酸溶液。

（6）磺基水杨酸：10%。

（7）铁标准储备液（100μg/mL）：称取 0.100 0g 纯铁丝，加入 50mL（1+1）盐酸，加热使其全部溶解后，加约 0.1g 过硫酸铵，煮沸 3min，移入 1000mL 容量瓶中，用纯水稀释至刻度，也可称取 0.863 4g 的硫酸高铁铵 $[FeNH_4(SO_4)_2 \cdot 12H_2O]$ 溶于 50mL 1mol/L 的盐酸溶液中，待全部溶解后转至 1000mL 容量瓶中，用高纯水稀释至刻度，摇匀。

（8）铁标准工作溶液（10μg/mL）：取上述储备液 100mL 注入 1000mL 容量瓶中，加入 50mL 1mol/L 的盐酸溶液，用高纯水稀释至刻度，摇匀。

二、测定步骤

1. 校准曲线的绘制

按表 8-8 取一组铁标准工作溶液注入一组 50mL 容量瓶中，分别加入 1mL 浓盐酸，用高纯水稀释至 40mL。

表 8-8　　　　　　　　　　　铁 标 准 溶 液 的 配 制

编　　　号	1	2	3	4	5	6	7	8
铁标准工作溶液（mL）	0	0.25	0.5	0.75	1.25	1.75	2.00	2.50
相当水样含铁量（μg/L）	0	50	100	150	250	350	400	500

在容量瓶中加 4mL 磺基水杨酸溶液，摇匀，加浓氨水约 4mL，摇匀，使 pH 值达 9~11，用高纯水稀释至刻度。混匀后，用分光光度计于波长 425nm 处，用 30mm 比色皿，以高纯水作参比测定吸光度。将所测吸光度与相应的铁含量绘制标准曲线。

2. 水样的测定

取样瓶用（1+1）盐酸溶液洗涤后，再用纯水清洗 3 次，然后于取样瓶中加入浓盐酸（每 500mL 水样加浓盐酸 2mL）直接取样。

取 50mL 水样于烧杯中，加入 1mL 浓盐酸及约 10mg 过硫酸铵，煮沸浓缩至约 20mL，冷却后移至比色管中，并用少量纯水清洗烧杯 2、3 次，洗液一并注入比色管中，但应使其总体积不超过 40mL。其后按绘制校准曲线的程序操作，并在分光光度计上测定吸光度。

三、结果计算

通过标准曲线查找计算出试样中的含铁量 m，根据下式计算试样中铁含量：

$$\rho(\mathrm{Fe}) = \frac{m}{V} \tag{8-19}$$

式中　$\rho(\mathrm{Fe})$——试样的原始浓度，$\mu\mathrm{g/mL}$；

　　　　m——由标准曲线查得试样中的铁含量，$\mu\mathrm{g}$；

　　　　V——移取试样的体积，mL。

四、注意事项

（1）试样和标准曲线测定的实验条件应尽可能保持一致。

（2）每次改变波长或更换溶液后，都应重新调整透光度零点和100％。

任务四　水中硝酸盐的测定——紫外光度法

【教学目标】

通过对本项任务的学习，使学生在知识方面掌握紫外光度法测定水中硝酸盐的原理，熟悉分光光度计的使用方法。在技能方面，能用紫外法光度法测定水中的硝酸盐，建立工作曲线。态度方面，能主动积极参与问题讨论，具有严谨细致、一丝不苟的职业素质，具有安全意识，具有团队协作能力。

【任务描述】

在219.0nm波长处，NO_3^- 和 NO_2^- 的摩尔吸光系数相等。水样中某些有机物在该波长处也可能被吸收而干扰测定。为此，取两份水样，其中一份加入锌-铜粒还原剂除去水中 NO_3^- 和 NO_2^-，作为空白对照液；第二份中加入氨基磺酸钠破坏水中的 NO_2^-，在219.0nm 处测定 NO_3^- 的吸光度。

该法测定范围小于40mg/L，适用于电厂中生水、炉水、冷却水中硝酸盐含量的控制分析。

【任务准备】

查阅资料，了解紫外光度法测定水中硝酸盐的原理方法。

【任务实施】

一、仪器和试剂

（1）紫外-可见分光光度计。

（2）石英比色皿，10mm。

（3）容量瓶，25mL。

（4）试验室其他常用仪器设备。

（5）硝酸盐标准储备液（NO_3^-，4mg/mL）：准确称取经 105～110℃ 干燥 2h 的硝酸钾，溶于少量水中，移入 1000mL 容量瓶中，用水稀释至刻度，摇匀。

（6）硝酸盐标准工作溶液（NO_3^-，0.1mg/mL）：将上述储备溶液稀释 4 倍即可。

（7）5％（质量分数）硫酸铜溶液。

（8）1％（质量分数）氨基磺酸钠溶液。

（9）2mol/L 盐酸溶液：17mL 浓盐酸与 83mL 纯水混合。

（10）锌-铜还原剂：取粒径 2～3mm 的锌粒 5g 用纯水冲洗，再用 2mol/L 的盐酸溶液洗净，再用纯水冲洗数次。放入烧杯中，加入 100mL5％的硫酸铜溶液至锌粒表面出现一层黑色薄膜，弃去溶液，用纯水再洗 2 次，将处理好的锌-铜粒风干，装瓶备用。

如锌粒表面没有全部变黑，而且硫酸铜的颜色消褪，可将该溶液弃去后，再加入 50mL 的硫酸铜溶液处理，直至锌粒表面变黑为止。

二、测定步骤

1. 校准曲线的绘制

（1）按表 8-9 取一组硝酸盐标准工作溶液（NO_3^-，0.1mg/mL），分别注入一组 25mL 的容量瓶中用纯水稀释至刻度，摇匀。

表 8-9 硝酸盐标准溶液的配制

编 号	0	1	2	3	4	5	6
标准液体积（mL）	0.0	0.5	1.0	2.0	3.0	5.0	10
相当水样中 NO_3^- 量（mg/L）	0	2	4	8	12	20	40

（2）以纯水作空白对照，在分光光度计上，于 219nm 波长处，用 10mm 石英比色皿，测定其吸光度。

以吸光度为纵坐标，硝酸银离子的量（mg）为横坐标，绘制校准曲线。

2. 水样的测定

（1）准确吸取 2 份各 10mL 经慢速滤纸过滤的水样，分别置于 25mL 容量瓶中，一份水样加 0.8g（约 3、4 滴）锌-铜还原剂及 1mL2mol/L 的盐酸溶液，放置 5h 后过滤于 25mL 容量瓶中，用纯水洗涤并稀释至刻度，摇匀，此溶液为 A 溶液。

（2）另一份水样中加入 1mL1％氨基磺酸钠溶液，用纯水稀释至刻度，摇匀。此溶液为 B 溶液。

（3）以上述 A 液作空白对照，在波长 219nm 处，用 10mm 石英比色皿测定 B 液的吸光度，从校准曲线上查出相应的 NO_3^- 的量（mg）。

三、计算

水中硝酸盐含量 w（mg/L）按下式计算：

$$w = \frac{m}{V} \times 1000 \qquad (8\text{-}20)$$

式中 m——标准工作曲线上查出的 NO_3^- 的量，mg；

V——水样体积，mL。

硝酸盐测定准确度应满足表 8-10 的规定。

表 8-10 硝 酸 盐 测 定 允 许 差

范 围	重复性限 T_2	再现性 $Y_{2.2}$	范 围	重复性限 T_2	再现性 $Y_{2.2}$
<10.0	0.44	2.11	>25.0～35.0	1.65	16.65
>10.0～15.0	0.68	5.00	>35.0～40.0	1.89	19.45
>15.0～25.0	1.16	2.11			

四、注意事项

测定中的 A 溶液是包含硝酸根及亚硝酸根离子的水样，而 B 溶液则是去除亚硝酸根离子的水样，故测出 B 溶液的吸光度，也就可以由校准曲线上计算出水中硝酸盐（NO_3^-）的含量。

【学习情境总结】

本学习情境介绍了紫外-可见分光光度法测定原理，紫外-可见分光光度计的使用和维护保养方法。

任务一介绍了水中挥发酚含量的测定原理，利用分光光度计测定水中和挥发酚含量的操作步骤和结果计算方法。用蒸馏法将挥发酚类化合物蒸馏出来，于 pH＝$10.0±0.2$ 介质中，在铁氰化钾存在时，酚类化合物与 4-氨基安替比林反应，生成橙红色的安替比林染料，其水溶液在 510nm 波长处可最大限度吸收。显色后，在 30min 内，用光程长为 20mm 比色皿测定吸光度，根据标准曲线求出水样中挥发酚的含量（以苯酚计，单位为 mg/L）。

任务二介绍了硅的测定——硅钼蓝分光光度法。在 pH 值约为 1.2 时，钼酸铵与硅酸反应，生成黄色可溶的硅钼杂多酸络合物，即硅钼黄 $[H_4Si(MO_3O_{10})_4]$，然后加入 1-氨基-2-萘酚-4-磺酸还原剂，硅钼黄还原成硅钼蓝，从而进行光度法测定。该法测定 SiO_2 的范围为 $40\mu g/L \sim 2mg/L$。由于电厂中给水、炉水、蒸汽、凝结水等要求其 SiO_2 含量较低，它们的控制指标多在 $20\mu g/L$ 或 $30\mu g/L$ 以下，使用本法时，可适当将水样浓缩，以达到本法的最小检出限（$40\mu g/L$）。

任务三介绍了分光光度法测定水中铁含量的测定原理。用过硫酸铵先将水样中的亚铁氧化成高铁，在 pH 值为 9～11 的条件下，Fe^{3+} 与磺基水杨酸生成黄色络合物，于波长 425nm 处测定其吸光度，从而测出水中的含铁量。该法测定的为水中全铁含量，其测定范围为 $50\sim500\mu g/L$。由于磷酸盐对本法测定无干扰，故也可用本法测定炉水中的含铁量。

任务四介绍了紫外光度法测定水中硝酸盐的测定原理。在 219.0nm 波长处，NO_3^- 和 NO_2^- 的摩尔吸光系数相等。水样中某些有机物在该波长处也可能被吸收而干扰测定。为此，取两份水样，其中一份加入锌-铜粒还原剂除去水中 NO_3^- 和 NO_2^-，作为空白对照液；第二份中加入氨基磺酸钠破坏水中的 NO_2^-，在 219.0nm 处测定 NO_3^- 的吸光度。

该法测定范围小于 40mg/L，适用于电厂中生水、炉水、冷却水中硝酸盐含量的控制分析。

复习思考题

1. 何为分光光度法，有何特点？
2. 朗伯-比尔定律及数学表达式是什么？其应用条件如何？
3. 什么是透光度，它与吸光度是什么关系？
4. 光度分析对显色反应的要求是什么？影响显色反应的因素有哪些？
5. 分光光度计由哪些部件组成？各部件的作用如何？
6. 吸收池按材质可分为哪几种？各在何种情况下使用？吸收池在使用时需注意哪些问题？

7. 如何进行吸收池的配套性检验？

8. 如何维护保养好分光光度计？

9. 何为吸收光谱？何为标准曲线？各有何作用？

10. 可见分光光度法测定物质含量时，当显色反应确定后，应从哪几方面选择实验条件？

11. 试举一例说明分光光度法在电厂水煤油气分析检验工作中的应用。

12. 吸光度值在什么范围内仪器测量误差较小？可通过哪些方法控制溶液的吸光度在此范围内？

13. 水样中加硫酸铜的目的是什么？

14. 定量分析中，为什么要求使用同一套比色皿？定性分析是否也有相同的要求？为什么？

15. 透光度为 10%，其吸光度为多少？吸光度 A 为 0.70，其透光度为多少？

16. 用邻二氮菲光度法测定铁。已知 Fe^{2+} 浓度为 $1000\mu g/L$，液层厚度为 2.0cm，在波长 510nm 处测得吸光度为 0.380，计算摩尔吸光系数。（Fe：55.85）

17. 用氯磺酚 S 测定钢中的铌。50mL 容量瓶中有 Nb $30.0\mu g$，用 2cm 比色皿在 650nm 测定吸光度 $A=0.430$，求 ε。（Nb：92.91）

18. 相对分子量为 180g/mol 的某物质，其摩尔吸光系数为 $6.00\times10^3 L/(mol \cdot cm)$，若将试液稀释 10 倍，于 1cm 吸收池中测得吸光度为 0.300，问原试液中该物质的质量浓度（mg/L）为多少？

19. 某金属离子 M 与配合剂反应生成 1：1 配合物，其摩尔吸光系数 $\varepsilon=1.0\times10^4 L/(mol \cdot cm)$。测量时若使仪器测量误差最小，将吸光度 A 的读数范围控制为 0.2～0.8，所用比色皿光径长度 $b=1cm$，试计算需配置金属离子溶液的浓度 c 的范围是多少？

20. 准确取含磷 $30.0\mu g$ 的标液，于 250mL 容量瓶中显色定容，在 690nm 处测得吸光度为 0.410；称取 10.0g 含磷试样，在同样条件下显色定容，在同一波长处测得吸光度为 0.320。计算试样中磷的含量。

21. 用分光光度法测定含有两种配合物 x 与 y 的溶液的吸光度（$b=1cm$），获得下列数据：

溶　液	c（mol/L）	A_1（285nm）	A_2（365nm）
x	5.0×10^{-4}	0.053	0.430
y	1.0×10^{-3}	0.950	0.050
$x+y$	未知	0.640	0.370

计算未知溶液中 x 和 y 的浓度。

学习情境九

电 化 学 分 析 法

【学习情境描述】

电化学分析法是仪器分析的一个重要组成部分，区别于其他分析方法的重要特征是它直接通过测定电流、电位、电导、电量等物理量，在溶液中有电流或无电流流动的情况下来研究、确定参与化学反应的物质的量。在目前电厂中的多种水汽监督项目如水的 pH 值、电导率等，都用到这种分析方法。本学习情境以电力行业水煤油气分析检验工作为导向，设定了水的 pH 值及电导率的测定、煤中全硫的测定——库仑滴定法、油中水分含量的测定——库仑法四个典型的工作任务，以期通过这些任务的完成使学生理解电化学分析的有关原理和方法，正确并熟练地掌握 pH 计、电导仪等电化学分析仪器的使用操作技术。

【教学目标】

1. 知识目标

(1) 理解 pH 计测定原理；

(2) 掌握酸度计的使用和维护方法；

(3) 掌握仪器校准方法；

(4) 理解电导率测量原理，检测结果的计算方法；

(5) 掌握电导仪的使用和维护方法；

(6) 理解库仑滴定法的基本原理；

(7) 掌握库仑电解液配制技术要求及电解池的维护方法。

2. 能力（技能）目标

(1) 能配制测定所需的缓冲溶液；

(2) 能校准 pH 计和电导仪等仪器；

(3) 能测定水样的 pH 值及电导率；

(4) 能用库仑仪测定煤中的全硫含量；

(5) 能用库仑仪测定油中的水分含量；

(6) 能对测定结果进行正确分析和记录；

(7) 掌握电力行业常用的仪器分析操作方法。

【教学环境】

化学分析常用玻璃器皿、分析天平、酸度计、电导仪、库仑测硫仪、油中水分测定仪（库仑法）、化学试剂、黑板、计算机、投影仪、PPT 课件、相关案例分析、仿真软件。

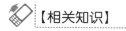【相关知识】

利用物质电学性质和化学性质之间的关系来测定物质含量的方法称为电化学分析法。在电力系统水煤油气分析中，应用比较普遍的主要有电位分析法、电导分析法和库仑分析法等。

一、电位分析法

电位分析法简称电位法，它是利用化学电池内电极电位与溶液中某种组分浓度的对应关系，实现定量测定的一种电化学分析法，包括直接电位法和电位滴定法两类。直接电位法是通过测量电池电动势来确定待测离子浓度（或活度）的方法，可用于测定各种阴离子或阳离子的浓度（或活度）；电位滴定法是通过测量滴定过程中电池电动势的变化来确定滴定终点的滴定分析法，可用于酸碱、氧化还原等各类滴定反应终点的确定。

在电位分析法中，原电池的两极由一个指示电极和一个参比电极组成。指示电极是指电极电位随溶液中被测离子浓度（或活度）的变化而改变的电极，参比电极是指电极电位是已知的恒定不变的电极。当这两个电极同时浸入被测溶液中构成原电池时，通过测定原电池的电极电位，就能求出被测溶液的离子浓度（或活度）。

（一）常用指示电极

常用的指示电极主要是一些金属基电极及近年来发展起来的离子选择性电极。

1. 金属基电极

这类电极是以金属为基体，其特点是电极上有电子交换反应，即氧化还原反应。

（1）金属-金属离子电极。金属-金属离子电极也称为第一类电极，由某些金属和该金属的离子溶液组成。这里只包括一个界面，这类电极是金属与该金属离子在界面上发生可逆的电子转移。在一定条件下，这类电极的电极电位仅与金属离子 M^+ 的活度有关，其电极电位的变化能准确地反映出溶液中金属离子活度的变化。例如将金属 Ag 丝浸在 $AgNO_3$ 溶液中构成的电极。

电极可表示为　　　　　　　　　　　　$Ag \mid Ag^+$

电极反应为　　　　　　　　　　　　$Ag^+ + e = Ag$

25℃时电极电位为

$$\varphi_{Ag^+/Ag} = \varphi^{\theta}_{Ag^+/Ag} + 0.059 \lg a_{Ag^+} \tag{9-1}$$

电极电位仅与 Ag^+ 的活度有关。因此该电极不但可用来测定 Ag^+ 的活度，而且可用于滴定过程中有 Ag^+ 活度变化的电位滴定。组成这类电极的金属有银、铜、汞、锌、铅等。

（2）金属-金属难溶盐电极。该类电极也称为第二类电极，是在金属表面覆盖该金属的难溶盐涂层，并浸在含该难溶化合物阴离子的溶液中构成的。如由 Ag 和 AgCl 及 KCl 溶液组成的 Ag-AgCl 电极。

电极可表示为　　　　　　　　Ag，AgCl（固）$\mid$ KCl（液）

电极反应为　　　　　　　　　　$AgCl + e = Ag^+ + Cl^-$

25℃时电极电位为

$$\varphi_{AgCl/Ag} = \varphi^{\theta}_{AgCl/Ag} - 0.059 \lg a_{Cl^-} \tag{9-2}$$

这类电极的电极电位取决于溶液中该电极金属难溶盐的阴离子活度。因此不仅可测量金属离子的活度，还可测量阴离子的活度。电极的稳定性和重现性都较好，在电位分析中既可作为指示电极，又可作为参比电极。组成这类电极的还有甘汞电极、硫酸亚汞电极。

金属基电极的电极电位由于来自电极表面的氧化还原反应，故选择性不高，所以在实际工作中使用更多的是离子选择性电极。

2. 离子选择性电极

离子选择性电极是一种电化学传感器，又称膜电极。它由对某种特定离子具有特殊选择性的敏感膜及其他辅助部件构成，是直接电位法中应用最广泛的一类指示电极。与金属基电极不同，膜电极表面没有电子得失，不发生电化学反应。

离子选择性电极一般由电极管、敏感膜、内参比电极、内参比溶液四部分构成。

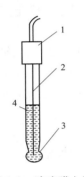

图 9-1 玻璃膜电极
1—绝缘套；2—Ag-AgCl 电极；
3—玻璃膜；4—内部缓冲溶液

（1）玻璃膜电极。最早被广泛应用的膜电极就是玻璃膜电极，其主要构成部分如图 9-1 所示，下端是由特殊成分的玻璃吹制而成的球状薄膜（由 SiO_2 基质中加入 Na_2O 和少量 CaO 烧结而成），膜厚 $50\mu m$ 左右。玻璃管内装有 pH 值一定的缓冲溶液（内参比溶液），其中插入一支 Ag-AgCl 电极作为内参比电极。内参比电极的电位是恒定的，与被测溶液的 pH 值无关。

玻璃膜电位与待测溶液的 pH 值有关。电极使用前应在水中浸泡 24h 时以上，使玻璃膜表面水化。浸泡时，由于玻璃的硅酸盐结构与 H^+ 的键合力远大于与 Na^+ 的键合力，玻璃表面会形成一层水合硅胶层，玻璃膜内表面也同样形成水合硅胶层。

当浸泡好的玻璃电极浸入待测 pH 值的溶液时，外侧水合硅胶层与溶液接触，由于水合硅胶层表面与溶液中 H^+ 的活度不同，形成活度差，在水合硅胶层与溶液界面之间会发生 H^+ 的迁移，H^+ 由活度大的一方向活度小的一方迁移，并建立平衡。结果破坏了胶-液两相界面原来正负电荷分布的均匀性，于是在两相界面形成双电层，从而产生电位差，形成相界电位 $\varphi_{外}$。同理，在玻璃膜内侧的水合硅胶层与内参比溶液界面间也存在相界电位 $\varphi_{内}$。这种跨越玻璃膜两侧的电位差称为膜电位，膜电位的数值等于膜外侧水合硅胶层与试液的相界电位 $\varphi_{外}$ 与膜内侧水合硅胶层与内参比溶液的相界电位 $\varphi_{内}$ 之差，即

$$\varphi_{膜} = \varphi_{外} - \varphi_{内} = K + 0.059\lg a_{H^+（试）} = K - 0.059pH_{（试）} \tag{9-3}$$

可见，在一定温度下，玻璃电极的膜电位 $\varphi_{膜}$ 与试液的 pH 值呈线性关系，式中的 K 值由每支玻璃电极本身的性质决定。由于玻璃膜电极具有内参比电极，如 Ag-AgCl 电极，因此整个玻璃膜电极的电位，应是内参比电极电位与膜电位之和，即

$$\varphi_{玻璃} = \varphi_{AgCl/Ag^+} + \varphi_{膜} \tag{9-4}$$

用玻璃膜电极测定 pH 值的优点是不受溶液中氧化剂或还原剂的影响，玻璃膜电极不易因杂质的作用而中毒，能在胶体溶液和有色溶液中使用。玻璃膜电极不仅可用于溶液 pH 值的测定，适当改变玻璃膜的组成后，也可用于 Na^+、Ag^+、Li^+ 等离子活度的测定。

（2）晶体膜电极。这类电极的敏感膜一般都是由难溶盐经过加压或拉制成单晶、多晶或混晶制成的。例如测氟用的氟离子选择性电极，电极薄膜由掺有 EuF_2 的 LaF_3 单晶切片制

成。将膜封在硬塑料管的一端，管内装 0.1mol/L 的 NaCl 和 0.1～0.01mol/L 的 NaF 混合溶液作为内参比溶液。以 Ag-AgCl 作内参比电极（F^- 用以控制膜内表面的电位，Cl^- 用以固定内参比溶液的电位）。

同玻璃电极一样，对 F^- 响应的电极（阴离子选择性电极），其膜电位与 F^- 活度之间的关系，遵守能斯特方程式。

25℃时电极电位为

$$\varphi_{膜} = K - 0.059\lg a_{F^-} = K + 0.059pF^- \tag{9-5}$$

该电极选择性好，使用前不需要用水浸泡活化。

（二）常用参比电极

参比电极是测量电池电动势、计算电极电位的基准，因此要求它的电极电位已知而且恒定。常用的参比电极有标准氢电极、甘汞电极、银-氯化银电极等。

甘汞电极由金属 Hg 和甘汞（Hg_2Cl_2）及 KCl 溶液组成。如图 9-2 所示，内玻璃管中封接一根铂丝，铂丝插入纯汞中，下置一层甘汞（Hg_2Cl_2）和汞的糊状物，外玻璃管中装入 KCl 溶液。电极下端与待测液接触的部分是熔结陶磁芯或玻璃砂芯等多孔性物质。

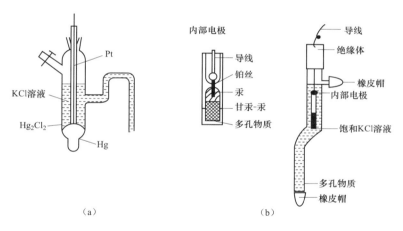

图 9-2　甘汞电极

（a）示意；（b）饱和甘汞电极（SCE）

甘汞电极为　　　　　　　　　　　　Hg，Hg_2Cl_2（固）| KCl

电极反应为　　　　　　　　　　　　$Hg_2Cl_2 + 2e = 2Hg + 2Cl^-$

电极电位为

$$\varphi_{Hg_2Cl_2} = \varphi^{\theta}_{Hg_2Cl_2} - 0.059\lg a_{Cl^-} \tag{9-6}$$

由式（9-6）可见，温度一定时，甘汞电极的电极电位取决于电极内部 Cl^- 的活度。

使用饱和甘汞电极时，KCl 溶液应是饱和的，电极下部一定要有固体 KCl 存在。内部电极必须浸泡在 KCl 饱和溶液中，且无气泡。使用时将橡皮帽去掉，不用时套上。

标准氢电极（NHE）是最精确的参比电极，是参比电极的一级标准，它的电位值规定在任何温度下都是零伏。但标准氢电极制作麻烦，使用不便，实际应用较少。

（三）直接电位分析法测定 pH 值

用电位法测得的实际上是 H^+ 的活度而不是浓度。最初，pH 值的定义为 $pH = -\lg c(H^+)$，随着电化学理论的发展，发现影响化学反应的是离子的活度，而不能简单地认为是离子的浓度（溶液浓度很小时可用浓度代替活度）。因此 pH 值被重新定义为 $pH = -\lg a_{H^+}$。

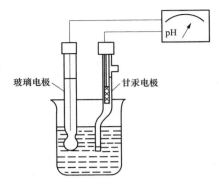

图 9-3　直接电位法测 pH 值的示意

（1）测定原理。在测定溶液的 pH 值时，常用玻璃电极作为指示电极，饱和甘汞电极作为参比电极，与待测溶液组成工作电池（见图 9-3），此电池可用下式表示：

（$-$）Hg、Hg_2Cl_2｜KC1（饱和）‖ 水样｜玻璃膜｜HCl｜AgCl，Ag（$+$）

　　（饱和甘汞电极）　　　　　　　（玻璃电极）

经推导变换可知，电池的电动势 E 与溶液的 pH 值为线性关系：

$$E = E' + 0.059pH$$

即
$$pH = \frac{E - K'}{0.059} \tag{9-7}$$

直接根据式（9-7）是不能计算出 pH 值的。在实际工作中，通常采用一 pH 值已确定的标准缓冲溶液作为基准，通过比较待测水样和标准缓冲溶液两个不同的工作电池的电动势来计算待测溶液的 pH。由式（9-8）和式（9-9）可知

$$E_{标准} = K'_{标准} + 0.059pH_{标准} \tag{9-8}$$

$$E_{水样} = K'_{水样} + 0.059pH_{水样} \tag{9-9}$$

若保持前后两次测量的 $E_{标准}$、$E_{水样}$ 条件不变，可以假定 $K'_{标准} = K'_{水样}$，则上列两式相减得的 pH 值实用定义（或工作定义）：

$$pH_{水样} = pH_{标准} + \frac{E_{水样} - E_{标准}}{0.059} \tag{9-10}$$

式中　$pH_{水样}$——待测试样的 pH 值；

　　　$pH_{标准}$——标准缓冲溶液的 pH 值；

　　　$E_{水样}$——测量待测试样 pH 值的工作电池的电动势；

　　　$E_{标准}$——测量标准缓冲溶液 pH 值的工作电池的电动势。

由式（9-10）可以看出当溶液的 pH 值改变一个单位时，电池的电动势改变 59.0mV。据此大多 pH 计上已将 E 换算成 pH 值的数值，故可由 pH 计直接读取 pH 值的大小。

（2）测定方法。测定时先用已知 pH 值的标准缓冲溶液校正仪器刻度，然后进行测定。将电流计调零，选择一适当的标准缓冲溶液，将电极插入其中，调节仪器使读数为该标准缓冲溶液的 pH 值，洗净后将电极置于待测试液中，待数值稳定后记录下 pH 值。为了获得高精确度的 pH 值，也可采用两个标准 pH 值缓冲溶液进行定位校正仪器，并要求待测试液的 pH 值尽可能落在这两个标准溶液的 pH 值之间。测量完毕，将玻璃电极取下，冲洗干净后浸泡在蒸馏水中。将甘汞电极取下、洗净、擦干，戴上橡胶帽。

（四）电位滴定法

电位滴定法是基于滴定过程中电极电位的突跃来指示滴定终点的一种容量分析方法。在待测试液中插入指示电极和参比电极，组成一个化学电池，实验时随着滴定剂的加入，待测离子浓度不断变化，指示电极的电位也相应地发生变化，在理论终点附近，待测离子浓度发生突变而导致电位的突变，因此，测定电池电动势的变化可以确定滴定终点，待测组分的含量仍可以通过耗用滴定剂的量来计算。滴定装置如图 9-4 所示。

在滴定的过程中，每滴定一定量的滴定剂，测量一个 E 值，直到达到滴定计量点为止。应该注意的是，在化学等计量点附近要相应地增加测量点的数目（一般是每滴加 0.1~0.2mL 就测量一次溶液体系的 E 值）。为便于计算，每次所滴加的滴定剂的量应相等（如 0.1mL）。

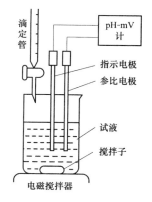

图 9-4　电位滴定装置

与普通的滴定分析相比，电位滴定一般比较麻烦，需要离子计、搅拌器等。但电位滴定可用于浑浊、有色溶液及缺乏合适指示剂的滴定，也可用于浓度较稀、反应不完全的弱酸、碱的滴定，还可用于混合溶液的连续滴定以及非水介质中的滴定，且易于实现自动滴定。

（五）电位分析法在水质分析中的应用举例

1. 离子选择电极分析法的应用

离子选择电极分析法是水质分析领域的一个新手段，在水质分析和生产中已显示出其特点，目前的商品离子选择电极主要分为阴离子选择电极和阳离子选择电极。氟离子选择电极是目前应用最广泛的一种阴离子选择电极，可用之测定天然水、饮用水和海水中微量 F^- 的含量。此外，氟离子选择电极还可作气相色谱的检测器，对氟化物响应的灵敏度比其他有机化合物大几万倍，能检测出 $5 \times 10^{-11} mol$ 的氟苯。其他卤素离子选择电极也是应用比较广泛的阴离子电极，用氯离子选择电极可直接测定饮用水、天然水、牛奶中的 Cl^-；溴离子、碘离子、氰离子选择电极可分别进行天然水中的 Br^-、有机物中的 I^-、水中的 CN^- 的测定。

硝酸根离子选择电极用于河水、潮水中 $NO_3^- $-N 含量的测定。有的硝酸根离子选择电极也具有 ClO_4^- 选择性。若将硝酸根离子选择电极内的液体离子交换剂换成 HBF_4 形式，则变成氟硼酸根离子选择电极。

阳离子选择电极除 pH 玻璃电极外，还有钠离子、钾离子、钙离子选择电极。钙离子选电极可允许在千倍 Na^+、K^+ 存在情况下测定海水中的 Ca^{2+}，也可用钙离子选择电极作指示电极进行络合滴定测定水中的 Ca^{2+}。

2. 电位滴定法的应用

水质分析中常用的各种化学分析滴定，如酸碱滴定、沉淀滴定、络合滴定、氧化还原滴定以及非水滴定等，都可用电位滴定法替代分析，与之不同的地方是不用指示剂来指示终点，而是根据指示电极的电位"突跃"来指示终点。因此，电位滴定法要根据不同的滴定反应，选择不同的指示电极。下面简要介绍电位滴定在水质分析中的应用。

（1）酸碱滴定。酸碱滴定过程中，随着滴定剂的加入，溶液中 H^+ 浓度发生变化，在化学计量点发生突跃，在水质分析中常用电位滴定法测定水中的酸度或碱度，一般采用玻璃电极为指示电极，饱和甘汞电极为参比电极组成对电极，或者采用复合电极如 pH 计或电位滴定仪来指示反应的终点，用滴定曲线，确定 NaOH 或 HCl 标准溶液的消耗量，从而计算水样中的酸度或碱度。

　　一些弱酸弱碱或不易溶于水而易溶于有机溶剂的酸或碱，可用非水滴定法进行测定，很多非水滴定都可用电位滴定法指示终点。例如，在乙醇介质中用 HCl 溶液滴定三乙醇胺，在乙二胺介质中滴定苯酚，在丙酮介质中滴定高氯酸、盐酸、水杨酸的混合物，就以电位法指示终点，这是酸碱指示剂法办不到的。

　　（2）沉淀滴定。在水质分析中，常用银电极作为指示电极，甘汞电极作为参比电极，测定水中的 Cl^-、Br^-、I^-、S^{2-} 和 CN^- 等离子。当滴定剂与数种被测离子生成的沉淀溶度积相差较大时，可以不进行预分离而连续滴定。硫离子选择电极电位滴定法测定制革、化工、造纸、印染等工业废水以及地面水中 S^{2-} 时，最低检测限达到 0.2mg/L；氯离子选择电极测定地表水和工业废水中 Cl^- 时，最低检测限可达 10^{-4}mol/L（即 3.54mgCl^-/L）。

　　（3）络合滴定。络合滴定中多用离子选择电极指示络合滴定的终点，例如，用氟离子选择电极为指示电极，以氟化物滴定 Al^{3+}；用钙离子选择电极为指示电极，以 EDTA 测定 Ca^{2+}。

　　（4）氧化还原滴定。氧化还原反应的化学计量点附近，氧化还原电对组成的氧化还原体系的电位会发生突跃，因此很容易用电位滴定法指示终点。一般以铂电极为指示电极，以汞为参比电极进行测定。例如，用高锰酸钾标准溶液滴定 Fe^{2+}、Sn^{2+}、$C_2O_4^{2-}$ 等离子；用 $K_2Cr_2O_7$ 标准溶液滴定 Fe^{2+}、Sn^{2+}、I^-。

　　传统的电位滴定法采用电位仪，pH 计等只能记录平衡电位，在传统的电位滴定法基础上衍生出一些其他的电位滴定方法，如示波电位法，可以灵敏地反映出指示电极上电极电位的瞬时变化，准确地确定指示终点。示波器上荧光点的位置反映的是指示电极的瞬时电位或电位差。可将作图滴定法改为目视滴定法，使得测定更为简便、快速。

二、电解与库仑分析法

（一）电解分析法

　　电解分析是以称量沉积于电极表面沉积物质量的一种电分析方法，又称电重量法，有时也作为一种分离手段，用以去除试液中的某些杂质。

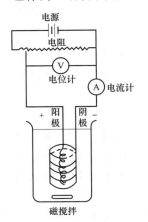

图 9-5　电解装置示意

　　1. 电解分析原理与过程

　　电解过程是在电解池的两个电极上施加外加电压，借助外电源的作用，使电化学反应向着非自发的方向进行，电解质溶液便在电极上发生氧化还原反应。电解的主要装置是电解电池，一般由正极（阳极）、负极（阴极）和电解液组成。电解装置如图 9-5 所示。现在以在 0.1mol/L 的 H_2SO_4 介质中电解 0.1mol/L 的 $CuSO_4$ 为例，说明电解的过程。

　　将两个铂电极插入溶液中，接通电源，当外电压从零开始逐渐增加时，开始没有明显的电流，直到铂电极两端达到足够大的电压时，便发生电极反应，通过试液的电流随之增大。电解时，电解池中发生如下过程：试液中带正电荷的 Cu^{2+} 在电场作用下移向阴极，从阴极上获得电子还原成金属铜。同时带负电荷的阴离子移向阳极，并释放电子，OH^- 比 SO_4^{2-} 更容易释放电子，因此在阳极上是 OH^- 发生电极反应，释放电子并产生氧气。电解池中发生了如下反应：

阴极反应　　　　　　　　　　　　　$Cu^{2+} + 2e = Cu$

阳极反应　　　　　　　　　　　　　$2OH^- = H_2O + \dfrac{1}{2}O_2 + 2e$

通过称量电解前后铂电极的质量，即可精确地得到金属铜的质量，从而计算出试液中铜的含量。这就是电解分析法定量分析的原理。

2. 电解分析方法

（1）恒电流电重量分析法。该方法不需要控制阴极电位，通常加到电解池上的电压比分解电压高相当数值，以使电解加速进行，电解电流一般为 2～5A，电解过程中通过变化电压，保持电流基本恒定不变，电位最终稳定在 H_2 的析出电位。该方法分析时间短，但选择性差，是铜合金的标准分析方法，也可测定锌、镉、钴、镍、锡、铅、铋、汞及银等金属元素。

（2）控制阴极电位电重量分析法。若待测试液中含有两种以上金属离子时，随着外加电压的增大，第二种离子可能被还原，为了分别测定或分离就需要采用控制阴极电位的电解法。通常采用三电极系统，可自动调节外电压，阴极电位保持恒定，选择性好。A、B 两物质分离的必要条件是 A 物质析出完全时，阴极电位未达到 B 物质的析出电位。

（二）库仑分析法

1. 库仑分析原理

库仑分析法是 1940 年左右在电解分析法的基础上建立起来的。库仑分析法也是对试样溶液进行电解，但是不需要将待测成分电解析出称量，而是通过测量电解完全时所消耗的电量，依据法拉第电解定律计算待测物质含量，所以这种方法又称为电量分析法。

库仑分析法的基本要求是电极反应必须要单纯，保证电流效率为 100％，其理论基础是法拉第电解定律。

法拉第电解定律表明，通过电解池的电量与在电解池电极上发生的电化学反应的物质的量成正比，用公式表达即为

$$m = \dfrac{Q}{F}\dfrac{M}{n} \qquad\qquad (9\text{-}11)$$

式中　m——电解时在电极上析出的物质的质量，g；

　　　M——物质的摩尔质量，g/mol；

　　　Q——通过的电量，C；

　　　F——法拉第常数，1F＝96 485C/mol；

　　　n——电极反应中转移的电子数。

2. 控制电位库仑分析法

控制电位分析法是在固定的电位下，完成待测物的全部电解，测量电解所需要的总电量，根据电量与物质的量的关系，即可测定出待测物的量，这种方法又称为恒电位库仑分析法。控制电位库仑分析法使用的仪器装置与控制阴极电位电解法相似，只不过是在电解电路中串联一个库仑计，以测量电解过程中消耗的电量。在实际电解过程中要选择适当的电解电位，并且保证电流效率为 100％。

在库仑分析过程之前要求预电解，以消除电活性杂质，同时通 N_2 除氧，以保证电流效率为 100%。预电解达到背景电流，不接通库仑计；然后将一定体积的试样溶液加入到电解池中，接通库仑计电解，当电解电流降低到背景电流时停止，由库仑计记录的电量计算待测物质的含量。

电解开始后，由于待电解离子浓度随着电解的延续而不断下降，因此阴极电位和阳极电位不断变化，在电位控制中，一般控制工作电极的电位，使之保持恒定，使待电解物质以 100% 电流效率进行电解，由于电解和浓差极化，电流逐渐减小，工作电极电位发生变化，为保证工作电极电位恒定，就必须不断减小外加电压，而外加电压的减小必然导致电流的减小，当电流趋近于零时，表示该物质已被完全电解。因此在电路上串联一个库仑计或电子积分仪，可以指示消耗的电量，于是根据库仑电解定律可以得到待测物质的量。

3. 恒电流库仑分析（库仑滴定）

恒电流库仑分析是让电流维持恒定值，测量电解完全时所用的时间，由 $Q = It$ 求出电量，然后再根据电解定律求出分析结果。该法必须保证恒电流条件下维持 100% 的电流效率，并且有合适的指示终点的方法。

恒电流库仑分析法的基本原理与普通容量法相似，不同之处在于恒电流库仑分析中滴定剂不是由滴定管滴加的，而是通过恒电流电解在试液内部产生的。实际上，恒电流库仑分析是一种以电子作"滴定剂"的容量分析方法，所以恒电流库仑分析也称为电量滴定法。理论上，恒电流库仑滴定可以有两种反应类型，一种是被测物质直接在电极上起反应，另一种是在试液中加入辅助剂，辅助剂经电解后产生一种试剂，然后被测物质再与所产生的试剂按化学计量式起反应。实际上，恒电流库仑分析一般采用间接法，即在特定的电解液中和恒电流条件下，以电极反应产物作为滴定剂（电生滴定剂，相当于化学滴定中的标准溶液）与待测物质定量作用借助于电位法或指示剂来指示滴定终点。故恒电流库仑分析并不需要化学滴定和其他仪器滴定分析中的标准溶液和体积计量。该方法不仅可以克服恒电位库仑分析法电解时间长的缺点，而且可使电量测定更加方便。

三、电导分析法

（一）电导法基本原理

通过测定电解质溶液的电导值来确定物质含量的分析方法，称为电导分析法。电导是表征溶液传导电流能力的物理量。在测定溶液的电导时，一般将两个铂电极插入电解质溶液当中组成一个电导池（见图 9-6），并在两电极上施加一定的电压，溶液中的阴阳离子便向与本身极性相反的金属板方向移动并传递电子，溶液中便有电流通过。电流是电荷的移动，在金属导体中是靠电子的移动，而在电解质溶液中是靠荷电正负离子的反向迁移来实现的，因此溶液的导电能力与溶液的浓度和性质有关。导电能力用电导 G 来表示，它是电阻 R 的倒数，即

$$G = \frac{1}{R} \tag{9-12}$$

根据欧姆定律，温度一定时，电阻 R 与电极的长度成正比，与电极的截面积成反比，即

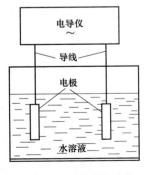

图 9-6　电导测量示意

电导仪
～
导线
电极
水溶液

$$R = \rho \frac{L}{A} \tag{9-13}$$

式中 L——电极间的距离，cm；

A——电极的截面积，cm^2；

ρ——电阻率，$\Omega \cdot cm$。

上式中 ρ 为两电极间距离为 1cm，电极截面为 $1cm^2$ 所容纳的 $1m^3$ 溶液的电阻值，它与溶液的性质有关。

电阻率的倒数，称为电导率，用 κ 表示，即

$$\kappa = \frac{1}{\rho} \quad S/cm \tag{9-14}$$

溶液的电导率与溶液中正负离子的数目、离子所带的电荷量以及离子的迁移速率有关。在一定范围内，离子的浓度越大，单位体积内的离子数目就多，电导率就越大；离子的价数越高，电导率也越大。此外，离子的迁移速率越快，电导率就越大，因此电导率与离子种类有关，还与影响离子迁移速率的外部因素也有关，如温度、溶剂、黏度等。

但当外部条件固定时，对于同一电解质，离子的迁移速率和离子的价数是确定的，这样溶液的电导率就取决于溶液的浓度。在此引入摩尔电导率的概念来比较不同电解质的导电能力。摩尔电导率是在距离为 1cm 的两电极间含有溶质的物质的量为 1mol 时电解质溶液所具有的电导。摩尔电导率只和电解质的物质的量有关，而和体积无关。

由式（9-12）～式（9-14）可得

$$\kappa = S \frac{L}{A} = SK \tag{9-15}$$

式中 $\frac{L}{A}$——电导池常数，以 K 表示。

电导池常数 K 值，通常由电导率 κ 值已知的氯化钾溶液用实验方法测出电导后求得

$$K = \frac{\kappa_{KCl}}{G_{KCl}} \tag{9-16}$$

根据此电导池常数和在此条件下测得的水样电导，便可算出水样的电导率，即

$$\kappa_{水样} = KG_{水样} \tag{9-17}$$

常用的电导仪有 DDS-11 型和雷磁 27 型等。

（二）电导池常数的选择与标准溶液的配制

一般根据所测溶液电导率的大小来选择电导池常数（见表 9-1）。

标准溶液的配制：

（1）0.1molL 氯化钾标准溶液：称取在105℃干燥 2h 的优级纯氯化钾（或基准试剂）7.436 5g，用新制备的 Ⅱ 级试剂水（20℃±2℃）溶解后移入 1L 容量瓶中，并稀释至刻度，混匀。

（2）0.01mol/L 氯化钾标准溶液：称取在105℃干燥 2h 的优级纯氯化钾（或基准试剂）0.744 0g，用新制备的 Ⅱ 级试剂水（20℃±2℃）

表 9-1　　推荐选择的电导池常数

测量范围（$\mu S/cm$）	推荐选择的电极常数（cm^{-1}）
0～0.2	0.01
0.2～2	0.01，0.1
2～20	0.01，0.1
20～200	0.1，1
200～2000	1，10
2000～100 000	10，50

溶解后移入 1L 容量瓶中，并稀释至刻度，混匀。

（3）0.001mol/L 氯化钾标准溶液：于使用前准确吸取 0.01mol/L 氯化钾标准溶液 100ml，移入 1L 瓶中，用新制备的 I 级试剂水（20℃±2℃）稀释至刻度，混匀。

配制 0.001mol/L 氯化钾标准溶液所用的 I 级试剂水应先煮沸排除二氧化碳，配制过程中减少与空气接触。该标准溶液应现配现用。

以上氯化钾标准溶液应保存在硬质玻璃瓶中，密封保存。

表 9-2   氯化钾标准溶液浓度与电导率的关系

氯化钾标准溶液浓度 （mol/L）	标准溶液的电导率（25℃） （μS/cm）
0.001	147
0.01	1410
0.1	12 856

一定浓度的氯化钾溶液，其电导率随温度升高而增大，温度系数大约为 0.02/℃，在作精密测量时必须保持恒温，也可在任意温度下测量，其方法是将测量的电导率换算成某一标准温度下的电导率（见表 9-2），换算公式为

$$\kappa_{25℃} = \kappa_{t,样}/[1 + \beta(t - 25)] \tag{9-18}$$

式中 $\kappa_{25℃}$——换算成 25℃时水样的电导率，μS/cm；

$\kappa_{t,样}$——t℃时测得水样的电导率值，μS/cm；

t——测定时水样温度，℃；

β——温度校正系数，近似等于 0.02。

（三）氢电导率测量的意义

氢电导率测量是被测水样经过氢型阳离子交换树脂，将阳离子去除，水样中仅留下阴离子（如 Cl^-、SO_4^{2-}、PO_4^{3-}、NO_3^-、HCO_3^- 和 F^-）和相应的氢离子，而水中的氢氧根离子则与氢离子中和消耗掉，不在电导中反映，因此测量氢电导率可直接反映水中杂质阴离子的总量。假设某种离子占主导，则可以从氢电导率估算这种离子的最大浓度。例如，设水样中其他阴离子浓度为零，可根据氢电导率估算出水中 HCO_3^-（以 CO_2 计）的最大浓度（见表 9-3）；或者设水样中其他阴离子浓度为零，可根据氢电导率估算出水中 Cl^- 的最大浓度（见表 9-4）。

表 9-3   二氧化碳浓度与氢电导率的关系（25℃，无其他阴离子）

CO_2（mg/L）	0.00	0.01	0.02	0.05	0.10
氢电导率（μS/cm）	0.06	0.09	0.12	0.21	0.22

表 9-4   氯离子与氢电导率的关系（25℃，无其他阴离子）

Cl^-（μg/L）	0.00	2.0	4.0	6.0	10
氢电导率（μS/cm）	0.06	0.07	0.08	0.10	0.14

从表 9-4 可以看出，如果控制给水的氢电导率小于 0.07μS/cm（25℃），其水中 Cl^- 浓度不超过 2μg/L。这样，通过氢电导率，可以估算出某个有害阴离子的最大浓度，以及整个有害阴离子的控制水平。

（四）影响氢电导率测量准确度的因素及解决方法

1. 温度补偿系数的影响

（1）存在的问题。由于温度的变化而影响水的电导率，同一个水样的电导率随着温度的

升高而增大，为了用电导率比较水的纯度，需要用同一温度下的电导率进行比较，国标规定用 25℃时的电导率进行比较。由于测量时水样的温度不总是 25℃，需要将不同温度下测量的电导率进行温度补偿，补偿到 25℃时的电导率值。电导率温度补偿见式（9-18）。

对于 pH 值为 5～9，电导率为 30～300μS/cm 的天然水，β 的近似值为 0.02。

对于电导率大于 10μS/cm 的中性或碱性水溶液，其温度校正系数一般为 0.017～0.024，因此取温度校正系数为 0.02，一般可满足应用需要。

对于大型火力发电机组的水汽系统，其给水、蒸汽和凝结水的氢电导率一般小于 0.2μS/cm，接近纯水的电导率，此时温度校正系数是随温度和水的纯度（电导率）而变化的一个变量。

表 9-5 表示理论纯水电导率、温度系数与温度的关系。可见，温度系数是随着温度的变化而发生变化的。

表 9-5　　　　　　　　　　　理论纯水电导率、温度系数与温度的关系

t(℃)	10	15	20	25	30	35
温度系数 $\alpha_{t,25℃}$	0.039	0.043	0.048	0	0.058	0.066

例如，35℃时测得水样的电导率为 0.091μS/cm，从表 9-5 查出温度系数为 0.066。根据式（9-4）进行温度补偿 $\kappa_{t,25℃}=0.091\ 1/[(1+0.066\times10)]=0.055$（$\mu$S/cm）；如果按一般的温度系数 0.02 进行温度补偿，$\kappa_{t,25℃}=0.091\ 1/[(1+0.02\times10)]=0.076$（$\mu$S/cm），由此产生的误差为（0.076-0.055）/0.055=38%。

由此可见，如果将电导率表的温度补偿系数设定为 0.02，对于给水、凝结水和蒸汽氢电导率的测量会产生较大的误差。

（2）解决办法。

1）将测量炉水电导率和给水电导率的电导率表的温度补偿系数设为 0.02。建议将测量给水、凝结水和蒸汽氢电导率的电导率表的温度补偿系数根据所测水样的电导率范围和温度范围设为 0.03～0.06。

2）尽可能调整控制水样的温度为 25℃±1℃。

3）选用具有非线性自动温度补偿功能的电导率仪表监测给水、凝结水和蒸汽的氢电导率。目前某些在线电导率监测仪表具有自动非线性温度补偿功能。其原理：仪表中已储存了各温度、各电导率下的温度系数；仪表电导池内带有自动温度测量传感器，仪表根据所测量的电导率和温度，自动选取相应的温度补偿系数，并将温度补偿后得到的电导率值显示在屏幕上。采用这种非线性自动温度补偿的电导率仪表监测电导率很低的纯水，可以大大减少温度变化产生的误差。

2. 部分电导电极的电导池常数不正确

（1）存在的问题。实际使用发现，某些国产的电导率在线监测仪表部分电导电极的出水孔开孔位置太低，低于测量电极导流孔（见图 9-7）。这样一方面使测量电极不能全部浸入水中，从而使电导池常数发生变化，与电极上标明的电导池常数不同，从而造成较大的测量误差（测量的电导率明显偏低）；另一方面，由于外电极导流孔的位置在出水孔上方，测量电极内的水不流动，造成测量响应速率大大降低，当水样的电导率发生变化时，测量电极内的水样是"死水"，电导率仪显示的仍然是以前水样的电导率，从而造成较大的测量误差。

（2）解决办法。首先应检查电导电极是否存在出水孔开孔位置太低，是否低于测量电极导流孔（见图 9-7）。如果存在上述情况，应对电极进行更换或改造。改造措施是将电极外壳出水孔向上移，使之高于电极导流孔。

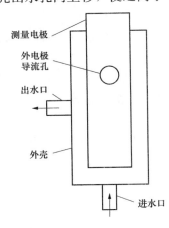

测量电极

外电极导流孔

出水口

外壳

进水口

图 9-7　电导电极示意

另外，应对电极的电导池常数进行检验、校正。如果采用"标准溶液法"进行电极常数的标定，将电极从在线装置上取下浸入已知标准溶液中进行校正可能产生误差，因为电极实际使用时浸入水样的高度不同，导致实际使用时的电极常数与"标准溶液法"标定的电极常数不同。

建议采用"替代法"对电极的电导池常数进行检验校正。检验前，先将被检电极传感器彻底清洗干净，并将电极浸入被检仪表量程范围内且已稳定的水样之中，将电导率仪的电极常数设定为 1，读取电导率仪表的示值 κ_b。

断开电导率仪表传感器的接线，用一台准确度优于 0.1 级的交流电阻箱代替传感器与二次仪表进行线路连接。调整电阻箱的输出值，使电导率仪表的示值与 κ_b 值相一致，读取电阻箱的示值 R_x。采用替代法检验的电导极常数计算方法见式（9-6），即

$$J_x = \kappa_b R_x \times 10^{-6} \tag{9-19}$$

式中　J_x——被检电极常数值，cm^{-1}；

　　　κ_b——被测水样电导率示值，$\mu S/cm$；

　　　R_x——水样的等效电阻值，Ω。

将电导率仪的电极常数设定为 J。

3. 氢型交换柱设计不合理

某些化学监测仪表配套厂家设计安装的氢型交换柱设计不太合理，更换树脂时只能将不带水的树脂装入交换柱。投入运行后，水样从上部流进交换柱的树脂层中，树脂之间的空气由于浮力的作用向上升，水流的作用力将气泡向下压，造成大量气泡滞留在树脂层中（见图 9-8）。空气泡使水发生偏流和短路，使部分树脂得不到冲洗，这些树脂再生时残留的酸会缓慢扩散、释放，空气中的 CO_2 也会缓慢溶解到水样中，使测量结果偏高，影响氢电导率测量的准确性。

解决办法是对氢型交换柱系统进行改造，使更换树脂时能够保存水，树脂与水同时装进交换柱中，避免运行时树脂层中存在空气泡；也可以采用从交换柱底部进水，顶部出水的运行方式减少气泡的数量。

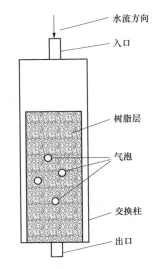

水流方向

入口

树脂层

气泡

交换柱

出口

图 9-8　交换柱中气泡示意

4. 氢型离子交换树脂

由于氢电导率测量首先使水样通过氢型交换柱，测量经过阳离子所交换后水样的电导率，所以氢型交换柱阳离子交换树脂的状态对测量结果有显著的影响。实际使用过程中发现存在两方面的问题。

（1）交换树脂释放氯离子。氢型交换柱中一般使用强酸性阳离子交换树脂，这种树脂若

处理不当将有产生裂纹的趋势。当有裂纹的树脂进行再生处理时，再生液（一般为盐酸）会扩散到裂纹中，再生后的水冲洗很难将裂纹中的盐酸冲洗干净。当这种树脂装入交换柱中投入运行时，树脂裂纹中残存的氯离子会缓慢地扩散出来，造成氢电导率测量结果偏高。由于水样中离子浓度非常低，这种树脂裂纹中残存的氯离子对测量结果的影响很大。

解决该问题的方法如下：

1) 新树脂初次使用时一定要先浸入 10%NaCl 盐水中，以防止树脂开裂。

2) 对树脂进行检查，在 10～100 倍的实体显微镜下观察树脂裂纹的情况，一般要求有裂纹的树脂颗粒小于树脂总数的 2%，最好小于 1%。

3) 树脂在盐酸中再生后，应使用二级除盐水连续冲洗 8h 以上，再装入交换柱中投入使用。

（2）氢型离子交换树脂失效后产生的影响。在氢型交换树脂失效之前，通过交换柱的水样中的阳离子只有氢离子。当氢型树脂失效后，部分其他阳离子穿透交换柱进入测量电极中。由于水汽系统一般采用加氨处理，先穿透交换柱的阳离子主要是铵离子（NH_4^+），会对氢电导率测量结果产生影响，造成测量误差。

在阳离子漏出初期，交换柱出水水样中只有少量铵离子，氢离子数量相应减少，阳离子总量基本不变，水样的 pH 值升高，电导率降低。这是因为同样数量的铵离子的电导率比相同数量的氢离子的电导率小得多，因此在交换柱失效初期，氢电导率测量结果偏低。此时水质超标不容易被发现。

在阳离子漏出一段时间以后，由于大量铵离子漏出，水中铵离子总量远大于阴离子（除氢氧根以外）的总量，导致水样呈碱性，电导率大大增加，使氢电导率测量结果偏高。此时容易造成水质超标的假象。

为了解决上述问题，采用变色阳离子交换树脂进行电导率的测量。由于变色阳离子交换树脂失效前后的颜色明显不同，可以在铵离子漏出前进行再生处理，从而排除了氢型交换树脂失效引起的错误信息，提高了电导率测量结果的可靠性。某研究院于 1993 年研制成功的 CJ-1 型变色阳离子交换树脂，目前已经在全国几十个发电厂得到应用，取得良好的使用效果。

使用氢型变色阳离子交换树脂是解决氢型交换树脂失效引起错误信息的有效措施。

（五）电导法在水分析中的应用

某些工业用水对水的纯度有较高的要求，如原子反应堆、电子工业，超高压锅炉等需用的超纯水，要求电导率在 0.1～0.3μS/cm 以下。由于电导分析法所需仪器简单、操作容易，在水质监测中应用较广。

（1）蒸馏水和去离子水纯度的检测。新鲜的蒸馏水的电导率一般为 0.5～2μS/cm。放置一段时间后，将增加到 2～4μS/cm，这是因为水从空气中吸收了二氧化碳所带来的影响。

（2）天然水和废水中可溶性矿物质浓度的测定。一般情况下，蓄水池水的电导率有较小的季节性变化，被污染的河水则每天都在变化。

含有商品废物的污水每天也有显著的变化。天然水的电导率为 50～500μS/cm；矿化水为 500～1000μS/cm，或者更高；某些工业废水往往超过 10 000μS/cm。图 9-9 表示几种溶液的电导率。

（3）水中溶解氧（DO）的测定。利用某些化合物与溶解氧发生反应而产生能导电的离

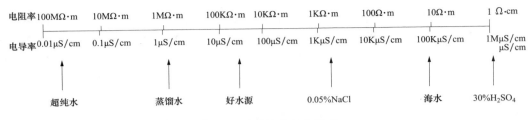

图 9-9　几种溶液的电导率

子成分，从而可以测定溶解氧，如利用氧化氮气体与溶解氧作用生成 NO_3^-，使电导率增加，因此测定电导率即可求得溶解氧含量；也可利用金属铊与水中溶解氧反应产生 Tl^+ 和 OH^-，每增加 $0.035\mu S/cm$ 的电导率相应为 $1mg/L$ 的溶解氧，可用于监测锅炉管道水中的溶解氧。

（4）估算水中总含量盐量。将电导率乘以一个经校正因数，可以估算水中部含盐量。因为，对于同一类淡水，在 pH 值为 5～9，电导率与总含盐量大致成比例关系，在 25℃ 时，其比值约为 $1\mu S/cm$，相当于 $0.55～0.9mg/L$。

任务一　水的 pH 值的测定

【教学目标】

1. 知识目标
（1）理解 pH 计测定溶液 pH 值的原理；
（2）了解 pH 计的结构；
（3）理解缓冲溶液的作用原理；
（4）掌握 pH 值测定标准缓冲溶液的配制方法；
（5）掌握缓冲溶液的选择方法；
（6）掌握 pH 计的使用和维护方法。

2. 能力目标
（1）能配制并正确使用 pH 值测定用的标准缓冲溶液；
（2）学会用标准缓冲溶液校正仪器；
（3）能按正确操作步骤测定水样的 pH 值；
（4）能对 pH 值测定仪器进行正确的使用与维护；
（5）能对测定结果正确读数并及时记录。

【任务描述】

在电厂中，为了防止热力设备的结垢、腐蚀和积盐，对多种水质的 pH 值需要监测。比如锅炉补给水、锅炉给水、炉水及凝结水等。具体检测方法主要通过仪器测定。有在线 pH 计及实验室用的 pH 计。本任务主要是用 pH 计测定水样的 pH 值。任务包括两项主要内容：一是 pH 值标准缓冲溶液的配制，二是测定水样的 pH 值。任务完成过程中，要求每位成员严格按照仪器操作步骤进行，正确使用和维护仪器，并得出正确结果。

【任务准备】

查阅资料，了解火电厂中哪些水质要监控 pH 值，且各水质的 pH 值控制标准是多少。

【任务实施】

一、仪器和试剂准备

1. 仪器：实验室用 pH 计、pH 电极、饱和氯化钾甘汞电极、塑料杯（50mL）、温度计（0~100℃）、带线性回归的科学计算器。

> **注 意**
>
> 新电极或久置未用的电极，应在除盐水中浸泡 24h，使其不对称电位趋于稳定。

2. 试剂

（1）pH＝4.00 标准缓冲溶液：准确称取预先在（115±5）℃干燥过的优级纯邻苯二甲酸氢钾（$KHC_8H_4O_4$）10.21g，溶于少量除盐水中，稀释至 1000mL。

（2）pH＝6.86 标准缓冲溶液（中性磷酸盐标准缓冲溶液）：准确称取预先在（115±5）℃干燥过的优级纯磷酸二氢钾（KH_2PO_4）3.390g 以及优级纯无水磷酸氢二钠（Na_2HPO_4）3.550g，溶于少量除盐水中，稀释至 1000mL。

（3）pH＝9.20 标准缓冲溶液：准确称取优级纯硼砂（$Na_2B_4O_7 \cdot H_2O$）3.81g，溶于少量除盐水中，稀释至 1000mL。

标准缓冲溶液在不同温度下的 pH 值不同，表 9-6 是上述三种标准缓冲溶液在不同温度下的 pH 值。

表 9-6　　　　　　　　　　　标准缓冲溶液在不同温度下的 pH 值

温度（℃）	邻苯二甲酸氢钾	中性磷酸盐	硼砂	温度（℃）	邻苯二甲酸氢钾	中性磷酸盐	硼砂
5	4.01	6.95	9.39	35	4.02	6.84	9.10
10	4.00	6.92	9.33	40	4.03	6.84	9.07
15	4.00	6.90	9.27	45	4.04	6.83	9.04
20	4.00	6.88	9.22	50	4.06	6.83	9.01
25	4.01	6.86	9.18	55	4.07	6.84	8.99
30	4.01	6.85	9.14	60	4.09	6.84	8.96

二、水样 pH 值的测定

（1）仪器校正：预热 0.5h 后，按仪器说明书进行调零、温度补偿等校正。

（2）定位方法有三种。

首先将电极与塑料杯用除盐水冲洗干净，按照需要选择一种。

1）单点定位。选用一种与被测水样接近的标准缓冲溶液倒入塑料杯中，插入测量电极，测量水样温度，查出该温度下的标准 pH 值，将仪器定位至该 pH 值。重复调零、校正、定位 1 或 2 次，直至稳定。

2）两点定位。用 pH＝7 标准缓冲溶液按照方法 1）定位，将另一标准缓冲溶液（酸性水样用 pH＝4 标准缓冲溶液，碱性水样用 pH＝9 标准缓冲溶液）倒入塑料杯中，插入测量电极，测量水样温度，查出该温度下的标准 pH 值，调整斜率旋钮，使仪器示值为该温度下的标准值。重复 1、2 次，直至稳定。

3）三点回归定位。用 pH=4、7、9 标准缓冲溶液中的一个按方法 1）定位，再测定另两个标准缓冲溶液的值。把三个标准溶液的测试值和标准值在计算器上进行回归存储，如果三个读数值求出的回归值与标准值相差不大于 0.02pH 值，即认为仪器、电极正常，可以进行水样的测定。

（3）水样的测定。用水冲洗电极 3～5 次，再将电极用待测水样冲洗 3～5 次，然后将电极插入水样进行测量，记录读数。必要的话需要用同样方法冲洗塑料杯。测定三次，结果取平均值。

（4）结果计算。用单点定位、两点定位法，pH 值读数为测定值。三点回归定位法用回归方程计算出回归值作为测定值。

（5）测定完毕，用除盐水清洗干净电极和塑料杯。

📖【相关知识】

一、pH 测定原理

当氢离子选择性电极——pH 电极与甘汞参比电极同时浸入水溶液后，即组成测量电池。pH 电极电位随溶液的氢离子活度而变化。用一台高输入阻抗的毫伏计测量，可同时获得同水溶液中氢离子活度相对应的电极电位，以 pH 表示为 $pH=-\lg a_{H^+}$。

pH 电极电位与溶液中钠离子活度的关系符合能斯特公式：

$$E = E_0 + 2.303\frac{RT}{nF}\lg a_{H^+} \tag{9-20}$$

式中　E——pH 电极所产生的电位，V；

　　　E_0——当氢离子活度为 1 时，pH 电极所产生的电位，V；

　　　R——气体常数；

　　　F——法拉第常数；

　　　T——绝对温度，K；

　　　n——参加反应的得失电子数；

a_{H^+}——水溶液中氢离子的活度，mol/L。

由式（9-20）可得，在 20℃时

$$0.059\lg\frac{a_{H^+1}}{a_{H^+}} = \Delta E$$

$$0.059(pH-pH_1) = \Delta E$$

$$pH = pH_1 + \frac{\Delta E}{0.059}$$

式中　a_{H^+1}——定位溶液的氢离子浓度，mol/L；

　　　a_{H^+}——被测溶液的氢离子浓度，mol/L。

二、pH 计的使用注意事项

使用 pH 计，应注意以下几点：

（1）酸度计应放在清洁、干燥的室内，工作环境温度 0～40℃，湿度不大于 85%，电源电压 220V±10%，频率 50Hz，被测溶液温度 5～60℃。

（2）注意保持仪器输入端电极插头、插孔的干燥清洁；不测量时，应将接续器插入指示电极的插孔内，防止灰尘、湿气侵入。

（3）玻璃电极的使用和维护。①使用前，将玻璃电极的球泡部位浸在蒸馏水中活化 24h以上。如果在 50℃蒸馏水中浸泡 2h，冷却至室温后可当天使用。不用时也须浸在蒸馏水中。②安装：要用手指夹住电极导线插头安装，切勿使球泡与硬物接触。玻璃电极下端要比饱和甘汞电极高 2～3mm，防止触及杯底而损坏。③玻璃电极测定碱性水样或溶液时，应尽快测量。测量胶体溶液、蛋白质和染料溶液时，用后须用棉花或软纸蘸乙醚小心地擦拭、酒精清洗最后用蒸馏水洗净。球泡沾上污物可用脱脂棉擦拭或用 0.1mol/L HCl 清洗。

（4）饱和甘汞电极使用和维护。①使用饱和甘汞电极前，应先将电极管侧面小橡皮塞及弯管下端的橡皮套取下，不用时再放回。②饱和甘汞电极应经常补充管内的饱和氯化钾溶液，溶液中应有少许 KCl 晶体，不得有气泡。补充后应等几小时再用。使用甘汞电极要注意下端瓷芯不能堵塞。③饱和甘汞电极不能长时间浸在被测水样中。不能在 60℃以上的环境中使用。

（5）使用仪器时，切不可太用力扳动旋钮或开关，特别是温度补偿旋钮。应轻轻转动，以防止紧固螺丝位置变异，造成 pH 值温度校正不准确。

（6）仪器至少预热 15～20min，方可使用。若连续长时间测定试样，一般中途要用标准缓冲液再次定位，以保证仪器的准确性。

三、pH 缓冲溶液的作用

pH 缓冲溶液是一种具有保持溶液 pH 值相对稳定能力的溶液。若向这种溶液中加入少量的酸或碱，或者在溶液中的化学反应产生少量的酸或碱，以及将溶液适当稀释或浓缩，溶液的 pH 值基本上稳定不变。pH 标准缓冲溶液特点：标准溶液的 pH 值是已知的，并达到规定的准确度。标准缓冲溶液的 pH 值有良好的复现性和稳定性，具有较大的缓冲容量，较小的稀释值和较小的温度系数，并且溶液易于制备。

任务二　水的电导率的测定

【教学目标】

1. 知识目标
（1）理解电导仪测定溶液电导率的工作原理；
（2）了解电导仪的结构；
（3）理解电导率与水中杂质离子含量的关系；
（4）掌握电导仪的使用和维护方法；
（5）了解电厂测定电导率的水汽项目、监测目的和控制标准。

2. 能力目标
（1）能够用正确的方法对电导仪进行校准；
（2）能按正确操作步骤测定水样的电导率；
（3）能对电导率测定仪器进行正确的使用与维护；
（4）能对测定结果正确读数并及时记录。

🎙️ 【任务描述】

　　电导率是电厂中监测水汽品质重要控制指标，尤其是锅炉补给水、凝结水、内冷水、饱和蒸汽及过热蒸汽等。电导率的大小直接反映水、汽中含盐量的多少。监测手段有在线监测和实验室化验监测两种。因其快捷、准确而在电厂普遍应用。本任务主要包括两项内容：一是做好准备工作，二是学会电导仪的使用操作并对水样电导率进行正确测定。任务完成过程中，要求各位成员严格按照操作步骤进行，注意电极的使用和维护，保证实验顺利进行，得出正确结果。

🖐️ 【任务准备】

　　查阅资料，了解电导率的基本定义。

⚙️ 【任务实施】

　　1. 仪器准备

　　电导率仪：测量范围为 $0\sim10\mu S/cm$。

　　电导电极。

　　2. 水样电导率的测定

　　(1) 电导率仪的操作按照说明书要求进行。

　　(2) 根据所测水样的电导率选择不同电导池常数的电极，可以参照表 9-7 选择电导池常数。

表 9-7　　　　　　　　　　　　　　电 导 池 常 数

电导池常数（cm^{-1}）	<0.1	$0.1\sim1.0$	$>1.0\sim10$
电导率（$\mu S/cm$）	$3\sim100$	$100\sim200$	>2000

　　(3) 取 $50\sim100mL$ 水样（25℃±5℃），放入塑料杯或硬质玻璃杯中，用被测水样冲洗电极 $2\sim3$ 次后，浸入水样中进行电导率测定。重复取样测定 2、3 次，测定结果读数相对误差均在±3%以内，即为所测的电导率值，同时记录水样温度。

　　(4) 测量完毕，将校正测量开关拨到"校正"位置，取出电极，切断电源、擦净仪器，并将电极用试剂水冲洗干净。

　　(5) 如果电导率仪和电极不具有温度补偿功能，被测水样的温度不是 25℃，应按照下式换算为 25℃的电导值：

$$\kappa_{25℃} = \frac{\kappa_t K}{1 + \beta(t - 25)} \tag{9-21}$$

式中　$\kappa_{25℃}$——换算成 25℃时水样的电导率，$\mu S/cm$；

　　　　κ_t——水温为 t 时测得的电导率，$\mu S/cm$；

　　　　K——电导池常数，cm^{-1}；

　　　　β——温度校正系数，对 pH 值为 5~9、电导率为 $30\sim300\mu S/cm$ 的天然水，β 近似值为 0.02；

　　　　t——测定时水样温度，℃。

目【相关知识】

一、数显电导仪图例

以上海雷磁型号 308A 电导仪为例（见图 9-10）。

二、电导仪使用注意事项

1. 电极

（1）电极插头座绝对防止受潮，仪表应安置于干燥环境，避免因水滴溅射或受潮引起仪表漏电或测量误差。

（2）电极的电极头是用薄片玻璃制成，容易敲碎，切勿与硬物碰撞。

（3）测量电极是精密部件，不可分解，不可改变电极形状和尺寸，且不可用强酸、碱清洗，以免改变电极常数而影响仪表测量的准确性。

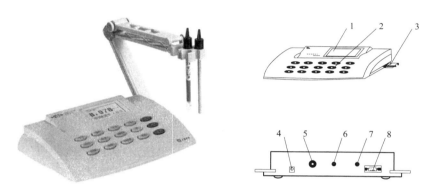

图 9-10　雷磁 308A 电导仪示意

1—显示屏；2—键盘；3—电极梗座；4—电源插座；5—测量电极插座；6—接地接线柱；

7—温度传感器插座；8—RS-232（九针）插座

（4）仪器出厂时，所配电极已测定好电极常数，为保证测量准确度，电极应定期进行常数标定。

（5）新的（或长期不用的）铂黑电极在使用前应先用乙醇浸洗，再用蒸馏水清洗后方可使用。

（6）使用铂黑电极时，在使用前后可浸在蒸馏水中，以防铂黑的惰化。如发现铂黑电极失灵，可浸入 10% 硝酸或盐酸中 2min，然后用蒸馏水冲洗再进行测量。如情况并无改善，则需更换电极。

（7）光亮电极其测量范围为 0～300μS/cm 为宜。

（8）被测溶液电导率大于 1000μS/cm 时，应使用铂黑电极测量。若用光亮电极测量会加大测量误差。

2. 测量

（1）在测量纯水或超纯水时为了避免测量值的漂移现象建议采用流通池，使纯水密封流动，在密封流动状态下测量，流速不要太快，出水口有水缓慢流出即可。如果采用烧杯取样测量会产生较大的误差。

（2）因温度补偿是用固定的 2‰ 的温度系数补偿的，故对高纯水测量尽量采用不补偿方式进行测量，然后查表。

（3）为确保测量准确度，电极使用前应用小于 0.5μS/cm 的蒸馏水冲洗 2 次（铂黑电极干放一段时间后在使用前须在蒸馏水中浸泡一会儿），然后用被测试样冲洗 3 次方可测量。

（4）水样采集后应尽快测定，如含有粗大悬浮物、油和脂干扰测定，应过滤或萃取除去。

（5）盛放待测溶液的烧杯应用待测溶液清洗 3 次，以避免离子污染。对于一些水温高于环境温度的溶液，自然冷却后再测量，否则会引起测量不稳定。

三、影响电导率测定的因素

1. 水温

由于电导率的大小与离子迁移速度有关，而水温升高，离子迁移速度加快，使测得的电导率偏高。据测试：水温每升高 1℃，电导率约平均增高 2‰。因此通常电导率仪表均有温度补偿装置或带有水样恒温装置，尽量减少温度对电导率测量的影响。

2. 水的流速

流过电极的水流速越低，水中的微量杂质就越容易附着在电极上，造成电极的污染，影响电导率测定的准确性。

3. 杂质污染

当对电导率很小的水样进行测定时，应考虑空气尘埃及 CO_2 气体等杂质对电导测定的影响。因为水质纯净时，其缓冲能力很小，尘埃及 CO_2 等越容易污染水样，影响测定。

4. 电极

电极的表面状态，特别是电极极化会给电导率的测定带来的影响。当电极产生极化时，电能损耗增大，相当于增加溶液的电阻，给测定结果带来误差。另外，电极表面状态不好，其吸附溶液中离子的能力增加，易造成浓差极化。因此，在测定时应反复冲洗电极，并应避免将电板插入浑水或含油水样中。

四、常用电导电极的构造和适用范围

测定溶液电导的电极通常为白金或铂黑电极。常用电导电极的规格和适用范围见表 9-8，电导电极构造如图 9-11 所示。

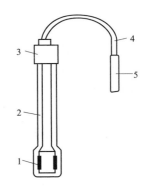

图 9-11　电导电极

1—铂片；2—玻璃管；3—胶木帽；
4—电极引线；5—电极插头

表 9-8　　　　常 用 电 导 电 极

型　　号	电极常数	外径（mm）	长度（mm）	适用范围（μS/cm）
260	0.5～0.8	φ12	160	<10
260（铂黑）	0.5～0.8	φ12	160	$10～150×10^3$
DJS-1	1±0.2	φ9	125	$10～150×10^3$
DJS-10	10±2	φ9	125	150～800

五、电导池常数校正

用校正电导池常数的电极测定已知电导率的氯化钾标准溶液（其温度为 25℃±0.1℃）的电导率，可按式（9-22）计算电导池常数。若试验室无条件进行校正电导池常数时，

应送有关部门校正。

$$K = \frac{\kappa_0 - \kappa_1}{\kappa_2} \qquad (9\text{-}22)$$

式中 κ_0——配制氯化钾所用试剂水的电导率，$\mu S/cm$（$25℃\pm0.1℃$）；

κ_1——氯化钾标准溶液的电导率，$\mu S/cm$（$25℃\pm0.1℃$）；

κ_2——用校正电导池常数的电极测定氯化钾标准溶液的电导，μS。

任务三 煤中全硫的测定

【教学目标】

1. 知识目标
（1）理解库仑分析法的基本原理；
（2）了解库仑测硫仪的结构；
（3）理解库仑测硫仪的工作原理；
（4）掌握库仑测硫仪的使用和维护方法；
（5）了解电厂用煤全硫测定的其他方法及硫含量控制标准。

2. 能力目标
（1）能够正确使用库仑测硫仪；
（2）能用库仑滴定法按正确操作步骤测定煤样中的全硫含量；
（3）能对库仑测硫仪进行正确的使用与维护；
（4）能对测定结果正确处理。

【任务描述】

煤在燃烧时其中含有的硫也会燃烧放出热量，但同时又产生了 SO_2 等有害气体，污染环境，所以煤中硫的危害很大，因此在进行煤的质量检验时，全硫含量是必测的分析项目。测定煤中存在不同形态硫的含量，一般只用于研究上。

目前，常用的测定煤中全硫的方法有三种：艾氏卡重量法、库仑滴定法、高温燃烧中和法。这三种方法各有其优缺点。本任务采用库仑滴定法。库仑滴定法是依据法拉第电解定律设计的，测定耗时少，使用专用仪器，对单个试样进行测定。测定结果往往偏低，对含硫量大的煤更为明显。因其操作简单、快捷，设备成本低，在日常入厂煤验收与入炉煤监督中被广泛应用。本任务主要包括两项内容：一是掌握库仑测硫仪标定方法，二是学会库仑测硫仪的使用操作方法并对煤样含硫量进行正确测定。任务完成过程中，要求各位成员严格按照操作步骤进行，注意仪器设备的使用和维护，保证实验顺利进行，得出正确结果。

【任务准备】

查阅资料，思考以下问题：
（1）燃煤电厂为什么要对煤中的含硫量进行测定？
（2）煤中含硫量测定的方法主要有哪些？各有什么特点？
（3）什么叫库仑分析法？

（4）库仑测硫仪的测定原理是什么？

⚙ 【任务实施】

一、试剂和材料

（1）三氧化钨。

（2）变色硅胶：工业品。

（3）氢氧化钠：化学纯。

（4）电解液：称取碘化钾、溴化钾各 5.0g，溶于 200～300mL 水中并在溶液中加入冰乙酸 10mL。

（5）燃烧舟。

二、仪器准备

（1）将管式高温炉升温至 1150℃。

（2）开动供气泵和抽气泵并将抽气流量调节至 1000mL/min。在抽气时，将电解液加入电解池内，开动电磁搅拌器。

（3）关闭电解池与燃烧管间的活塞，若抽气量能降到 300mL/min 以下，则证明仪器各部件及各接口气密性良好，可以进行测定；否则应检查仪器各个部件及其接口情况。

（4）在瓷舟中放入少量非测定用的煤样并摊平，其上覆盖一薄层三氧化钨。开启送样程序控制器，将煤样送入燃烧管，仪器自动测定。如试验结束后库仑积分器显示值为 0，应再次测定，直至显示不为 0。

三、仪器标定有效性核验

（1）在瓷舟中称取标准煤样 $(0.05\pm0.005)g$（称准至 0.000 2g），摊平，其上覆盖一薄层三氧化钨。将瓷舟放在送样的石英托盘上，启动测定程序进行测试。

（2）重复测定两次。

（3）根据测定结果计算平均值，即为 $S_{t,ad}$，按照公式 $S_{t,d}=\dfrac{100}{100-M_{ad}}\times S_{t,ad}$ 计算 $S_{t,d}$，其中 M_{ad} 为该标准煤样的水分含量。将测定结果与标准煤样的标准值进行比较，若测定值与标准值之差在标准值不确定度范围内，说明标定有效；否则需重新标定仪器，标定方法见【相关知识】。

四、煤样测定

（1）称取煤样量为 $(0.05\pm0.005)g$（称准至 0.000 2g），按照仪器标定有效性核验的测定步骤，测定煤样的全硫含量。重复测定两次，计算样品的 $S_{t,ad}$。

（2）对分析结果进行分析。结合入厂煤、入炉煤的含硫量控制标准进行。

五、方法精密度

库仑滴定法全硫测定的重复性和再现性规定见表 9-9。

表 9-9　　　　　　　　　　　　仓库滴定法测定煤中全硫精密度

全硫质量分数 S(%)	重复性限 $S_{t,ad}$(%)	再现性临界差 $S_{t,d}$(%)
≤1.50	0.05	0.15
1.50（不含）～4.00	0.10	0.25
＞4.00	0.20	0.35

📖 【相关知识】

一、煤中硫的存在形态

煤中硫分燃烧时虽然也放出热量，但其生成的 SO_2 能对锅炉部件造成严重的腐蚀，并对环境产生污染，所以它是一种有害物质。

煤中硫的存在形态分为两大类，一类是以与有机物结合而存在的硫称为有机硫，另一类是以与无机物结合而存在的硫称为无机硫。此外，有些煤中还有少量以单质状态存在的硫称为单质硫，它也属于无机硫。

有机硫的组成相当复杂，就所含官能团而言，有硫醇类、硫醚类、硫醌类及噻吩类等。

无机硫分为硫化物硫和硫酸盐硫。硫化物硫中绝大部分是黄铁矿，也有少量是白铁矿，它们的化学成分都是硫化铁（FeS_2）。此外，还有少量其他硫化物，如硫化锌、硫化铅等。硫酸盐硫主要的存在形态是石膏 $CaSO_4 \cdot 2H_2O$（硫酸钙），有些受氧化的煤有时还含有硫酸亚铁（$FeSO_4 \cdot 7H_2O$）等。

根据煤中不同形态的硫能否在空气中燃烧，可以分为可燃硫和不可燃硫。有机硫、黄铁矿硫和单质硫都能在空气中燃烧，故均属于可燃硫。煤炭在燃烧过程中除原不燃硫留在煤灰中外，还有部分可燃硫固定在灰分中，所以又称为固定硫。固定硫以硫酸盐硫（主要是硫酸钙）的形态存在。

我国煤炭各种形态硫与全硫的关系大致有一个变化规律：当全硫含量低于 1％ 时，往往以有机硫为主；当全硫含量高时，则大部分是硫化铁硫也有个别高硫煤矿地区的煤以有机硫为主，硫酸盐硫一般含量极少，通常为 0.1％～0.2％。

煤中各种形态硫的总和叫做全硫（S_t），也就是说全硫为硫酸盐硫（S_s）、黄铁矿硫（S_p）和有机硫（S_o）的总和，即 $S_t = S_s + S_p + S_o$。

二、硫对火力发电厂中锅炉设备运行的影响

（1）引起锅炉受热面的腐蚀，特别是空气预热器，往往运行不到一年，就发现有腐蚀穿孔且伴随堵灰现象。

（2）含黄铁矿多的煤还会加速磨煤机和输煤管道的磨损。由于黄铁矿的莫氏硬度仅次于石英，为 6～6.5。对于钢球磨煤机，磨制灰分大的煤比灰分小的煤，其吨煤钢球消耗量约大 4 倍。

（3）对变质程度浅的煤在煤场组堆或煤粉储存时，若含有较多黄铁矿，则会由于黄铁矿受氧化放出热量而加剧煤的氧化和自燃。

（4）由于煤中的硫燃烧后，绝大部分生成二氧化硫，并随着烟气经烟囱排入大气中，因而增加了对周围环境的污染。煤中含硫量每增加 1％，则燃用 1t 煤就会多排放大约 20kg 的 SO_2 气体。

三、库仑滴定法测定煤中全硫的相关知识

1. 基本原理

库仑滴定法测定煤中全硫的方法原理，是根据法拉第定律提出来的，即当电流通入电解液中，在电极上析出物质的量与通过电解液的电量成正比。在电解液电解过程中，每通入 96 500C（即 1F）电量，则在电极上析出 1mol 的物质。

$$m = \frac{M}{nF}It \tag{9-23}$$

式中　I——通入电解液的电流，A；

　　　n——电子转移数；

　　　t——通入电流的时间，s。

用瓷舟称取一定量空气干燥基煤样，在上面覆盖少量三氧化钨（WO_3）作为催化剂。试样在1150℃的空气流中发生燃烧和分解反应，煤中可燃硫被氧化转变成 SO_2，煤中硫酸盐在催化剂和高温作用下被分解成为 SO_3 和相应的金属氧化物；SO_3 将进一步被还原成 SO_2。反应生成的 SO_2 气体被引入碘化钾和溴化钾的混合溶液中。同时通电电解，所产生的碘在溶液中与 SO_2 发生氧化还原反应，SO_2 被氧化成 H_2SO_4，碘则被还原成碘离子。

阳极

$$2I^- - 2e = I_2$$

碘与亚硫酸的反应为

$$I_2 + H_2SO_3 + H_2O = H_2SO_4 + 2HI$$

通过库仑积分仪计量所消耗的电量，据此计算出反应生成的 SO_2 质量并进一步计算出煤样的全硫含量，由库仑测硫仪显示结果。

2. 测定装置

库仑测硫仪由高温炉、空气的预处理及输送装置、库仑积分仪、程序控制器、温度控制器、电解池及电磁搅拌器等部件组成。从形式上，库仑测硫仪有分体式与一体式之分，控制装置又有微机与单片机之别。通常，库仑测硫仪结构流程如图9-12所示。

高温炉：硅碳管高温炉，有不小于90mm的高温带（1150℃±5℃）；燃烧管及燃烧舟均由气密刚玉加工而成；用铂铑-铂热电偶测温。

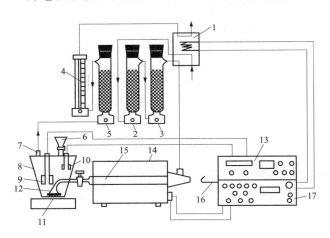

图9-12　库仑测硫仪结构流程

1—电磁泵；2—硅胶过滤塔；3—氢氧化钠过滤塔；4—流量计；5—硅胶过滤塔；6—加液漏斗；7—排气口；8—电解池；9—电解电极；10—指示电极；11—搅拌棒；12—微孔熔板过滤器；13—库仑积分仪；14—燃烧炉；15—石英管；16—进样器；17—程序控温仪

空气净化系统：由电磁泵所提供的约1500mL/min空气，经内装氢氧化钠及变色硅胶的净化管净化。

送样程序控制器：盛煤样燃烧舟能按指定的程序前进或后退。

库仑积分器：电解电流在0～350mA范围内线性积分度应为±0.1%，配有4～6位数字数码管显示硫的毫克数。

电解池：内有一组铂电解电极和一组铂指示电极，它们的面积各不相同，前者大于后者。

3. 库仑法测硫中的注意事项

(1) 称样量不得低于50mg，且在煤样上应覆盖一薄层 WO_3，以确保硫酸盐在1150～1200℃

完全分解。

（2）新配制的电解液为淡黄色，pH 值应为 1～2。当电解液 pH<1 或呈深黄色时，要及时更换；否则在酸性介质下有非电解质 I_2 与 Br_2 生成，导致测定结果偏低。

（3）载气为空气，不能使用氧气，空气流量不得低于 1000mL/min。在测定过程中，应保持系统中的气路通畅。

（4）电解池内应保持清洁。在测定样品时，电解池应保持完全密封，要防止电解液倒吸，搅拌速度要尽可能快。

（5）电解液在放置过程中，由于碘的析出会影响测定结果。因此在正式测定试样前，应先测定废样。

（6）铂电极宜用丙酮或酒精液清洗，然后再用纯水冲洗干净后使用。应注意不可将丙酮液倒入电解池中浸泡电极，因为有的电解池为有机玻璃加工而成，而丙酮为有机溶剂。

（7）库仑滴定法测试结果在不同程度上有偏低倾向。可用标准煤样进行校正，根据偏低程度在含硫量的测试结果上乘以一个大于 1 的系数，例如 1.04～1.06，这样可以获得与艾士卡法相一致的结果。如果能按含硫量高低的不同，分别确定校正系数，则其结果准确性更高。

任务四　油中水分含量的测定

【教学目标】

1. 知识目标
（1）理解库仑法测定油中微量水分的工作原理；
（2）了解油中微水测定仪的结构；
（3）掌握微水测定仪的使用和维护方法；
（4）了解电力用油中水分的危害及含量控制标准。

2. 能力目标
（1）学会油品微水测定仪的使用方法；
（2）能用库仑法按正确操作步骤测定油样中水分的含量；
（3）能对微水测定仪进行正确的使用与维护；
（4）能对测定结果进行正确分析处理。

【任务描述】

电力系统中，汽轮机油内的水分是衡量汽轮机油质的一个重要理化指标。油内含水将导致油质乳化，造成油系统腐蚀，机组部件发生锈蚀。同时，导致汽轮机油失去润滑、散热和调速的作用，严重地影响机组安全运行。变压器油中水分对绝缘介质的电气性能与理化性能都有极大的危害。变压器油中水分还会促进有机酸对铜、铁的腐蚀作用，产生的金属皂化物将恶化油的介质损耗因数，增加油的吸潮性，并对油的氧化起催化作用，一般认为受潮的油比干燥油的老化速度增加 2～4 倍。由于变压器油中水含量与其固体绝缘受潮情况密切相关，因此准确测定油中水含量相当重要。目前，直接测定油中水含量的常用方法有气相色谱分析法和微库仑分析法。本任务采用库仑法。主要包括两项内容：一是掌握测定油中水含量的库仑法，二是学会库仑微水测定仪的使用操作方法并对油样含水量进行正确测定。任务完成过程中，要求学员严格按照操作步骤进行，注意仪器设备的使用和维护，保证实验顺利进行，得出正确结果。

【任务准备】

查阅资料，了解油中水分变化对设备的危害。

【任务实施】

一、仪器、试剂材料

（1）仪器：微库仑分析仪。

（2）试剂与材料。

1）卡尔费休试剂、无水甲醇（分析纯）、纯水、乙二醇（分析纯）、高真空硅脂、变色硅胶。

2）注射器：$0.5\mu L$、$50\mu L$、$1mL$ 各一支。

二、工作准备

（1）电解池的清洗和干燥处理。使用前，电解池里所有部位都应该清洗干净。清洗后放在大约80℃的烘箱内干燥1h，然后让其自然冷却，清洗电解电极和测量电极要用丙酮、甲醇或者其他溶剂。注意：这两对电极绝对不能用清水洗；否则，在测量样品水分过程中会造成测量误差。

（2）电解池的安装。

1）将搅拌子放入预先洗净、干燥的电解池阳极室内，并往室中加入70mL阳极电解液，在阴极室半透明膜内加入2mL阴极电解液，其液面与阳极室溶液应在同一水平面或稍微低些。

2）安放电极时，要注意电极方向与电解液搅动方向成切线。

3）干燥管内装入变色硅胶，然后盖好所有的盖子，并在玻璃磨口处涂上高真空硅脂。

（3）按仪器说明书连接仪器电源线，调试仪器。

（4）空白电流的清除。仪器通电后，调整搅拌速度，使阳极溶液形成旋涡，但溶液不能溅到电解池壁上，此时，测量电极电位可指示出水分量的多少。将电解电流开关置于开的位置，电解电流应该有指示，若无电解电流指示，则说明阳极溶液中含有过量碘，如果发现过碘情况，即可在阳极溶液中加入适量的平衡溶液（甲醇或者纯水）直到电解电流有指示，此时，电解液颜色逐渐变浅，最后呈黄色，进行电解，数字显示器也相应开始计数。

由于电解产生碘，所以随着剩余水分的减少，测量电解电位指示首先趋向于零，电解电流也随后相应地减小到空白电流值，直至达到电解终点，此时仪器达到初始平衡点（若电解电流还有指示则为空白电流）。如果空白电流大于4mA或者电流不稳定，则是电解池的内壁上附有水分，出现这种情况，可将电解电流开关置向"关"，把电解池从夹持器上取下，缓慢地使其倾斜旋转，以便池壁上的水分被电解液吸收。然后重新把电解池放到夹持器上，开通电解电流开关继续电解。

这一步骤，反复进行几次，一般空白电流可以逐渐降低到零点。

上述的方法进行几次操作后，如空白电流还不能降低或者是在 10mA 以下，不能稳定，可在阳极溶液内加入约 1mL 的四氯化碳。当指示到 4mA 时，只要空白电流稳定，就可以进行测定。当对测量准确度有特殊要求或对很微量的水分进行测定时，空白电流最好低于 1mA。

三、样品的测定

1. 仪器的标定

当仪器达到初始平衡点，而且比较稳定时，即可进行仪器的标定。仪器用标有水分含量值的甲醇或乙二醇甲醚标定为最佳，也可用 0.5μL 微量进样器注入纯水来标定仪器。当注入 0.1μL 蒸馏水或去离子水时，显示数字应为（100±10）μg。一般标定 2、3 次，显示数字若在误差范围之内，就可进行样品的测定了。

2. 样品中水分的测定

（1）首先将带针头的注射器（1mL）用被测样品冲洗 2、3 次，然后吸入一定量的样品，为注样做好准备。若试油含水量低，可以增加取油量。

（2）样品采好以后，按一下主机上的启动开关，电解终点指示灯熄灭，数字显示器恢复到"0"。

（3）把样品通过送样旋塞进样口注入电解池中，电解自动开始。

（4）测定结束时，数字显示器所显示数字便是样品中的水分量。测定结果是以微克水来表示的。记下显示数字，同一试样至少重复操作两次以上，取其平均值。

3. 油中水分含量计算

若仪器读数显示的是所消耗的电量值，则按式（9-24）计算，若读数显示为所含微量水分值（微克），则可用式（9-25）计算。

$$X = \frac{Q \times 10^{-3}}{\rho V \times 10\,722} \tag{9-24}$$

式中　X——油中水分含量，mg/kg；

　　　Q——分析样品消耗的电量，mC；

　　　ρ——分析样品的密度，g/mL；

　　　V——分析油样的体积，mL。

$$X = \frac{m_1}{m} = \frac{m_1}{DV} \tag{9-25}$$

📖【相关知识】

一、库仑法测定油中微量水分的相关知识

1. 测定原理

库仑法是电量法同卡尔费休滴定法相结合的一种方法。其原理是基于有水时，碘被二氧化硫还原，在砒啶和甲醇存在的情况下，生成氢碘酸吡啶和甲基硫酸氢吡啶，反应式为

$$H_2O + I_2 + SO_2 + 3C_5H_5N \longrightarrow 2C_5H_5N \cdot HI + C_5H_5N \cdot SO_3$$

$$C_5H_5N \cdot SO_3 + CH_3OH \longrightarrow C_5H_5N \cdot HSO_4CH_3$$

通过电解，在阳极上形成碘，所生成的碘与油中水分反应生成氢碘酸，直至水分全部反

应为止。

　　根据法拉第定律，在电解电流作用下，被分解物质的量与通过电解池的电量成正比。由上述化学反应方程式可知，1mol 碘与 1mol 水反应，得失电子数为 2，所消耗的电量为 96 485×2C，即每反应掉 1mg 水需要电量数为 1072C，则样品中的水分含量计算为

$$w = \frac{Q}{1072} \tag{9-26}$$

式中　　w——样品中的水分含量，g；

　　　　Q——电解电量，C。

　　2. 测定装置图

　　油中水含量测定装置如图 9-13 所示。

图 9-13　油中水含量测定装置

二、操作注意事项

　　在实际使用过程中，需要注意以下几个方面，来提高仪器的稳定性和测量结果的准确性、重现性。

　　1. 环境要求

　　（1）设备所处环境的湿度要保持在合理的范围内，要尽量避免电解液受潮。电解液受潮后会使空白电流增大，不容易达到平衡点，测试结果不稳定，数据忽高忽低。

　　（2）设备所使用环境的温度要在合理的范围，避免低温或高温。温度过高（35℃以上）就会使电解液的电导率升高，会造成测试结果偏高；温度过低（0℃以下）就会使电解液的导电率降低，测试结果就会偏低。

　　（3）避免阳光直射，阳光直射在试剂上会使试剂发生光合反应，试剂自动过碘。微量的过碘会造成数据偏低。

　　2. 进样操作的注意事项

　　（1）本方法适用的测定范围是 $10\mu g \sim 10mg$。为了得到准确的测定结果，要适当地根据样品的含水量来控制样品的进样量。

　　（2）进样之前要保证所用的进样器是干燥的，一个样品有一个专用的进样器。如果是多个样品共用一个进样器，那么要求在进样之前要充分用待测油样润洗，尽量减小误差。

　　（3）进样之前一定要用滤纸从末端到前端的擦拭进样气的针头部分，避免针头附着的水分带入到试剂中或附着在进样垫上，造成测试结果的不准确。

　　（4）进样时，按下开始键后要尽量快的将样品匀速注入试剂中。

　　（5）把样品注入电解池时，液体进样器的针头要插入电解液中，液体、固体、气体进样器及样品不应与滴定池的内壁及电极接触。

　　（6）要保证每次进样量的一致性。一致性越好，数据重复性就越好。

　　3. 电极液使用中的注意事项

　　（1）当空气湿度大、做样频繁或做固体样品时，电解液不易达到终点，这是在实验时最常见的一个问题。此时可以摇动电解池，吸收电解池内部空间中的水分，促使其快速达到终点。

　　（2）接近失效时电解液不易达到终点，可采取注入适量纯水来调节一下试剂的灵敏度，

使其较快达到终点。

（3）下面三种情况，若电解液具有两种则可能失效：①电解液使用一个月以上；②仪器正常可达到平衡点，但电解液颜色变深且浑浊；③反复均匀摇动电解池几次后，电解过程仍很难达到终点。判断电解液失效后应及时更换。

三、电解液的更换

（1）准备一张干净的滤纸，将电解池的两根干燥管放到纸上，拿出电解电极，将电解电极内的电解液倒掉，再将电解池内的电解液缓缓倒掉（注意不要将搅拌子倒出）。

（2）一般情况下不需要清洗电解池，确实污染可以清洗，但清洗后必须烘干。

（3）清洗：电解池瓶、干燥管、进样旋塞、测量电极可用无水甲醇等其他无水溶剂或水清洗，电解电极底部白色板是蜂窝状陶瓷板，含水后很难释放出来，尽可能不用水清洗，若确需用水清洗时，清洗后一定要放在大约50℃的内烘干6h，然后使其在烘箱内自然冷却。

> **注 意**
>
> 清洗时两插头、线及胶冒部分不可触及清洗液。

（4）换电解液必须小心，不要吸入或用手接触试剂，如与试剂接触，应用水彻底冲洗干净，由于试剂味大，并含有毒成分，所以实验室内通风要良好。

四、仪器维护与保养

1. 硅胶垫的更换

样品注入口的硅胶垫长久使用时会使针孔变大且无收缩性，使大气中的水分进入而影响测定，应及时更换。

2. 硅胶更换

干燥室的硅胶由蓝色变至浅蓝时，应更换新硅胶，更换时不要让硅胶粉末装入，否则将造成阴极室、阳极室无法排气而终止电解。

3. 滴定池磨口保养

每7～8天要转动一下滴定池的磨口处，若不能轻轻转动，应重新涂上薄薄的一层真空脂，重新装入，否则过长时间的使用将可能拆不下来而损坏电极。

4. 电极插头、插座保养

（1）测量电极、阴极室电极的插头、插座经常活动，会使其接触不良，应对插头部分进行修整。

（2）长时间应用插头、插座会粘上污垢，使其接触不良，这时应用乙醇分别擦拭金属部位，使其接触良好。

【学习情境总结】

电化学分析法的基本内容如图9-14所示。

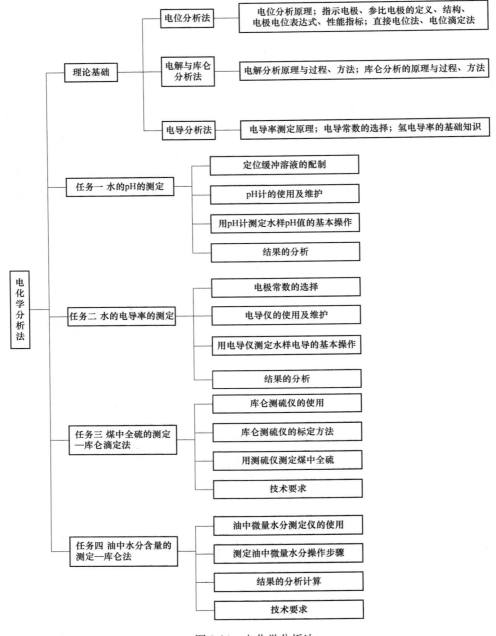

图 9-14　电化学分析法

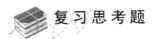复习思考题

1. 本学习情境的几种仪器分析方法的特点是什么？比较它们的异同。
2. 参比电极和指示电极的主要作用是什么？
3. 离子选择性电极在使用时应注意什么？

4. 试述直接电位法和电位滴定法的特点。

5. 为什么用电位法测定溶液的 pH 值时，玻璃电极应事先在蒸馏水中浸泡 24h? 测量时，为什么要用 pH 标准缓冲溶液标定仪器?

6. 结合实验，讨论离子选择电极测定法的基本原理，欲得到准确的结果应注意哪些实验技术和方法?

7. 当下列电池中的溶液是 pH＝4.00 的标准缓冲溶液时，在 25℃测得电池的电动势为 0.209V。

$$（-）玻璃电极｜H^+(a＝x)\|饱和甘汞电极（＋）$$

当缓冲溶液由未知溶液代替时，测得下列电动势值： (1) 0.312V; (2) 0.088V; (3) 0.017V。求各未知溶液的 pH 值。(5.75；1.95；0.75)

8. 以 Ca^{2+} 选择电极测定溶液中 Ca^{2+} 浓度。于 0.010mol/L Ca^{2+} 溶液中插入 Ca^{2+} 膜电极。Ca^{2+} 膜电极与 SCE 组成原电池：

$$（-）Ca^{2+}膜电极｜Ca^{2+}(c＝0.010mol/L)\|SCE（＋）$$

测得电动势为 0.250V。于同样的电池中，放入未知浓度的 Ca^{2+} 溶液，测得电动势为 0.271V。两种溶液的离子强度相同，计算未知 Ca^{2+} 溶液的浓度。($5.1×10^{-2}$ mol/L)

9. 以 Mg^{2+} 选择电极测定溶液的 pMg 值。将 Mg^{2+} 选择电极插入 $a_{Mg^{2+}}＝1.77×10^{-3}$ mol/L 的溶液中，以 SCE 为正电极组成工作电池：

$$（-）Mg^{2+}膜电极|Mg^{2+}(a mol/L)\|SCE（＋）$$

测得电池电动势为 0.411V。于同样电池中，将溶液换成未知 Mg^{2+} 溶液时，测得电池的电动势为 0.439V。计算未知 Mg^{2+} 溶液的 pMg 值。(3.70)

学习情境十

原子吸收分光光度法

【学习情境描述】

原子吸收分光光度法是基于气态和基态原子核外层电子对共振发射线的吸收进行元素定量的分析方法。原子吸收分光光度法应用范围广，从不同原子化方式而言，空气-乙炔［氧化亚氮（笑气）-乙炔］火焰原子化法可以分析 30 多种（70 多种）元素，分析灵敏度可达 mg/L 或 mg/kg 水平；石墨炉原子化法可以分析 70 多种元素，其绝对灵敏度可达 $10^{-14} \sim 10^{-10}$ 水平；氢化物发生法可以分析 11 种元素。原子吸收分光光度法的局限性在于：①通常采用单元素空心阴极灯作为锐线光源，分析一种元素就必须选用该元素的空心阴极灯，因此不适用于多元素混合物的定性分析；②对于高熔点、形成氧化物、形成复合物或形成碳化物后难以原子化的元素的分析灵敏度低。因此，原子吸收分光光度法主要用于微量和痕量的金属与类金属元素的定量分析。

电厂分析检验任务中涉及许多金属元素的测定，常常采用原子吸收分光光度法进行检测。本学习情境选取了较为典型的四项分析检验任务：水中钙、镁测定，水中镉、铜、铅、锌的测定，煤灰成分中的 K_2O、Na_2O、Fe_2O_3、Al_2O_3 等的测定，冷原子吸收分光光度法测定水中的汞。

通过任务一水中钙、镁的测定与实践，使学生掌握原子吸收分光光度法的基本原理，掌握阴极灯的原理、掌握原子吸收分光光度计的结构和使用方法。通过任务二的学习，使学生掌握用原子分光光度及测定水中镉、铜、铅、锌的方法，进一步掌握原子吸收分光光度计的结构和使用方法。通过任务三的学习，使学生掌握原子吸收分光光度法测定煤灰成分中 K_2O、Na_2O、Fe_2O_3、Al_2O_3 等含量的原理，掌握测定结果的数据处理方法。通过任务四冷原子吸收分光光度法测定水中的汞的学习与实践，使学生掌握该测定方法和测定中的技术要求，掌握测定结果的数据处理方法。

【教学目标】

1. 知识目标

（1）了解原子吸收分光光度法的基本原理；

（2）掌握原子吸收分光光度计的结构和使用方法；

（3）掌握原子吸收法测定水中钙、镁的原理；

（4）掌握原子吸收分光光度法测定水中镉、铜、铅、锌的原理；

（5）掌握原子吸收分光光度法测定煤灰成分中 K_2O、Na_2O、Fe_2O_3、Al_2O_3 等的原理；

（6）掌握冷原子吸收分光光度法测定水中汞的原理。

2. 能力（技能）目标

（1）正确使用和维护原子吸收分光光度计；

（2）能够根据试验要求选择和优化实验条件；

（3）能用原子吸收分光光度法测定水中钙、镁；

（4）能用原子吸收分光光度法测定水中镉、铜、铅、锌；

（5）能用原子吸收分光光度法测定煤灰成分中 K_2O、Na_2O、Fe_2O_3、Al_2O_3 含量；

（6）能用冷原子吸收分光光度法测定水中汞。

【教学环境】

教学场所具有黑板、计算机、投影仪，可播放 PPT 课件及教学视频。实训场所具有原子吸收分光光度计、分析天平、化学分析常用玻璃器皿等。

【理论知识】

原子吸收分光光度法是基于被测元素的基态原子具有选择吸收特定波长光能的这一性质进行定量分析的一种方法。将被测元素引入火焰中，在热能的作用下，被测元素解离为基态原子蒸气。用锐线光源发射该元素特征谱线的光，当光线通过上述基态原子蒸气层时，被测元素的基态原子对入射光有吸收，吸收强度与被测元素浓度成正比，依据朗伯-比尔定律就可进行定量分析。

一、原子吸收定量测定原理

处于基态原子核外层的电子，如果外界所提供特定能量的光辐射恰好等于核外层电子基态与某一激发态之间的能量差时，核外层电子将吸收特征能量的光辐射由基态跃迁到相应激发态，从而产生原子吸收光谱。原子吸收光谱位于紫外区和可见区。

如原子蒸气对特定入射光 $I_{0\nu}$ 有吸收，则透过光 I_ν 的强度与原子蒸气的宽度有关，当原子蒸气中原子密度一定时，透过光的强度与原子蒸气宽度成正比关系，如图 10-1 所示。其数学表达式如下：

$$I_\nu = I_{0\nu}e^{-K_\nu L} \tag{10-1}$$

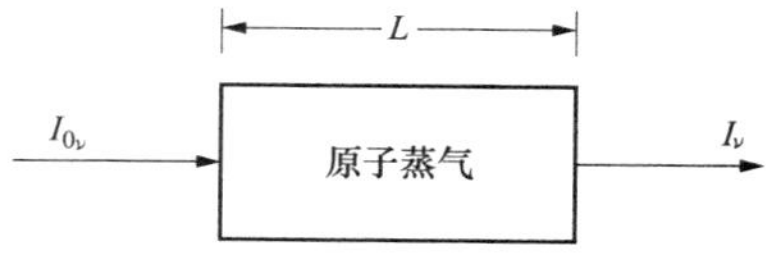

式中　I_ν——透过光的强度；

　　　L——原子蒸气的宽度；

　　　K_ν——原子蒸气对频率为 ν 的光的吸收系数。

图 10-1　原子吸收示意

吸收系数 K_ν 随入射光源的频率变化，因为原子对光的吸收具有选择性，不同频率的光，原子的吸收不同，因此，透过光的强度随着光源的频率变化情况如图 10-2 所示。

原子吸收图谱中，吸收线不同于单色光的吸收，具有一定的宽度，通常称为谱线轮廓，假定在频率 ν_0 处具有最大吸收系数 K_0，则当吸收系数等于最大值一半 $K_0/2$ 时，在吸收线轮廓上对应有两点，通常把两点之间的距离称为吸收线的半宽度。吸收线轮廓与半宽度见图 10-3。

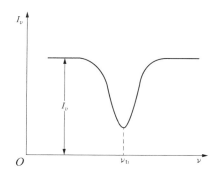

图 10-2　I_ν 与 ν 的关系

吸收线半宽度除了谱线自身具有的自然宽度外，还受许多因素的影响。从理论上，采用连续光源如氘灯或钨丝灯进行定量测量时，对吸收峰积分得到的结果与原子蒸气中的原子数存在线性关系，但是，要测量吸收线的积分吸收，需要分辨率极高的单色器，技术上难以满足。因此通常用锐线光源进行测量。所谓锐线光源是指发射线半宽度远小于吸收线半宽度（1/10～1/5）的光源，并且发射线的中心与吸收线中心一致，见图 10-4。

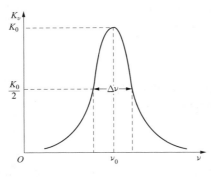
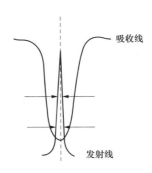

图 10-3　吸收线轮廓与半宽度　　　　　图 10-4　锐线光源示意

使用锐线光源进行吸收测量时，可以用峰值检测方式，测得的吸光度与原子在蒸气中待测元素的基态原子数呈线性关系。吸光度表达式为

$$A = \lg \frac{I_0}{I} \tag{10-2}$$

式中　I_0——入射光强度；

　　　I——透射光强度。

二、原子吸收光谱分析的定量方法

1. 标准曲线法

用标准物质配制一组合适的标准溶液，由低浓度到高浓度依次测定各标准溶液的吸光度值 A_i，以吸光度值 A_i（$i=1，2，3，4，5，\cdots$）为纵坐标，待测元素的浓度 c_i（$i=1，2，3，4，5，\cdots$）为横坐标，绘制 A-c 标准曲线。在同样的测试条件下，测定待测试样溶液的吸光度值 A_x，由标准曲线求得待测试样溶液中被测元素的浓度 c_x。

2. 标准加入法

标准加入法的操作如下：分取几份等量的被测试样，在其中分别加入 0、c_1、c_2、c_3、c_4 和 c_5 等不同量的被测元素标准溶液，依次在同样条件下测定它们的吸光度 A_i（$i=1，2，3，4，5，\cdots$），制作吸光度值对加入量的校正曲线（见图 10-5），校正曲线不通过原点。加入量的大小，要求 c_1 接近于试样中被测定元素含量 c_x，c_2 是 c_x 的两倍，c_3 是 c_x 的 3～4 倍，c_5 必须仍在校正曲线的线性范围内。从理论上讲，在不存在或校正了背景吸收的情况下，如果试样中不含有被测定元素，校正曲线应通过原点。现在校正曲线不通过原点，说明试样中含有被测定元素。校正曲线在纵坐标轴上的截距所

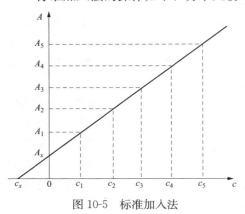

图 10-5　标准加入法

相应的吸光度正是试样中被测定元素所引起的效应。将校正曲线外延与横坐标轴相交，由原点至交点的距离相当的浓度 c_x，即为试样中被测定元素的含量。

三、原子吸收光谱仪

原子吸收光谱仪由光源、原子化器、光学系统、检测系统和数据工作站组成。光源提供待测元素的特征辐射光谱，原子化器将样品中的待测元素转化为自由原子，光学系统将待测元素的共振线分出，检测系统将光信号转换成电信号进而读出吸光度，数据工作站通过应用软件对光谱仪各系统进行控制并处理数据结果。

原子吸收光谱仪的结构如图 10-6 所示。

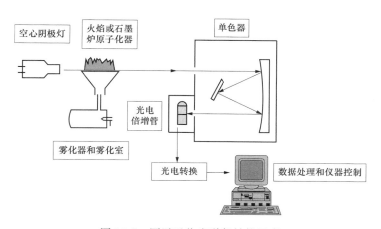

图 10-6　原子吸收光谱仪结构示意

1. 光源

光源的作用是辐射待测元素的特征谱线（实际辐射的是共振线和其他非吸收谱线），供测量使用。对光源的基本要求如下：

（1）能辐射锐线，即发射线的半宽度比吸收线的半宽度窄得多，这样有利于提高分析的灵敏度和改善校正曲线的线性关系。

（2）能辐射待测元素的共振线，并且具有足够的强度，以保证有足够的信噪比，改善仪器的检出限。

（3）辐射的光强度稳定，以保证测定具有足够的准确度。

空心阴极灯、无极放电灯和蒸气放电灯都能符合上述要求，这里着重介绍应用最广泛的空心阴极灯，见图 10-7。

空心阴极灯是一种产生原子锐线发射光谱的低压气体放电管，其阴极形状一般为空心圆柱，由被测元素的纯金属或合金制成，空心阴极灯由此得名，并以其空心阴极材料的元素命名，如铜空心阴极灯就是以铜作为空心阴极材料制成的。空心阴极灯的阳极是一个金属环，通常由钛制成兼作吸气剂用，以保持灯内气体的纯净。外壳为玻璃管，窗

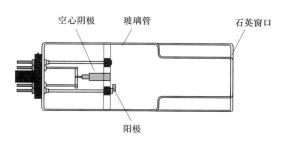

图 10-7　空心阴极灯

口由石英或透紫外线玻璃制成，管内抽成真空，充入低压稀有气体，通常是氖气或氩气。

当正负电极间施加适当电压（通常是 300～500V）时，便开始辉光放电，这时电子将从空心阴极内壁射向阳极，在电子通路上与稀有气体原子碰撞而使之电离，带正电荷的稀有气体离子在电场作用下，就向阴极内壁猛烈轰击，使阴极表面的金属原子溅射出来。溅射出来的金属原子再与电子、稀有气体原子及离子发生碰撞而被激发，于是阴极内的辉光中便出现了阴极物质和内充稀有气体的光谱。

空心阴极灯发射的光谱，主要是阴极元素的光谱（其中也杂有内充气体及阴极中杂质的光谱），因此用不同的待测元素作阴极材料，可制成各相应待测元素的空心阴极灯。若阴极物质只含一种元素，可制成单元素灯；若阴极物质含多种元素，则可制成多元素灯。为了避免发生光谱干扰，在制灯时，必须用纯度较高的阴极材料和选择适当的内充气体，以使阴极元素的共振线附近没有内充气体或杂质元素的强谱线。

空心阴极灯的发射强度与灯的工作电流有关。空心阴极灯的最大工作电流与元素种类、灯的结构及光源的调制方式有关。空心阴极灯发射强度的稳定性与电源的稳定性和灯的质量有关，也与使用是否适当有关。增大灯电流时，灯的发射强度增大，仪器光电倍增管的负高压降低，光电倍增管产生的散粒（光子）噪声的影响降低，从而提高了信噪比。但工作电流过大，会导致一些不良现象，如使阴极溅射增强，产生密度较大的电子云，灯本身发生自蚀现象；加快内充气体的"消耗"而缩短寿命；阴极温度过高，使阴极物质熔化；放电不正常，使灯强度不稳定等。使用较小的灯电流时，自吸现象减小，测试灵敏度提高。但使用较低的灯电流，则灯的发射强度减小，检测器需要较高的增益，同时电流太小放电也不正常，发射强度不稳定，信噪比降低。合适的灯电流应经实验确定，由计算机控制的仪器大部分具有数据库，提供灯电流的选择参考，在信噪比允许的情况下选用较小的灯电流对提高检出限及测量动态范围是有好处的，同时也能延长灯的使用寿命。

空心阴极灯在使用前应经过一段预热时间，使灯的发射强度达到稳定，预热时间的长短视灯的类型和元素的不同而不同，一般为 5～20min。

2. 原子化系统

待测样品中的元素往往以化合态的形式存在。如果将样品处理为溶液，则溶液中的待测元素以离子的形式存在。将待测试液中的元素转变为基态的原子蒸气的过程称为原子化。原子化的方法主要有以下几种：

（1）火焰原子化法。火焰原子化是用化学火焰提供的能量使被测元素原子化。把待测样品与燃气、助燃气混合在一起，通过燃烧产生火焰，使各种形态的试样游离出在原子吸收中起作用的基态原子。在原子吸收分光光度计中，它是通过火焰原子化器来完成的。火焰原子化器包括雾化器和燃烧器，利用雾化器将试样分散为很小的雾滴，在燃烧器中使雾滴继续接受能量而游离出基态原子。

（2）石墨炉原子化法。该法采用石墨炉原子化器，用大电流通过石墨管，产生高达 3000K 的温度，使试样原子化。

石墨炉原子化器的主要部件是石墨管，在管上有 3 个孔，中间孔用于滴加试液。当对石墨管道电加热时，试液在石墨管中经历干燥、灰化和原子化和净化四个阶段，形成原子蒸气。由于石墨炉体积小，管内产生的原子化气体浓度很高。因此用石墨炉原子化器进行分析时比火焰原子化器具有较高的灵敏度。缺点是基体效应、化学干扰多，背景干扰较强，测试重现性不如火焰法。

（3）低温原子化法。低温原子化法也称为化学原子化法，包括冷原子化法和氢化物发生法。一般冷原子化法与氢化物发生法可以使用同一装置。

1）冷原子化法。汞是低熔点和高蒸气压金属元素，试样溶液中的汞化合物在低温和还原剂作用下，容易形成汞蒸气：$Hg^{2+} + Sn^{2+} \longrightarrow Sn^{4+} + Hg\uparrow$。试样溶液与还原剂在密闭的反应器产生氧化还原反应，载气（N_2 或 Ar）携带反应产生的 Hg 蒸气经气液分离器分离后进入放置在原子化器光路上的石英管，直接测量 Hg 蒸气的吸光度。

2）氢化物发生法。氢化物发生法是依据 8 种元素：As、Bi、Ge、Pb、Sb、Se、Sn 和 Te 的氢化物在常温下为气态，利用某些能产生初生态还原剂（H·）或某些化学反应，与试样中的这些元素形成挥发性共价氢化物。8 种氢化物的沸点见表 10-1。

表 10-1　　　　　　　　　　　　　　氢 化 物 的 沸 点

氢化物	沸点（K）	氢化物	沸点（K）
AsH_3	218	TeH_2	269
SbH_3	226	GeH_4	184.5
BiH_3	251	PbH_4	260
SeH_2	231	SnH_4	221

载气携带氢化物发生器生成的金属或类金属元素氢化物，经气液分离器分离后进入原子化器光路上的石英管，石英管采用电热或火焰加热方法使氢化物分解成基态原子，直接测量元素原子的吸光度。

3. 分光系统

由入射和出射狭缝、凹面镜和色散元件组成。色散元件一般为光栅和棱镜。其作用是将被测元素的共振吸收线与邻近谱线分开。

4. 检测系统

检测系统主要包括检测器、放大器、对数变换器、读数显示装置。检测器通常使用光电倍增管。光电倍增管的工作电源应有较高的稳定性。如工作电压过高、照射的光过强或光照时间过长，都会引起疲劳效应。

四、原子吸收分光光度计的一般使用方法

原子吸收光谱仪是精密的实验室光学仪器，只有正确使用仪器，选择合适的工作条件，才可获得可靠的测量数据。

1. 操作步骤

由于各种仪器型号不同，性能也不同，操作步骤也不相同。应按所用仪器的使用说明书操作，一般按下述步骤操作：

（1）安装空心阴极灯，选择所需波长，将狭缝宽度调至所需宽度。

（2）将灯电流调至最小，开启电源后，再将灯电流调至所需电流。

（3）开启空气压缩机调节空气流量。

（4）开启乙炔开关，调节流量至能点燃火焰，并调至需要流量，点燃后应立即用去离子水喷雾，以免燃烧器缝隙发生变化。

（5）用去离子水或空白溶液喷雾，调节吸光度为零。

（6）用同一标准溶液做雾化器调整及燃烧器高度、转角的调整，直至获得最佳吸光度为止。

（7）待各种操作条件稳定后即可进行测定。测定完毕，用去离子水喷雾，以洗净喷雾器。关闭气源时，先关闭燃气开关，后关闭空气开关。

2. 工作条件的选择

（1）吸收线的选择：每种元素都有若干条吸收线，常选择最灵敏的共振线进行分析。在分析被测元素浓度较高试样时，可选用灵敏度较低的非共振线作为分析线。

（2）光谱通带的选择：不引起吸光度减小的最大狭缝宽度为合适的狭缝宽度。

（3）灯电流的选择：应在保持稳定和有合适的光强输出的情况下，尽量选用较低的工作电流（一般为额定电流的40%～60%）。

（4）原子化的选择：对火焰原子化包括火焰类型、燃助比、燃烧器高度等方面的选择。调整燃烧器高度，使待测元素特征谱线通过基态原子密度最大的区域，以提高测定灵敏度。用正交试验的方法来综合选择最佳水平。

（5）进行回收试验：在选定条件下做标准加入回收试验，确定试样中的其他组分有无干扰，以便控制和消除干扰。

五、原子吸收光谱仪的日常维护及常见故障排除

为延长仪器的使用寿命，保证其工作状态稳定，需要对仪器进行合理的维护与保养。

1. 仪器安装对环境的要求

用于安装仪器的实验室应具备良好的外部环境。实验室应设置在无强电磁场和热辐射的地方，不宜建在会产生剧烈振动的设备和车间附近。实验室内应保持清洁，温度应保持在10～30℃，空气相对湿度应小于80%。仪器应避免受日光直射、烟尘、污浊气流及水蒸气的影响，防止腐蚀性气体及强电磁场干扰。

实验台应坚固稳定（最好是水泥台），台面平整。为便于操作与维修，实验台四周应留出足够的空间。仪器上方应安装排风设备，排风量的大小应能调节，风量过大会影响火焰的稳定性，风量过小则有害气体不能完全排出。抽风口位于仪器燃烧器的正上方，临近抽风口的下方应设有一尺寸大于仪器排气口的挡板，以防止通风管道内的尘埃落入原子化器，而有害气体又能沿着挡板与排风管道之间的空隙排出。

实验室应配有交流380V三相四线制电源，电源应良好接地，接地电阻小于0.1Ω。仪器光度计主机的电源应与空压机、石墨炉的电源分相使用。

乙炔燃气钢瓶最好不放在仪器房间，要放在离主机近、安全、禁烟火、通风良好的房间，但主机房间内必须设有气路开关阀，万一发生事故可迅速切断燃气。乙炔气的出口压力应为0.05～0.08MPa，纯度99.9%，乙炔钢瓶必须配有气压调节阀。

石墨炉用的冷却水最好配备冷却水循环设备，用去离子水作冷却水，用水质较硬的自来水容易在石墨炉腔体内结水垢。

2. 仪器使用中的常见故障及其排除

由于各厂家仪器的结构不同，故障及排除方法也不尽相同，出现无法解决的疑难问题时应尽快与厂家和销售商联系，尤其是涉及安全问题时不应自行解决。

（1）灯不亮。仪器使用一段时间后出现元素灯点不亮时，首先更换一支灯，如能点亮，说明灯已坏，需更换新灯。如更换一支灯后仍不亮，可更换一个灯的插座，如果亮了，说明灯插座有接触不良或短线的可能；如更换灯插座仍不亮，则需联系厂家检查空心阴极灯的供电电源。

（2）灯能量低（光强信号弱）。仪器出现能量低，首先应检查仪器的原子化器是否挡光。如果是，则需将原子化器位置调整好。检查使用灯的波长设置是否正确或调整正确，如波长设置错误或调节波长不正确应改正，手动调节波长的仪器显示的波长值与实际的波长偏差较大时，应校准波长显示值。检查元素灯是否严重老化，严重老化的灯需更换。长时间搁置不用的元素灯也容易漏气老化，此时可利用空心阴极灯激活器激活，大部分情况下可以恢复灯的性能。检查吸收室两侧的石英窗是否污染，可用脱脂棉蘸乙醇乙醚混合液轻轻擦拭。如以上均正常，可能是放大电路或负高压电路故障造成的，需要厂家维修。

（3）火焰测试灵敏度低、信号不稳。原子吸收光谱仪在做火焰测试时若出现灵敏度低，应检查火焰原子化器是否被污染。吸喷去离子水火焰应是淡蓝色的，如出现其他颜色则应清洗火焰原子化器，最好使用超声波振荡器清洗。灵敏度低、信号不稳一般是火焰雾化器雾化没调好，可参考厂家提供的雾化器维修手册（应用手册或说明书），必要时检查雾化器的提升量，一般是 $3\sim6\text{mL/min}$，太大信号不稳，太小灵敏度低。

（4）石墨炉升温程序不工作。在做石墨炉分析时需给石墨炉通冷却水，自动化程度高的仪器都有水压监测装置，如使用的冷却水压力不够或流量不够，石墨炉升温程序将不工作。长时间使用硬度大的自来水，会堵塞石墨炉的冷却水循环管道，即使自来水有足够的压力，也无足够的流量打开水压监测装置，致使仪器工作不正常。检查冷却水回水的流量应大于 1L/min，否则需检查、维修相关部件。石墨炉分析时，为保护石墨管，需给仪器提供氩气，自动化程度高的仪器都设有气压监测装置，如果气体压力不够，石墨炉升温程序也不能正常工作。

（5）气路不通。自动化程度较高的仪器使用电磁阀及质量流量计控制燃气及空气的流量，使用一段时间后出现燃气或空气不通的情况，主要原因是使用的燃气或空气不纯，如压缩空气中有水或油、没使用高纯乙炔致使电磁阀堵塞或失灵。如仪器使用的是可拆卸电磁阀，则可拆开清洗；如仪器使用的是全密封电磁阀，则要更换新的电磁阀。使用浮子流量计的仪器，流量计中若进了油，会使流量计中的浮子难以浮起而堵塞气路，应拆下流量计，清除流量计中的油。

3. 仪器的日常维护及保养

原子吸收光谱仪是一种高精密度的光学仪器，合理的维护与保养能延长仪器的使用寿命。设计良好的仪器其单色器部分是全密封的，在干燥、洁净的实验室中可以使用多年，一般不需要维护。但在潮湿、有腐蚀性气体污染的实验室中其寿命会大大缩短，甚至会出现光栅发霉等现象。仪器光学部分的外光路不是密封的，一般 $3\sim5$ 年应保养一次，主要是清除光学镜片上的灰尘，可用吸耳球吹除表面的灰尘。具有 SiO_2 保护膜的镜片，可用脱脂棉蘸乙醇乙醚混合液轻轻擦拭，切不可用力反复擦拭。原子化器两端的石英窗应经常擦拭。仪器的原子化器是暴露在外面的需经常清洁。火焰分析时，每天测试完毕要吸 200mL 以上的去离子水，以清洗火焰原子化器，尤其是含有有机溶剂及高盐溶液样品，每一到两周要拆开雾化器用超声波振荡器清洗，以保证其良好的性能。石墨炉原子化器如每天使用，$20\sim30$ 天要清洁一次石墨锥和石英窗。经常检查石墨管，尤其是内壁及平台，有破损或麻点者不能使用。长时间不用的仪器应 $1\sim2$ 个月开机一次，以驱除仪器内部的潮气，让电子元器件保持良好的工作状态，尤其是电解电容，经常通电可防止电解液干枯。长时间不用的元素灯，也应每半年点灯工作半小时，或用元素灯激活器处理。

任务一　水中钙、镁的测定

【教学目标】

通过对本项任务的学习，使学生在知识方面掌握原子吸收光谱的基本原理，了解原子吸收分光光度计的基本结构、性能及操作方法，掌握标准曲线的实际应用。在技能方面，掌握原子吸收分光光度的操作方法，掌握水中钙和镁的测定方法。态度能力方面，能主动积极参与问题讨论，具有严谨细致、一丝不苟的职业素质，具有安全意识，具有团队协作能力。

【任务描述】

钙（Ca）广泛地存在于各种类型的天然水中，浓度为每升含零点几毫克到数百毫克不等。它主要来源于含钙岩石（如石灰岩）的风化溶解，是构成水中硬度的主要成分。硬度过高的水不适宜工业使用，特别是锅炉作业。由于长期加热的结果，会使锅炉内壁结成水垢，这不仅影响热的传导，而且还隐藏着爆炸的危险，所以应进行软化处理。镁（Mg）是天然水中的一种常见成分，它主要是含碳酸镁的白云岩以及其他岩石的风化溶解产物。镁在天然水中的浓度为每升零点几到数百毫克不等。镁盐也是水质硬化的主要因素，硬度过高的水不适宜工业使用，它能在锅炉中形成水垢，故应对其进行软化处理。

掌握及时、快速的测定方法，为严格控制水汽系统中 Ca^{2+}、Mg^{2+} 的含量，防止锅炉、汽轮机及其他热力系统的结垢、腐蚀和积盐有重要的意义。

方法提要：将试液喷入空气-乙炔火焰中，使钙、镁原子化，并选用 422.7nm 共振线的吸收法定量测定钙，用 285.2nm 共振线的吸收定量测定镁。

测定中的化学干扰取决于火焰类型、燃烧条件和燃烧器的高度等，干扰情况及其消除方法如下：在空气-乙炔火焰中，一般水中常见的阴、阳离子不影响钙、镁的测定，而 Al^{3+}、SiO_3^{2-}、PO_4^{3-} 和 SO_4^{2-} 能抑制钙、镁的原子化，产生负干扰，此种干扰可加入 2000mg/L La^{3+} 或 3000mg/L Sr^{2+} 作为释放剂来克服。火焰观测高度对钙的测定也有影响，火焰高度在 $10\sim12.5$mm 观测，干扰减少，灵敏度也下降。为减少干扰，测钙时应选择在 10mm 以上火焰高度处进行。上述化学干扰，若改用氧化亚氮-乙炔高温火焰均会消失，但由于温度高，会出现电离干扰，可通过在试液中加入大量钾或钠盐予以消除。

本方法的最低检出浓度钙为 0.02mg/L，镁为 0.002mg/L（不同仪器和测试条件会有差异）。测量的适宜浓度范围钙为 $0.1\sim5.0$mg/L，镁为 $0.05\sim0.5$mg/L，通过样品的浓缩和稀释还可使测定实际样品浓度范围得到扩展。本方法适用于一般环境水样和废水的监测分析。

【任务准备】

查阅有关资料，了解测定水中钙、镁离子所需仪器条件、测定方法；了解原子吸收分光光度计的操作方法。

☼【任务实施】

一、仪器和材料

（1）原子吸收分光光度计及其附件。

（2）钙、镁空心阴极灯。

（3）分析天平。

（4）容量瓶、吸管等。

（5）钙标准储备液，1000mg/L：准确称取105～110℃烘干过的碳酸钙（$CaCO_3$，G.R）2.497 3g于100mL烧杯中，加入20mL去离子水，小心滴加（1+1）硝酸至完全溶解，再多加10mL，加热煮沸除去CO_2，冷却后用去离子水定容至1000mL。

（6）镁标准储备液，100mg/L：准确称取800℃灼烧至恒重的氧化镁（MgO，S.P）0.365 8g于100mL烧杯中，加20mL去离子水，小心滴加（1+1）硝酸至完全溶解，再多加10mL，加热煮沸，冷却后用去离子水定容至1000mL。

（7）钙、镁混合标准溶液，钙50mg/L、镁5.0mg/L：准确吸取钙标准储备液和镁标准储备液各5.0mL于100mL容量瓶中，加入1mL（1+1）硝酸溶液，用水稀释至标线。

（8）硝酸：优级纯，使用时配成（1+1）硝酸溶液。

（9）高氯酸（$HClO_4$）：优级纯。

（10）镧溶液（0.1g/mL）：称取氧化镧（La_2O_3）23.5g，用少量（1+1）硝酸溶液溶解，蒸至近干，加10mL（1+1）硝酸溶液及适量水，微热溶解，冷却后用水定容至200mL。

仪器工作参数见表10-2。因仪器不同而异，可根据仪器说明书选择，此表所列仅是参考值。

表 10-2　　　　　　　　　　　仪 器 工 作 参 数

元　素	Ca	Mg
光源	空心阴极灯	空心阴极灯
灯电流（mA）	10.0	7.5
测量波长（nm）	422.7	285.2
通带宽度（nm）	2.6	2.6
观测高度（mm）	12.5	7.5
火焰种类	空气-乙炔　氧化型	空气-乙炔　氧化型

二、操作步骤

1. 样品处理

（1）样品的保存。采集代表性水样储存于聚乙烯瓶中。采样瓶先用洗涤剂洗净。再在（1+1）硝酸溶液浸泡至少24h，然后用去离子水冲洗干净。

（2）样品的制备。①分析可滤态钙、镁时，如水样有大量的泥沙。悬浮物，样品采集后应及时澄清，澄清液通过0.45μm有机微孔滤膜过滤，滤液加（1+1）硝酸酸化至pH值为1～2；②分析不可滤态钙、镁总量时，采集后立即加（1+1）硝酸酸化至pH值为1～2。

如果样品需要消解，则校准溶液，空白溶液也要消解。消解步骤如下：取 100mL 待处理样品，置于 200mL 烧杯中，加入 5mL（1+1）硝酸，在电热板上加热消解，蒸发至 10mL 左右，加入 5mL（1+1）硝酸和 2mL 高氯酸，继续消解。蒸至 1mL 左右，取下冷却，加水溶解残渣，通过中速滤纸，滤入 50mL 容量瓶中，用水稀释至标线（消解中使用的高氯酸易爆炸，要求在通风柜中进行）。

2. 样品测定

准确吸取经预处理的试样 1.00～10.00mL（含钙不超过 250ug，镁不超过 25ug）于 50mL 容量瓶中，加入 1mL（1+1）硝酸溶液和 1mL 镧溶液用水稀释至标线，摇匀。在测定的同时应进行空白试验。空白试验时用 50mL 水取代试样。所用试剂及其用量，步骤与试样测定完全相同。

根据表 10-2 选择仪器最佳测量参数，与标准系列同时测量各份试液的吸光度，经空白校正后，从标准曲线上求出钙、镁浓度。

3. 标准曲线绘制

于 50mL 容量瓶中，一次加入适量的钙、镁混合标准使用液（配制标准系列浓度建议值，见表 10-3，并加入（1+1）硝酸 1mL，以下按样品测定步骤进行测定。用减去空白的校准溶液吸光度为纵坐标，对应的校准溶液的浓度为横坐标作图。

表 10-3　　　　　　　　　　　　　　　钙、镁标准系列的配制

元　素	编　号							
	0	1	2	3	4	5	6	7
Ca(mg/L)	0	0.50	1.00	2.00	3.00	4.00	5.00	6.00
Mg(mg/L)	0	0.05	0.10	0.20	0.30	0.40	0.50	0.60

三、结果计算

计算结果表示为

$$X = fc \tag{10-3}$$

式中　X——钙或镁含量，以 Ca 或 Mg 计，mg/L；

　　　f——试料定容体积与试样体积之比；

　　　c——由标准曲线查得的钙、镁浓度，mg/L。

四、注意事项

（1）酸度对钙镁测定的灵敏度有一定影响，因此在配制标准系列及样品溶液时，必须保持其酸度一致。

（2）当水样中的钙、镁含量较大时，必须将其稀释至合适的浓度，或在测定时将燃烧器转动一定的角度，以降低其相应的灵敏度。

（3）当使用空气-乙炔火焰时，需要加入释放剂，常用的释放剂有镧和锶。也可以加入释放剂和保护剂联合使用，来消除化学干扰，常用的保护剂为 8-羟基喹啉，乙二胺四乙酸。由于反应机理复杂，故测量过程中要特别注意空气-乙炔的流量，因为即使是微小的变化，都会严重地影响基态原子的浓度。必须仔细地调节燃烧器上面的光束高度，它对干扰的消除和灵敏度都有影响。

任务二　水中镉、铜、铅、锌的测定

【教学目标】

通过本项任务的学习，使学生进一步熟悉原子分光光度计的使用方法，掌握原子吸收分光光度法测定水中镉、铜、铅、锌的原理。在技能方面，掌握用标准曲线进行测定的方法，掌握该测定方法和测定中的技术要求，掌握测定结果的数据处理方法。态度能力方面，能主动积极参与问题讨论，具有严谨细致、一丝不苟的职业素质，具有安全意识，具有团队协作能力。

【任务描述】

用原子吸收分光光度法测定水中镉、铜、铅、锌，将水样或经消解处理后的水样直接吸入火焰，火焰中形成的原子蒸汽对光源发射的特征谱线产生吸收，其吸光度与被测元素的浓度成正比，用标准曲线法可求出水样中被测元素的含量。

本方法适用于测定地下水、地面水和废水中的铜、锌、铅、镉。测定浓度范围与仪器的特性有关，表 10-4 列出一般仪器的测定范围。

表 10-4　　　　　　　　　　　　　元 素 测 量 浓 度 范 围

元　素	浓度范围（mg/L）	元　素	浓度范围（mg/L）
铜	0.05～5	铅	0.2～10
锌	0.05～1	镉	0.05～1

地下水和地面水中的共存离子和化合物在常见浓度下不干扰测定。但当钙的浓度高于 1000mg/L 时，抑制镉的吸收，浓度为 2000mg/L 时，信号抑制达 19％；铁的含量超过 100mg/L 时，抑制锌的吸收。当样品中含盐量很高，特征谱线波长又低于 350nm 时，可能出现非特征吸收。如高浓度的钙因产生背景吸收，使铅的测定结果偏高。

【任务准备】

查阅有关资料，了解原子吸收分光光度法测定水中镉、铜、铅、锌的原理方法。

【任务实施】

一、仪器和材料

（1）原子吸收分光光度计及其附件。

（2）镉、铜、铅、锌空心阴极灯。

（3）分析天平。

（4）100mL 容量瓶、吸量管等。

（5）金属标准溶液：分别称取 0.5000g 光谱纯镉、铜、铅、锌于 4 个烧杯中，各加入（1＋1）HNO_3 溶液约 10mL 溶解，必要时加热直至溶解完全。分别用试剂水稀释至 500mL 容量瓶，摇匀，此溶液要每毫升含相应金属离子 1.00mg。

（6）混合标准溶液：用 0.2％ HNO_3 稀释金属标准储备溶液配制而成，使配制成的混合标准溶液每毫升含镉、铜、铅和锌分别为 10.0、50.0、100.0、10.0μg。

（7）HNO_3（优级纯）。

（8）高氯酸（优级纯）。

二、操作步骤

（1）水样预处理。取 100mL 水样于 200mL 烧杯中，加 5mL HNO_3，加热消解（不要沸腾），蒸至 10mL 左右，加入 5mL HNO_3 和 2mL 高氯酸，继续加热直至 1mL 左右。若消解不完全，再加入 5mL HNO_3 和 2mL 高氯酸，再次蒸至 1mL 左右。冷却后，加水溶解残渣，通过预先用酸洗过的中速滤纸滤至 100mL 容量瓶中，用试剂水稀释至标线。

取 100mL 0.2% HNO_3，按上述相同的操作制备空白样。

（2）水样测定。镉、铜、铅、锌的分析线波长分别为 228.8、324.7、283.3、213.8nm，火焰为氧化型乙炔-空气焰。仪器用 0.2% HNO_3 调零，吸入空白样和水样测量其吸光度。扣除空白样吸光度后，从标准曲线上查出水样中的金属浓度，也可从仪器上直接读出水样中的金属浓度。

（3）标准曲线。吸取混合标准溶液 0、0.50、1.00、3.00、5.00、10.0mL，分别放入 6 个 100mL 容量瓶中，用 0.2% HNO_3 稀释至标线，摇匀。此混合标准系列各金属的浓度见表 10-5。按水样测定的步骤分别测量吸光度。各标准溶液的吸光度经空白校正后，对相应的浓度作图，绘制标准曲线。

表 10-5 标准系列的配制和浓度

混合标准溶液体积（mL）		0	0.50	1.00	3.00	5.00	10.00
金属浓度（mg/L）	镉	0	0.05	0.10	0.30	0.50	1.00
	铜	0	0.25	0.50	1.50	2.50	5.00
	铅	0	0.50	1.00	3.00	5.00	10.0
	锌	0	0.05	0.10	0.30	0.50	1.00

三、结果计算

计算结果表示为

$$被测金属 = \frac{m}{V_s} \tag{10-4}$$

式中 m——从校准曲线上查出或仪器直接读出的被测金属的质量，μg；

V_s——分析用的水样体积，mL。

任务三 煤灰成分中 K_2O、Na_2O、Fe_2O_3、Al_2O_3 等的测定

🔊【教学目标】

通过本项任务的学习，使学生进一步巩固原子分光光度计的使用方法，掌握原子吸收分光光度法测定煤灰成分中含量的方法。在技能方面，掌握样品的制备方法，掌握该测定方法和测定中的技术要求，掌握测定结果的数据处理方法。态度能力方面，能主动积极参与问题讨论，具有严谨细致、一丝不苟的职业素质，具有安全意识，具有团队协作能力。

🎤【任务描述】

煤灰样品用无水偏硼酸锂在高温炉中熔融后，用稀盐酸提取。在盐酸介质中，使用空气-乙炔火焰原子化法测定钾、钠、钙、镁、铁；使用一氧化二氮-乙炔火焰原子化法测定铝、钛、硅。加入释放剂锶消除铝、钛、硅等对测定钙、镁、铁的干扰。通过标准曲线法，测得元素的吸光度，再查出该元素的浓度，根据换算公式得到相应元素氧化物含量的计算结果。

🤲【任务准备】

查阅有关资料，了解原子吸收分光光度法测定煤灰成分中 K_2O、Na_2O、Fe_2O_3、Al_2O_3 等含量的方法，了解样品的制备法。

⚙【任务实施】

一、仪器和材料

（1）原子吸收分光光度计及其附件。

（2）钾、钠、钙、镁、铁、铝、钛、硅元素空心阴极灯。

（3）一般燃烧器、高温燃烧器。

（4）分析天平。

（5）铂坩埚、铂丝、镶有铂丝的钳子。

（6）高温炉，能在 1000℃ 以下任何温度保温，有温度控制装置。

（7）电磁搅拌器。

（8）玛瑙研钵。

（9）盐酸（$\rho = 1.18$g/mL）。

（10）硫酸（$\rho = 1.83$g/mL）。

（11）硫酸铵，固体细粉。

（12）无水偏硼酸锂。

（13）锶溶液（50mg Sr/mL）。称取氢氧化锶 $[Sr(OH)_2 \cdot 8H_2O]$175g，用 250mL（1+9）盐酸溶解后，移入 1000mL 容量瓶中，加水稀释至刻度，摇匀，转入塑料瓶中。

（14）稀释溶液。称取偏硼酸锂（$LiBO_2 \cdot 8H_2O$）19.5g 于 400mL 烧杯中，加入 250mL（1+9）盐酸，溶解后，移入 1000mL 容量瓶中，加水稀释至刻度，摇匀，转入塑料瓶中。

（15）钾标准储备溶液（1mg K/mL）。称取在 105～110℃ 干燥 2h 的氯化钾（光谱纯）0.190 7g 于 100mL 烧杯中，加水溶解，移入 100mL 容量瓶中，加水稀释至刻度，摇匀，转入塑料瓶中。

（16）钠标准储备溶液（1mg Na/mL）。称取在 105～110℃ 干燥 2h 的氯化钠（光谱纯）0.254 1g 于 100mL 烧杯中，加水溶解，移入 100mL 容量瓶中，加水稀释至刻度，摇匀，转入塑料瓶中。

（17）钙标准储备溶液（1mg Ca/mL）。称取在 105～110℃ 干燥 2h 的氯化钙（光谱纯）0.139 9g 于 100mL 烧杯中，加入 5mL（1+1）盐酸，盖上表面皿缓缓加热溶解，用水冲洗表面皿及杯壁，冷至室温，移入 100mL 容量瓶中，加水稀释至刻度，摇匀，转入塑料瓶中。

（18）镁标准储备溶液（1mg Mg/mL）。称取在105~110℃干燥2h的氧化镁（光谱纯）0.165 8g于100mL烧杯中，加入5mL（1+1）盐酸，盖上表面皿缓缓加热溶解，用水冲洗表面皿及杯壁，冷至室温，移入100mL容量瓶中，加水稀释至刻度，摇匀，转入塑料瓶中。

（19）铁标准储备溶液（1mg Fe/mL）。称取在105~110℃干燥2h的三氧化二铁（光谱纯）0.143 0g于100mL烧杯中，加入5mL（1+1）盐酸，盖上表面皿缓缓加热溶解，用水冲洗表面皿及杯壁，冷至室温，移入100mL容量瓶中，加水稀释至刻度，摇匀，转入塑料瓶中。

（20）铝标准储备溶液（1mg Al/mL）。称取金属铝片（99.99%）0.100 0g于100mL烧杯中，加入10mL（1+1）盐酸，盖上表面皿缓缓加热溶解，用水冲洗表面皿及杯壁，冷至室温，移入100mL容量瓶中，加水稀释至刻度，摇匀，转入塑料瓶中。

（21）钛标准储备溶液（1mg Ti/mL）。称取氧化钛（光谱纯）0.166 8g与2~5g硫酸铵，混匀后放入150mL烧杯中，加入50~70mL硫酸盖上表面皿，加热并用玻璃棒不断搅拌，冒白烟直至完全溶液清亮为止，用水冲洗表面皿及杯壁，冷至室温，移入100mL容量瓶中，加水稀释至刻度，摇匀，转入塑料瓶中。

（22）硅标准储备溶液（1mg Si/mL）。称取在900℃灼烧30min的二氧化硅（光谱纯）0.214 0g于铂金坩埚中，与2g无水碳酸钠（优级纯、粉状、在270~300℃灼烧过）的一部分混匀，其另一部分覆盖于表面。置于高温炉中，在950℃下熔融40min，取出冷却后，用水洗净坩埚外壁，将坩埚置于100mL塑料（或硬质玻璃）烧杯中，用热水在不断搅拌下溶解熔融物，待溶解后取出坩埚同时用水仔细冲洗内外壁，冷至室温，移入100mL容量瓶中，加水稀释至刻度，摇匀，转入塑料瓶中。

（23）钾、钠、钙、镁、铁、钛混合标准中间溶液（钾、钠、镁各50μg/mL，钙、钛各100μg/mL，铁200μg/mL）准确吸取钾标准储备溶液、钠标准储备溶液、镁标准储备溶液各2.5mL，钙标准储备溶液和钛标准储备溶液各5mL，铁标准储备溶液10mL于50mL容量瓶中，加水稀释至刻度，摇匀，转入塑料瓶中。

二、样品与标准溶液的准备

1. 灰样制备

称取一定数量1~3g粒度为0.2mm以下的煤样，放入灰皿中铺平，送入温度不超过100℃的箱形电炉中，在自然通风和炉门留有15cm左右缝隙的条件下，用30min缓慢升温至500℃，在此温度下保持30min后，升温至（850±10）℃，然后关上炉门并在此温度下灼烧1h，从炉中取出灰皿，冷却后，再将煤灰用玛瑙研钵研细到全部通过160目筛孔，然后置于灰皿内，于（815±10）℃高温炉中灼烧至恒重，装入磨口瓶中，并存放于干燥器内。称样前，应在（815±10）℃再灼烧30min。

2. 灰样溶解

（1）称取灰样（0.100 0±0.000 2）g于铂坩埚中，将0.5g偏硼酸锂的一部分加入并用铂丝混合均匀，再把剩下的另一部分盖到混合物上，移入高温炉中，在（980±20）℃下熔融20min。取出铂坩埚，使底部立即在水中骤冷，同时加入少许水于炸裂的熔融物上，水将渗入裂缝中。

（2）将坩埚放入100mL塑料（或硬质玻璃）烧杯中接着向坩埚中加入25mL（1+9）盐酸和一根用塑料密封的搅拌棒，再将烧杯移至电磁搅拌器上，开动搅拌器直至熔融物全部溶解为止。将溶液倒入烧杯内，仔细冲洗坩埚和搅拌棒。

（3）将溶液移入 100mL 容量瓶中，用水稀释至刻度，摇匀，移入塑料瓶中。此样品溶液的浓度为 1000μg/mL。

3. 待测样品溶液的制备

（1）钾、钠、铝、钛、硅待测样品溶液。准确取样品溶液 5mL 于 25mL 容量瓶中，用稀释溶液稀释至刻度，摇匀。此溶液样品的浓度为 200μg/mL。

（2）钙、镁、铁待测样品溶液准确取样品溶液 5mL 于 25mL 容量瓶中，加 1mL 锶溶液，用稀释溶液稀释至刻度，摇匀。此溶液样品的浓度为 200μg/mL。

（3）当钛含量低时，可直接测定样品溶液。

4. 混合标准系列工作溶液的制备

（1）用稀释溶液直接稀释混合标准中间溶液，供测钾、钠、钛用。

（2）用混合标准中间溶液，加 1mL 锶溶液后，再用稀释溶液稀释，供测定钙、镁、铁用。标准系列工作溶液浓度见表 10-6。

表 10-6　　　　　　　　　　　标准系列工作溶液浓度

混合标准中间溶液加入体积（mL）		0.50	1.00	1.50	2.00
标准工作溶液浓度（μg/mL）	钾	1	2	3	4
	钠	1	2	3	4
	钛	2	4	6	8
	钙	2	4	6	8
	镁	1	2	3	4
	铁	4	8	12	16

注　定容体积为 25mL。

（3）铝、硅混合标准系列溶液。向 4 个 25mL 容量瓶中依次加入铝标准储备溶液 0.50、1.00、1.50、2.00mL，再依次加入硅标准储备溶液 1.00、2.00、3.00、4.00mL，最后用稀释溶液稀释至刻度，摇匀，供测定铝、硅用，其浓度见表 10-7。

表 10-7　　　　　　　　　　　铝、硅标准溶液浓度

元素	工作标准溶液浓度（μg/mL）			
铝	20	40	60	80
硅	40	80	120	160

三、钾、钠、钙、镁、铝、钛、硅的测定

（1）仪器工作条件。表 10-8 中规定了各元素的特征谱线波长、火焰气体，燃烧器类型。此外，仪器的其他参数：灯电流、灯位置、狭缝宽度、燃烧器高度及转角度、燃气与助燃气的流量等，则按仪器的最佳值调整。

表 10-8　　　　　　　　　　　仪　器　工　作　条　件

元　素	特征谱线波长（nm）	火焰气体	燃烧器类型
钾	766.5	空气-乙炔	一般燃烧器
钠	589.0		

元　素	特征谱线波长（nm）	火焰气体	燃烧器类型
钙	422.7	空气-乙炔	一般燃烧器
镁	285.2		
铁	248.3		
钛	364.3	一氧化二氮-乙炔	高温燃烧器
铝	309.2		
硅	251.6		

（2）测定。按确定的仪器工作条件，分别测定样品溶液及标准系列工作溶液中相应元素的吸光度。所有测定均用水调零。

（3）工作曲线的绘制。以标准工作溶液浓度为横坐标，测得的吸光度为纵坐标，于坐标纸上绘制各个测定元素的工作曲线。

四、结果计算

由样品中测定出元素的吸光度，在相应元素的工作曲线上查出该元素的浓度（$\mu g/mL$），按下式计算：

$$R_m O_n(\%) = \frac{c}{c_1} F \times 100 \tag{10-5}$$

式中　　$R_m O_n$——K_2O、Na_2O、CaO、MgO、Fe_2O_3、Al_2O_3、TiO_2、SiO_2；

　　　　F——由纯元素换算为相应氧化物的转换系数，依次为 1.21、1.35、1.43、1.89、1.67、1.34、1.66、2.14；

　　　　c——在工作曲线上查得元素的浓度，$\mu g/mL$；

　　　　c_1——测定溶液中样品的浓度，$\mu g/mL$。

注　意

（1）装有内部存储器或带微机的仪器，在测定标准系列溶液时便存入了工作曲线，测定样品浓度时可直接或打印出结果浓度。目前使用一般仪器也可借助计算器或计算机，用直线回归方程求出浓度，从而省去工作曲线查浓度的步骤。

（2）在测定过程中，要定期复测标准溶液，以检查基线的稳定性和仪器的灵敏度是否发生了变化。

任务四　冷原子吸收分光光度法测定水中的汞

【教学目标】

通过本项任务的学习，使学生进一步熟悉原子分光光度计的使用方法，掌握原子吸收分光光度法测定水中总汞的原理方法。在技能方面，掌握样品的采集、保存和制备方法，掌握该测定方法和测定中的技术要求，掌握测定结果的数据处理方法。态度能力方面，能主动积极参与问题讨论，具有严谨细致、一丝不苟的职业素质，具有安全意识，具有团队协作能力。

【任务描述】

用原子吸收分光光度法测定水中的总汞，将处理好的样品，在室温下通入空气或氮气，将金属汞气化，载入冷原子吸收汞分析仪，于 253.7nm 波长处测定响应值，汞的含量与响应值成正比。通过绘制标准曲线，求得水中的总汞含量。

本项任务测试原理：在加热条件下，用高锰酸钾和过硫酸钾在硫酸-硝酸介质中消解样品；或用溴酸钾-溴化钾混合剂在硫酸介质中消解样品；或在硝酸-盐酸介质中用微波消解仪消解样品。消解后的样品中所含汞全部转化为二价汞，用盐酸羟胺将过剩的氧化剂还原，再用氯化亚锡将二价汞还原成金属汞。在室温下通入空气或氮气，将金属汞气化，载入冷原子吸收汞分析仪，于 253.7nm 波长处测定响应值，汞的含量与响应值成正比。

方法中可能存在的干扰和消除方法如下：

(1) 采用高锰酸钾-过硫酸钾消解法消解样品，在 0.5mol/L 的盐酸介质中，样品中离子超过下列质量浓度时：Cu^{2+} 500mg/L、Ni^{2+} 500mg/L、Ag^+ 1mg/L、Bi^{3+} 0.5mg/L、Sb^{3+} 0.5mg/L、Se^{4+} 0.05mg/L、As^{5+} 0.5mg/L、I^- 0.1mg/L，对测定产生干扰。可通过用无汞水适当稀释样品来消除这些离子的干扰。

(2) 采用溴酸钾-溴化钾法消解样品，当洗净剂质量浓度大于等于 0.1mg/L 时，汞的回收率小于 67.7%。

该方法适用于地表水、地下水、工业废水和生活污水中总汞（指未经过滤的样品经消解后测得的汞，包括无机汞和有机汞）的测定。采用高锰酸钾-过硫酸钾消解法和溴酸钾-溴化钾消解法，当取样量为 100mL 时，检出限为 0.02μg/L，测定下限为 0.08μg/L；当取样量为 200mL 时，检出限为 0.01μg/L，测定下限为 0.04μg/L。采用微波消解法，当取样量为 25mL 时，检出限为 0.06μg/L，测定下限为 0.24μg/L。

【任务准备】

查阅有关资料，了解原子吸收分光光度法测定水中总汞的原理方法。

【任务实施】

一、仪器和材料

(1) 冷原子吸收汞分析仪，具空心阴极灯或无极放电灯。

(2) 反应装置：总容积为 250、500mL，具有磨口，带莲蓬形多孔吹气头的玻璃翻泡瓶，或与仪器相匹配的反应装置。

(3) 微波消解仪：具有升温程序功能。

(4) 可调温电热板或高温电炉。

(5) 恒温水浴锅：温控范围为室温～100℃。

(6) 微波消解罐。

(7) 样品瓶：500mL 和 1000mL，硼硅玻璃或高密度聚乙烯材质。

(8) 一般实验室常用仪器和设备。

(9) 无汞水：一般使用二次重蒸水或去离子水，也可使用加浓盐酸酸化至 pH＝3，然后通过巯基棉纤维管除汞后的普通蒸馏水。除非另有说明，分析时均使用符合国家标准的分析纯试剂，实验用水为无汞水。

(10) 重铬酸钾（$K_2Cr_2O_7$）：优级纯。

(11) 浓硫酸（H_2SO_4，$\rho = 1.84g/mL$）：优级纯。

(12) 浓盐酸（HCl，$\rho = 1.19g/mL$）：优级纯。

(13) 浓硝酸（HNO_3，$\rho = 1.42g/mL$）：优级纯。

(14) 高锰酸钾溶液（$KMnO_4$，$50g/L$）：称取 50g $KMnO_4$（优级纯，必要时重结晶精制）溶于少量水中。然后用水定容至 1000mL。

(15) 过硫酸钾溶液（$K_2S_2O_8$，$50g/L$）：称取 50g 过硫酸钾溶于少量水中，然后用水定容至 1000mL。

(16) 溴酸钾-溴化钾溶液（简称溴化剂）（$KBrO_3$，$0.1mol/L$；KBr，$10g/L$）称取 2.784g 溴酸钾（优级纯）溶于少量水中，加入 10g 溴化钾。溶解后用水定容至 1000mL，置于棕色试剂瓶中保存。若见溴释出，应重新配制。

(17) 巯基棉纤维：于棕色磨口广口瓶中，依次加入 100mL 硫代乙醇酸（$CH_2SHCOOH$）、60mL 乙酸酐 $[(CH_3CO)_2O]$、40mL 36％乙酸（CH_3COOH）、0.3mL 浓硫酸，充分混匀，冷却至室温后，加入 30g 长纤维脱脂棉，铺平，使之浸泡完全，用水冷却，待反应产生的热散去后，加盖，放入（40 ± 2）℃烘箱中 2～4d 后取出。用耐酸过滤器抽滤，用水充分洗涤至中性后，摊开，于 30～35℃下烘干。成品置于棕色磨口广口瓶中，避光低温保存。

(18) 盐酸羟胺溶液（$NH_2OH \cdot HCl$，$200g/L$）：称取 200g 盐酸羟胺溶于适量水中，然后用水定容至 1000mL。该溶液常含有汞，应提纯。当汞含量较低时，采用巯基棉纤维管除汞法；当汞含量较高时，先按萃取除汞法除掉大量汞，再按巯基棉纤维管除汞法除尽汞。

1) 巯基棉纤维管除汞法：在内径 6～8mm、长约 100mm、一端拉细的玻璃管，或 500mL 分液漏斗放液管中，填充 0.1～0.2g 巯基棉纤维，将待净化试剂以 10mL/min 速度流过一、二次即可除尽汞。

2) 萃取除汞法：量取 250mL 盐酸羟胺溶液倒入 500mL 分液漏斗中，每次加入 0.1g/L 双硫腙（$C_{13}H_{12}N_4S$）的四氯化碳（CCl_4）溶液 15mL，反复进行萃取，直至含双硫腙的四氯化碳溶液保持绿色不变为止。然后用四氯化碳萃取，以除去多余的双硫腙。

(19) 氯化亚锡溶液（$SnCl_2$，$200g/L$）：称取 20g 氯化亚锡（$SnCl_2 \cdot 2H_2O$）于干燥的烧杯中，加入 20mL 浓盐酸，微微加热。待完全溶解后，冷却，再用水稀释至 100mL。若含有汞，可通入氮气或空气去除。

(20) 重铬酸钾溶液（$K_2Cr_2O_7$，$0.5g/L$）：称取 0.5g 重铬酸钾（优级纯）溶于 950mL 水中，再加入 50mL 浓硝酸。

(21) 汞标准储备液（Hg，$100mg/L$）：称取置于硅胶干燥器中充分干燥的 0.135 4g 氯化汞（$HgCl_2$），溶于重铬酸钾溶液后，转移至 1000mL 容量瓶中，再用重铬酸钾溶液稀释至标线，混匀。也可购买有证标准溶液。

(22) 汞标准中间液（Hg，$10.0mg/L$）：量取 10.00mL 汞标准储备液至 100mL 容量瓶中。用重铬酸钾溶液稀释至标线，混匀。

(23) 汞标准使用液Ⅰ（Hg，$0.1mg/L$）：量取 10.00mL 汞标准中间液至 1000mL 容量

瓶中。用重铬酸钾溶液稀释至标线，混匀。室温阴凉处放置，可稳定 100d 左右。

（24）汞标准使用液Ⅱ（Hg，10μg/L）：量取 10.00mL 汞标准使用液Ⅰ至 100mL 容量瓶中。用重铬酸钾溶液稀释至标线，混匀。临用现配。

（25）稀释液：称取 0.2g 重铬酸钾溶于 900mL 水中，再加入 27.8mL 浓硫酸，用水稀释至 1000mL。

（26）仪器洗液：称取 10g 重铬酸钾溶于 9L 水中，加入 1000mL 浓硝酸。

二、样品准备

1. 样品的采集和保存

采集水样时，样品应尽量充满样品瓶，以减少器壁吸附。工业废水和生活污水样品采集量应不少于 500mL，地表水和地下水样品采集量应不少于 1000mL。

采样后应立即以每升水样中加入 10mL 浓盐酸的比例对水样进行固定，固定后水样的 pH 值应小于 1，否则应适当增加浓盐酸的加入量，然后加入 0.5g 重铬酸钾，若橙色消失，应适当补加重铬酸钾，使水样呈持久的淡橙色，密塞，摇匀。在室温阴凉处放置，可保存 1 个月。

2. 试样的制备

根据样品特性可以选择以下三种方法制备试样：

（1）高锰酸钾-过硫酸钾消解法。该消解方法适用于地表水、地下水、工业废水和生活污水。

样品摇匀后，量取 100.0mL 样品移入 250mL 锥形瓶中。若样品中汞含量较高，可减少取样量并稀释至 100mL。

依次加入 2.5mL 浓硫酸、2.5mL 硝酸溶液和 4mL KMnO$_4$ 溶液，摇匀。若 15min 内不能保持紫色，则需补加适量高锰酸钾溶液，以使颜色保持紫色，但高锰酸钾溶液总量不超过 30mL。然后加入 4mL 过硫酸钾溶液。

插入漏斗，置于沸水浴中在近沸状态保温 1h，取下冷却。

测定前，边摇边滴加盐酸羟胺溶液，直至刚好使过剩的 KMnO$_4$ 及器壁上的 MnO$_2$ 全部褪色为止，待测。

（2）溴酸钾-溴化钾消解法。该消解方法适用于地表水、地下水，也适用于含有机物（特别是洗净剂）较少的工业废水和生活污水。

样品摇匀后，量取 100.0mL 样品移入 250mL 具塞聚乙烯瓶中。若样品中汞含量较高，可减少取样量并稀释至 100mL。依次加入 5mL 浓硫酸、5mL 溴化剂，加塞，摇匀，20℃以上室温放置 5min 以上。试液中应有橙黄色溴释出，否则可适当补加溴化剂。测定前，边摇边滴加盐酸羟胺溶液还原过剩的溴，直至刚好使过剩的溴全部褪色为止，待测。

（3）微波消解法。该方法适用于含有机物较多的工业废水和生活污水。

样品摇匀后，量取 25.0mL 样品移入微波消解罐中。若样品中汞含量较高，可减少取样量并稀释至 25mL。依次加入 2.5mL 浓硝酸和 2.5mL 浓盐酸，摇匀，加塞，室温静置 30～60min。若反应剧烈则适当延长静置时间。将微波消解罐放入微波消解仪中，按照表 10-9 推荐的升温程序进行消解。消解完毕后，冷却至室温转移消解液至 100mL 容量瓶中，用稀释液定容至标线，待测。

表 10-9　　　　　　　　　　　　　　**微波消解升温程序**

步　骤	最大功率（W）	功率（%）	升温时间（min）	温度（℃）	保持时间（min）
1	1200	100	5	120	2
2	1200	100	5	150	2
3	1200	100	5	180	5

3. 空白试样的制备

用水代替样品，按照试样制备步骤制备空白试样，并把采样时加的试剂量考虑在内。

三、操作步骤

1. 仪器调试

按照仪器说明书进行调试。

2. 校准曲线的绘制

（1）高浓度校准曲线的绘制（适用于工业废水和生活污水的测定）。分别量取 0.00、0.50、1.00、1.50、2.00、2.50、3.00、5.00mL 汞标准使用液 I，于 100mL 容量瓶中，用稀释液定容至标线，总汞质量浓度分别为 0.00、0.50、1.00、1.50、2.00、2.50、3.00、5.00μg/L。

将上述标准系列依次移至 250mL 反应装置中，加入 2.5mL 氯化亚锡溶液，迅速插入吹气头，由低浓度到高浓度测定响应值。以零浓度校正响应值为纵坐标，对应的总汞质量浓度（μg/L）为横坐标，绘制校准曲线。

（2）低浓度校准曲线的绘制（适用于地表水和地下水的测定）。分别量取 0.00、0.50、1.00、2.00、3.00、4.00、5.00mL 汞标准使用液 II 于 200mL 容量瓶中，用稀释液定容至标线，总汞质量浓度分别为 0.000、0.025、0.050、0.100、0.150、0.200、0.250μg/L。

将上述标准系列依次移至 500mL 反应装置中，加入 5mL 氯化亚锡溶液，迅速插入吹气头，由低浓度到高浓度测定响应值。以零浓度校正响应值为纵坐标，对应的总汞质量浓度（μg/L）为横坐标，绘制校准曲线。

3. 测定

测定工业废水和生活污水样品时，将待测试样转移至 250mL 反应装置中，按照高浓度校准曲线的绘制方法测定；测定地表水和地下水样品时，将待测试样转移至 500mL 反应装置中，按照低浓度校准曲线的绘制方法测定。空白试验按照与试样测定相同步骤进行空白试样的测定。

四、结果计算

样品中总汞的质量浓度 ρ（μg/L）的计算式为

$$\rho = \frac{(\rho_1 - \rho_0)V_0}{V} \frac{V_1 + V_2}{V_1} \tag{10-6}$$

式中　ρ——样品中总汞的质量浓度，μg/L；

　　　ρ_1——根据校准曲线计算出试样中总汞的质量浓度，μg/L；

　　　ρ_0——根据校准曲线计算出空白试样中总汞的质量浓度，μg/L；

　　　V_0——标准系列的定容体积，mL；

　　　V_1——采样体积，mL；

V_2——采样时向水样中加入浓盐酸体积，mL；

V——制备试样时分取样品体积，mL。

五、注意事项

（1）重铬酸钾、汞及其化合物毒性很强，操作时应加强通风，操作人员应佩戴防护器具，避免接触皮肤和衣物。

（2）试验所用试剂（尤其是 $KMnO_4$）中的汞含量对空白试验测定值影响较大。因此，试验中应选择汞含量尽可能低的试剂。

（3）在样品还原前，所有试剂和试样的温度应保持一致（小于25℃）。环境温度低于10℃时，灵敏度会明显降低。

（4）汞的测定易受到环境中的汞污染，在汞的测定过程中应加强对环境中汞的控制，保持清洁、加强通风。

（5）汞的吸附或解吸反应易在反应容器和玻璃器皿内壁上发生，故每次测定前应采用仪器洗液将反应容器和玻璃器皿浸泡过夜后，用水冲洗干净。

（6）每测定一个样品后，取出吹气头，弃去废液，用水清洗反应装置两次，再用稀释液清洗一次，以氧化可能残留的二价锡。

（7）水蒸气对汞的测定有影响，会导致测定时响应值降低，应注意保持连接管路和汞吸收池干燥。可通过红外灯加热的方式去除汞吸收池中的水蒸气。

（8）吹气头与底部距离越近越好。采用抽气（或吹气）鼓泡法时，气相与液相体积比应为1:1～5:1，以2:1～3:1最佳；当采用闭气振摇操作时，气相与液相体积比应为3:1～8:1。

（9）当采用闭气振摇操作时，试样加入氯化亚锡后，先在闭气条件下用手或振荡器充分振荡30～60s，待完全达到气液平衡后才将汞蒸气抽入（或吹入）吸收池。

（10）反应装置的连接管宜采用硼硅玻璃、高密度聚乙烯、聚四氟乙烯、聚砜等材质，不宜采用硅胶管。

【学习情境总结】

本学习情境介绍了原子吸收分光光度法的基本原理，原子吸收分光光度计的结构、组成部件及其基本要求。介绍了原子吸收分光光度计的使用方法、日常维护和保养要求。

任务一介绍了原子吸收分光光度法测定水中钙镁的原理和方法，该方法适用于一般环境水样和废水的监测分析。将试液喷入空气-乙炔火焰中，使钙、镁原子化，并选用422.7nm共振线的吸收法定量测定钙，用285.2nm共振线的吸收定量测定镁。

任务二介绍了原子吸收法测定水中镉、铜、铅、锌的原理和方法，该方法适用于测定地下水、地面水和废水中的铜、锌、铅、镉的测定。将水样或经消解处理后的水样直接吸入火焰，火焰中形成的原子蒸汽对光源发射的特征谱线产生吸收，其吸光度与被测元素的浓度成正比，用标准曲线法可求出水样中被测元素的含量。

任务三介绍了原子吸收分光光度法测定煤灰成分中 K_2O、Na_2O、Fe_2O_3、Al_2O_3 等含量的原理和方法。样品用无水偏硼酸锂在高温炉中熔融后，用稀盐酸提取。在盐酸介质中，使用空气-乙炔火焰原子化法测定钾、钠、钙、镁、铁；使用一氧化二氮-乙炔火焰原子化法测定铝、钛、硅。加入释放剂锶消除铝、钛、硅等对测定钙、镁、铁的干扰。

　　任务四介绍了冷原子吸收分光光度法测定水中总汞的原理和方法，该方法适用于地表水、地下水、工业废水和生活污水中总汞（指未经过滤的样品经消解后测得的汞，包括无机汞和有机汞）的测定。在加热条件下，用 $KMnO_4$ 和过硫酸钾在硫酸-硝酸介质中消解样品；或用溴酸钾-溴化钾混合剂在硫酸介质中消解样品；或在硝酸-盐酸介质中用微波消解仪消解样品。消解后的样品中所含汞全部转化为二价汞，用盐酸羟胺将过剩的氧化剂还原，再用氯化亚锡将二价汞还原成金属汞。在室温下通入空气或氮气，将金属汞气化，载入冷原子吸收汞分析仪，于 253.7nm 波长处测定响应值，汞的含量与响应值成正比。

复习思考题

　　1. 什么叫积分吸收？什么叫峰值吸收系数？为什么原子吸收分光光度法常采用峰值吸收而不应用积分吸收？

　　2. 原子吸收分光光度法对光源的基本要求是什么？为什么要求用锐线光源？

　　3. 原子吸收分光光度计主要由哪几部分组成？各部分的功能是什么？

　　4. 用标准加入法测定一无机试样溶液中镉的浓度，各试液在加入镉对照品溶液后，用水稀释至 50mL，测得吸光度见表 10-10，求试样中镉的浓度（参考图 10-8）。（0.574mg/L）

表 10-10 吸 光 度

序　号	试液（mL）	加入镉对照品溶液（10μg/mL）的毫升数	吸光度
1	20	0	0.042
2	20	1	0.080
3	20	2	0.116
4	20	4	0.190

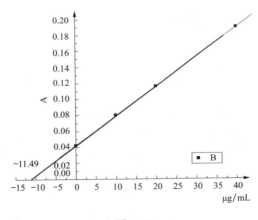

图 10-8

　　5. 用原子吸收分光光度法测定自来水中镁的含量。取一系列镁对照品溶液（1μg/mL）及自来水样于 50mL 容量瓶中，分别加入 5% 锶盐溶液 2mL 后，用蒸馏水稀释至刻度。然后与蒸馏水交替喷雾测定其吸光度，其数据见表 10-11，计算自来水中镁的含量（mg/L）（参考图 10-9）。（0.095mg/L）

表 10-11				吸 光 度 值			
	1	2	3	4	5	6	7
镁对照品溶液（mL）	0.00	1.00	2.00	3.00	4.00	5.00	自来水样 20mL
吸光度	0.043	0.092	0.140	0.187	0.234	0.234	0.135

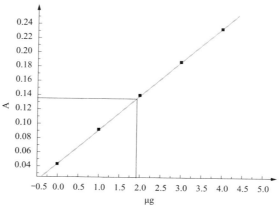

图 10-9

6. 从原理和仪器上比较原子吸收分光光度法与紫外吸收分光光度法的异同点。

学习情境十一

气 相 色 谱 法

【学习情境描述】

气相色谱法是电力行业常用的一种检测方法，主要用于油中溶解气体组分含量分析、绝缘油中含气量的测定以及 SF_6 气体纯度、四氟化碳和空气的测定。本单元根据电力行业中气相色谱分析方法的应用情况，设计了以下三项任务：绝缘油中溶解气体组分含量的测定，绝缘油中含气量的测定，SF_6 气体中空气、四氟化碳含量的测定。

通过任务一，使学生掌握油中溶解气体来源，掌握气相色谱分析的基本原理，掌握色谱仪的基本结构和功能，掌握油中溶解气体组分含量的色谱分析方法，掌握测定结果数据处理方法。通过任务二，使学生掌握油中含气量的色谱分析方法和测定中的技术要求。通过任务三，使学生掌握 SF_6 气体中空气、四氟化碳以及纯度的色谱分析原理及测定方法。

【教学目标】

1. 知识目标
(1) 掌握充油电气设备的产气原理；
(2) 了解气相色谱分析原理；
(3) 理解油中溶解气体的脱气原理；
(4) 掌握油中溶解气体组分含量测试方法；
(5) 掌握油中含气量的测定方法；
(6) 掌握 SF_6 气体中空气、四氟化碳以及纯度的测定方法。

2. 能力（技能）目标
(1) 能采用气相色谱法正确测定油中溶解气体组分含量；
(2) 能掌握绝缘油中含气量色谱分析方法；
(3) 能正确测定 SF_6 气体中空气、四氟化碳含量以及 SF_6 纯度。

【教学环境】

教学场所具有黑板、计算机、投影仪，可播放 PPT 课件及教学视频。实训场所具有自动振荡脱气仪、气相色谱分析仪、标准气体、各种规格的注射器、针头等。

【相关知识】

一、色谱分析原理
色谱法是一种可对混合物质进行分离的方法。如果分离后的物质能用合适的方法进行检测，就可以测量出混合物中各组分的含量。

（一）色谱法的分类

色谱法的分类方法有多种：如按分离原理可分为吸附色谱、分配色谱；按固定相的形式及性质分类，可分为柱色谱、纸色谱和薄层色谱等。这里主要介绍按两相状态的分类方法。

以气体为流动相的色谱称为气相色谱，以液体为流动相的色谱称为液相色谱。两种色谱分析方法在电厂油气检测中都有应用。其中气相色谱分析法可以用于绝缘油中溶解气体组分含量分析（GB/T 17623）、绝缘油中含气量的测定（DL/T 703）、SF₆气体中空气、四氟化碳含量的测定（DL/T 920）以及运行中变压器油水分测定。液相色谱法可以用于绝缘油中T501抗氧化剂含量测定（GB/T 7602.2）、绝缘油中糠醛含量的测定。

（二）色谱分析术语

1. 色谱图

如图11-1所示，由检测器输出的电信号强度对时间作图，所得曲线称为色谱流出曲线，又称色谱图。曲线上突起的部分是色谱峰，是类似高斯峰的对称峰形。

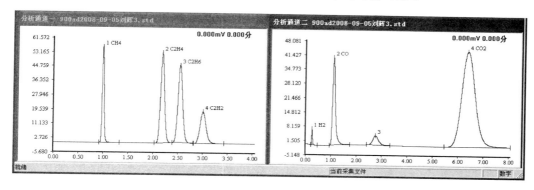

图 11-1　色谱图

色谱图是色谱分析的基础，包含各种色谱信息，包括：①说明试样是否是单一纯化合物。在正常色谱条件下，色谱图有一个以上色谱峰，表明试样中有一个以上组分，色谱图能提供试样中最低组分数。②说明色谱柱效和分离情况。③提供各组分保留时间等色谱定性资料和数据。④给出各组分色谱峰高、峰面积等定量数据。

2. 基线

当色谱体系只有流动相通过，没有试样组分随流动相进入检测器，检测器输出恒定不变的响应信号，此时的流出曲线称为基线。稳定的基线是平行于横坐标的水平直线，见图11-1中无色谱峰的水平直线。

3. 峰高（h）

色谱峰的最高点到基线之间的垂直距离即为峰高，其对应着组分洗出最大浓度时检测器的响应值，它是色谱定量分析的主要依据。

4. 保留时间

（1）死时间（t_0）。不被固定相吸附或溶解的物质进入色谱柱时，从进样到出现色谱峰极大值所需要的时间称为死时间。死时间与色谱柱的空隙体积成正比。死时间可用于计算流动相平均线速度 $\bar{u}$，计算公式为

$$\bar{u} = \frac{L}{t_0} \tag{11-1}$$

式中 L——柱长。

（2）保留时间（t_R）。试样从进样到出现样品组分色谱峰最大值所需要的时间，称为保留时间。保留时间与载体流速、柱温、柱长等因素有关，它是色谱定性的主要依据。

（3）调整保留时间（t'_R）。某组分的保留时间扣除死时间后的保留时间，称为该组分的调整保留时间，即

$$t'_R = t_R - t_0 \tag{11-2}$$

（4）相对保留值 $r_{2,1}$。某组分 2 的调整保留时间与组分 1 的调整保留时间之比，称为相对保留值，即

$$r_{2,1} = \frac{t'_{R_2}}{t'_{R_1}} \tag{11-3}$$

由于相对保留值只与柱温及固定相性质有关，而与柱径、柱长、填充情况及流动相流速无关，因此，它在色谱法中，特别是在气相色谱法中，广泛用作定性依据。

5. 区域宽度

色谱峰的区域宽度也是色谱分析的重要参数之一，用于衡量柱效率及反映色谱操作条件的动力学因素。表示色谱峰区域宽度通常有三种方法，分别是标准偏差、半峰宽、峰底宽度。

标准偏差，用 σ 表示，是指 0.607 倍峰高处色谱峰宽度的一半，如图 11-2 所示。

半峰宽，用 $W_{1/2}$ 表示，是指峰高一半处对应的峰宽，如图 11-2 所示。半峰宽与标准偏差的关系为

$$W_{1/2} = 2.354\sigma \tag{11-4}$$

峰底宽度，用 W 表示，是指色谱峰两侧拐点上的切线在基线上的截距，如图 11-2 所示。峰底宽度与标准偏差的关系为

$$W = 4\sigma \tag{11-5}$$

6. 分离度

实际工作中，总是要求能把被分析样品的各组分较好地分离，然而往往会碰到两个或更多组分相互交叠在一起的情况，即分离不完全。实践证明，当样品和固定相选定之后，色谱峰形的扩张与操作条件有密切的关系。图 11-3 为不同操作条件下，同一样品经同一固定相分离后所得的两张色谱图。由图可见，显然（A）两峰分离得很好，而（B）两峰严重交叠。

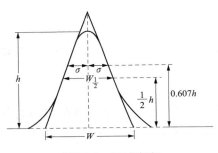

图 11-2　区域宽度

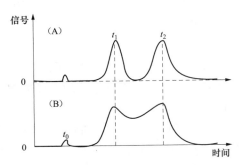

图 11-3　不同操作条件下两组分色谱峰的分离情况

在气相色谱中，通常采用分离度 R 来描述两组分之间的分离情况，其定义为相邻两峰之间的距离之差与两峰宽平均值之比（见图 11-4）。

用公式表示为

$$R = \frac{t_{R2} - t_{R1}}{\frac{1}{2}(W_1 + W_2)} = \frac{2(t_{R2} - t_{R1})}{W_1 + W_2}$$

$$(11-6)$$

式中　$t_{R2} - t_{R1}$——两峰顶之间的距离；

$\frac{1}{2}$（$W_1 + W_2$）——两峰宽总和的 $1/2$。

当 $R = 0$ 时，两峰完全重合；

当 $R = 1$ 时，理论上应全分离，但实际仍有交叠；

当 $R = 1.5$ 时，两个组分完全分离；

当 $R < 1$ 时，两峰有明显的交叠。

若判断一个样品在已选定的色谱柱上分

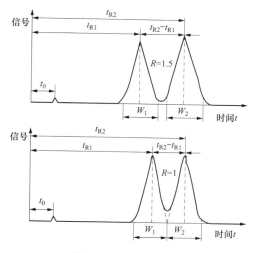

图 11-4　色谱分离度

离效果的好坏，只需知道最难分离物质对的 R 值的大小，如果最难分离物质对能够被分离开，其他物质对的分离也就不成问题了。

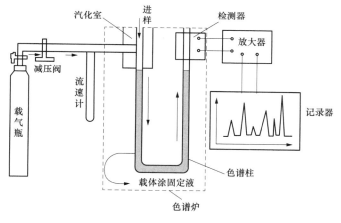

图 11-5　气相色谱仪结构示意

（三）气相色谱仪的结构和要求

1. 气相色谱仪的分析流程

气相色谱仪的结构如图 11-5 所示。气相色谱基本分析流程：样品从汽化室进入，被迅速汽化，汽化了的样品被以一定流速连续流动的载气送入色谱柱，各组分被逐一分离，分离后的组分依次从柱后流出，进入检测器，检测器可将各组分物理或化学性质转换为电信号，输入记录仪（或色谱处理机、色谱工作站）从而得到电信号随时间变化的色谱图。

2. 气相色谱仪的结构

气相色谱仪由载气系统、进样系统、分离系统、检测系统以及数据处理系统五部分构成。

（1）载气。测定油中溶解气体组分时，载气通常为氩气，测定油的含气量时，载气用氩气。氢火焰离子化检测器时使用氢气作为燃气，空气助燃。各种气体可以由高压气体钢瓶供给，氢气和空气也可以用氢气发生器和空气发生器提供。测定 SF_6 纯度时，采用氢气做载气。

（2）进样系统。进样系统包括进样器和汽化室。气体样品可以用平面六通阀进样。平面六通阀的结构及取样、进样位置如图 11-6 所示。

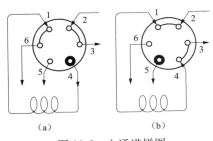

图 11-6 六通进样图

(a) 取样；(b) 进样

1、4—定量管；2—泵；3—去色谱柱；

5、6—排液泵

油中溶解气体色谱分析采用 1mL 注射器进样。进样量和进样速度会影响色谱柱效率，进样量过大造成色谱柱超负荷，进样速度慢会使色谱峰加宽，影响分离效果。

（3）分离系统。分离系统主要由柱箱和色谱柱组成，其中色谱柱是核心，试样中各组分在色谱柱中进行分离。在分离系统中，柱箱其实相当于一个精密的恒温箱。

（4）检测系统。气相色谱仪常用的检测器有热导检测器（TCD）和氢火焰离子化检测器（FID）。

热导检测器（TCD）结构如图 11-7 所示，是由安装在热导池体上的热敏元件（热导臂）所构成的惠斯通电桥。左侧通载气，称为参比臂；右侧通载气和组分气体，称为测量臂。

载气和组分气体具有不同的热导系数。进样前，两臂均通载气。$\lambda_1 = \lambda_2$，$R_1 = R_2$，电桥电压电流均为零，得到色谱图基线。进样后，参比臂通载气，测量臂通组分气体和载气，$\lambda_1 \neq \lambda_2$，$R_1 \neq R_2$，电桥电压电流不为零，得到色谱峰。

氢火焰离子化检测器（FID）（见图 11-8）主要用于测定含碳有机化合物。其检测原理是以氢气和空气燃烧的火焰作为能源，利用含碳有机物在火焰中燃烧产生离子，在外加电场作用下，使离子形成离子流，根据离子流产生的电信号强度，检测被分离柱分离出的组分。

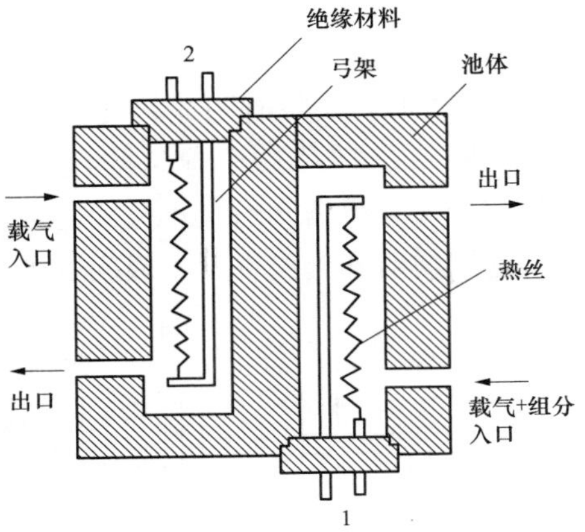

图 11-7 热导检测器结构示意

TCD 和 FID 相比，TCD 适用于所有物质的检测，但灵敏度低于 FID。FID 虽然灵敏度高，但只能对有机物才能响应。因此，若用 FID 检测 CO 和 CO_2，则色谱仪应设有转化装置，使 CO 或 CO_2 在镍触媒催化下，转化成甲烷，其反应原理为

$$CO + 3H_2 \xrightarrow{Ni, \Delta} CH_4 + H_2O$$

$$CO_2 + 4H_2 \xrightarrow{Ni, \Delta} CH_4 + 2H_2O$$

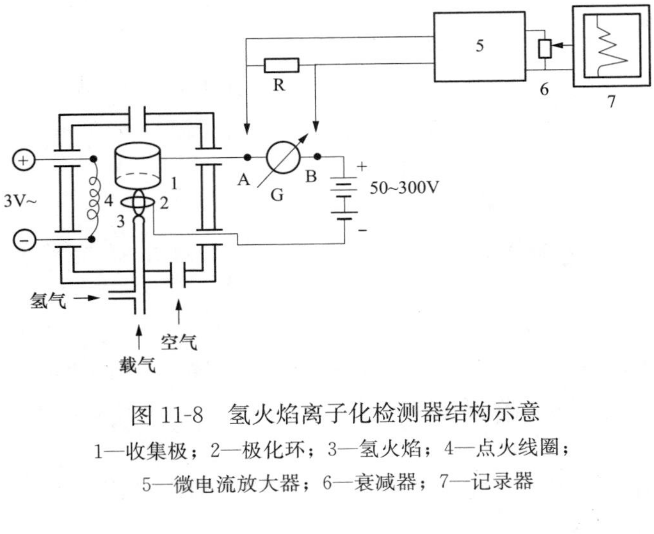

目前，国内用于变压器油中溶解气体分析的各种型号的气相色谱仪都有热导检测器和氢火焰离子化检测器，并装有镍触媒转化炉。

（5）数据处理系统。为便于数据处理，应配备专用的色谱数据处

图 11-8 氢火焰离子化检测器结构示意

1—收集极；2—极化环；3—氢火焰；4—点火线圈；

5—微电流放大器；6—衰减器；7—记录器

理工作站。

任务一　绝缘油中溶解气体组分含量的测定

〖教学目标〗

通过对本项任务的学习，使学生在知识方面掌握油中溶解气体的来源，掌握气相色谱分析原理。在技能方面，熟练掌握油中溶解气体组分含量测定方法，掌握绝缘油中含气量测定方法，掌握 SF_6 气体纯度、空气、四氟化碳含量测定方法。态度方面，能主动积极参与问题讨论，具有严谨细致、一丝不苟的职业素质，具有安全意识，具有团队协作能力。

〖任务描述〗

充油电气设备故障条件下，产生的主要是 H_2、CO、CO_2、CH_4、C_2H_6、C_2H_4、C_2H_2 等永久性气体。这些气体以气泡的形式进入变压器油中，气泡在与变压器油接触的过程中，会发生一系列交换作用。

故障能量不同，产生气体的种类不同，形成气泡的体积大小和数量不同，这些气体溶解在油中，使油中溶解气体的组成和浓度发生变化。

油中溶解气体组分含量采用气相色谱法进行测定，通常简称为色谱。GB/T 17623—1998《绝缘油中溶解气体组分含量的气相色谱测定法》规定检测七组分：H_2、CO、CO_2、CH_4、C_2H_6、C_2H_4、C_2H_2。色谱分析结果可以用于充油电气设备潜伏性故障诊断，判断方法采用三比值法，依据标准为 GB/T 7252—2001《变压器油中溶解气体分析和判断导则》。

〖相关知识〗

一、电气设备中气体的来源

电气设备主要绝缘材料是绝缘油和纤维绝缘纸（板）。处于设备中的绝缘材料，在电气设备运行过程中，可能受到热效应和电的作用发生化学变化，产生气体。

1. 油中气体的来源

（1）绝缘纸裂解产生的气体。绝缘纸和纸板通常由木材纸浆用牛皮纸加工法制成，它是一种未漂硫酸盐纤维素的制成品。纤维素易发生裂解、氧化降解和水解。其中，裂解反应在温度高于 105℃ 就可发生，产生水，并生成大量 CO 和 CO_2 气体，同时伴生少量烃类气体和呋喃化合物。

（2）绝缘油热裂解产生的气体。绝缘油在电或热的作用下，绝缘油分子中 C—H 键和 C—C 键会发生断裂，生成少量活泼的氢原子和不稳定的碳氢化合物自由基。这些氢原子或自由基迅速结合，形成氢气和低分子烃类。

绝缘油在 300℃ 左右就开始热分解，若延长加入时间或存在催化剂，则在 150～200℃ 也会产生热分解。在变压器发生故障的情况下，故障源温度或能量低时，只能产生低分子饱和烃；随着温度或故障能量的升高，会产生不饱和的烯烃；在温度高于 800℃ 或高能量电弧放电时，产生不饱和度更高的炔烃，即随着变压器故障温度或能量的升高，绝缘油裂解气体组分出现的顺序依次为烷烃—烯烃—炔烃。

（3）气体的其他来源。某些情况下，电气设备中也会有其他气体的产生。例如油中含有水，在酸性条件下可以与铁作用生成氢。过热的铁芯层间油膜裂解也可以产生氢。新的不锈钢中在加工过程中或焊接时如果吸附了氢，会在运行过程中慢慢释放到油中。在温度较高，油中有溶解氧时，设备中某些油漆（醇酸树脂），在金属材料的催化下，可能生成大量的氢。某些改型的聚酰亚胺型的绝缘材料可生成某些气体溶解于油中。油在阳光的照射下可以生成某些气体。设备检修时，暴露在空气中的油可以吸收空气中的 CO_2 等。

综上所述，有关变压器油纸绝缘材料与热分解产气的关系大致可以归纳如下：

1）绝缘油在 300～800℃ 时，热分解产生的气体主要是低分子烷烃（甲烷、乙烷）和低分子烯烃（乙烯、丙烯），也含有氢气。

2）绝缘油暴露于电弧之中时，分解产生的气体大部分是氢气和乙炔，并有一定量的甲烷、乙烯。

3）局部放电时，绝缘油分解产生的气体主要是氢气和少量甲烷。除此以外，火花放电还有较多的乙炔。

4）绝缘纸在 120～150℃ 长期加热时，产生 CO 和 CO_2，且后者是最主要成分。

5）绝缘纸在 200～800℃ 下热分解时，除产生碳的氧化物之外，还含有氢烃类气体，CO/CO_2 比值越高，说明热点温度越高。

6）金属材料在绝缘油的热分解过程大多会起到催化作用，而加速热解的进程。当有水存在时，铁、铝等金属材料还会直接与水反应而产生 H_2。

2. 气体在油中的溶解情况

充油电气设备故障条件下，产生的气体以气泡的形式进入变压器油中，气泡在与变压器油接触的过程中，会发生一系列交换作用。故障能量不同，产生气体的组成和体积也不同，形成气泡的体积大小和数量也有差异，这种差异会影响油中溶解气体的浓度。

（1）气体在绝缘油中的溶解。当油中气体溶解的速度等于气体从油中析出的速度时，则气体在油中的溶解量达到饱和状态，气体在油中的饱和度称为油中气体的溶解度。

气体在油中的溶解度符合平衡分配定律。气体在油中的溶解度的大小与气体的性质、变压器油的组成及温度有关。

在常温、常压条件下，油中溶解气体的饱和值约为 10%（占油体积）。其中，O_2 占 30%，N_2 占 70%，这与空气中 O_2 占 21%，N_2 占 78% 的比例是有区别的。由此可见，变压器油对氧气组分具有较强的选择吸收能力，这对防止或减缓变压器油的老化是非常不利的。

（2）气体在变压器中的扩散、吸附和损失。当变压器内部存在潜伏性故障时，热分解产生低分子烃类气体，如果产气速率很慢，则仍以分子的形态扩散并溶解于油中。如果油中气体含量很高，只要尚未饱和，就不会有游离气体释放出来。若故障存在的时间较长，油中溶解气体已接近或达到饱和状态，就会释放出游离气体，上升进入气体继电器中。一般来说，小气泡上升的速度慢，与油接触的时间长；大气泡上升的速度快，与油接触的时间短。

在气泡与油的接触过程中，气泡中相对亲油的气体组分（K_i 值大）向油中扩散的速度大于油向气泡的扩散速度，使与之接触的油中气体组分浓度升高；反之，则与之接触的油中气体浓度降低。

溶解在变压器油中的气体组分通过油的循环对流和扩散传递到变压器油的各个部位，使整个变压器内油中溶解气体含量趋于均匀一致。

进入瓦斯继电器室中的气体，随着气体的累积，压力逐步升高，最终会引发异常信号。

由此可见，气泡的大小、运动速度的快慢以及油中溶解气体的饱和度等因素，决定了热解气体溶解在油中的组分含量大小。

即使是正常运行的变压器，由于某些非故障原因，也会使绝缘油中含有一定量的故障特征气体，可能的原因如下：

1) 正常劣化气体。变压器油浸绝缘纸为 A 级绝缘，其最高允许温度为 105℃，当超过此温度时，热分解速度加快，产气量增多。即使变压器油温正常，油纸也会发生分解反应，但反应速度缓慢，产气量较少。

2) 油在精炼过程中可能生成少量气体，在脱气时未完全除去。

3) 在制造厂制造、干燥、浸渍及电气试验过程中，绝缘材料受热和电应力的作用产生的气体被多孔性纤维材料吸附，残留于线圈和纸板内，在运行时释放出来溶解于油中。此外，金属材料如奥氏体不锈钢、碳素钢等还可能吸藏的氢气在真空脱气处理时也不一定能除去。

4) 安装时，热油循环处理过程中也会产生一定量的 CO_2 气体，有时甚至产生少量 CH_4。

5) 以前含故障气体的油虽已脱气处理，但仍有少量气体被纤维素材料吸附并逐渐释放于油中。

6) 在变压器油箱或辅助设备上进行电氧焊时，即使不带油，但箱壁残油受热也会分解产气。

因此，即使不是全部，也是大多数运行中变压器油中会含有某些故障特征气体。

二、油中溶解气体脱气原理

取得的油样需要按照标准规定的方法，将油中溶解气体脱出后，取气体进行气相色谱分析。因此，需要从油样中分离出可供分析的气样。脱气方法有真空脱气法和振荡脱气法两种。因电厂实验室大都采用振荡脱气法进行油样脱气处理，这里只介绍机械振荡脱气法。

机械振荡法又称为溶解平衡法，是基于气液溶解平衡原理建立的一种脱气方法。在恒温条件下，用氮气作为洗脱气体（平衡载气），油样在和平衡载气构成的密闭系统内通过机械振荡，使油中溶解气体在气、液两相达到分配平衡。通过测试气相中各组分浓度，并根据平衡原理导出的奥斯特瓦尔德（Ostwald）系数计算出油中溶解体各组分的浓度，即

$$c_{iL} = c_{ig}\left(K_i + \frac{V_g}{V_L}\right) \tag{11-7}$$

式中　K_i——组分 i 的奥斯特瓦尔德系数；

　　　c_{iL}——油中组分的浓度，$\mu L/L$；

　　　c_{ig}——振荡平衡条件下，测出的 i 组分气体在气相中的浓度，$\mu L/L$；

　　　V_g——振荡平衡条件下气体体积，mL；

　　　V_L——振荡平衡条件下油的体积，mL。

平衡分配系数与所涉及的气体组分的实际分压无关，而且假设气相和液相处在相同的温度下，由此引进的误差将不会影响判断结果。

国家标准给出了 50℃时的平衡分配系数（见表 11-1）。

表 11-1   50℃时的平衡分配系数

气 体	K_i	气 体	K_i	气 体	K_i
氢气	0.06	一氧化碳	0.12	乙烯	1.46
氧气	0.17	二氧化碳	0.92	乙烷	2.30
氮气	0.09	甲烷	0.39	乙炔	1.02

【任务准备】

油中溶解气体组分含量分析过程包括取样、样品处理、色谱分析和数据处理几个步骤。取样方法见学习情境二任务三。本项任务是对已采集到的油样进行检测，内容包括油样振荡脱气、色谱分析和数据处理。

仪器和材料。

（1）气相色谱仪。

（2）自动脱气振荡仪。振荡频率（275 次±5 次）/min，振幅（35±3）mm，控温精度±0.3℃，定时精确度±2min。

（3）标准气体，由国家计量部门授权单位配制，具有 H_2、CO、CO_2、CH_4、C_2H_4、C_2H_6、C_2H_2 组分浓度含量、检验合格证以及使用有效期，并且其组分浓度接近变压器故障注意值。

（4）载气。氮气，纯度≥99.99%；氢气，纯度≥99.99%；空气，无水、无油。

（5）玻璃注射器。规格 100、10、5mL，气密性良好，刻度准确，芯塞灵活无卡涩。

（6）进样注射器。1mL，如图 11-9 所示。

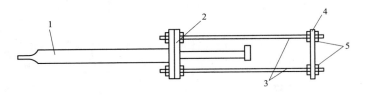

图 11-9 带卡子进样微量注射器外形

1—注射器；2—夹件；3—定位杆（螺纹 M3）；4—挡板；5—螺母（M3）

（7）不锈钢注射针头。医用，5 号。

（8）双头针。色谱分析专用，5 号。

（9）注射器用橡胶封帽。

（10）油样。

【任务实施】

一、振荡脱气操作步骤

（1）储气玻璃注射器的准备。取 5mL 玻璃注射器 A，抽取少量试油冲洗注射器内壁 1、2 次后，吸入约 0.2mL 试油，套上橡胶封帽，插入双头针头（见图 11-10），针头垂直向上。将注射器内的空气和试油慢慢排出，使试油充满注射器内壁缝隙而不致残存空气。

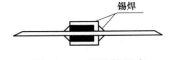

图 11-10 双头针示意

（2）试油体积调节。取下油样注射器 B 的橡胶封帽，将注射器中多余油样推出，准确调节油样体积至 40.0mL（V_L），立即用橡胶封帽将注射器出口密封。为了排出封帽内空气，可用试油填充其凹部，或在密封时先用手指压扁封帽挤出凹部空气后进行密封。操作过程中应注意防止空气气泡进入注射器内。

（3）加平衡载气。如图 11-11 所示，取 5mL 玻璃注射器 C，用氮气清洗 1、2 次，再准确抽取 5.0mL 氮气，然后将注射器 C 内气体缓慢注入有油样注射器 B 内。含气量低的试油，可适当增加注入的平衡载气的体积，但平衡后气相体积应不超过 5mL。一般分析时，采用氮气做平衡载气，如需测定氮组分，则要改用氩气做平衡载气。

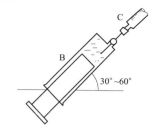

图 11-11　加气操作示意

（4）振荡平衡。打开自动脱气振荡仪上盖，可以看到上下两层振荡盘，每层可以放置 4 个 100mL 注射器。注射器头部要高于尾部，注射器出口在下部。打开电源，按启动键，仪器自动升温至 50℃后，振荡 20min 并静置 10min，之后报警提示工作结束，此时可从箱内逐只取出注射器进行气体转移。

（5）转移平衡气。将注射器 B 从振荡盘中取出，并立即将其中平衡气体通过双头针头转移到注射器 A 内。室温下放置 2min，准确读其体积 V_g（准确至 0.1mL），以备色谱分析用。

为了使平衡气完全转移，也不吸入空气，应采用微正压法转移，即微压注射器 B 的芯塞，使气体通过双头针头进入注射器 A。不允许使用抽拉注射器 A 芯塞的方法转移平衡气。注射器芯塞应洁净，以保证其活动灵活。转移气体时。如发现注射器 A 芯塞卡涩时，可轻轻旋动注射器 A 的芯塞。

二、色谱分析步骤

1. 开机

（1）开气源，氮气 0.4MPa，氢气 0.3MPa，空气 0.4MPa，通气 20min 左右。

（2）打开电源开关，观察显示屏上的温度设定值和流量是否正确：柱箱 65℃、热导 70℃、氢焰 150℃、转化 360℃、载气流量 54mL/min，然后打开右侧盖检查空气压力是否正常，空气压力应为 0.4MPa。

（3）按"运行"键，仪器升温。

（4）打开色谱工作站。

（5）当氢焰温度达到设定值 150℃，按红色的"点火"键，观察色谱工作站上基线有较大波动，过几秒后，基线向下方漂移，表示氢焰已点火成功。

（6）按热导键进入"热导"界面，观察桥电流值 70mA，如果正确，按"运行"键，桥流指示灯亮，表明桥流已加上。

2. 仪器标定

点击"采集窗口"的"标样"快捷按钮，弹出窗口如图 11-12 所示，进样量设定 1mL。在谱图文件名中输入谱图名称。单击"确定"进入标样采集。

在标气瓶出气口安装旋塞，将一针头插入旋塞口，打开标气瓶阀门，有气体释放，立即关闭气瓶阀门。

拔出针头，开启标气瓶后迅速关闭，将进样注射器插入旋塞，注射器芯塞弹至挡板处，拔出注射器，排空气体，如此反复冲洗进样注射器 2、3 次。

图 11-12　标样参数

再次开启标气瓶后关闭阀门，用进样注射器取气，注射器芯塞自动弹至挡板处。

用手固定芯塞，防止气体漏出，迅速将针头插入色谱仪进样口，用力按下，并始终按住注射器芯塞直至拔出。

进样后，仪器自动分离并测定各组分气体，得到如图 11-13 所示标样色谱图。峰上如果不显示组分名，可在峰上点鼠标右键，弹出"峰数据"窗口（见图 11-14），选择组分名，然后按确定，可以看到峰的上方显示峰号和组分名称。

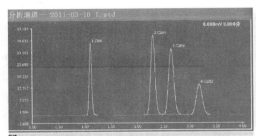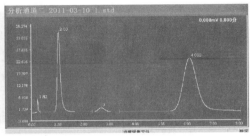

图 11-13　标样色谱图

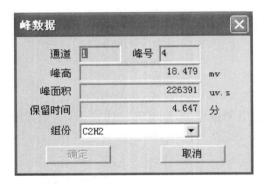

图 11-14　峰数据

仪器标定方法：每天测定样品前用标准气体，进行两次标定，标定重复性应在平均值的 ±2% 之内，取其平均值作为定量校正因子。

3. 样品色谱分析

将仪器参数设定为样品测定，输入有关样品的信息。用少量脱出气体冲洗进样注射器，之后用进样注射器取一定体积（通常为 1mL）脱出的气体，注入色谱仪，仪器自动分离并测定各组分，得到色谱图，如图 11-15 所示。用各组分对应色谱峰的峰面积或峰高，乘以其校正因子，得到脱出气体中各待测组分的体积浓度，单位为 μL/L。

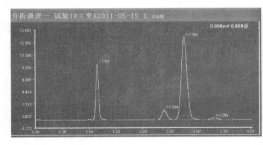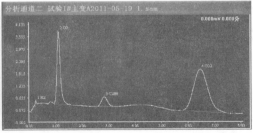

图 11-15　样品色谱图

4. 关机操作

完成所有分析工作后，按下面顺序依次关闭工作站、色谱仪以及气路系统：①关闭工作站；②关闭氢气钢瓶总阀或氢气发生器开关；③关闭空气气源；④关闭色谱仪电源开关；⑤约30min后，关闭载气。

三、数据处理

国家标准规定对油中溶解气体分析结果统一采用在 101.3kPa 压力和 20℃ 温度下每升油中所含的各气体组分的微升数，即 $\mu L/L$ 来表示，保留两位有效数字。

前已提到，式（11-7）是对油中气体组分进行定量计算的基本公式。实际操作中，该平衡体系的温度为 50℃，K_i 为 50℃ 下的平衡分配常数，而油样体积和脱出气体体积都是在室温下读取的。由于油样体积和脱出气体体积随温度变化，在套用公式计算前，必须将油样体积和脱出气体体积进行校正换算。

（1）气体体积换算。根据理想气体状态方程，在定压条件下，气体的体积与温度成正比，即

$$V'_g = V_g \frac{323}{273+t} \tag{11-8}$$

式中　V'_g——脱出气体在实验室大气压力、温度为 50℃ 下的体积，mL；

V_g——脱出气体在实验室大气压力、室温下测量的体积，mL；

t——试验时的室温，℃。

（2）油样体积换算。油样体积换算公式为

$$V'_L = V_L \times [1+0.0008 \times (50-t)] \tag{11-9}$$

式中　V'_L——油样在温度为 50℃ 时的体积，mL；

V_L——油样在室温下的体积，mL；

t——试验时的室温，℃；

0.0008——油样的热膨胀系数。

（3）分析结果换算。将油样体积、气样体积换算后，代入式（11-7），得到的结果为实验室压力和 50℃ 温度条件下油中溶解气体组分含量：$c_{iL} = c_{ig}(K_i + V'_g/V'_L)$。

按照国家标准规定，还需要将结果换算到 101.3kPa 压力和 20℃ 温度下油中溶解气体组分含量 c'_{iL}，计算公式为

$$c'_{iL} = 0.929 \times \frac{p}{101.3} c_{iL} \tag{11-10}$$

式中　c_{iL}——实验室大气压力、50℃ 条件下油中溶解气体的含量，$\mu L/L$；

0.929——油样中溶解气体浓度从 50℃ 校正到 20℃ 时的温度校正系数；

p——实验室大气压力，kPa。

【例 11-1】　某实验室测定油中溶解气体组分含量，实验温度为 24℃，大气压力为 100kPa，取油样体积 40mL，脱出气体体积 4.6mL，色谱分析结果见表 11-2。

表 11-2			脱出气体中各组分含量			$\mu L/L$
脱出气体组分	H_2	CO	CO_2	CH_4	C_2H_6	C_2H_4	C_2H_2
脱出气体中组分含量	52.4	98.2	271.9	26.3	42.6	4.1	1.0

计算油样中溶解气体组分含量。

解　气体体积校正　$V'_g = V_g \times \dfrac{323}{273+t} = 4.6 \times \dfrac{323}{297} = 5.0$（mL）

油样体积校正　$V'_L = V_L \times [1+0.0008 \times (50-t)] = 40 \times [1+0.0008 \times (50-24)] = 40.8$（mL）

将各组分测定结果代入式（11-7）中计算出 c_{iL}，再代入式（11-10）中，即得到油中溶解气体组分含量。计算结果见表 11-3。

表 11-3		油中溶解气体组分含量					$\mu L/L$
气体组分	H_2	CO	CO_2	CH_4	C_2H_6	C_2H_4	C_2H_2
油中各组分含量	9.6	24	283	13	103	6.5	1.1

四、操作注意事项

（1）用油体积不需要一定是准确的 40.0mL，为了使用上的方便，只要准确调整到 40.0mL 刻度即可，计算时使用该刻度校正后的实际容积（可用纯水称重法校正）。

（2）振荡平衡后，用 5mL 注射器取出的气体体积受注入氮气的体积和油品中溶解气体量的多少影响。对于刚进行完真空脱气的设备，把注入氮气的量增加至 6～7mL，保证脱出气体足够分析使用。

（3）方法规定的振荡 20min，静置 10min 是达到平衡所需要的最短时间，只要振荡仪温度不变，适当延长其中的任何一个时间，都不会影响分析结果的准确性。

（4）进标样前要把标气取气口的残气放掉。

（5）仪器开机时必须先通载气，然后才能开机升温，避免损坏色谱柱并污染检测器。

（6）使用 FID、检测器时，必须待检测器温度达到设定值 150℃后才能点火，这样可以避免检测器积水。

（7）仪器关机时，必须先关主机电源，让其自然降温后才能关断载气。不能先行退温后再关闭主机电源（这样容易造成 FID 积水）。

🔲【能力拓展】

充油电气设备故障诊断

充油电气设备故障诊断的依据标准是 GB/T 7252—2001《变压器油中溶解气体分析和判断导则》（以下简称《导则》）和 DL/T 722—2000《变压器油中溶解气体分析和判断导则》。标准中规定了充油电气设备故障诊断程序，包括以下几个步骤：

（1）判定有无故障。

（2）判断故障类型。

（3）诊断故障状况。如热点温度、故障功率、严重程度、发展趋势等。

（4）提出相应的处理措施。如能否继续运行，继续运行期间的技术安全措施和监视手段（如确定跟踪周期等），或是否需要内部检查修理等。

一、有无故障的判断

通过油中溶解气体组分含量检测结果，诊断充油电气设备内部是否有潜伏性故障，原则上按照《导则》进行。

1. 出厂和新投运设备的气体含量

《导则》提出了对出厂和新投运设备的气体含量要求，见表 11-4。

表 11-4 　　　　　　　　**对出厂和新投运设备的气体含量要求** 　　　　　　　　μL/L

气　体	变压器和电抗器	互感器	套　管
氢	<30	<50	<150
乙炔	0	0	0
总烃	<20	<10	<10

　2. 运行设备的注意值

　　根据不同设备结构、运行特点，《导则》对不同设备规定了不同组分含量的注意值。表 11-5 是变压器、电抗器和套管油中溶解气体含量的注意值；表 11-6 是电流互感器和电压互感器油中溶解气体含量的注意值。

表 11-5 　　　　　　**变压器、电抗器和套管油中溶解气体含量的注意值**

设　　备	气体组分	含量（μL/L）	
		330kV 及以上	220kV 及以下
变压器和电抗器	总烃	150	150
	乙炔	1	5
	氢	150	150
套管	甲烷	100	100
	乙炔	1	2
	氢	500	500

表 11-6 　　　　　　**电流互感器和电压互感器油中溶解气体含量的注意值**

设　　备	气体组分	含量（μL/L）	
		220kV 及以上	110kV 及以下
电流互感器	总烃	100	100
	乙炔	1	2
	氢	150	150
电压互感器	总烃	100	100
	乙炔	2	3
	氢	150	150

　3. 注意值的应用

　　在判断设备是否有故障时，一般首先将色谱分析结果与《导则》中规定的注意值进行比较。将此次分析结果与该设备前一次的分析数据相比较，确定其故障气体含量是否有明显的增长。如有明显的增长，不管其是否超过《导则》注意值，都说明设备有故障，或故障有发展；反之，则认为设备没有故障或故障没有进一步发展。应注意，《导则》中的注意值不是划分设备是否有故障的标准，单次色谱分析结果不能作为诊断设备是否有故障的依据。

　4. 产气速率

　　产气速率有绝对产气速率和相对产气速率两种表示方法。

　　（1）绝对产气速率。绝对产气速率是指每运行日产生某种气体的平均值，计算公式为

$$\gamma_a = \frac{(c_{i,2} - c_{i,1})m}{\Delta t \times \rho} \tag{11-11}$$

式中　γ_a——绝对产气速率，mL/d；

　　　$c_{i,2}$——第二次取样测定油中某气体浓度，$\mu L/L$；

　　　$c_{i,1}$——第一次取样测得油中某气体浓度，$\mu L/L$；

　　　Δt——两次取样时间间隔中的设备运行天数，d；

　　　m——设备总油量，t；

　　　ρ——油的密度，t/m^3。

表 11-7 是《导则》规定的绝对产气速率注意值。

表 11-7　　　　　　　　　　　　　绝对产气速率注意值　　　　　　　　　　　　mL/d

气体组分	开放式	隔膜式	气体组分	开放式	隔膜式
总烃	6	12	CO	50	100
乙炔	0.1	0.2	CO_2	100	200
氢	5	10			

（2）相对产气速率。相对产气速率是指每运行月（或折算到月）某种气体组分含量增加原有值百分数的平均值，计算方法为

$$\gamma_r = \frac{c_{i,2} - c_{i,1}}{c_{i,1} \times \Delta t} \times 100\% \tag{11-12}$$

式中　γ_r——相对产气速率，%/月；

　　　Δt——两次取样时间间隔内的实际运行时间，月。

一般认为设备油中总烃的相对产气速率大于 10%/月时，设备可能存在异常缺陷，应引起注意。

二、故障类型判断

1. 三比值法

通常采用三比值法判断设备故障类型。《导则》推荐采用改良三比值法，该法是由日本电气协会在 IEC 599（1978 版）法的基础上改进而成的。该法将五种气体的三对比值，即 C_2H_2/C_2H_4、CH_4/H_2、C_2H_4/C_2H_6，以不同的编码表示，并通过编码组合判断故障类型。编码规则和故障类型判断方法见表 11-8。

表 11-8　　　　　　　　　　　　编码规则和故障类型判断方法

比值范围		比值范围编码		
		C_2H_2/C_2H_4	CH_4/H_2	C_2H_4/C_2H_6
	<0.1	0	1	0
	≥0.1~<1	1	0	0
	≥1~<3	1	2	1
	≥3	2	2	2
编码组合			故障类型	故障实例（参考）
C_2H_2/C_2H_4	CH_4/H_2	C_2H_4/C_2H_6		

续表

比值范围		比值范围编码		
		C_2H_2/C_2H_4	CH_4/H_2	C_2H_4/C_2H_6
0	1	0	局部放电	高湿度、高含气量引起油中低能量密度的局部放电
	0	1	低温过热（150℃）	绝缘导体过热，注意 CO、CO_2 含量及其 CO/CO_2 比值
	2	0	低温过热（150～300℃）	分接开关接触不良，引线夹件螺丝松动或接头焊接不良，涡流引起铜过热、铁芯漏磁，局部短路和层间绝缘不良，铁芯多点接地等
	2	1	中温过热（300～700℃）	
	0，1，2	2	高温过热（>700℃）	
2	0，1	0，1，2	火花放电	引线对电位未固定的部件之间连续火花放电，分接头引线间油隙闪络，不同电位之间油中火花放电或悬浮电位之间火花放电等
	2	0，1，2	火花放电兼过热	
1	0，1	0，1，2	电弧放电	线圈匝间、层间短路、相间短路、分接头引线油隙闪络，引线对箱壳放电，线圈熔断，引线对其他接地放电，分接开关飞弧，环电流引起电弧等
	2	0，1，2	电弧放电兼过热	

2. 使用三比值法应注意的问题

（1）引用三比值法时的条件。①一般当油中溶解气体某个或某几个组分含量达到或超过《导则》规定的注意值，并初步认定设备有异常时，才能使用三比值法；②使用分析数据时，需要考虑分析方法的检测灵敏度和分析误差。因为当油中溶解气体组分含量很低时，分析误差较大，把这样的数据引入三比值中，可能造成误判；③注意设备油中气体组分含量的起始值。由于设备以前曾发生过故障等历史原因，油中某些气体组分含量可能较高。若把具有较大背景含量的分析数据直接引入三比值法中，就会造成误判。这种情况下，应采用将一定时间间隔内两次测定结果的差值引入三比值法中进行计算的方法。

（2）注意运行中三比值的变化情况。在对故障设备的跟踪分析中，通过考察气体组分比值的变化，发现故障类型的变化和故障发展的趋势。如比值组合由 020 变化为 122，则可以判断故障是由过热发展到电弧放电。

（3）注意设备的结构。油系统的保护方式不同，对比值应修正。自由呼吸的开放式油箱与薄膜密封式油枕不同，开放式油箱气体组分的逸散损失更大（如 H_2 的逸散损失约为 CH_4 的 3～4 倍），在引用数据进行三比值计算时，必须予以重视。

若是有载调压变压器，若发现油中溶解气体中乙炔含量增长明显，而其他气体组分的增长明显小于乙炔的增长速率，就要考虑这种异常是否是有载开关油箱漏油所致。

（4）注意设备的运行情况。采用三比值监视时，最好在故障发生、发展的过程中进行（见表 11-9）。如果产气故障停止（如停电后），将会使比值发生某些变化而带来误差。

表 11-9 用三比值法诊断变压器故障性质的实例

变压器名称	油中溶解气体含量（μL/L）					三比值法		查实结果
	H_2	CH_4	C_2H_4	C_2H_6	C_2H_2	计算编码	故障性质	
南山变	250	63	66	3.8	120	102	高能量放电	操作过电压，引起内部闪络
黄埠2号	220	340	480	42	14	022	＞700℃的过热	分接开关三相烧伤
济宁4号	160	90	17	27	5.8	100	低能量局部放电	分接开关操作杆与分头之间接触不良，引起火花放电
招远1号	130	440	730	180	0	022	＞700℃的过热	接地铜片与铁芯多处搭接，接地铜片烧毁

3. 对 CO 和 CO_2 的判断

当故障涉及固体绝缘时，会引起 CO 和 CO_2 的明显增长。经验证明：当怀疑设备固体绝缘材料老化时，一般 $CO_2/CO>7$；当怀疑故障涉及固体绝缘材料时（高于 200℃），可能 $CO_2/CO<3$，必要时，应从最后一次的测试结果中减去上一次的测试数据，重新计算比值，以确定故障是否涉及固体绝缘。

对运行中的设备，随着油和固体绝缘材料的老化，CO 和 CO_2 会呈现有规律的增长，当这一增长趋势发生突变时，应与其他气体（CH_4、C_2H_2 及总烃）的变化情况进行综合分析，以判断故障是否涉及固体绝缘。

任务二 绝缘油含气量的色谱分析

【教学目标】

通过对本项任务的学习，使学生在知识方面掌握油中溶解气体组成和含气量的测定内容，掌握含气量气相色谱分析方法及原理。在技能方面，熟练掌握绝缘油中含气量测定方法。态度方面，能主动积极参与问题讨论，具有严谨细致、一丝不苟的职业素质，具有安全意识，具有团队协作能力。

【任务描述】

随着变压器不断向着高电压、大容量的方向发展，在变压器维护方面，人们不仅重视油中溶解气体的分析，以便及时发现变压器内部早期故障，而且越来越关注油中气体的总含量，即含气量。

油中含气量的大小会影响变压器的安全运行。当气体溶解在油中时，在施加电压时间较短时，通常不会影响介质的耐压强度；但是如果气体积起来形成气泡，特别是当温度和压力骤然下降而形成气泡时，这种气体在电场中被拉成长体，极易发生碰撞游离，甚至造成热击穿，这也就是电晕产生的原因。如果气体聚积在场强的部位，更是极其危险的。因此，监测并控制变压器油中的气体含量不仅能防止油中气泡和氧气对绝缘的危害，而且通过把油中含气量的实测数据与不同油保护方式变压器油中正常含气量水平进行比较，可获得设备内部状态的某些信息，对于油中溶解气体分析数据综合判断更是有益的。

本方法依据标准为 DL/T 703—1999《绝缘油中含气量的气相色谱测定法》。方法及原理如下：用氩气作为平衡气体，采用振荡脱气法脱出试油中的溶解气体，用气相色谱仪器分离、检测 H_2、CO、CO_2、CH_4、C_2H_4、C_2H_6、C_2H_2、N_2、O_2 共九种成分，计算绝缘油的含气量，结果以体积分数（%）表示。

气体分离与分析流程见图 11-16，由试油中脱出的混合气体经 1 号色谱柱分离后依次经过 FID1 检测器，在通道 1 输出 CH_4、C_2H_4、C_2H_6、C_2H_2 气体检测信号；混合气体经 2 号色谱柱分离后，CO、CO_2 气体在转化炉中与 H_2 发生反应生成相应浓度的 CH_4，经过 FID2 检测器在通道 2 输出气体检测信号；H_2、N_2、O_2 气体经 TCD 检测器在通道 3 输出检测信号。

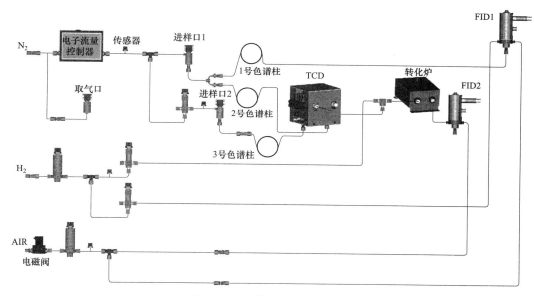

图 11-16 气体分离与分析流程

🛠【任务准备】

一、仪器和材料

（1）气相色谱仪。

（2）自动振荡脱气仪。

（3）玻璃注射器。100、10、1mL 医用或专用玻璃注射器，气密性好。

（4）不锈钢针头：选用牙科 5 号针头。

（5）双头针。

（6）橡胶封帽。

（7）密封脂：选用真空密封脂或医用凡士林。

（8）标准气体，由国家计量部门授权单位配制，具有 H_2、CO、CO_2、CH_4、C_2H_4、C_2H_6、C_2H_2、N_2、O_2 组分浓度含量、检验合格证以及使用有效期，并且其组分浓度接近变压器故障注意值。

（9）高纯氩气，纯度≥99.99％；高纯氢气，纯度≥99.99％；空气：压缩空气，无水、无油。

二、测试步骤

1. 开机

（1）按顺序打开三路气源，通气 10min 左右（如长时间没开机应通气 20min 以上）。在通气期间，检查压力表指示：载气 0.4MPa、氢气 0.3MPa。

（2）通气时间到后打开电源开关，观察显示屏上的温度设定值和流量是否正确，设定参数同任务一。

（3）按"运行"键，仪器升温。

（4）打开色谱工作站。

（5）当氢焰温度达到设定值 150℃，按红色的"点火"键，观察色谱工作站上基线有较大波动，过几秒后，基线向下方漂移，表示氢焰已点火成功。

（6）按"热导"键进入"热导"界面，观察桥电流值 70mA，如果正确，按"运行"键，桥流指示灯亮，表明桥流已加上。

2. 油样振荡脱气

（1）用 100mL 注射器 A 准确取试油 40mL。

（2）用高纯氩气清洗 10mL 注射器 B 至少 3 次，然后抽取 10mL 高纯氩气，缓慢注入有试油的注射器 A 内，并在橡胶封帽上涂上密封脂。

（3）将注射器 A 放入恒温定时振荡器内，在 50℃下连续振荡 20min，静置 10min。

（4）取一支 10mL 玻璃注射器 C，先用高纯氩气清洗 3 次，再用试油清洗 1、2 次，吸入约 0.5mL 试油，戴上橡胶封帽，插入双头针头，使针头垂直向上，将注射器中的气体和试油慢慢排出，从而使试油充满注射器 C 的缝隙，而不致残留空气。

（5）将注射器 A 从脱气装置中取出，立即将其中的平衡气体通过双头针转移到注射器 C 中，室温下放置 2min 准确记录其体积（V_g），以备分析用。

3. 仪器的标定

（1）在工作站启动界面点击"工具栏"的"采集类型"，选择"含气量"。在"数据采集"菜单下点击"采集参数设置"，会弹出如图 11-17 所示的界面。

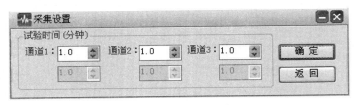

图 11-17　采集参数设置界面

在界面内设定每个通道的第一针采集时间和第二针采集时间。

（2）接下来点击"数据采集"图标下拉条内的"标样采集"按钮或者点击工具栏左上角按钮，即可进入标样采集参数设置界面，如图 11-18 所示。

在这里根据实际情况输入"进样量"和"多标"选择，设定

图 11-18　标样采集参数设置界面

完成标样参数并单击确定后，工作站进入等待进样状态，进样后工作站会自动开始采集。

用标准气体冲洗 1mL 注射器 D 3 次，然后准确抽取 1.0mL 标准气体，在气相色谱仪稳定的情况下进样，标样采集完后，会自动在"分析通道"窗口显示色谱图。

至少重复操作两次，用两次峰高或峰面积的平均值计算定量校正因子。

4. 样品分析

点击"数据采集"图标下拉条内的"样品采集"按钮或者点击工具栏左上角"采集样品"按钮，进入样品采集参数设置界面，如图 11-19 所示，按照转移出的油中溶解气体参数，进行分析样品的气体来源、取样日期、试油体积、脱气量、进样量、大气压、室温等参数等相关信息设置。

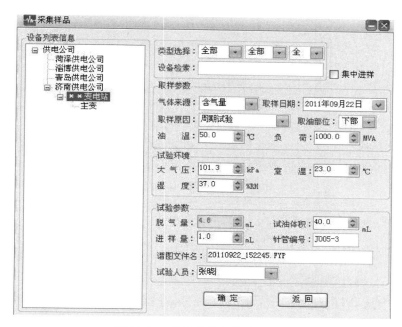

图 11-19   样品采集参数设置界面

样气（油）采集完后，工作站窗口显示色谱曲线及数据计算结果，如图 11-20 所示。

5. 关机

完成所有分析工作后，按下面顺序依次关闭工作站、色谱仪及气路系统。

（1）关闭工作站。

（2）关闭氢气钢瓶总阀或氢气发生器开关。

（3）关闭空气气源。

（4）关闭色谱仪电源开关。

（5）约 30min 后，关闭载气。

6. 注意事项

（1）仪器开机时必须先通载气，然后才能开机升温，避免损坏色谱柱并污染检测器。

（2）仪器在升温、加桥流前一定要检查四路温控、桥流值、压力、载气流量等是否正常，如不正常，要查明原因后调整，并对仪器进行全面检查。

（3）使用 FID、检测器时，必须待检测器温度达到设定值 150℃后才能点火，这样可以避免检测器积水。

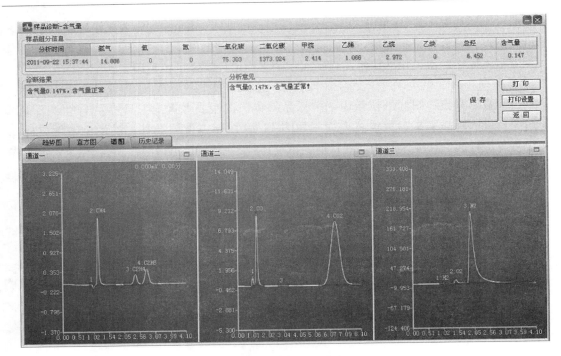

图 11-20　含气量分析结果

（4）要经常检查进样垫是否漏气，如有漏气尽快更换。

（5）进标样前要把标气取样口的残气放掉。

（6）仪器关机时，必须先关主机电源，让其自然降温后才能关断载气。不能先行退温后再关闭主机电源（这样容易造成 FID 积水）。

（7）严格按照操作规程进行工作，严禁变压器油或其他不能被本仪器分析检测的高分子有机物进入检测器及管道，避免造成管道污染或仪器性能恶化。

【能力拓展】

油中溶解气体在线监测技术

　　早在 20 世纪 80 年代初，日本关西电力和三菱公司已研制出变压器油中气体自动分析装置。20 世纪 90 年代初，我国科研机构也开始研制大型变压器色谱在线监测装置。多年来，国内外一直没有停止对这项技术的研究和实践。迄今为止，在油中气体分离，气体组分分离、定性定量监测、数据处理及诊断等技术自动化方面，已达到了比较成熟的实用化阶段。

　　1. 国外油中溶解气体在线分析仪

　　（1）日本三菱公司的变压器油中气体自动分析装置。该装置采用机械活塞泵自动脱出油中溶解气体，并自动进行在线气相色谱分析 H_2、CO、CH_4、C_2H_6、C_2H_4 和 C_2H_2 6 组分气体。这实质上是将一套全自动的油中溶解气体色谱分析系统直接装在变压器上使用，其价格较为昂贵。

　　（2）加拿大 C201-6 在线色谱监测仪。加拿大加创公司推出的 C201-6 在线色谱仪可以监

测 H_2、CO、CH_4、C_2H_6、C_2H_4、C_2H_2 等故障特征气体。该仪器采用高分子渗透膜技术对油气进行分离，气体分离采用复合色谱仪，以气敏传感器予以监测，对 H_2 和 C_2H_2 的灵敏度分别为 $1\mu L/L$ 和 $0.5\mu L/L$。

（3）法国 TGA 型在线监测仪。法国 Micromonitor 公司的 TGA 型在线监测仪可以监测 H_2、C_2H_4、C_2H_2、CO 等气体，该仪器采用极小的半导体传感器装入一坚固的探棒内，可直接插入变压器油中。

（4）美国 TM8 在线气体分析仪。美国 Serveron 公司的 TM8 气体分析仪，可监测 H_2、CO、CO_2、O_2、CH_4、C_2H_6、C_2H_2 等 8 种气体。该仪器采用气体萃取器连续萃取油中溶解气体，经 4h 达到平衡后，以超纯氮载气送入色谱柱予以分离，然后由热导池鉴定器进行定性定量分析。该分析仪对 C_2H_2 的精确度为 $\pm1\mu L/L$，对其他组分的精确度为 $\pm5\%$。其采样周期为 24h。

2. 国内在线色谱分析仪

（1）TRAN-B 型在线监测仪。该仪器系北京某高校研制的产品，可以检测油中 H_2、CO、C_2H_2、C_2H_4 等组分，且一台监测仪可以同时监视 10 台变压器。

（2）河南某公司 3000 型色谱在线监测系统。该系统可以监测油中 H_2、CO、CO_2、CH_4、C_2H_6、C_2H_4 和 C_2H_2 7 种组分。该监测装置采用吹扫-捕集脱气技术进行油气分离，油中气体组分经反复萃取，15min 即可完成自动进油、脱气，并将样品迅速吹扫到色谱柱中进行色谱分析的全过程。

（3）TAM-VI 型色谱在线监测系统。该监测系统是上海某公司在加拿大一传统色谱分析技术基础上研制的。系统采用纳米材料渗透膜进行油气分离，采用单一色谱柱分离 H_2、CO_2、CH_4、C_2H_6、C_2H_4 和 C_2H_2 等组分，以气敏传感器进行检测，其 C_2H_2 的灵敏度可达到 $0.3\mu L/L$。

（4）上海某高校研制的色谱在线监测系统。该系统采用具微孔的聚四氟乙烯薄膜进行油气分离，以双柱分别分离 H_2、CO、CH_4、C_2H_6、C_2H_4 和 C_2H_4 等组分，其检测元件采用热线型传感器，载气系采用干燥并脱氧的空气。经某变电站 500kV 变压器在线运行证明，其监测数据与实验室 DGA 监测结果误差不大于 5%。

（5）CPJC 在线色谱监测仪。该系统是重庆某高校的研究成果，是采用特制高分子渗透膜实现油气自动分离，渗透平衡时间为 $2\sim3$ 天。检测单元为高分辨率的多传感气敏元件，可检测油中 H_2、CO、CH_4、C_2H_6、C_2H_4 和 C_2H_2 6 组分。C_2H_2 的最小检知浓度为 $1\mu L/L$，其他组分的最小检知浓度为 $10\mu L/L$。

（6）BSZ 系列大型变压器色谱在线监测装置。该装置由东北某研究院研制，是国内开发和应用最早的色谱在线监测装置。BSZ 系列装置可以任意选择检测周期，并自动检测 CH_4、C_2H_6、C_2H_2 等故障特征气体，各组分最小检知浓度为 $1\mu L/L$，检测数据的变异系数小于 5%。自 1994 年以后，该装置已有十多台投入现场应用，其中 BSZ-3 型装置可同时监测两台变压器。

3. 关于油中溶解气体在线监测技术应用问题的讨论

对于油中气体在线监测装置的推广应用，人们存在着一些不同看法。一种看法是 H_2 在线监测只检测 H_2，虽然有的装置还可同时检测 CO，但不能测定特征气体全组分，不是真正意义上的 DGA 技术，不能替代实验室的色谱分心。因为后者已在国内广泛应用，即使收

到了 H_2 在线监测的报警，最终还只有依靠实验室的 DGA 监测结果，才能得出可以指导设备维护管理采取相应措施的诊断结论。另一种看法是 H_2 在线监测连续检出 H_2 或 CO 异常，反映着设备内部油或固体绝缘中可能出现故障的先兆，可以超前报警，以便减少事故损失。第三种看法，因为实验室 DGA 技术不能连续监测，而仅测 H_2 或 CO 的在线监测装置在诊断故障方面又有局限性。因此，开发应用多组分甚至全组分在线监测装置才是最适用的。

有两点值得注意：①我国实验室 DGA 技术已很普及，但是运行的变压器数量巨大，因此，只有在重要变压器上安装在线监测装置，才是最经济的。②色谱在线监测装置即使检出气体组分较多，对故障诊断有利，但是这种装置的成本和是否满足可靠、简单、寿命长、免维护等要求也是必须考虑的。

因此，在开发油中气体在线监测装置的同时，研制开发便携式油中气体监测装置，实现短周期的巡回检测才是符合我国实际情况的。国内已有不少这类仪器，例如，SYPROTEC 公司的 H103B 便携式油中气体检测仪只需 3mL 油样，即可在现场监测 H_2 和 CO 的含量。日本日立公司的便携式油中气体检测仪由气体分离器、测量器和诊断器组分，如图 11-21 所示。该仪器使用安装在变压器放油阀上的气体分离器内的氟聚合物作渗透膜析出油中溶解气体，测量器以空气作载气，以色谱柱分离分析 H_2、CO 和 CH_4 的浓度并据 CH_4/H_2、CO/CH_4 的比值作出诊断，其结果显示在数据打印机上。

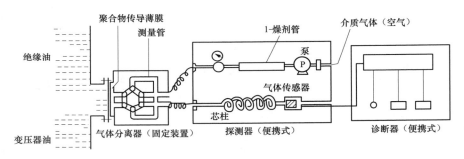

图 11-21　便携式分析仪的组成

北京某高校也研制出便携式油中溶解气体色谱分析装置。其油气分离是基于机械振荡法，将定量的空气经微型气泵循环送入油中，使之达到气液两相动态平衡的原理。在温度为 50℃时，脱气约需 2min。载气采用干燥、净化的空气，色谱柱采用单柱，可以分离 H_2、CO、CH_4、C_2H_6、C_2H_4 和 C_2H_2 6 组分。检测单元采用从数十种半导体气敏传感器中筛选出的两种传感器。其中传感器 A 检测 CO、CH_4、C_2H_4、C_2H_2，传感器 B 检测 H_2、CH_4、C_2H_6。这种便携式色谱分析装置体积小、质量小、易于维护，作为现场巡回检测的仪器，具有成本低、可任意选择追踪分析周期等优点，是值得推广应用的。

任务三　SF_6 气体中空气、CF_4 的气相色谱测定法

🔊【教学目标】

通过对本项任务的学习，使学生在知识方面掌握 SF_6 气体纯度要求及其杂质组成，掌握 SF_6 气体中空气、CF_4 的色谱分析原理，掌握归一化法定量基本原理。在技能方面，熟练

掌握 SF_6 气体中空气、CF_4 含量测定方法和纯度的计算方法。态度方面，能主动积极参与问题讨论，具有严谨细致、一丝不苟的职业素质，具有安全意识，具有团队协作能力。

【任务描述】

SF_6 气体中常含有空气（O_2、N_2）、CF_4 和 CO_2 等杂质气体。它们是在 SF_6 气体合成制备过程中残存的或者是在 SF_6 气体加压充装运输过程中混入的。当 SF_6 气体应用于电气设备中时，由于受到大电流、高电压、高温等外界因素的影响，在氧气和水分作用下将产生含氧、含硫低氟化物和 HF。这些杂质气体，有的是有毒或剧毒物质，对人体危害极大；有的腐蚀设备材质，影响电气设备的安全运行，因此必须对 SF_6 气体中的 O_2、N_2、CF_4 等杂质气体含量进行严格的控制和监测。常用的分析 SF_6 气体中空气（O_2、N_2）、CF_4 等气体的方法为气相色谱法。

SF_6 气体中空气、CF_4 的气相色谱测定法依据标准为 GB/T 12022—2006《工业六氟化硫》、DL/T 920—2005《六氟化硫气体中空气、四氟化碳的气相色谱测定法》、DL/T 941—2005《运行中变压器用六氟化硫质量标准》。

气相色谱法测定 SF_6 气体中空气、CF_4 含量的原理如下：SF_6 试样通过色谱柱，使待测组分分离，由热导检测器检测并由记录系统记录色谱图。根据标准样品的保留值定性，用归一化法计算有关组分的含量。

归一化法是一种色谱定量分析方法。试样中所有组分全部洗出，在检测器上产生相应的色谱峰响应，同时已知其相对定量校正因子，可用归一化法测定各组分含量，即

$$\omega_i = \frac{m_i}{m_1 + m_2 + \cdots + m_i + \cdots + m_n} = \frac{A_i f_i'}{\sum A_i f_i} \times 100\% \qquad (11\text{-}13)$$

归一化法不必称样和定量进样，可避免由此引起的不确定因素。分离条件一定范围内对定量准确度影响较小，适用于多组分同时定量测定。

SF_6 气体通过色谱柱时，被测样品中的中空气（N_2、O_2）、CF_4 含量和 SF_6 组分完全分离，通过热导检测器检测，在工作站软件中计算出各组分的质量百分数，即

$$w_i = \frac{f_i A_i}{\sum (f_i A_i)} \times 100 \qquad (11\text{-}14)$$

式中　w_i——组分的质量分数，%；

　　　f_i——组分的校正因子；

　　　A_i——组分的峰面积。

【任务准备】

回顾所学内容，思考以下问题：

（1）SF_6 新气的检测项目有哪些？

（2）气相色谱仪热导检测器工作原理是什么？

【任务实施】

一、仪器和材料

（1）SF_6 气相色谱仪。

（2）氢气，纯度 99.99%。

（3）SF₆ 气体（新气）。

二、操作步骤

1. 开机

打开主机电源、气源、电脑电源开关。打开钢瓶总阀和减压阀并将输出压力调节到 0.3MPa。启动电脑，运行 SF₆ 色谱分析工作站，进入工作站初始界面。检查通信是否正常（温度显示值为环境温度），经选工作站的"自动化控制功能"，色谱仪工作站自动判断工作条件，智能控制升温、加桥流。

2. 样品检测

（1）当工作站控制面板上"状态"灯亮后，如果基线稳定，可以进行样品检测。点"样品采集"，会弹出"样品参数"窗口，如图 11-22 所示，按照自己所做样品进行实际输入。

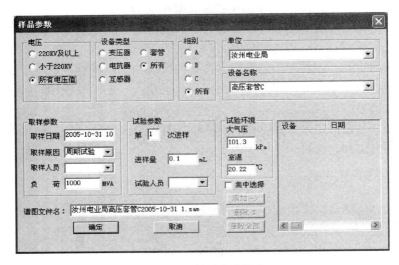

图 11-22　样品参数设定

（2）确认六通阀在"吹扫"状态，打开 SF₆ 钢瓶总阀和减压阀，调节压力到 0.4MPa，打开主机前面板上的样品开关阀让样气吹扫管路，吹扫时长视样品管路的状况而定，如果分析前样品管路与大气接触，则应吹扫 3min 以上，确保管路中空气被吹扫干净。

（3）在样气吹扫过程中在工作站中选好样品，准备采集。样品吹扫结束后，关闭主机前面的样品开关阀，平衡半分钟之后将六通阀顺时针方向旋转至进样状态，此时工作站自动启动分析，开始采集数据。

（4）检测数据会实时的显示在采集通道中，数据采集完毕自动计算出各组分的百分含量。

（5）由于 SF₆ 新气中所能够检测的其他杂质组分含量数量级都在 10^{-6}，只有空气、CF₄ 组分的允许含量在 10^{-4}，一般以常用的差减法计算，即以 SF₆ 为 100% 计，减去测出的空气、CF₄ 组分含量，结果为 SF₆ 气体的纯度。

3. 关机

样品检测结束后，关闭 SF₆ 钢瓶总阀和主机前面板上的样品开关阀。关闭电源，然后关闭载气瓶的总阀和主机载气开关阀。拆掉各气路管并扎好，用封帽将样气进口和载气进口堵住。

4. 注意事项

（1）由于 USB 设备是即插即拔器件，运行中出现意外情况时会挂起，因此如果使用中出现通信中断（工作站显示无数据上传），需关闭工作站软件后，重新拔插 USB 通信线。

（2）先连接好色谱主机，再运行工作站，这样自动化控制功能会生效。

（3）SF_6 分解产物属于有毒物质，在仪器操作过程中，做好相应的防护工作，室内保持通风，废气排出室外，防止操作人员中毒。

【学习情境总结】

电厂油化验员岗位人员必须掌握气相色谱分析方法。通过本学习情境，可以掌握油中溶解气体组分含量、油中含气量以及 SF_6 气体中空气、CF_4 的测定方法。

国标规定油中溶解气体组分含量检测七组分：H_2、CO、CO_2、CH_4、C_2H_6、C_2H_4、C_2H_2。本学习情境主要介绍了现场普遍采用的机械振荡脱气法脱出油中溶解气体。该法采用氮气作为平衡载气，用机械振荡法脱出油中溶解气体，再用气相色谱仪测定脱出气体组分含量，通过溶解平衡原理计算出各组分气体含量。色谱分析结果可以用于充油电气设备潜伏性故障诊断，判断方法采用三比值法，依据标准为 GB/T 7252—2001。

油中含气量测定九组分：H_2、CO、CO_2、CH_4、C_2H_4、C_2H_6、C_2H_2、N_2、O_2，与油中溶解气体组分含量相比，增加了 N_2 和 O_2 两组分。该法采用氩气作为平衡载气，用机械振荡脱气法脱出试油中的溶解气体，用气相色谱仪器分离、检测九种成分。GB/T 7595 规定：对于投入运行前的油，含气量应<1%。对于运行油，设备电压等级 750～1000kV，含气量≤2%；设备电压等级 330～500kV，含气量≤3%；电抗器，含气量≤5%。

SF_6 气体中空气、CF_4 的气相色谱测定法依据标准为 GB/T 12022—2006、DL/T 920—2005、DL/T 941—2005。该法采用专用的 SF_6 色谱仪分离分析 SF_6、空气、CF_4，采用归一化法计算空气、CF_4 含量，采用差减法计算 SF_6 气体纯度。

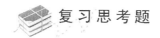
复习思考题

1. 简述变压器油中溶解气体的来源。
2. 运行变压器的故障类型有哪些？其产气特征有什么不同？
3. 简述机械振动脱气法的基本原理。
4. 标准气体使用中有哪些注意事项？
5. 影响油中溶解气体组分含量测定结果可靠性的因素有哪些？
6. 某变压器油量为 $50m^3$，油中溶解气体分析结果见表 11-10，求该变压器的绝对产气速率。判断是否存在故障，如有故障，试判断故障点的温度

表 11-10　　　　　　　　　　　油中溶解气体分析结果

测试日期	油中溶解气体组分含量（μL/L）						
	H_2	CH_4	C_2H_6	C_2H_4	C_2H_2	CO	CO_2
2008 年 3 月 12 日	143	195	62	234	0	286	1876
2008 年 6 月 12 日	423	508	182	657	0	488	2003

7. 检测 SF_6 气体时为什么要将气瓶放倒，尾部垫高？

学习情境十二

红 外 分 光 光 度 法

 【学习情境描述】

　　红外光谱是一种分子吸收光谱。红外光区波长范围为 $0.78 \sim 1000 \mu m$，波数为 $12\,800 \sim 10 cm^{-1}$。红外分光光度法是利用物质分子对红外辐射的特征吸收，来鉴别分子结构或定量的方法。红外光谱最重要的应用是对有机物的定性和定量分析。在电厂水煤油气分析检验工作中，可以采用红外分光光度法测定水中油、变压器油中 T501（2,6-二叔丁基对甲酚）等。除此之外，经常在检测仪器中利用红外检测原理定量测定 SO_2、CO_2、$H_2O(g)$ 等气体。

　　本单元设计以下四项任务：测定苯甲酸红外光谱图、测定 SF_6 气体中矿物油含量、测定变压器油中 T501 的含量、测定水中矿物油含量。

　　通过任务一苯甲酸红外谱图的测定，使学生了解傅里叶变换红外光谱仪的工作原理和结构，掌握傅里叶红外光谱仪的操作方法，掌握吸收池的材质和使用要求。通过任务二 SF_6 气体中矿物油含量的测定，使学生进一步熟悉红外光谱仪的使用方法，掌握红外光谱标准曲线的绘制方法，掌握 SF_6 气体中矿物油含量的测定意义、结果计算方法和技术要求。通过任务三变压器油中 T501 含量的测定，使学生进一步熟悉红外光谱标准曲线的绘制方法，掌握变压器油中 T501 含量的测定方法和测定中的技术要求。通过任务四测定水中油含量，使学生进一步熟悉红外光谱仪的工作原理与结构，掌握红外测定水中油含量的测定方法和测定中的技术要求。

【教学目标】

　　1. 知识目标

　　（1）掌握红外光谱的产生及其特点；

　　（2）了解傅里叶变换红外光谱仪的基本原理与构造；

　　（3）掌握用压片法制作固体试样晶片的方法；

　　（4）掌握 SF_6 气体中矿物油含量的测定原理；

　　（5）掌握变压器油中 T501 含量的测定原理；

　　（6）掌握水中油含量的测定原理。

　　2. 能力（技能）目标

　　（1）能正确使用红外光谱仪；

　　（2）能根据测定要求制作固体样品晶片；

　　（3）能正确测定 SF_6 气体中矿物油含量；

　　（4）能正确测定变压器油中 T501 含量；

　　（5）能正确测定水中油含量。

【教学环境】

教学场所具有黑板、计算机、投影仪，可播放 PPT 课件及教学视频。实训场所具有红外光谱仪、压饼机、化学分析常用玻璃器皿等。

【相关知识】

红外光谱的研究对象是分子振动时伴随偶极矩变化的有机及无机化合物，而除了单原子分子及同核的双原子分子外，几乎所有的有机物都有红外吸收，因此应用广泛。红外光谱具有特征性，不受试样的某些物理性质如聚集状态、熔点、沸点及蒸气压的限制，样品用量少且可回收，属非破坏性分析，分析速度快，可用于物质的定性、定量分析。

一、红外光区的划分

红外光区在可见光区和微波光区之间，波长范围约为 $0.75\sim1000\mu m$，根据仪器技术和应用不同，习惯上又将红外光区分为三个区：近红外光区 $0.75\sim2.5\mu m$，中红外光区 $2.5\sim25\mu m$，远红外光区 $25\sim300\mu m$，红外光区的划分见表 12-1。

表 12-1 　　　　　　　　　　　　红 外 光 区 的 划 分 表

区域名称		波长（μm）	波数（cm^{-1}）	能级跃迁类型
近红外区	泛频区	$0.75\sim2.5$	13 158～4000	OH、NH、CH 键的倍频吸收
中红外区	基本振动区	$2.5\sim25$	4000～400	分子振动/伴随转动
远红外区	分子转动区	$25\sim300$	400～10	分子转动

近红外光区的吸收带主要是由低能电子跃迁、含氢原子团（如 O—H、N—H、C—H）伸缩振动的倍频吸收产生。该区的光谱可用来研究稀土和其他过渡金属离子的化合物，并适用于水、醇、某些高分子化合物以及含氢原子团化合物的定量分析。

中红外光区吸收带是绝大多数有机化合物和无机离子的基频吸收带（由基态振动能级（$\nu=0$）跃迁至第一振动激发态（$\nu=1$）时，所产生的吸收峰称为基频峰）。由于基频振动是红外光谱中吸收最强的振动，所以该区最适于进行红外光谱的定性和定量分析。同时，由于中红外光谱仪最为成熟、简单，而且目前已积累了该区大量的数据资料，因此它是应用极为广泛的光谱区。通常，中红外分光光度法又简称为红外分光光度法。

远红外光区吸收带是由气体分子中的纯转动跃迁、振动-转动跃迁、液体和固体中重原子的伸缩振动、某些变角振动、骨架振动以及晶体中的晶格振动所引起的。由于低频骨架振动能灵敏地反映出结构变化，所以对异构体的研究特别方便。此外，还能用于金属有机化合物（包括络合物）、氢键、吸附现象的研究。但由于该光区能量弱，除非其他波长区间内没有合适的分析谱带，一般不在此范围内进行分析。

二、红外光谱基本原理

当一定频率（一定能量）的红外光照射分子时，如果分子某个基团的振动频率和外界红外辐射频率一致，二者就会产生共振。此时，光的能量通过分子偶极矩的变化传递给分子，这个基团就吸收一定频率的红外光，产生振动跃迁（由原来的基态跃迁到了较高的振动能级），从而产生红外吸收光谱。如果红外光的振动频率和分子中各基团的振动频率不一致，该部分红外光就不会被吸收。用连续改变频率的红外光照射某试样，将分子吸收红外光的情况用仪器记录下来，记录物质红外光的百分透射比与波数或波长关系的曲线即 T-λ 或 T-σ 曲线，就是红外吸收光谱。由于振动能级的跃迁伴随有转动能级的跃迁，因此所得的红外光谱不是简单的吸收线，而是一个个吸收带。

以苯酚的红外光谱图（见图 12-1）为例。图中纵坐标为透光度 T，因此吸收峰为倒峰，方向与以吸光度为纵坐标的紫外-可见吸收光谱相反。由于中红外区的波数范围为 $4000\sim400\text{cm}^{-1}$，用波数描述吸收谱带的位置较为简单，因此，红外光谱图一般采用波数等间隔分度的横坐标（称为线性波数标尺）表示。

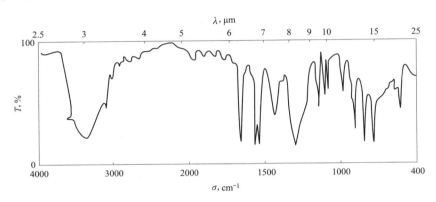

图 12-1　苯酚的红外光谱图

与紫外-可见吸收光谱曲线相比，红外吸收光谱曲线出现的频率范围低，横坐标一般用微米或波数（cm^{-1}）表示，峰的方向相反，吸收峰数目多，图形复杂，吸收强度低。

三、红外光谱特征吸收峰

红外谱图有两个重要区域。$4000\sim1300\text{cm}^{-1}$ 的高波数段官能团区和 1300cm^{-1} 以下的低波数段指纹区。

组成分子的各种基团，如 O—H、N—H、C—H、C=C、C=O 和 C≡C 等，都有自己的特定的红外吸收区域，分子的其他部分对其吸收位置影响较小。通常把这种能代表基团存在、并有较高强度的吸收谱带称为基团频率，其所在的位置称为特征吸收峰。

1. 官能团区

官能团区的峰是由伸缩振动产生的，H_2O 和 CO_2 的伸缩振动及其特征吸收见图 12-2 和图 12-3。基团的特征吸收峰一般位于该区域，且分布较稀疏，容易分辨。同时，它们的振动受分子中剩余部分的影响小，是基团鉴定的主要区域。含氢官能团、含双键或三键的官能团，如 OH、NH 以及 C=O 等重要官能团在该区有吸收。如果待测化合物在某些官能团应该出峰的位置无吸收，则说明该化合物不含有这些官能团。

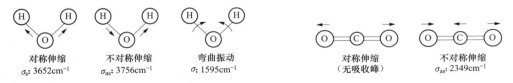

图 12-2　水分子的振动　　　　　　　　图 12-3　CO_2 分子的伸缩振动

在水煤油气分析检验任务中用到的特征吸收峰大致归纳如下：

（1）OH 的伸缩振动。O—H 基的伸缩振动出现在 $3650 \sim 3200 cm^{-1}$ 范围内，是判断醇类、酚类和有机酸类是否存在的重要依据。电厂绝缘油中的抗氧化剂 T501 为 2,6-二叔丁基对甲酚（其分子结构图见图 12-4），含有游离羟基。游离 O—H 基的伸缩振动吸收出现在 $3650 \sim 3580 cm^{-1}$ 处，峰形尖锐，无其他峰干扰；形成氢键后键移向低波数，在 $3400 \sim 3200 cm^{-1}$ 处产生宽而强的吸收。另外，若试样含有微量水分时，在 $3300 cm^{-1}$ 附近会有水分子的吸收。

图 12-4　2,6-二叔丁基对甲酚

（2）C—H 吸收。C—H 吸收出现在 $3000 cm^{-1}$ 附近，分为饱和与不饱和两种。

饱和 C—H（三元环除外）出现在小于 $3000 cm^{-1}$ 处，取代基对它们影响很小，位置变化在 $10 cm^{-1}$ 以内。—CH_3 基的对称与反对称伸缩振动吸收峰分别出现在 $2876 cm^{-1}$ 和 $2960 cm^{-1}$ 附近；而—CH_2 基分别在 $2850 cm^{-1}$ 和 $2930 cm^{-1}$ 附近；—CH 基的吸收峰出现在 $2890 cm^{-1}$ 附近，强度很弱。

不饱和 C—H 在大于 $3000 cm^{-1}$ 处出峰，据此可判别化合物中是否含有不饱和的 C—H 键。如双键═C—H 的吸收出现在 $3010 \sim 3040 cm^{-1}$ 范围内，末端═CH_2 的吸收出现在 $3085 cm^{-1}$ 附近。三键≡CH 上的 C—H 伸缩振动出现在更高的区域（$3300 cm^{-1}$）。苯环的 C—H 键伸缩振动出现在 $3030 cm^{-1}$ 附近，谱带比较尖锐。

以 1-己炔的红外光谱图（见图 12-5）为例，从中可以看到典型的 三键≡CH 上的 C—H 缩振动、C—H 伸缩振动、C≡C 伸缩振动等。

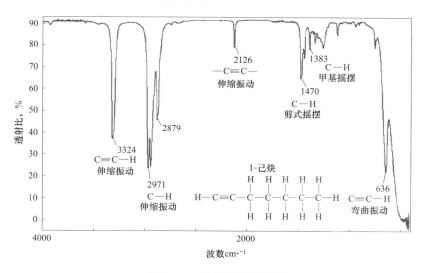

图 12-5　1-己炔红外光谱图

（3）双键伸缩振动。C═O 伸缩振动出现在 $1820 \sim 1600 cm^{-1}$，其波数大小顺序为酰卤＞酸酐＞酯＞酮类、醛＞酸＞酰胺，是红外光谱中极具特征的且往往是最强的吸收，据此很易判断以上化合物。另外，酸酐的羰基吸收带由于振动偶合而呈现双峰。

C═C、C═N 和 N═O 伸缩振动位于 $1680 \sim 1500 cm^{-1}$。分子比较对称时，C═C 的伸缩振动吸收很弱。单核芳烃的 C═C 伸缩振动为位于 $1600 cm^{-1}$ 和 $1500 cm^{-1}$ 附近的两个峰，反映了芳环的骨架结构，用于确认有无芳核的存在。

2. 指纹区

(1) 1300～900cm⁻¹区。该区域为单键伸缩振动区。C—O、C—N、C—F、C—P、C—S、P—O、Si—O等单键的伸缩振动和C＝S、S＝O、P＝O等双键的伸缩振动吸收峰出现在该区域。

其中，1375cm⁻¹的谱带为甲基的$\delta_{C—H}$对称弯曲振动，对识别甲基十分有用，C—O的伸缩振动在1300～1050cm⁻¹，包括醇、酚、醚、羧酸、酯等，为该区域最强的峰，较易识别。

(2) 900～650cm⁻¹区。该区域的某些吸收峰可用来确认化合物的顺反构型。

四、红外光谱仪

红外光谱仪仪器类型分为色散型红外光谱仪和傅里叶变换红外光谱。

1. 色散型红外光谱仪

色散型红外光谱仪的基本结构如图12-6所示。自光源发出的光分为两束，一束透过试样池，一束透过参比池，两束光经扇形镜调制后进入单色器，再交替到达检测器，产生与光强差成正比的交流电压信号。

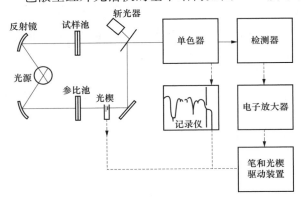

图 12-6　色谱型红外光谱仪的结构

色散型红外分光光度计的光学设计与双光束紫外-可见分光光度计主要区别：色散型红外分光光度计的参比和样品池总是放在光源和单色器之间，而紫外-可见分分光光度计则是放在单色器的后面。除此之外，两者没有很大区别。

色散型红外光谱仪由于采用了狭缝，能量受到限制，其在远红外区能量很弱；它的扫描速度慢，难以进行一些动态的研究，也难以与其他仪器（如色谱）联用；对吸收红外辐射很强的或者信号很弱样品的测定及痕量组分的分析也受到限制。

2. 傅里叶变换红外光谱仪

傅里叶变换红外光谱仪是20世纪70年代发展起来的新一代红外光谱仪，它具有以下特点：一是扫描速度快，可以在1s内测得多张红外谱图；二是光通量大，可以检测透射较低的样品，可以检测气体、固体、液体、薄膜和金属镀层等不同样品；三是分辨率高，便于观察气态分子的精细结构；四是测定光谱范围宽，只要改变光源、分束器和检测器的配置，就可以得到整个红外区的光谱。广泛应用于有机化学、高分子化学、无机化学、化工、催化、石油、材料、生物、医药、环境等领域。

(1) 傅里叶变换红外光谱仪的结构与原理。傅里叶变换红外光谱仪的结构和工作原理如图12-7和图12-8

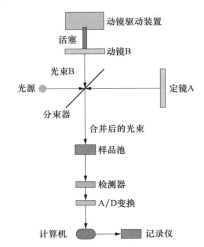

图 12-7　傅里叶变换红外光谱仪结构

所示。

（2）光谱仪的组成。傅里叶变换红外光谱仪的组成主要有光源、迈克尔逊干涉仪、检测器、记录系统等。光源的作用是要求光源能发射出稳定、能量强、发散度小的具有连续波长的红外光，一般用能斯特灯、硅碳棒或涂有稀土金属化合物的镍铬旋状灯丝；迈克尔逊干涉仪是 FT-IR 的核心部分，由定镜、动镜、分束器和探测器组成，核心

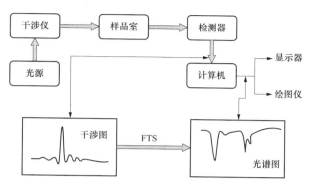

图 12-8 傅里叶变换红外光谱仪的工作原理

部件是分束器；检测器，一般可分为热检测器和光检测器两大类；记录系统是指红外工作软件，傅里叶变换红外光谱仪红外谱图的记录、处理一般都是在计算机上进行的，通过傅里叶变换计算将干涉图转换成人们常见的光谱图。

光源发出的辐射经干涉仪转变为干涉光，通过试样后，包含的光信息需要经过数学上的傅里叶变换解析成普通的谱图。

固定平面镜、分光器和可调凹面镜组成傅里叶变换红外光谱仪的核心部件——迈克尔干涉仪。由光源发出的红外光经过固定平面镜反射镜后，由分光器分为两束：50%的光透射到可调凹面镜，另外 50%的光反射到固定平面镜。

可调凹面镜移动至两束光光程差为半波长的偶数倍时，这两束光发生相长干涉，干涉图由红外检测器获得，经过计算机傅里叶变换处理后得到红外光谱图。

五、红外光谱仪的日常维护

（1）红外光谱仪开机后很快就可以稳定，光源通电 15min 后就可以达到能量最高，开机 30min 后就可以测试样品。为了延长仪器寿命，下班后最好关机，将供电电源全部断掉，这样能够确保仪器的安全。红外仪器的电源变压器、红外光源、He-Ne 聚光器以及线路板都是有寿命的，所以仪器不使用时，最好处于关机状态。

（2）在夏天，空气湿度太大，对仪器非常不利，所以，要求实验室环境要保证温度 18～28℃，湿度在 60%以下。红外仪器零部件中，分束器是最容易损坏的，其次是 DTGS 检测器。中红外分束器基质是溴化钾晶片，DTGS 检测器窗口材料也是溴化钾晶体的，所以中红外分束器和 DTGS 检测器最怕潮湿，当指示片变白后及时更换干燥剂，换下的干燥剂放入烘箱里，100℃下烘烤 7h 左右后放入干燥器皿。

（3）为防止仪器受潮而影响使用寿命，红外实验室应经常保持干燥，即使仪器不用，也应每周开机至少两次，每次半天，同时开除湿机除湿。特别是梅雨季节，最好是能每天开除湿机。

（4）如所用的是单光束型傅里叶红外分光光度计（目前应用最多），实验室里的 CO_2 含量不能太高，因此实验室里的人数应尽量少，无关人员最好不要进入，还要注意适当通风换气。

任务一　测定苯甲酸红外光谱图

📖【教学目标】

通过对本项任务的学习，使学生在知识方面了解傅里叶变换红外光谱仪的基本工作原理与构造，了解通过测定已知样品的红外光谱，初步掌握红外光谱仪的一般操作程序与技术，学习样品制备的方法。在技能方面，掌握红外光谱仪的操作方法，掌握红外光谱仪的样品制备技术。态度能力方面，能主动积极参与问题讨论，具有严谨细致、一丝不苟的职业素质，具有安全意识，具有团队协作能力。

🎙【任务描述】

苯甲酸的结构如图 12-9 所示，通过制作固体苯甲酸晶片，测定其红外光谱图，使学生掌握固体样品红外光谱图的绘制方法。通过苯甲酸红外光谱图，使学生了解红外吸收光谱的特点，了解主要基团的特征吸收峰。

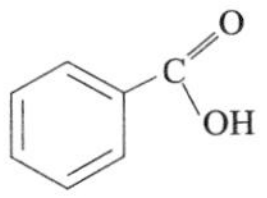

图 12-9　苯甲酸的结构

🤝【任务准备】

查阅有关资料，了解苯甲酸的红外光谱图绘制方法，了解红外光谱仪的基本工作原理与构造。

⚙【任务实施】

本项工作任务是用溴化钾晶体稀释苯甲酸试样，研磨均匀后，压制成晶片，扫描试样的红外吸收光谱。

一、仪器和材料

近红外傅里叶红外光谱仪、粉末压片机、玛瑙研钵、快速红外干燥仪、KBr（A. R.）、苯甲酸（G. R.）。

二、操作步骤

（1）固体样品的制备——溴化钾压片。溴化钾使用前应适当研细（$2.5\mu m$ 以下），并在 120℃以上烘 4h 以上后置干燥器中备用。如发现结块，则应重新干燥。制备好的空 KBr 片应透明，与空气相比，透光率应在 75% 以上。

具体制样步骤：取 $1\sim2mg$ 干燥试样放入玛瑙研钵中，加入 100mg 左右的溴化钾粉末，磨细研匀。用压模机（见图 12-10）压制样品。按顺序放好压模的底座、底模片、试样纸片和压模体，然后，将研磨好的含试样的溴化钾粉末小心放入试样纸片中央的孔中，将压杆插入压模体，在插到底后，轻轻转动使加入的溴化钾粉末铺匀。把整个压模放到压片机的工作台垫板上，旋转压力丝杆手轮压紧压模，顺时针旋转放油阀到底，然后缓慢上下压动压把，观察压力表。当压力达 $7\sim9t$ 时，停止加压，维持 $2\sim3min$，反时针旋转放油阀，压力解除，压力表指针回到"0"，旋松压力丝杆手轮，取出压模，即可得

图 12-10　压模机

到固定在试样纸片孔中的透明晶片。

（2）测绘苯甲酸的红外吸收光谱。将苯甲酸-溴化钾晶片放在红外光谱仪的支架上，以空气为参比，扫描红外光谱图。

（3）简单分析苯甲酸的红外光谱图。

三、结果与分析

苯甲酸的红外光谱图的红外谱图如图 12-11 所示。

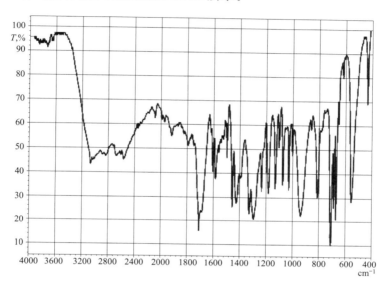

图 12-11　苯甲酸红外光谱图

1. 官能团区

（1）在 $1600\sim1581cm^{-1}$、$1419\sim1454cm^{-1}$ 内出现四指峰，由此确定存在单核芳烃 C＝C 骨架，所以存在苯环。

（2）在 $2000\sim1700cm^{-1}$ 区域有锯齿状的倍频吸收峰，所以为单取代苯。

（3）在 $1683cm^{-1}$ 存在强吸收峰，这是羧酸中羧基的振动产生的。

（4）在 $3200\sim2500cm^{-1}$ 区域有宽吸收峰，所以有羧酸的 O—H 键伸缩振动。

2. 指纹区

$700cm^{-1}$ 左右的 $705cm^{-1}$ 和 $667cm^{-1}$ 为单取代苯 C—H 变形振动的特征吸收峰。

器【能力拓展】

样 品 制 备 技 术 简 介

不同的样品状态（固体、液体、气体及黏稠样品）需要与之相应的制样方法。制样方法的选择和制样技术的好坏直接影响谱带的频率、数目和强度。

一、固体样品制样

固体样品采用压模机制样。压模机由压杆和压舌组成。压舌的直径为 13mm，两个压舌的表面光洁程度很高，以保证压出的薄片表面光滑。因此，使用时要注意样品的粒度、湿度和硬度，以免损伤压舌表面的光洁度。

　　组装压模时，将其中一个压舌光洁面朝上放在底座上，并装上压片套圈，加入研磨后的样品，再将另一压舌光洁面朝下压在样品下，轻轻转动以保证样品面平整，最后顺序放在压片套筒、弹簧和压杆，通过液压器加压力至7～9t，保持2～3min。

　　固体样品压制时应注意以下几点：

　　（1）红外光谱测定最常用的试样制备方法是溴化钾（KBr）压片法，因此为减少对测定的影响，所用KBr最好应为光学试剂级，至少也要分析纯级。

　　（2）如试验样品为盐酸盐，因考虑到在压片过程中可能出现的离子交换现象，标准规定用氯化钾（也同溴化钾一样预处理后使用）代替溴化钾进行压片，但也可比较氯化钾压片和溴化钾压片后测得的光谱，如二者没有区别，则可使用溴化钾进行压片。

　　（3）压片法时取用的供试品量一般为1～2mg，因不可能用天平称量后加入，并且每种样品对红外光的吸收程度不一致，故常凭经验取用。一般要求所得的光谱图中绝大多数吸收峰处于10%～80%透光率范围在内。最强吸收峰的透光率如太大（如大于30%），则说明取样量太少；相反，如最强吸收峰为接近透光率为0%，且为平头峰，则说明取样量太多，此时均应调整取样量后重新测定。

　　（4）压片时KBr的取用量一般为200mg左右（也是凭经验），应根据制片后的片子厚度来控制KBr的量，一般片子厚度应在0.5mm以下，厚度大于0.5mm时，常可在光谱上观察到干涉条纹，对供试品光谱产生干扰。

　　（5）压片时，应先取样品研细后再加入KBr再次研细研匀，这样比较容易混匀。研磨所用的应为玛瑙研钵，因玻璃研钵内表面比较粗糙，易黏附样品。研磨时应按同一方向（顺时针或逆时针）均匀用力，如不按同一方向研磨，有可能在研磨过程中使供试品产生转晶，从而影响测定结果。研磨力度不用太大，研磨到试样中不再有肉眼可见的小粒子即可。试样研好后，应通过一小的漏斗倒入到压片模具中（因模具口较小，直接倒入较难），并尽量把试样铺均匀，否则压片后试样少的地方的透明度要比试样多的地方的低，并因此对测定产生影响。另外，如压好的片子上出现不透明的小白点，则说明研好的试样中有未研细的小粒子，应重新压片。

　　（6）测定用样品应干燥，否则应在研细后置红外灯下烘几分钟使干燥。试样研好并在模具中装好后，应与真空泵相连后抽真空至少2min，以使试样中的水分进一步被抽走，然后再加压到7～9t，维持2～3min。不抽真空将影响压片的透明度。

　　（7）压片用模具用后应立即把各部分擦干净，必要时用水清洗干净并擦干，置干燥器中保存，以免锈蚀。

　　二、液体样品制样

　　液体池构造如图12-12所示。液体池是由后框架、窗片框架、垫片、后窗片、间隔片、前窗片和前框架七部分组成。一般后框架和前框架由金属材料制成；前窗片和后窗片为氯化钠、溴化钾等晶体薄片；间隔片常由铝箔和聚四氟乙烯等材料制成，起着固定液体样品的作用，厚度为

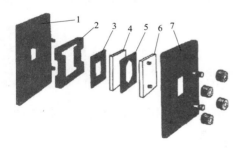

图12-12　液体池构造

1—后框架；2—窗片框架；3—垫片；4—后窗片；

5—聚四氟乙烯间隔片；6—前窗片；7—前框架

$0.01\sim2mm$。

1. 液体池的装样操作

将吸收池倾斜$30°$，用注射器（不带针头）吸取待测的样品，由下孔注入直到上孔看到样品溢出为止，用聚四氟乙烯塞子塞住上、下注射孔，用高质量的纸巾擦去溢出的液体后，便可进行测试。

在液体池装样操作过程中，应注意以下几点：①灌样时要防止气泡；②样品要充分溶解，不应有不溶物进入液体池内；③装样品时不要将样品溶液外溢到窗片上。

2. 液体池的清洗操作

测试完毕，取出塞子，用注射器吸出样品，由下孔注入溶剂，冲洗2、3次。冲洗后，用吸耳球吸取红外灯附近的干燥空气吹入液体池内以除去残留的溶剂，然后放在红外灯下烘烤至干，最后将液体池存放在干燥器中。液体池在清洗过程中或清洗完毕时，不要因溶剂挥发而致使窗片受潮。

3. 液体池厚度的测定

根据均匀的干涉条纹的数目可测定液体池的厚度。测定的方法是将空的液体池作为样品进行扫描，由于两盐片间的空气对光的折射率不同而产生干涉。根据干涉条纹的数目计算液体池厚（见图12-13）。

一般选$1500\sim600cm^{-1}$较好，计算公式为

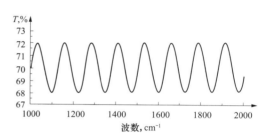

图12-13 波数与透射率之间关系

$$b = \frac{n}{2}\frac{1}{\overline{\nu_1} - \overline{\nu_2}} \tag{12-1}$$

式中　b——液体池厚度，cm；

$\quad n$——两波数间所夹的完整波形个数；

$\quad \overline{\nu_1}$、$\overline{\nu_2}$——起始和终止的波数，cm^{-1}。

三、载样材料的选择

目前以中红外区$4000\sim400cm^{-1}$应用最为广泛，一般的光学材料为氯化钠$4000\sim600cm^{-1}$、溴化钾$4000\sim400cm^{-1}$。这些晶体很容易吸水使表面不透明，影响红外光的透过。因此，所用的盐片应放在干燥器内，要在湿度小的环境下操作。

任务二　油中 T501 含量的测定

〖教学目标〗

通过本项任务的学习，使学生进一步熟悉红外光谱仪的使用方法，掌握变压器油、汽轮机油中 T501 抗氧化剂含量红外分光光度法的测定原理，进一步掌握标准曲线的绘制方法。在技能方面，能熟练掌握该测定方法和测定中的技术要求，掌握测定结果的数据处理方法。态度能力方面，能主动积极参与问题讨论，具有严谨细致、一丝不苟的职业素质，具有安全意识，具有团队协作能力。

⬦ 【任务描述】

利用变压器油和汽轮机油中由于添加了 T501（2,6-二叔丁基对甲酚）抗氧化剂后在 $3650cm^{-1}$（$2.74\mu m$）波数处出现酚羟基伸缩振动吸收峰，该吸收峰的吸光度与 T501 浓度成正比关系，通过绘制标准曲线，从而求出其在油样中的重量百分含量。

本方法适用于未启用或已用过的变压器油和汽轮机油中 T501 的测定。测量范围为 0.1%～0.5%，如有特殊需要，可扩大测定范围。最小检测线为 0.005%。

⬦ 【任务准备】

查阅有关资料，了解红外分光光度法测定变压器油、汽轮机油中 T501 抗氧化剂含量的方法原理。

⬦ 【任务实施】

一、仪器和材料

（1）红外分光光度计。

（2）液体吸收池：在 $3800\sim3500cm^{-1}$ 范围内透明、无选择性吸收的任何材料的池窗（常用池窗有 KBr，NaCl）、光程长 0.3～1.0mm（也可根据不同的仪器状况，选择合适程长）的吸收池。

（3）洗耳球。

（4）注射器：1～2mL。

（5）分析天平：准确度 0.000 1g。

（6）搅拌器。

（7）四氯化碳：化学纯。

（8）2,6-二叔丁基对甲酚：化学纯。

（9）浓硫酸（$\rho=1.84g/cm^3$，98%）：分析纯。

（10）干燥白土：粒度小于 200 目的白土约 500g，在 120℃下烘干 1h，保存于干燥器内。

二、准备工作

1. 基础油的制备

取变压器油或汽轮机油 1kg，加 100g 浓硫酸，边加边搅拌 20min，然后加入 10～20g 干燥白土，继续搅拌 10min，沉淀后倾出澄清油。酸、白土处理应进行两次。将第二次处理后澄清油加热至 70～80℃，再加入 100～150g 干燥白土，搅拌 20min，沉淀后倾出澄清油。如此再重复处理一次，沉淀后过滤，待用。

2. 检查基础油中是否含有 T501 抗氧化剂

将两次加热加白土处理所得澄清油缓慢注入液体吸收池，若在 $3650cm^{-1}$ 处没有吸收峰，则认为 T501 已脱干净，所得油为基础油；否则，再进行酸、白土处理，直至将 T501 脱干净为止。

3. 标准油的配制

标准油的配制：称取 T501 抗氧化剂 1.0g（称准至 0.000 1g），溶于 199.0g 基础油中

（溶解温度不应超过 70℃），制成含 0.5％T501 的标准油。此油避光保存于棕色瓶中，可以使用三个月。再称取此油 4、8、12、16g，分别溶于 16、12、8、4g 基础油中，得到 T501 含量分别为 0.1％、0.2％、0.3％、0.4％的标准油。

三、样品测试步骤

1. 标准曲线的绘制

（1）用 1～2mL 的玻璃注射器，抽取标准，缓慢地注满液体吸收池。

（2）将注满标准油液体的吸收池放在红外分光光度计的吸收池架上，记录 3800～3500cm^{-1} 段的红外光谱图，重复扫描三次。若三次扫描示值计算得到的吸光度 A 的最高值和最低值之差大于 0.010 时，则需重新测定，否则应取三次测定结果的算术平均值作为测定结果。

（3）谱图记录完后，将液体吸收池从吸收架上取下，用洗耳球将吸收池中的油样吹出，并用 CCl$_4$ 溶剂将吸收池清洗干净。

（4）按上述操作步骤分别测定含有 0.1％、0.2％、0.3％、0.4％、0.5％T501 的标准油的红外光谱谱图。

（5）吸光度图谱：读取 3650cm^{-1} 处吸收峰的最大吸光度值 A_1（精确到 0.001），并以该谱图上相邻两峰谷的公切线作为该吸收峰的基线，过 A_1 点且垂直于吸收线作一直线，与基线相交的点即为 A_0，

$$A = A_1 - A_0 \tag{12-2}$$

式中　A——含有 T501 的油样的吸光度；

A_1——含有 T501 的油样的吸光度示值；

A_0——含有 T501 的油样基线的吸光度示值

（6）取两次平行试验结果的吸光度的算术平均值作为标准油样的 A 值。

（7）用 A 值对 T501 重量百分含量绘制标准曲线。

2. 油样的测定

（1）用 1～2mL 玻璃注射器抽取油样，缓慢的注入与绘制标准曲线所用的同一个液体吸收池中。

（2）在与绘制标准曲线完全相同的仪器条件下，测定油样的吸光度，计算出油样的吸光度值，重复两遍。

（3）用求出的 A 值在标准曲线上查得 T501 的重量百分含量。

任务三　SF$_6$ 气体中矿物油含量测定法

【教学目标】

通过本项任务的学习，使学生进一步熟悉红外光谱仪的使用方法，掌握红外分光光度法测定 SF$_6$ 气体中矿物油含量的原理，掌握标准曲线的绘制方法及矿物油含量的计算方法。在技能方面，能熟练掌握该测定方法和测定中的技术要求，掌握测定结果的数据处理方法。态度能力方面，能主动积极参与问题讨论，具有严谨细致、一丝不苟的职业素质，具有安全意识，具有团队协作能力。

🎤【任务描述】

利用 SF_6 气体中矿物油在红外光谱 $2930cm^{-1}$ 波数处有吸收峰，该吸收峰的吸光度与矿物油浓度成正比关系，通过绘制标准曲线，再从标准曲线上查出吸收液中矿物油的浓度，计算其含量。

🤝【任务准备】

查阅有关资料，了解红外光谱测定 SF_6 中矿物油含量的方法原理。

⚙️【任务实施】

一、仪器和试剂

（1）红外分光光度计。

（2）液体吸收池。在 $3250 \sim 2750cm^{-1}$ 范围内，透光、无选择性吸收、光程长为 20mm 的固定吸收池（石英或氯化钠均可）。

图 12-14　封固式玻璃洗气瓶

（3）吸收装置。

1）玻璃洗气瓶：100mL 封固式、导管末端装有一个 1 号多孔熔融玻璃圆盘（微孔平均直径为 $90 \sim 150\mu m$，尺寸见图 12-14。

2）接套管：硅橡胶或氟橡胶管。

3）湿式气体流量计：$0.5m^3/h$，准确度为 $\pm 1\%$。

（4）盒式气压计。

（5）容量瓶。容量分别为 100、500mL。

（6）CCl_4，分析纯，新蒸馏的，沸点为 76～77℃。

（7）直链饱和烃矿物油（30 号压缩机油）。

二、样品测试步骤

1. 红外分光光度计的调整

按要求调整好红外分光光度计。

2. 液体吸收池的选择

在两只液体吸收池中装入新蒸馏的 CCl_4，将它们分别放在仪器的样品及参比池架上，记录 $3250 \sim 2750cm^{-1}$ 范围的光谱图。如果在 $2930cm^{-1}$ 出现反方向吸收峰，则把池架上两只吸收池的位置对调一下，做好样品及参比池的标记，计算出 $2930cm^{-1}$ 吸收峰的吸光度，在以后计算标准溶液及样品溶液的吸光度时应减去该数值。

3. 工作曲线的绘制

（1）矿物油工作液（0.2mg/mL）的配制。在 100mL 烧杯中，称取直链饱和烃矿物油 100mg（精确到 $\pm 0.2mg$），用 CCl_4 将油定量地转移到 500mL 容量瓶中并稀释至刻度。

（2）矿物油标准液的配制。用移液管向 7 个 100mL 容量瓶中分别加入 0.5(5.0)、1.0(10.0)、2.0(20.0)、3.0(30.0)、4.0(40.0)、5.0(50.0)、6.0(60.0) mL 矿物油工作液，并用 CCl_4 稀释至刻度，其溶液浓度分别为 1.0(10.0)、2.0(20.0)、4.0(40.0)、6.0(60.0)、8.0(80.0)、10.0(100.0)、12.0(120.0) mg/L。

> **注 意**
>
> ①根据需要可按括号内的取液量，配制大浓度标准液。②如果环境温度变化，使原来已经稀释至刻度的标准液液面升高或降低，不得再用 CCl_4 去调整液面。

（3）工作曲线的绘制方法。将矿物油标准液与空白 CCl_4 分别移入样品池及参比池，放在仪器的样品池架及参比池处，记录 $3250 \sim 2750 cm^{-1}$ 的光谱图，以过 $3250^{-1} cm$ 且平行于横坐标的切线为基线。计算 $2930^{-1} cm$ 吸收峰的吸光度，然后用溶液浓度相对于吸光度绘图，即得工作曲线。

4. 矿物油含量的测定

（1） SF_6 气体中矿物油的吸收。如图 12-15 所示，分别于两只洁净干燥的洗气瓶中加入 35mL CCl_4，将洗气瓶置于 0℃冰水浴中并按图 12-15 组装好。记录在湿式气体流量计处的起始环境温度、大气压力和体积读数（读准至 0.025L）。在针形阀关闭的条件下，打开钢瓶总阀，然后小心地打开并调节针形阀（或浮子流量计），使气体以最大不超过 10L/h 的流速稳定地流过洗气瓶。约流过 29L 气体时，关闭钢瓶总阀，让余气继续排出，直至流完为止。关闭针形阀，同时记录湿式气体流量计处的终结环境温度、大气压力和体积读数（读准至 0.025L）。从洗气瓶的进气端至出气端，依次拆除硅胶管节（一定要防止 CCl_4 吸收液的倒吸），撤掉冰水浴。将洗气瓶外壁的水擦干，用少量空白 CCl_4 将洗气瓶的硅胶管节连接处外壁冲洗干净，然后把两只洗气瓶中的吸收液定量地转移到同一个 100mL 容量瓶中，用空白 CCl_4 稀释至刻度。

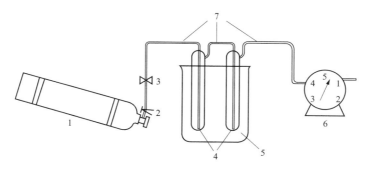

图 12-15　抽真空系统装置示意

1—SF_6 气瓶；2—氧气减压表；3—针形阀；4—封固式玻璃洗气瓶；5—冰水浴；

6—湿式气体流量计；7—硅（或氟）胶管节

> **注 意**
>
> ①往洗气瓶中加 CCl_4 时，只能用烧杯或注射针筒，而不能用硅（乳）胶管作导管。②如果由于倒吸，吸收液流经了连接的硅胶管节，此次试验结果无效。

（2）吸光度的测定。按工作曲线的绘制方法操作，测定吸收液 $2930 cm^{-1}$ 吸收峰的吸光度，再从 $c\text{-}A$ 曲线上查出吸收液中矿物油浓度。

三、结果计算

（1）按式（12-3）计算在20℃和101.325kPa时的校正体积 V_c（L），即

$$V_c = \frac{\frac{1}{2}(p_1 + p_2) \times 293}{101\,325 \times \left[273 + \frac{1}{2} \times (t_1 + t_2)\right]} \times (V_2 - V_1) \qquad (12\text{-}3)$$

式中　p_1、p_2——起始和终结时的大气压力，Pa；

　　　　t_1、t_2——起始和终结时的环境温度，℃；

　　　　V_1、V_2——湿式气体流量计上起始和终结时的体积读数，L。

（2）按式（12-4）计算矿物油总量在 SF_6 气体试样中所占的百万分率（$\mu g/g$），即

$$O_c = \frac{100a}{6.16V_c} \qquad (12\text{-}4)$$

式中　O_c——SF_6 气体中矿物油的含量，$\mu g/g$；

　　　　a——吸收液中矿物油的浓度，mg/L；

　　　　6.16——SF_6 气体密度，kg/m^3；

　　　　100——吸收液的体积，mL。

两次平行试验结果的相对误差，不应超过表12-2所列数值。取两次平行试验结果的算术平均值为测定值。

表 12-2　　　　　　　　　　　　含油量和测定允许相对误差

含油量（mg）	相对误差（%）	含油量（mg）	相对误差（%）
0.1	±25	1.0	±10
0.5	±15		

任务四　水中油的测定

🎧【教学目标】

通过本项任务的学习，使学生掌握用红外分光光度法测定水中油的原理，掌握水中油总萃取物，石油类及动、植物油含量的计算方法。在技能方面，能熟练掌握该测定方法和测定中的技术要求，掌握测定结果的数据处理方法。态度能力方面，能主动积极参与问题讨论，具有严谨细致、一丝不苟的职业素质，具有安全意识，具有团队协作能力。

🎙【任务描述】

电厂用水来自环境水体，靠近油田、炼油厂及用油企业的江河湖泊中含油量相对较高，故不同地区电厂用水中含油量可能相差较大。油在电厂用水中，同样是有害物，特别对锅炉给水来说，油含量也是应达到的控制指标之一。通过石油类和动植物油的红外谱图在 $2930cm^{-1}$（CH_2 基团中 C—H 键的伸缩振动）、$2960cm^{-1}$（CH_3 基团中 C—H 键的伸缩振动）和 $3030cm^{-1}$（芳香环中 C—H 键的伸缩振动）处有吸收，从而根据上述三个波数位置的吸光度值来计算其含量。

本方法适用于地表水、地下水、生活污水和工业废水中石油类和动、植物油的测定。样

品体积为 500mL，适用光程为 4cm 的比色皿时，方法的检出限为 0.1mg/L；样品体积为 5L 时，其检出限为 0.01mg/L。

💒【任务准备】

查阅有关资料，了解红外光谱测定水中油含量的方法原理。

1. 石油类

在规定的条件下，经 CCl_4 萃取也不被硅酸镁吸附，在波数 2930、2960、3030cm^{-1} 全部或部分谱带处有特征吸收的物质。

注：当使用其他溶剂（如三氯三氟乙烷等）或吸附剂（如 Al_2O_3、5Å 分子筛等）时，需进行测定值的校正。

2. 动、植物油

在规定的条件下，用 CCl_4 萃取，并且被硅酸镁吸附的物质。当萃取物中含有非动、植物油的极性物质时，应在测试报告中加以说明。

⚙【任务实施】

一、仪器

（1）红外分光光度计，能在 3400～2400cm^{-1} 之间进行扫描操作，并配有 1cm 和 4cm 带盖石英比色皿。

（2）分液漏斗：1000mL，活塞上不得使用油性润滑剂（最好为聚四氟乙烯活塞的分液漏斗）。

（3）容量瓶：50、100、1000mL。

（4）玻璃砂芯漏斗：G-1 型 400mL。

（5）采样瓶：玻璃瓶。

二、试剂

（1）CCl_4：在 2600～3300cm^{-1} 进行扫描，其吸光度应不超过 0.03（1cm 比色皿、空气池作参比。）

（2）硅酸镁（$MgSiO_3$）：60～100 目。取 $MgSiO_3$ 于瓷蒸发皿，置高温炉内 500℃ 加热 2h，在炉内冷至 200℃ 后，移入干燥器中冷却至室温，于磨口玻璃瓶内保存。使用时，称取适量的干燥 $MgSiO_3$ 于磨口玻璃瓶中，根据干燥 $MgSiO_3$ 的质量，按 6% 的比例加适量的蒸馏水，密塞并充分振荡数分钟，放置约 12h 后使用。

（3）吸附柱：内径 10mm、长约 200mm 的玻璃层析柱。出口处填塞少量用萃取溶剂浸泡并晾干后的玻璃棉，将已处理好的 $MgSiO_3$ 缓缓倒入玻璃层析柱中，边倒边轻轻敲打，填充高度为 80mm。

（4）无水硫酸钠（Na_2SO_4）：在高温炉内 300℃ 加热 2h，冷却后装入磨口玻璃瓶中，于干燥器内保存。

（5）氯化钠（NaCl）。

（6）盐酸（HCl）：$\rho=1.18g/mL$。

（7）氢氧化钠（NaOH）溶液：50g/L。

（8）硫酸铝［$Al_2(SO_4)_3 \cdot 18H_2O$］溶液：130g/L。

（9）正十六烷〔$CH_3(CH_2)_{14}CH_3$〕。

（10）姥鲛烷（2,6,10,14-四甲基十五烷）。

（11）甲苯（$C_6H_5CH_3$）。

注：除非另有说明，分析时均使用符合国家标准的分析纯试剂和蒸馏水或同等纯度的水。

三、测试步骤

1. 萃取

（1）直接萃取。将一定体积的水样全部倒入分液漏斗中，用盐酸调 pH≤2，用 20mL CCl_4 洗涤采样瓶后移入分液漏斗内中，加入约 20g NaCl，充分振荡 2min，并经常开启活塞排气。静置分层后，将萃取液经铺有 10mm Na_2SO_4 的玻璃砂芯漏斗流入容量瓶内。加入 20mL CCl_4 重复萃取一次。取适量的 CCl_4 洗涤玻璃砂芯漏斗，将萃取液、洗涤液一并放入容量瓶中，用 CCl_4 标至刻线、摇匀。

将萃取液分成两份，一份直接用于测定总萃取物，另一份经 $MgSiO_3$ 吸附后，用于测定石油类。

（2）絮凝富集萃取。水样中石油类和动、植物油的含量较低时，采用絮凝富集萃取法。

向一定体积的水样中加 25mL $Al_2(SO_4)_3 \cdot 18H_2O$ 溶液并搅匀，然后边搅拌边逐滴加入 25mL NaOH 溶液，待形成絮状沉淀后沉降 30min，以虹吸法弃去上层清液，加适的 HCl 溶液溶解沉淀，以下步骤按直接萃取法进行。

2. 吸附

（1）吸附柱法。取适量的萃取液通过 $MgSiO_3$ 吸附柱，弃去前约 5mL 的滤出液，余下部分接入玻璃瓶用于测定石油类。如萃取液需要稀释，应在吸附前进行。

（2）振荡吸附法。只适合于通过吸附后测得的结果基本一致的条件下采用。本法适合大批量样品的测量。

称取 3g $MgSiO_3$ 吸附剂，倒入 50mL 磨口三角瓶。加约 30mL 萃取液，密塞。将三角瓶置于康氏振荡器上，以不小于 200 次/min 的速度连续振荡 20min。萃取液经玻璃砂芯漏斗过滤，滤出液接入玻璃瓶用于测定石油类。如萃取液需要稀释，应在吸附前进行。

注：经 $MgSiO_3$ 吸附剂处理后，由极性分子构成的动、植物油被吸附，而非极性石油类不被吸附。某些非动、植物油的极性物质（如含有—C—O—、—OH 集团的极性化学品等）同时也被吸附，当水样中明显含有此类物质时，可在测试报告中加以说明。

3. 测定

（1）样品测定。以 CCl_4 作参比溶液，使用适当光程的比色皿，在 3400～2400cm^{-1} 分别对萃取液和 $MgSiO_3$ 吸附后滤出液进行扫描，于 3300～2600cm^{-1} 划一直线作基线，在 2930、2960、3030cm^{-1} 处分别测量萃取液和 $MgSiO_3$ 吸附后滤出液的吸光度 A_{2930}、A_{2960} 和 A_{3030}，并分别计算总萃取物和石油类的含量，按总萃取物与石油类含量之差计算动、植物油的含量。

（2）校正系数测定。以 CCl_4 为溶剂，分别配制 100mg/L 正十六烷、100mg/L 姥鲛烷、400mg/L 甲苯溶液。用 CCl_4 作参比溶液，使用 1cm 比色皿，分别测量三种溶液在 2930cm^{-1}、2960cm^{-1} 和 3030cm^{-1} 处的吸光度 A_{2930}、A_{2960} 和 A_{3030}。这三种溶液在上述波数处的吸光度均满足式（12-5），由此得出的联立方程式求解后，可分别得到相应的校正系数 X、Y、Z 和 F：

$$c = XA_{2930} + YA_{2960} + Z(A_{3030} - A_{2930}/F) \tag{12-5}$$

式中　　　　　　　　c——萃取溶剂中化合物的含量，mg/L；

A_{2930}、A_{2960}、A_{3030}——各对应波数下测得的吸光度值；

　　　X、Y、Z——与各 C—H 键吸光度对应的校正系数；

　　　　　　　　F——脂肪烃对芳香烃的校正因子，即正十六烷在 2930cm^{-1} 和 3030cm^{-1} 处的吸光度之比。

对于正十六烷（H）和姥鲛烷（P），由于其芳香烃含量为零，即 $A_{3030}-\dfrac{A_{2930}}{F}=0$，则

$$F=\frac{A_{2930}(\text{H})}{A_{3030}(\text{H})} \tag{12-6}$$

$$c(\text{H})=XA_{2930}(\text{H})+YA_{2960}(\text{H}) \tag{12-7}$$

$$c(\text{P})=XA_{2930}(\text{P})+YA_{2960}(\text{P}) \tag{12-8}$$

由式（12-6）可得 F 值，由式（12-7）和式（12-8）可得 X、Y 值。其中，$c(\text{H})$ 和 $c(\text{P})$ 分别为测定条件下正十六烷和姥鲛烷的浓度（mg/L）。

对于甲苯（T）则有

$$c(\text{T})=XA_{2930}(\text{T})+YA_{2960}(\text{T})+Z\left[A_{2930}(\text{T})-\frac{A_{2930}(\text{T})}{F}\right] \tag{12-9}$$

由式（12-9）可得 Z 值，其中，$c(\text{T})$ 为测定条件下甲苯的浓度（mg/L）。

可采用异辛烷代替姥鲛烷、苯代替甲苯，以相同方法测定校正系数。两系列物质在同一仪器相同波数下的吸光度不一定完全一致，但测得的校正系数变化不大。

（3）校正系数的检验。按体积比 5：3：1 分别准确量取正十六烷、姥鲛烷及甲苯配成混合烃。使用时根据所需浓度，准确称取适量的混合烃，以 CCl_4 为溶剂配成适当浓度范围（如 5、40、8mg/L 等）的混合烃系列溶液。

在 2930、2960、3030cm^{-1} 处分别测量混合烃系列溶液的吸光度 A_{2930}、A_{2960} 和 A_{3030}，按式（12-5）计算混合烃系列溶液的浓度，并与配制值进行比较。如混合烃系列溶液浓度测定值和回收率为 90%～110%，则校正系数可采用，否则应重新测定校正系数并检验，直至符合条件为止。

用异辛烷代替姥鲛烷、苯代替甲苯测定校正系数，用正十六烷、异辛烷和苯按 65：25：10 的比例配制混合烃，然后按相同方法检验校正系数。

（4）空白试验。以水代替试料，加入与测定时相同体积的试剂，并使用相同光程的比色皿，按（3）的有关步骤进行空白试验。

四、计算方法

1. 总萃取物量

水样中总萃取物量 $c_1(\text{mg/L})$ 的计算式为

$$c_1=\left[XA_{1,2930}+YA_{1,2960}+Z(A_{1,3030}-A_{1,2930}/F)\right]\frac{V_0 Dl}{V_{\text{w}}L} \tag{12-10}$$

式中　　　X、Y、Z、F——校正系数；

$A_{1,2930}$、$A_{1,2960}$、$A_{1,3030}$——各对应波数下测得的吸光度；

　　　　　　　　V_0——萃取溶剂定容体积，mL；

　　　　　　　　V_{w}——水样体积，mL；

　　　　　　　　D——萃取液稀释倍数；

l——测定校正系数时所用比色皿的光程，cm；

L——测定水样时所用比色皿的光程，cm。

2. 石油类含量

水中石油类的含量 c_2（mg/L）的计算式为

$$c_2 = \left[XA_{2,2930} + A_{2,2960} + Z(A_{2,3030} - A_{2,2930}/F) \right] \frac{V_0 Dl}{V_w L} \qquad (12-11)$$

式中　$A_{2,2930}$、$A_{2,2960}$、$A_{2,3030}$——各对应波数下测得 $MgSiO_3$ 吸附后滤出液的吸光度。

3. 动、植物油含量

水中动、植物油的含量 c_3（mg/L）的计算式为

$$c_3 = c_1 - c_2 \qquad (12-12)$$

五、精密度和准确度

两个实验室测石油类含量为 1.44～92.6mg/L 的炼油及石油化工废水，相对标准偏差为 1.36%～9.04%。单个实验室测定石油类和动、植物油含量分别为 0.43mg/L 和 2.17mg/L 的城市生活污水，相对标准偏差分别为 14.6% 和 7.80%；测定石油类和动、植物含量分别为 4.35mg/L 和 19.3mg/L 的食品工业废水，相对标准偏差分别为 8.50% 和 1.07%。

单个实验室测定 100～300mg/L 的炼油厂污油，回收率为 72%～88%；测定 100～300mg/L 的成品油，回收率为 75%～90%；测定 80～320mg/L 的混合烃，回收率为 95%～101%；测定石油类含量为 50.0mg/L 的人工水样，当动、植物（猪油、牛油、豆油和芝麻油）的加标量为 30.2～43.0mg/L 时，回收率为 94%～107%。

【学习情境总结】

本学习情境介绍红外分光光度法的基本原理。

任务一测定苯甲酸红外光谱图，介绍苯甲酸样品的制作方法，用制备的苯甲酸试片扫描红外光谱图，并观测其红外光谱图的特点。

任务二介绍油中 T501 含量测试方法。油中添加了 T501（2,6－二叔丁基对甲酚）抗氧化剂后在 3650cm^{-1}（2.74μm）波数处出现酚羟基伸缩振动吸收峰，该吸收峰的吸光度与 T501 浓度成正比关系，通过绘制标准曲线，从而求出其在油样中的重量百分含量。

任务三介绍 SF_6 气体中矿物油含量的测定方法。利用 SF_6 气体中矿物油在红外光谱 2930cm^{-1} 波数处有吸收峰，该吸收峰的吸光度与矿物油浓度成正比关系，通过绘制标准曲线，再从标准曲线上查出吸收液中矿物油的浓度，计算其含量。

任务四介绍水中油的测定方法。该方法适用于地表水、地下水、生活污水和工业废水中石油类和动、植物油的测定。水中油类物质是由烷烃、环烷烃及芳香烃组成的混合物，可用 CCl_4 萃取，测定总萃取物。然后将萃取液用 $MgSiO_3$ 吸附其中动植物油等极性物质后，测定石油类含量。石油类和动植物油的红外谱图在 2930cm^{-1}（CH_2 基团中 C—H 键的伸缩振动）、2960cm^{-1}（CH_3 基团中 C—H 键的伸缩振动）和 3030cm^{-1}（芳香环中 C—H 键的伸缩振动）处有吸收，可根据上述三个波数位置的吸光度值计算其含量。

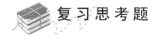 复习思考题

1. 红外光谱定性分析的基本依据是什么？简要叙述红外定性分析的过程。

2. 何谓指纹区？它有什么特点和用途？

3. OH 和 O 是同分异构体，如何应用红外光谱检测它们？

4. 试述红外分光光度法测定绝缘油中 T501 含量的原理。

学习情境十三

气体湿度检测方法

 【学习情境描述】

　　湿度是指气体中水蒸气的含量。SF_6 是电力行业电气设备中常用的一种绝缘气体，水分的存在会影响 SF_6 气体电气绝缘性能。此外，SF_6 设备中的水分参与 SF_6 电弧分解反应，生成有害酸性气体，腐蚀设备，影响设备的使用寿命。因此，SF_6 气体中的水分含量的监督和控制是电气设备监督的一项重要工作内容。SF_6 设备安装阶段中，在充装 SF_6 气体之前，采用 N_2 进行设备干燥，干燥过程中氮气湿度测定方法和控制标准与 SF_6 气体一致。

　　在电厂，氢冷发电机中氢气的湿度也要严格控制，否则会影响发电机部件的绝缘强度，产生腐蚀。本学习情境也介绍了氢气湿度的控制原理和测定技术要求。

　　本学习情境通过以下三项任务来学习掌握各类气体湿度的测量方法：SF_6 气体湿度的测定（重量法）、SF_6 气体湿度的测定（阻容法）、氢冷发电机氢气湿度的测定。

　　通过本学习情境，使学生掌握水的饱和蒸汽压力、湿度的定义及测定原理。通过任务一，使学生掌握重量法测定 SF_6 气体湿度的测定原理，测定中的注意事项，检测结果的计算方法。通过任务二，使学生掌握湿度测定仪的基本原理，能采用湿度测定仪器进行气体湿度的测定。通过任务三，使学生掌握氢冷发电机中氢气湿度的控制原理和测定方法。

【教学目标】

　　1. 知识目标

　　(1) 掌握水的饱和蒸汽压力的概念；

　　(2) 掌握 SF_6 气体中水分来源；

　　(3) 掌握 SF_6 气体湿度的控制原理；

　　(4) 掌握气体湿度测定原理；

　　(5) 掌握氢冷发电机中氢气湿度控制原理；

　　(6) 掌握氢冷发电机中氢气湿度测定方法。

　　2. 能力（技能）目标

　　(1) 能采用重量法测定 SF_6 气体湿度；

　　(2) 能采用湿度测量仪器测定 SF_6 气体湿度；

　　(3) 能按照标准规定将 SF_6 气体湿度测定结果进行换算；

　　(4) 能测定氢冷发电机中的氢气湿度。

【教学环境】

教学场所具有黑板、计算机、投影仪，可播放 PPT 课件及教学视频。实训场所具有分析天平、气体湿度测定仪、温湿度表等。

【相关知识】

一、气体的液化及临界参数

物质的性质取决于其状态，状态改变，其性质也发生变化。纯物质的状态通常是指它所处的压力（也称为压强）p、体积 V 和温度 T（或 t）。

同一物质的气态和液态之间的相互转变是常见的现象。液态变为气态的过程称为蒸发或汽化，气态变为液态的过程称为凝结或液化。

1. 液体的饱和蒸汽压力

一定温度下，在容积恒定的真空容器中放入足够量的某种易挥发的液体，开始时汽相的压力增加较快，之后压力增加缓慢，最后达到某一确定不变的数值。

微观上，由于分子的运动，液体表面上能量较高的分子能够进入汽相，而汽相中一些蒸汽分子也可以碰撞到液体表面进入液相。在单位时间单位表面上由液相进入汽相的分子数目取决于温度，而单位时间单位表面上由汽相进入液相的分子数目不仅取决于温度，还取决于蒸汽的压力。宏观上液体的蒸发和蒸汽的凝结则是这两种微观过程的总的结果。

上述真空容器中加入液体后，由于液体分子进入汽相，使得蒸汽的压力逐渐增加，但蒸汽压力的增大，使蒸汽分子回到液相的速率加快，故蒸汽压力的增加就变得越来越缓慢；最后当单位时间单位表面上液体分子进入汽相的数目与蒸汽分子回到液相的数目相等时，就达到了动态平衡，蒸汽压力也达到了恒定值。

一定温度下与液体成平衡状态的蒸汽称为该温度下液体的饱和蒸汽。一定温度下与液体成平衡状态的饱和蒸汽的压力称为该温度下液体的饱和蒸汽压力，简称蒸汽压力。

在一定温度下，将压力小于饱和蒸汽压力的蒸汽称为不饱和蒸汽，将压力大于饱和蒸汽压力的蒸汽称为过饱和蒸汽。

饱和蒸汽压力是液体的一种属性，它是温度的函数，随着温度的升高，液体的饱和蒸汽压力急剧增大。

在一定温度下，当蒸汽的压力等于该温度下液体的饱和蒸汽压力时，蒸汽与液体处于平衡状态。若蒸汽的压力大于饱和蒸汽压力时，将有蒸汽凝结成液体，直到蒸汽的压力降到饱和蒸汽压力达到新的平衡为止。若蒸汽的压力小于饱和蒸汽压力时，将有液体蒸发成蒸汽；在液体的量足够的情况下，蒸汽的压力将增至饱和蒸汽压力达到新的平衡为止，这时还剩余部分液体；在液体的量不足的情况下，全部液体均蒸发后，仍然得不到饱和蒸汽。

若液面上还有其他气体时，尽管这种气体的压力大于液体的饱和蒸汽压力，只要汽相中该液体的蒸汽未饱和，液体仍然能够蒸发，常温时大气压力下水的蒸发就是如此。

和液体类似，固体也存在着饱和蒸汽压力。固体升华成蒸汽、蒸汽凝华成固体的现象与液体蒸发成蒸汽、蒸汽凝结成液体的现象是类似的。

2. 水的饱和蒸汽压力

水在不同温度下有不同的饱和蒸汽压力，该数值随着温度的升高而增大。在 30℃时，水的饱和蒸汽压力为 4132.982Pa；在 100℃时，水的饱和蒸汽压力增大到 101 324.72Pa。当外界大气压与水的饱和蒸汽压力相等时，水就达到沸腾状态，此时的温度即为水的沸点。因此，在通常大气压条件下，水的沸点是 100℃。固态水（即冰）也具有饱和蒸汽压力，随温度降低，冰的饱和蒸汽压力降低。

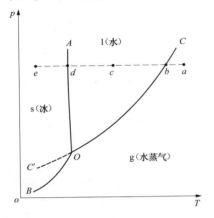

图 13-1　水的饱和蒸汽压力曲线

水和冰的饱和蒸汽压力随温度的变化曲线如图 13-1 所示。图中 OC 为水的饱和蒸汽压力曲线，OB 为冰的饱和蒸汽压力曲线，可以看出水或冰的饱和蒸汽压力随温度的升高而增大。

当水处于 a 点位置时，由于其分压小于该温度下水的饱和蒸汽压力，水以气体形式存在；当水处于 c 点位置时，其分压大于水的饱和蒸汽压力，并且温度在冰点以上，此时水以液态形式存在；当水随处于 e 点位置时，其分压大于水的饱和蒸汽压力，温度在冰点以下，此时水以固体形式存在。

在日常工作中，常需查找某一温度下水或冰的饱和蒸汽压力，此时可采用水或冰的饱和蒸汽压表。若温度高于 0℃，可从附表 1 查出该温度下饱和水蒸气压力；若露点温度低于 0℃，可从附表 2 查出该温度下饱和水蒸气压力。

二、混合气体的组成

讨论几种气体组成混合气体时，通常采用道尔顿定律和阿马格定律。

1. 道尔顿定律

道尔顿定律描述的是，在同样的温度、体积下，单独存在各自产生一定压力的几种不同的气体，在形成低压下的混合气体时，压力具有加和性。

气体混合物中某一种气体所产生的压力称为该气体的分压力，并且定义组分 i 的分压 p_i，即

$$p_i = y_i p \tag{13-1}$$

式中　y_i——组分 i 的摩尔分数；

　　　p——混合气体总压。

因为各组分气体摩尔分数之和等于 1，因此气体混合物的总压等于所有气体的分压之和。

由此得到道尔顿定律：气体混合物的总压力等于各种气体单独存在且具有混合物温度和体积时的压力之和。

道尔顿定律对于理想气体的混合物是准确的，对低压下真实气体的混合物近似适用。

2. 阿马格定律

阿马格定律讨论的是在等温等压下气体混合过程体积的加和性。

对低压下气体混合过程体积测定的实验数据研究表明：气体混合物的总体积等于各组分的分体积（即各该组分单独存在且具有混合物温度和总压力下的体积）之和，这就是阿马格

定律。

这一定律表明：理想气体的混合物，其体积具有加和性，也就是说在同样的温度、压力下，将几种纯气体混合时，混合后混合物的体积，与混合前各纯气体的体积之和相等。

由此可以得出理想气体的混合物中组分 i 的体积分数，即

$$\frac{V_i}{V} = y_i \tag{13-2}$$

因此，对于理想气体的混合物中的任一组分，其摩尔分数等于分压分数，也等于体积分数，即

$$y_i = \frac{n_i}{n} = \frac{p_i}{p} = \frac{V_i}{V} \tag{13-3}$$

三、水分含量的表示方法

气体中水分含量的表示方法有很多，根据目前使用的控制标准和测试仪器的显示方式，主要有体积比、质量比、露点三种。

（1）水分的体积比（μL/L）。根据道尔顿分压定律，混合气体中各组分气体的分体积之比等于其分压比。由此可以推导出混合气体水分的体积比 ϕ_v 的公式，即

$$\phi_v = \frac{p_{H_2O}}{p} \times 10^6 \tag{13-4}$$

式中　p_{H_2O}——水的分压力，kPa；

$\quad\quad p$——气体总压力，kPa。

（2）水分的质量比。以 SF_6 气体中的水分含量为例，水的质量比计算公式为

$$\phi_v = \phi_w \frac{M_{SF_6}}{M_{H_2O}} \tag{13-5}$$

式中　ϕ_w——水分的质量比，μg/g；

M_{H_2O}、M_{SF_6}——水和 SF_6 的分子量。

（3）水分的露点（℃）。对于一个密闭的液态水-气两相体系而言，在一定的温度下，经过一定的时间，液态水-气态水蒸气会达到平衡状态，此时，气体中水蒸气的分压称为饱和蒸汽压力。气体中水的饱和蒸汽压力只与温度有关。

对于某温度下，水蒸气含量没有达到饱和的气体，此时若人为地降低温度，气体中的水蒸气含量就会逐步趋于饱和，当温度降至气体中的水蒸气因饱和而析出液态或固态水分时，称这一温度为露点或霜点温度。

一般来说，若达到饱和的温度高于 0℃，此时析出的水分是液态露滴，称该温度为露点；若达到饱和的温度低于 0℃，此时析出的水分是固态冰霜，称该温度为霜点。

若露点温度高于 0℃，应从附表 1 查出该温度下饱和水蒸气压力；若露点温度低于 0℃，应从附表 2 查出该温度下饱和水蒸气压力。查出的饱和蒸汽压力即为测试条件下系统中水的分压。

四、气体湿度测量方法

气体水分的测量方法主要有四种，即重量法、电解法、阻容法和露点法。每种测量方法的原理不同，其适用的测试范围也不同。

1. 重量法

重量法通常是气体水分测量的仲裁方法。其测量原理：用恒重的无水高氯酸镁吸收一定

体积的气体中的水分，并测量其增加的质量，以计算气体中的水分含量。

重量法是湿度测量中一种绝对的测量方法。在当今所有湿度测量方法中它的准确度最高。人们普遍以这种方法作为湿度计量的基准。

该方法的缺点：对试验条件的控制要求严格，对操作人员的操作技能要求高，操作烦琐，测试时间长，只适用于实验室，不适合现场采用。

2. 电解法

电解法也称为库仑法。该方法的测量原理是基于法拉第电解定律，即在电解电流作用下，被分解物质的量与通过电解质溶液的电量成正比。

根据法拉第定律，电解反应消耗的电量与电解产生的物质的量成正比。当气体连续通过一个特殊结构的电解池时，其中的水汽被涂敷在电解池上的 P_2O_5 吸收形成 H_3PO_3，H_3PO_3 电解形成 H_2、O_2 和 P_2O_5，电解所消耗的电量与水的质量成正比，据此可计算出水的含量。

3. 阻容法

阻容法湿度计是利用吸湿物质的电学参数随湿度变化的原理借以进行湿度测量的仪器。属于这一类的湿度计主要有氧化铝湿度计、碳和陶瓷湿度传感器，以及利用高聚物膜和各种无机化合物晶体等制作的电阻式湿度传感器等，如图 13-2 所示。

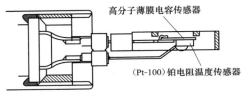

高分子薄膜电容传感器

(Pt-100)铂电阻温度传感器

图 13-2　某阻容式湿度计结构

阻容法测量原理：当电容器两极板间接上直流电源时，在电场的作用下，电源负极的自由电子移动到 B 板上，B 板积存负电荷；电源中的正电荷则移动到 A 板上，A 板积存正电荷。这个过程就是电容器的充电过程。

电容器储存电荷的能力与电容器的结构密切相关。若极板的面积为 S，极板间的距离为 d，极板间绝缘材料的介电常数为 ε，则电容器的电容量 C 与 S 及 ε 成正比，与 d 成反比，关系式为

$$C = \frac{\varepsilon S}{d}$$

(13-6)

由此可见，若电容器极板的面积、距离不变，电容器的电容量与绝缘材料的介电常数成正比。也就是说，电容量的大小反映了介电材料介电系数的大小，而绝缘材料的介电常数是与其干燥程度有关的。对于吸湿性绝缘材料而言，水分含量高，则介电常数小；水分含量低则介电常数大。据此，利用吸湿物质的电学参数随湿度变化的原理来进行湿度测量。

4. 露点法

露点式湿度计是利用冷凝原理制造的测量仪器。将被测气体以一定的压力、流量通过一个小的人工制冷的镜面，当气体中的水蒸气随着镜面的冷却达到饱和时，将有露或霜在镜面上形成，镜面上附着的水膜和气体中的水分处于动态平衡。镜面的温度不再继续下降而趋于稳定，此时的仪器指示的温度即为气体的露点温度。露点温度的高低反映了气体水分含量的大小。

五、设备中水分含量的控制原理

水分不仅影响 SF_6 气体的电气绝缘性能，还会参与 SF_6 电弧分解气的反应，生成有害的低氟化物及具有腐蚀作用的酸性物质，影响设备的使用寿命，危及运行人员的安全。

水分对 SF_6 电气性能的影响可以通过闪络电压试验来验证。当温度在 0℃ 以下时，由于

SF$_6$气体中的水分结成冰或霜，此时的闪络电压与干燥状态相近；而随着温度的上升，水以液体形式存在，闪络电压明显下降，且水分越大，闪络电压下降就越大；当温度继续上升，水以水蒸气形式存在时，闪络电压又回升至接近于干燥状态的水平。由此可知，要保持 SF$_6$气体的介电性能不变，必须确保 SF$_6$气体中没有液态水分。

理论上，只要控制 SF$_6$电气设备中 SF$_6$气体的含水量低于 0℃露点时的饱和水分值，在0℃以上就不会出现液态水分，在 0℃以下时，即使存在水的相态变化，也是由气态形成冰或霜，不会对设备造成危害。

实际上，SF$_6$电气设备结构复杂、体积较大，内、外腔体升温、降温的速度不同，用0℃露点时的饱和水分值作为 SF$_6$设备水分含量的控制标准并不安全。

为了保证设备的安全，一般国内外都把－10℃露点时的饱和水分值作为 SF$_6$设备中气体水分含量的控制标准。为了降低水分参与电弧分解产物化学反应所带来的危害，对产生电弧分解产物的断路器室，要求含水量更低，一般控制为－20℃露点的饱和水分值。

六、温度对电气设备中湿度的影响

1. 水分在设备中的存在形式及转移规律

SF$_6$电气设备中的水分主要以两种形式存在：一种是在 SF$_6$气体中以气体的形式存在，即存在于汽相中；另一种是吸附在设备的内表面，设备内的绝缘材料及设备内部装填的吸附剂上，即被吸附。

在 SF$_6$电气设备中，水分存在的形式依据环境温度的不同，始终处于一个动态平衡的过程中，即当环境温度降低时，汽相中的水分会向固相转移，使汽相中的水分所占设备内总水分的比例下降，而固相中所占的比例上升；反之，当环境温度升高时，固相中的水分会向汽相转移，使汽相中的水分所占设备内总水分的比例上升，而固相中所占的比例下降。而在 SF$_6$设备内气体的水分测试中，测得的只是设备内汽相中的水分。图 13-3 显示了实测的不同设备中 SF$_6$气体湿度随温度变化的趋势。可见，对同一台 SF$_6$设备，水分的实际测试结果，夏天数值大，而冬天数值低。

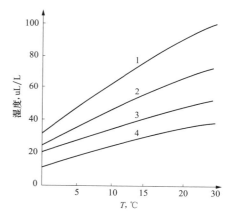

图 13-3　不同设备中 SF$_6$气体湿度随温度变化的实测曲线

SF$_6$设备内水分在汽相-固相的动态平衡，与SF$_6$设备内表面的处理情况（如粗糙度），绝缘材料本身的含水量以及 SF$_6$设备的安装质量有关，即与 SF$_6$设备内部的总含水量有关。故不同的 SF$_6$设备，在同一温度下，其气体中的水分含量没有可比性。对同一台设备，其气体中的含水量则是温度的函数，即随着温度的升高，其气体中的含水量增加，如图13-4 所示。

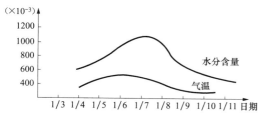

图 13-4　某 GIS 设备内气体水分随温度变化的实测数据曲线

2. 不同温度下湿度测量结果的换算

由于 SF$_6$设备内气体中的水分是温度的

函数，不同温度条件下测量结果之间没有可比性，因此，标准 DL/T 506 中规定了测量结果的温度折算方法，即 SF_6 电气设备中绝缘气体湿度的测量结果统一折算到 20℃时的数值。折算方法有两种：一是采用设备生产厂家提供了折算曲线、图表进行折算；二是采用标准推荐的折算表（见附表 3）进行折算。

折算表的使用方法：

（1）如果折算值可以由实测值直接从附表中查出，即为折算值。

（2）如果折算值不能由实测值直接从附表查出，可以采用加权求值法计算折算值。计算方法如下：

$$V_{Y(t)} = V_{Y(0)} + \frac{V_{Y(1)} - V_{Y(0)}}{10} \times [V_{X(t)} - V_{X(0)}] \tag{13-7}$$

或

$$V_{Y(t)} = V_{Y(1)} - \frac{V_{Y(1)} - V_{Y(0)}}{10} \times [V_{X(1)} - V_{X(t)}] \tag{13-8}$$

式中　　$V_{Y(t)}$——测试温度下的实测值换算至 20℃下的湿度值；

$V_{X(t)}$——测试温度下的实测湿度值；

$V_{X(1)}$、$V_{X(0)}$——同一环境温度下与实测值最接近的整数值；

$V_{Y(1)}$、$V_{Y(0)}$——为 $V_{X(1)}$、$V_{X(0)}$ 换算至 20℃下的湿度值。

【例 13-1】　在环境温度为 23℃时，湿度测量值为 $183\mu L/L$ 时，将其折算到环境温度 20℃时的湿度值。

解　由附表 3 查出环境温度为 23℃、湿度测量值为 $180\mu L/L$ 时，折算到环境温度 20℃，其湿度值为 $154\mu L/L$。环境温度为 23℃、湿度测量值为 $190\mu L/L$ 时，折算到环境温度 20℃，其湿度值为 $163\mu L/L$。

按照式（13-7）计算得　$154 + \dfrac{163 - 154}{10} \times (183 - 180) = 157$（$\mu L/L$）

按照式（13-8）计算得　$163 - \dfrac{163 - 154}{10} \times (190 - 183) = 157$（$\mu L/L$）

即环境温度为 20℃时，湿度折算值为 $157\mu L/L$。

任务一　SF_6 气体湿度的测定（重量法）

【教学目标】

通过本项任务，使学生掌握重量分析法测定 SF_6 气体湿度的基本原理，掌握检测结果的计算方法。态度能力方面，能主动积极参与问题讨论，具有严谨细致、一丝不苟的职业素质，具有安全意识，具有团队协作能力。

【任务描述】

SF_6 气体的湿度，是 SF_6 气体质量控制指标之一。测定 SF_6 气体湿度的方法大致有两类，一类是用经典的重量法测量，一类是用仪器测量。

重量法就是用恒重的无水高氯酸镁吸收一定体积 SF_6 气体中水分，通过测定吸收剂的增重来计算 SF_6 气体的湿度，结果以质量分数（10^{-6}）表示。

本项任务的内容包括重量法测定 SF_6 水分的基本原理和测量装置，重量法测定水分的操作步骤，测定结果的计算方法以及测定中的注意事项。

【任务准备】

查阅资料，了解常用的吸水剂。

【任务实施】

一、安装试验装置

该测量装置主要由干燥系统和吸收系统组成，如图 13-5 所示。干燥系统由装有无水氯化钙和硅胶的干燥塔组成，用于干燥氮气。吸收系统由有机玻璃操作箱内的四支具塞玻璃 U 形管组成。U 形管内装 40 目粒状无水高氯酸镁（或 P_2O_5）和洗净烘干的聚四氟乙烯小碎块混合干燥剂（体积比 2∶1）。第一支 U 形管为主吸收管，第二、三支为辅助吸收管。第四支为保护管，用以防止外界环境中水蒸气对吸收系统的干扰。所有管路采用不锈钢管。U 形管之间用硅胶管连接。

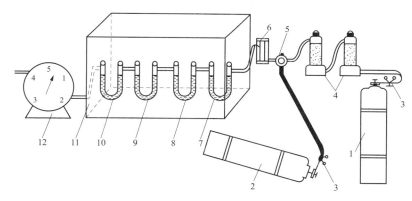

图 13-5　重量法测定水分装置

1—氮气瓶；2—SF_6 气瓶；3—减压阀；4—干燥塔；5—四通阀；6—流量计；

7～10—吸收管；11—干燥箱；12—湿式气体流量计

二、测试步骤

（1）湿式气体流量计的校正。气体流量计的准确度，将直接影响测定结果。采用皂膜流量计进行校验，要求湿式气体流量计的准确度为 +2%。

（2）填装吸收管。在有机玻璃操作箱内，将混合好的干燥剂迅速装入吸收管内，管上端 2～3cm 空间用玻璃纤维填充压平，管口用松香-石蜡黏结剂密封。

（3）吸收管恒重。将系统按图 13-5 连接，先用干燥氮气（以 500mL/min 流速）吹扫取样管半小时，再用硅胶管将吸收管和保护管紧密对接起来，整个系统应密闭不漏气。记下湿式气体流量计的读数，开氮气瓶并调节流速为 250mL/min。通入 5L 氮气后，拆下吸收管 7、8、9）并用塑料帽盖住两端。戴上手套用干净绸布将吸收管擦净，放入天平盘中，20min 后称重，精确至 0.1mg。重复上述操作，直至每一支吸收管连续两次称量之差小于 0.2mg 为止。记录吸收管的质量（m_{a1}，m_{b1}，m_{c1}）。

（4）测量。用四通阀切换气源，通入 SF$_6$ 气体冲洗取样管。关闭 SF$_6$ 气体，按图连接好装置。记录湿式气体流量计读数 V_1、试验室温度 t_1 和大气压力 p_1。打开 SF$_6$ 气体，调节流速为 250mL/min。通 10L 后，关闭钢瓶阀门，记下流量计读数 V_2、试验室温度 t_2 和大气压力 p_2。将气源切换成干燥氮气，并以同样流速通吸收管，通 2L 后结束。

关闭氮气钢瓶阀门，取下吸收管盖上塑料帽，戴上手套用绸布擦净吸收管，放入天平盘中，20min 后称重，并记录吸收管的质量（m_{a2}，m_{b2}，m_{c2}）。m_{c1} 等于 m_{c2}。

三、数据处理

1. 结果计算

（1）将通入的 SF$_6$ 体积校正为标准状况下（20℃、101.325kPa）的体积：

$$V_c = \frac{\frac{1}{2}(p_1 + p_2) \times 293}{101.325 \times \left[273 + \frac{1}{2}(t_1 + t_2)\right]}(V_2 - V_1) \tag{13-9}$$

式中　V_c——通入的 SF$_6$ 气体在标准状况下的体积，L；

　　　p_1——通 SF$_6$ 气体前的大气压力，kPa；

　　　p_2——通 SF$_6$ 气体结束时的大气压力，kPa；

　　　t_1——通 SF$_6$ 气体前的环境温度，℃；

　　　t_2——通 SF$_6$ 气体结束时的环境温度，℃；

　　　V_1——通 SF$_6$ 气体前流量计的读数，L；

　　　V_2——通 SF$_6$ 气体结束时流量计的读数，L。

（2）计算 SF$_6$ 气体的水分含量：

$$w_w = \frac{(m_{a2} - m_{a1}) + (m_{b2} - m_{b1})}{6.16 V_c} \times 1000 \tag{13-10}$$

式中　w_w——SF$_6$ 气体所含水分的质量分数，10^{-6}；

　　　m_{a1}——恒重后吸收管（图 13-5 中 7）的质量，mg；

　　　m_{b1}——恒重后吸收管（图 13-5 中 8）的质量，mg；

　　　m_{a2}——通入 SF$_6$ 气体后吸收管（图 13-5 中 7）的质量，mg；

　　　m_{b2}——通人 SF$_6$ 气体后吸收管（图 13-5 中 8）的质量，mg；

　　　6.16——SF$_6$ 气体的密度，g/L。

2. 精确度

两次测量结果的差值应在 5×10^{-6} 以内。取平行测量结果的算术平均值为测量结果。

四、测试中的注意事项

（1）若吸收管（图 13-5 中 8）的增加质量大于 1mg，或者达到了吸收管（图 13-5 中 7）增加质量的 10%，则此管必须重新装填干燥剂。

（2）若吸收管（图 13-5 中 9）的质量有增加，吸收管（图 13-5 中 7、8）也应重新装填干燥剂。

（3）试验室、天平室要求恒温、恒湿，相对湿度不超过 60%。天平最大称量范围为 100g 或 200g，感量为 0.1mg。天平底座应当有防振设施。

（4）整个测试工作要熟练、细心地进行。同时要严格保持清洁，在整个操作过程中，不能用手接触 U 形管。

（5）连接管路最好用内抛光的不锈钢管。

任务二　SF₆ 气体湿度测量方法（阻容法）

【教学目标】

通过本项任务，使学生掌握阻容法测定 SF₆ 气体湿度的基本原理，掌握阻容式湿度测量仪的使用和维护方法，掌握检测结果的计算方法。态度能力方面，能主动积极参与问题讨论，具有严谨细致、一丝不苟的职业素质，具有安全意识，具有团队协作能力。

【任务描述】

阻容式 SF₆ 气体湿度仪属于电湿度计，它是属于这一类的湿度计主要有氧化铝湿度计、碳和陶瓷湿度传感器以及利用高聚物膜和各种无机化合物晶体等制作的电阻式湿度传感器等，HNP-40 SF₆ 精密露点仪应用的是高分子薄膜传感器，其结构如图 13-10 所示。我们知道，SF₆ 气体露点与水蒸气分压成比例，露点测量值与压力变化有关系。高分子薄膜电容传感器测量传感器周围的水蒸气，产生一个与传感器吸收的水分子数量对应的电容信号。铂电阻温度传感器（PT100）测量温度，将测得的温度和湿度进行相关计算，得到被测气体的露点。

本项任务内容包括露点仪与 SF₆ 气体设备或钢瓶的连接，测量参数的调节方法，仪器测定方法，测量结果的计算以及测试中的注意事项。

【任务准备】

查阅有关资料，了解阻容法测定水分含量的基本原理。

【任务实施】

一、仪器和材料

（1）仪器：SF₆ 精密露点仪，湿度−80～+20℃，露点精度为±2℃。

（2）取样管路和接头（见图 13-6），配套湿度计与 SF₆ 气体设备或钢瓶连接。

二、测试步骤

1. 试验准备

（1）管路连接。根据所要测量的设备，选择合适的接头，将设备和湿度测量仪连接，检查气路各连接部位，确保不漏气。

（2）仪器设置。打开仪器电源，显示图 13-7 的工作界面，在系统桌面上，将光标移动到测量图标上，按"OK"键打开测量界面。在测量界面系统将显示露点值、PPMV 值、进气压力、流量。同时在任务栏里有电池电量和当前系统时间显示。

1）时间和日期设置。点击 F1 键，打开设置界面，用"↑"、"↓"将光标移动到"设置"，可以进行时间和日期的设置。设置完成后点击"OK"保存设置，点击"ESC"取消更改。

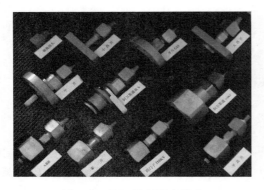

图 13-6　SF₆ 设备配套接头

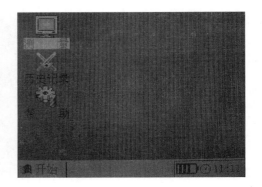

图 13-7　开机工作界面

2）测试信息设置。测量界面下，按"F1"键保存数据，系统会自动提示输入设备编号，如图 13-8 所示。

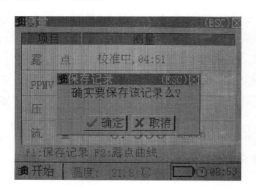

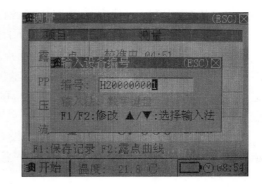

图 13-8　样品编号的设置

2. 试验步骤

（1）开机后系统处于预热状态并进行校准，时间大约为 5min（见图 13-9），主要是为了让传感器完成初始化并进入稳定状态，校准完毕后，仪器自动进入测量状态，显示当前的测量值（见图 13-10）。

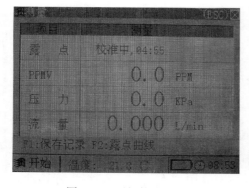

图 13-9　开机校准界面

图 13-10　测量界面

（2）将 SF₆ 传感器直接置入气体中适当的部位以获得有代表性的湿度值，调节 SF₆ 气体流，待测量示值稳定后即可读数，打印测量值。

（3）在测量界面点击"F1"保存测量记录，点击"F2"查看 SF₆ 气体湿度实时测量曲线。

3. 结果分析计算与报告编写

（1）结果计算。SF₆ 高压断路器气体湿度要求以体积分数表示，阻容式 SF₆ 气体湿度仪测的结果为露点温度，所以需要进行换算，并把测试结果换算到 20℃ 时的数值。设备厂家提供换算图表、曲线或软件，按说明进行换算即可。如果设备厂家没有提供换算资料，按附表查找换算即可。

（2）结果分析和报告编写。取相邻两次试验结果的平均值作为样气的湿度报告值，并依据表 13-1 判断气体温度是否符合要求。

表 13-1　　　　　　　　　　　　**SF₆ 气体湿度质量要求**　　　　　　　　　　μL/L

SF₆ 气体湿度（20℃）	新　气	投运前	运行中
有电弧气室（断路器等）	≤0.0005%（重量比）	≤150	≤300
没有电弧气室		≤250	≤500

报告中应包括样品名称、样品编号、样品生产信息、测试依据、测试仪器、仪器信息、测试环境条件、温度、湿度、测试时间、测试结果、测试人员、审核人员及批准人员等。

三、测试中的注意事项

（1）传感器本身的自行衰变、使用过程中矿物油的污染、氟化物和硫化物的腐蚀都会造成传感器性能的变化，所以仪器本身要定期校正。

（2）被测量设备和湿度仪用专用管路和接头连接。测量管路采用不锈钢或聚四氟乙烯管，测量接头用金属材料，内垫用金属或聚四氟乙烯材质。测量管路、接头和垫片平时都应在干燥器中保存，带到现场时应置于气密性好、内有干燥剂的塑料袋内，防止潮湿和沾污。使用前可用高功率电吹风热风吹扫 10min，然后与仪器连接。使用完毕后应清洗干净、干燥并放回干燥器中。

（3）仪器的排气应用排气管引至 10m 以外的低洼处，人和仪器应处于上风口。气路管道连接可靠，严防泄漏。

（4）仪器必须可靠接地。测量时缓慢开启阀门，仔细调节压力和流速。测量过程要保持测量流速的稳定，检测被测设备的气压，必要时补气。

（5）当测定结果接近水分控制含量的临界值时，至少应复测一次。

【能力拓展】

工作人员如何在 SF₆ 设备运行和解体时做好安全防护？

SF₆ 在生产制造和用于运行中的电气设备时，会产生许多有毒的具腐蚀性的气体及固体分解产物。SF₆ 设备在运行使用过程中，不可避免地会产生泄漏现象，不仅影响到电气设备的性能，而且危及设备运行检修人员的人身安全。检修人员在对故障设备检修时，也不可避免地会接触 SF₆ 运行气体及气体腐蚀产物。因此，运行、检修人员在工作场所必须采取有效地安全防护措施，避免中毒事故的发生。

1. 运行场所的安全防护

对于室内安装的 SF_6 电气设备，其设备安装地点与运行人员值班控制室之间要作气密性隔离，以防泄漏的有毒运行气体扩散至值班控制室，对运行人员身体造成危害。

设备室内均应安装可靠的通风换气装置，其排风口应紧靠地面或室内最低处。

运行人员经常出入的室内场所每班至少通风 15min，换气量要达到场所空间体积的 3～5 倍；对运行人员不经常出入的场所，进入前应先通风 15min 以上。尽量避免一人进入 SF_6 配电装置室进行巡视，不准一人进入从事检修工作。

在室内地面位置应安装带有报警装置的 SF_6 浓度仪和氧量仪。氧量仪在空气中含氧量降到 18% 时应报警，SF_6 浓度仪在空气中 SF_6 含量达到 1000×10^{-6} 时应发出警报。

定期监测设备内的水分、分解气体含量，如发现其含量不符要求时，应采取有效措施，包括气体净化处理、更换吸附剂、更换 SF_6 气体、设备解体检修等。在气体采样操作及处理一般性泄漏处理时，要在室内充分换气通风的条件下，戴专用的防毒面具和手套进行工作。

当 SF_6 电气设备发生故障引起大量 SF_6 气体外逸时，运行人员应立即撤离事故现场。

若室内安装的设备发生故障，引起 SF_6 气体的大量泄漏，工作人员在撤离事故现场前，应开启室内通风装置，事故发生后 4h 内，任何进入室内的人员必须穿防护服、戴手套、护目镜及自氧式氧气呼吸装置。在事故后，清扫故障场所及设备内部的固态分解产物时，工作人员也应采取同样的安全防护措施；清扫工作结束后，进入清扫现场的所有人员必须对身体的各部位进行彻底清洗，将换下的工作服进行有效的适当处理。对被大量 SF_6 气体侵袭发生中毒征兆的工作人员，应彻底清洗全身并送医院诊治。

2. 设备解体、检修时的安全防护

检修人员在对故障设备解体前，应穿戴防护服、塑料式软胶手套和专用防毒面具。SF_6 设备解体后，检修人员应立即撤离作业现场到空气新鲜的地方，并对作业场所采取强力通风措施，以清理残余气体，在通风换气 30～60min 后再进入现场工作。

解体检修中使用的吸尘器过滤纸袋、抹布、防毒面具中的吸附剂、气体回收装置用过的活性氧化铝或分子筛、严重污染的工作服及从设备内部取出的吸附剂等，都应作为有毒废物处理。

有毒废物处理的方法是：将有毒废物装入双层塑料袋中，置于专用的金属容器中密封埋入地下，或放入适量的苏打粉，然后注入一定量的水浸没废物进行碱解，48h 后将碱解废液用适当浓度的盐酸中和后，作普通废水排放；剩余的固体废物作普通垃圾处理。在上述处理过程中，完全可用适当浓度的氢氧化钠碱液替代固体苏打粉。

防毒面具、塑料手套、橡皮靴等其他防护用品最好也在适当的容器中用一定浓度的碱液浸泡处理，冲净晾干备用。

3. 安全防护用品的管理与使用

设备运行、试验及检修人员使用的安全防护用品有工作手套、工作鞋、密闭式工作服、防毒面具、防护眼镜、氧气呼吸器及防护脂等。安全防护用品必须符合 GB 11651《个体防护装备选用规范》规定并经国家相应的质检部门检测，具有生产许可证及编号标志、产品合格证者，方可使用。

配备的安全防护用品应设专人妥善保管并负责监督检查，确保处于良好的备用状态，以便随时取用。安全防护用品应存放在清洁、干燥、阴凉的专用柜中。

工作人员佩戴防毒面具或氧气呼吸器进行工作时，要有专门监护人员在现场进行监护，以防出现意外事故。

对设备运行、试验及检修人员要进行专业安全防护教育及安全防护用品使用训练。凡使用防毒面具和氧气呼吸器的人员应进行体格检查，尤其是要检查心脏和肺功能，心肺功能不正常者不能使用上述物品。

设备运行、试验及检修人员应加强相关安全防护知识的学习，电力安检、生产部门应定期组织相关人员进行安全防护知识的培训和考试，增强工作人员的自我保护意识和能力。

任务三　氢冷发电机氢气湿度的测定

【教学目标】

通过对本项任务的学习，使学生了解氢冷发电机中氢气湿度的测量意义，掌握氢气湿度控制标准，掌握氢气湿度的测量方法。态度能力方面，能主动积极参与问题讨论，具有严谨细致、一丝不苟的职业素质，具有安全意识，具有团队协作能力。

【任务描述】

氢气是导热系数最高的气体，采用氢气作为冷却介质的氢冷发电机在电厂中应用普遍。氢气湿度是氢冷发电机中氢气质量主要控制指标之一。

本项任务主要知识内容包括氢气湿度对发电机设备的影响，氢气湿度的表示方法和控制标准。操作内容包括氢气湿度的测量过程，湿度测量结果的计算。

【任务准备】

查阅资料，了解氢气在电厂中的制备与应用技术。

【相关知识】

氢冷发电机内氢气湿度过高，不仅危害发电机定子、转子绕组的绝缘强度，还会使转子护环产生应力腐蚀裂纹；若氢气湿度过低，又可导致对某些部件产生不利影响，如定子端部垫块的收缩和支撑环的裂纹。因此需要严格检测并控制氢冷发电机内氢气的湿度。

1. 氢气湿度的表示方法

发电机内氢气湿度和供发电机充氢、补氢用的新鲜氢气湿度，均规定以露点温度表示，通常采用摄氏度℃。

2. 氢气湿度的标准

（1）发电机内的氢气在运行氢压下的允许湿度的高限，根据表 13-2 发电机内的最低温度确定；允许湿度的低限为露点温度 $t_d = -25℃$。

表 13-2　　　　　　发电机内最低温度值与允许氢气湿度高限值的关系　　　　　　℃

发电机内最低温度	5	≥10
发电机在运行氢压下的氢气运行湿度高限（露点温度 t_d）	-5	0

注　发电机内最低温度，可按如下规定确定：
（1）稳定运行中的发电机：以冷氢温度和内冷水入口水温中的较低值，作为发电机内的最低温度值。
（2）停运和开、停机过程中的发电机：以冷氢温度、内冷水入口水温、定子线棒温度和定子铁芯温度中的最低值，作为发电机内的最低温度值。

（2）供发电机充氢、补氢用的新鲜氢气在常压下的允许湿度：新建、扩建电厂（站）：露点温度 $t_d \leqslant -50℃$。已建电厂（站）：露点温度 $t_d \leqslant -25℃$。

3. 测定方式

对氢冷发电机内的氢气和供发电机充氢、补氢用的新鲜氢气的湿度应进行定时测量；对 300MW 及以上的氢冷发电机可采用连续监测方式。

☼【任务实施】

一、仪器和材料

（1）氢气湿度计。其技术性能应满足表 13-3 的要求。

表 13-3　　　　　　　　　　　　　氢气湿度计的技术性能表

项　　目		氢气湿度计测湿元件所在处的氢压为运行氢压时	氢气湿度计测湿元件所在处的氢压为常压时
测量范围（露点温度）	用于发电机内氢气湿度的测量	$-30 \sim +30℃$	$-50 \sim +20℃$
	用于供发电机充氢、补氢的新氢气湿度的测量	可按照规定方法进行压力修正	$-60 \sim +10℃$
测量不确定度（露点温度）		$\leqslant 2℃$（在测量范围 $-60 \sim +20℃$ 时）	
响应时间		$\leqslant 2min$（在环境温度为 20℃，露点温度为 $-20℃$ 及以上时）	
校准周期		一般为一年	

（2）连接管路。

二、测定步骤

1. 采样点及采样管道

（1）测定发电机内氢气湿度的采样点，在采用定时测量方式时，应选在通风良好且尽量靠近发电机本体处；在采用连续监测方式时，宜设置在发电机干燥装置的入口管段上。为了在发电机干燥装置检修、运行时仍能连续监测发电机内氢气湿度和在氢气湿度计退出时仍能对氢气进行干燥，同时还为满足湿度计对流量（流速）的要求，可在采样处为氢气湿度计专门配设一条带隔离阀、调节阀的采样旁路。

（2）测定新鲜氢气湿度的采样点，宜设置在制氢站出口管段上。当采用连续监测方式时，为在氢气湿度计退出时制氢站仍能向氢冷发电机充氢、补氢，同时还为满足氢气湿度计对流量（流速）的要求，也可在采样处为氢气湿度计专门配设一条带隔离阀、调节阀的采样旁路。

（3）采样管道所经之处的环境温度，均应比被测气体湿度露点温度高出 3℃ 以上。

2. 氢气湿度计的使用

（1）对氢气湿度计应进行定期校准，随时保证氢气湿度计的测量准确性。

（2）测定氢气湿度值时须进行压力修正。修正方法如下：

1）已知氢气湿度计测定的氢气湿度露点温度值 t_1（℃）；氢气湿度计测湿元件所在处的氢气绝对压力 p_1（MPa）；氢气湿度标准中被测氢气规定的绝对压力 p_2（MPa）。

2）根据附录水或冰的饱和蒸汽压力表，查得温度为 t_1 所对应的饱和时蒸汽压力值，记

为 e_{s1}（Pa）。

3）按照公式计算被测氢气在 p_2 下的饱和水蒸气压力值 e_{s2}（Pa），即

$$e_{s2} = e_{s1}\left(\frac{p_2}{p_1}\right) \tag{13-11}$$

4）查附录中水或冰的饱和蒸汽压力表，由 e_{s2} 查找对应的温度值 t_2（℃）。

t_2 即为所测氢气在规定绝对压力下的露点温度值。

【例 13-2】　一台运行中发电机运行氢气表压为 0.3MPa，在常压下测定氢气湿度为露点温度−20.1℃，问此发电机在运行氢压下的氢气湿度？（以露点温度表示）

解　已知 $t_1 = -21.1$℃，$p_1 = 0.1$MPa，$p_2 = 0.3 + 0.1 = 0.4$MPa（绝对压力 MPa＝表头压力 MPa＋0.1MPa），查表得温度−21.1℃对应的饱和时蒸气压值 e_{s1} 为 92.887 2Pa。

$$e_{s2} = e_{s1}(p_2/p_1) = 92.887\,2 \times (0.4/0.1) = 371.548\,8(\text{Pa})$$

查附录冰的饱和水蒸气压力表得到露点温度−5.9℃。

三、测试中的注意事项

（1）应选择干燥、通风、无尘、无强磁场作用、防水、防油、采光照明好、便于安装维护和记录数据并不易被碰撞的地方作为采样点和连续监测氢气湿度计的安装位置。

（2）在受较低环境温度影响而使流经管道的被测氢气温度有所降低时，应防止氢气发生结露，必要时应采取保温或改变测湿元件位置等措施。

（3）在采用定时测量方式测量氢气湿度时，应排净积存氢气后再进行测定。

【学习情境总结】

本学习情境介绍了气体湿度的测量原理。SF_6 电气设备中水分对电气性能的影响，SF_6 气体水分的控制标准，以及设备中水分随温度变化的规律。

任务一介绍了重量法测量 SF_6 气体湿度的原理、操作步骤、结果处理方法和注意事项。采用恒重的无水高氯酸镁吸收一定体积 SF_6 气体中水分，通过测定吸收剂的增重来计算 SF_6 气体的湿度，结果以质量分数（10^{-6}）表示。

任务二介绍了阻容法测量 SF_6 气体湿度的原理、操作步骤、结果处理方法和注意事项。SF_6 气体露点与水蒸气分压成比例，露点测量值与压力变化有关。高分子薄膜电容传感器测量传感器周围的水蒸气，产生一个与传感器吸收的水分子数量对应的电容信号。铂电阻温度传感器（PT100）测量温度，将测得的温度和湿度进行相关计算，得到被测气体的露点。

任务三介绍了氢冷发电机氢气湿度的控制标准，测量 SF_6 气体湿度的原理、操作步骤、结果处理方法和注意事项。

复习思考题

1. 湿度的常用表示方法有哪些？相互之间如何换算？
2. 什么是水的饱和蒸汽压力？
3. 湿度的测量方法有哪些？

4. SF_6 气体中的水分对 SF_6 设备有什么危害?

5. 阻容法测定 SF_6 气体湿度有哪些注意事项?

6. 简述 SF_6 电气设备运行时的安全防护要求。

7. 简述 SF_6 电气设备检修时的安全防护要求。

8. 测定氢气湿度的采样点应如何布置?

9. 如何对氢气湿度测量结果进行压力修正?

学习情境十四

发 热 量 测 定 方 法

 【学习情境描述】

在火力发电厂，燃料发热量是一项重要检测指标，因为发热量既是入厂煤采购、计价的主要依据，又是锅炉热平衡、物料平衡及标准煤耗计算的主要参数，同时还是锅炉燃烧工况调整的重要依据。发热量的测定采用氧弹燃烧法，是电厂燃料化验员岗位人员必须熟练掌握的一个检验项目。

本学习情境主要介绍煤的发热量的测定方法，设计了以下两项任务：热量计热容量的标定、煤的发热量的测定。

通过任务一"热量计热容量的标定"，使学生掌握煤的发热量测定基本原理，了解仪器冷却校正原理，掌握标准量热物质苯甲酸的预处理方法，掌握仪器热容量的标定方法。通过任务二"煤的发热量的测定"，使学生掌握煤的弹筒发热量测定方法，掌握煤的高位发热量和低位发热量的计算方法，掌握煤的发热量测定精密度要求。

【教学目标】

1. 知识目标

（1）掌握发热量的定义和测定意义；

（2）掌握热容量标定的基本原理；

（3）掌握发热量测定基本原理；

（4）掌握自动热量计性能评价方法。

2. 能力（技能）目标

（1）能正确标定热量仪热容量；

（2）能正确测定煤的发热量；

（3）能对实验室自动热量计的性能进行验收和评价。

 【教学环境】

教学场所具有黑板、计算机、投影仪，可播放 PPT 课件及教学视频。实训场所具有分析天平、恒温式热量计等。

 【相关知识】

一、发热量的定义

单位质量的煤完全燃烧时所放出的热量，称为煤的发热量（或称热值）。煤发热量的高低，主要取决于煤中可燃物质的化学组成，同时也与燃烧条件有关。根据不同的燃烧条件，可将煤的发热量分为弹筒、高位及低位发热量。

1. 弹筒发热量 Q_b

单位质量的煤在充有过量氧气的氧弹内燃烧，其终态产物为 25℃下的二氧化碳、过量氧气、氮气、硫酸、硝酸，液态水以及固态灰时放出的热量称为弹筒发热量。

2. 高位发热量 Q_{gr}

单位质量的煤在充有过量氧气的氧弹内燃烧，其终态产物为 25℃下的二氧化碳、二氧化硫、过量氧气、氮气，液态水和固态灰时放出的热量称为高位发热量。

3. 低位发热量 Q_{net}

单位质量的煤在充有过量氧气的氧弹内燃烧，其终态产物为 25℃下的二氧化碳、过量氧气、氮气、二氧化硫、气态水以及固态灰时放出的热量称为低位发热量。

煤的发热量单位为 MJ/kg（或 J/g）。我国过去惯用的热量单位为卡，现已废止。20℃卡的含义是：在标准大气压下，1g 纯水由 19.5℃升高到 20.5℃时所需要的热量，它与焦耳的关系为

$$1 \text{卡}_{20℃}(\text{cal}_{20℃}) = 4.181\ 6\text{J}$$

二、发热量测定原理

称量一定量的试样在充氧的氧弹中完全燃烧，释放出的热量被氧弹及周围的水吸收，根据水的温升值，并对点火热等附加热进行校正后，即可求得试样的弹筒发热量，即

$$Q_b = \frac{E(t_n - t_0)}{m} \tag{14-1}$$

式中　Q_b——燃料试样的弹筒发热量，J/g；

　　　m——燃料试样的质量，g；

　　　E——量热体系的热容量，J/K（或 J/℃）；

　　　t_0——量热体系在试样开始燃烧时的温度，℃；

　　　t_n——量热体系在试样燃烧完毕且热量释放完全，系统所达到的最高温度，℃。

由弹筒发热量减掉稀硫酸和二氧化硫生成热之差，再减去稀硝酸的生成热就是高位发热量。由高位发热量减掉水（煤中原有的水和煤中氢燃烧生成的水）的汽化潜热得到低位发热量。

量热体系是指发热量测定过程中，接受试样所放出热量的各个部件。除了内筒水外，还包括内筒、氧弹及搅拌器、温度计浸没于水中的部分。量热系统在试验条件下温度上升 1K 所需的热量称为热量计的有效热容量（以下简称热容量），以 J/K 表示。通常都是采用已知发热量的基准物，来标定量热系统温度每升高 1℃所需要的热量，该数值即为仪器的热容量。

标定量热体系的热容量，一般用发热量已知的量热标准物质苯甲酸。取一定量的标准物质，按与测定燃料发热量操作基本相同的步骤，令其在氧弹内完全燃烧，根据量热体系温升值，按下式计算量热仪的热容量：

$$E = \frac{Qm}{t_n - t_0} \tag{14-2}$$

式中　Q——标准物质的发热量标准值，J/g；

m——标准物质的质量，g。

三、热量计的结构与性能要求

热量计是由燃烧氧弹、内筒、外筒、搅拌器、水、温度传感器、试样点火装置、温度测量和控制系统构成。

通常热量计有两种类型：恒温式和绝热式，它们的量热系统被包围在充满水的双层夹套（外筒）中，它们的差别只在于外筒的控温方式不同，其余部分无明显区别。

1. 氧弹

氧弹是由耐热、耐腐蚀的镍铬或镍铬钼合金钢制成，其主要性能包括：①不受燃烧过程中出现的高温和腐蚀性产物的影响而产生热效应；②能承受充氧压力和燃烧过程中产生的瞬时高压；③试验过程中能保持完全气密。

氧弹和新换部件（弹筒、弹头、连接环）的氧弹应经 20.0MPa 的水压试验，证明无问题后方能使用。氧弹还应定期进行水压试验，每次水压试验后，氧弹的使用时间一般不应超过 2 年。当使用多个设计制作相同的氧弹时，每一个氧弹都应作为一个完整的单元使用。氧弹部件的交换使用可能导致发生严重的事故。

2. 内筒

内筒由紫铜、黄铜或不锈钢制成，断面可为椭圆形、菱形或其他适当形状。筒内装水通常为 2000～3000mL，以能浸没氧弹（进、出气阀和电极除外）为准。内筒水量应在所有试验中保持相同，相差不超过 0.5g。水量最好用称量法测定，如用容量法，则需对温度变化进行补正。

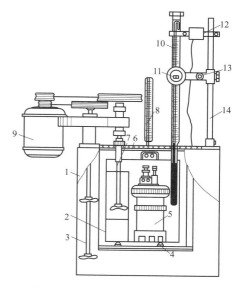

图 14-1　恒温式热量计的结构示意

1—外筒；2—内筒；3—外筒搅拌器；4—绝缘支柱；5—氧弹；6—盖子；7—内筒搅拌器；8—温度计；9—电动机；10—贝克曼温度计；11—放大镜；12—电动振荡器；13—计时指示灯；14—导杆

3. 外筒

为金属制成的双壁容器，并有上盖。外筒完全包围内筒，内外筒之间留有 10～12mm 的间距。

恒温式外筒和绝热式外筒的控温方式不同，标准规定：

（1）恒温式外筒。恒温式热量计配置恒温式外筒，自动控温的外筒在整个试验过程中，外筒水温变化应控制在 ±0.1K 之内；非自动控温式外筒——静态式外筒，盛满水后其热容量应不小于热量计热容量的 5 倍，以便试验过程中保持外筒温度基本恒定。外筒外面可加绝热保护层，以减少室温波动的影响。

（2）绝热式外筒。绝热式热量计配置绝热式外筒。外筒中水量应较少，其内置浸没式加热装置，当样品点燃后能迅速提供足够的热量以维持外筒水温与内筒水温相差在 0.1K 之内。在一次试验的升温过程中，内外筒间热交换量应不超过 20J。

4. 搅拌器

转速 400～600r/min 为宜，并应保持恒定。搅拌器的搅拌效率应能使热容量标定中由点火到终点的时间不超过 10min，同时又要避免产生过多的搅拌热。搅拌热测量方法：调节内、外筒温度和室温一致，连续搅拌 10min，测定内筒温升。用仪器热容量乘以温升值，计算中所产生的热量，应不超过 120J。

5. 量热温度计

量热温度计有两种类型：玻璃水银温度计和数字显示温度计。

常用的玻璃水银温度计有两种：一种是固定测温范围的精密温度计；一种是可变测温范围的贝克曼温度计。两者的最小分度值应为 0.01K。使用时应根据计量机关检定证书中的修正值做必要的校正。两种温度计都应进行温度校正（贝克曼温度计称为孔径校正），贝克曼温度计除这个校正值外还有一个称为"平均分度值"的校正值。

目前实验室热量计普遍采用铂电阻测温。

四、冷却校正

恒温式热量计是电厂应用最多的一种热量计。在测热过程中内、外筒水温始终存在差别，这就造成内外筒之间的热交换。由于绝大多数情况下内筒是散热的，使实际测得的温升值偏低。为消除冷却作用的影响，就必须在结果计算中对温升进行冷却校正。

1. 量热体系的热交换

量热体系在量热过程中存在以下几种形式的热交换：①内筒外表面与外筒内表面间的辐射作用；②内筒与外筒之间的空气夹层的对流与传导；③量热体系中露出在空气部分的热传导；④搅拌器与量热液体间的摩擦作用；⑤电流温度计测量电流的热效应；⑥内筒水的蒸发作用；⑦点火时电流的热效应。

这些作用因素共同影响着量热体系的实际温升值，需要在测量过程中将影响部分扣除。

2. 冷却校正方法

（1）冷却校正原理。在恒温式热量计测定发热量的过程中，它的内外筒水温之间始终存在着一定的温度差，此差值随测定过程而变化。在一般情况下，点火前内筒温度总是低于外筒温度，这时内筒是吸热的，但在点火以后，随着试样热量的释放，内筒水温升高，它将越过吸热与散热的分界线而高于外筒温度，此时内筒是散热的。总体上，实际测量出的内筒温升值，比内外筒之间无热量交换情况下内筒能够达到的温升值要小，这种对温升的影响通常称为冷却作用。为了消除内外筒热交换对温升的影响，就必须对内筒温升加上一校正值，称为冷却校正，通常用符号 c 来表示。

（2）牛顿冷却定律。根据牛顿冷却定律，一个物体的冷却速度与该物体的温度和环境温度之差成正比。对于量热仪来说，量热体系的冷却速度，除了与内外筒温差有关外，还与搅拌热和内筒水面蒸发热有关。因此，将牛顿冷却定律应用于量热仪，内筒的冷却速度可表示为

$$v = K(t - t_j) + A \tag{14-3}$$

式中　v——内筒冷却速度，K/min；

　　　K——量热仪冷却常数，$\mathrm{min^{-1}}$；

　　　t——内筒温度，K；

　　　t_j——外筒（即环境）温度，K；

　　　A——综合常数，K/min。

冷却校正值 c，由内筒冷却速度对试验时间的积分值来表示：

$$c = \int_0^n v \, \mathrm{d}\tau$$

将式（14-3）代入得

$$c = K \int_0^n (t - t_\mathrm{a}) \, \mathrm{d}\tau \tag{14-4}$$

式中　t_a——$\dfrac{\mathrm{d}t}{\mathrm{d}\tau} = 0$ 时的内筒温度；

　　　$\mathrm{d}\tau$——时间（min）的微分；

　　　K——冷却常数。

（3）冷却校正公式。在计算冷却校正值的各种公式中，应用最多的是国标公式、瑞-方（Regnault-Pfaundler）公式及本特（Bunte）公式。各种公式的理论基础均是牛顿冷却定律，所不同的是计算方法有所差异。其中，瑞-方公式公认是最准确的，为各国标准所普遍采用。

1）瑞-方公式。国标规定，在自动热量计中或在特殊需要的情况下，使用瑞-方公式。瑞-方公式是最准确也是最具实用价值的计算公式。其校正原理如下：在一次测热过程中，以内筒冷却速度对时间作图，得到冷却校正曲线。计算内筒冷却速度对试验时间的积分值，即曲线下面积，即为该次测热过程的冷却校正值。

瑞-方积分公式为

$$C = nV_0 + \frac{v_\mathrm{n} - v_0}{t_\mathrm{n} - t_0}\left[\frac{1}{2}(t_0 + t_\mathrm{n}) + \sum_1^{n-1}(t) - n\,\overline{t_0}\right] \tag{14-5}$$

式中　$\overline{t_0}$——主期内筒平均温度；

　　　$\overline{t_\mathrm{n}}$——末期内筒平均温度；

　　　v_0——对应于点火时内外筒温差的内筒降温速度，单位 K/min；

　　　v_n——对应于终点时内外筒温差的内筒降温速度，单位 K/min。

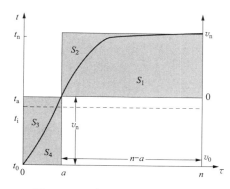

图 14-2　国标公式冷却校正原理

2）国标公式（罗-李公式）。图 14-2 所示为国标法测定过程的温度-时间关系曲线。由冷却校正的定义可知图中阴影部分 S_1 和 S_3 的代数和为冷却校正值，即 $c = S_1 + S_3$；若通过实验数据确定一个恰当的 a 值，使 $S_2 + S_4 \approx 0$，则可计算阴影部分面积如下：

$$c = (n - a)v_\mathrm{n} + av_0 \tag{14-6}$$

式中　n——由点火到终点的时间，min；

　　　v_0——对应于点火时内外筒温差的内筒降温速度，Kmin；

　　　v_n——对应于终点时内外筒温差的内筒降温速度，Kmin；

　　　a——当 $\Delta/\Delta_{1'40''} \leqslant 1.20$ 时 $a = \Delta/\Delta_{1'40''} - 0.10$。

当 $\Delta/\Delta_{1'40''} > 1.20$ 时，$a = \Delta/\Delta_{1'40''}$。

其中，Δ 为主期内总温升（$\Delta = t_\mathrm{n} - t_0$），$\Delta_{1'40''}$ 为主期内第 $1'40''$ 时的温升（$\Delta_{1'40''} = t_{1'40''} - t_0$）。

根据点火时和终点时的内外筒温差 $(t_0 - t_\mathrm{j})$ 和 $(t_\mathrm{n} - t_\mathrm{j})$ 从 $v\,(t - t_\mathrm{j})$ 关系曲线（见图 14-3）中查出 v_0 及 v_n。根据预先标定出的冷却常数 K 及综合常数 A 值计算出。

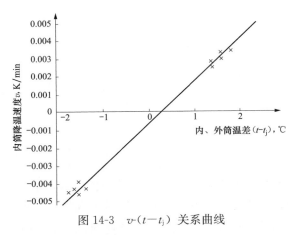

图 14-3　v-$(t-t_j)$ 关系曲线

也可用一元线性回归方法计算出 K 和 A，再根据下列公式计算 v_0 及 v_n。

$$v_0 = K(t_0 - t_j) + A, \quad v_n = K(t_n - t_j) + A$$

式中　K——热量计冷却常数，min^{-1}；

　　　　A——热量计综合常数，℃/min；

　　　　t_j——外筒温度，℃；

　　　　t_0——点火温度，℃；

　　　　t_n——终点温度，℃。

【例 14-1】　已知某次测热过程的基本数据，利用瑞-方公式计算某次测热过程的冷却校正值。

某次发热量测定过程的温度变化见表 14-1。

表 14-1　　　　　　　　　　　　温　度　变　化

初　期	主　期	末　期	初　期	主　期	末　期
0.848	1.06	2.620	0.853	2.608	
0.849	1.84	2.618		2.621	
0.850	2.32	2.616		2.623	
0.851	2.516	2.614		2.622	
0.852	2.579	2.612			

解　　　　　　　$v_0 = -0.001℃/min, \quad v_n = +0.002℃/min$

$$n = 9min$$

$$t_0 = 0.853℃, \quad t_n = 2.622℃, \quad \bar{t}_0 = 0.8505℃, \quad \bar{t}_n = 2.616℃$$

$$\sum_1^{n-1} t = 18.167℃$$

将上述参数代入瑞-方公式

$$c = 9 \times (-0.001) + \frac{0.002 - (-0.001)}{2.616 - 0.8505} \times \left(18.167 + \frac{0.853 + 2.622}{2} - 9 \times 0.8505\right)$$

$$= -0.009 + \frac{0.003}{1.7655} \times (18.167 + 1.7375 - 7.6545)$$

$$= 0.0118(℃)$$

【例 14-2】　利用国标法计算某次测热过程的冷却校正值。已知测定的主期 8min，校正后外筒平均温度差为 1.83℃，$t_0 = 0.254℃$，$t_n = 3.279℃$，$t_{1'40''} = 2.82℃$。

解　根据 $t_0 - t_j = -1.58$，查得 $v_0 = -0.0042$；根据 $t_n - t_j = 1.45$，查得 $v_n = 0.0030$。

$$\Delta = t_n - t_0 = 3.279 - 0.254 = 3.025(℃)$$

$$\Delta_{1'40''} = t_{1'40''} - t_0 = 2.82 - 0.254 = 2.566(℃)$$

$$\frac{\Delta}{\Delta_{1'40''}} = \frac{3.025}{2.566} = 1.18 < 1.20$$

$$a = 1.18 - 0.10 = 1.08$$

$$c = (n - a)v_n + av_0 = (8 - 1.08) \times 0.0030 - 1.08 \times 0.0042 = 0.0162$$

五、热量计综合性能

相对于用玻璃水银温度计作为感温元件的传统热量计，自动热量计一般以数字显示温度计代替贝克曼温度计监测温度变化，由微机自动控制测热过程及计算测定结果。近二十年来，各种形式的具有自动测温、自动控制、自动计算等功能的微机控制的自动热量计得到长足发展，有效地提高了发热量的测定速度和计算速度。几经更新换代，国产微机热量计的性能及操作自动化程度得到不断改善与提高，特别是近几年来出现的免除内筒水温调节及称量水量的热量计，这种新一代的热量计往往被生产厂称为"全自动"热量计。自动化程度更高，操作更简便，测试周期更短，因此得到广泛的应用。

热量计原则上应按国标规定的原理和要求设计，其综合性能必须符合下述技术要求：

（1）不论自动热量计还是传统热量计，其主要部件如内外筒、测温装置、氧弹、充氧装置、点火系统、搅拌装置均应具备应有的功能，符合测热的要求。

1）氧弹耐压试验合格。对氧弹进行不低于 20MPa、5min 的水压试验，每次试验后氧弹的使用时间一般不应超过 2 年。

2）自动控温的外筒在整个试验过程中，外筒水温变应控制在 ±0.1K 之内；非自动控温式外筒——静态式外筒，盛满水后其热容量应不小于热量热容量的 5 倍。

3）搅拌器的搅拌效率及搅拌热符合要求。搅拌器的搅拌效率应能使热容量标定中由点火到终点的时间不超过 10min，同时又要避免产生过多的搅拌热（当内、外筒温度和室温一致时，连续搅拌 10min 所产生的热量不应超过 120J）。

4）数字显示温度计短期重复性不应超过 0.001K，6 个月内的长期漂移不应超过 0.05K。

（2）自动热量计在每次试验中必须详细给出规定的参数，打印的或以其他方式记录的各次试验的信息（如温升、冷却校正值、有效热容量、样品质量、点火热和其他附加热）；仪器说明书应给出所用的计算公式，方便人工验证微机进行的计算，计算中用到的附加热应清楚地确定，所用的点火热、副反应热的校正应明确说明。

（3）热量计的精密度与准确度符合要求。

1）测热精密度的要求：应用标准物质苯甲酸标定热容量 5 次，其相对标准偏差不大于 0.20%。

2）应用标准煤样检验发热量测定结果与标准值之差在不确定度范围内，或者用苯甲酸作为样品进行 5 次发热量测定，其平均值与标准值之差不超过 50J/g。

任务一　热量计热容量的标定

【教学目标】

通过对本项任务的学习，使学生在知识方面掌握煤的发热量测定基本原理，了解仪器冷却校正原理。在能力方面掌握标准量热物质苯甲酸的预处理方法，掌握仪器热容量的标定方法。在态度方面，培养严谨科学的思维方式，增加安全生产意识。

【任务描述】

仪器量热系统每升高 1℃ 所需要的热量即热容量。在氧弹热量计内，使一定量已知发热量的量热标准物质苯甲酸完全燃烧后释放出热量，仪器的量热系统温度随之高升，测定仪器的温升值，将热量除以温升值，即可得到仪器的热容量。

【任务准备】

查阅相关资料，了解苯甲酸的结构和燃烧性能。

【任务实施】

一、仪器和材料

（1）恒温式量热计。

（2）电子分析天平。

（3）充氧仪。

（4）苯甲酸，二等量热标准物质，使用前需要进行干燥处理，干燥方法：置于盛有浓硫酸的干燥器中干燥 3d 或者在 60～70℃低温下干燥 3～4h。干燥好的苯甲酸置于硫酸干燥器中。

（5）氧气，纯度大于 99.5%，压力不低于 5.0MPa。

二、热容量标定

（1）在燃烧皿中称取（1.0±0.1）g 苯甲酸，称准到 0.000 2g。

（2）将装有苯甲酸试样的燃烧皿安放在弹头下的环形支架上。取一根已知长度或已知质量的金属点火丝，将两端分别接在两支点火电极柱上，并保证接触良好，点火丝中段与试样接触。如选用棉纱线，需要准确称量，从而计算出棉纱线的热量。将棉纱线在点火丝中部打一个结，其尾部拧成一股并与苯甲酸试饼相接触。点火丝不能触及燃烧皿，两头不能触及弹筒，以免形成短路导致点火失败。

（3）往弹筒中加入 10mL 水。将氧弹头放置弹筒上，拧紧连接环。

（4）往氧弹中充 2.8～3.0MPa 氧气，充氧时间不得少于 15s。如果不小心充氧压力超过 3.2MPa，应排掉氧气后，重新充至 3.2MPa 以下。当钢瓶中氧气压力降到 5.0MPa 以下时，适当延长充氧时间。当瓶内压力低于 4.0MPa 时，应更换氧气。

（5）将充好氧的氧弹置于热量计内筒，盖上桶盖，在电脑上输入试样质量并确认后，仪器开始测试。试验结束时仪器显示并打印测试结果。

（6）取出氧弹，排出氧弹内气体，观测苯甲酸是否燃烧完全。

（7）重复标定 5 次，计算 5 次热容量测定值的平均值和标准差。其相对标准差不应大于 0.20%；若超过 0.20%，再补作一次试验，取符合条件的 5 次标定结果的平均值（修约到 1J/K），作为该热量计在该温度下的热容量。若任何 5 次结果的相对标准差都超过 0.20%，则应对试验条件和操作仔细检查并纠正存在问题后，舍弃已有的全部结果，再重新标定。

三、热容量标定结果的计算

1. 点火热计算

在熔断式点火法中，应由点火丝的实际消耗量（原用量减掉残余量）和点火丝的燃烧热计算试验中点火丝放出的热量。

非熔断式点火法中，用棉线点燃样品时，首先算出所用一根棉线的燃烧热（剪下一定数量适当长度的棉线，称出它们的质量，算出一根棉线的质量，再乘以棉线的单位热值），然后按下式确定每次消耗的电能热：

电能产生的热量（J）＝电压（V）×电流（A）×时间(s)

棉线燃烧热与电能热之和即为点火热。

2. 硝酸校正热的计算

在苯甲酸燃烧过程中，由于高温和高压的作用，氧弹充氧前封入的空气中的氮气有少量反应生成硝酸并放出热量。硝酸校正热 q_n 可按下式计算：

$$q_n = 0.0015Qm \tag{14-7}$$

式中　0.0015——硝酸校正热系数；

　　　　Q——标准苯甲酸的发热量，J/g；

　　　　m——标准苯甲酸试样的质量，g。

3. 热容量的计算

（1）热容量标定结果的计算式为

$$E = \frac{Qm + q_1 + q_n}{t_n - t_0 + C} \tag{14-8}$$

热容量单位为 J/K，结果保留到个位。

（2）取符合条件的 5 次标定结果的平均值（保留到个位）即为仪器的热容量。结果处理方法见例［14-3］。

【例 14-3】　对某热量计进行热容量标定，5 次测定结果为 11 428、11 456、11 433、11 437、11 422J/K，计算其相对标准差。

解
$$S = \sqrt{\frac{\sum_{i=1}^{n}(x_i - \bar{x})^2}{n - 1}} = 12.91 \text{J/K}$$

平均值 $E = 11\,435$J/K

则相对标准偏差 RSD $= \dfrac{S}{E} \times 100\% = \dfrac{12.91}{11\,435} \times 100\% = 0.11\%$

若 5 次结果的相对标准差不大于 0.20%，则认为仪器精密度合格；若其相对标准差大于 0.20%，再补做一次热容量，如果其中有 5 次结果的相对标准差不大于 0.20%，认为仪器精密度合格，否则认为仪器精密度不合格。

该例题中仪器相对标准偏差小于 0.20%，因此取其平均值 11 435J/K 作为仪器热容量。

四、注意事项

物质的燃烧热随燃烧产物的最终温度而改变，最终温度越高，燃烧热就越低。实际测定时，不可能把燃烧产物的最终温度限定在一个特定的温度。温度每升高 1K，煤和苯甲酸的燃烧热约降低 0.4～1.3J/g。当按规定在相近温度下标定热容量和测定发热量时，温度对燃烧热的影响可以忽略。

基于此，仪器热容量需要定期标定。国标规定热容量标定的有效期为 3 个月，即每 3 个月测定一次热容量。如果遇到下列情况，应立即重测：

（1）更换量热温度计。

（2）更换热量计大部件如氧弹盖、连接环等；由厂家供给的或自配相同规格的小部件如氧弹密封圈、电极柱、螺母等不在此列。

（3）测定发热量与标定热容量的终点温度相差 5℃以上。

（4）热量计经过较大搬动。

如果热量计的量热系统没有显著改变，重新标定的热容量值与前一次的热容量值相差不应大于 0.25%；否则，应检查试验程序，解决问题后再重新进行标定。

任务二 煤的发热量的测定

【教学目标】

通过对本项任务的学习，使学生在知识方面掌握煤的发热量测定基本原理，在技能方面，掌握煤的发热量测定方法和发热量测定结果的计算；在态度方面，培养严谨科学的思维方式，增加安全生产意识。

【任务描述】

在氧弹热量计内，一定量煤样完全燃烧后释放出热量，使仪器的量热系统温度升高。利用仪器热容量标定结果和温升数值即可计算出样品的发热量。

单个样品需重复测定两次，若其差值不大于 120J/g，则取两次结果的平均值作为样品的弹筒发热量数值。

由样品的弹筒发热量数值计算出样品的高位发热量和低位发热量，作为检验结果报出。

发热量测定的准确度关键在于标定热容量所能达到的准确度，以及热容量标定条件与发热量测定条件的相似性。

【任务准备】

查阅相关资料，了解煤的发热量的测定原理。

【任务实施】

一、仪器和材料

（1）恒温式量热仪。

（2）电子分析天平。

（3）充氧仪。

（4）一般分析试验煤样。

（5）氧气，纯度大于 99.5%，压力不低于 5.0MPa。

二、测定步骤

（1）在燃烧皿中精确称取小于 0.2mm 的一般分析试验试样 0.9～1.1g。

（2）取一段已知质量的点火丝，把两端分别接在两个电极柱上。把盛有试样的燃烧皿放在支架上，调节下垂的点火丝使与试样接触（对难燃的煤如无烟煤等），或保持微小距离（对易燃或易飞溅的煤），并注意勿使点火丝接触燃烧皿，以免形成短路，导致点火失败。

如采用棉线点火，则首先称取一段棉线，把棉线一端固定在点火丝上，另一端搭在试样上。

往氧弹中加入 10mL 水，拧紧弹盖，缓缓向氧弹中充入氧气，直到压力达 2.8～

3.0MPa，充氧时间不得少于 15s。当钢瓶中氧气压力不足 5.0MPa 时，充氧时间酌量延长；不足 4.0MPa 时，应更换新的氧气钢瓶。

（3）取一水桶，并注入水，使水量足以淹没氧弹。把氧弹小心地放入水桶，检查氧弹的气密性。如有气泡出现，表明氧弹漏气，应找出原因，加以纠正，重新充氧；若不漏气，则将氧弹取出，用干布擦净氧弹壁上的水。

（4）把氧弹放入热量计内筒中，在微机操作系统中选择发热量测定，输入样品名称、样品质量，点击开始，仪器自动进行试样发热量的测定。

（5）测定结束，仪器自动显示并打印结果。

（6）从内筒中取出氧弹。开启放气阀，放出燃烧废气。放气完毕后，打开氧弹，仔细观察弹筒和燃烧皿内部，如有试样燃烧不完全的迹象或有炭黑存在，试验应作废。量取未烧完的点火丝长度，计算实际消耗量，重新核算发热量测定结果。

（7）再重复测定一次，计算两次测量结果的差值。若差值不大于 120J/g，则取两次测定结果的平均值，结果保留到个位作为弹筒发热量测定结果；若差值大于 120J/g，则需测定第 3 次，若 3 次测量结果的极差不大于 144J/g(1.2T，T=120J/g)，可取 3 次测定结果平均值；否则需测定第 4 次，若 4 次测量结果的极差不大于 156J/g(1.3T，T=120J/g)，可取 4 次测定结果平均值，若仍超差，也可取其中极差不大于 144J/g 的 3 次结果的平均值；若都不符合要求，则查找原因，重新进行测定。

三、高位发热量和低位发热量的计算

1. 空气干燥基高位发热量 $Q_{gr,ad}$ 的计算

$$Q_{gr,ad} = Q_{b,ad} - (94.1S_{b,ad} + \alpha Q_{b,ad}) \tag{14-9}$$

式中　$Q_{gr,ad}$——分析试样的高位发热量，Jg；

　　　$Q_{b,ad}$——分析试样的弹筒发热量，Jg；

　　　$S_{b,ad}$——试样中弹筒硫的质量分数，%；

　　　94.1——空气干燥煤样中每 1.00% 硫的校正值，J/g；

　　　α——硝酸校正系数。

当 $Q_b \leqslant 16.70MJ/kg$ 时，$\alpha = 0.0010$；当 $16.70 < Q_b \leqslant 25.10MJ/kg$ 时，$\alpha = 0.0012$；当 $Q_b > 25.10MJ/kg$ 时，$\alpha = 0.0016$。

国标规定，当煤中全硫含量低于 4.00% 或弹筒发热量（Q_b）大于 14.60MJ/kg 时，可用全硫代替弹筒洗液硫（$S_{b,ad}$）。由于全硫是常规检测项目，并且电厂燃用的煤炭基本符合上述条件，因此，电厂通常采用全硫计算 $Q_{gr,ad}$，即

$$Q_{gr,ad} = Q_{b,ad} - (94.1S_{t,ad} + \alpha Q_{b,ad})$$

2. 收到基低位发热量 $Q_{net,ar}$ 的计算

煤的高位发热量减去煤燃烧产物中全部水的汽化热，就是低位发热量，它是真正能够利用的有效热量。低位发热量计算公式如下：

$$Q_{net,ar} = (Q_{gr,ad} - 206H_{ad}) \times \frac{100 - M_t}{100 - M_{ad}} - 23M_t \tag{14-10}$$

式中　M_t——煤的全水分，%；

　　　M_{ad}——煤的空气干燥基水分，%；

　　　H_{ad}——煤的空气干燥基氢含量，%。

【例 14-4】 已知某煤样 $M_t = 8.0\%$，$M_{ad} = 1.34\%$，$H_{ad} = 2.98\%$，$S_{t,ad} = 1.37\%$，$Q_{b,ad} = 24\,008\text{J/g}$，$A_{ad} = 25.02\%$，计算其空气干燥基高位发热量和收到基低位发热量是多少？

解

$$Q_{gr,ad} = Q_{b,ad} - (94.1 S_{t,ad} + \alpha Q_{b,ad})$$
$$= 24\,008 - 94.1 \times 1.37 - 0.001\,2 \times 24\,008$$
$$= 23\,850 (\text{J/g})$$

$$Q_{net,ar} = (Q_{gr,ad} - 206 H_{ad}) \times \frac{100 - M_t}{100 - M_{ad}} - 23 M_t$$
$$= (23\,850 - 206 \times 2.98) \times \frac{100 - 8.0}{100 - 1.34} - 23 \times 8.0$$
$$= 21\,484 (\text{J/g}) = 21.48 (\text{MJ/kg})$$

四、注意事项

（1）燃烧时易飞溅的煤样，可先用已知热值和质量的擦镜纸包紧再进行测试，也可用压饼机将煤样压成饼并切成 2～4mm 的小块后使用。不易燃烧完全的煤样（无烟煤、高灰低热值煤以及焦炭等），可用石棉绒做衬底（先在皿底铺一层石棉绒，然后用手压实），或先称出已知热值的擦镜纸质量，然后在擦镜纸上（折成双层或三层）称出煤样的质量，用擦镜纸包紧。

（2）坩埚使用完毕后，应洗涤干净（必要时用砂纸打磨），之后放在电炉上烤干备用。

【能力拓展】

弹 筒 硫 的 测 定

每次弹筒发热量测定完毕后可以收集弹筒洗液测定弹筒硫。弹筒洗液的收集方法：用蒸馏水充分冲洗氧弹内各部分、放气阀、燃烧皿内外和燃烧残渣；把全部洗液（共约 100mL）收集在一个烧杯中供测硫使用。GB/T 213《煤的发热量测定方法》中规定了两种弹筒硫测定方法。

一、NaOH 滴定法

1. 方法原理

将样品燃烧后的弹筒洗液收集于烧杯中，采用氢氧化钠标准溶液进行标定，反应如下：

$$\text{NaOH} + \frac{1}{2} \text{H}_2\text{SO}_4 = \frac{1}{2} \text{Na}_2\text{SO}_4 + \text{H}_2\text{O}$$

$$\text{NaOH} + \text{HNO}_3 = \text{NaNO}_3 + \text{H}_2\text{O}$$

氧弹中由氮元素燃烧生成 1mmol 硝酸，释放 60.0J 的热量，根据硝酸生成热计算公式 $Q_n = \alpha Q_b$，硝酸耗用的 NaOH 量 $n = \alpha Q / 60$（mmol）。

用 NaOH 耗用量扣除硝酸耗用部分，即为用于中和 H_2SO_4 的 NaOH 量。

2. 操作步骤

（1）收集弹筒洗液于烧杯中。

（2）把洗液煮沸 2～3min，取下稍冷。

（3）加入甲基红或相应的混合指示剂。

（4）用浓度约 0.1mol/L 的 NaOH 标准溶液滴定，记录消耗的 NaOH 溶液体积。

3. 结果计算

由于 NaOH 不仅中和硫酸，还中和洗液中的硝酸，因此需要在结果中扣除硝酸所耗 NaOH 的量。计算公式如下：

$$S_{b,ad} = \left(\frac{cV}{m} - \frac{\alpha Q_{b,ad}}{60} \right) \times 1.6 \tag{14-11}$$

式中　c——氢氧化钠标准溶液的物质的量浓度，mol/L；

　　　V——滴定用去的氢氧化钠溶液的体积，mL；

　　　60——相当 1mmol 的硝酸生成热，J/mmol；

　　　m——试样质量，g；

　　　1.6——将每毫摩尔硫酸 $\left(\frac{1}{2}H_2SO_4 \right)$ 转换为硫的质量分数的转换因子。

【例 14-5】　设试样量为 1.000 0g，滴定消耗的 0.1mol/L 氢氧化钠为 14.8mL，$Q_{b,ad} = 22\,500$Jg，求弹筒硫的含量。

　　解　因为 $Q_{b,ad} = 22\,500$J/g，则 α 取 0.001 2。将上述数据代入得

$$S_{b,ad} = \left(\frac{cV}{m} - \frac{\alpha Q_{b,ad}}{60} \right) \times 1.6$$

$$= (0.1 \times 14.8/1.000\,0 - 0.001\,2 \times 22\,500/60.0) \times 1.6 = 1.65\%$$

二、氢氧化钡滴定法

1. 方法原理

采用 $Ba(OH)_2$ 标准溶液滴定洗液，硫酸与之反应，得到硫酸钡沉淀。硝酸与之反应，形成硝酸钡和水。加入过量碳酸钠，与硝酸钡反应形成碳酸钡。滤去沉淀，滤液采用盐酸标准溶液反滴定过量碳酸钠。碳酸钠实际消耗量与硝酸的生成量相等，$Ba(OH)_2$ 耗用量中扣除用于硝酸的量即为硫酸的生成量，据此计算出弹筒硫含量。

2. 测试步骤

（1）煮沸收集到的洗液 3～4min，以驱除溶液中的二氧化碳。

（2）稍冷，以酚酞为指示剂，趁热用 $c\left[\frac{1}{2}Ba(OH)_2 \right] = 0.1$mol/L 的氢氧化钡标准溶液滴定洗液至红色，记下所用的氢氧化钡溶液的体积 V_1。

（3）准确加入 20mL $c\left[\frac{1}{2}Na_2CO_3 \right] = 0.1$mol/L 的碳酸钠标准溶液，摇匀后放置片刻。过滤，洗涤三角瓶和沉淀。

（4）以甲基橙-溴甲酚绿为指示剂，用 $c(HCl) = 0.1$mol/L 盐酸标准溶液滴定滤液由绿色变为浅紫红色（忽略酚酞颜色的变化），记下所用的盐酸溶液的体积 V_2。

3. 结果计算

$$S_{b,ad} = \frac{V_1 c_1 + V_2 c_2 - 20.0 c_3}{m} \times 1.6 \tag{14-12}$$

式中　V_1——滴定所用的氢氧化钡标准溶液体积，mL；

　　　c_1——滴定所用的氢氧化钡标准溶液的浓度，mol/L；

　　　V_2——滴定所用的盐酸标准溶液的体积，mL；

　　　c_2——滴定所用的盐酸标准溶液的浓度，mol/L；

c_3——碳酸钠标准溶液的浓度，mol/L。

【学习情境总结】

本学习情境介绍了电厂燃料检验工作中最重要的检验项目——发热量的测定方法。

燃料的发热量采用氧弹热量计进行测定。称量一定量的试样在充氧的氧弹中完全燃烧，释放出的热量被氧弹及周围的水吸收，根据水的温升值，并对点火热等附加热进行校正后，即可求得试样的弹筒发热量。由煤的弹筒发热量扣除硫酸校正热和硝酸生成热后，得到煤的高位发热量；由煤的高位发热量扣除水的汽化潜热后得到煤的低位发热量。

为了得到仪器量热系统的热容量数值，需要采用已知热值的有证标准物质——二等量热苯甲酸来进行标定。标定方法：称量一定量苯甲酸，使其在氧弹中完全燃烧，测定量热系统的温升值，计算仪器热容量，重复测定 5 次，计算 5 次热容量测定值的相对标准差，若不大于 0.20%，则采用 5 次标定结果的平均值（保留到个位），作为该热量计在该温度下的热容量；若超过 0.20%，再补作一次试验，取符合要求的 5 次标定结果的平均值作为仪器热容量；若任何 5 次结果的相对标准差都超过 0.20%，则应对试验条件和操作仔细检查并纠正存在问题后，舍弃已有的全部结果，再重新标定。

在氧弹热量计内，一定量煤样完全燃烧后释放出热量，使仪器的量热系统温度升高。利用仪器热容量标定结果和温升数值即可计算出样品的发热量。单个样品需重复测定两次，若其差值不大于 120J/g，则取两次结果的平均值作为样品的弹筒发热量数值。由样品的弹筒发热量数值计算出样品的高位发热量和低位发热量，作为检验结果报出。

发热量测定的准确度关键在于标定热容量所能达到的准确度，以及热容量标定条件与发热量测定条件的相似性。

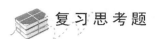 复习思考题

1. 热量计的量热系统包括哪些部件？
2. 什么是热容量？
3. 怎样标定热量计的热容量？
4. 如何使不易燃烧完全的煤样完全燃烧？
5. 热容量标定周期是如何规定的？
6. 简述恒温式热量计冷却校正原理。
7. 如何对自动热量计进行性能验收？
8. 氧弹式热量计的技术性能有什么规定？
9. 弹筒硫的含义是什么？为什么弹筒硫测定结果不能作为煤中全硫含量？
10. 若煤样两次重复测定结果超出重复性限（即 120J/g）应如何处理？
11. 某煤样测定结果如下：弹筒发热量 $Q_{b,ad} = 21\,530$J/g，空气干燥基氢含量 $H_{ad} = 3.15\%$，空气干燥基全硫含量 $S_{t,ad} = 0.34\%$，全水分 $M_t = 9.9\%$，空气干燥基水分 $M_{ad} = 2.56\%$，请计算出该煤样的收到基恒容低位发热量。
12. 标定某热量计的热容量（E）的 5 次结果为 10 238、10 248、10 252、10 297、10 263 (J/K)，按 GB/T 213 中的规定判断用 5 次结果的平均值作为该热量计热容量是否正确？

学习情境十五

电厂水煤油气质量监督与评价

【学习情境描述】

电厂水煤油气分析检验的目的是要获得准确的试验数据，为电力生产提供可靠的分析判断依据，从而有效实施技术监督、管理与维护，确保电力设备的安全经济稳定运行。电厂化验室应做到不仅能按照规定的周期取样检验，提供准确可靠的检测结果，还能根据相关国家和行业标准，评定所检测对象的质量是否满足生产要求。因此，掌握水汽质量标准、电力用油质量标准、煤炭质量标准以及 SF_6 气体质量标准及其运行中的控制与管理规定十分重要。

本学习情境设计以下四项任务：水汽质量监督与评价；油质监督与评价；煤炭质量监督与评价；SF_6 气体质量监督与评价。

通过这些任务，使学生掌握电厂水煤油气质量评定的标准体系，能够正确运用相关标准评定水煤油气的质量。

【教学目标】

通过学习和实践，使学生基本掌握水汽质量标准体系，正确评定水汽质量；掌握电力用油质量标准体系，正确选用相关标准监督和评定新油、运行油的质量；掌握电力用煤质量抽查和验收方法，评定煤炭质量是否合格；掌握 SF_6 质量标准体系，正确评价 SF_6 新气和运行气质量，并实施有效监督。

1. 知识目标

（1）掌握水汽质量标准体系；

（2）掌握绝缘油、汽轮机油和抗燃油质量标准体系；

（3）掌握电力用煤质量抽查与验收标准；

（4）掌握 SF_6 气体质量标准体系。

2. 能力（技能）目标

（1）能根据机组参数正确评定水汽质量；

（2）能正确评价电力用油新油和运行油质量；

（3）能正确评定煤炭质量；

（4）能正确评价 SF_6 新气与运行气质量。

【教学环境】

教学场所具有黑板、计算机、投影仪，可播放 PPT 课件及教学视频。

任务一　水汽质量监督与评价

【教学目标】

通过本项任务的学习，使学生掌握水汽质量标准，能正确进行水汽质量监督与评价。态度方面，能主动积极参与问题讨论，具有严谨细致、一丝不苟的职业素质，具有安全意识，具有团队协作能力。

【任务描述】

通过查阅资料与讲解，介绍 GB/T 12145—2008《火力发电机组及蒸汽动力设备水汽质量》中规定的蒸汽质量标准、锅炉给水质量标准、汽轮机凝结水质量标准、锅炉炉水质量标准、补给水质量标准等一系列水汽质量标准。在实际工作中，应能根据电厂锅炉的实际情况，正确运用水汽质量标准及控制指标，评价水汽质量。

【任务准备】

查阅有关资料，了解水汽质量监督与评价方法。

【任务实施】

火电厂水汽系统包括由锅炉、汽轮机、凝汽器及给水泵等组成的水汽循环及水处理系统、冷却系统等。水汽系统如图 15-1 所示。

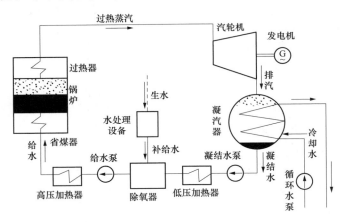

图 15-1　火电厂水汽系统流程示意

由图 15-1 可以看出，取自江河湖泊、水库、地下水等环境水体的生水，一般经混凝澄清预处理及离子交换法除盐处理后作为锅炉补给水进入给水系统。经除氧器热力除氧及辅助采用联氨化学除氧后，经给水泵送入高压加热器，然后通过省煤器进入炉水系统。炉水在锅炉汽包内产生蒸汽，通过汽水分离装置，蒸汽则经由过热器使得饱和蒸汽转为过热蒸汽；然后通过蒸汽管道将它送入汽轮机；在汽轮机中，蒸汽不断膨胀，高速流动的蒸汽冲动汽轮机的转子，带动发电机发电。

在蒸汽膨胀过程中，蒸汽的压力与温度不断降低，最后排入凝汽器。在凝汽器中，汽轮机的排气被冷却水冷却，凝结成水，即为凝结水。它由凝结水泵升压以后流经低压加热器及除氧器，提高水温并除去溶氧，以防止热力设备及管道腐蚀，再由给水泵进一步升压后进入给水系统（给水泵以后的凝结水为给水），经高压加热器返回锅炉。

　　此外，为了冷却发电机转子及静子，还可以空气或氢气或水作为冷却介质，例如我国生产的125MW及300MW发电机普遍采用水内冷方式。因而电厂中除上述各种生产用水外，还有发电机内冷水，它多采用凝结水或除盐水。

　　在电厂的各种用水中，以冷却水量最大，往往占全电厂用水量的80%以上。冷却水水源来自自然水体，包括江湖河海或大型水库水。为了节约用水，冷却水系统又分开放式（直流式）及密封式（循环式）两种。在沿海及江河的电厂多采用开放式冷却系统，内陆电厂普遍采用封闭式冷却水系统。

　　因此，电厂中的主要生产用水包括来自环境水体的生水、补给水、给水、炉水、蒸汽、凝结水等，对于上述各种水，包括蒸汽都有其质量要求，都要按规定进行取样试验。因此，水汽试验涉及范围很广，技术要求也很高。贯彻水汽监督以"预防为主、质量第一"的方针，确保机组的安全经济运行。

　　本部分将GB/T 12145的相关技术规定选录如下。

一、蒸汽质量标准

　　汽包炉的饱和蒸汽和过热蒸汽质量以及直流炉的主蒸汽质量应符合表15-1的规定。

表 15-1　　　　　　　　　　　　　蒸 汽 质 量 标 准

过热蒸汽压力（MPa）	钠（$\mu g/kg$）		氢电导率（25℃）（$\mu S/cm$）		二氧化硅（$\mu g/kg$）		铁（$\mu g/kg$）		铜（$\mu g/kg$）	
	标准值	期望值	标准值	期望值	标准值	期望值	标准值	期望值	标准值	期望值
3.8～5.8	≤15	—	≤0.30	—	≤20	—	≤20	—	≤5	—
5.9～15.6	≤5	≤2	≤0.15*	≤0.10*	≤20	≤10	≤15	≤10	≤3	≤2
15.7～18.3	≤5	≤2	≤0.15*	≤0.10*	≤20	≤10	≤10	≤5	≤3	≤2
＞18.3	≤3	≤2	≤0.15	≤0.10	≤10	≤5	≤5	≤3	≤2	≤1

＊　没有凝结水精处理除盐装置的机组，蒸汽的氢电导率标准值不大于0.30$\mu S/cm$，期望值不大于0.15$\mu S/cm$。

二、锅炉给水质量标准

　　（1）给水的硬度、溶解氧、铁、铜、钠、二氧化硅的含量和氢电导率，应符合表15-2的规定。

表 15-2　　　　　　　　　　　锅 炉 给 水 质 量 标 准

炉型	过热蒸汽压力（MPa）	氢电导率（25℃）（$\mu S/cm$）		硬度（$\mu mol/L$）	溶解氧①	铁		铜		钠		二氧化硅	
								$\mu g/L$					
		标准值	期望值		标准值	标准值	期望值	标准值	期望值	标准值	期望值	标准值	期望值
汽包炉	3.8～5.8	—	—	≤2.0	≤15	≤50		≤10				应保证蒸汽SiO₂符合标准	
	5.9～12.6	≤0.30	—	—	≤7	≤30		≤5					
	12.7～15.6	≤0.30	—	—	≤7	≤20		≤5					
	＞15.6	≤0.15*	≤0.10	—	≤7	≤15	≤10	≤3	≤2	—	—	≤20	≤10

续表

炉型	过热蒸汽压力（MPa）	氢电导率（25℃）（μS/cm）		硬度（μmol/L）	溶解氧①	铁		铜		钠		二氧化硅	
								μg/L					
		标准值	期望值		标准值	标准值	期望值	标准值	期望值	标准值	期望值	标准值	期望值
直流炉	5.9～18.3	≤0.15	≤0.10	—	≤7	≤10	≤5	≤3	≤2	≤5	≤2	≤15	≤10
	>18.3	≤0.15	≤0.10	—	≤7	≤5	≤3	≤2	≤1	≤3	≤2	≤10	≤5

① 加氧处理时，溶解氧指标按表 15-4 控制。
* 没有凝结水精处理除盐装置的机组，给水氢电导率应不大于 0.30μS/cm。

液态排渣炉和原设计为燃油的锅炉，其给水的硬度、铁、铜的含量，应符合比其压力高一级锅炉的规定。

（2）全挥发处理给水的 pH 值、联氨、总有机碳（TOC）油的含量和应符合表 15-3 的规定。

表 15-3　　　　　　　　　　给水的 pH 值、联氨和 TOC 标准

炉型	锅炉过热蒸汽压力（MPa）	pH 值（25℃）	联氨（μg/L）	TOC（μg/L）
汽包炉	3.8～5.8	8.8～9.3	—	—
	5.9～15.6	8.8～9.3（有铜给水系统）或 9.0～9.5（无铜给水系统）	30	≤500 *
	>15.6			≤200 *
直流炉	>5.9			≤200

注　对于凝汽器管为铜管，其他换热器管均为钢管的机组，给水 pH 值控制范围为 9.1～9.4。
* 必要时监测。

（3）直流炉加氧处理给水的 pH 值、氢电导率、溶解氧的含量和 TOC 应符合表 15-4 的规定。

表 15-4　　　　加氧处理给水 pH 值、氢电导率、溶解氧的含量和 TOC 标准

pH 值（25℃）	氢电导率（25℃）（μS/cm）		溶解氧（μg/L）	TOC（μg/L）
	标准值	期望值		
8.0～9.0（无铜系统）	≤0.15	≤0.10	30～150	≤200

注　采用中性加氧处理的机组，给水的 pH 值控制为 7.0～8.0（无铜给水系统），溶解氧为 50～250μg/L。

三、汽轮机凝结水质量标准

（1）凝结水的硬度、钠和溶解氧的含量和氢电导率应符合表 15-5 的规定。

表 15-5　　　　　　凝结水的硬度、钠和溶解氧的含量和电导率标准

锅炉过热蒸汽压力（MPa）	硬度（μmol/L）	钠（μg/L）	溶解氧①（μg/L）	氢电导率（25℃）（μS/cm）	
				标准值	期望值
3.8～5.8	≤2.0	—	≤50	—	
5.9～12.6	≤1.0	—	≤50	≤0.30	—
12.7～15.6	≤1.0	—	≤40	≤0.30	≤0.20
15.7～18.3	≈0	≤5 *	≤30	≤0.30	≤0.15
>18.3	≈0	≤5	≤20	≤0.20	≤0.15

① 直接空冷机组凝结水溶解氧浓度标准值应小于 100μg/L，期望值小于 30μg/L。配有混合式凝汽器的间接空冷机组凝结水溶解氧浓度宜小于 200μg/L。
* 凝结水有精处理除盐装置时，凝结水泵出口的钠浓度可放宽至 10μg/L。

（2）凝结水经精处理后水中二氧化硅、钠、铁、铜的含量和氢电导率应符合表 15-6 的规定。

表 15-6　　　　　　　　　　　　　　凝结水除盐后的水质

过热蒸汽压力（MPa）	氢电导率（25℃）（µS/cm）		溶解氧		铁		铜		钠	
			µg/L							
	标准值	期望值	标准值	期望值	标准值	期望值	标准值	期望值	标准值	期望值
≤18.3	≤0.15	≤0.10	≤5	≤2	≤3	≤1	≤5	≤3	≤15	≤10
>18.3	≤0.15	≤0.10	≤3	≤1	≤2	≤1	≤5	≤3	≤10	≤5

四、锅炉炉水质量标准

（1）汽包炉炉水的电导率、氢电导率、二氧化硅和氯离子含量，根据制造厂的规范并通过水汽品质专门试验确定，可参考表 15-7 的规定控制。

（2）汽包炉进行磷酸盐-pH 值协调控制时，其炉水的 Na^+ 与 PO_4^{3-} 的摩尔比值应维持为 2.3～2.8。若炉水的 Na^+ 与 PO_4^{3-} 的摩尔比低于 2.3 或高于 2.8 时，可加中和剂进行调节。炉水磷酸根含量与 pH 值指标参照表 15-8 的规定控制。

表 15-7　　　　　汽包炉炉水电导率、氢电导率、二氧化硅和氯离子含量标准

锅炉汽包压力（MPa）	处理方式	二氧化硅	氯离子	电导率（25℃）（µS/cm）	氢电导率（25℃）（µS/cm）
		mg/L			
5.9～10.0	炉水固体碱化剂处理	≤2.00*	—	<150	
10.1～12.6		≤2.00*	—	<60	
12.7～15.8		≤0.45*	≤1.5	<35	
>15.8	炉水固体碱化剂处理	≤0.20	≤0.5	<20	<1.5**
	炉水全挥发处理	≤0.15	≤0.3	—	<1.0

注　均指单段蒸发炉水。

*　汽包内有清洗装置时，其控制指标可适当放宽。炉水二氧化硅浓度指标应保证蒸汽二氧化硅浓度符合标准。

**　炉水氢氧化钠处理。

表 15-8　　　　　　　　　汽包炉炉水磷酸根含量和 pH 值标准

锅炉汽包压力（MPa）	处理方式	磷酸根（mg/L）			pH 值[①]（25℃）	
		单段蒸发	分段蒸发			
		标准值	净段	盐段	标准值	期望值
3.8～5.8	炉水固体碱化剂处理	5～15	5～12	≤75	9.0～11.0	—
5.9～10.0		2～10	2～10	≤40	9.0～10.5	9.5～10.0
10.1～12.6		2～6	2～6	≤30	9.0～10.0	9.5～9.7
12.7～15.8		≤3*	≤3	≤15	9.0～9.7	9.3～9.7
>15.8	炉水固体碱化剂处理	≤1	—	—	9.0～9.7	9.3～9.6
	炉水全挥发处理	—	—	—	9.0～9.7	—

①　指单段蒸发炉水。

*　控制炉水无硬度。

五、补给水质量标准

锅炉补给水的质量，以不影响给水质量为标准，可参照表15-9的规定控制。

表 15-9   锅 炉 补 给 水 质 量

锅炉过热蒸汽压力 （MPa）	二氧化硅 （$\mu g/L$）	除盐水箱进水电导率（25℃） （$\mu S/cm$）		除盐水箱出口电导率 （25℃）/（$\mu S/cm$）	TOC[①]（$\mu g/L$）
		标准值	期望值		
5.9～12.6	—	≤0.20	—		—
12.7～18.3	≤20	≤0.20	≤0.10	0.40	≤400
>18.3	≤10	≤0.15	≤0.10		≤200

① 必要时监测。

六、减温水质量标准

锅炉蒸汽采用混合减温时，其减温水质量，应保证减温后蒸汽中的钠、二氧化硅和金属氧化物的含量符合表15-1的规定。

七、疏水和生产回水质量标准

疏水和生产回水质量以不影响给水质量为前提，按表15-10控制。

表 15-10   疏水和生产回水质量

名 称	硬度（$\mu mol/L$）		铁（$\mu g/L$）	油（mg/L）
	标准值	期望值		
疏水＞	≤2.5	≈0	≤50	—
生产回水＞	≤5.0	≤2.5	≤100	≤1（经处理后）

生产回水还应根据回水性质，增加必要的化验项目。

八、闭式循环冷却水质量标准

闭式循环冷却水的质量可参照表15-11控制。

表 15-11   闭式循环冷却水质量

材质	电导率（25℃）（$\mu S/cm$）	pH 值（25℃）
全铁系统	≤30	≥9.5
含铜系统	≤20	8.0～9.2

九、热网补充水质量标准

热网补充水质量按表15-12控制。

表 15-12   热网补充水质量标准

溶解氧（$\mu g/L$）	总硬度（$\mu mol/L$）	悬浮物（mg/L）
<100	<600	<5

十、水内冷发电机的冷却水质量标准

参照 GB/T 7064—2008《隐极同步发电机技术要求》，水内冷发电机的冷却水质量按表15-13控制。

表 15-13　　　　　　　　　　　水内冷发电机的冷却水质量

电导率（25℃）（μS/cm）	铜（μg/L）	硬度（μmol/L）	pH 值（25℃）
≤5[a]	≤40	≤2	7.0～9.0

十一、停（备）用机组启动时的水、汽质量标准

（1）锅炉启动后，并汽或汽轮机冲转前的蒸汽质量，可参照表 15-14 的规定控制，且在机组并网后 8h 内应达到表 15-1 的标准值。

表 15-14　　　　　　　　　　　汽轮机冲转前的蒸汽质量标准

炉　型	锅炉过热蒸汽压力（MPa）	氢电导率（25℃）（μS/cm）	二氧化硅	铁	铜	钠
						μg/kg
汽包炉	3.8～5.8	≤3.00	≤80	—	—	≤50
	＞5.8	≤1.00	≤60	≤50	≤15	≤20
直流炉	—	—	≤30	≤50	≤15	≤20

（2）锅炉启动时，给水质量应符合表 15-15 的规定，在热启动 2h 内、冷启动 8h 内应达到表 15-2 的标准值。

表 15-15　　　　　　　　　　　锅炉启动时给水质量

炉　型	锅炉过热蒸汽压力（MPa）	硬度（μmol/L）	氢电导率（25℃）（μS/cm）	铁	溶解氧	二氧化硅
					μg/L	
汽包炉	3.8～5.8	≤10.0	—	≤150	≤50	—
	5.9～12.6	≤5.0	—	≤100	≤40	—
	＞12.6	≤5.0	≤1.00	≤75	≤30	≤80
直流炉	—	≈0	≤0.50	≤50	≤30	≤30

（3）直流炉热态冲洗合格后，启动分离器水中铁和二氧化硅含量均应小于 100μg/L。

（4）机组启动时，凝结水质量可按表 15-16 的规定开始回收。

表 15-16　　　　　　　　　　　机组启动时凝结水回收标准

外　状	硬度（μmol/L）	铁	二氧化硅	铜
			μg/L	
无色透明	≤10.0	≤80	≤80	≤30

注　1. 对于滨海电厂还应控制含钠量不大于 80μg/L。
　　2. 凝结水精处理正常投运，铁的控制标准可小于 1000μg/L。

（5）机组启动时，应严格监督疏水质量。当高、低压加热器的疏水含铁量不大于 400μg/L 时，可回收。

十二、水汽质量劣化时的处理

（1）处理原则。当水汽质量劣化时，应迅速检查取样是否有代表性、化验结果是否正确，并综合分析系统中水、汽质量的变化，确认判断无误后，按下列三级处理原则执行：

一级处理——有因杂质造成腐蚀、结垢、积盐的可能性，应在 72h 内恢复至标准值；

二级处理——肯定有因杂质造成腐蚀、结垢、积盐的可能性，应在 24h 内恢复至标准值；

三级处理——正在进行快速结垢、积盐、腐蚀，如 4h 内水质不好转，应停炉。

在异常处理的每一级中，如果在规定的时间内尚不能恢复正常，则应采用更高一级的处理方法。

（2）凝结水（凝结水泵出口）水质异常时的处理值见表 15-17 规定。

表 15-17　　　　　　　　　　　　　凝结水水质异常时的处理

项　目		标准值	处理等级		
			一级	二级	三级
氢电导率（25℃）（μS/cm）	有精处理除盐	≤0.30*	>0.30*	—	—
	无精处理除盐	≤0.30	>0.30	>0.40	>0.65
钠（μg/L）	有精处理除盐	≤10	>10	—	—
	无精处理除盐	≤5	>5	>10	>20

注　用海水冷却的电厂，当凝结水中的含钠量大于 400μg/L 时，应紧急停机。
＊　主蒸汽压力大于 18.3MPa 的直流炉，凝结水氢电导率标准值为不大于 0.20μS/cm，一级处理为大于 0.20μS/cm。

（3）锅炉给水水质异常时的处理值见表 15-18 规定。

表 15-18　　　　　　　　　　　　　锅炉给水水质异常时的处理

项　目		标准值	处理等级		
			一级	二级	三级
pH 值（25℃）	无铜给水系统	9.2～9.6	<9.2	—	—
	有铜给水系统	8.8～9.3	<8.8 或>9.3	—	—
氢电导率（25℃）（μS/cm）	无精处理除盐	≤0.30	>0.30	>0.40	>0.65
	有精处理除盐	≤0.15	>0.15	>0.20	>0.30
溶解氧（μg/L）	还原性全挥发处理	≤7	>7	>20	—

注　1. 直流炉给水 pH 值低于 7.0，按三级处理等级处理。
　　2. 对于凝汽器管为铜管、其他换热器管均为钢管的机组，给水 pH 值标准值为 9.1～9.4，则一级处理为小于 9.1 或大于 9.4。

（4）锅炉水水质异常时的处理值见表 15-19 规定。当出现水质异常情况时，还应测定炉水中氯离子含量、含钠量、电导率和碱度，以便查明原因，采取对策。

表 15-19　　　　　　　　　　　　　锅炉炉水水质异常时的处理

锅炉汽包压力（MPa）	处理方式	pH 值（25℃）标准值	处理等级		
			一级	二级	三级
3.8～5.8	炉水固体碱化剂处理	9.0～11.0	<9.0 或>11.0	—	—
5.9～10.0		9.0～10.5	<9.0 或>10.5	—	—
10.1～12.6		9.0～10.0	<9.0 或>10.0	<8.5 或>10.3	—
>12.6	炉水固体碱化剂处理	9.0～9.7	<9.0 或>9.7	<8.5 或>10.0	<8.0 或>10.3
	炉水全挥发处理	9.0～9.7	9.0～8.5	8.5～8.0	<8.0

注　炉水 pH 值低于 7.0，应立即停炉。

任务二　油质监督与评价

【教学目标】

通过本项任务的学习，使学生掌握汽轮机油、变压器油和抗燃油质量标准，能正确进行电力用油质量监督与评价。态度方面，能主动积极参与问题讨论，具有严谨细致、一丝不苟的职业素质，具有安全意识，具有团队协作能力。

【任务描述】

油质监督与评价的基本内容分为对汽轮机油的监督与评价，对绝缘油（变压器油）的监督与评价，对抗燃油的监督与评价三部分。

汽轮机油是润滑系统长期循环使用的一种工作介质。由于其使用在高温、搅动、含水、含金属颗粒和有氧的相对恶劣环境中，油品极易因老化劣化，使某些应用指标下降至难以接受的水平，所以对汽轮机油进行质量评价与运行监督是确保机组安全经济运行的一项重要工作。

电力行业应用的绝缘油主要是国产绝缘油，但随着电网建设的快速发展，电力系统引进了许多高电压、大容量的充油电气设备，这些设备大都使用其指定的进口油。通过对绝缘油质量指标的检测，评价与控制绝缘油的质量，可以及时发现设备隐患，保证设备安全运行。

控制抗燃油质量的目的是延长抗燃油使用时间，提高设备使用寿命。

【任务准备】

复习电力用油的质量特性指标。查阅有关资料，了解电力行业各充油设备中油系统结构及其工作原理。

【任务实施】

一、汽轮机油的质量监督与评价

（一）新油验收

控制新油质量是汽轮机油质量监督的首要环节。购买新油时，应查验出厂质量检验报告，评定其质量是否符合 GB 11120—2011《涡轮机油》标准，技术要求见表 15-20。之后，用油单位到供货方取样，委托相关单位进行油质全分析，确认质量合格后方可购买。

新油到货后，还应进行验收，其技术指标应满足 GB 11120 的规定或者按汽轮机制造厂所规定的油质标准。

表 15-20　　　　　　　　　　　汽轮机油新油技术要求

项　目	质量指标							试验方法
	A 级			B 级				
黏度等级（GB/T 3141）	32	46	68	32	46	68	100	
外观	透明			透明				目测
色度（号）	报告			报告				GB/T 6540
运动黏度（40℃）（mm²/s）	28.8~35.2	41.4~50.6	61.2~74.8	28.8~35.2	41.4~50.6	61.2~74.8	90.0~110.0	GB/T 265
黏度指数（不小于）	90			85				GB/T 1995①
倾点②（℃）（不高于）	−6			−6				GB/T 3535
密度（20℃）（kg/m³）	报告			报告				GB/T 1884 GB/T 1885③
闪点（开口）（℃）不低于	186		195	186		195		GB/T 3536

项　目		质量指标							试验方法
		A级			B级				
黏度等级（GB/T 3141）		32	46	68	32	46	68	100	
酸值（以 KOH 计）（mg/g）		0.2			0.2				GB/T 4945④
水分（质量分数）（%）（不大于）		0.02			0.02				GB/T 11133⑤
起泡性（泡沫倾向/泡沫稳定性)⑥（mL/mL）（不大于）	程序Ⅰ（24℃）	450/0			450/0				GB/T 12579
	程序Ⅱ（93.5℃）	100/0			100/0				
	程序Ⅲ（后 24℃）	450/0			450/0				
空气释放值（50℃）（min）（不大于）		5		6	5	6	8	—	SH/T 0308
铜片腐蚀（100℃，3h）（级）（不大于）		1			1				GB/T 5096
液相锈蚀（24h）		无锈			无锈				GB/T 11143（B 法）
抗乳化性（乳化液达到 3mL 的时间）（min）（不大于）	54℃	15		30	15		30		GB/T 7305
	82℃	—		—	—		—	30	
旋转氧弹⑦（min）		报告			报告				SH/T 0193
氧化安定性，1000h 后总酸值（以 KOH 计）（mg/g）（不大于）		0.3	0.3	0.3	报告	报告	报告		GB/T 12581
总酸值达 2.0（以 KOH 计）/(mg/g)的时间（h）（不小于）		3500	3000	2500	2000	2000	1500	1000	GB/T 12581
1000h 后油泥（mg）（不大于）		200	200	200	报告	报告	报告		SH/T 0565
承载能力⑧ 齿轮机试验/失效级（不小于）		8	9	10	—				GB/T 19936.1
过滤性	干法（%）（不小于）	85			85				SH/T 0805
	湿法	通过			通过				
清洁度⑨（不大于）		—/17/14			—/17/14				GB/T 14039

① 测定方法也包括 GB/T 2541，结果有争议时，以 GB/T 1995 为仲裁方法。

② 可与供应商协商较低的温度。

③ 测定方法也包括 SH/T 0604。

④ 测定方法也包括 GB/T 7304 和 SH/T 0163，结果有争议时，以 GB/T 4945 为仲裁方法。

⑤ 测定方法也包括 GB/T 7600 和 SH/T 0207，结果有争议时，以 GB/T 11133 为仲裁方法。

⑥ 对于程序Ⅰ和程序Ⅲ，泡沫稳定性在 300s 时记录，对于程序Ⅱ，在 60s 时记录。

⑦ 该数值对使用中油品监控是有用的，低于 250min 属不正常。

⑧ 测定方法也包括 SH/T 0306，结果有争议时，以 GB/T 19936.1 为仲裁方法。

⑨ 按 GB/T 18854 校正自动粒子计数器（推荐采用 DL/T 432 方法计算和测量粒子）。

（二）机组投运前的油质监督

机组在注入新油前，必须对润滑系统中的各部位进行彻底清理，然后按《火电厂施工质量检验及评定标准》对整个润滑系统进行酸洗、钝化、烘干，再对油系统进行大流量循环清洗。

对于新建机组，在进行润滑系统的安装时，所有的充油腔室、阀门都必须清理干净，呈现出金属本色。使用的连接管路应进行酸洗、钝化。系统安装完毕后，要对系统中的各部位再次进行彻底清理，清除管道、油箱等部位的焊渣，安装过程中留下的各种杂质碎片以及金属表面的氧化皮等，以防止这些机械杂质在冲洗过程中进入轴承或控制装置，造成部件的损害或影响其正常工作。

运行机组油系统的冲洗操作与新机组基本相同，但由于新旧机组油系统中污染物成分、性质与分布状况不完全相同，因此冲洗工艺应有所区别。新机组应强调系统设备在制造、储运和安装过程中进入的污染物的清除，而运行机组油系统则应重视在运行和检修过程中产生或进入的污染物的清除。如对大修后的机组，除对系统的各部位进行清理外，一般应对系统进行碱洗，以除去系统中存留的油泥等老化产物。

为了提高油系统的冲洗效果，在冲洗工艺上，首先要求冲洗油应具有较高的流速，应不低于系统额定流速的 2 倍，并且在系统回路的所有区段内冲洗油流都应达到紊流状态。要求提高冲洗油的温度，以利于提高清洗效果，并适当采用升温与降温的变温操作方式。

在大流量冲洗过程中，应按一定时间间隔从系统取油样进行油的洁净度分析。国标 GB/T 7596—2008《电厂运行中汽轮机油质量》中，建议运行汽轮机油应达到美国 NAS 8～9 级的标准。为了给运行油留有裕度，对基建新投机组，应控制颗粒污染达到 NAS 7 级的标准。

润滑系统冲洗合格后，油箱放油，清扫油箱，恢复系统。注意此时应避免引起二次污染。然后把经过滤油机过滤合格的新油注入油箱，以便开机使用。

对于大修后的运行机组，其润滑系统的冲洗方法与新建机组的处理方法基本相同。

（三）运行中汽轮机油的监督

运行中汽轮机油的监督应严格按照 GB/T 7596 和 GB/T 14541—2005《电厂用运行矿物油维护管理导则》执行，其检测项目及主要技术指标分别见表 15-21～表 15-23。

表 15-21　　　　　　　　　　　　运行中汽轮机油质量

序　号	项　目		设备规范	质量指标	检验方法
1	外状			透明	DL/T 429.1
2	运动黏度（40℃）（mm²/s）	32*		28.8～35.2	GB/T 265
		46*		41.4～50.6	
3	闪点（开口杯）（℃）			≥180，且比前次测定值不低 10℃	GB/T 267 GB/T 3536
4	机械杂质		200MW 以下	无	GB/T 511
5	洁净度（NAS 1638），级		200MW 及以上	≤8	DL/T 432
6	酸值（mg KOH/g）	未加防锈剂		≤0.2	GB/T 264
		加防锈剂		≤0.3	
7	液相锈蚀			无锈	GB/T 11143
8	破乳化度（54℃）min			≤30	GB/T 7605
9	水分（mg/L）			≤100	GB/T 7600 GB/T 7601
10	起泡沫试验（mL）	24℃		500/10	GB/T 12579
		93.5℃		50/10	
		后 24℃		500/10	
11	空气释放值（50℃）（min）			≤10	SH/T 0308
12	旋转氧弹值（min）			报告	SH/T 0193

注　对于润滑系统和调速系统共用一个油箱，也用矿物汽轮机油的设备，此时油中洁净度指标应参考设备制造厂提出的控制指标执行。

*　32、46 为汽轮机油的黏度等级。

表 15-22　　　　　　　　　　　　运行中燃气轮机油质量

序 号	项 目		质量指标	检验方法
1	外状		透明	DL/T 429.1
2	颜色		无异常变化	DL/T 429.2
3	运动黏度（40℃）（mm²/s）	32	28.8～35.2	GB/T 265
		46	41.4～50.6	
4	酸值		≤0.4	GB/T 264
5	洁净度（NAS 1638），级		≤8	DL/T 432
6	旋转氧弹值		不比新油低 75%	SH/T 0193
7	T501 含量		不比新油低 25%	GB/T 7602

表 15-23　　　　　　　　　　　　常规检验项目和检验周期

设备名称	设备规范	检验周期	检验项目[①]
汽轮机	250MW 及以上	新设备投运前或机组大修后	1～11
		每天或每周至少 1 次[②]	1、4
		每 1 个月、第 3 个月以后每 6 个月	2、3
		每月、1 年以后每 3 个月	6
		第 1 个月、第 6 个月以后每年	10、11
		第 1 个月、第 6 个月以后每 6 个月	5、7、8
	200MW 及以下	新设备投运前或机组大修后	1～4、6～9
		每周至少 1 次[②]	1、4
		每年至少 1 次	1～4、6～9
		必要时	
水轮机		每年至少 1 次	1、2、4、6、9
		必要时	
调相机		每周 1 次	1、4
		每年 1 次	1～4、6、9
		必要时	

注　水轮机 300MW 及以上增加洁净度测定。
① "检验项目"栏内 1、2、…为表 15-21 中的项目序号。
② 机组运行正常，可以适当延长检验周期，但发现油中混入水分（油呈浑浊）时，应增加检验次数，并及时采取处理措施。

（四）向运行油中补加（添加）添加剂的有关规定

为了改善运行汽轮机油中的某些特定指标，生产上常补加的添加剂主要有：T501 抗氧化剂、T746 防锈剂、GPE₁₅S-2 破乳化剂、甲基硅油消泡剂等。使用应慎重，并注意其具体使用条件。

（1）T501 抗氧化剂的补加。向不含抗氧化剂的新油中添加 T501 抗氧化剂时，应先进行试验，且其添加剂含量应控制为 0.3%～0.5%。向运行油中补加 T501 时，则必须把其运行油的酸值、pH 值等指标处理至接近新油的标准后进行。

（2）T746 防锈剂的补加。在向普通新汽轮机油中添加 T746 时，其汽轮机油系统必须经过彻底冲洗，然后可按其总量的 0.02%～0.03% 的比例添加。向运行汽轮机油中补加（或添加）T746，必须在汽轮机的大小修停机状态下，对汽轮机油系统进行彻底的冲洗和清理后进行。

（3）GPE$_{15}$S-2 破乳化剂的添加。通常新汽轮机油中都不应含有破乳化剂，新油的破乳化度必须合格，不能靠添加破乳化剂来改善其破乳化指标。对于运行中汽轮机油破乳化度超标，破乳化剂的添加量为 10mg/kg 左右。

（4）甲基硅油消泡剂的添加。机组在运行中因油质的老化劣化，易产生一些皂类物质，在机组回油冲击和搅动下，可产生大量的泡沫，导致看不到油箱的油位，甚至造成油品的溢出，在这种情况下，可添加 10mg/kg 的甲基硅油消泡剂来解决，切忌添加过量。

（5）对于新型添加剂，不得擅自添加。

二、绝缘油的质量监督与评价

绝缘油的质量监督通常分为新油验收、基建阶段油务监督、运行油监督三部分。

（一）新油验收

我国绝缘油新油标准为 GB 2536—2011《电工流体 变压器和开关用的未使用过的矿物绝缘油》。

1. 变压器油新油质量验收

我国新变压器油新油按照 GB 2536—2011 进行验收。该标准结合 IEC 60296 和 GB 1.1 的规定，将矿物绝缘油分为变压器油和低温开关油两类，其中变压器油包括通用技术要求和特殊技术要求。矿物绝缘油按照其抗氧化剂含量的不同分为不加抗氧化剂油，标识为 U；加微量抗氧化剂油，标识为 T；加抗氧化剂油，标识为 I。并标明最低冷态投运温度。变压器油（通用）技术要求和试验方法见表 15-24，变压器油（特殊）技术要求和试验方法见表 15-25。

表 15-24　　　　　　　变压器油（通用）技术要求和试验方法

项目		质量指标					试验方法
最低冷态投运温度（LCSET）（℃）		0	−10	−20	−30	−40	
	倾点（℃）不高于	−10	−20	−30	−40	−50	GB/T 3535
功能特性①	运动黏度（mm²/s）不大于						
	40	12	12	12	12	12	GB/T 265 NB/SH/T 0837
	0	1800	—	—	—	—	
	−10	—	1800	—	—	—	
	−20	—	—	1800	—	—	
	−30	—	—	—	1800	—	
	−40	—	—	—	—	2500*	
	水含量②（mg/kg）（不大于）	30/40					GB/T 7600
	击穿电压（满足下列条件之一）（kV）（不小于）	未处理油	30				GB/T 507
		经处理油③	70				
	密度④（20℃）（kg/m³）（不大于）	895					GB/T 1884 和 GB/T 1885
	介质损耗因数⑤（90℃）（不大于）	0.005					GB/T 5654

项　　　目		质量指标	试验方法
	外观	清澈透明、无沉淀物和悬浮物	目测⑦
	酸值（以 KOH 计）（mg/g）（不大于）	0.01	NB/SH/T 0836
	水溶性酸或碱	无	GB/T 259
	界面张力（mN/m）（不小于）	40	GB/T 6541
	总硫含量⑧（质量分数）（%）	无通用要求	SH/T 0689
精制/稳定特性⑥	腐蚀性硫⑨	非腐蚀性	SH/T 0804
	抗氧化添加剂含量⑩（质量分数）（%）｜不含抗氧化添加剂油（U）	检测不出	SH/T 0802
	含微抗氧化添加剂油（T）（不大于）	0.08	
	含抗氧化添加剂油（I）	0.08～0.40	
	2-糠醛含量（mg/kg）（不大于）	0.1	NB/SH/T 0812
运行特性⑪	氧化安定性（120℃）　试验时间：（U）不含抗氧化添加剂油：164h；（T）含微量抗氧化添加剂油：332h；（I）含抗氧化添加剂油：500h ｜ 总酸值（以 KOH 计）（mg/g）（不大于）	1.2	NB/SH/T 0811
	油泥（质量分数）（%）（不大于）	0.8	
	介质损耗因数（90℃）（不大于）	0.500	GB/T 5654
	析气性（mm³/min）	无通用要求	NB/SH/T 0810
健康、安全和环保特性（HSE）⑫	闪点（闭口）（℃）（不低于）	135	GB/T 261
	稠环芳烃（PCA）含量（质量分数）（%）（不大于）	3	NB/SH/T 0838
	多氯联苯（PCB）含量（质量分数）（mg/kg）	检测不出⑬	SH/T 0803

注　1. "无通用要求"指由供需双方协商确定该项目是否检测，且测定限值由供需双方协商确定。

　　2. 凡技术要求中的"无通用要求"和"由供需双方协商确定是否采用该方法进行检测"的项目为非强制性的。

① 对绝缘和冷却有影响的性能。

② 当环境湿度不大于 50% 时，水含量不大于 30mg/kg 适用于散装交货；水含量不大于 40mg/kg 适用于桶装或复合中型集装容器（IBC）交货。当环境湿度大于 50% 时，水含量不大于 35mg/kg 适用于散装交货；水含量不大于 45mg/kg 适用于桶装或复合中型集装容器（IBC）交货。

③ 经处理油指试验样品在 60℃ 下通过真空（压力低于 2.5kPa）过滤流过一个孔隙度为 4 的烧结玻璃过滤器的油。

④ 测定方法也包括能够 SH/T 0604。结果有争议时，以 GB/T 1884 和 GB/T 1885 为仲裁方法。

⑤ 测定方法也包括能够 GB/T 21216。结果有争议时，以 GB/T 5654 为仲裁方法。

⑥ 受精制深度和类型及添加剂影响的性能。

⑦ 将样品注入 100mL 量筒中，在 20℃±5℃ 下目测。结果有争议时，按 GB/T 511 测定机械杂质含量为无。

⑧ 测定方法也包括用 GB/T 11140、GB/T 17040、SH/T 0253、ISO 14596。

⑨ SH/T 0804 为必做试验。是否还需要采用 GB/T 25961 方法进行检测由供需双方协商确定。

⑩ 测定方法也包括 SH/T 0792。结果有争议时，以 SH/T 0802 为仲裁方法。

⑪ 在使用中和/或在高电场强度和温度影响下与油品长期运行有关的性能。

⑫ 与安全和环保有关的性能。

⑬ 检测不出指 PCB 含量小于 2mg/kg，且其单峰检出限为 0.1mg/kg。

＊　运动黏度（-40℃）以第一个黏度值为测定结果。

表 15-25　　　　　　　　　　变压器油（特殊）技术要求和试验方法

项　目			质量指标					试验方法
最低冷态投运温度（LCSET）			0℃	−10℃	−20℃	−30℃	−40℃	
功能特性①	倾点（℃）（不高于）		−10	−20	−30	−40	−50	GB/T 3535
	运动黏度（mm²/s）（不大于）	40℃	12	12	12	12	12	GB/T 265 NB/SH/T 0837
		0℃	1800	—	—	—	—	
		−10℃	—	1800	—	—	—	
		−20℃	—	—	1800	—	—	
		−30℃	—	—	—	1800	—	
		−40℃	—	—	—	—	2500*	
	水含量②（mg/kg）不大于		30/40					GB/T 7600
	击穿电压（满足下列条件之一）（kV）（不小于）	未处理油	30					GB/T 507
		经处理油③	70					
	密度④（20℃）（kg/m³）（不大于）		895					GB/T 1884 和 GB/T 1885
	苯胺点（℃）		报告					GB/T 262
	介质损耗因数⑤（90℃）（不大于）		0.005					GB/T 5654
精制/稳定特性⑥	外观		清澈透明、无沉淀物和悬浮物					目测⑦
	酸值（以 KOH 计）（mg/g）（不大于）		0.01					NB/SH/T 0836
	水溶性酸或碱		无					GB/T 259
	界面张力（mN/m）（不小于）		40					GB/T 6541
	总硫含量⑧（质量分数）（%）（不大于）		0.15					SH/T 0689
	腐蚀性硫⑨		非腐蚀性					SH/T 0804
	抗氧化添加剂含量⑩（质量分数）（%）含抗氧化添加剂油（I）		0.08～0.40					SH/T 0802
	2-糠醛含量/（mg/kg）不大于		0.05					NB/SH/T 0812
运行特性⑪	氧化安定性（120℃）试验时间：（I）含抗氧化添加剂油：500h	总酸值（以 KOH 计）（mg/g）（不大于）	0.3					NB/SH/T 0811
		油泥（质量分数）（%）（不大于）	0.05					
		介质损耗因数⑪（90℃）（不大于）	0.050					GB/T 5654
	析气性（mm³/min）		报告					NB/SH/T 0810
	带电倾向（ETC）（μC/m³）		报告					DL/T 385
健康、安全和环保特性（HSE）⑫	闪点（闭口）（℃）（不低于）		135					GB/T 261
	稠环芳烃（PCA）含量（质量分数）（%）（不大于）		3					NB/SH/T 0838
	多氯联苯（PCB）含量（质量分数）（mg/kg）		检测不出⑬					SH/T 0803

注　1. 凡技术要求中"由供需双方协商确定是否采用该方法进行检测"和测定结果为"报告"的项目为非强制性的。
　　2. 表注同表 15-24。

2. 低温开关油

由于断路器油除了应具有优异的绝缘性能之外，还应具有良好的低温流动性，GB 2536—2011 规定了低温开关油技术要求和试验方法见表 15-26。

表 15-26　　　　　　　　　　　低温开关油技术要求和试验方法

项　目			质量指标	试验方法
最低冷态投运温度（LCSET）			−40℃	
功能特性[①]	倾点（℃）不高于		−60	GB/T 3535
	运动黏度（mm²/s）不大于	40℃	3.5	GB/T 265
		−40℃	400*	NB/SH/T 0837
	水含量[②]（mg/kg）（不大于）		30/40	GB/T 7600
	击穿电压（满足下列条件之一）（kV）不小于	未处理油	30	GB/T 507
		经处理油[③]	70	
	密度[④]（20℃）（kg/m³）（不大于）		895	GB/T 1884 和 GB/T 1885
	介质损耗因数[⑤]（90℃）不大于		0.005	GB/T 5654
精制/稳定特性[⑥]	外观		清澈透明、无沉淀物和悬浮物	目测[⑦]
	酸值（以 KOH 计）（mg/g）（不大于）		0.01	NB/SH/T 0836
	水溶性酸或碱		无	GB/T 259
	界面张力（mN/m）（不小于）		40	GB/T 6541
	总硫含量[⑧]（质量分数）（%）		无通用要求	SH/T 0689
	腐蚀性硫[⑨]		非腐蚀性	SH/T 0804
	抗氧化添加剂含量[⑩]（质量分数）（%）含抗氧化添加剂油（I）		0.08～0.40	SH/T 0802
	2-糠醛含量（mg/kg）（不大于）		0.1	NB/SH/T 0812
运行特性[⑪]	氧化安定性（120℃）试验时间：（I）含抗氧化添加剂油：500h	总酸值（以 KOH 计）（mg/g）（不大于）	1.2	NB/SH/T 0811
		油泥（质量分数）（%）（不大于）	0.8	
		介质损耗因数[⑪]（90℃）（不大于）	0.500	GB/T 5654
	析气性（mm³/min）		无通用要求	NB/SH/T 0810
健康、安全和环保特性（HSE）[⑫]	闪点（闭口）（℃）（不低于）		100	GB/T 261
	稠环芳烃（PCA）含量（质量分数）（%）（不大于）		3	NB/SH/T 0838
	多氯联苯（PCB）含量（质量分数）（mg/kg）		检测不出[⑬]	SH/T 0803

注　表注同表 15-24。

3. 进口油验收

按照国际惯例和设备制造厂家的要求，进口设备一般都要使用设备厂家指定或带来的进口油，因此我们需要采用国外绝缘油的质量标准，进行进口绝缘油的质量验收。常用标准有国际电工协会标准 IEC 60296 和美国材料试验协会标准 ASTM D3487。

（1）国际电工协会标准 IEC 60296。IEC 60296 通用标准对抗氧化剂含量不同的 U、T、I 三类变压器油分别提出了不同的氧化安定性要求：U 类——抗氧化剂检测不出；T 类——抗氧化剂含量小于 0.08%；I 类——抗氧化剂含量为 0.08%～0.4%，具体规定见表 15-27。

表 15-27　　　　　　　　　IEC 60296—2003 变压器油质量标准（通用规格）

性　质		试验方法	指　标	
			变压器油	低温断路器油
功能性	黏度（40℃）（mm²/s）	ISO 3104	≤12	≤3.5
	黏度（−30℃）（mm²/s）	ISO 3104	≤180	—
	黏度（−40℃）（mm²/s）	IEC 61868	—	≤400
	倾点（℃）	ISO 3016	≤−40	≤−60
	水含量（mg/kg）	IEC 60814	≤30	≤40
	击穿电压（kV）	IEC 60156	≤30	≤70
	密度（20℃）（g/mL）	ISO 3675/ ISO 12185	≤0.895	
	DDF[①]（90℃）	IEC 60274/IEC 61620	≤0.005	
精制/稳定性	外观		透明无沉淀和悬浮物质	
	酸值［mg（KOH）/g］	IEC 62021-1	≤0.01	
	界面张力	ISO 6295	无通用要求	
	总硫含量	BS 2000 第 373 部分或 ISO 14596	无通用要求	
	腐蚀性硫	DIN 51353	无腐蚀性	
	抗氧剂（%）	IEC 60666	U（未加抗氧化剂）：检测不出 T（加微量抗氧化剂）：≤0.08 I（加抗氧化剂）：0.08～0.40	
	糠醛含量（mg/kg）	IEC 61198	≤0.1	
氧化性能	氧化安定性（h）	IEC 61125C 法（试验时间）	U（未加抗氧化剂）：164 T（加微量抗氧化剂）：332 I（加抗氧化剂）：500	
	总酸值［mg（KOH）/g］		≤1.2	
	沉淀（%）		≤0.8	
	DDF（90℃）（%）	IEC 60247	≤0.500	
	析气性	IEC 60628	无通用要求	
健康/安全/环境	闪点	ISO 2719	≥135℃	≥100℃
	PCA[②]含量（%）	BS2000 第 346 部分	3	
	PCB[③]含量	IEC 61619	检测不出	

①　介质损耗因数。
②　多环芳烃。
③　多氯联苯。

（2）美国材料试验协会标准 ASTM D3487—2000。ASTM D3487—2000 标准按抗氧化剂含量将绝缘油分为两类：I 类绝缘油抗氧化剂含量≤0.08%；II 类绝缘油抗氧化剂含量≤0.3%。由于两类绝缘油抗氧化剂含量的差异，除了抗氧化安定性指标 II 类油远高于 I 类油外，II 类油还增加了旋转氧弹氧化法试验的要求，而其他指标的要求基本一致（见表 15-28）。对于析气性不高于＋30μL/min 的要求，除深度精制的石蜡基绝缘油之外，一般都能满足。

表 15-28　　　　　　　　　　ASTM D3487—2000 绝缘油质量标准

项　目		质量指标		ASTM 试验方法
		Ⅰ类	Ⅱ类	
物理特性				
苯胺点（℃）		（63～84）	（63～84）	D611
颜色 ≤		0.5	0.5	D1500
闪点（℃） ≥		145	145	D92
界面张力（dy/cm） ≥		40	40	D971
倾点（℃） ≤		－40	－40	D97
相对密度 ≤		0.91	0.91	D1298
黏度（mm²/s）	100℃ ≤	3.0（36）	3.0（36）	D445 或 D88
	40℃ ≤	12.0（66）	12.0（66）	
	0℃ ≤	76.0（350）	76.0（350）	
目测		透明、光亮	透明、光亮	D1524
电气性能				
击穿电压（60Hz，圆盘电极）（kV） ≥		30	30	D877
击穿电压（60Hz，VDE 电极）（kV）	间隙 0.040in（1.02mm） ≥	20	20	D1816
	间隙 0.080in（2.03mm） ≥	35	35	
击穿电压（25℃，脉冲下，kV）针负极到球面间隙 1-in（25.4mm） ≥		145	145	D3300
析气性（μL/min） ≤		＋30	＋30	D2300
介质损耗因数（60Hz，%）	25℃ ≤	0.05	0.05	D924
	100℃ ≤	0.30	0.30	
化学性能				
抗氧化安定性	72h	油泥（m%） ≤	0.15	0.1	D2440
		总酸值（mgKOH/g） ≤	0.5	0.3	
	164h	油泥（m%） ≤	0.3	0.2	
		总酸值（mgKOH/g） ≤	0.6	0.4	
氧化安定性（旋转氧弹）（min） ≥		—	195	D2112
抗氧剂含量（%） ≤		0.08	0.3	D4768 或 D2668
腐蚀性硫		非腐蚀性	非腐蚀性	D1275
水含量（×10⁻⁶） ≤		35	35	D1533
中和值，总酸值（mgKOH/g） ≤		0.03	0.03	D974
PCB 含量（×10⁻⁶） ≤		未检测出	未检测出	D4058

（二）基建阶段油务监督

1. 新变压器到货验收

变压器出厂前，厂家都要做介质损耗因数、耐压冲击、局部放电等各项电气试验。变压器运抵现场后，还要在现场做残油的色谱分析和水分分析。通过色谱分析结果，可以在一定程度上确定变压器出厂时是否有缺陷。如果烃类含量高，甚至有乙炔存在，这说明设备出厂前有缺陷，虽经过了消缺处理，但设备可能存有隐患。水分分析的目的是确定变压器在长时间远途运输过程中，其内部绝缘是否可能受潮。如果水分分析结果大于 30mg/kg，则说明设备绝缘有受潮的可能，在设备安装完毕后必须进行严格的干燥处理。

为了防潮并不超重，大型变压器一般都是采用不带油的运输方式，变压器出厂时充入干燥空气、氮气或二氧化碳（在变压器上安装高压钢瓶）之后再运到安装现场；而中、小型变压器一般都是载油运输。在运输和安装的过程中，要防止变压器倾斜、振动和碰撞，因为变压器的套管、油枕、瓦斯继电器、散热管、防爆筒灯，都不能承受较大的机械力。变压器到货后，首先要检查补气装置的铅封是否完好，气体压力表上的指示是否为微正压（保持为 0.01～0.03MPa），以确定设备在运输途中有没有可能受潮。然后从变压器本体中取残油，做色谱和水分分析，进一步确定设备是否受潮和变压器出厂时的状态。

2. 安装过程中的油质监督

在变压器的现场安装工作过程中，油化验人员要对充入设备中的绝缘油进行检测。安装过程中进行的油质监督大致可以分为以下四个阶段：绝缘油注油前的处理及检测、真空注油、热油循环、油静置及静置后的检验。

（1）绝缘油注油前的处理及检测。新油验收合格后，将其与真空滤油机相连，再注入一个大的油罐中，在各个连接口和出口安装若干吸湿器。通过真空滤油机进行循环滤油或者单方向滤油，以脱除油中的水分、空气和其他机械杂质。

在滤油的过程中，应定时对油品的击穿电压、水分、介质损耗因数三项指标进行检验，直至达到表 15-29 中所列指标要求后，才能停止真空滤油。

表 15-29　　　　　　　　　新 油 净 化 后 的 检 验

试验项目	设备电压等级（kV）		
	500 及以上	330～220	≤110
击穿电压（kV）	≥60	≥55	≥45
水分（mg/kg）	≤10	≤15	≤20
介质损耗因数（90℃）	≤0.002	≤0.005	≤0.005

（2）真空注油和热油循环。真空注油可以使绝缘油在注油过程中进一步脱水和脱气，也有利于防止纤维绝缘因浸渍不良而形成空穴。

变压器真空注油后，在器身绝缘上难免还有一些残留的水分和气体，因此利用热油循环可以：①通过油—纸水分平衡原理，对变压器运输、安装过程中绝缘材料表面吸收的水分进行脱水干燥；②通过对油品的加热和强制循环，增加绝缘材料的浸润性，消除变压器死角部位积存的气泡。

热油循环过程控制滤油机出口油温为 60～80℃，以保持变压器本体油温在 60℃左右。热油循环的时间至少应保证变压器本体的油达到三个循环周期以上，一般情况下需要 2～3 天，当油的击穿电压、水含量、含气量、介质损耗因数 4 项指标达到了控制要求（见表 15-30）后结束热油循环。

表 15-30　　　　　　　热油循环后的检验项目与达标要求

试验项目	设备电压等级（kV）		
	500 及以上	330～220	≤110
击穿电压（kV）	≥60	≥50	≥40

续表

试验项目	设备电压等级（kV）		
	500 及以上	330～220	≤110
水分（mg/kg）	≤10	≤15	≤20
含气量（%，体积分数）	≤1	—	—
介质损耗因数 90℃	≤0.005	≤0.005	≤0.005

注 对于 500kV 及以上设备油中洁净度指标暂定为：报告（或按制造厂规定执行）。

（3）油静置及静置后的检验。真空注油、热油循环后的变压器要静置一段时间才能进行绝缘试验。在油静置的过程中，一些没有溶解于油中的气体可以从油中溢出，或者完全被绝缘油所吸收；同时静置后还可以调整油位，当环境及变压器本体温度变化时，可以充分利用气体对油压力的调节作用，避免油渗漏或潮气入侵。这个过程进展很缓慢，因此所需静置的时间也较长：110kV 及以下静置 24h；220～330kV 静置 48h；500kV 静置 72h。静置时间的长短取决于变压器的真空干燥、浸油和真空注油的质量。

经过静置后，应对变压器油做一次全分析。由于新油与绝缘材料已充分接触，油中溶解了一定数量的杂质，这时的油品既不同于新油，也不同于运行油，称为投入运行前的油，其质量标准依据 GB/T 7595—2008《运行中变压器油质量》，具体指标见表 15-31。静置后的分析数据和电气试验后的色谱分析数据，可以作为基建单位与生产单位的交接试验数据。

表 15-31　　　　　　　　　　**运行中变压器油质量标准**

序号	项　目	设备电压等级（kV）	质量指标		试验方法
			投运前的油	运行后的油	
1	外观		透明、无杂质或悬浮物		外观目测加标准号
2	水溶性酸（pH 值）		＞5.4	≥4.2	GB/T 7598
3	酸值（mgKOH/g）		≤0.03	≤0.1	GB/T 264
4	闪点（闭口）（℃）		≥135		GB/T 261
5	水分[①]（mg/L）	330～1000	≤10	≤15	GB/T 7600 或 GB/T 7601
		220	≤15	≤25	
		≤110 及以下	≤20	≤35	
6	界面张力（25℃）（mN/m）		≥35	≥19	GB/T 6541
7	介质损耗因数（90℃）	500～1000	≤0.005	≤0.020	GB/T 5654
		≤330	≤0.010	≤0.040	
		750～1000	≥70	≥60	
		500	≥60	≥50	
8	击穿电压[②]（kV）	330	≥50	≥45	DL/T 429.9[③]
		66～220	≥40	≥35	
		35 及以下	≥35	≥30	
9	体积电阻率（90℃）（Ω·m）	500～1000	≥6×10^{10}	≥1×10^{10}	GB/T 5654 或 DL/T 421
		≤330		≥5×10^{9}	
10	油中含气量（%）（体积分数）	750～1000		≤2	DL/T 423 或 DL/T 450、DL/T 703
		330～500	≤1	≤3	
		（电抗器）		≤5	

续表

序号	项　目	设备电压等级（kV）	质量指标		试验方法
			投运前的油	运行后的油	
11	油泥与沉淀物（％）（质量分数）		<0.02（以下可以忽略不计）		GB/T 511
12	析气性	≥500	报告		IEC 60628（A）、GB/T 11142
13	带电倾向		报告		DL/T 1095
14	腐蚀性硫		非腐蚀性		DIN 51353、SH/T 0804、ASTM D1275
15	油中颗粒度	≥500	报告		DL/T 432

注 由供需双方协商确定是否采用该方法进行检测。

① 取样油温为 40～60℃。

② 750～1000kV 设备运行经验不足，本标准参考西北电网 750kV 设备运行规程提出此值，供参考，以积累经验。

③ DL/T 429.9 是采用平板电极；GB/T 507 是采用圆球、球盖形两种形状电极。三种电极所测的击穿电压值不同，其影响情况见本标准附录 B（资料性附录），其质量指标为平板电极测定值。

（三）运行油的质量监督与评价

变压器运行以后，由于热、电、水分、杂质等影响，绝缘油的物理、化学、电气性能逐步降低，故其比安装和交接时的新油标准要低，按照 GB/T 7595 来执行。运行油分为投入运行前的油（新油充入电气设备，经热油循环后准备投入运行，但又未正式通电运行的油）和投入运行后的油（充油电气设备开始运行后的油）。

运行油按照表 15-31 中运行后的油的技术要求进行质量评定。运行中断路器油按照表 15-32 运行中断路器油质量标准进行质量评定。

表 15-32　　　　　　　　　　**运行中断路器油质量标准**

序　号	项　目	质量指标	检验方法
1	外观	透明、无游离水分、无杂质或悬浮物	外观目测
2	水溶性酸（pH 值）	≥4.2	GB/T 7598
3	击穿电压（kV）	110kV 以上，投运前或大修后≥40　运行中≥35	GB/T 507 或 DL/T 429.9
		110kV 及以下，投运前或大修后≥35　运行中≥30　必要时	

三、抗燃油的质量监督与评价

（一）新油验收

国产新抗燃油，按照 DL/T 571《电厂用磷酸酯抗燃油运行与维护导则》中的质量要求进行验收，具体技术指标见表 15-33。进口抗燃油按照抗燃油生产厂商或进口合同的技术标准验收。

表 15-33　　　　　　　　　　**新磷酸酯抗燃油质量标准**

序号	项　目	指　标	试验方法
1	外观	无色或淡黄，透明	DL/T 429.1
2	密度（20℃）（g/cm³）	1.13～1.17	GB/T 1884

续表

序号	项 目		指 标	试验方法
3	运动黏度（40℃）①（mm²/s）		41.4～50.6	GB/T 265
4	倾点（℃）		≤−18	GB/T 3535
5	闪点（℃）		≥240	GB/T 3536
6	自燃点（℃）		≥530	DL/T 706
7	颗粒污染度（NAS 1638）②级		≤6	DL/T 432
8	水分（mg/L）		≤600	GB/T 7600
9	酸值（mgKOH/g）		≤0.05	GB/T 264
10	氯含量（mg/kg）		≤50	DL/T 433
11	泡沫特性（mL/mL）	24℃	≤50/0	GB/T 12579
		93.5℃	≤10/0	
		24℃	≤50/0	
12	电阻率（20℃）（Ω·cm）		≥1×10¹⁰	DL/T 421
13	空气释放值（50℃）（min）		≤3	SH/T 0308
14	水解安定性	油层酸值增加（mgKOH/g）	≤0.02	SH/T 0301
		水层酸度（mgKOH/g）	≤0.05	
		铜试片失重（mg/cm²）	≤0.008	

① 按 ISO 3448—1992 规定，磷酸酯抗燃油属于 VG46 级。
② NAS 1638 颗粒污染度分级标准见 DL/T 571 附录 D。

（二）基建阶段质量监督

液压调节系统中，抗燃油的工作压力较高而调节部件的节流孔径较小，因此抗燃油具有流量小而流速高的特点。抗燃油中的颗粒对设备损害极大，若颗粒过大，可能堵塞节流孔，颗粒较小时，会磨损伺服阀，加剧泵的磨损，影响泵的使用寿命。

为减少抗燃油中杂质粒子的含量，安装完成后应进行油冲洗。在冲洗一定时间后，每隔一定时间用取样瓶从主回油管路取油样，作抗燃油的颗粒度分析，以检查油系统的循环冲洗效果。如颗粒污染度达到 MOOG2 级标准，则可停止油冲洗，否则需继续冲洗。

（三）运行抗燃油的监督

1. 运行抗燃油取样

对于常规监督试验所用油样，一般从冷油器出口、旁路再生装置入口或油箱底部采样。如发现抗燃油异常，则应根据引起异常项目可能的原因及部位，增加取样点数。

取样方法：取样前首先将取样阀周围擦净，打开取样阀，排出阀内的死体积油，再打开取样瓶盖。对于测定颗粒度的样品，需用专用的取样瓶，在隔绝空气的条件下，从冷油器中采集。

2. 运行抗燃油的检测项目与周期

（1）运行人员巡检下列项目：①定期记录油温、油箱油位；②记录油系统及旁路再生装置精密过滤器的压差变化情况；③记录每次补油量、油系统及旁路再生装置精密过滤器滤芯、旁路再生装置的再生滤芯或吸附剂的更换情况。

（2）试验室试验项目及周期。机组正常运行情况下，抗燃油的分析项目和检测周期见表 15-34。每年至少进行一次油质全分析。

表 15-34　　　　　　　　　　　　抗燃油试验室分析项目及周期

序　号	试验项目	第一个月	第二个月后
1	电阻率、颜色、外观、水分、酸值	每周一次	每月一次
2	颗粒污染度	两周一次	三个月一次
3	闪点、倾点、密度、运动黏度、氯含量、泡沫特性、空气释放值	四周一次	—
4	闪点、倾点、密度、运动黏度、氯含量、泡沫特性、空气释放值、矿物油含量、自燃点	—	六个月一次

3. 运行抗燃油的质量标准

运行抗燃油质量标准见表 15-35。

表 15-35　　　　　　　　　　　　运行中抗燃油质量标准

序　号	项　目		指　标	试验方法
1	外观		透明	DL/T 429.1
2	密度（20℃）（g/cm³）		1.13～1.17	GB/T 1884
3	运动黏度（40℃，ISO VG46）（mm²/s）		39.1～52.9	GB/T 265
4	倾点（℃）		$\leqslant-18$	GB/T 3535
5	闪点（℃）		$\geqslant235$	GB/T 3536
6	自燃点（℃）		$\geqslant530$	DL/T 706
7	颗粒污染度（NAS 1638）级		$\leqslant6$	DL/T 432
8	水分（mg/L）		$\leqslant1000$	GB/T 7600
9	酸值（mgKOH/g）		$\leqslant0.15$	GB/T 264
10	氯含量（mg/kg）		$\leqslant100$	DL/T 433
11	泡沫特性（mL/mL）	24℃	$\leqslant200/0$	GB/T 12579
		93.5℃	$\leqslant40/0$	
12	电阻率（20℃）（Ω·cm）		$\geqslant6\times10^9$	DL/T 421
13	矿物油含量%		$\leqslant4$	DL/T 571 附录 C
14	空气释放值（50℃）（min）		$\leqslant10$	SH/T 0308

机组检修重新启动前应进行油质全分析测试，启动 24h 后再次取样测定颗粒污染度，每次补油后应测定颗粒污染度、运动黏度、密度和闪点。如果油质异常，应缩短试验周期，必要时取样进行全分析。

4. 抗燃油油质异常原因及处理措施

抗燃油使用过程中应注意：①合成抗燃油与矿物汽轮机油有着本质上的区别，严禁混合使用；②抗燃油具有很强的溶剂特性，在检修及使用维护时，应注意其所用材料的相容性，防止油品的污染；③抗燃油主要用于 300MW 及以上的大机组 EHC 和高压旁路系统。因其系统部件的结构特点，对油品中杂质的颗粒度有特殊的要求；④运行中的抗燃油，在一定的温度和水分存在的条件下会发生水解反应，导致其酸值增长较快，因此应提高安装及检修质量以防止油系统的进水，从根本上解决油质的水解问题；⑤运行抗燃油因油质的氧化使其酸值增加和电阻率降低是不可避免的，因此自机组投运起，就应不间断地投入旁路再生系统，并通过定期测试其出入口的酸值变化情况，及时更换吸附剂，以确保酸值和电阻率合格；⑥对于正常运行的设备，要注意检查系统中精密过滤器的压差，以便及时更换和冲洗精密过滤器，防止油路的堵塞及确保抗燃油清洁度合格。

如果油质指标超标，应进行评估并提出建议，并通知有关部门，查明油质指标超标原因，并采取相应处理措施。表 15-36 为运行磷酸酯抗燃油油质指标超标的可能原因及参考处理方法。

表 15-36   **运行中磷酸酯抗燃油油质异常原因及处理措施**

项 目		异常极限值	异常原因	处理措施
外观		混浊	(1) 油中进水； (2) 被其他液体污染	(1) 脱水处理； (2) 换油
颜色		迅速加深	(1) 油品严重劣化； (2) 油温升高，局部过热	(1) 更换旁路吸附再生滤芯或吸附剂； (2) 调节冷油器阀门，控制油温； (3) 消除油系统存在的过热点
密度 (20℃) (g/cm³)		<1.13 或 >1.17	被矿物油或其他液体污染	换油
运动黏度 (40℃) (mm²/s)		与新油同牌号代表的运动黏度中心值相差超过 ±20%		
倾点 (℃)		>-15		
闪点 (℃)		<220		
自燃点 (℃)		<500		
矿物油含量 (%)		>4		
颗粒污染度 (NAS 1638) 级		>6	(1) 机械杂质污染； (2) 精密过滤器失效； (3) 油系统部件有磨损	(1) 检查精密过滤器是否破损、效，必要时更换滤芯； (2) 检查油箱密封及系统部件是有腐蚀磨损； (3) 消除污染源，进行旁路过滤，必要时增加外置过滤系统过滤，直至合格
水分 (mg/L)		>1000	(1) 冷油器泄漏； (2) 油箱呼吸器的干燥剂失效，空气中水分进入	(1) 消除冷油器泄漏； (2) 更换呼吸器的干燥剂； (3) 更换脱水滤芯
酸值 (mgKOH/g)		>0.25	(1) 运行油温高，导致老化； (2) 油系统存在局部过热； (3) 油中含水量大，使油水解	(1) 调节冷油器阀门，控制油温； (2) 消除局部过热； (3) 更换吸附再生滤芯，每隔 48h 取样分析，直至正常
氯含量 (mg/kg)		>100	含氯杂质污染	(1) 检查系统密封材料等是否损坏； (2) 换油
泡沫特性 (mL/mL)	24℃	>250/50	(1) 油老化或被污染； (2) 添加剂不合适	(1) 消除污染源； (2) 更换旁路再生装置的再生滤芯或吸附剂； (3) 添加消泡剂； (4) 考虑换油
	95℃	>50/10		
电阻率 (20℃) (Ω·cm)		≥6×10⁹	可导电物质污染	(1) 更换旁路再生装置的再生滤芯或吸附剂； (2) 换油
空气释放值 (50℃) (min)		>10	(1) 油质劣化； (2) 油质污染	(1) 更换旁路再生装置的再生滤芯或吸附剂； (2) 考虑换油

任务三　电力用煤质量监督与评价

🎯【教学目标】

通过本项任务的学习，使学生掌握电厂煤炭质量验收依据的标准，质量评价指标以及评价方法。掌握质量验收标准规定的采样、制样和化验的基本规定。态度方面，能主动积极参与问题讨论，具有严谨细致、一丝不苟的职业素质，具有安全意识，具有团队协作能力。

🎤【任务描述】

电厂在验收煤炭质量时，首先依据电厂与供煤方签订的供货合同，通常在合同中约定煤炭的质量指标，主要包括发热量、全硫、全水等指标。单批煤炭质量合格与否依据 GB/T 18666—2002《商品煤质量抽查验收方法》来进行判定。GB/T 18666 包括两部分内容：一是商品煤质量抽查；二是商品煤质量验收。

🤝【任务准备】

复习煤炭采样和制样技术。

⚙【任务实施】

商品煤质量抽查验收，对于火电厂来说是至关重要的，煤炭质量的好坏，关系到电厂的安全经济运行，同时决定了电厂经济效益的优劣。商品煤质量抽查验收方法按照 GB/T 18666 的有关规定实施。

一、商品煤质量验收方法

（一）产品（商品）质量检验的分类

产品质量检验分为三类：

（1）产品生产者（例如煤矿）进行的质量检验称为生产检验或第一方检验。

（2）产品消费者或购买者（如电厂）进行的质量检验称为验收检验或第二方检验。

（3）独立于买卖双方的机构（如商检局）进行的质量检验称为第三方检验。

（二）检验方法的分类

检验方法分为抽查方法和验收方法两类。

抽查方法是适用于有关单位对商品煤质量进行的抽查检验，如国家煤炭质检中心根据国家产品质量监督部门的规定进行的监督抽查检验。

GB/T 16888 对商品煤质量抽查单位没有进行明确规定，但并不意味着对抽查单位没有限制。产品质量监督抽查分为以下四种：一是国家监督抽查，它由国务院产品抽查单位负责组织；二是地方监督抽查，它由县以上地方产品质量监督部门在国务院产品质量监督部门统一规划和协调下负责组织；三是行业监督抽查，它由行业主管部门在同级政府产品质量监督部门统一规划和协调下负责组织；四是企业内部监督抽查，它由企业主管部门根据企业生产经营的需要负责组织。前三类是政府产品质量管理部门依法办事，具有强制性，抽查结果向社会公布。抽查单位必须具有以下资质：第三方公正地位和向社会提供公正数据的资格；经政府授权；必须取得国家质量监督部门的计量认证合格证书和通过国家质量监督部门的机构审查，取得审查认可证书。

验收方法是适用于煤炭买受方进行的验收检验，如电厂入厂煤质量验收。

（三）术语和定义

对于商品煤质验收方法，标准作了如下表述：由买受方从收到的、出卖方发给的一批煤中采取一个或数个总样，然后进行制样和有关项目测定，以出卖方的报告值和买受方的检验值进行比较，对该批煤质量进行评定。

标准中对检验值、报告值及质量指标允许差作了如下说明：

检验值——检验单位按国家标准方法对被检验批煤进行采样、制样和化验所得到的煤炭质量指标值。

报告值——被检验单位出具的被检验批煤的质量指标值，包括被检验单位的测定值或贸易合同约定值、产品标准（或规格）规定值。

由报告值的含义可知，报告值有两种不同情况：一是被检验单位的测定值；二是贸易合同的约定值、产品标准（或规格）规定值。在前一种情况下，煤炭的买受方（检验单位）与出卖方（被检验单位）均须对同一批煤各自采集一个总样，然后分别制样、化验，对其结果进行比较；后一种情况下，煤炭的买受方的检验值只是与贸易合同的约定值、产品标准（或规格）规定值作比较，故此时只有检验单位采集一个总样，因而在验收方法中提出一批煤中有采取一个或数个总样之分。

当一批煤中采取一个或数个总样时，其质量评判标准是不同的。如采取一个总样进行测定，其测定值在 95% 的概率下落在真值 $\pm A$（A 是指采制化总精密度）范围内；如采取两个总样，则测定值的差值应在 $\pm\sqrt{2}A$ 范围内，则判为合格，这就是该标准制定质量评定允许差的理论基础。

质量指标允许差——被检验单位对某一批煤的某一质量指标的报告值和检验单位对同一批煤的同一质量指标的检验值的差值在规定概率下的极限值。

（四）商品煤质量验收方法

由买受方从收到的、出卖方发给的一批煤中采取一个或多个总样，然后进行制样和有关项目测定，以出卖方的报告值和买受方检验值进行比较，对该批煤质量进行评定。

1. 检验项目

（1）原煤、筛选煤和其他洗煤（包括非冶炼用精煤）：检验发热量（或灰分）和全硫。

（2）冶炼用精煤：检验全水分、灰分和全硫。

2. 煤样采取、制备和化验

（1）采样、制样和化验人员应经过专门的煤炭采样、制样和化验技术培训，并持有有效的操作证书或岗位合格证书。

（2）采样应符合 GB 475 的要求。

（3）采样地点。煤样应从被抽查单位销售或待销煤炭中，在移动煤流或火车、汽车载煤中采取，一般不直接在煤堆和轮船载煤中采取，而应在堆（装）煤和卸煤过程中、从转运煤流或小型转运工具如汽车载煤中采取。在特殊情况下，可从煤堆上分层采取，也可从高度小于 2m 的煤堆上直接采取。

（4）采样基数。抽查煤样的采样基数一般为 1000t 或一个发运批量。在采样基数小于 1000t 时，至少应为一个作业班的生产、堆存或运输量。在用被抽查单位的测定值进行质量评定时，抽查单位和被抽查单位的采样单元应相同。

（5）采样方法。煤样按 GB 475 规定采取。当采样基数小于和等于 1000t 时，采取 1 个总样；大于 1000t 时，可采取 1 个或多个总样。

总样的子样分布应遵守 GB 475 的有关规定。采样应由抽查单位两名以上人员进行，并做好记录。

（6）煤样的制备。煤样按 GB 474 和有关测定方法规定的粒度进行制备。

煤样缩分一般应使用二分器，煤样粒度过大或煤样过湿时，可用堆锥四分法进行缩分。

全水分煤样在一般分析煤样的制备过程中抽取。制样过程中应避免水分损失。

煤样可在采样后就地制成实验室煤样然后带回抽查单位进一步制成一般分析试验煤样。

（7）煤样的化验。全水分按 GB/T 211 测定，一般分析煤样的水分和灰分按 GB/T 211 测定，发热量按 GB/T 213 测定，全硫按 GB/T 214 测定。

3. 商品煤质量评定

（1）单项质量指标评定。标准指出，出卖方提供测定值的商品煤的单项质量指标评定：当买受方与出卖方分别对同一批煤采样、制样和化验时，如出卖方报告值（测定值）和买受方的检验值的差值满足下述条件，则该项质量指标为合格；否则，应评为不合格。

灰分（A_d）：（报告值－检验值）不小于表 15-37 规定值；

发热量（$Q_{gr,d}$）：（报告值－检验值）不大于表 15-37 规定值；

全硫（$S_{t,d}$）：（报告值－检验值）不小于表 15-38 规定值。

灰分和发热量的允许差见表 15-37，全硫允许差见表 15-38。

表 15-37　　　　　　　　　　　灰分和发热量允许差

煤的品种	灰分（以检验值计）	允许差（报告值－检验值）	
		ΔA_d（％）	$\Delta Q_{gr,d}$（MJ/kg）
原煤和筛选煤	＞20.00～40.00	−2.82	＋1.12
	10.00～20.00	−0.141A_d	＋0.056A_d
	＜10.00	−1.41	＋0.56
非冶炼用精煤	—	−1.13	按原煤、筛选煤计
其他洗煤	—	−2.12	
冶炼用精煤	—	−1.11	—

注　1. ΔA_d 为灰分（干燥基）允许差。
　　2. $\Delta Q_{gr,d}$ 为发热量（干燥基高位）允许差。

表 15-38　　　　　　　　　　　全 硫 允 许 差

煤的品种	全硫（以检验值计）$S_{t,d}$（％）	允许差（报告值－检验值）（％）
冶炼用精煤	＜1.00	−0.16
	≥1.00	−0.16$S_{t,d}$

续表

煤的品种	全硫（以检验值计）$S_{t,d}$（%）	允许差（报告值－检验值）（%）
其他煤	<1.00	−0.17
	1.00～2.00	−0.17$S_{t,d}$
	>2.00～3.00	−0.34

　　表 15-37 及表 15-38 中规定的允许差是判断煤炭质量是否达到某一标准，故允许差值是单向的。也就是说，只要被验收煤的品质达到或优于报告的品质就算合格。

　　标准指出，有贸易合同值或产品标准（或规格）规定值的商品煤质量指标评定：以合同约定值或产品标准（或规格）规定值和买受方检验值比较，按规定进行评定，但各项指标允许差应按下式修正：

$$T = \frac{T_0}{\sqrt{2}} \tag{15-1}$$

式中　T——实际允许差，%或 MJ/kg；

　　　　T_0——表 15-37、表 15-38 规定的允许差，%或 MJ/kg。

　　注：当合同约定值或产品标准（或规格）规定值为一数值范围时，全水分、灰分和全硫取约定值或规定值的上限值为被抽查单位报告值，发热量取下限值为报告值。

　　（2）批煤质量评定。标准指出，原煤、筛选煤和其他洗煤（包括非冶炼用精煤）：以灰分计价者，干基灰分和干基全硫都合格，该批煤质量评为合格；否则，该批煤质量应评为不合格。以发热量计价者，干基高位发热量和干基全硫都合格，该批煤质量评为合格；否则，该批煤质量应评为不合格。

　　二、商品煤验收发生争议时的解决方法

　　GB/T 18666 对煤质验收时发生争议作出这样规定：当买受方的检验值和出卖方报告值不一致（二者差值超过标准规定的允许差）并发生争议时，先协商解决，如协商不一致，应改用下述两种方法之一进行验收检验，在此情况下，买受方将收到的该批煤单独存放：

　　（1）双方共同对买受方收到的批煤进行采样、制样和化验，并以共同检验结果进行验收。

　　（2）双方请共同认可的第三公正方对买受方收到的批煤进行采样、制样和化验，并以此检验结果进行验收。

　　电厂收到一批煤，一般为一列火车来煤，其煤量往往达两三千吨，如是海轮，则可能多达万吨以上，将这批煤单独存放，将涉及卸煤或转运的人力、机械及费用，存煤场地与保管责任等诸多实际问题。因此，协商解决应成为解决煤质争议的基本方法。

　　如确需改用（1）或（2）法进行验收检验，双方共同进行采制化，也就是说共同采集一个总样，按表 15-37 及表 15-38 规定评判其质量指标是否合格，实际允许差应按式（15-1）进行计算。

　　对于双方认可的第三公正方，一般指获得国家计量认证合格证书或中国实验室认可委员会认可的权威煤质检验机构。不仅要求第三方公正进行煤质化验，而应包括采样、制样及化验全过程操作及检测。

　　三、煤炭质量验收中存在的问题

　　发电用煤成本占火电厂运行成本的 80%左右，是火电厂最重要的经济指标，很多情况下，从发电用煤以外节约的成本少之又少。发电用煤的质量，直接影响着电厂的安全经济运行，燃料的质量评定与合理利用不仅是电厂燃煤全过程管理的要求，更是电厂实现其经济指标的重要一环。

目前，火电厂煤炭质量验收中存在以下几个方面的问题：

（1）由于市场供应的客观性和设计煤源不足及煤质变动性，国内火电厂实际燃用煤炭与设计煤质不一致。在供煤紧张的情况下，就更难保证煤质符合设计要求。

发电用煤大多采用混煤燃烧，混煤与单一煤炭的质量差异，入炉燃烧的实际效率，目前尚缺乏系统的研究。

此外，发电用煤的掺配并没有局限在电力行业内部，国内许多煤矿已开始将煤炭掺混后出售给发电企业，其用于掺配的煤炭质量差异大，甚至是不同煤种的掺配，在应用中暴露出若干问题，需要研究解决。

（2）某些煤质特性检测结果用于判断入炉燃烧效果时，有时与实际情况有所不同。应用中发现，有时按常规评价指标得到的结论，与实际燃烧情况并不相符，甚至于在发生了事故后，也无法根据入炉煤炭质量判断事故的原因。

（3）对煤炭的验收与应用仅局限于对最低煤质的要求与控制，没有建立煤炭的优化利用体系，尚做不到效益最大化，造成资源浪费。

可见，有必要进一步完善煤炭质量评价体系，准确评价入厂煤质量，科学合理掺配煤炭，使入炉煤炭质量满足锅炉设计要求，从而降低煤耗，保证锅炉安全稳定运行。

任务四　SF_6 气体质量监督

【教学目标】

通过对本项任务的学习，使学生在知识方面掌握 SF_6 新气验收的有关规定，掌握基建与运行阶段 SF_6 质量控制要求。在技能方面，能依据有关标准评价 SF_6 新气、运行气体的质量。态度方面，能主动积极参与问题讨论，具有严谨细致、一丝不苟的职业素质，具有安全意识，具有团队协作能力。

【任务描述】

SF_6 质量监督与评价工作分为三个环节：一是新气质量验收；二是基建安装阶段气体质量控制；三是运行气体质量控制。各个环节都有其对应的国家或行业标准，需要掌握。

【任务准备】

查阅有关标准，了解 SF_6 质量指标及其具体规定。

【任务实施】

一、SF_6 新气验收

（一）SF_6 新气质量验收依据

1. SF_6 新气质量标准

GB 12022—2006《工业六氟化硫》标准主要用于电力工业、冶金工业和气象部门等，标准中 SF_6 的新气质量见表 15-39。

表 15-39　　　　　　　　　　　　GB 12022 规定 SF₆ 新气质量

指标项目		指　标	指标项目	指　标
SF₆ 的质量分数（%）		≥99.9	酸度（以 HF 计）的质量分数（%）	≤0.000 02
空气的质量分数（%）		≤0.04	可水解氟化物（以 HF 计）（%）	≤0.000 10
CF₄ 的质量分数（%）		≤0.04	矿物油的质量分数（%）	≤0.000 4
水分	水的质量分数（%）	≤0.000 5	毒性	生物试验无毒
	露点（℃）	≤−49.7		

2. 国际标准中 SF₆ 新气质量

进口的 SF₆ 新气执行合同协议标准或 IEC 标准，IEC 60376—2005《电气设备用工业级六氟化硫（SF₆）的规范》，由国际电工委员会提出，专门定义电力设备用 SF₆ 气体的技术等级，见表 15-40。

表 15-40　　　　　　　　　　　　IEC 60376 中规定的 SF₆ 新气质量

指标名称	指　标	指标名称	指　标
空气（$N_2 + O_2$）	≤0.2%	可水解氟化物（以 HF）计	—
CF₄	≤0.24%	矿物油	≤10×10⁻⁶
湿度（H_2O）	≤25×10⁶（−36℃）	纯度（SF₆）	≥99.7%（液态时测试）
酸度（以 HF 计）	≤1×10⁻⁶	毒性试验	无毒

注　表中百分数为质量分数，10⁻⁶相当于 μg/g。

（二）新气质量验收的方法和步骤

1. 查验产品及出厂报告

SF₆ 气体的生产厂商在产品出厂前，其生产质量检测部门都应逐批检验，以保证其产品质量符合国家或协议标准的要求。每批出厂的 SF₆ 气体都应附有一定格式的质量证明书，其主要内容应包含：生产厂名称、产品名称、批号、气瓶编号、净质量、生产日期和本标准编号等。这些指标应一起放在气瓶帽中随同产品出厂。

用户收到气瓶时，应向厂方索取并查验产品的出厂报告，并在一个月内进行质量验收。

2. 抽检数量

按照部颁文件《SF₆ 气体监督管理条例》规定，SF₆ 新气到货一个月内，必须对进行质量验收。SF₆ 气体质量验收的方法是按照有关规定进行抽检。

SF₆ 抽样气瓶数可按 GB 12022 中规定从每批产品中随机选取。每瓶 SF₆ 构成单独的样品（同一气体来源处稳定充装工业 SF₆ 构成一批，每批产品的重量不超过 2t）。

表 15-41 中列出的是选取的最少气瓶数，也可以按 DL/T 596—1996《电力设备预防性试验规程》的规定，每批产品按 3/10 的抽检率进行复核分析，仍然是按批号进行抽检。这个规定对 SF₆ 新气的质量监督比较严格。

对于国外进口的 SF₆ 新气，也应按相同的新气质量标准复检验收。

表 15-41　　　　　　　　　　　　GB 12022 规定的抽检瓶数

每批气瓶数	抽检的最少瓶数	每批气瓶数	抽检的最少瓶数
1	1	41～70	3
1～40	2	71 以上	4

注　除抽检瓶数外，其余瓶数测定湿度和纯度。

3. SF$_6$ 气体的存储

验收合格的 SF$_6$ 瓶装新气应直立存储在阴凉、通风的干燥库房中，库房温度不宜超过 30℃。远离火种、热源。防止阳光直射。应与易燃、可燃物分开存放。

验收时要注意品名，注意验瓶日期，先进仓的先发用。搬运时轻装轻卸，防止钢瓶及附件破损。

未经验收或回收的 SF$_6$ 瓶装气体应有明确的标识，分别存储，以免混淆。

SF$_6$ 瓶装新气存放半年以上时，使用前用户应复测气体的湿度和空气含量，达到新气指标方可使用。

4. 质量验收检测项目

对于抽检气瓶，按照 GB 12022 规定的 SF$_6$ 新气质量标准逐项进行验收。对于未抽检的气瓶，测定湿度和纯度。

二、SF$_6$ 气体绝缘设备充装过程质量监督

大型 SF$_6$ 气体绝缘设备现场安装完毕后，首先要对设备进行密封性检验。真空检验密封合格后，采用高纯氮气干燥，利用湿气向高纯氮气扩散的原理，将湿气置换出来。湿气向高纯氮气扩散的速度受温度影响，当环境温度高时，置换速度快，干燥效果好。一般在充氮 24h 后测定氮气的湿度，若远小于 SF$_6$ 气体的交接试验标准，则可排掉氮气，再抽真空后充入验收质量合格的 SF$_6$ 气体。若其湿度高于或接近 SF$_6$ 气体的交接试验标准，则需排掉氮气后，再次抽真空，充高纯氮气干燥，直至湿度合格后，方可进行 SF$_6$ 气体的充装。

向设备充入经验收质量合格的 SF$_6$ 气体至额定压力，24h 后检测充入的 SF$_6$ 气体的湿度，如湿度不合格，则需要对 SF$_6$ 气体进行回收，再重新充装，直至满足表 15-42 的规定。

表 15-42　　　　　　　　　　　新安装 SF$_6$ 设备水分交接试验值

气　隔	不发生分解气体的气隔（母线隔离开关部分）	发生分解气体的气隔（断路器部分）
含水量（μL/L）	250	150

充装 SF$_6$ 气体时应注意的几个问题：

（1）应将 SF$_6$ 气瓶放倒，充液体部分的 SF$_6$ 气体。如需确定充入设备中的 SF$_6$ 气体的质量，可称重充气前后 SF$_6$ 气瓶的质量，用差减法求得。

（2）应使用专用的减压表、充气接头和管路，充气回路应密封不漏，防止减压表和管路材料影响充入 SF$_6$ 气体的湿度。

（3）充气速度应缓慢，尽量避免因气体汽化制冷引起的管路结露。

（4）当 SF$_6$ 气瓶气体压力降至 0.1MPa 时，应停止使用剩余的 SF$_6$ 气体。

（5）充入 SF$_6$ 气体后，应至少间隔 24h 方可检测 SF$_6$ 气体湿度，检测时的环境温度应高于 0℃，0℃ 以下的检测结果仅供参考。

三、运行 SF$_6$ 气体质量监督

（一）运行 SF$_6$ 气体质量

根据生产实际和设备发展状况，我国运行 SF$_6$ 电气设备用气体质量标准分为断路器、GIS 气体和运行变压器气体两个系列。其中，运行断路器、GIS 气体标准中包括了各电压等级的断路器、GIS、互感器及套管用气监督检测，见 GB/T 8905—2012《六氟化硫电气设备中气体管理和检测导则》。

DL/T 941—2005《运行中变压器用六氟化硫质量标准》规定了 110kV 及以上运行中变压器用 SF₆ 气体的质量标准及其检查项目和周期（见表 15-43 和表 15-44）。可供运行中电流互感器用 SF₆ 气体参照执行。

表 15-43   **运行变压器 SF₆ 气体质量标准**

序号	项　目	单　位	指　标
1	泄漏（年泄漏率）	‰	≤1（可按照每个检查点泄漏值不大于 $30\mu L/L$ 的标准执行）
2	湿度（H_2O）（20℃，101 325Pa）	露点温度（℃）	箱体和开关≤−35℃，电缆箱等其余部位≤−30℃
3	空气（N_2+O_2）	质量分数（%）	≤0.2
4	四氟化碳（CF_4）	质量分数（%）	比原始测定值大 0.01%时应引起注意
5	纯度（SF_6）	质量分数（%）	≥97
6	矿物油	$\mu g/g$	≤10
7	可水解氟化物（以 HF 计）	$\mu g/g$	≤1.0
8	有关杂质组分（CO_2、CO、HF、SO_2、SF_4、SOF_2、SO_2F_2）	$\mu g/g$	报告（监督其增长情况）

表 15-44   **运行 SF₆ 变压器气体质量检测项目和周期**

序号	项　目	周　期	检测方法
1	泄漏（年泄漏率）	日常监控，必要时	GB/T 11023
2	湿度（20℃）	1 次/年	DL/T 506 和 DL/T 915
3	空气	1 次/年	DL/T 920
4	四氟化碳	1 次/年	DL/T 920
5	纯度（SF_6）	1 次/年	DL/T 920
6	矿物油	必要时	DL/T 919
7	可水解氟化物（以 HF 计）	必要时	DL/T 918
8	有关杂质组分（CO_2、CO、HF、SO_2、SF_4、SOF_2、SO_2F_2）	必要时（建议有条件 1 次/年）	报告

在电力行业标准 DL/T 596 中，对运行设备中 SF₆ 气体的试验项目和周期提出了新的要求，将 SF₆ 电气设备中气体质量监督的范围扩大了，运行中 SF₆ 气体的试验项目和要求见表 15-45。

表 15-45   **运行设备 SF₆ 气体的试验项目和周期**

序号	项　目	周　期	要　求	说　明
1	湿度（20℃）（体积分数，$\mu L/L$）	（1）1～3 年（35kV 以上）。（2）大修后。（3）必要时	（1）断路器灭弧气室：大修后不大于 150；运行中不大于 300。（2）其他气室：大修后不大于 250；运行中不大于 500	（1）按 GB 12022 和 DL/T 506 进行。（2）新装及大修后 1 年内复测一次，如湿度符合要求，则正常运行中 1～3 年一次。（3）周期中的"必要时"是指新装及大修后 1 年内复测湿度不符合要求或年漏气率超过 1%和设备异常时，按实际情况增加的检测

续表

序号	项　目	周　期	要　求	说　明
2	密度（标准状态下，kg/m³）	必要时	6.16	
3	毒性	必要时	无毒	
4	酸度（质量分数，μg/g）	（1）大修后。（2）必要时	≤0.3	
5	四氟化碳（体积分数，%）	（1）大修后。（2）必要时	（1）大修后≤0.05。（2）运行中≤0.1	
6	空气（体积分数，%）	（1）大修后。（2）必要时	（1）大修后≤0.05。（2）运行中≤0.2	
7	可水解氟化物（质量分数，μg/g）	（1）大修后。（2）必要时	≤1.0	
8	矿物油（质量分数，μg/g）	（1）大修后。（2）必要时	≤10	

SF_6 运行气体的质量管理，主要是 SF_6 气体的纯度、电弧分解气体和水分含量的管理，即确保 SF_6 气体纯度达到 97% 以上；确保 SF_6 气体的湿度合格，满足设备绝缘要求以及降低和去除 SF_6 气体中的电弧分解产物，防止设备腐蚀。

（二）SF_6 运行气体的泄漏管理

SF_6 电气设备在安装完毕后，一般先对设备的法兰接口等结合面，进行定性检漏，如发现 SF_6 气体泄漏部位时，再进行定量检漏。GB/T 8905 中规定：每个气隔的年漏气率应不大于 1%。

（三）设备检漏方法

SF_6 设备气体的泄漏检测是设备投入运行或日常维护工作的重要环节。SF_6 设备气体的泄漏不仅会引起环境的污染，而且会危及设备的绝缘水平，引发电网的安全事故，必须引起重视。

SF_6 设备气体的泄漏检测一般分为定性检漏和定量检漏两类。

1. 定性检漏

定性检漏的目的是确定 SF_6 电气设备是否漏气、漏气的具体部位、大致判断漏气量的大小。不能确定漏气量，也不能判断年漏气率是否合格。

常用的判断设备漏气的方法有气体压力降法、密度降法、定性检漏仪法及真空检漏法等。

（1）气体压力降法和密度降法。对于运行设备，一般当发现同一温度下相邻两次 SF_6 气体压力表上的读数相差 0.01～0.03MPa 时，即可定性判断设备存在漏气现象。

对于装有密度继电器的运行设备，若发现密度计指示的气体密度连续下降，也可判定设备存在漏气现象。

上述方法可大致判断设备的漏气量，但不能确定漏气部位。

（2）定性检漏仪法。在设备安装、检修完毕后，一般用手持式 SF_6 气体定性检漏仪沿设备的连接密封部位以大约 25mm/s 的速度缓慢移动，查找漏气点，若发现漏点需要进行有效的处理，直到确定设备不再有漏气部位为止。

在怀疑运行设备存在漏气时，也常用定性检漏仪查找漏气部位。

（3）抽真空检漏法。真空检漏法一般只适用于现场设备安装和检修后的检测。

其方法是：对设备抽真空，维持真空度在133Pa以下，继续抽真空30min，停泵30min后读真空度 A，再过5h后读取真空度 B，若 $B—A$ 值小于133Pa，则认为设备密封性能良好，否则需要进行处理，消除漏气点。

2. 定量检漏

定量检漏，可以判断产品是否合格，确定漏气率的大小。

定量检漏方法主要有扣罩法、挂瓶法、局部包扎法及压力降法。

（1）扣罩法。用塑料薄膜、塑料大棚、密封房或金属罩等把试品罩住，扣罩前吹净试品周围残余的 SF_6 气体。试品充 SF_6 气体至额定压力后不少于5～8h才可扣罩检漏。扣罩24h后用检漏仪测试罩内 SF_6 气体的浓度。测试点通常选在罩内上、下、左、右、前、后，每点取2、3个数据，最后取得罩内 SF_6 气体的平均浓度，计算其累计漏气量、绝对泄漏率、相对泄漏率等。

（2）挂瓶法。适用于法兰面有双道密封槽的 SF_6 电气设备泄漏检测。双道密封槽之间留有与大气相通的检漏孔。在试品充气至额定压力，并经一定时间间隔后，在检漏之前，取下检漏孔的螺塞，过一段时间，待双道密封间残余的气体排尽后，用软胶管分别连接检漏孔和挂瓶（挂瓶一般为1L的塑料瓶）。挂一定时间间隔后，取下挂瓶，用灵敏度不低于 $0.01×10^{-6}$（体积分数）的、经校验合格的检漏仪，测量挂瓶内 SF_6 气体的浓度。根据测得的计算试品累计的漏气量、绝对泄漏率、相对泄漏率等。

（3）局部包扎法。包扎时可采用0.1mm厚的塑料薄膜按被检部位的几何形状围一圈半，使接缝向上，包扎时尽可能构成圆形或方形。经整形后，边缘用白布带扎紧或用胶带沿边缘粘贴密封。塑料薄膜与被试品之间应保持一定的空隙，一般为5mm。包扎一段时间（一般为24h）后，用检漏仪测量包扎腔内 SF_6 气体的浓度。根据测得的浓度计算漏气率等指标。一般用于组装单元和产品。

（4）压力降法。其原理是测量一定时间间隔内设备的压力差，根据压力降低的情况来计算设备的漏气率。该方法适用于设备气室漏气量较大的设备检漏，以及在运行中用于监督设备漏气情况。

定性检漏一般用于日常维护；定量检漏主要用于设备制造、安装、大修及验收。

（四）设备解体大修时气体的监督与管理

气体绝缘电气设备在发生内部闪络或其他异常时应该进行解体维修，SF_6 断路器操作达到规定的开断次数或累计开断电流时也应进行解体维修。

由于 SF_6 气体在电弧作用下分解生成气态或固态的有毒的、有腐蚀性的产物，解体操作时必须采取严格的监督管理措施，防止中毒事故。

（1）设备解体前需要排放和处理使用过的 SF_6 气体，其中可能会有较大量的有害杂质，解体前首先需要对气体全面分析，以确定其有害成分含量，或用气体毒性生物试验的方法确定其毒性的程度，制定防毒措施。

（2）使用过的 SF_6 气体要通过气体回收装置全部回收，不得向大气排放，回收的气体应装入有明显标记的容器内准备处理，残余的气体如果向大气排放时，一定要经过滤毒罐吸附后排放。

（3）设备解体前，回收 SF_6 气体并对设备抽真空至残留气体压力为 133Pa 后，再用高纯氮气或干燥空气冲洗气室两次，以保证待修气室中 SF_6 及其气态分解产物浓度符合安全要求。设备解体后工作人员撤离，让残留的 SF_6 及其气态分解产物通风排放。

（4）设备解体检修完毕后，在重新充入 SF_6 气体前，设备气室要抽真空进行干燥处理。抽真空的目的在于检查气室的密封状态和去除气室中元件及其外壳内表面吸附的水分。检修后的设备应在装入吸附剂后，尽快将密封面处理好，马上开始抽真空，从装入吸附剂到抽真空的时间控制在 1h 以内，以免吸附剂吸附大量的空气中的水分而失效。

（5）抽真空的技术要求务必做到：首先对设备抽真空到 133Pa，维持真空泵运转至少 30min，停泵静观 30min 后读取真空度 A，再静观 5h 后，读取真空度 B，$B—A \leqslant 133Pa$，才算合格。

（6）回收的 SF_6 气体，若不符合新气质量标准时，必须净化处理，经确认合格后方可再回用。

（7）解体时 SF_6 电气设备内部会含有有毒的或腐蚀性的粉末，有些固态粉末附着在设备内及元件的表面，要仔细将粉末清理干净。由于粉末很细，可用专门吸尘器处理，注意吸尘器排出的气体应通到远离工作现场的地方。吸尘器难以清理的地方，可用抹布小心擦净。

（8）用于清理的物品需要用浓度约为 20% 的氢氧化钠水溶液浸泡后深埋。

◆【学习情境总结】

本学习情境介绍了水汽质量监督标准、水汽质量控制指标及其依据。发电企业根据机组形式、参数等级、控制方式、水处理系统及化学仪表配置情况，水汽质量应执行 GB/T 12145、DL/T 912，并参照执行 DL/T 561、DL/T 805.1、DL/T 805.2、DL/T 805.3、DL/T 805.4 等。引进机组应按制造厂的有关规定执行，但不能低于同类型、同参数国家行业标准的规定。

油质监督方面，汽轮机油的新油验收，应执行 GB/T 11120。运行中汽轮机油的质量标准按 GB/T 7596 执行。运行汽轮机油的维护管理原则上按照 GB/T 14541 执行。国产抗燃油其主要技术指标见 DL/T 571 中附录 A。运行抗燃油的质量标准见 DL/T 571 中附录 B，要求酸值项目执行"期望值"不大于 0.08mgKOH/g。运行抗燃油的监督维护原则上按照 DL/T 571 执行。变压器油新油标准为 GB 2536。运行变压器油的质量标准、检测项目及周期原则上按照 GB/T 7595 执行。变压器油的维护管理原则上按照 GB/T 14542 执行。

电厂煤炭验收检测项目为全水分、工业分析、发热量和全硫。验收与评价方法按照 GB/T 18666 的有关规定实施。

六氟化硫气体的质量标准为 GB 12022，SF_6 新气的验收管理按照 DL/T 595 的有关规定执行。SF_6 电气设备中气体管理和检测原则上按照 GB/T 8905 执行。

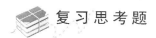 复习思考题

1. 简述火电厂水汽系统流程。
2. 火电厂给水质量和蒸汽质量指标有哪些？
3. 水汽质量劣化时应如何处理？

4．汽轮机新油和运行油分别执行什么标准？其主要质量指标有哪些？

5．向运行汽轮机油中补加（添加）添加剂有哪些注意事项？

6．如何根据抗氧化剂含量划分矿物绝缘油类别？

7．变压器安装阶段需要检测哪些项目？

8．运行变压器油的质量指标有哪些？

9．基建阶段主要检测抗燃油的哪些质量指标？

10．运行抗燃油质量指标有哪些？

11．商品煤质抽查验收方法中对检验值和报告值是如何规定的？

12．商品煤质抽查验收方法中对发电用煤规定了哪几项质量指标？

13．有贸易合同值或产品标准（或规格）规定值的商品煤在验收时如何评定质量？

14．SF_6 新气有哪些质量指标？

15．如何确定 SF_6 钢瓶气抽检数量？

16．简述 SF_6 存储中的注意事项。

17．运行 SF_6 气体的质量标准有哪些？

18．SF_6 电气设备解体大修时气体监督与管理内容有哪些？

附　录

附表 1　　　　　　　　　水的饱和蒸汽压力（0～100℃）　　　　　　　　　　Pa

温度(℃)	0.0	0.1	0.2	0.3	0.4	0.5	0.6	0.7	0.8	0.9
0	611.213	615.667	620.150	624.662	629.203	633.774	638.373	643.003	647.662	652.350
1	657.069	661.819	666.598	671.408	676.249	681.121	686.024	690.958	695.923	700.920
2	705.949	711.010	716.103	721.228	726.386	731.576	736.799	742.055	747.344	752.667
3	758.023	763.412	768.836	774.294	779.786	785.312	790.873	796.469	802.100	807.766
4	813.467	819.204	824.977	830.786	836.631	842.512	848.429	854.384	860.375	866.403
5	872.469	878.572	884.713	890.892	897.109	903.364	909.658	915.991	922.362	928.773
6	935.223	941.712	948.241	954.810	961.419	968.069	974.759	981.490	988.262	995.075
7	1 001.93	1 008.83	1 015.76	1 022.74	1 029.77	1 036.83	1 043.94	1 051.09	1 058.29	1 065.52
8	1 072.80	1 080.13	1 087.50	1 094.91	1 102.37	1 109.87	1 117.42	1 125.01	1 132.65	1 140.33
9	1 148.06	1 155.84	1 163.66	1 171.53	1 179.45	1 187.41	1 195.42	1 203.48	1 211.58	1 219.74
10	1 227.94	1 236.19	1 244.49	1 252.84	1 261.24	1 269.68	1 278.18	1 286.73	1 295.33	1 303.97
11	1 312.67	1 321.42	1 330.22	1 339.08	1 347.98	1 356.94	1 365.95	1 375.01	1 384.12	1 393.29
12	1 402.51	1 411.79	1 421.11	1 430.50	1 439.93	1 449.43	1 458.97	1 468.58	1 478.23	1 487.95
13	1 497.72	1 507.54	1 517.43	1 527.36	1 537.36	1 547.42	1 557.53	1 567.70	1 577.93	1 588.21
14	1 598.56	1 608.96	1 619.43	1 629.95	1 640.54	1 651.18	1 661.89	1 672.65	1 683.48	1 694.37
15	1 705.32	1 716.33	1 727.41	1 738.54	1 749.75	1 761.01	1 772.34	1 783.73	1 795.18	1 806.70
16	1 818.29	1 829.94	1 841.66	1 853.44	1 865.29	1 877.20	1 889.18	1 901.23	1 913.34	1 925.53
17	1 937.78	1 950.10	1 962.48	1 974.94	1 987.47	2 000.06	2 012.73	2 025.46	2 038.27	2 051.14
18	2 064.09	2 077.11	2 090.20	2 103.37	2 116.61	2 129.92	2 143.30	2 156.75	2 170.29	2 183.89
19	2 197.57	2 211.32	2 225.15	2 239.06	2 253.04	2 267.10	2 281.23	2 295.44	2 309.73	2 324.10
20	2 338.54	2 353.07	2 367.67	2 382.35	2 397.11	2 411.95	2 426.88	2 441.88	2 456.94	2 472.13
21	2 487.37	2 502.70	2 518.11	2 533.61	2 549.18	2 564.85	2 580.59	2 596.42	2 612.33	2 628.33
22	2 644.42	2 660.59	2 676.85	2 693.19	2 709.62	2 726.14	2 742.75	2 759.45	2 776.23	2 793.10
23	2 810.06	2 827.12	2 844.26	2 861.49	2 878.82	2 896.23	2 913.74	2 931.34	2 949.04	2 966.82
24	2 984.70	3 002.68	3 020.74	3 038.91	3 057.17	3 075.52	3 093.97	3 112.52	3 131.16	3 149.90
25	3 168.74	3 187.68	3 206.71	3 225.85	3 245.08	3 264.41	3 283.85	3 303.38	3 323.02	3 342.76
26	3 362.60	3 382.54	3 402.59	3 422.73	3 442.99	3 463.34	3 483.81	3 504.37	3 525.05	3 545.83
27	3 566.71	3 587.71	3 608.81	3 630.02	3 651.33	3 672.76	3 694.29	3 715.94	3 737.69	3 759.56
28	3 781.54	3 803.63	3 825.83	3 848.14	3 870.57	3 893.11	3 915.77	3 938.54	3 961.42	3 984.42
29	4 007.54	4 030.77	4 054.12	4 077.59	4 101.18	4 124.88	4 148.71	4 172.65	4 196.71	4 220.90
30	4 245.20	4 269.63	4 294.18	4 318.85	4 343.64	4 368.56	4 393.60	4 418.77	4 444.06	4 469.48
31	4 495.02	4 520.69	4 546.49	4 572.42	4 598.47	4 624.65	4 650.96	4 677.41	4 703.98	4 730.68
32	4 757.52	4 784.48	4 811.58	4 838.81	4 866.18	4 893.68	4 921.32	4 949.09	4 976.99	5 005.04
33	5 033.22	5 061.53	5 089.99	5 118.58	5 147.32	5 176.19	5 205.20	5 234.36	5 263.65	5 293.09

温度 (℃)	0.0	0.1	0.2	0.3	0.4	0.5	0.6	0.7	0.8	0.9
34	5 322.67	5 352.39	5 382.26	5 412.27	5 442.43	5 472.73	5 503.18	5 533.78	5 564.52	5 595.41
35	5 626.45	5 657.64	5 688.97	5 720.46	5 752.10	5 783.89	5 815.83	5 847.93	5 880.17	5 912.58
36	5 945.13	5 977.84	6 010.71	6 043.73	6 076.91	6 110.25	6 143.75	6 177.40	6 211.22	6 245.19
37	6 279.33	6 313.62	6 348.08	6 382.70	6 417.48	6 452.43	6 487.54	6 522.82	6 558.26	6 593.87
38	6 629.65	6 665.59	6 701.71	6 737.99	6 774.44	6 811.06	6 847.85	6 884.82	6 921.95	6 959.26
39	6 996.75	7 034.40	7 072.24	7 110.24	7 148.43	7 186.79	7 125.33	7 264.04	7 302.94	7 342.02
40	7 381.27	7 420.71	7 460.33	7 500.13	7 540.12	7 580.28	7 620.64	7 661.18	7 701.90	7 742.81
41	7 783.91	7 825.20	7 866.67	7 908.34	7 950.19	7 992.24	8 034.47	8 076.90	8 119.53	8 162.34
42	8 205.36	8 248.56	8 291.96	8 335.56	8 379.36	8 423.34	8 467.55	8 511.94	8 556.54	8 601.33
43	8 646.33	8 691.53	88 736.93	8 782.54	8 828.35	8 874.37	8 920.59	8 967.02	9 013.66	9 060.51
44	9 107.57	9 154.84	9 202.32	9 250.01	9 297.97	9 346.03	9 394.34	9 442.91	9 491.67	9 540.65
45	9 589.84	9 639.25	9 688.89	9 738.74	9 788.81	9 839.11	9 889.62	9 940.36	9 991.32	10 042.51
46	10 093.92	10 145.56	10 197.43	10 249.52	10 301.84	10 354.39	10 407.18	10 460.19	10 513.43	10 566.91
47	10 620.62	10 674.57	10 728.75	10 783.16	10 837.82	10 892.71	10 974.84	11 003.21	11 058.82	11 114.67
48	11 170.76	11 227.10	11 283.68	11 340.50	11 397.57	11 454.88	11 512.45	11 570.26	11 628.32	11 686.63
49	11 745.19	11 804.00	11 863.07	11 922.38	11 981.96	12 041.78	12 101.87	12 162.21	12 222.81	12 283.66
50	12 344.78	12 406.16	12 467.79	12 529.70	12 591.86	12 654.29	12 716.98	12 779.94	12 843.17	12 906.66
51	12 970.42	13 034.36	13 098.76	13 163.33	13 228.18	13 293.30	13 358.70	13 424.37	13 490.32	13 556.54
52	13 623.04	13 689.82	13 756.88	13 824.23	13 891.85	13 959.76	14 027.95	14 096.43	14 165.19	14 234.24
53	14 303.57	14 373.20	14 443.11	14 513.32	14 583.82	14 654.61	14 725.69	14 797.07	14 868.74	14 940.72
54	15 012.98	15 085.55	15 158.42	15 231.59	15 305.06	15 378.83	15 452.90	15 527.28	15 601.97	15 676.96
55	15 752.26	15 827.87	15 903.79	15 980.02	16 056.57	16 133.42	16 210.59	16 288.07	16 365.87	16 443.99
56	16 522.43	16 601.18	16 680.26	16 759.65	16 839.37	16 919.41	16 999.78	17 080.47	17 161.49	17 242.84
57	17 324.51	17 406.52	17 488.86	17 571.52	17 654.53	17 737.86	17 821.53	17 905.54	17 989.88	18 074.57
58	18 159.59	18 244.95	18 330.6	18 416.71	18 503.10	18 589.84	18 676.92	18 764.35	18 852.13	18 940.26
59	19 028.74	19 117.58	19 206.76	19 296.30	19 386.20	19 476.45	19 567.06	19 658.03	19 748.35	19 841.04
60	19 933.09	20 025.51	20 118.29	20 211.43	20 304.95	20 398.82	20 493.07	20 587.69	20 682.68	20 778.05
61	20 873.78	20 969.90	21 066.39	21 163.25	21 260.50	21 358.12	21 456.13	21 554.51	21 653.28	21 752.44
62	21 851.98	21 951.91	22 052.03	22 152.93	22 254.03	22 355.52	22 457.40	22 559.68	22 662.35	22 765.42
63	22 868.89	22 972.25	23 077.02	23 181.69	23 286.76	23 392.23	23 498.12	24 604.40	23 711.10	23 818.20
64	23 925.72	24 033.65	24 141.99	24 250.74	24 359.91	24 469.50	24 579.51	24 689.93	24 800.78	24 912.04
65	25 023.74	25 135.85	25 248.39	25 361.36	25 474.76	25 588.58	25 702.84	25 817.53	25 932.66	25 048.22
66	26 164.21	26 280.64	26 397.52	26 514.83	26 632.58	26 750.78	26 869.42	26 988.51	27 108.04	27 228.02
67	27 348.43	27 469.34	27 590.68	27 712.46	27 834.71	27 957.41	28 080.57	28 204.19	28 328.26	28 452.80
68	28 577.81	28 703.28	28 829.21	28 955.61	29 082.48	29 209.82	29 337.64	29 465.92	29 594.68	29 723.92
69	29 853.63	29 983.82	30 114.49	30 245.65	30 277.28	30 509.40	30 642.02	30 775.10	30 908.68	31 042.75
70	31 177.32	31 312.37	31 447.92	31 583.97	31 720.51	31 857.55	31 995.09	32 133.14	32 271.68	32 410.73
71	32 550.29	32 690.35	32 830.93	32 972.01	33 113.61	3 255.71	33 398.34	33 541.48	33 685.13	33 829.31
72	33 974.01	34 119.23	34 264.27	34 411.24	34 558.03	34 705.36	34 853.21	35 001.59	35 150.51	35 299.96
73	35 449.95	35 600.47	35 751.54	35 903.14	36 055.29	36 207.98	36 361.21	36 514.99	36 669.32	36 824.20

续表

温度 (℃)	0.0	0.1	0.2	0.3	0.4	0.5	0.6	0.7	0.8	0.9
74	36 979. 63	37 135. 61	37 292. 15	37 449. 24	37 606. 89	37 765. 10	37 923. 87	38 083. 21	38 243. 10	38 403. 56
75	38 564. 59	38 726. 19	38 888. 36	39 051. 10	39 214. 41	39 378. 30	39 542. 76	39 707. 80	39 873. 42	40 039. 63
76	40 206. 41	40 373. 78	40 541. 74	40 710. 28	40 879. 42	41 049. 14	41 219. 46	41 390. 37	41 561. 88	41 733. 99
77	41 906. 69	42 080. 00	42 253. 91	42 428. 42	42 603. 54	42 779. 27	42 955. 61	43 132. 55	43 310. 11	43 488. 29
78	43 667. 08	43 846. 48	44 026. 51	44 207. 16	44 388. 43	44 570. 33	44 752. 85	44 936. 00	45 119. 77	45 304. 18
79	45 489. 23	45 674. 91	45 861. 22	46 048. 17	46 235. 76	46 424. 00	46 612. 87	46 802. 39	46 992. 56	47 183. 38
80	47 474. 85	47 566. 79	47 759. 74	47 953. 17	48 147. 25	48 342. 00	48 537. 40	48 733. 47	48 930. 20	49 127. 60
81	49 325. 67	49 524. 40	49 723. 81	49 923. 89	50 124. 64	50 326. 08	50 528. 19	50 730. 98	50 934. 45	511 38. 61
82	51 343. 45	51 548. 98	51 755. 20	51 962. 11	52 169. 72	52 378. 01	52 587. 01	52 796. 70	53 007. 10	53 218. 20
83	53 430. 00	53 642. 50	53 855. 72	54 069. 64	54 284. 28	54 499. 63	54 715. 69	54 932. 47	55 149. 97	55 368. 19
84	55 587. 13	55 806. 80	56 027. 20	56 248. 32	56 470. 17	56 692. 76	56 916. 08	57 140. 13	57 364. 92	57 590. 45
85	57 816. 73	58 043. 74	58 271. 51	58 500. 02	58 729. 27	58 959. 28	59 190. 05	59 421. 57	59 653. 84	59 886. 87
86	60 120. 67	60 355. 23	60 590. 55	60 826. 64	61 063. 50	61 301. 27	61 539. 52	61 778. 70	62 018. 65	62 259. 38
87	62 500. 89	62 743. 18	62 986. 26	63 230. 12	63 474. 78	63 720. 22	63 966. 45	64 213. 28	64 461. 31	64 709. 93
88	64 959. 35	65 209. 58	65 460. 61	65 712. 45	65 965. 09	66 218. 55	66 472. 82	66 727. 90	66 983. 80	67 240. 52
89	67 498. 06	67 756. 42	68 015. 60	68 275. 62	68 536. 46	68 798. 13	69 060. 64	69 323. 98	69 588. 15	69 853. 17
90	70 119. 03	70 385. 73	70 653. 28	70 921. 67	71 190. 91	71 461. 01	71 731. 96	72 003. 76	72 276. 42	72 549. 95
91	72 824. 33	73 099. 58	73 375. 70	73 652. 68	73 930. 54	74 209. 27	74 488. 87	74 769. 35	75 050. 71	75 332. 95
92	75 616. 07	75 900. 08	76 184. 98	76 470. 77	76 757. 44	77 045. 02	77 333. 49	77 622. 86	77 913. 13	78 204. 30
93	78 496. 38	78 789. 36	79 083. 26	79 378. 06	79 673. 78	79 970. 42	80 267. 97	80 566. 45	80 865. 85	81 166. 17
94	81 467. 42	81 769. 60	82 072. 71	82 376. 75	82 681. 73	82 987. 65	83 294. 51	83 602. 31	83 911. 06	84 220. 75
95	84 531. 40	84 842. 99	85 155. 54	85 469. 05	85 783. 51	86 098. 94	86 415. 33	86 732. 68	87 051. 00	87 370. 29
96	87 690. 56	88 011. 80	88 334. 01	88 657. 20	88 981. 38	89 306. 54	89 632. 68	89 959. 82	90 287. 94	90 617. 06
97	90 947. 17	91 278. 28	91 610. 39	91 943. 50	92 277. 62	92 612. 74	92 948. 87	93 286. 02	93 624. 18	93 963. 35
98	94 303. 54	94 644. 76	94 986. 99	95 330. 26	95 674. 55	96 019. 87	96 366. 23	96 713. 62	97 062. 05	97 411. 51
99	97 762. 02	98 113. 58	98 466. 18	98 819. 83	99 174. 54	99 530. 30	99 887. 11	100 244. 99	100 603. 93	101 093. 93
100	101 324. 99									

附表2　　　　　　　　　　　　　冰的饱和蒸汽压力（0～100℃）　　　　　　　　　　　Pa

温度 (℃)	0.0	0.1	0.2	0.3	0.4	0.5	0.6	0.7	0.8	0.9
0	611. 154	606. 140	601. 163	596. 224	591. 322	586. 456	581. 627	576. 834	572. 078	567. 357
−1	562. 675	558. 025	533. 411	548. 830	544. 285	539. 774	535. 297	530. 853	526. 444	522. 067
−2	517. 724	513. 414	509. 136	504. 891	500. 679	496. 498	492. 349	488. 232	484. 146	480. 091
−3	476. 068	472. 075	468. 112	464. 168	460. 278	456. 406	452. 564	448. 751	444. 968	441. 213
−4	437. 388	433. 791	430. 123	426. 483	422. 871	419. 287	415. 731	412. 202	408. 700	405. 226
−5	401. 779	398. 358	394. 964	391. 597	388. 597	384. 940	381. 651	378. 371	375. 149	371. 936
−6	368. 748	365. 585	362. 446	359. 333	356. 244	353. 179	350. 138	347. 121	344. 128	341. 158
−7	338. 212	335. 289	332. 389	329. 512	326. 658	323. 826	321. 017	318. 230	315. 465	312. 722
−8	310. 001	307. 302	304. 624	301. 967	299. 332	296. 717	294. 124	291. 551	288. 998	286. 467

续表

温度 (℃)	0.0	0.1	0.2	0.3	0.4	0.5	0.6	0.7	0.8	0.9
−9	283.955	281.464	278.992	276.540	274.108	271.696	269.285	266.929	264.575	262.239
−10	259.922	257.624	255.345	253.084	250.841	248.617	246.410	244.222	242.051	239.898
−11	237.762	235.644	233.543	231.459	229.393	227.343	225.310	223.293	221.293	219.309
−12	217.342	215.391	213.456	211.537	209.633	207.873	205.745	204.017	202.175	200.349
−13	198.538	196.742	194.961	193.194	191.442	189.705	187.982	186.274	184.579	182.899
−14	181.233	179.581	177.942	176.318	174.706	173.109	171.524	169.953	168.396	166.851
−15	165.319	163.800	162.294	160.801	159.320	157.852	156.396	154.952	153.521	152.101
−16	150.694	149.299	147.915	146.544	145.184	143.835	142.498	141.173	139.858	138.555
−17	137.263	135.982	134.713	133.453	132.205	130.968	129.741	128.524	127.318	126.123
−18	124.938	123.763	122.598	121.443	120.298	119.163	118.038	116.923	115.817	114.721
−19	113.034	112.557	111.489	110.431	109.381	108.341	107.310	106.288	105.275	104.271
−20	103.276	102.289	101.311	100.341	99.3809	98.4824	97.4843	96.5485	95.6210	94.7016
−21	93.7904	92.8872	91.9920	91.1047	90.2253	89.3537	88.4898	87.6336	86.780	85.9439
−22	85.1104	84.2842	83.4655	82.6540	81.8498	81.0528	80.2629	79.4801	78.7043	77.9535
−23	77.1735	76.4184	75.6701	74.9286	74.1937	73.4655	72.7438	72.0286	71.3199	70.6176
−24	69.9217	69.2321	68.5487	67.88716	67.2005	66.5356	65.8768	65.2239	64.5770	63.9360
−25	63.3008	62.6715	62.0479	61.4300	60.8178	60.2112	59.6101	59.0146	58.4245	57.8399
−26	57.2607	56.6868	56.1182	55.5548	54.9966	54.4436	53.8958	53.3530	52.8152	52.2824
−27	51.7546	51.2317	50.7136	50.2003	49.6919	49.1882	48.6892	48.1948	47.7051	47.2199
−28	46.7393	46.2632	45.7916	45.3244	44.8616	44.4031	43.9489	43.4991	43.0534	42.6120
−29	42.1748	41.7417	41.3126	40.8877	40.4667	40.0498	39.6368	39.2278	38.8226	38.4213
−30	38.0238	37.6301	37.2402	36.854	36.4714	36.0926	35.7173	35.3457	34.9776	34.6131
−31	34.2521	33.8945	33.5404	33.1897	32.8323	32.4983	32.1577	31.8203	31.3862	31.1554
−32	30.8277	30.5032	30.1819	29.8637	29.5486	29.2365	28.9275	28.6215	28.3185	28.0185
−33	27.7214	27.4272	27.1358	26.8474	26.5617	26.2789	25.9988	25.7215	25.4469	25.1751
−34	24.9059	24.6394	24.3755	24.1142	23.8555	23.5993	23.3457	23.0947	22.8461	22.5999
−35	22.3563	22.1150	21.8762	21.6397	21.4056	21.1739	20.9444	20.7173	20.4924	20.2698
−36	20.0494	19.8312	19.6152	19.4014	19.1896	18.9803	18.7729	18.5675	18.3641	18.1639
−37	17.9640	17.7669	17.5717	17.3786	17.1874	16.9982	16.8108	16.6254	16.4419	16.2603
−38	16.0805	15.9025	15.7204	15.5521	15.3795	15.2088	15.0397	14.8725	14.7069	14.5430
−39	14.3809	14.2204	14.0615	13.9043	13.7488	13.5948	13.4424	13.2916	13.1424	12.9947
−40	12.8486	12.7040	12.5609	12.4192	12.2791	12.1404	12.0032	11.8674	11.7330	11.6000
−41	11.4685	11.3383	11.2095	11.0820	10.9559	10.8311	10.7076	10.5854	10.4645	10.3449
−42	10.2266	10.1095	9.99366	9.87903	9.76563	9.65343	9.54243	9.43260	9.32395	9.21646
−43	9.11011	9.00490	8.90082	8.79785	8.69598	8.59521	8.49552	8.39690	8.29934	8.20283
−44	8.10736	8.01292	7.91950	7.82708	7.73567	7.64525	7.55580	7.46733	7.37981	7.29325
−45	7.20763	7.12294	7.03917	6.95631	6.87436	6.79330	6.71313	6.63384	6.55542	6.47785
−46	6.40114	6.32526	6.25022	6.17601	6.10262	6.03003	5.95824	5.88725	5.81704	5.74761
−47	5.67894	5.61104	5.54389	5.47749	5.41182	5.34688	5.28267	5.21917	5.15638	5.09429
−48	5.03290	4.97219	4.91216	4.85280	4.79411	4.73608	4.67870	4.62196	4.56587	4.51040
−49	4.45556	4.40134	4.34773	4.29473	4.24233	4.19052	4.13930	4.08866	4.03860	3.98910

续表

温度 (℃)	0.0	0.1	0.2	0.3	0.4	0.5	0.6	0.7	0.8	0.9
−50	3.940 17	3.891 79	3.843 97	3.796 69	3.749 96	3.703 75	3.658 08	3.612 93	3.568 29	3.524 17
−51	3.480 56	3.437 44	3.394 83	3.352 70	3.311 06	3.269 90	3.229 21	3.189 00	3.149 25	3.109 96
−52	3.071 12	3.032 75	2.994 81	2.957 31	2.920 25	2.883 62	2.847 42	2.811 65	2.776 28	2.741 34
−53	2.706 80	2.672 66	2.638 93	2.605 59	2.572 65	2.540 09	2.507 91	2.476 11	2.444 69	2.413 64
−54	2.382 96	2.352 63	2.322 67	2.293 06	2.263 81	2.234 90	2.206 33	2.178 10	2.150 21	2.122 65
−55	2.095 42	2.068 52	2.041 93	2.015 67	1.989 72	1.964 08	1.938 74	1.913 71	1.888 98	1.864 55
−56	1.840 42	1.816 57	1.793 01	1.769 74	1.746 74	1.724 03	1.701 59	1.679 42	1.657 52	1.635 89
−57	1.614 52	1.593 40	1.572 55	1.551 95	1.531 60	1.511 50	1.491 65	1.472 04	1.452 66	1.433 53
−58	1.414 63	1.395 96	1.377 52	1.359 31	1.341 33	1.323 56	1.306 02	1.288 69	1.271 57	1.254 67
−59	1.237 97	1.221 49	1.205 20	1.189 12	1.173 24	1.157 56	1.142 07	1.126 78	1.111 67	1.096 79
−60	1 082.03	1 067.49	1 053.12	1 038.94	1 024.94	1 011.11	997.462	983.980	970.668	957.524
−61	944.545	931.731	919.079	906.587	894.253	882.076	870.053	858.183	846.465	834.895
−62	823.473	812.196	801.064	790.074	779.225	768.514	757.941	747.504	737.201	727.030
−63	716.990	707.079	697.297	687.640	678.109	568.700	659.414	650.248	641.200	632.270
−64	623.457	614.758	606.172	597.698	589.335	581.081	572.935	564.895	556.961	549.131
−65	541.403	533.778	526.252	518.826	511.497	504.265	497.128	490.086	483.137	476.280
−66	469.514	462.838	456.250	449.750	443.337	437.009	430.765	424.605	418.527	412.530
−67	406.613	400.776	395.017	389.335	383.730	378.200	372.745	367.363	362.054	356.817
−68	351.650	545.553	341.525	336.566	331.674	326.848	322.088	317.393	312.761	308.193
−69	303.688	299.244	294.860	290.537	286.273	282.068	277.920	273.829	269.795	265.813
−70	261.892	258.023	254.206	250.443	246.732	243.072	239.463	235.904	232.394	228.934
−71	225.521	222.157	218.389	215.567	212.342	209.161	206.025	202.933	199.885	196.879
−72	193.916	190.994	188.114	185.274	182.475	179.715	176.994	174.311	171.667	169.060
−73	166.491	163.958	161.461	158.999	156.573	154.182	151.824	149.501	147.210	144.953
−74	142.728	140.535	138.373	136.243	134.143	132.074	130.035	128.025	126.044	124.092
−75	122.168	120.273	118.404	116.563	114.749	112.961	111.200	109.464	107.753	106.068
−76	104.407	102.771	101.159	99.570 5	98.005 3	96.463 1	94.943 7	93.446 8	91.972 0	90.519 0
−77	89.087 5	87.677 2	86.287 9	84.919 2	83.570 9	82.242 7	80.934 2	79.645 3	78.375 7	77.125 0
−78	75.890 3	74.679 5	73.484 2	72.306 9	71.147 2	70.005 0	68.880 0	67.772 0	66.680 7	65.605 9
−79	64.547 3	63.504 7	62.478 0	61.466 8	60.471 0	59.490 4	58.524 6	57.573 6	56.637 1	55.714 9
−80	54.806 7	53.912 5	53.032 0	52.164 9	51.311 2	50.470 6	49.642 9	48.828 0	48.025 6	47.235 6
−81	46.457 8	45.692 1	44.938 1	44.195 9	43.465 2	42.745 8	42.037 6	41.340 5	40.654 1	39.978 5
−82	39.313 5	38.658 8	38.014 4	37.380 0	36.755 6	36.141 0	35.536 1	34.940 7	34.354 6	33.777 8
−83	33.210 1	32.051 4	32.101 4	31.560 2	31.027 6	30.503 4	29.987 5	29.479 9	28.980 3	28.488 6
−84	28.004 9	27.528 8	27.060 3	26.599 4	26.145 8	25.699 5	25.260 3	24.828 2	24.403 1	23.984 8
−85	23.573 2	23.168 3	22.769 9	22.378 0	21.992 4	21.613 1	21.239 9	20.872 8	20.511 6	20.156 3
−86	19.806 8	19.463 0	19.124 9	18.792 2	18.465 0	18.143 2	17.826 6	17.515 2	17.209 0	16.907 7
−87	16.611 5	16.320 1	16.033 6	15.751 7	15.474 6	15.202 0	14.933 9	14.670 3	14.411 1	14.156 2
−88	13.905 5	13.659 0	13.416 6	13.178 3	12.944 0	12.713 5	12.487 0	12.264 2	12.045 2	11.829 9
−89	11.618 2	11.410 0	11.205 4	11.004 2	10.806 5	10.612 0	10.420 9	10.233 0	10.048 3	9.866 80
−90	9.688 33	9.512 90	9.340 47	9.170 98	9.004 39	8.840 64	8.679 71	8.521 53	8.366 07	8.213 29

续表

温度 （℃）	0.0	0.1	0.2	0.3	0.4	0.5	0.6	0.7	0.8	0.9
−91	8.063 13	7.915 56	7.770 53	7.628 01	7.487 95	7.350 31	7.215 06	7.082 16	6.951 56	6.823 23
−92	6.697 14	6.573 24	6.451 50	6.331 89	6.214 37	6.098 90	5.985 46	5.874 01	5.764 51	5.656 94
−93	5.551 26	5.447 45	5.345 46	5.245 28	5.146 86	5.050 19	4.955 23	4.861 95	4.770 33	4.680 34
−94	4.591 95	4.505 13	4.419 86	4.336 12	4.253 87	4.173 10	4.093 77	4.015 86	3.939 35	3.864 22
−95	3.790 44	3.717 99	3.646 85	3.576 99	3.508 39	3.441 03	3.374 90	3.309 97	3.246 21	3.183 61
−96	3.122 10	3.061 82	3.002 58	2.944 43	2.887 34	2.831 29	2.776 27	2.722 26	2.669 24	2.617 20
−97	2.566 12	2.515 97	2.466 76	2.418 45	2.371 03	2.324 50	2.278 82	2.234 00	2.190 00	2.146 83
−98	2.104 45	2.062 87	2.022 07	1.982 02	1.942 73	1.904 17	1.866 34	1.829 21	1.792 79	1.757 04
−99	1.721 98	1.687 57	1.653 81	1.620 69	1.588 20	1.556 32	1.525 05	1.494 37	1.464 28	1.434 76
−100	1.405 80									

附表 3　　　　　　　　SF₆ 气体露点和体积分数 （μL/L） 换算对照表

体积 分数　＼露点	0.0	0.1	0.2	0.3	0.4	0.5	0.6	0.7	0.8	0.9
−0	6 092.22	6 046.96	5 997.01	5 947.45	5 898.26	5 849.44	5 800.99	5 752.92	5 705.20	5 657.86
−1	5 606.20	5 564.24	5 517.96	5 472.04	5 426.47	5 381.25	5 336.37	5 291.84	5 247.64	5 203.79
−2	5 155.95	5 117.09	5 074.23	5 031.71	4 989.51	4 947.64	4 906.09	4 864.86	4 823.95	4 783.35
−3	4 739.08	4 703.10	4 663.44	4 624.08	4 585.03	4 546.28	4 507.83	4 469.68	4 431.83	4 394.27
−4	4 353.30	4 320.02	4 283.33	4 246.93	4 210.81	4 174.97	4 139.41	4 104.13	4 069.12	4 034.39
−5	3 996.52	3 965.74	3 931.82	3 898.17	3 864.78	3 831.65	3 798.78	3 766.17	3 733.81	3 701.72
−6	3 666.71	3 638.28	3 606.93	3 575.84	3 544.98	3 514.38	3 484.01	3 453.89	3 424.00	3 394.36
−7	3 362.03	3 335.77	3 306.82	3 278.10	3 249.62	3 221.36	3 193.32	3 165.51	3 137.92	3 110.55
−8	3 080.71	3 056.47	3 029.76	3 003.25	2 976.96	2 950.89	2 925.02	2 899.36	2 873.90	2 848.65
−9	2 821.12	2 798.76	2 774.12	2 749.68	2 725.43	2 701.38	2 677.52	2 653.86	2 630.39	2 607.11
−10	2 581.73	2 561.11	2 538.40	2 515.86	2 493.52	2 471.35	2 449.36	2 427.56	2 405.93	2 384.48
−11	2 361.09	2 342.10	2 321.17	2 300.41	2 279.82	2 259.41	2 239.16	2 219.07	2 199.15	2 179.40
−12	2 157.86	2 140.38	2 121.11	2 102.00	2 083.04	2 064.25	2 045.61	2 027.12	2 008.79	1 990.61
−13	1 970.80	1 954.70	1 936.97	1 919.39	1 901.95	1 884.66	1 867.52	1 850.51	1 833.65	1 816.93
−14	1 798.71	1 783.91	1 767.61	1 751.44	1 735.41	1 719.51	1 703.75	1 688.12	1 672.62	1 657.25
−15	1 640.51	1 626.91	1 611.93	1 597.07	1 582.34	1 567.74	1 553.26	1 538.90	1 524.66	1 510.55
−16	1 495.16	1 482.68	1 468.92	1 455.28	1 441.75	1 428.34	1 415.05	1 401.87	1 388.80	1 375.84
−17	1 361.73	1 350.09	1 337.64	1 325.12	1 312.71	1 300.41	1 288.21	1 276.12	1 264.13	1 252.25
−18	1 239.30	1 228.79	1 217.21	1 205.73	1 194.35	1 183.07	1 171.89	1 160.81	1 149.82	1 138.92
−19	1 127.05	1 117.42	1 106.81	1 096.29	1 085.87	1 075.53	1 065.29	1 055.13	1 045.06	1 035.09
−20	1 024.22	1 015.39	1 005.68	996.04	986.50	977.03	967.65	958.36	949.14	940.01
−21	930.06	921.99	913.09	904.28	895.54	886.89	878.31	869.80	861.37	853.02
−22	843.92	836.53	828.40	820.34	812.36	804.44	796.60	788.82	781.12	773.48
−23	765.17	758.42	750.99	743.62	736.32	729.09	721.93	714.83	707.79	700.81
−24	693.22	687.06	680.27	673.55	666.89	660.28	653.74	647.26	640.84	634.47
−25	627.54	621.92	615.73	609.59	603.52	597.49	591.53	585.61	579.76	573.95

体积分数 \ 露点	0.0	0.1	0.2	0.3	0.4	0.5	0.6	0.7	0.8	0.9
−26	567.63	562.51	556.86	551.27	545.73	540.24	534.80	529.41	524.07	518.79
−27	513.03	508.36	503.21	498.12	493.07	488.07	483.12	478.21	473.35	468.54
−28	463.29	459.04	454.36	449.72	445.13	440.58	436.07	431.61	427.19	422.80
−29	418.04	414.17	409.91	405.69	401.51	397.38	393.28	389.22	385.20	381.22
−30	376.88	373.36	369.49	365.66	361.87	358.11	354.38	350.69	347.04	343.42
−31	339.49	336.29	332.78	329.30	325.85	322.44	319.06	315.71	312.40	309.11
−32	305.54	302.64	299.45	296.30	293.17	290.07	287.01	283.97	280.96	277.99
−33	274.75	272.12	269.23	266.37	203.53	260.73	257.95	255.20	252.47	249.78
−34	246.84	244.4G	241.84	239.25	236.68	234.14	231.63	229.13	226.67	224.23
−35	221.57	219.41	217.04	214.70	212.38	210.08	207.80	205.55	203.32	201.11
−36	198.70	196.76	L94.61	192.49	190.39	188.31	186.26	184.22	182.20	180.21
−37	178.04	176.28	174.34	172.42	170.53	168.65	166.79	164.95	163.13	161.33
−38	159.37	157.78	156.03	154.30	152.59	150.90	149.22	147.56	145.92	144.29
−39	142.52	141.09	139.52	137.96	136.41	134.88	133.37	131 188	130.40	128.93
−40	127.34	126.05	124.63	123.22	121.83	120.46	119.09	117.75	116.41	115.10
−41	113.66	112.50	111.22	109.96	108.70	107.47	106.24	105.03	103.83	102.64
−42	101.35	100.31	99.16	98.02	96.90	95.78	94.68	93.59	92.51	91.45
−43	90.29	89.35	88.32	87.30	86.28	85.29	84.30	83.32	82.35	81.39
−44	80.35	79.51	78.58	77.66	76.76	75.86	74.97	74.10	73.23	72.37
−45	71.44	70.68	69.85	69.03	68.21	67.41	66.61	65.83	65.05	64.28
−46	63.44	62.77	62.02	61.28	60.56	59.84	59.12	58.42	57.72	57.03
−47	56.29	55.68	55.01	54.35	53.70	53.06	52.42	51.79	51-17	50.55
−48	49.88	49.34	48.75	48.16	47.57	47.00	46.43	45.87	45.31	44.76
−49	44.16	43.68	43.15	42.62	42.10	41.59	41.08	40.58	40.08	39.59
−50	39.05	38.62	38.15	37.68	37.22	36.76	36.30	35.86	35.41	34.97
−51	34.50	34.11	33.69	33.27	32.86	32.45	32.05	31.65	31.26	30.87
−52	30.44	30.10	29.72	29.35	28.98	28.62	28.26	27.91	27.55	27.21
−53	26.83	26.53	26.19	25.86	25.53	25.21	24.89	24.58	24.26	23.96
−54	23.62	23.35	23.05	22.76	22.47	22.18	21.90	21.62	21.34	21.07
−55	20.77	20.53	20.27	20.01	19.75	19.50	19.24	19.00	18.75	18.51
−56	18.24	18.03	17.80	17.57	17.34	17.11	16.89	16.67	16.45	16.24
−57	16.01	15.82	15.61	15.41	15.20	15.00	14.81	14.61	14.42	14.23
−58	14.02	13.86	13.67	13.49	13.32	13.14	12.96	12.79	12.62	12.46
−59	12.27	12.13	11.96	11.80	11.65	11.49	11.34	11.19	11.04	10.89
−60	10.73	10.60	10.46	10.31	10.18	10.04	9.903	9.769	9.637	9.506
−61	9.365	9.250	9.125	9.001	8.878	8.758	8.638	8.520	8.404	8.289
−62	8.165	8.064	7.954	7.844	7.737	7.630	7.526	7.422	7.320	7.219
−63	7.109	7.021	6.924	6.828	6.733	6.640	6.548	6.457	6.367	6.278
−64	6.182	6.104	6.019	5.935	5.852	5.770	5.689	5.609	5.531	5.453
−65	5.369	5.301	5.226	5.152	5.079	5.008	4.937	4.867	4.798	4.730

附表 4 **SF₆ 气体湿度测量结果的温度折算表**

R (µL/L)	t (℃)																				
	15	16	17	18	19	20	21	22	23	24	25	26	27	28	29	30	31	32	33	34	35
50	59	57	55	53	51	50	47	45	42	40	38	36	35	33	31	30	28	27	25	24	23
60	71	68	66	64	62	60	57	54	51	48	46	44	42	39	38	36	34	32	31	29	28
70	82	80	77	74	72	70	66	63	60	57	54	51	49	46	44	42	40	38	36	34	33
80	94	91	88	85	82	80	76	72	68	65	62	58	56	53	50	48	45	43	41	39	37
90	106	102	99	96	92	90	85	81	77	73	69	66	63	60	57	54	51	49	47	44	42
100	118	114	110	106	103	100	95	90	85	81	77	73	70	66	63	60	57	54	52	49	47
110	129	125	121	117	113	110	104	99	94	89	85	81	77	73	70	66	63	60	57	54	52
120	141	136	132	127	123	120	113	108	102	97	93	88	84	80	76	72	69	66	62	60	57
130	153	148	143	138	134	130	123	117	111	106	100	96	91	87	82	78	75	71	68	65	62
140	165	159	154	149	144	140	132	126	120	114	108	103	98	93	89	85	81	77	73	70	66
150	176	170	165	159	154	150	142	135	128	122	116	110	105	100	95	91	86	82	79	75	71
160	188	182	176	170	164	160	151	144	137	130	124	118	112	107	102	97	92	88	84	80	76
170	205	197	189	182	176	170	161	153	145	138	132	125	119	114	108	103	98	94	89	85	81
180	217	209	201	193	186	180	170	162	154	147	140	133	126	120	115	109	104	99	95	90	86
190	229	220	212	204	196	190	180	171	163	155	147	140	134	127	121	116	110	105	100	95	91
200	241	232	223	214	207	200	189	180	171	163	155	148	141	134	128	122	116	111	105	101	96
210	253	243	234	225	217	210	199	189	180	171	163	155	148	141	134	128	122	116	111	106	101
220	265	255	245	236	227	220	208	198	189	179	171	163	155	148	141	134	128	122	116	111	106
230	277	266	256	247	238	230	218	207	197	188	179	170	162	154	147	140	134	128	122	116	111
240	289	278	267	257	248	240	227	216	206	196	187	178	169	161	154	147	140	133	127	121	116
250	301	289	278	268	258	250	237	225	214	204	194	185	176	168	160	153	146	139	133	126	121
260	313	301	290	279	268	260	246	234	223	212	202	193	184	175	167	159	152	145	138	132	126
270	325	312	301	289	279	270	256	243	232	221	210	200	191	182	173	165	158	150	143	137	131
280	337	324	312	300	289	280	265	252	240	229	218	208	198	189	180	172	164	156	149	142	136
290	349	336	323	311	299	290	275	261	249	237	226	215	205	195	186	178	170	162	154	147	141
300	361	347	334	322	310	300	284	271	258	245	234	223	212	202	193	184	176	167	160	152	146
310	373	359	345	332	320	310	294	280	266	254	242	230	219	209	199	190	181	173	165	158	151
320	385	370	356	343	330	320	289	275	262	249	238	227	216	206	197	187	179	171	163	156
330	397	382	367	354	341	330	313	298	283	270	257	245	234	223	213	203	193	185	176	168	161
340	409	393	378	364	351	340	322	307	292	278	265	253	241	230	219	209	199	190	182	173	166
350	421	405	389	375	361	350	332	316	301	287	273	260	248	237	226	215	205	196	187	179	171
360	433	416	401	386	372	360	341	325	309	295	281	268	255	243	232	222	211	202	193	184	176
370	445	428	412	396	382	370	351	334	318	303	289	275	263	250	239	228	217	208	198	189	181
380	457	439	423	407	392	380	360	343	327	311	297	283	270	257	245	234	223	213	204	194	186
390	469	451	434	418	403	390	370	352	335	320	305	290	277	264	252	240	229	219	209	200	191
400	481	462	445	428	413	400	379	361	344	328	312	298	284	271	259	247	235	225	215	205	196
410	505	483	463	444	425	410	389	370	353	336	320	305	291	278	265	253	241	230	220	210	201
420	517	495	474	454	436	420	398	379	361	344	328	313	298	285	272	259	247	236	226	215	206
430	529	507	485	465	446	430	408	388	370	353	336	321	306	292	278	266	253	242	231	221	211
440	541	518	497	476	456	440	417	397	379	361	344	328	313	298	285	272	259	248	237	226	216

R ($\mu L/L$)	t (℃)																				
	15	16	17	18	19	20	21	22	23	24	25	26	27	28	29	30	31	32	33	34	35
450	554	530	508	487	467	450	427	406	387	369	352	336	320	305	291	278	266	254	242	231	221
460	566	542	519	498	477	460	436	415	396	377	360	343	327	312	298	284	272	259	248	236	226
470	578	554	530	508	488	470	446	424	405	386	368	351	335	319	305	291	278	265	253	242	231
480	590	565	542	519	498	480	455	434	413	394	376	358	342	326	311	297	284	271	259	247	236
490	603	577	553	530	508	490	465	443	422	402	383	366	349	333	318	303	290	277	264	252	241
500	615	589	564	541	519	500	474	452	431	410	391	373	356	340	324	310	296	282	270	258	246
510	627	600	575	552	529	510	484	461	439	419	399	381	363	347	331	316	302	288	275	263	251
520	639	612	587	562	539	520	493	470	448	427	407	388	371	354	338	322	308	294	281	268	256
530	652	624	598	573	550	530	503	479	456	435	415	396	378	361	344	329	314	300	286	274	261
540	664	636	609	584	560	540	512	488	465	444	423	404	385	367	351	335	320	305	292	279	266
550	676	647	620	595	570	550	522	497	474	452	431	411	392	374	357	341	326	311	297	284	292
560	688	659	632	605	581	560	531	506	482	460	439	419	399	381	364	348	332	317	303	289	277
570	700	671	643	616	591	570	541	515	491	468	447	426	407	388	371	354	338	323	308	295	282
580	713	682	654	627	601	580	550	524	500	477	455	434	414	395	377	360	344	329	314	300	287
590	725	694	665	638	612	590	560	533	508	485	463	441	421	402	384	367	350	334	320	305	292
600	737	706	676	649	622	600	569	542	517	493	470	449	428	409	390	373	356	340	325	311	297
610	749	718	688	659	633	610	579	551	526	501	478	456	436	416	397	379	362	346	331	316	302
620	761	729	699	670	643	620	588	561	534	510	486	464	443	423	404	386	368	352	336	321	307
630	774	741	710	681	653	630	598	570	543	518	494	472	450	430	410	392	374	358	342	327	312
640	786	753	721	692	664	640	607	579	552	526	502	479	457	437	417	398	380	363	347	332	317
650	798	764	733	703	674	650	617	588	560	535	510	487	465	444	424	405	386	369	353	337	322
660	810	776	744	713	684	660	626	597	569	543	518	494	472	450	430	411	393	375	358	343	328
670	823	788	755	724	695	670	636	606	578	551	526	502	479	457	437	417	399	381	364	348	333
680	835	800	766	735	705	680	645	615	587	559	534	509	486	464	443	424	405	387	370	353	338
690	847	811	778	746	715	690	655	624	595	568	542	517	494	471	450	430	411	392	375	359	343
700	859	823	789	756	726	700	664	633	604	576	550	525	501	478	457	436	417	398	381	364	348
710	871	835	800	767	736	710	674	642	613	584	558	532	508	485	463	443	423	404	386	369	353
720	884	863	811	778	746	720	683	651	621	593	566	540	515	492	470	449	429	410	392	375	358
730	917	874	834	796	761	730	693	660	630	601	573	547	523	499	477	455	435	416	397	380	363
740	929	886	846	807	771	740	702	669	639	609	581	555	530	506	483	462	441	422	403	385	368
750	942	898	857	818	781	750	712	679	647	618	589	563	537	513	490	468	447	427	409	391	374
760	954	910	868	829	792	760	721	688	656	626	597	570	544	520	497	474	453	433	414	396	379
770	967	922	880	840	802	770	731	697	665	694	605	578	552	527	503	481	459	439	420	401	384
780	979	934	891	851	813	780	740	706	673	642	613	585	559	534	510	487	466	445	425	407	389
790	992	946	903	862	823	790	750	751	682	651	621	593	566	541	516	493	472	451	431	412	394
800	1004	958	914	873	833	800	759	724	691	659	629	600	573	548	523	500	478	457	437	417	399
810	1017	970	925	883	844	810	769	733	699	667	637	608	581	555	530	506	484	462	442	423	404
820	1029	682	937	894	854	820	778	742	708	676	645	616	588	562	536	513	490	468	448	428	409
830	1041	993	948	905	865	830	788	751	717	684	653	623	595	568	543	519	496	474	453	433	415
840	1054	1005	959	916	875	840	797	760	725	692	661	631	602	575	550	525	502	480	459	439	420

R (μL/L)	t (℃)																				
	15	16	17	18	19	20	21	22	23	24	25	26	27	28	29	30	31	32	33	34	35
850	1066	1017	971	927	885	850	807	769	734	700	669	638	610	582	556	532	508	486	464	444	425
860	1079	1029	982	938	896	860	816	778	743	709	677	646	617	589	563	538	514	492	470	450	430
870	1091	1041	994	949	906	870	826	788	751	717	685	654	624	596	570	544	520	497	476	455	435
880	1104	1053	1005	960	917	880	835	797	760	725	692	661	631	603	576	551	526	503	481	460	440
890	1116	1065	1016	970	927	890	845	806	769	734	700	669	639	610	583	557	533	509	487	466	445
900	1129	1077	1028	981	937	900	854	815	777	742	708	676	646	617	590	564	539	515	492	471	451
910	1141	1089	1039	992	948	910	864	824	786	750	716	684	653	624	596	570	545	521	498	476	456
920	1153	1100	1050	1003	958	920	873	833	795	759	724	692	661	631	603	576	551	527	504	482	461
930	1166	1112	1062	1014	969	930	883	842	804	767	732	699	668	638	610	583	557	533	509	487	466
940	1178	1124	1073	1025	979	940	892	851	812	775	740	707	675	645	616	589	563	538	515	493	471
950	1191	1136	1084	1036	989	950	902	860	821	784	748	714	682	652	623	595	569	544	521	498	476
960	1203	1148	1096	1047	1000	960	911	869	830	792	756	722	690	659	630	602	575	550	526	503	481
970	1216	1160	1107	1057	1010	970	921	878	838	800	764	730	697	666	636	608	581	556	532	509	487
980	1228	1172	1119	1068	1021	980	930	888	847	808	772	737	704	673	643	615	588	562	537	514	492
990	1241	1184	1130	1079	1031	990	940	897	856	817	780	745	712	680	650	621	594	568	543	519	497
1000	1282	1218	1158	1100	1046	1000	949	906	864	825	788	752	719	687	656	627	600	574	549	525	502
1010	1295	1230	1169	1111	1057	1010	959	915	873	833	796	760	726	694	663	634	606	579	554	530	507
1020	1308	1242	1181	1122	1067	1020	968	924	882	842	804	768	733	701	670	640	612	585	560	536	512
1030	1320	1254	1192	1133	1078	1030	978	933	890	850	812	775	741	708	676	647	618	591	565	541	518
1040	1333	1266	1204	1144	1088	1040	987	942	899	858	820	783	748	715	683	653	624	597	571	546	523
1050	1346	1278	1215	1155	1099	1050	997	951	908	867	828	790	755	722	690	659	630	603	577	552	528
1060	1358	1291	1227	1166	1109	1060	1009	960	916	875	836	798	762	729	696	666	637	609	582	557	533
1070	1371	1303	1238	1177	1119	1070	1016	969	925	883	843	806	770	736	703	672	643	615	588	563	538
1080	1384	1315	1250	1188	1130	1080	1025	978	934	892	851	813	777	743	710	679	649	621	594	568	543
1090	1396	1327	1261	1199	1140	1090	1035	987	943	900	859	821	784	750	716	685	655	626	599	573	549
1100	1409	1339	1273	1210	1151	1100	1044	997	951	908	867	829	792	757	723	691	661	632	605	579	554
1110	1422	1351	1284	1221	1161	1110	1054	1006	960	917	875	836	799	764	730	698	667	638	611	584	559
1120	1435	1363	1296	1232	1172	1120	1063	1015	969	925	883	844	806	771	737	704	673	644	616	590	564
1130	1147	1375	1307	1243	1182	1130	1073	1024	977	933	891	851	814	777	743	711	680	650	622	595	569
1140	1460	1387	1319	1254	1193	1140	1082	1033	986	941	899	859	821	784	750	717	686	656	627	600	575
1150	1473	1399	1330	1265	1203	1150	1092	1042	995	950	907	867	828	791	757	723	692	662	633	606	580
1160	1485	1411	1342	1276	1213	1160	1102	1051	1003	958	915	874	835	798	763	730	698	668	639	611	585
1170	1498	1423	1353	1287	1224	1170	1111	1060	1012	966	923	882	843	805	770	736	704	674	644	617	590
1180	1511	1435	1365	1298	1234	1180	1121	1069	1021	975	931	889	850	812	777	743	710	679	650	622	595
1190	1523	1448	1376	1309	1245	1190	1130	1078	1030	983	939	897	857	819	783	749	716	685	656	627	600
1200	1536	1460	1388	1320	1255	1200	1140	1088	1038	991	947	905	865	826	790	755	723	691	661	633	606
1210	1549	1472	1399	1330	1266	1210	1149	1097	1047	1000	955	912	872	833	797	762	729	697	667	638	611
1220	1561	1484	1411	1341	1276	1220	1159	1106	1056	1008	963	920	879	840	803	768	735	703	673	644	616
1230	1574	1496	1422	1352	1287	1230	1168	1115	1064	1016	971	928	886	847	810	775	741	709	678	649	621
1240	1587	1508	1434	1363	1297	1240	1178	1124	1073	1025	979	935	894	854	817	781	747	715	684	654	626

续表

R (μL/L)	t (℃)																				
	15	16	17	18	19	20	21	22	23	24	25	26	27	28	29	30	31	32	33	34	35
1250	1599	1520	1445	1374	1307	1250	1187	1133	1082	1033	987	943	901	861	824	788	753	721	690	660	632
1260	1612	1532	1457	1385	1318	1260	1197	1142	1090	1041	995	950	908	868	830	794	759	727	695	665	637
1270	1625	1544	1468	1396	1328	1270	1206	1151	1099	1050	1003	958	916	875	837	800	766	732	701	671	642
1280	1637	1556	1479	1407	1339	1280	1216	1160	1108	1058	1011	966	923	882	844	807	772	738	706	676	647
1290	1650	1568	1491	1418	1349	1290	1225	1169	1117	1066	1019	973	930	889	850	813	778	744	712	682	652
1300	1663	1580	1502	1429	1360	1300	1235	1179	1125	1075	1027	981	938	896	857	820	784	750	718	687	658
1310	1675	1592	1514	1440	1370	1310	1244	1188	1134	1083	1035	989	945	903	864	826	790	756	723	692	663
1320	1688	1604	1525	1451	1380	1320	1254	1197	1143	1091	1043	996	952	910	870	832	796	762	729	698	668
1330	1701	1616	1537	1462	1391	1330	1263	1206	1151	1100	1051	1004	960	917	877	839	802	768	735	703	673
1340	1713	1629	1548	1473	1401	1340	1273	1215	1160	1108	1059	1012	967	924	884	845	809	774	740	709	678
1350	1726	1641	1560	1484	1412	1350	1282	1224	1169	1116	1067	1019	974	931	891	852	815	780	746	714	684
1360	1739	1653	1571	1495	1422	1360	1292	1233	1177	1125	1074	1027	981	938	897	858	821	786	752	720	689
1370	1751	1665	1583	1506	1433	1370	1301	1242	1186	1133	1082	1034	989	945	904	865	827	791	757	725	694
1380	1764	1677	1594	1517	1443	1380	1311	1251	1195	1141	1090	1042	996	952	911	871	833	797	763	730	699
1390	1777	1689	1606	1528	1454	1390	1320	1260	1204	1150	1098	1050	1003	959	917	877	839	803	769	736	704
1400	1789	1701	1617	1538	1464	1400	1330	1270	1212	1158	1106	1057	1011	966	924	884	846	809	774	741	710
1410	1802	1713	1629	1549	1474	1410	1339	1279	1221	1166	1114	1065	1018	973	931	890	852	815	780	747	715
1420	1815	1725	1640	1560	1485	1420	1349	1288	1230	1175	1122	1073	1025	980	938	897	858	821	786	752	720
1430	1827	1737	1652	1571	1495	1430	1358	1297	1238	1183	1130	1080	1033	987	944	903	864	827	791	758	725
1440	1840	1749	1663	1582	1506	1440	1368	1306	1247	1191	1138	1088	1040	994	951	910	870	833	797	763	730
1450	1853	1761	1675	1593	1516	1450	1377	1315	1256	1200	1146	1096	1047	1001	958	916	876	839	803	768	736
1460	1865	1773	1686	1604	1527	1460	1387	1324	1265	1208	1154	1103	1055	1008	964	922	883	845	808	774	741
1470	1878	1785	1698	1615	1537	1470	1396	1333	1273	1216	1162	1111	1062	1015	971	929	889	851	814	779	746
1480	1891	1797	1709	1626	1547	1480	1406	1342	1282	1225	1170	1118	1069	1022	978	935	895	856	820	785	751
1490	1903	1809	1721	1637	1558	1490	1415	1351	1291	1233	1178	1126	1077	1029	985	942	901	862	825	790	757
1500	1916	1821	1732	1648	1568	1500	1425	1361	1299	1241	1186	1134	1084	1036	991	948	907	868	831	796	762

参 考 文 献

[1] 电力行业职业技能鉴定指导中心. 燃料化验员. 北京：中国电力出版社，2002.

[2] 电力行业职业技能鉴定指导中心. 电厂水化验员. 北京：中国电力出版社，2002.

[3] 电力行业职业技能鉴定指导中心. 油务员. 北京：中国电力出版社，2002.

[4] 武汉大学. 分析化学. 5版：上册. 北京：高等教育出版社，2006.

[5] 武汉大学. 分析化学. 5版：下册. 北京：高等教育出版社，2007.

[6] 高职高专化学教材编写组. 分析化学. 3版. 北京：高等教育出版社，2010.

[7] 北京大学化学系仪器分析教学组. 仪器分析教程. 北京：北京大学出版社，1997.

[8] 朱伟军. 分析测试技术. 北京：化学工业出版社，2010.

[9] 李培元. 火力发电厂水处理及水质控制. 北京：中国电力出版社，2000.

[10] 周桂萍. 绝缘油及六氟化硫试验与分析. 北京：中国电力出版社，2012.

[11] 周桂萍. 电厂燃料. 北京：中国电力出版社，2007.

[12] 谢协忠. 水分析化学. 北京：中国电力出版社，2007.

[13] 罗竹杰. 电力用油与六氟化硫. 北京：中国电力出版社，2007.

[14] 孟玉婵，朱芳菲. 电气设备用六氟化硫的检测与监督. 北京：中国电力出版社，2009.

[15] 张绍衡. 电化学分析法. 重庆：重庆大学出版社，1994.

[16] 罗宏伟，化工行业十大工技术操作规范与国家职业标准. 北京：中国知识出版社，2006.